微机电系统基础

（原书第2版）

[美] Chang Liu 著

黄庆安 译

Foundations of
MEMS

(Second Edition)

机械工业出版社
CHINA MACHINE PRESS

图书在版编目（CIP）数据

微机电系统基础（原书第2版）/（美）刘昶（Chang Liu）著；黄庆安译 . —北京：机械工业出版社，2013.1（2024.3重印）

（国外电子电气经典教材系列）

书名原文：Foundations of MEMS, Second Edition

ISBN 978-7-111-40657-0

Ⅰ. 微… Ⅱ. ①刘… ②黄… Ⅲ. 微电机 Ⅳ. TM38

中国版本图书馆 CIP 数据核字（2012）第 289108 号

北京市版权局著作权合同登记　图字：01-2011-2888 号。

本书第 1 版被翻译成 3 种文字出版发行，并已被美国一些著名大学作为教科书，在 MEMS 领域享有较高声誉。全书共分 15 章。第 1、2 章概括了基本传感原理和制造方法；第 3 章讨论了当今 MEMS 实践中所必需的电学和机械工程基本知识；第 4～9 章分别描述了静电、热、压阻、压电、磁敏感与执行方法，及其相关的传感器与执行器；第 10～11 章详细介绍了微制造中最常用的体微机械加工和表面微机械加工技术，而器件制造方法则插入到实例研究中；第 12 章讨论了工艺技术的综合应用；第 13 章介绍了与聚合物有关的 MEMS 制造技术；第 14 章讨论了微流控原理及应用。根据这些敏感与执行方法以及制造方法；第 15 章选择了 MEMS 商业化产品实例进行介绍。

本书循序渐进，体系严密，适合作为微机电系统（MEMS）、传感器、微电子、机械工程、仪器仪表等专业的高年级本科生和研究生教材，也适合于这些领域的科技人员参考。

机械工业出版社（北京市西城区百万庄大街 22 号　　邮政编码　100037）

责任编辑：姚　蕾

北京建宏印刷有限公司印刷

2024 年 3 月第 1 版第 8 次印刷

185mm×260mm·25.75 印张

标准书号：ISBN 978-7-111-40657-0

定　　价：69.00 元

客服电话：（010）88361066　68326294

第2版译者序

本书第1版出版以来深受读者欢迎，原书英文版已被美国斯坦福大学、加州大学伯克利分校、明尼苏达大学、密歇根大学、威斯康星大学、北卡罗来纳州立大学、密歇根州立大学、伦斯勒理工学院等一些国际知名大学作为教科书。除我们将该书翻译成简体中文版在中国大陆发行外，该书还被翻译成繁体中文版（中国台湾）和韩文版（韩国）。简体中文版已被国内一些高校作为教科书。原书作者、美国西北大学的 Chang Liu（刘昶）教授，根据使用本书的编辑、学生和教师的反馈以及国际 MEMS 产业和学术发展，对该书第1版进行了修订，并于 2011 年出版了第2版。感谢刘昶教授及时告知我第2版的发行，以及在翻译第2版时给予的指导和帮助。

与第1版相比，第2版加强了 MEMS 设计、加工和材料问题的讨论，更新了实例和插图，尤其在工艺上，增加了封装和集成化技术论述，增加了新的一章（第15章）来深入阐述商业化的 MEMS 产品，并提供了一个精心制作的网站（www.memscentral.com），从该网站上读者可以找到补充阅读材料、补充教学材料以及与 MEMS 领域相关的网址资源，而对于特定 MEMS 内容，如 RF MEMS、BioMEMS 也可以在该网站中找到。

MEMS 是新兴的高新技术产业，自 2001 年开始，MEMS 研究与开发得到国家 863 计划持续支持，我国 MEMS 产业正在兴起，例如，中芯国际集成电路制造有限公司（SMIC）、上海先进半导体制造有限公司（ASMC）、无锡华润上华科技有限公司（CSMC）等国内集成电路制造商正在或已经开发 MEMS 制造技术，提供 6″和 8″圆片代工服务（Foundry）。另外，苏州工业园区等一些高新区正在建设 MEMS 中试线，MEMS 产品开发公司如雨后春笋，对 MEMS 专业人才需求激增，我国多数高校开设了 MEMS 课程，因此，我相信本书第2版在教学方面将发挥较大作用。

最后要特别感谢我所指导的博士生和硕士生们，他们在繁忙的学习期间，参加第2版的翻译整理工作。具体安排如下：陈文雅（第1、4、5章）、任青颖（第2、7、11、13章）、高莉莉（第3、10章）、周永丽（第6、8、9、12章）、陈蓓（第14、15章及附录），我对全书翻译内容进行了统稿并逐句审阅修改。

由于本人学识所限，加之时间仓促，恐难完全表达该书的原意，也可能存在错译，恳请读者批评指正。

黄庆安

东南大学 MEMS 教育部重点实验室

hqa@seu.edu.cn

南京，江苏

第 1 版译者序

微机电系统（MEMS）技术出现在 20 世纪 80 年代中后期，在这一时期我有幸在 MEMS 领域做博士学位论文。毕业后，一直从事 MEMS 的教学与科研工作。我们经历了 MEMS 技术的发展，目前 MEMS 不仅是实验室研究与开发的技术，也逐渐出现了 MEMS 产业。为应对这种发展，我国多数高校开始设置本科生的 MEMS 课程，在这种情况下，选择合适的 MEMS 教科书显然是迫切的。在长期的教学实践中，我们面临这样的挑战：MEMS 是一门交叉学科，而不同院系的学生背景不同，在选择所讲授的内容时，往往难以找到平衡点。虽然国内已经引进了一些国外 MEMS 书籍的版权并翻译成中文，但这些书籍更适合作为参考书而非教科书。而美国伊利诺伊大学的 Chang Liu（刘昶）教授所著的《Foundations of MEMS》一书，在内容的组织上，均衡了机械工程系学生和电子工程系学生的背景知识，概念清楚，深入浅出，自成体系，涵盖了 MEMS 技术的主要方面，在每章中有例题和习题，同时引用了经典的 MEMS 研究论文和前沿的研究论文，为学生进一步深入学习提供了指引。特别是，书中提炼出了四个典型传感器实例：惯性传感器、压力传感器、流量传感器和触觉传感器，在前 12 章介绍了利用不同原理、材料、工艺制备的这些传感器，便于比较，也会启发学生的创新意识并提高创新能力。该书不仅是伊利诺伊大学的教科书，而且也被斯坦福大学等美国一些著名高校选为教科书。因此，我愿意花费时间将其翻译成中文，便于中国学生使用。

首先要感谢刘昶教授在翻译本书时给予的指导和帮助，其次要感谢机械工业出版社华章分社引进中文版权，从而使国内的学生也能够从中受益。最后要特别感谢我所指导的博士生和硕士生们，他们在繁忙的学习期间，参加本书的翻译工作，我让研究生参加翻译工作的目的主要有两个：翻译的内容大多与学位论文内容有关，使他们在翻译过程中系统地学习与自己学位论文相关的知识；同时我对全书翻译内容进行了统稿并逐句审阅修改，以便他们对照，提高自身的翻译水平。具体翻译安排如下，周再发（第 1、10 章）、陆婷婷（第 2 章）、刘笑笑（第 3、16 章）、李敏（第 4 章）、胡冬梅（第 5 章、附录）、王斌（第 6 章）、黄见秋（第 7 章）、李成章（第 8 章）、李怡达（第 9 章）、李霁（第 11 章）、冯明（第 12 章）、马洪宇（第 13 章）、张加宏（第 14 章）、张鉴（第 15 章）。

由于本人学识所限，加之时间确实仓促，恐难完全表达该书的原意，也可能存在错译，恳请读者批评指正。

黄庆安

东南大学 MEMS 教育部重点实验室

hqa@ seu. edu. cn

南京，江苏

教师备忘录

备忘录的意图是与使用本书的教师交流对本科生和研究生讲授时应注意的一些问题。它总结了我对选择的内容及其次序安排的一些考虑。我希望它有助于教师使用本书并有效地讲授 MEMS 课程。

为使本书中的内容便于对 MEMS 初学者以及交叉学科领域的读者进行讲授，我在书写过程中，试图保持一种均衡的方式。

首先，本书注意均衡不同背景的读者和学生的需求。本书是为交叉学科的读者而写的，也就是说，不管他们原来的专业背景如何，都能满足课堂上的需要。应该自始至终避免学生与读者的两种极端感觉：当详细地重复已经熟悉的内容时感到厌倦；当没有覆盖足够多的不熟悉内容时感到失望。为了降低初学者的门槛，首先介绍最关键的术语和最常用的概念。

其次，本书均衡地讨论了 MEMS 基础知识的三个支柱：设计、制造和材料。本书细心地选择了一些案例，以说明设计、材料和制造方法之间的互相关联。教师可以选择其中的一些实例进行讲授。

再次，本书均衡地安排了实践和理论基础。本书解释了基本概念，并通过正文、例题和习题来强化。在每章中，用较小的篇幅讨论了与材料、设计和制造相关的实践内容及前沿课题。这些内容是比较详细的，但它们的篇幅较短，以免分散读者的注意力。我希望这部分内容有助于那些打算按照参考文献的指导继续探索课堂之外课题的学生与教师。对读者的好处在于，本书中的参考文献主要来自期刊和杂志，它们容易得到。

本书尝试循序渐进地逐章进行知识积累。许多重要的内容，例如机械设计和制造，按多种方式进行讨论。就设计概念而言，教师可以通过三个步骤引导学生：1）学习基本概念；2）观察这些概念是怎样在实例中应用的；3）学习如何将这些设计方法应用于习题或实践中。就制造方法而言，也可以按照三个步骤进行：1）观察实例中如何安排工艺并分析实例中的工艺流程；2）系统地建立工艺的详细知识基础；3）在习题或各种应用中，综合这些工艺。

每章的内容以模块的形式介绍，读者和教师可根据自己的背景和兴趣，按不同的次序进行学习和讲授。例如，在介绍换能原理（第 4~9 章）之前，可以先介绍有关微制造（第 10~11 章）的内容。

在进行本书的写作时，我所面临的挑战是：怎样把大量的、有创新的工作集成在一起，而又不使本书杂乱无章，失去学习的重点。换句话说，学生能感到创新的兴奋而又不偏离学习的重点方向。为了达到这个目的，我精心地组织了本书的内容。在前 12 章，自始至终介绍了相同的典型应用（实例），以便于比较。当某章主要论述用于敏感的换能原理时，我安排的实例是：惯性传感器（包括加速度传感器和陀螺）、压力传感器（包括声传感器）、流量传感器和触觉传感器。选择这四类传感器主要是考虑到它们有许多应用：惯性和压力传感器是 MEMS 中已经广泛应用的实例，可以得到较多好的研究论文，其中许多论文概述了力学和电学集成化的内容；流量传感器与压力或惯性传感器不同，它通常包含了不同的物理传感原理、设计和表征方法；触觉传感器必须比这三种传感器的鲁棒性更好，因此，必须讨论特殊的材料、设计和制造问题。当某章主要讨论用于执行的换能原理时，我安排了执行器小位移（线性位移或角位移）的实例，以及执行器大位移的实例。

　　我相信学习一门课程最好的方法是进行练习和实践。本书为学生提供了大量经过挑选的例题和习题。

　　习题不仅覆盖了课程中方程的使用，而且也给出了超出数学公式之外的其他 MEMS 内容，例如材料与工艺的选择。许多习题用于学生们独立地或在小组中思考制造工艺、综述相关文献、探索 MEMS 的其他内容。

　　有 4 种类型的习题：设计、综述、制造和思考。设计类习题帮助学生熟悉用于设计并综合 MEMS 单元的公式和概念；综述类习题要求学生搜寻课程外的信息资源以便对所学内容有更宽、更深的理解；制造类习题使学生深入思考制造过程中的各个方面，例如，要求学生通过详细地画出工艺流程或设计并评价其他工艺加工方式，真正地理解制造过程；思考类习题鼓励学生之间的竞赛，通过考虑物理、设计、制造和材料等各个方面，为学生提供综合思考的机会。思考题可能是竞赛性质的、研究层面的问题，还没有答案（起码在本书写作期间还没有答案）。

　　科学与技术上的成功需要专业领域的更多专门的知识。团队工作协作对完成项目或打造个人的生涯是必需的。本书中有许多习题，用于鼓励不同专业的团队在一起完成。我相信，目前这个阶段，通过与其他专业学生的社交、技术交流、团队协作，会增强学习经验，从而为未来成功做好准备。

　　我希望你从阅读本书中得到乐趣！

前　言

本书第 1 版已经出版了 5 年。在过去 5 年中，我们目睹了系列消费品和工业产品的技术革命，例如，任天堂 Wii，苹果 iPod/iPad，带有多个传感器的智能手机，用于移动电话及苹果公司系列产品的新操作系统，电子书，WiFi，语音 IP 电话，社交网络，三维动画电影，云计算等。这些产品改变了我们的日常的生活。而在 2005 年本书出版时，这些产品的主体并不存在。2010 年国际新闻的主要议题是：可替代能源，资源短缺，制造业务外包，预算与信用危机，一些国家的经济快速增长，金融管理改革，公共卫生服务和教育。

本书第 1 版深受欢迎，已被世界上 50 多所大学采用，并被翻译成三种版本（简体中文版、繁体中文版、韩文版）。在准备本书第 2 版时，使用本书的编辑、学生和教师的反馈使我深受鼓舞。第 2 版的改进主要包括：

1）加强 MEMS 设计、加工和材料问题的讨论。

2）根据新的进展，更新了相关内容。MEMS 领域已发生许多变化，例如新想法、新能力以及新产品实例，本书将反映这些新的进展。

3）增加了习题，更新了实例和插图，使第 2 版内容更加丰富。

4）修改了第 1 版的错误。

5）为更广泛的读者提供了持续的基础材料来支撑教学活动及 MEMS 教育。

读者会发现下列主要更新特点：

新内容、新概念和新观点：在过去 5 年，MEMS 领域发生了巨大变化，本书收集了新内容（来自科技界和工业界）、新概念（如封装和集成化）以及新观点。

新习题：增加了新的习题，这有助于教学和学生学习。如果教师申请，可提供习题解答。

增加了设计和工艺选择的分析实例：第 2 版为教师提供了新的材料来讨论设计和工艺选择。

为初学者提供了新的基础材料：初学者面对大量工艺信息会感到茫然，第 2 版提供了许多表格使学生容易克服学习中的障碍，附录中给出了这些表格并总结了最常用的材料、刻蚀方法以及这些方法之间的关联。

增加了更深入的实例：第 2 版保持了本书第 1 版的整体架构，同时增加了新的一章（第 15 章）来深入讨论成功的商业化 MEMS 产品，我相信用这些现实生活中的商用化 MEMS 器件来说明设计、制造和集成化原理是最好的方法。在第 2 章中，增加了最基本的制造工艺讨论，并定性地总结了加工方法。在其他各章中，尤其是第 1、2 和 12 章中，还可以发现其他的一些改进。

提供了一个精心制作的网站（www.memscentral.com）：这个网站地址是本书的永久地址，以互联网的形式为本书读者提供服务。在这个网站上，读者可以找到补充阅读材料、补充教学材料、与 MEMS 领域相关的网址资源以及勘误表。教师可以找到教学辅助材料，如 PowerPoint 文件、图表和习题解答等。网站有多种目的，但最初的目的是：不使本书内容过于庞大，而又保持它的容纳能力来满足各种读者的需要。

章节调整与精简：光 MEMS 一章作为补充阅读材料已移到网站中。处理特定内容的其他章节（如 RF MEMS、BioMEMS）都可以在网站中找到。这样处理的目的是：保持本书基本内容而又可满足希望进一步学习特定内容的读者的需求，同时，网站可经常更新这些内容。

MEMS 领域将继续发展！我希望读者从阅读本书中得到乐趣。

Chang Liu

Northwestern University, Evanston, Illinois

September, 2010

目 录

第1章 绪 论

1.0 预览

本章对微机电系统(MEMS)进行综合评述，介绍一些基本的专业术语和概念，以便于后面继续探讨 MEMS 设计、加工、材料和应用等内容。

1.1 节主要介绍 MEMS 的发展历史及其发展前景。了解 MEMS 技术的起源和背景有助于更好地理解 MEMS 技术的诸多特点。1.2 节总结了 MEMS 技术的一些基本特点。

MEMS 大部分应用都涉及传感器和执行器，传感器和执行器统称为换能器。(MEMS 其他的应用包括非主动寻址和控制的无源微结构)。1.3 节将介绍能量和信号转换的一些概念和应用实例。在该节中将讨论用于传感器和执行器的性能度量标准。

MEMS 的基本微加工方法将在第 2 章进行详细的讨论。

1.1 MEMS 发展史

1.1.1 从诞生到 1990 年

讨论 MEMS 的发展历史，集成电路(IC)技术是起始点。AT&T 贝尔实验室 1947 年推出的晶体管即一个电子开关装置开启了通信和计算机领域的一场变革。Intel 公司 1971 年推出的 Intel 4004 处理器芯片只集成了 2 250 个晶体管，1982 年问世的 Intel 286 集成了 120 000 个晶体管，而 1999 年推出的 Pentium Ⅲ 处理器集成的晶体管数目则达到了 2400 万。集成电路技术惊人的发展速度，是其他领域不能匹敌的。每隔 12 ~ 18 个月，芯片上晶体管的集成密度就会翻倍，这个增长规律称为摩尔定律(Moore law)[1]。Intel 公司的创始人之— Gordon Moore 发现了集成电路的这个增长规律。这是一个极富创造力和远见的伟大论断，因为在过去的几十年里，人们多次担心摩尔定律所预测的(或在某种意义上说是主宰的)集成电路这种发展趋势将无法继续，而是到达基本物理学定律或那时的工程能力所施加的极限。半导体产业的工程师克服了看似不可能实现的技术壁垒使得摩尔定律得以延续。

微加工技术是电子器件小型化和多功能集成的推动力。从 20 世纪 60 年代初期到 20 世纪 80 年代中期，第一个半导体晶体管问世之后，经过数十年的研究，集成电路的加工技术迅速地成熟起来[2]。如果没有微加工和小型化技术的迅猛发展，许多今天看来理所当然的科学和工程成就都不可能实现。这些应用包括呈指数增长的计算机和互联网应用、便携式电子产品、蜂窝电话、数码照相(摄像、存储、传输和显示)、平板显示、等离子电视、磁盘存储器、节能汽车、生物信息学(例如，包括 30 亿个碱基对的人类基因组的测序)[3]、快速的 DNA 序列识别[4]、新材料和药物的发现[5]以及电子战等。

MEMS 领域是由集成电路技术发展而来的。它经过了大约 20 年的萌芽阶段(20 世纪 60 年代中期到 20 世纪 80 年代)，在这段萌芽时期，主要是开展了一些有关 MEMS 的零散研究。例如，开发了硅各向异性刻蚀技术用于在平面硅衬底上加工三维结构[6]。微传感器的关键部件，如 1954 年以来单晶硅和多晶硅的压阻效应的发现、研究和优化[7 ~ 9]。1967 年，Westinghouse 公司的 Harvey Nathanson 发明了一种谐振栅晶体管(RGT)[10]。与传统的晶体管不同，RGT 的栅电极不是固定在栅氧化层上，而是相对硅衬底可动，由静电力控制栅电极和衬底之间的间距。RGT 或许是静电微执行器的最早实例。在这个阶段，MEMS 领域还不为人们所熟识。然而，体微机械加工和表面微机械加工正快速成熟[11～13]。一些学术和工业实验室的开拓者开始使用集成电路加工技术来制作微机械装置，其中包括悬臂梁、薄膜、沟道以及喷嘴。

早期的一些公司把硅的压阻换能效应应用到汽车工业中(例如，多重绝对压力传感器和汽车碰撞传感器)和医疗产业中(例如，低成本一次性血压传感器)。在 20 世纪 70 年代，IBM 实验室的 Kurt Petersen 和他的同事开发了隔膜型(diaphragm-type)硅微加工压力传感器，采用体硅微机械加工技术得到了非常薄且嵌入有压阻传感器的隔膜。当隔膜上下表面存在压力差时，隔膜发生变形，产生机械应力，用压阻器检测这种应力。在压力差一定的情况下，这种隔膜可以产生更大的形变，因此它比传统薄膜型(membrane-type)的灵敏度更高。为了保证其均匀性和实现高产，它使用了新的光刻技术。这种传感器可以进行批量生产，因此减小了单个成本以满足医疗产业中的需求。关于这种压力传感器的设计与加工将在第 15 章详细介绍。

目前，已经采用多种结构和加工方法制造了各种各样的微机械压力传感器。这些压力传感器有电容式的[15]、压电式的[16]、压阻式的[17]、谐振式的[18]和光探测式的[19]。集成压力传感器的先进特性有：用于绝对压力测量的封闭真空腔[15]、集成遥测接口[20]、闭环控制[21]、对污染物不敏感[22]、用于集成到微型医疗仪器的生化兼容性[23]，以及在恶劣环境和高温条件下，可使用非硅薄膜材料(比如陶瓷、金刚石)[18，24，25]。

喷墨打印机目前已是激光打印机的廉价替代技术，它可以提供高品质的彩色打印。佳能公司最早发明了基于热气泡(bubble jet)技术的喷墨打印技术，而惠普公司在 1978 年首先发明了基于硅微机械加工技术的喷墨打印机喷嘴。喷嘴阵列喷射出热气泡膨胀所需液体体积大小的小墨滴("根据需要喷射")，如图 1-1 所示。气泡破裂又将墨汁吸入到存放墨汁的空腔中，为下一次喷墨做准备。通过滴入红、黄、蓝(CMY)三种基本基色实现彩色打印。

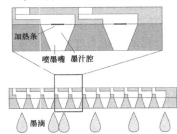

a) 喷墨打印机芯片的喷嘴示意图

b) 商业化喷墨打印头和含有多个喷嘴的芯片

c) 芯片上用于控制喷墨的集成电路

图 1-1　微加工喷墨嘴

硅微机械加工技术使得喷墨打印技术成为可能[26~28]。采用硅微机械加工技术，可以加工出尺寸非常小的喷嘴阵列，而且这些喷嘴阵列可以排列得非常密集，这对于实现高分辨率和高对比度打印非常重要。喷墨空腔非常小，相同大小的小型加热器可以迅速使墨汁升温（在喷墨过程中）和降温，这样喷墨打印可以得到较高的打印速度。1995年，每个喷墨打印头上集成的喷嘴数目已经增加到300，而墨滴的平均质量只有40ng。到2004年，基于各种原理的喷墨打印头不断发明出来，例如热喷墨型、压电喷墨型和静电力喷墨型。喷墨打印技术中每滴墨的体积大约为10pl的数量极，其分辨率可以达到1000dpi[29]。目前市场上许多喷墨打印机都基于热喷墨原理、分配耐热材料。其他一些替代技术的原理也比较简单，例如，爱普生的喷墨打印机是利用压电喷墨技术和特殊的墨汁染色材料（因为不需要耐热墨汁）。压电式喷墨打印机的墨汁干得快，在纸上的扩散时间短，因而具有更高的分辨率。

与激光打印技术相比，目前喷墨打印技术具有一定的优势。虽然替换墨盒会使它的使用成本增加，但是一般说来，喷墨打印机还是更便宜。喷墨打印技术不仅仅用于文本和图形的打印，目前已经用于直接沉积有机化学物质[30]、有机晶体管的部件[31]以及生物分子（比如DNA分子的基本单元）[32,33]。喷墨打印机和喷墨头制造领域取得了飞快的进步[34]，尽管最新进展没有在公开领域发表。

在20世纪80年代后期，在微加工技术这个新领域的研究者主要是研究硅的应用——单晶硅衬底或者多晶硅薄膜。这两种材料容易获得，因为集成电路广泛应用到这两种材料：单晶硅用做集成电路的衬底，多晶硅用于制作晶体管的栅电极。采用单晶硅衬底和多晶硅薄膜可以制作诸如悬臂梁和薄膜等三维的机械结构。1982年，Petersen发表了一篇具有重要影响的论文"Silicon as a mechanical material"[11]，随着MEMS研究的迅猛发展，这篇文章从20世纪90年代开始，直到现在仍被广泛地引用。

多晶硅薄膜技术的应用产生了一些表面微机械加工的机械结构，如梁、传动机构和曲柄等。1989年，美国加州大学伯克利分校首次研制出了表面微机械加工的多晶硅静电电动机[35]。电动机的直径小于120μm，厚度仅为1μm，在350V的三相电压驱动下可达到的最大转速为500转/分钟（rpm）。虽然在当时这种电动机的应用有限，但是它有效地激起了科学界和普通大众对MEMS的热情。在此之后，基于不同驱动原理、尺寸各异（甚至包括纳米尺寸）、具有更高功率和更大扭矩的微型电动机不断问世[36,37]。

几年之后，提出了微机电系统（MEMS）这个术语，而且这种提法逐渐在世界范围内被广泛接受。这个名称有效地描述了这个新领域研究对象的尺寸（微米）、实现方式（电子和机械相结合）以及研究目标（系统）。初学者对两个令人费解的事实常常感到困惑：首先，许多MEMS技术的研究成果和产品只是大系统中的一个部件（例如，MEMS加速度计只是汽车碰撞检测系统的一部分）；其次，这个术语包含了独特的机械加工和微制造技术（微机械加工），也包含了器件和产品的新形式。

1.1.2　从1990年到2001年

在20世纪90年代，全世界的MEMS研究进入了一个突飞猛进、日新月异的发展阶段。各国政府和私人基金机构都设立基金支持MEMS研究。一些公司先前的科研投入开始有了产出。非常成功的例子有美国Analog Devices（模拟器件）公司生产的用于汽车安全气囊系统的集成惯性传感器，以及美国Texas Instruments（德州仪器）公司用于投影显示的数字光处理芯片。下面就将讨论这两方面的应用。

Analog Devices公司生产的ADXL系列加速度传感器是由集成在同一衬底上的悬空机械部件和信号处理电路组成的。这个产品的开发是为了满足汽车市场的需要[38]。这种加速度传感器可以监测极端的减速，当汽车发生碰撞时，触发气囊散开。该加速度传感器的机械敏感单元是由四根梁支撑的、可以自由移动的质量块,如图1-2所示。叉指状可动电极固定在质量块上。可动电极和固定电极组成一组并行电容器,其总电容值由可动叉指电极和固定叉指电极的距离决定。如果芯片受到加速度(大小为 a)的作用,那么质量块(质量为 m)就会由于惯性力($F = ma$)产生相对位移,这样可动叉指电极与固定叉指电极的间距就会发生改变,因而总电容值的大小也会发生改变,微小的电容变化量由片上的信号处理电路读出。信号处理电路和机械单元的单片集成对于减小干扰噪声(来源于杂散电磁辐射)、避免长导线带来的寄生电容非常关键。

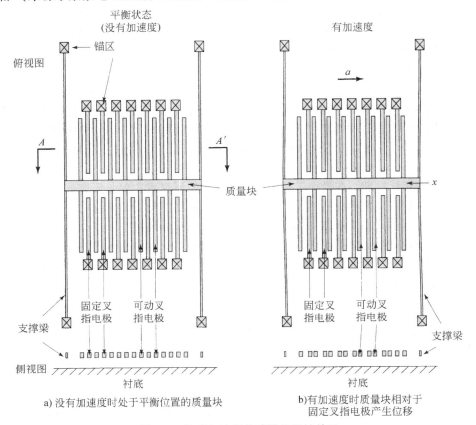

a) 没有加速度时处于平衡位置的质量块   b)有加速度时质量块相对于固定叉指电极产生位移

图1-2　集成加速度传感器的机械单元

相对于宏观的机电传感器,MEMS技术带来了两个重要的优点,即高灵敏度和低噪声。同时,由于MEMS技术采用批量生产,而不是采用手工组装的方式,有效地降低了传感器的使用成本。Analog Device公司开发加速度计的历程成为了业界经典研究案例[39]。

目前市场上有许多不同传感原理和加工技术的微机械加工加速度传感器,有电容式[40,41]、压阻式[42]、压电式[43]、光干涉式[44]和热传递式加速度传感器[45,46]等。微机械加工加速度传感器的先进特点包括:集成化三轴传感 [47]、用于地震监测的超高灵敏度(ng)测量[48,49]、不用质量块提高传感器的可靠性[46]以及实现长期稳定性的集成化气密封装[50]。

用于制造加速度传感器的加工工艺改进后也可以用于旋转加速度传感器或陀螺仪的制造[51]。惯性测量单元(IMU)是指一种集成运动传感器,该传感器具有足够高的线性加速度和旋转速度灵敏度以适用于导航活动。由于尺寸非常小,MEMS惯性传感器可以插入到狭小空间,由此产生了一些新的应用领域,包括智能书写仪器(例如,可以探测并将书写笔画输入计算机进行文字识别的智能笔)、虚拟现实头盔、计算机鼠标(陀螺鼠标)、电子游戏控制器、可以计算步行里程的智能鞋,以及笔记本电脑在突然跌落时可以自动停止硬盘转动等。2010 年,一些创新型公司主导着世界范围内的加速度传感器市场:ST- Microelectronics、Freescale、Analog Devices、Robert Bosch、InvenSense 以及 MEMSIC(见附录 G)。

在信息时代,图片与视频通常采用全数字化方式制作、销售和显示,以提高质量、降低销售成本。投影显示是数字多媒体播放、电影院和家庭娱乐系统的强大工具。传统的投影显示本质上是基于液晶显示(LCD)技术的模拟信号显示。Texas Instruments 公司的数字光处理器(DLP)是具有革命意义的数字光学投影机[52,53]。它由含有 10 万多个可独立寻址的、微镜组成的光调制芯片组成,这个芯片称为数字微镜器件(DMD)。每一个微镜的面积大约为 $10\mu m \times 10\mu m$,可以倾斜的角度为 ±7.5°。当光源照在微镜阵列上时,处在合适角度的微镜就可以将光反射到屏幕上,照亮一个像素单元。这样的微镜阵列就可以在投影屏幕上投影出所要显示的图像。

图 1-3 给出了单个微镜的示意图(俯视图)。每个镜面由两根折叠的可扭转梁支撑,镜面可以绕着扭转梁的扭转轴转动。由沿 A-A' 得到的截面图,可以看出镜面位置由镜面下方的电极控制,当某一电极上加有偏压时,由于静电吸引力,镜面就会向某一边偏转。

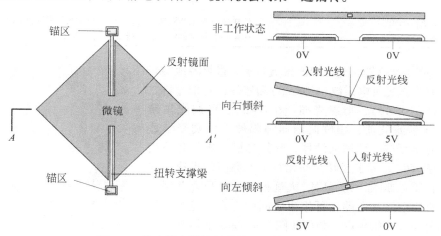

图 1-3　单个数字微镜的结构和工作原理示意图

由于微镜阵列中微镜的数量大、密度高,因此采用行列多路复用的寻址方法。在微镜结构层下面的硅衬底上,采用 $0.8\mu m$ 双层金属 CMOS 工艺集成了用于控制这些微镜的静态随机寻址存储(SRAM)电路。

商业 DMD 设备具有惊人的可靠性,它由数以百万的机械可动单元组成。如果任何一个微镜失效,那么整个 DMD 芯片都将失效,因为即使一个单元失效以及无响应的像素存在,用户也是不会忍受的。由于 DMD 使用振动频率来实现灰度,典型的微镜将在其寿命内(几千小时)高频(kHz)振荡。DLP 产品证明可以通过适当的材料工程、设计以及封装来实现高成品率。

与目前使用的叠复式透射 LCD 投影相比,DLP 具有以下优点:更高的像素填充因子,更高的亮度、灰度和对比度,光利用效率高,对比度和色彩平衡的长期稳定性好等。必须指出,一种 MEMS 产品如 DLP 的成功并不是突如其来的,它是长期投入和开发的结果。实际上,DLP 是在一些公司早期研发一系列失败的基础上,经过 20 年左右的持续研发才获得成功的。

目前,基于 MEMS 的超轻便型数字显示系统正逐步实现小型化以适合用于掌上或者手机当中。而且,数字微镜不仅仅用于图像投影,这项技术正在用于快速无掩膜光刻,以节省制作掩膜的成本[54];通过光阵列辅助合成,它也可以用于 DNA 阵列的原位柔性制造[55]。先进的光学扫描微镜阵列，例如可以连续旋转角度、移动范围大、多自由度的微镜阵列，已经用于光通信领域。

在20世纪90年代，还研发了其他种类繁多的MEMS器件。表1-1总结了几类MEMS分支及其关键的技术驱动因素。

表1-1　MEMS技术的典型应用

研究领域	技术驱动
光MEMS	机械、电子、光单片集成 独特的空间和波长可调性 高效率的光装配和改进的对准精度
生物MEMS	小型化(创伤小和与生物体的尺寸匹配) 物理尺寸小、创伤小的医疗器件多功能集成
微流控器件(片上实验室或微全分析系统) (详见第13章)	减少样品、试剂用量及相应的成本 并行和组合分析的可能性 小型化、自动化、便携式
RF MEMS	固态RF集成电路器件所不具有的特性 有源、无源器件与电路的直接集成
纳电子机械系统(NEMS)	尺寸减小带来的独特物理性质(如极低的质量和超高的谐振频率) 在某些检测实例中得到了极高的灵敏度和选择性

20世纪90年代后期，光MEMS发展迅速。世界各地的研究人员竞先开发微光机电系统(MOEMS)和器件，希望能将二元光学透镜(图1-4a)、衍射光栅(图1-4b)、可调光微镜(图1-4c)、干涉滤波器、相位调制器等部件应用到光学显示、自适应光学系统、可调滤波器、气体光谱分析仪和路由器等应用领域[56]。由于互联网和无线个人通信的迅速发展所导致的通信带宽瓶颈，光MEMS大规模商业化研究开展得如火如荼。自由空间动态路由纤维束之间的光互联是当时许多研究者和公司关注的焦点。利用如图1-4c所示的微加工光开关，光信号可以由某一光纤直接接入到作为信号接收端的另一光纤，不涉及电信号，也避免了信号转换环节。大量有独创性的工程技术催生了一些新的执行器和加工技术。虽然成功地开发了许多产品，但是能够大规模生产和应用的产品却很少，这给我们将来开发MEMS技术和高技术产业化提供了一个很好的经验[57]。光MEMS将在在线补充章节中详细介绍。

生物MEMS包括生物学研究、医疗方面相关研究、健康监测和保健产品、医疗诊断、治疗、康复和临床介入等方面的MEMS研究和应用。典型的应用包括实时DNA序列识别(例如，Cepheid公司的GeneXpert系统[58])、点护理血液检查(例如，Abbott实验室i-STAT系统)、神经探针[59]、视网膜植入[60]、耳蜗植入、嵌入式生理传感器、药物传送芯片以及含有传感器的智能手术工具等。

生物MEMS应用的一个极好例子是药物注射针头阵列。这种针头的尺寸(尤其是针头的高度)可以精确控制。传统的

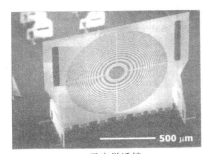

a) 二元光学透镜

b) 垂直衍射光栅

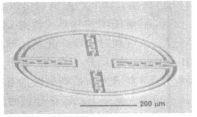

c) 双轴扫描微镜

图1-4　微机械加工的光学元件

药物注射会产生疼痛是因为针头的针尖部分已经刺入到具有大量神经末梢的皮肤组织层。该皮肤组织层处于皮肤表面下大约 $50 \sim 70 \mu m$。如果采用小于这个尺寸的针头，那么药物注射可以在没有神经末梢的皮下层完成，这样病人就不会感觉到疼痛[61~65]。

　　MEMS 技术也使微流控系统和集成生物/化学处理器成为可能，这些微流控系统和集成生物/化学处理器可以用做点护理医疗诊断和分布式环境监测器件的自动化和小型化传感器[58]。例如，有一种微流控芯片，用于牛成熟胚胎的细胞处理、加工、筛选以及存储[66]。以前这类精密的操作都采用手工方式，这种方式既枯燥又容易出错，导致操作和产品成本高、质量下降，而且容易产生浪费。微流控工作站可以对单个细胞进行一系列复杂和精密的操作。在如图 1-5 所示的系统中，可以利用气动压力而不是直接使用探针去完成移动与保持细胞等操作。这样可以提高速度和效率，并且减小细胞损伤的几率。关于微流控 MEMS 的原理及研究现状将在第 14 章中详细介绍。

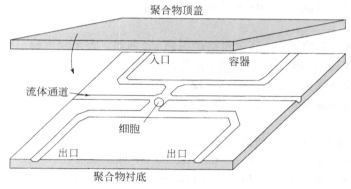

图 1-5　集成化细胞处理芯片

　　MEMS 技术也为射频通信芯片等集成电路提供了元器件，如微加工继电器、可变电容器、微集成电感和螺线管线圈、谐振器、滤波器以及天线（如图 1-6 所示）。这方面更深入的讨论请参照参考文献[67]。

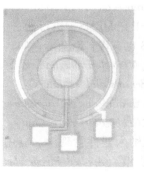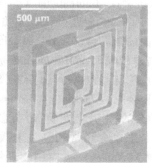

图 1-6　微加工可调电容和电感

1.1.3　从 2002 年到现在

　　MEMS 技术进入了更加活跃的时期，强大可持续发展的 MEMS 工业体系已经形成。2006 年，MEMS 技术创造的年销售额中，HP 公司的喷墨打印机为 5 亿美元，Epson 公司和 Lexmark 公司的喷墨打印机为 6 亿美元，Texas Instruments 公司的 DLP 为 9 亿美元，Analog Devices 公司的传感器为 1.5 亿美元，Freescale Semiconductor 公司的压力传感器以及加速度计为 2 亿美元。

纵观 MEMS 领域至今的短暂发展历史，汽车产业、医疗及健康监护行业、显示技术/娱乐行业、通信产业、手机产业的需求以及后来的游戏机和个人电子消费品促进了 MEMS 产业的巨大发展。自 2005 年以来，MEMS 商业化的进展以及相关的各种活动显著增加，部分归因于新消费市场的扩展，例如手机、掌上智能电子产品、交互式电子产品和游戏机、电子阅读以及医疗相关产品。2000 年之后许多公司推出的产品取得了成功。早期取得成果的公司继续进步，与此同时，一些新公司及其产品也受到了人们的关注，并在交易所成功上市（如美国 NASDAQ、法国 PAR）。其中包括 MEMSIC 公司和 STMicroelectronics 公司的加速度计，InvenSense 公司的陀螺仪，SiTime 公司、Discera 公司以及以前的 Silicon Clock 公司的谐振器，Knowles 公司的声传感器，Dust Network 公司的无线传感器，eInk 公司的电子纸显示以及一些医疗产品，例如胶囊内窥镜（中国重庆金山公司）。生产执行器的公司（例如，Siimple 公司的自动聚焦镜头和 Qualcomm Mirasol 公司的显示器）也取得了重大的进步。除此之外，许多像 Sony、GE、Honeywell、TRW、Qualcomm、Omron 等这样的大公司已经具有活跃的 MEMS 产品开发组。包括一些传统产品公司在内的一些公司也提供代加工服务。

MEMS 研究进入了新的领域，其中包括能源领域（例如，太阳能电池、微型电池[68，69]、微型燃料电池、能量收集[70，71]、智能电网管理）、谐振器、手机元件（其中包括微麦克风、显示器、投影仪、自动聚焦镜头）、医疗诊断[72，73]和治疗、无线传感网络等。

MEMS 的研究群体也发展迅速，每年都会举办几个重要的国际会议。其中最有知名度的国际会议是：
- 国际固态传感器、执行器和微系统会议（the IEEE International Conference on Solid-state Sensors，Actuators，and Microsystems，the Transducers conference）。
- 国际微机电系统年会（the IEEE Annual International Conference on Microeletromechanical Systems，the MEMS conference）。
- 欧洲传感器会议（the Eurosensors Conference）。
- 隔年在 Hilton Head Island，SC 召开的国际固态传感器、执行器和微系统研讨会（the IEEE Workshop on Solid-State Sensors，Actuators，and Systems）。
- 国际微全分析系统会议（International Conference on Micro Total Analysis，或者称 µTAS）。

在世界各地还有许多 MEMS 专题会议，如关于光 MEMS、执行器、生物 MEMS、MEMS 商业化的专题会议。除了上面的国际会议之外，MEMS 也有许多新杂志，如：
- 《微机电系统杂志》（IEEE/ASME Journal of Microelectromechanical Systems）。
- 爱思唯尔公司的《传感器和执行器》杂志（Sensors and Actuators）。
- 《微机械与微工程杂志》（Journal of Micromechanics and Microengineering）。
- 英国皇家化学学会的《芯片上实验室》杂志（Laboratory-on-a-Chip）。

此外，下面的几种杂志也会经常刊登关于微纳米器件物理学、应用和加工技术的文章：如《科学》（Science）、《自然》（Nature）、《应用物理快报》（Applied Physics Letters）、《应用物理杂志》（Journal of Applied Physics）、《纳米快报》（Nano Letters）、Small、《分析化学》（Analytical Chemistry）、《朗缪尔》（Langmuir）以及其他一些期刊。

1.1.4 未来发展趋势

在未来 10 年里，MEMS 的研究领域有望继续突飞猛进。极有可能取得巨大进展的几个方向为：

1）应用更为广泛。为了满足各种应用的需要，MEMS 器件的功能将更具多样性，其中包括低产量工业应用以及高产量消费应用。传感器应用技术将继续发展，这类产品有机器人、医疗设备、虚拟现实系统、执行器以及显示器，这些将成为新兴产业当中的竞争者。

2）快速而复杂的系统设计将成为现实。MEMS 设计方法和关键技术逐渐成熟，而设计的复杂度将继续增加。现代设计和仿真工具可以在一定时间内完成复杂的设计，且具有较高精度，而 MEMS 设计能力将会减慢其上市时间。

3）电子功能集成继续发展。MEMS 器件将从电路集成中受益，即把电子、逻辑、计算和决策等功能与机械器件集成在一起。

4）制造和生产 MEMS 产品的能力继续增强。MEMS 加工的方法和设备更加成熟，代加工能力稳步提升，真正的无生产线 MEMS 发展模式将成为可能。封装技术将决定 MEMS 设计方案。

5）MEMS 生产将转到更大的圆片。

6）竞争更加激烈。由于 MEMS 产品将逐步实现更多的功能、小型化以及低成本，对现有产品形成了挑战或产生新的应用，因此竞争将更加激烈，并会刺激创新。

1.2　MEMS 的本质特征

毫无疑问，MEMS 将来会不断有新的应用领域。技术发展和商业化的原因有时候并不完全相同。然而，MEMS 器件和微加工技术具有三个优点，即小型化（miniaturization）、微电子集成（microelectronics integration）及高精度的并行制造（parallel fabrication with high precision）。MEMS 产品以多功能、小尺寸、独特的性能（例如，速度快）以及低成本等特点在市场上具有竞争力。深入研究 MEMS 的同学，需要明白这三个优点不可能自动地导入产品并产生市场优势，需要理解这三个要素之间的复杂关系，才能完全释放 MEMS 技术的能力。

1.2.1　小型化

典型 MEMS 器件的长度尺寸在 $1\mu m \sim 1cm$。（当然，MEMS 器件阵列或整个 MEMS 系统的尺寸会大得多。）小尺寸能够实现柔性支撑、带来高谐振频率、高灵敏度、低热惯性等很多优点。例如，微加工器件的热传递速度通常很快，喷墨打印机喷嘴的喷墨时间常数大约为 $20\mu s$。在生物医学应用中，小尺寸使得 MEMS 器件不容易损伤生物体（如神经探针）。小型化也意味着 MEMS 器件可以无干扰地集成到关键系统当中，比如便携式电子产品、医疗器械以及植入器件（如胶囊内窥镜）。从实际的角度来讲，器件越小使得在晶片上集成的器件数目越多，经济收益越好。因此 MEMS 器件的价格与小型化的程度呈正比例关系。

然而，不是所有东西小型化之后性能都会变得更好。有些物理效应，当器件尺寸变小以后，性能可能会变得很差。与之相反，有些对于宏观范围内器件可忽略的物理效应，在微观尺寸范围内会突然变得突出，这称为比例尺度定律。这个定律可以有效解释物理学在不同尺寸下的作用规律。例如，跳蚤可以跳过自身高度的几十倍，而大象则根本不能跳，尽管大象的体重比跳蚤重得多。

严格的比例尺度定律分析始于定义所要研究器件的特征长度（记作 L）。如悬臂梁的长度或圆形膜的直径都可以作为各自的特征尺寸 L，而假设其他的物理尺寸都以 L 的固定倍数放大或缩小。

所要研究的性能指标，如悬臂梁的刚度或薄膜的谐振频率，可以表示为特征长度 L 的函数，其他的尺寸相关项可以表示为 L 的分数或乘积。然后简化表达式，可以得到特征长度 L 对所研究性能的总体影响。

例题1.1　（**弹性常数的比例尺度定律**）　悬臂梁的刚度是用它的弹性常数来定义的，请推导悬臂梁刚度的比例尺度定律，定义悬臂梁的长、宽、高分别为 l、w 和 t。

解：题目需要求解的是悬臂梁的弹性常数。在小位移范围内，悬臂梁弹性常数的表达式为：

$$k = \frac{Ewt^3}{4l^3} \qquad (1\text{-}1)$$

式中 E 是杨氏模量，它是与尺寸无关的材料参数（第3章将介绍这个公式的推导过程）。如果将 l、w 和 t 分别表示为 L、αL 和 βL，且 α 和 β 是常数，那么公式(1-1)可以写为：

$$k = C\frac{EL^4}{4L^3} \propto L \qquad (1\text{-}2)$$

式中的 C 是一个比例因子常数，$C = \alpha\beta^3$。悬臂梁的比例尺度分析表明，其弹性常数随着悬臂梁尺寸减小而变小。

例题1.2（**面积与体积比的比例尺度定律**） 请推导立方体的表面积与体积比的比例尺度定律，讨论其结果对 MEMS 设计的意义。

解：较为方便的方法是定义立方体的边长为特征长度，记为 L。那么立方体的体积为 L^3，其总的表面积为 $6L^2$。因而表面积与体积比为：

$$\frac{\text{表面积}}{\text{体积}} \propto \frac{L^2}{L^3} = \frac{1}{L} \qquad (1\text{-}3)$$

公式(1-3)表明边长 L 越小，表面积与体积比越大。这对任意的三维结构都成立，它对微尺度器件设计有指导意义。范德华力、摩擦力、表面张力等表面力对微尺度器件的行为有重要影响，反而重力等与体积相关的力变得不那么重要了。

在许多情况下，同时评估几个不同性能的比例尺度非常重要，这样才能在尺寸缩小时，利用尺度性能的综合方案，得到总体性能上的优点。例如，对于 Analog Devices 公司的加速度传感器，下面的几个关键性能都会随着尺寸的变化而发生改变：支撑梁的弹性常数（与灵敏度有关）、支撑梁的谐振频率（与带宽有关）以及总电容值（与灵敏度有关）。小型化可以使支撑梁的刚度更小、谐振频率更高且带宽更宽，但这同时会减小电容值，使得接口电路变得复杂（因为要读取非常小的信号）。

近几年，人们已经开始研究特征尺寸在 $1\mathrm{nm} \sim 1\mu\mathrm{m}$ 的机电器件，以探索传统 MEMS 尺寸进一步减小后的尺度效应[74, 75]。这类器件和系统称为**纳机电系统**或 NEMS。很多 NEMS 器件都是采用纳米结构组装技术制备的，如纳米管[75, 76]、纳米加工元件[77]。目前利用光刻图形化的纳机械悬臂梁，制备了高频 NEMS 谐振器和滤波器[78, 79]。例如，谐振频率达到 $1.35\mathrm{GHz}$、品质因子大约为 $20\,000 \sim 50\,000$ 的 NEMS 机械谐振器已用来验证海森堡测不准原理所施加的基本量子力学极限[80]。

1.2.2 微电子集成

电路可以用来处理传感信号，提供功率及控制，改善信号品质或与控制/计算机电路接口。如今 MEMS 产品具有计算、上网以及决策能力。把微机械器件与电路集成并把组合系统作为一个产品推出，这样就可以在竞争激烈的市场中取得显著优势。

MEMS 最独特的特点之一是可以将机械传感器和执行器与处理电路及控制电路同时集成在同一块芯片上。这种集成形式称为**单片集成**，即应用整片衬底的加工流程，将不同部件集成在单片衬底上。

虽然不是所有的 MEMS 器件都要采用单片集成的方式，但集成电路的机械元件单片集成方式已经促成了多种 MEMS 产品商业化，如 Analog Devices 公司的加速度传感器、数字光处理器以及喷墨头。单片集成不包括混合组装方法，例如单个部件的机器人取放或手动操作。由于尺寸及位置精度由光刻技术保证，通过减小信号路径的长度以及减小噪声，单片集成改善了信号的质量。电路单片集成是实现大面积、高密度传感器和执行器阵列寻址的唯一方法。例如，对于数字光处理器，每个微镜都由集成在其下方的 CMOS 逻辑电路控制。如果没有片上集成电路，那么是不可能对如此大面积、高密度阵列中的每个微镜实现寻址的。

然而，单片集成从工艺设计的角度很具挑战性。集成与封装部分将在第 2 章中详细介绍。

1.2.3　高精度的并行制造

MEMS 加工技术可以高精度地加工二维、三维微结构，而采用传统的机械加工技术不能重复、高效、低成本地加工这些微结构。结合光刻技术，MEMS 技术可以加工独特的三维结构，比如倒金字塔状的孔腔、高深宽比的沟道、穿透衬底的孔、悬臂梁和薄膜。采用传统的机械加工和制造技术制备这些结构难度大、效率低。

MEMS 和微电子不同于传统机械加工，这是因为多份相同的芯片制造在同一个圆片上（见第 2 章），这将减小单个的成本。现代光刻系统和光刻技术可以很好地定义结构，整片工艺的一致性好、批量制造的重复性也非常好。

1.3　器件：传感器和执行器

1.3.1　能量域和换能器

MEMS 技术带来了传感器和执行器的革命性变化。一般来说，传感器是用来探测和监测物理化学现象的器件，而执行器是用来产生机械运动、力和扭矩的器件。敏感可以定义为能量转换过程所产生的感知，而执行可以定义为能量转换过程所产生的运动。

传感器和执行器统称为换能器，换能器可以实现信号和能量由一种能量转变为另一种能量。比较受关注的能域主要有六个：1）电能（E）；2）机械能（Mec）；3）化学能（C）；4）辐射能（R）；5）磁能（Mag）；6）热能（T）。图 1-7 总结了一些常见的能域以及这些能域中经常用到的参数。一个系统中的总能量可能由几个不同的能量域组成，同时，在不同的环境条件下，这些能量可以在各能域之间转换。

通常传感器可以转换不同能域的激励信号，这样我们才能够检测到这些信号，另外传感器可以将激励信号转换成电能，这样这些信号才能跟控制器、记录仪或者计算机接口。例如，热偶温度传感器将热信号（温度）转换成电信号（例如电压），这样就可以利用电路读取信号。通常情况下，并不限于一种传感原理实现某一换能目的。例如电阻值变化、液体体积膨胀、物体的辐射功率增大、工业染料的颜色变化、谐振梁的谐振频率变化、更强的化学反应活性等都可以用于探测温度变化。关于这方面的更多讨论请参考第 5 章。

对于某些特殊的传感器和执行过程来说，能量转换途径不一定仅仅涉及两种能域。实际上，能量转换途径可能涉及多种能域。直接转换的途径涉及能域最少，但它不一定就是最简单的器件，成本不一定最低，也不见得性能就更好。

能量和信号转换涉及大量的研发活动，它目前仍是重要的创新源泉。发现并实现高效率、高灵敏度和低成本的传感原理，已经超越了科学研究和技术发明之间的鸿沟。由于很多传感方式可以采用多种方法实现，或者直接获取（从一种能量转换成另一种能量），或者间接获取（通过利用中介的能量形式）。本质上，对于某个传感器和执行过程来说，可能有无数种能量转换途径。每一种转换途径会要求不同的敏感材料、加工方法以及结构设计，而灵敏度、响应时间、温度稳定性、交叉灵敏度以及生产成本等也会有所不同。一项研究必须综合考虑性能、成本、加工难易程度、结构稳固性以及现在越来越看重的知识产权等方面。

传感器和执行器的研发可以带来丰富的研究经验。为了满足某一特殊应用的要求，发明新的传感原理会涉及选择或发明能量转换途径、器件设计以及加工方法，并采用简单的能量转换材料、高性能、低成本的加工方法。下面探讨几个传感器方面的特殊例子，来说明这方面研究的内容丰富，以及研发过程中鼓舞人心的体验。在很多情况下，新的传感方法都会导致新器件的诞生，且会带来产品商业化的机会。

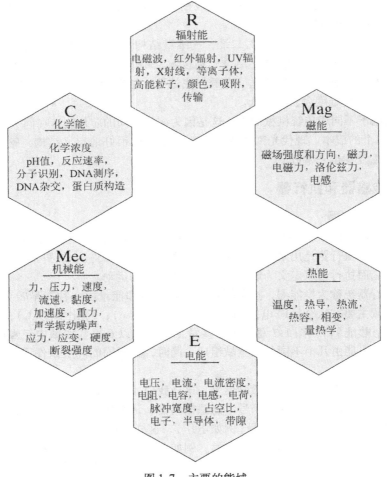

图 1-7　主要的能域

1）加速度传感（Mec→E 转换）：有很多方法可以使加速度信号敏感。悬臂梁支撑的微加工质量块，在有加速度时，会受到惯性力的影响，该力会使质量块产生一定的位移，该位移可以用压敏电阻测得。压敏电阻的电阻值会随着应力发生改变（Mec→E）。此外，该位移也可以采用电容测量的方法测得（Mec→E）。Analog Devices 公司的加速度传感器就是采用电容传感原理的。上面两种方法都利用了可动的质量块。能够设计出没有可动部件的加速度传感器吗？答案是肯定的。下面将举例说明。惯性力会使加热后的流体产生移动，这种位移可以利用温度传感器测得（Mec→T→E）[46]。利用空气流动的热传感不如电容传感方式好，但是基于热传感原理的加速度传感器的加工工艺与集成电路的加工工艺完全兼容。MEMSIC 公司生产的低成本加速度传感器就是基于热传感原理的，这种加速度传感器主要用于一些灵敏度要求不高的领域（第 5 章将对此做更深入的探讨）。由于不需要可动部件，那么也就无需考虑机械可靠性，并与批量化微电子代工厂工艺兼容，大大减少了上市的时间。

2）嗅觉传感（C→E 转换）：对于嗅觉或有关环境监测的特定分子，我们可以通过多种方法获知它们是否存在和浓度大小。碳基材料可以吸附表面声波器件传输通道中的某些分子，一旦发生吸附，器件的电阻率就会发生改变（C→E 直接转换），同时也会改变器件的机械特性，如表面声波传输频率（C→M→E）。然而，这些方法需要用到复杂的电路或者算法。人们希望发展更为简单、直观的嗅觉传感器。化学分子的结合可以改变某些特别设计的化合物颜色，利用廉价的光敏二极管可以检测到这种颜色的变化（C→R→E 转换）[81]，或者直接用肉眼观察颜色的改变（C→R）。ChemSensing 公司目前正在生产这种嗅觉传感器。

3）DNA 序列识别（C→E 转换）：DNA 分子由碱基对链构成，组成 DNA 的碱基共有 A、C、G、T 四种。DNA 链中碱基对的序列决定了合成蛋白质的密码。快速、精确、廉价的破译碱基对制药和医疗方面的应用非常关键[82]。通过 DNA 分子的结合或杂交，有许多新颖的方法可以测定 DNA 序列。某些 DNA 分子可以与化学荧光示踪（标记）结合在一起，当某个 DNA 分子链与另一个 DNA 分子链发生结合时，会发出或明或暗的荧光。从目前大多数的应用情况来看，化学结合在转换成电信号之前，都会先转换成光信号（C→R→E 转换）。通常用高功率的荧光显微镜来捕捉荧光图像。

然而，荧光成像要求高精度的显微镜，不适合于便携式应用领域。据报道，当 DNA 分子吸附到金的纳米粒子后，DNA 分子就会通过金粒子聚合发生杂交，从而导致光反射率发生变化（C→R→E）[83]，或者电阻率发生变化（C→E）[84]。与荧光方法相比，这种探测方法具有更高的灵敏度及更好的选择性，同时，这种方法也不需采用笨重的荧光成像仪器。因此，可以实现小型化和遥控使用。这一原理是 Nanosphere 公司的技术基础。

1.3.2　传感器考虑

传感器可以分为两类：物理传感器和化学/生物传感器。物理传感器用来测量力、加速度、压力、温度、流速、声波振动和磁场强度等物理量。生化传感器用来测量化学和生物量，如化学物质的浓度、pH 值，生物分子的结合强度以及蛋白质与蛋白质间的相互作用等。

本书中主要讨论物理传感器，介绍一些广泛应用的传感原理，如静电学、压阻效应、压电效应、热阻效应和双层片热弯曲等。第 4、5、6、7 及 9 章将分别详细介绍这些原理。

可能有很多传感原理都可以实现某种应用。一般来说，传感器研发者必须根据性能要求的不同来确立不同的能量转换途径和设计[85]。下面总结了传感器一些重要的特性：

1）灵敏度。灵敏度定义为输出信号与输入激励之间的比值。必须注意，灵敏度是输入激励幅值和频率、温度、偏置电压以及其他变量的函数。当使用电信号放大时，一定要注意区分信号放大前和放大后的灵敏度值。

2）线性度。如果输出信号随着输入信号的变化成比例地变化，就说明响应是线性的。线性的响应可以降低信号处理电路的复杂度。

3）准确度。准确度指传感器使得输出结果接近真实值的能力。

4）精确度。精确度指在相同条件下重复测量同一个变量，传感器给出同样结果的能力。重复性是器件在短时间内的精确度，而再现性是器件在长时间内的精确度。

5）响应特性或者分辨率。它也叫做检测极限或者最小检测信号（MDS），表示一个传感器可以检测到的最小信号。通常来讲，分辨率主要受转换元件以及电路中噪声的限制。

6）噪声。噪声会使一个理想信号变模糊。噪声本身也可以是另一种信号（干扰），但是我们通常所指的噪声是用来描述物理随机噪声的，如热噪声。干涉噪声可以采用电子屏蔽等方法校正或者消除，但随机噪声却是普遍存在的，它有着众多的基本来源。噪声也可以来自于电路。电路中的放大器、电阻、电容和电感都会以各自特有的方式产生噪声。

7）动态范围。动态范围是指可测得的最高信号水平和最低信号水平之间的比值。在很多应用中都要求有较大的动态范围。

8）带宽。可以测量快速变化信号的传感器的带宽，对于常量和时变信号，传感器会有不同的响应。通常，传感器很难响应频率非常高的信号。有效响应的频率范围称为带宽。

9）漂移。由于材料的机械和电学性质会随时间发生变化，故传感器的响应特性就会发生漂移。漂移较大的传感器不能有效地测量缓慢变化的信号，如检测结构的应力随时间的变化。

10）传感器的可靠性。传感器的性能会随时间发生改变，特别是在恶劣的环境条件下。军用传感器必须满足军用标准（MIL-SPEC）。这类用途的传感器要求在比较宽的温度范围内（ $-55℃$ ~ $105℃$ ）达到规定的可靠性和可信度。目前许多产业界已经建立了很多传感器使用指南和标准。

11）串扰或干扰。用来测量某一变量的传感器可能对另一物理变量也敏感。例如，应变传感器可能对温度和湿度具有一定的灵敏度。用于测量某一特定方向加速度的加速度传感器，可能会对垂直方向的加速度产生一定的响应。在实际应用中，需要将传感器的干扰降低到最小。对环境温度变化的灵敏度，是传感器设计中的一个重点，在大部分情况下，应将其降到最小。

12）开发成本和时间。研究者都希望降低传感器开发成本、缩短开发时间。快速的市场化时间，对于那些针对某种特殊需求开发的商业化传感器非常重要。许多取得商业化成功的传感器都经过了很长时间的研发，耗费了数百万美元的成本。将 MEMS 传感器的开发成本和开发时间减少到目前专用集成电路（ASIC）的水平是非常有吸引力的。

1.3.3　传感器噪声及设计复杂性

许多传感器性能标准需要满足具体的产品。然而，通常很难同时提高所有的性能特征。

噪声对于很多领域都有密切联系，其中包括统计学、热力学以及实际测量科学。MEMS 当中的噪声主要归为以下三类：电噪声、机械噪声和电路中的噪声。MEMS 传感器中，电噪声主要来源于 Johnson 噪声、散粒噪声以及 1/f 噪声。

1）Johnson 噪声即白噪声，它表现为由于内部电子或粒子随机性热涨落所产生的电阻开路电压，也称为热噪声和 Nyquist 噪声。Johnson 噪声的 RMS 值定义为 $V_{noise} = \sqrt{4kTRB}$ ，式中 k、T、R 和 B 分别是波尔兹曼常数、绝对温度、电阻值和单位为 Hz 的带宽。等效的噪声电流为 V_{noise}/R。Johnson 噪声的幅值分布服从高斯分布。热噪声存在于所有的电阻中。用带宽将 Johnson 噪声图归一化，得到所谓的噪声谱 $\sqrt{4kTR}$ ，单位为 V/$\sqrt{Hz}$。

2）散粒噪声，是另一种高斯分布的白噪声。它来源于电荷不连续传输导致的电流量子随机涨落。散粒噪声可以表示为 $I_{noise} = \sqrt{2qI_{dc}B}$ ，式中 q、I_{dc} 和 B 分别是电荷、直流电压和测量带宽，单位为 Hz。需要注意的是，散粒噪声不适用于纯电阻。

3）1/f 噪声，也称为闪烁噪声或粉噪声。它是由电流流过界面（通常为半导体材料）时的电导率随机涨落产生的。电流的波动来源于界面态电荷的充放电。顾名思义，1/f 噪声与频率谱有关。之所以称为粉噪声，是因为当物体具有 1/f 光发射谱时，人们的视觉感官会呈现出粉色。1/f 噪声的一个主要来源为 Hooge 噪声，在给定频率 f 下，其功率谱值为 $\alpha V_B^2/Nf$ ，式中 V_B 表示载流子总数为 N 的电阻上的偏置电压，α 为无单位的常数。1/f 噪声与载流子总数有关，因此也与电阻的体积有关。碳电阻、压阻以及场效应晶体管都具有 1/f 噪声，而金属膜电阻却没有。可以通过优化传感器设计来减小 1/f 噪声[86]。

对于很多可动的 MEMS 传感器来说（如加速度传感器和压力传感器）热 - 机械本底噪声是除热噪声源之外另一个重要的噪声来源。热 - 机械噪声是由微结构周围的气体分子由于布朗运动与微结构产生机械碰撞，导致微结构振动而产生的[87]。

作用在物体上的等效热 - 机械力为 $<F> = \sqrt{4kTcB}$ ，式中 c 为机械单元的阻尼系数[88, 89]。在流动媒介（如空气）中，物体会受到阻尼系数的影响。气体的压强越小，则阻尼系数越小，产生的热噪声越小。

MEMS 设计在即使不考虑材料和加工方法时也是非常复杂的。传感器的许多性能参数是相关的，如灵敏度、带宽以及噪声，这就使得设计更加复杂。下面将列举一个简单易懂的例子来说明这点。设想我们在制作一个加速度计，物体上的加速度使得物体在移动。对于这样一个器件，希望的产品参数是很宽的频率响应范围（B）。这就意味着可以通过降低物体的质量或者提高弹性常数来获得高的谐振频率。然而，这样会导致加速度计灵敏度的降低（因为质量的减小和弹性常数的加大）以及噪声的增加（因为 B 值增大）。在加速度计的典型设计中，弹簧是由带有掺杂压阻的硅梁制成的。压阻的尺寸、掺杂程度、灵敏度以及噪声都是紧密相关的[90]。为了提高压阻效应，可以减少硅掺杂的浓度。然而，这使得灵敏度更易受周围环境温度变化的影响，同时也增加了电阻的大小，噪声也提高了。

制作成功的 MEMS 器件最具挑战也最有意义的是，解决诸如材料、加工、机械设计、电学设计等问题，并可以将器件的功能、性能、可靠性以及成本实现最优化。

1.3.4　执行器考虑

执行器通常是将能量由非机械能的形式转换为机械能的形式。对于实现某一特定的执行器驱动，可能会有多种能量转换机制。例如，我们可以利用静电力、磁力、压电或热膨胀来产生机械运动。第 4、5、7、8 章将介绍 MEMS 领域经常用到的一些执行方法。表 1-2 简要地总结了一些基本的执行器驱动方式。

表 1-2　执行器驱动方式比较

驱动方式	基本过程	备注
静电驱动	电场作用于感应电荷或永久电荷时产生力	电极必须是导体
磁驱动	磁畴与外部磁力线作用产生力矩和力	要求导磁材料和磁源（螺线管或永磁体）
热双层片驱动	由于温度变化使得至少两种材料产生不同体积的膨胀	要求材料的热膨胀系数不同
压电驱动	加电场后材料的尺寸改变	要求采用高性能的压电材料

另外还有很多其他的执行器驱动方式：如气动力[91, 92]、形变记忆合金[93～96]、热膨胀[97]、相变[98]、电化学反应[99]、能源燃烧[100～102]以及运动液体的摩擦阻力[103]。微结构还可以与介观驱动器耦合在一起，如联锁机械装置[104]。

下面是在执行器设计和选择过程中需要考虑的一些标准：

1）扭矩和力的输出能力。执行器必须要为所执行的驱动任务提供足够大的力或扭矩。例如，用于反射光子的光学微镜阵列，由于光子非常轻，因此微镜执行器只需要提供非常小的力就满足要求了。但是在很多情况下，微执行器要与流体（空气和水等）相互作用，那么这些执行器必须能够提供足够大的力和功率才能达到预期的效果。

2）位移范围。在一定条件和功耗情况下，执行器能产生的直线位移和角位移量是重要的参数。例如，数字光处理器微镜阵列要求在 15°范围内转动。用于动态路由的光开关需要高达 30°～45°的角位移。

3）动态响应速度和带宽。微执行器必须能够提供足够快的响应。从执行器控制的观点来看，微执行器件的本征谐振频率应该大于系统的最大振动频率。

4）材料来源及加工的难易程度。为了减少 MEMS 执行器的成本，可以采用两种策略：一种是减少材料的成本和加工时间；另一种是提高每一加工步骤的成品率，以使得每一批加工产品含有更多的功能单元。

5）功耗和能量转换效率。很多微执行器都将用于小型移动系统平台。这类系统的总功率通常都非常有限。在这个领域以及其他的 MEMS 应用领域，都希望使用低功耗的执行器，以延长系统的持续工作时间。

6）作为驱动偏置函数的线性位移。如果位移随输入功率或输入电压变化而线性变化，那么微执行器的控制就会变得非常简单。

7）交叉灵敏度和环境稳定性。执行器必须长时间性能稳定，具有抗温度变化、抗吸附水汽、抗机械蠕变的能力。长期稳定性对于确保执行器产品商业化成功，以及在商业竞争中保持优势极为重要。机械元件可能会在非目标轴方向上产生位移、力或扭矩。

8）芯片占用面积。执行器的芯片占用面积是指执行器所占用的芯片总面积。在高密度的执行器阵列中，单个执行器所占用的芯片面积大小是需要重点考虑的。

1.4 总结

下面列出了本章的一些重要的概念、事实、技术，读者可以根据下面列出的各点来检测自己理解了多少。

定性理解与概念：

1）微电子工业与 MEMS 的关系。

2）几种主要的商业化 MEMS 器件及其相对于同类竞争产品的优点。

3）加速度传感器、数字光处理器以及喷嘴等几种商业化 MEMS 器件的基本原理。

4）能量转换过程涉及的几个主要能域。

5）换能器通路以及敏感与执行路径的选择。

6）传感器开发过程中要考虑的几个重要问题。

7）传感器噪声的主要来源及这些噪声与温度和测量带宽等参数之间的关系。

8）执行器开发过程中要考虑的几个重要问题。

定量理解与技能：

1）比例尺度定律的分析过程。

2）传感器噪声的分析过程。

3）能够建立和设计换能器路径以及分析其相对优点。

4）能够找出工业化产品的性能表格并综合分析其性能。

习题

1.1 节

习题 1.1 综述

阅读 Kurt Petersen 所写的"*Silicon as a mechanical material*"这篇文章的第 I、II、IV、VI、VIII 小节 [11]。文章可以在图书馆找到，也可以在网上查找。

习题 1.2 综述

在学校图书馆查找或在网上搜索下列 MEMS 专业期刊和会议：1）*Sensors and Actuators*（*S&A*）；2）*IEEE Annual International Conference on Microeletromechanical Systems*；3）*IEEE/ASME Journal of Microelectromechanical Systems*；4）*Journal of Micromechanics and Microengineering*。

这些期刊和会议论文集对于更深入地了解本书未涉及的 MEMS 领域知识很有帮助。因此，找到这些资源的出处非常重要。

选择某个 MEMS 的研究方向，然后从上面提到的这些资源库中选出 5 篇论文。这 5 篇论文必须来源于至少两个不同的资源库，而且，这些论文的出版年月跨度应该不少于 5 年。

写一份长达 2 页的总结（单倍行距），比较这 5 篇论文的内容。用以下格式总结这 5 篇参考文献：作者，论文题目，刊名，卷号，页码以及出版年份。比较这 5 篇论文的技术要点，并说明 5 篇文章相互之间有何联系。可以比较已报道的 5 种器件的特点、加工技术或者加工技术的复杂度。也可从性能、成本、可靠性以及实用化等方面比较 MEMS 与其他竞争技术的优点。

习题 1.3　综述

搜索 MEMS 领域相关电子期刊的在线文档资源。编出下列期刊的书签：*Science*、*Nature*、*Applied Physics Letters*、*Journal of Applied Physics*、*Proceedings of the National Academy of Science*、*Nano Letters*、*Langmuir*、*Bio-medical Microdevices*（Kluwer）、*Lab on a Chip*（英国皇家化学学会）。这些杂志上经常发表有关微加工、MEMS 和纳米技术的论文。

习题 1.4　综述

运用网络搜索工具，查找开展 MEMS 研究项目的 10 个大学研究团队，要求至少有 5 个团队不是来自你所在的洲或国家。从这 10 个研究团队中选择 4 个研究团队，并阅读这 4 个团队最近几年发表的期刊论文。用三四句话总结这些工作的重要性和特点。将这个结果，包括 10 个大学研究团队的链接地址，发送给你的老师。

习题 1.5　综述

贝尔实验室的研究者在硅器件领域作出了重大的贡献，例如 PN 结（Russell Ohl，1939），晶体管（Bardeen，Brattain，Shockley，et al.，1947），以及硅的压阻效应（Smith，1954）。对贝尔实验室的发明历史进行研究，列出至少 15 项贝尔实验室对科技与人类社会意义深远的发明。

习题 1.6　思考

人类使用电已经有至少两百年的历史了。写一份两页的文档，总结从 1800 年开始在电气与电子系统方面的主要发现与发明。（建议：可以写主要发现的现象、关键的新器件、发明的产品。）列出每个发明的年份、作者、所属组织（如果有的话）等详细信息。

1.2 节

习题 1.7　综述

从以下各类特定的商业化产品中选一项进行文献评论和网上调研：（1）用于智能手机的加速度计；（2）用于运动敏感的电脑游戏遥控中的加速度计；（3）商业化微麦克风；（4）微投影仪；（5）谐振器产品。（或导师任意指定一个主题。）写一份至少包括以下信息的评论：制造商和产品名称、销售价格、器件功能原理的定性介绍、技术优势、商业优势、主要的竞争者（如果有的话）及竞争优势。

习题 1.8　综述

查找三种加速度计的产品性能表。根据 1.3.2 节所列的传感器性能标准，总结这三种传感器产品的性能。至少从转换原理、灵敏度、动态范围、噪声、销售价格、偏置电压及功耗等方面进行比较。

习题 1.9　综述

A：查找至少来自两家公司的两种压力传感器的产品性能表。根据 1.3.2 节所列的传感器性能标准，总结这两种产品的性能。至少从转换原理、灵敏度、动态范围、噪声、销售价格及功耗等方面进行比较。

B：比较至少来自两家独立公司的两种压力传感器（或者其他传感器）。上网搜索这两家公司的两种主要专利，并对专利的保护内容和授权日期进行对比，写一份两页的总结。（提示：可以在下列免费网站搜索，如 US Patent、Trademark Office Web、Google patent 或者在线专利搜索网站）。

习题 1.10　综述

查找触觉传感器的产品性能表。根据 1.3.2 节所列的传感器性能标准，总结这种传感器产品的性能。至少从转换原理、灵敏度、动态范围、噪声、价格及功耗等方面进行总结。如果有的性能参数没有给出，则把该栏留为空白或者运用自己的知识进行推测。

习题 1.11　综述

查找两种流量传感器的产品性能表。一种基于 MEMS 技术，另一种基于非 MEMS 技术。这两种传感器可以基于不同的原理。根据 1.3.2 节所列的传感器性能标准，总结这个产品的性能。如果有的性能参数没有给出，则把该栏留为空白或者运用自己的知识进行推测。

1.3 节

习题 1.12   设计

由掺杂多晶硅悬浮梁制成的电阻，其阻值为 $5k\Omega$。当频率范围为 $0 \sim 100Hz$ 和 $0 \sim 10kHz$ 时，计算电阻的 Johnson 噪声。电阻的温度为 27℃，偏置电压为 2V。

习题 1.13   设计

一个实心球体在密度为 γ 的液体中，推导其静态浮力的比例缩小定律。假定球体的密度为 γ_s（$\gamma_s < \gamma$）。

习题 1.14   设计

对置于悬臂梁弹簧上质量为 m 的加速度计进行建模。悬臂梁弹性常数的公式见本章式(1-1)，试推导在加速度为 a 时静态位移的比例缩小定律以及加速度传感器自然谐振频率的比例缩小定律。讨论传感器尺寸缩小的优缺点。

习题 1.15   综述

搜索文献和网上查找关于 MEMS 器件生产线的文章，如加速度计、陀螺仪、血压传感器、触觉传感器。至少了解研究和开发十年以上的四个公司。每个公司需有一个或一个以上专题讨论组。用一页内容以以 PPT 的形式总结各公司典型产品。对于每一个产品，总结其工作原理、开发年份、主要性能特征、销售估价、产品销售量以及收益预算。

习题 1.16   综述

查找三种线性运动执行器的产品性能表。根据 1.3.3 节所列的执行器性能标准，总结其产品的性能。至少从转换原理、力输出范围、力的最大值、位移分辨率、可重复性、滞后、价格等方面进行总结。线性执行器的原理包括压电效应、步进电机。

习题 1.17   综述

在一个生物细胞的生命周期中，细胞会经历膨胀、承受剪切力和张力。科学家们对直接测量细胞内部力的大小以及细胞内部形变非常感兴趣。假定细胞直径小于 $2\mu m$，请找出用于测量细胞内部力大小以及相关位移/形变的两种不同方法。（注意，测量器件必须要在细胞内部，而且测量信号要通过细胞膜传送给外部的观测者，力测量工具不得破坏细胞正常功能。可以运用在线资源和科技文献。）

习题 1.18   综述

生物学为传感器和执行器提供了很多设计原理。例如，动物世界里常见的生物毛细胞感受器。这些感受器能够完成一系列的功能，如脊椎动物的听觉和平衡，昆虫和鱼类的流体传感。壁虎的脚掌能够紧紧地吸住墙壁，也能够自如地松开，因而壁虎可以随意地在垂直的墙壁和天花板上行走。苍蝇体积虽小，但是它有强大的双向听觉能力。

讨论和回顾一种生物传感器或执行器，至少从 5 个方面比较这种传感器或执行器与工业用的传感器和执行器的性能，写一页的总结。例如，可以把苍蝇的听觉器官与手机微麦克风联系起来，或者把人类视网膜与数码相机图像捕捉芯片联系起来。

习题 1.19   设计

在室温条件下(27℃)，请估算一个标定电阻值为 $10k\Omega$ 旧碳电阻的 Johnson 噪声，其中测量带宽为 $1kHz$。

习题 1.20   设计

植物学家需要监测雨林地区的树木生长行为，以测量环境变化对树木生长的长期影响。其中植物学家最感兴趣的一个参数是树干的周长。树干每年都会生长，然而，在给定的 24h 周期内，树干的周长都会发生变化(而且有可能是减小)。设计一种可靠、低成本的传感器用于丛林密布的热带雨林中树干周长的测量。（记住由于使用环境等方面的限制，这种传感器是不能经常置换和调试的。)3 ~ 4 个学生组成一个小组，每个小组提出各自认为最佳的方法。然后提出设计方案，并根据本章介绍的标准列出传感器的性能和成本。

习题 1.21   设计

找出可以测量固体和流体温度的 10 种不同方法，指出它们能量转换的途径。可以包括工业用途和生物用途的传感器。根据你选择方法的多样性评分。这些方法应该尽可能没有重叠。

习题 1.22　设计

找出可以产生机械力输出的 10 种不同方法，指出它们能量转换的途径，用两三句话简要地描述一下这些方法，可以包括工业用途和生物用途的执行器。根据你选择方法的多样性评分。尽量涉及更多的能域。

习题 1.23　思考

随机地从词典中找 5 个名词，每个名词的头一个字母必须与你自己姓的头一个字母相同。例如，John Doe 要选择"D"打头的名词。在名词前面分别加上"micro-"或者"nano-"，然后推测其技术应用的可能性。讨论这种器件是否有前期研究以及产业化努力。对于每种情况，至少确定一种关键研究问题。根据选择的独特性和原创性进行评分。写一个两页长的摘要总结你的发现和观点。

习题 1.24　思考

三四个学生一组，每组对如今大众化市场中 MEMS 产品（如手机、智能电话、个人电脑）进行详细的调研。这类产品需在世界市场上年销量 1 亿个。找出系统中还没有被 MEMS 产品替代的元件。提出一种有潜力成功的 MEMS 器件来代替已存在元件，以达到增加其功能、提高其性能、降低其成本的目的。将你们的发现展示给同学。

参考文献

1. Schaller, R.R., *Moore's law: Past, present, and future.* IEEE Spectrum. 1997. p. 52–59.
2. Riordan, M., *The lost history of the transistor.* IEEE Spectrum, 2004. **41**(5): p. 44–49.
3. Rowen, L., G. Mahairas, and L. Hood, *Sequencing the human genome.* Science, 1997. **278**(5338): p. 605–607.
4. Pennisi, E., *BIOTECHNOLOGY: The ultimate gene gizmo: Humanity on a Chip.* Science, 2003. **302**(5643): p. 211.
5. Peltonen, L. and V.A. McKusick, *Genomics and medicine: Dissecting human disease in the postgenomic era.* Science, 2001. **291**(5507): p. 1224–1229.
6. Bean, K.E., *Anisotropic etching of silicon.* IEEE Transaction on Electron Devices, 1978. **ED 25**: p. 1185–1193.
7. Smith, C.S., *Piezoresistance effect in germanium and silicon.* Physics Review, 1954. **94**(1): p. 42–49.
8. French, P.J. and A.G.R. Evans, *Polycrystalline silicon strain sensors.* Sensors and Actuators A, 1985. **8**: p. 219–225.
9. Geyling, F.T. and J.J. Forst, *Semiconductor strain transducers.* The Bell Sysem Technical Journal, 1960. **39**: p. 705–731.
10. Nathanson, H.C., et al., *The Resonant gate transistor.* IEEE Transactions on Electron Devices, 1967. **ED-14**(3): p. 117–133.
11. Petersen, K.E., *Silicon as a mechanical material.* Proceedings of the IEEE, 1982. **70**(5): p. 420–457.
12. Gabriel, K.J., *Microelectromechanical systems.* Proceedings of the IEEE, 1998. **86**(8): p. 1534–1535.
13. Angell, J.B., S.C. Terry, and P.W. Barth, *Silicon micromechanical devices.* Scientific American, 1983. **248**: p. 44–55.
14. Middelhoek, S., *Celebration of the tenth transducers conference: The past, present and future of transducer research and development.* Sensors and Actuators A: Physical, 2000. **82**(1–3): p. 2–23.
15. Chavan, A.V. and K.D. Wise, *Batch-processed vacuum-sealed capacitive pressure sensors.* Microelectromechanical Systems, Journal of, 2001. **10**(4): p. 580–588.
16. Choujaa, A., et al., *AlN/silicon lamb-wave microsensors for pressure and gravimetric measurements.* Sensors and Actuators A: Physical, 1995. **46**(1–3): p. 179–182.
17. Sugiyama, S., M. Takigawa, and I. Igarashi, *Integrated piezoresistive pressure sensor with both voltage and frequency output.* Sensors and Actuators A, 1983. **4**: p. 113–120.
18. Fonseca, M.A., et al., *Wireless micromachined ceramic pressure sensor for high-temperature applications.* Microelectromechanical Systems, Journal of, 2002. **11**(4): p. 337–343.

19. Hall, N.A. and F.L. Degertekin, *Integrated optical interferometric detection method for micromachined capacitive acoustic transducers.* Applied Physics Letters, 2002. **80**(20): p. 3859–3861.

20. Chatzandroulis, S., D. Tsoukalas, and P.A. Neukomm, *A miniature pressure system with a capacitive sensor and a passive telemetry link for use in implantable applications.* Microelectromechanical Systems, Journal of, 2000. **9**(1): p. 18–23.

21. Park, J.-S. and Y.B. Gianchandani, *A servo-controlled capacitive pressure sensor using a capped-cylinder structure microfabricated by a three-mask process.* Microelectromechanical Systems, Journal of, 2003. **12**(2): p. 209–220.

22. Wang, C.C., et al., *Contamination-insensitive differential capacitive pressure sensors.* Microelectromechanical Systems, Journal of, 2000. **9**(4): p. 538–543.

23. Gotz, A., et al., *Manufacturing and packaging of sensors for their integration in a vertical MCM microsystem for biomedical applicatons.* Microelectromechanical Systems, Journal of, 2001. **10**(4): p. 569–579.

24. Wur, D.R., et al., *Polycrystalline diamond pressure sensor.* Microelectromechanical Systems, Journal of, 1995. **4**(1): p. 34–41.

25. Zhu, X., et al., *The fabrication of all-diamond packaging panels with built-in interconnects for wireless integrated microsystems.* Microelectromechanical Systems, Journal of, 2004. **13**(3): p. 396–405.

26. Boeller, C.A., et al., *High-volume microassembly of color thermal inkjet printheads and cartridges.* Hewlett-Packard Journal, 1988. **39**(4): p. 6–15.

27. Petersen, K.E., *Fabrication of an integrated planar silicon ink-jet structure.* IEEE Transaction on Electron Devices, 1979. **ED-26**: p. 1918–1920.

28. Lee, J.-D., et al., *A thermal inkjet printhead with a monolithically fabricated nozzle plate and self-aligned ink feed hole.* Microelectromechanical Systems, Journal of, 1999. **8**(3): p. 229–236.

29. Tseng, F.-G., C.-J. Kim, and C.-M. Ho, *A high-resolution high-frequency monolithic top-shooting microinjector free of satellite drops - part I: concept, design, and model.* Microelectromechanical Systems, Journal of, 2002. **11**(5): p. 427–436.

30. Carter, J.C., et al., *Recent developments in materials and processes for ink jet printing high resolution polymer OLED displays.* Proceedings of the SPIE—The International Society for Optical Engineering; Organic Light-Emitting Materials and Devices VI, 8–10 July 2002, 2003. **4800**: p. 34–46.

31. Sirringhaus, H., et al., *High-resolution inkjet printing of all-polymer transistor circuits.* Science, 2000. **290**(5499): p. 2123–2126.

32. Hughes, T.R., et al., *Expression profiling using microarrays fabricated by an ink-jet oligonucleotide synthesizer.* Nature Biotechnology, 2001. **19**(4): p. 342–347.

33. Lee, C.-Y., et al., *On-demand DNA synthesis on solid surface by four directional ejectors on a chip.* IEEE/ASME Journal of Microelectromechanical Systems (JMEMS), 2007. **16**(5): p. 1130–39.

34. Vaeth, K.M., *Continuous inkjet drop generators fabricated from plastic substrates.* IEEE/ASME Journal of Microelectromechanical Systems (JMEMS), 2007. **16**(5): p. 1080–1086.

35. Fan, L.-S., Y.-C. Tai, and R.S. Muller. *IC-processed electrostatic micro-motors.* in *IEEE International Electronic Devices Meeting.* 1988.

36. Ahn, C.H., Y.J. Kim, and M.G. Allen, *A planar variable reluctance magnetic micromotor with fully integrated stator and coils.* Microelectromechanical Systems, Journal of, 1993. **2**(4): p. 165–173.

37. Livermore, C., et al., *A high-power MEMS electric induction motor.* Microelectromechanical Systems, Journal of, 2004. **13**(3): p. 465–471.

38. Eddy, D.S. and D.R. Sparks, *Application of MEMS technology in automotive sensors and actuators.* Proceedings of the IEEE, 1998. **86**(8): p. 1747–1755.

39. Govindarajan, V. and C. Trimble, *Ten rules for strategic innovators.* 2005, Boston: Harvard Business School Press.

40. Yazdi, N., K. Najafi, and A.S. Salian, *A high-sensitivity silicon accelerometer with a folded-electrode structure.* Microelectromechanical Systems, Journal of, 2003. **12**(4): p. 479–486.

41. Yazdi, N. and K. Najafi, *An all-silicon single-wafer micro-g accelerometer with a combined surface and bulk micromachining process.* Microelectromechanical Systems, Journal of, 2000. **9**(4): p. 544–550.

42. Partridge, A., et al., *A high-performance planar piezoresistive accelerometer.* Microelectromechanical Systems, Journal of, 2000. **9**(1): p. 58–66.

43. DeVoe, D.L. and A.P. Pisano, *Surface micromachined piezoelectric accelerometers (PiXLs).* Microelectromechanical Systems, Journal of, 2001. **10**(2): p. 180–186.

44. Loh, N.C., M.A. Schmidt, and S.R. Manalis, *Sub-10 cm³ interferometric accelerometer with nano-g resolution.* Microelectromechanical Systems, Journal of, 2002. **11**(3): p. 182–187.

45. Dauderstadt, U.A., et al., *Silicon accelerometer based on thermopiles.* Sensors and Actuators A: Physical, 1995. **46**(1–3): p. 201–204.

46. Leung, A.M., Y. Zhao, and T.M. Cunneen, *Accelerometer uses convection heating changes.* Elecktronik Praxis, 2001. **8**.

47. Butefisch, S., A. Schoft, and S. Buttgenbach, *Three-axes monolithic silicon low-g accelerometer.* Microelectromechanical Systems, Journal of, 2000. **9**(4): p. 551–556.

48. Bernstein, J., et al., *Low-noise MEMS vibration sensor for geophysical applications.* Microelectromechanical Systems, Journal of, 1999. **8**(4): p. 433–438.

49. Liu, C.-H. and T.W. Kenny, *A high-precision, wide-bandwidth micromachined tunneling accelerometer.* Microelectromechanical Systems, Journal of, 2001. **10**(3): p. 425–433.

50. Ziaie, B., et al., *A hermetic glass-silicon micropackage with high-density on-chip feedthroughs for sensors and actuators.* Microelectromechanical Systems, Journal of, 1996. **5**(3): p. 166–179.

51. Lee, S., et al., *Surface/bulk micromachined single-crystalline-silicon micro-gyroscope.* Microelectromechanical Systems, Journal of, 2000. **9**(4): p. 557–567.

52. Younse, J.M., *Mirrors on a chip.* Spectrum, IEEE, 1993. **30**(11): p. 27–31.

53. Van Kessel, P.F., et al., *A MEMS-based projection display.* Proceedings of the IEEE, 1998. **86**(8): p. 1687–1704.

54. Savage, N., *A revolutionary chipmaking technique?* in IEEE Spectrum. 2003. p. 18.

55. Singh-Gasson, S., et al., *Maskless fabrication of light-directed oligonucleotide microarrays using a digital micromirror array.* Nature Biotechnology, 1999. **17**(10): p. 974–978.

56. Wu, M.C. and P.R. Patterson, *Free-space optical MEMS*, in *MEMS Handbook*, J. Korvink and O. Paul, Editors. 2004, William Andrew Publishing: New York.

57. Senturia, S.D. *Perspective on MEMS, past and future: The tortuous pathway from bright ideas to real products.* in The 12th International Conference on Solid-state Sensors, Actuators, and Microsystems. 2003. Boston, MA.

58. Woolley, A.T., et al., *Functional integration of PCR amplification and capillary electrophoresis in a microfabricated DNA analysis device.* Analytical Chemistry, 1996. **68**(23): p. 4083–4086.

59. Chen, J., et al., *A multichannel neural probe for selective chemical delivery at the cellular level.* IEEE/ASME Journal of Microelectromechanical Systems (JMEMS), 1997. **44**(8): p. 760–769.

60. Li, W., et al., *Wafer-level parylene packaging with integrated RF electronics for wireless retinal prostheses.* IEEE/ASME Journal of Microelectromechanical Systems (JMEMS), 2010. **19**(4): p. 735–742.

61. Gardeniers, H.J.G.E., et al., *Silicon micromachined hollow microneedles for transdermal liquid transport.* Microelectromechanical Systems, Journal of, 2003. **12**(6): p. 855–862.

62. Park, J.-H., et al. *Micromachined biodegradable microstructures.* Micro Electro Mechanical Systems, 2003. MEMS-03 Kyoto. IEEE The Sixteenth Annual International Conference on. 2003.

63. Roxhed, N., et al., *Penetration-enhanced ultrasharp microneedles and prediction on skin interaction for efficient transdermal drug delivery.* IEEE/ASME Journal of Microelectromechanical Systems (JMEMS), 2007. **16**(6): p. 1429–1440.

64. Luttge, R., et al., *Integrated lithographic molding for microneedle-based devices.* IEEE/ASME Journal of Microelectromechanical Systems (JMEMS), 2007. **16**(4): p. 872–884.

65. Stoeber, B. and D. Liepmann, *Arrays of hollow out-of-plane microneedles for drug delivery.* IEEE/ASME Journal of Microelectromechanical Systems (JMEMS), 2005. **14**(3): p. 472–9.

66. Jo, B.H., et al., *Three-dimensional micro-channel fabrication in polydimethylsiloxane (PDMS) elastomer.* IEEE/ASME Journal of Microelectromechanical Systems (JMEMS), 2000. **9**(1): p. 76–81.

67. Rebeiz, G.M., *RF MEMS: Theory, design, and technology.* First ed. 2003: Wiley-Interscience. 483.

68. Nathan, M., et al., *Three-dimensional thin-film Li-Ion microbatteries for autonomous MEMS.* IEEE/ASME Journal of Microelectromechanical Systems (JMEMS), 2005. **14**(5): p. 879–885.

69. Chamran, F., et al., *Fabrication of high-aspect-ratio electrode arrays for three-dimensional micro-batteries.* IEEE/ASME Journal of Microelectromechanical Systems (JMEMS), 2007. **16**(4): p. 844–852.

70. Halvorsen, E., *Energy harvesters driven by broadband random vibrations.* IEEE/ASME Journal of Microelectromechanical Systems (JMEMS), 2008. **17**(5): p. 1061–1071.

71. Peano, F. and T. Tambosso, *Design and optimization of a MEMS electret-based capacitive energy scavenger.* IEEE/ASME Journal of Microelectromechanical Systems (JMEMS), 2005. **14**(3): p. 429–35.

72. Burg, T.P., et al., *Vacuum-packaged suspended microchannel resonant mass sensor for biomolecular detection.* IEEE/ASME Journal of Microelectromechanical Systems (JMEMS), 2006. **15**(6): p. 1466–1476.

73. Shekhawat, G., S.-H. Tark, and V.P. Dravid, *MOSFET-embedded microcantilevers for measuring deflection in biomolecular sensors.* Science, 2006. **311**(5767): p. 1592–1595.

74. Wong, E.W., P.E. Sheehan, and C.M. Lieber, *Nanobeam mechanics: Elasticity, strength, and toughness of nanorods and nanotubes.* Science, 1997. **277**(5334): p. 1971–1975.

75. Huang, X.M.H., et al., *Nanoelectromechanical systems: Nanodevice motion at microwave frequencies.* Nature, 2003. **421**: p. 496.

76. Liu, J., et al., *Fullerene pipes.* Science, 1998. **280**(5367): p. 1253–1256.

77. Carr, D.W., et al., *Measurement of mechanical resonance and losses in nanometer scale silicon wires.* Applied Physics Letters, 1999. **75**(7): p. 920–922.

78. Cleland, A.N. and M.L. Roukes, *External control of dissipation in a nanometer-scale radiofrequency mechanical resonator.* Sensors and Actuators A: Physical, 1999. **72**(3): p. 256–261.

79. Yang, Y.T., et al., *Monocrystalline silicon carbide nanoelectromechanical systems.* Applied Physics Letters, 2001. **78**(2): p. 162–164.

80. LaHaye, M.D., et al., *Approaching the quantum limit of a nanomechanical resonator.* Science, 2004. **304**(5667): p. 74–77.

81. Rakow, N.A. and K.S. Suslick, *A colorimetric sensor array for odour visualization.* Nature, 2000. **406**: p. 710–714.

82. Garner, H.R., R.P. Balog, and K.J. Luebke, *The evolution of custom microarray manufacture.* IEEE Engineering in Medicine and Biology Magazine, 2002. **21**(4): p. 123–5.

83. Taton, T.A., C.A. Mirkin, and R.L. Letsinger, *Scanometric DNA array detection with nanoparticle probes.* Science, 2000. **289**(5485): p. 1757–1760.

84. Park, S.-J., T.A. Taton, and C.A. Mirkin, *Array-based electrical detection of DNA with nanoparticle probes.* Science, 2002. **295**(5559): p. 1503–1506.

85. Pallas-Areny, R. and J.G. Webster, *Sensors and signal conditioning.* 2001: Wiley-Interscience.

86. Harkey, J.A. and T.W. Kenny, *1/f noise considerations for the design and process optimization of piezoresistive cantilevers.* Microelectromechanical Systems, Journal of, 2000. **9**(2): p. 226–235.

87. Gabrielson, T.B., *Mechanical-thermal noise in micromachined acoustic and vibration sensors.* Electron Devices, IEEE Transactions on, 1993. **40**(5): p. 903–909.

88. Manalis, S.R., et al., *Interdigital cantilevers for atomic force microscopy.* Applied Physics Letters, 1996. **69**(25): p. 3944–3946.

89. Senturia, S.D., *Microsystem design.* 2001: Kluwer Academic Publishers.

90. Yu, X., et al., *Optimization of sensitivity and noise in piezoresistive cantilevers.* Journal of Applied Physics, 2002. **92**(10): p. 6296–6301.

91. Van de Pol, F.C.M., et al., *A thermopneumatic micropump based on micro-engineering techniques.* Sensors and Actuators A: Physical, 1990. **21**(1–3): p. 198–202.

92. Rich, C.A. and K.D. Wise, *A high-flow thermopneumatic microvalve with improved efficiency and integrated state sensing.* Microelectromechanical Systems, Journal of, 2003. **12**(2): p. 201–208.

93. Wolf, R.H. and A.H. Heuer, *TiNi (shape memory) films on silicon for MEMS applications.* Microelectromechanical Systems, Journal of, 1995. **4**(4): p. 206–212.

94. Krulevitch, P., et al., *Thin film shape memory alloy microactuators.* Microelectromechanical Systems, Journal of, 1996. **5**(4): p. 270–282.

95. Benard, W.L., et al., *Thin-film shape-memory alloy actuated micropumps.* Microelectromechanical Systems, Journal of, 1998. **7**(2): p. 245–251.

96. Shin, D.D., K.P. Mohanchandra, and G.P. Carman, *High frequency actuation of thin film NiTi.* Sensors and Actuators A: Physical, 2004. **111**(2–3): p. 166–171.

97. Ohmichi, O., Y. Yamagata, and T. Higuchi, *Micro impact drive mechanisms using optically excited thermal expansion.* Microelectromechanical Systems, Journal of, 1997. **6**(3): p. 200–207.

98. Bergstrom, P.L., et al., *Thermally driven phase-change microactuation.* Microelectromechanical Systems, Journal of, 1995. **4**(1): p. 10–17.

99. Neagu, C.R., et al., *An electrochemical microactuator: principle and first results.* Microelectromechanical Systems, Journal of, 1996. **5**(1): p. 2–9.

100. Rossi, C., D. Esteve, and C. Mingues, *Pyrotechnic actuator: a new generation of Si integrated actuator.* Sensors and Actuators A: Physical, 1999. **74**(1–3): p. 211–215.

101. DiBiaso, H.H., B.A. English, and M.G. Allen, *Solid-phase conductive fuels for chemical microactuators.* Sensors and Actuators A: Physical, 2004. **111**(2–3): p. 260–266.

102. Teasdale, D., et al., *Microrockets for smart dust.* Smart Materials and Structures. **10**(6): p. 1145–1155.

103. Konishi, S. and H. Fujita, *A conveyance system using air flow based on the concept of distributed micro motion systems.* Microelectromechanical Systems, Journal of, 1994. **3**(2): p. 54–58.

104. Chen, Q., et al., *Mesoscale actuator device: micro interlocking mechanism to transfer macro load.* Sensors and Actuators A: Physical, 1999. **73**(1–2): p. 30–36.

第2章　微制造导论

2.0　预览

对 MEMS 初学者来说，应注意微制造技术在研制和生产 MEMS 器件过程中的两个方面的问题。第一，MEMS 制造并不是从传统的机械加工和制造工艺变化而来，至少在现阶段，它不包括研磨、车床加工、抛光、连接和焊接等工艺。因此，不熟悉集成电路制造工艺的 MEMS 初学者，应该首先了解微制造工艺的基本框架、特点及其局限性。第二，MEMS 制造技术的基本工艺(微机械加工"工具箱")发展迅速，正在朝着增加材料的多样性、提高加工效率、降低制造成本的目标发展。

2.1 节将介绍硅微制造技术的总体框架。2.2 节将简要概述与初学者相关的基本工艺技术。2.3 节将介绍晶体管制造的典型工艺流程，晶体管是现代 IC(集成电路)的一个基本单元，这种工艺流程与微制造密切相关，因为微机械加工工艺是从 IC 工艺演变而来的。接下来 2.4 节介绍硅的体微机械加工和表面微机械加工工艺。2.5 节介绍有关集成方案、封装与密封的概念及其重要性。MEMS 研究领域正积极使用硅以外的新材料，2.6 节会对这些新材料和相关工艺进行介绍。2.7 节讨论选择微制造工艺时需要考虑的一些主要问题。

2.1　微制造概述

MEMS 和 IC 器件一般都制作在单晶硅圆片上。图 2-1 给出了从单晶硅圆片到分立器件芯片的全部生产过程。

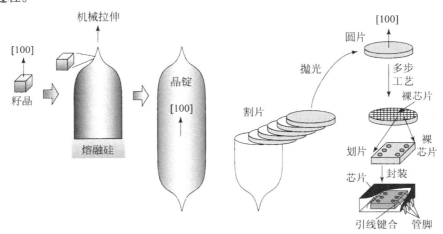

图 2-1　圆片生产过程

单晶硅在自然界是不存在的，必须通过复杂的工业加工得到。为得到单晶硅衬底，先从完美的单晶硅籽晶开始。将籽晶垂直放入装有高纯度熔融硅材料的容器中，并缓慢将其拉出溶液。被拉出的籽晶拉出到空气中时将会沿原来籽晶的晶向生长结晶。用这种方法可以形成不同直径和长度的棒状单晶硅锭。将硅锭切割成圆柱状薄片并抛光以形成圆片。

圆片要在严格控制灰尘、颗粒甚至水中的离子数目的超净间中通过多步加工才得以形成。超净间的空气洁净度由空气中粒子(尺度大于 $0.5\mu m$)的浓度来划分。根据超净间等级的标准定义，一级超净间中每立方英尺空气中至多含一个粒子，而 100 级超净间中每立方英尺空气样品中至多含 100 个粒子。参考一下室外的数据，平均每立方英尺空气中至少有 400 000 个粒子。一般来说，1000 级、100 级、10 级、1 级及 0.1 级超净间可分别支持 $4\mu m$、$1.25\mu m$、$0.7\mu m$、$0.3\mu m$ 以及 $<0.1\mu m$的工艺。1999 年起，集成电路技术已使用小于 $0.18\mu m$ 线宽的工艺。

水(用来清洗圆片)和化学溶液必须经过严格的制备和调整处理。水中的离子(如钠离子)，即使痕量成分，在与硅和薄膜材料直接接触时会迁移到其表面。这些离子可能陷入到绝缘层中成为带电电荷，损害器件性能。用于半导体制造的去离子水(更广义地说，超纯水)的电阻超过 $18M\Omega$，相比之下饮用水仅有不到 $50k\Omega$ 的电阻。

利用光刻法来形成精确的图形。平行光先穿过掩膜版和聚光透镜，然后到达晶片，这个过程相当于通过长距离的远摄镜头来拍摄实物照片并在光敏胶卷上记录图像。在此处，被拍摄的对象是掩膜，胶卷是涂覆了一层光敏涂层的圆片。不同波长的光均可以使用。高能量的光(即较短波长)能够产生出更小的线宽。最终的分辨率主要受光衍射现象的限制。

一种称作分步重复的自动光刻工艺，可以在同一晶片上制作多个高分辨率(0.1μm 或更小的商业化生产工艺)的不同单元。具有分步重复光刻功能的机器叫做步进机。步进机的工作方式是在晶片上印制掩膜的缩小图像，以精确的距离转换圆片，并且再一次曝光。在一次过程中，同一晶片上可做出许多相同的器件即裸芯片。传统的制造技术一般每次只处理一个部件，MEMS 工艺则不同。

圆片越大，在一个批次上生产的裸芯片就越多。从图 2-2 可以看出，如果裸芯片的尺寸是 $1cm \times 1cm$，则在 2″的圆片上大概能有 21 个裸芯片，4″的圆片生产 82 个裸芯片，6″的圆片生产 178 个裸芯片，8″的圆片生产 314 个裸芯片，10″的圆片生产 770 个裸芯片。为使批量生产的经济效益最大，器件应制作在大直径晶片上。然而，读者应该认识到，增加圆片尺寸也对应着成本的增加。由于用来处理 4″圆片的机器设备不能处理 6″等的圆片，因此当决定增大圆片尺寸时，几乎整个生产线上的所有机器设备都需要重新购买，而这对于相应的制造生产来说意味着数以百万美元的投资。更进一步地说，值得注意的是只有高产量的产品才会证明更大的圆片带来最大的经济效益。对于低产量的产品来说，相应的制造带来的利润很容易会被固有的制作过程和高精度掩膜的生产过程中的成本所抵消。

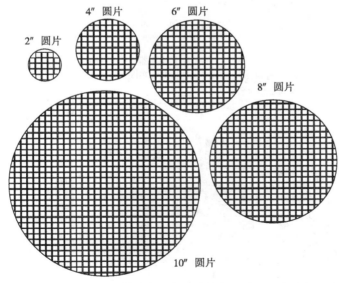

图 2-2　一片圆片上可以制造的裸芯片数目

这些裸芯片（die）之间有间隔，从而可以将它们切割分离出来。每个分离的裸芯片也称作芯片（chip），将它们进行电互连和密封就可作为商品出售。将这种分割出来的单独裸芯片再封壳并最终构成系统的过程称为封装。

在一个给定的生产线中，合格裸芯片所占的百分比称为**工艺成品率**。成品率极大地影响着生产的经济效益和最终器件的价格。它取决于设计、材料、工艺流程的综合。工业上，成品率的数据是高度保密的。如果你想了解某工厂生产线上的成品率，你是得不到他们的回答的。

MEMS加工和传统宏尺寸机械加工有很大区别，主要表现在下面几点：

1）硅是MEMS和集成电路的主要衬底材料，机械特性较脆，不能用机械切割工具成型。

2）MEMS和集成电路制作在平面单晶圆片上。平面特性不仅仅是方便于自动化圆片加工，而且当光刻图形转移到平面衬底时，平面特性保证了一致的聚焦距离，从而得到较高的均匀性和分辨率。圆片的平坦特性也保证了整个圆片表面有相同的晶向。

3）MEMS裸芯片及器件一般又小又多，并不能由人工来处理，必须由与之相匹配的具有自动分类、拾取和放置功能的机器来处理。

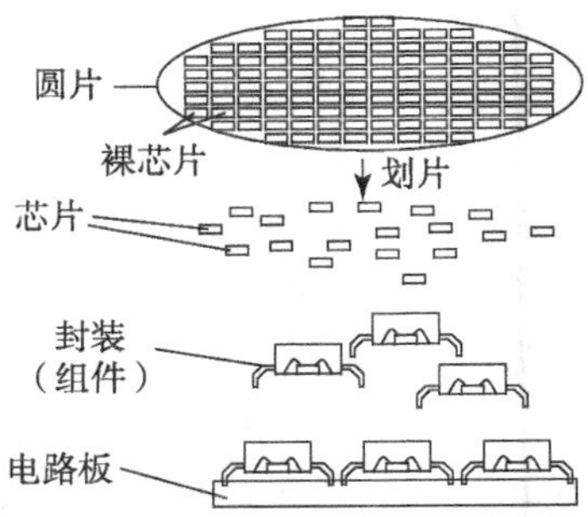

芯片封装以后就可以安装在电路板上（图2-3）。通过智能手机来举例说明（图2-4），一个消费电子系统由很多组件组成，包括显示器、电池、处理器芯片、摄像头以及传感器（如倾角传感器、运动传感器、麦克风、触摸屏等）。微麦克风芯片在图中突出放大在图片的下部分，该芯片是由切割开的硅裸芯片通过机械组装和电学焊接互连的封装过程得到的（图2-3）。机械单元与电路集成有多种不同的方案。

本书集中讨论了从裸圆片到未进行划片的圆片上制造器件的这一部分工艺制造流程。当然，大体了解封装设计的内容对于MEMS开发者来说是很有必要的。

图2-3　从圆片、裸芯片、封装、集成到电路板的系列加工流程图

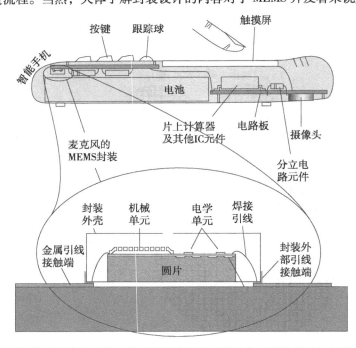

图2-4　智能手机内部元件、传感器封装芯片及其内部元件的芯片级封装示意图

2.2 常用微制造工艺概述

微电子学和 MEMS 加工领域中应用了大量的工艺和技术。充分了解每步的工艺构成需要从以下几个方面考虑：不同环境下的物理和化学行为，应用的范围和限制因素，常用的材料及设备，设备操作方法和原理。然而，如果将所有的内容都进行详细介绍对初学者来说是比较混乱的。下面简单为初学者介绍一些常用的工艺工序及其最基本的原理。本书不综述单步制造步骤的物理过程和技术。感兴趣的读者可以参照参考文献[1]和参考文献[2]学习，参考文献[1]介绍了集成电路的制造技术，参考文献[2]介绍了 MEMS 的制造技术。而 MEMS 主要制造工艺中的单晶硅化学刻蚀以及牺牲层表面微机械加工技术将会在随后的第 10 章和第 11 章进行详细介绍。

工艺过程可以分为以下几类：加法工艺、减法工艺、图形化、材料性质改变以及机械步骤。表 2-1 总结了最常用的几个工艺过程。

表 2-1 主要工艺过程简述

种 类	工艺名称	说 明
加法工艺	金属蒸发	将金属薄膜沉积到晶片上的一种方法，对坩埚里的金属源加热至沸腾，金属将会以金属微粒的形式从坩埚中蒸发至晶片上
	金属溅射	将金属薄膜沉积到晶片上的一种方法，通过高速高能粒子碰撞金属源，金属粒子将从金属中溅射出来，并沉积到圆片上
	有机物的化学汽相淀积	将有机物薄膜沉积到晶片上的一种方法，通过化学反应蒸发一种或多种材料引起薄膜材料在圆片上的凝结
	无机物的化学汽相淀积	将无机物（如氧化物、氮化物）薄膜沉积到晶片上的一种方法，在高温（如 >500℃）情况下，通过化学反应蒸发一种或者多种材料而引起薄膜材料在圆片上的凝结
	等离子辅助化学汽相沉积	一种通过化学汽相淀积方法沉积薄膜的方法，等离子体用来给化学反应提供能量，从而降低反应过程中所需要的温度（如 300~500℃）
	热氧化	衬底在高温的情况下（如 >900℃）与氧气反应生长一层氧化物薄膜
	电镀	在室温情况下，通过电镀或者化学镀的方式生长一层金属薄膜
减法工艺	等离子体刻蚀	把圆片放在接地电极上，通过与高能等离子体产生的化学活性物质反应来刻蚀某种材料
	反应离子刻蚀	把圆片放在有源电极上，通过高能等离子产生的化学活性物质反应来去除材料表面的薄膜
	深反应离子刻蚀	在特定的材料和条件下，通过反应离子刻蚀圆片得到深的沟槽
	硅湿法化学刻蚀	用化学试剂溶剂刻蚀硅材料，通常用来形成腔、台阶或者贯穿硅片的通孔
	薄膜湿法化学刻蚀	通过与化合物溶剂反应，刻蚀硅表面的材料
图形化	光刻胶的沉积	通常以旋涂覆盖的方法在硅片表面上得到厚度均匀的光刻胶薄膜
	光刻	通过将薄片在有图案的掩膜版下曝光来得到图形，因此将掩膜版上的图形转移到光刻胶薄膜上
材料性质改变	离子注入	将高能的掺杂原子注入到衬底材料来改变材料的电学或者化学特性
	扩散掺杂	将高浓度的掺杂源放置在要掺杂的衬底表面，并通过高温来增强原子的扩散能力，进而实现在衬底的原子扩散掺杂
	热退火	通过提高衬底材料的温度，来改变其电学或者化学性质。通常用于增强扩散源的传播或者减小本征应力

（续）

种　类	工艺名称	说　明
机械步骤	抛光	通过抛光剂将圆片表面平坦化
	圆片键合	将两片圆片精确对准并永久地黏合在一起
	圆片切片	在圆片上切割出沟槽并沿着这些沟槽将圆片分割开，从而将一整片圆片切割成独立的小片
	引线键合	在芯片之间或者封装器件之间，通过细金属引线建立电连接
	芯片封装	将裸芯片放在封装体中，这样就可以将其与电路板或者系统集成在一起。实现硅裸芯片和元器件的密封和封装

图 2-5 给出了几种有代表性的设备：接触式光刻机、沉积金属薄膜的金属蒸发台、用于材料去除的等离子体刻蚀机。

图 2-5　半导体工艺设备

2.2.1　光刻

光刻的目的是在硅片表面产生精细的图案。最常用的光刻步骤包括在硅表面沉积光敏化学物质（称为光刻胶或者抗蚀剂），透过掩膜版进行曝光，然后去除（显影）已经被光改变了性质的光刻胶材料。光刻流程的第一步是将光刻胶通过旋涂的方式涂覆在圆片上（图 2-6）。圆片被固定在旋转的台面上，光刻胶被点在圆片的中心位置。然后圆片以很高的速度进行旋转，在离心力的作用下，光刻胶会向圆片的边缘运动。当圆片停止旋转的时候，厚度均匀的光刻胶便覆盖在圆片的上表面。工艺参数包括圆片的旋转速度、光刻胶的粘滞度、以及光刻胶的类型（如：光波长及光敏感性）。光刻胶的典型厚度通常是 $1 \sim 10 \mu m$。

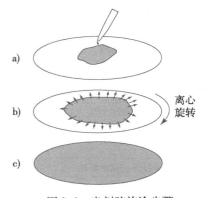

图 2-6　光刻胶旋涂步骤

光刻图形产生需要很多的步骤（如图 2-7 所示）。圆片先要用厚度均匀的光刻胶覆盖（步骤 a），由透明的基板（如玻璃或者石英）制成带有不透明图案的掩膜版，并且将该掩膜版靠近被光刻胶覆盖的晶片（步骤 b）。高能量的平行光线照射覆有掩膜的圆片。没有被图形覆盖的光刻胶将会曝露在光线中，这将改变光刻胶的化学组成。对于正胶，曝光的部分在显影剂中有更好的溶解性（步骤 c）。这将会使不透明的图案真实、完整地转移到圆片上（步骤 d）。

光刻胶上的图形可以进一步转移到将光刻胶当作掩膜的更低一层材料上。这个过程如图 2-8 所示。首先需要一个有薄膜覆盖的圆片(步骤 a),圆片被一层旋涂覆盖的光刻胶薄膜覆盖(步骤 b),它的图形化类似于图 2-7 中讨论的方法。将圆片浸入到可以溶解薄膜材料但不会影响光刻胶的化学溶液中(步骤 c)(另外一种方法是使用干法刻蚀的方法刻蚀薄膜)。通过适当的时间控制,被光刻胶覆盖的薄膜会保持完整而没有被光刻胶覆盖的薄膜将会被去除(步骤 d)。然后去除光刻胶,这样便得到被图形化的薄膜(步骤 e)。

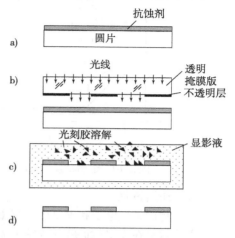

图 2-7 有光刻版的光刻图形流程图

2.2.2 薄膜沉积

功能材料、半导体材料以及绝缘体材料可以通过加法沉积过程沉积到圆片上。一种实现这种沉积工艺的方法就是,直接将要沉积的材料以逐个原子或者逐层的方式从源材料沉积到圆片表面(图 2-9)。例如金属蒸发和金属溅射。这个过程通常都是在低压的环境下进行的,因此原子从源材料转移到圆片表面时没有空气分子的污染。图 2-10 给出的就是这样一种蒸发系统。圆片和金属源被放置在一个真空腔中。金属可以通过加热(蒸发)或者高能粒子轰击(溅射)的方式实现转移。最后淀积的厚度取决于能量和时间。实际上,通常淀积的金属薄膜厚度范围是 $1\,nm \sim 2\,\mu m$。

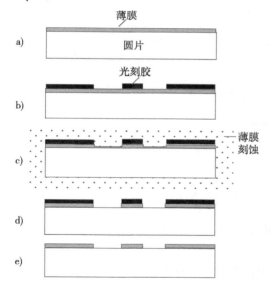

图 2-8 利用光刻胶做掩膜版在薄膜上形成图形的工艺步骤

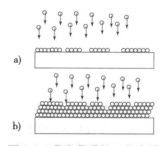

图 2-9 蒸发薄膜的工艺步骤

第二种在圆片表面沉积薄膜材料的方法就是化学汽相淀积(图 2-11)。两种或者更多的活性材料到达圆片表面的邻近处(步骤 a),它们在良好的环境下发生反应(由加热或等离子提供能量)。这些物质之间的反应会生成固相,即物质会被吸附到硅晶片表面(步骤 b)。如果存在反应的副产品,可能会被周围的介质去除。连续反应引起材料层在圆片上形成(步骤 c)。

通常,由化学汽相淀积、蒸发或者溅射而形成薄膜的平均厚度是 $1\,\mu m$ 以下。沉积更厚的薄膜通常会太浪费时间而且不现实。

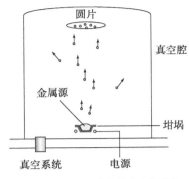

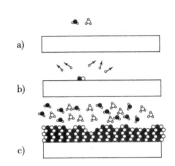

图 2-10　金属蒸发设备原理图　　　　图 2-11　化学反应沉积过程（化学汽相淀积）

2.2.3　硅热氧化

二氧化硅是微电子和 MEMS 中很重要的绝缘层材料。一种常用的最重要的形成高质量二氧化硅的方法就是在高温（如 900℃ 或者更高的温度）环境下让硅片和氧原子发生反应。圆片通常放置在石英管之中（如图 2-12）。在圆片表面，会形成一层氧化层，这层氧化层将内部的硅原子和氧原子隔开。外部的原子只有以扩散方式通过氧化层，才能够与内部没发生反应却处于较表面的硅原子发生氧化反应（图 2-13）。可以想象一下，随着氧化层厚度的增加，氧化层生长的速率将会降低。沉积的速率以及最终的厚度取决于反应温度。在大多数应用中，热氧化层的厚度在 $1.5\,\mu m$ 以下。

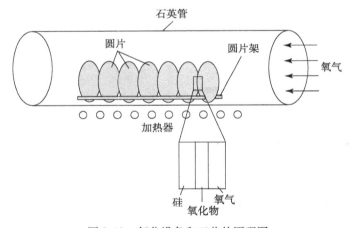

图 2-12　氧化设备和工艺的原理图

2.2.4　湿法刻蚀

用湿法化学反应来去除材料的方法应用很普遍。这种方法常用于去除金属、电介质、半导体、聚合物以及功能材料。对掩膜材料、衬底和目标材料的选择性刻蚀是 MEMS 设计过程中至关重要的内容。关键的性能指标包括刻蚀速率、温度以及均匀性。

初始厚度为 t_{f0} 的薄膜被初始厚度为 t_{m0} 的掩膜材料所覆盖。窗口的尺寸可能不同，因此在正面制作两个具有代表性的窗口，即一个尺寸较大的窗口（图 2-14 窗口 A）以及一个尺寸较小的窗口（图 2-14 窗口 B）。圆片浸入在刻蚀剂中，经过一段反应时间 t，薄膜的厚度变为 t_f，掩膜的厚度为 t_m。这里

$$t_{f0} - t_f = t \times 薄膜刻蚀速率$$

且

$$t_{m0} - t_m = t \times 掩膜刻蚀速率$$

理想情况下，薄膜反应速率应比掩膜版上的反应速率大很多。在不同尺寸窗口中刻蚀速率也会不同，这是由所谓的"负载效应"所引起的。在 t_e 的过程结束时，两个窗口中的薄膜应该都被完全去除，而掩膜层的厚度也会被减薄为

$$t_m = t_{m0} - t_e \times 掩膜层的刻蚀速率$$

刻蚀速率定义为垂直方向，但刻蚀剂实际上也会与薄膜的侧壁发生反应。在时间 t_e 范围内，侧壁的刻蚀长度称为钻蚀。很明显，钻蚀的数量影响着图形转移过程中的精度。

2.2.5 硅的各向异性刻蚀

硅的各向异性刻蚀是微机械加工过程中独特的工艺。它可以用来产生各种不同的三维结构。第 10 章将会对这一工艺步骤进行专门的介绍。

2.2.6 等离子刻蚀和反应离子刻蚀

等离子刻蚀是一种从硅表面去除材料的非常重要的方法，其原理图如图 2-15 所示。由于整个过程中不包括湿法化学反应，它常常被称作干法刻蚀。

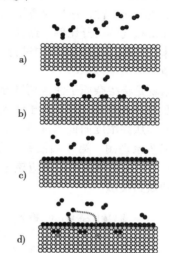

图 2-13 从原子能级角度解释热氧化工艺过程。
a) 氧原子到达光滑的裸硅片表面。b) 氧气和硅的反应把部分裸硅片表面转化为二氧化硅。c) 连续的二氧化硅薄层逐渐地把氧气和衬底硅隔离开。d) 新到达的氧原子只有扩散穿过氧化物薄层才能接触到硅原子并发生反应。反应速率取决于扩散过程

刻蚀过程常在等离子体刻蚀机这种专业的工艺设备中进行。此设备包含两个相反的电极以及包含着化学活性气体的空腔。而反应过程的气压通常比较低（单位大气压的1/2000）。在等离子体刻蚀机工作时，气体物质会被电场击穿，产生带电的活性气态原子团。原子团会与圆片发生反应。同时，带电的原子团也会被电场加速而获得很高的速度，与圆片的材料发生物理反应（轰击、溅射）。在整个工作过程中，物理反应和化学反应会同时进行。一般情况下，物理刻蚀的定向性和各向异性比较好，而化学刻蚀的各向同性和材料的选择性比较好。

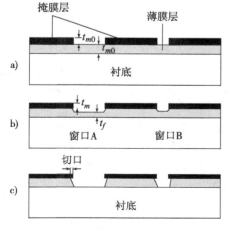

图 2-14　薄膜上的湿法刻蚀

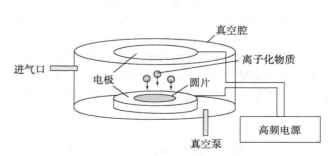

图 2-15　等离子刻蚀原理图

如果与圆片相连的电极是接地的，则称之为**等离子体刻蚀**。如果圆片与通有交流偏压的电极相连，则称之为**反应离子刻蚀**。与等离子体刻蚀相比较，反应离子刻蚀本质上更偏向于物理反应，因此它刻蚀各向异性。深反应离子刻蚀是一种特殊的反应离子刻蚀工艺，使用特殊的工艺设备、气体混合物和气体成分比例。这种工艺能够在圆片上产生出侧壁光滑并且在垂直方向上较深的沟槽。具体内容将会在第10章中进行更为详细的介绍。

2.2.7 掺杂

掺杂工艺就是将掺杂原子注入到半导体衬底材料晶格之中来改变衬底材料的电学特性。掺杂源可以放置在圆片表面或者利用离子注入精确地注入到硅原子的晶格之中。掺杂原子可以通过热活化过程进一步从高浓度向低浓度进行扩散。图 2-16 给出了将掺杂原子有选择性地掺杂到某一区域的典型工艺原理图。第一幅图是所要得到的电阻。对电阻进行中等浓度掺杂（浓度范围是 $10^{15} \sim 10^{18} \, \text{cm}^{-3}$）。电阻器两个末端应该进行高浓度掺杂（浓度范围为 $10^{19} \sim 10^{20} \, \text{cm}^{-3}$），以便形成与金属引线的欧姆接触。

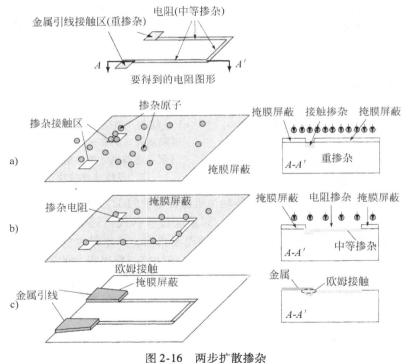

图 2-16 两步扩散掺杂

掩膜层首先在 a 步骤沉积，并且图形化形成窗口。圆片随后就会被曝露在掺杂源下，掺杂原子不会渗透掩膜层但是却可以通过窗口进入圆片中。电阻臂一般采用低浓度的掺杂。最后沉积金属引线，实现引线与电阻的连接。

掺杂原子在圆片温度提高时会在半导体晶格中做无规则的运动（布朗运动）。虽然每个掺杂原子的运动都是随机的，但对于掺杂原子的整体来说，是从高浓度向低浓度运动。这个过程称为**热扩散**。硅中原子的扩散遵循菲克定律，它表明浓度 C 是时间 t 和空间位置 x 的函数，

$$\frac{\partial C(x,t)}{\partial t} = \frac{-\partial J(x,t)}{\partial x} = \frac{\partial}{\partial x}\left(D \, \frac{\partial C(x,t)}{\partial x} \right) \tag{2-1}$$

其中，$J(x,t)$ 是在位置 x 和时间 t 时单位面积上流过的掺杂原子。参数 D 是杂质扩散率，取决于温度，即

$$D = D_0\exp\left(-\frac{E}{KT}\right) \tag{2-2}$$

参数 D_0 是一个比例因子(单位是 cm^2/s),E 是激活能(单位是 eV),T 是温度(单位是 K),k 是玻耳兹曼常数(单位是 eV/K)。对于硼和磷来说,D_0 在单晶硅中的取值分别是 $0.76cm^2/s$ 和 $3.85cm^2/s$。E 的对应值分别是 3.46eV 和 3.66eV。

求解式(2-1),得出的结果是

$$C(x,t) = C_s erfc\left(\frac{x}{2\sqrt{Dt}}\right) \tag{2-3}$$

在扩散过程中降低衬底的温度可以大大降低扩散率,以及扩散的空间长度。

应该注意的是:1)现有的掺杂工艺只能在圆片的上表面进行;2)圆片遇到高温工艺时,即便是在掺杂工艺以后的工艺过程中,都会由于高温引起掺杂原子的再分布和电学特性改变。

2.2.8　圆片划片

圆片都是由很多裸芯片组成的,而在封装之前要将这些裸芯片切开。切开裸芯片的传统方法是划片工艺。高速旋转的划片刀具会在硅圆片表面切割出一个槽,如图2-17 所示,这种分离切割过程实质上是机械过程。将水喷洒到圆片上会起到润滑和去除热量的作用。浅沟槽可以使硅圆片裂开而不会造成破裂。很明显,在这一过程中,颗粒、振动以及水分都可能损坏自由独立的 MEMS 机械元件。

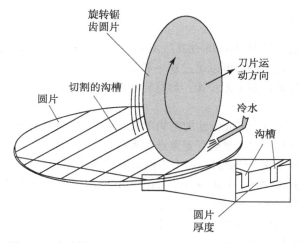

图 2-17　切割机刀片在硅圆片上切割沟槽使裸芯片分割

激光烧蚀常用来替代切割锯来切割圆片。2006 年以来,新激光渗透划片技术(SD)开始使用[3],用激光渗透技术渗透到硅圆片的内部,改变其内部的特征而表面看不见这种改变,这种技术将会为 MEMS 器件封装带来极大的益处。

2.2.9　圆片键合

圆片对圆片的键合技术是一种灵活的加工技术,它可以将不同材料、不同表面结构和功能特性的衬底键合到一起,得到独特的结构[4,5]。圆片键合是指在适当的物理和化学条件下,将两个圆片接触对准,就形成永久性的黏合。圆片键合可以使用不同的材料和温度[6],也可以在圆片表面的界面层通过淀积薄膜辅助实现。键合技术增加了工艺灵活性。

据键合温度高低,键合可以分为三类:室温键合、低温键合(温度低于100℃)和高温键合(温度高于100℃)。键合可以不需要任何黏合剂直接完成,也可以采用黏合剂辅助完成。键合可以利用机械力、分子引力或者静电力实现。表2-2总结了几种主要的键合技术。

表2-2 典型的键合技术

	键合材料	备注
阳极键合[7，8]	玻璃－硅，氧化物－硅	温度400℃，电场（如1.2kV），可以在室温时的空气或真空中完成
熔硅键合[9~11]	硅－硅	对键合界面存在的缺陷和微小颗粒敏感
低温粘接键合[12]	很多类型的衬底和材料	典型的黏合材料包括光刻胶、聚合物、旋涂玻璃等
共熔键合[10]	金－硅	键合温度大约为450℃~550℃
低温硅－硅直接键合[13]	硅－硅	键合温度低于110℃，键合后的衬底经过高温处理和长久存放，键合能会进一步增加
焊接键合	多种类型的衬底	采用熔点比较低的金属，如锡[14]、铝[15]等
机械键合	多种材料	例子有微铆接[16]和微机械尼龙搭扣[17]

键合完毕后的衬底可以继续进行化学或机械处理，例如可以采用机械抛光或者化学刻蚀的方法减薄衬底。圆片到圆片转移技术可以得到平整的表面[18]，用于生产微镜[19]、薄膜[20，21]以及一些大尺寸的器件[22]。大多数键合操作都是在圆片级进行的，当然，键合也可以在裸芯片级或者器件级进行。

2.3 微电子制造工艺流程

先掌握集成电路的制造技术（MEMS在其后发展），是了解微机械加工技术的必要前提。而熟悉集成电路基本微制造工艺的读者可以跳过这一部分。

集成电路制造过程包括许多工艺步骤：如材料的淀积、材料的去除、图形化等，下面将会举例说明。

场效应晶体管（FET）是现代集成电路的结构单元，图2-18为制造场效应晶体管的工艺流程。重复淀积－光刻－刻蚀过程，可以得到任意复杂的器件。在这个特殊的例子里，使用六个主要的工艺循环将硅圆片正面加工成MOSFET。图中以剖面图形式描述了FET加工的30个主要步骤。最左列的步骤1.0、2.0、3.0、4.0、5.0、6.0、7.0、8.0是制造工艺流程中的关键工艺，步骤$x.y$（$x=1\sim7$，$y\neq0$）是相对应的下一步的主要工艺。

每一个工艺加工步骤的作用都用不同符号标明。D、L、E、M分别代表淀积、光刻（曝光和显影）、刻蚀、材料的改进/处理。

以下是各个步骤的说明：

步骤1.0 给出了裸硅圆片的剖面图。圆片厚度未按比例画出。为了简便，这里没有画出圆片背面的材料工艺步骤。

步骤2.0 淀积一层氧化层。步骤2.1到步骤2.3形成氧化层图形，这层氧化层只起过渡的作用（这种作用后面将更明显）。

2.1 旋涂光敏抗蚀层（通常称为光刻胶），将其沉积在氧化层顶部。

2.2 光刻胶曝光、显影。

2.3 刻蚀氧化层，光刻胶作为掩膜。

步骤3.0 用有机溶液刻蚀去掉光刻胶。在步骤3.1~3.3中，图形化的氧化层作为掺杂的掩膜。

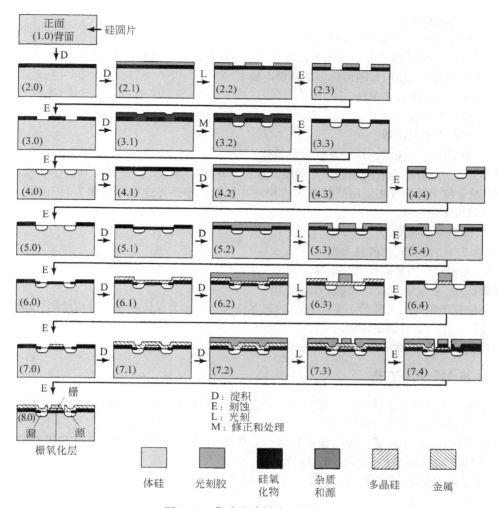

图 2-18 集成电路制造工艺流程

3.1 淀积一层含有掺杂杂质的材料。

3.2 热处理硅片，使杂质扩散进入未被氧化层覆盖的硅片中。

3.3 去除在步骤 3.1 中淀积的掺杂层。

步骤 4.0 去除氧化层。注意从裸圆片(步骤 1.0)转变到带有局部掺杂杂质圆片的过程中(步骤 4.0)，有许多工序和材料层。步骤 4.1～4.4 完成了生成另一层图形化的氧化层。

4.1 生长另一层硅氧化层。

4.2 淀积光刻胶。

4.3 刻出光刻胶图形。

4.4 光刻胶作为掩膜，刻蚀氧化层。

步骤 5.0 去除步骤 4.2 中淀积的光刻胶。步骤 5.0 与步骤 4.0 的主要区别在于氧化层覆盖在未掺杂区。步骤 5.1～步骤 5.4 淀积了另一层氧化层并转移图形。

5.1 生长一层非常薄的氧化层，称为栅氧化层。栅氧化层必须有很高的质量即没有污染和缺陷。

5.2 又淀积一层光刻胶。

5.3　刻出光刻胶图形。

5.4　光刻胶作为掩膜，刻蚀栅氧化层。

步骤6.0　去除步骤5.2中淀积的光刻胶。未被氧化层覆盖的有源区将提供和金属的电接触。步骤6.1～步骤6.4，淀积和图形化多晶硅栅电极。

6.1　淀积一层掺杂多晶硅。

6.2　淀积光刻胶。

6.3　刻出光刻胶图形。

6.4　光刻胶作为掩膜，选择性刻蚀多晶硅。

步骤7.0　用有机溶液刻蚀去掉光刻胶。步骤6.0和步骤7.0的主要区别在于步骤7.0多了一层多晶硅。每个晶体管必须用低阻金属线相连并且能够和外界连接。步骤7.1～步骤7.3实现金属引线的引出和连接。

7.1　淀积一层金属。

7.2和7.3　淀积光刻胶且光刻出图形。

7.4　光刻胶作为掩膜，刻蚀金属。

步骤8.0　去除光刻胶，完成FET。

工业化生产用的工艺遵循图2-18所示的基本流程，但是为保证质量、提高性能、增加成品率和可重复性，还包括其他更详细的工序。在步骤8.0后可以有很多后续工序。一个完整的工艺流程可能耗费3个月和20～40张掩膜版。

2.4　硅基MEMS工艺

微电子工业已建立了成熟的工艺技术，并且在工艺控制和质量管理上也有良好基础，所以MEMS器件首先在硅圆片上发展起来。

硅有三种形态：**单晶硅、多晶硅**和**非晶硅**。在单晶硅（SCS）材料中，晶格是规则排列的（图2-19）。单晶硅通常由三种方法得到：

1）通过高温熔融/再结晶（图2-1）生长单晶硅圆片。

2）外延生长硅薄膜。

3）通过全部加热或局部加热，单晶硅可由多晶硅或非晶硅再结晶获得。

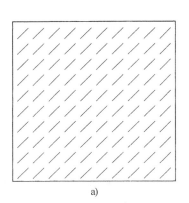
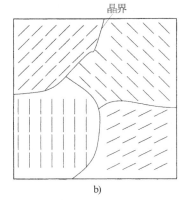

晶界

　　　　　　　　a)　　　　　　　　　　　　　　　　　b)

图2-19　单晶硅和多晶硅的晶体结构

多晶硅材料有多种晶畴（图2-19）。在每个晶畴里，晶格是规则排列的。但是，相邻区域的晶向是不同的。畴壁（也指晶界）对于电导率、机械刚度和化学刻蚀特性有着决定性的影响。多晶硅材料可以通过低压化学汽相淀积（LPCVD）生长，也可以通过全部加热或局部加热使非晶硅再结晶。

另一方面，非晶硅的晶格是不规则排列的。用化学汽相淀积（CVD）生长非晶硅薄膜，所用温度低于淀积多晶硅需要的温度。由于是低温，在形成固体时，因原子没有足够的振动能量，故不能排列一致。非晶硅用 LPCVD 生长（在典型的低压水平反应器中，淀积时转换温度是 580℃ [23]，比多晶硅结构高）。非晶硅也可以通过等离子增强化学汽相淀积（PECVD）形成。

两种最基本的制造技术是**体微机械加工**[24]和**表面微机械加工**[25]。体微机械加工工艺即选择性地去除体（硅衬底）材料以形成特定的三维结构或机械元件，例如梁和薄膜。体微机械加工还可以与圆片键合结合以形成更复杂的三维结构。第 10 章将会介绍体微机械加工技术。

微机械加工压力传感器是用体微机械加工方法制作的最早的器件。图 2-20 将这种 MEMS 器件的制造过程用三维图形逐步描述出来。其中有两个圆片：底部圆片刻蚀形成腔，顶部圆片用来制造薄膜。下面给出了各个工艺步骤。

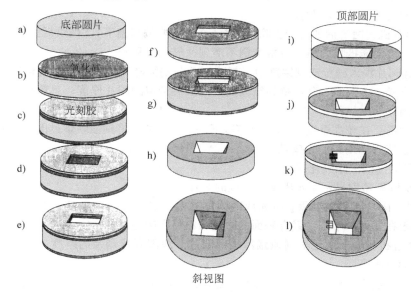

图 2-20　压力传感器微加工工艺

虽然图 2-20 给出的过程对初学者来说可能较长，但这只是精简的过程，很多细节步骤都跳过了。其中省略的一个步骤是典型的光刻工序，它一般有以下几步：涂覆光刻胶、烘烤、曝光、显影，然后光刻胶作为掩膜刻蚀下一层，最后去除光刻胶。

步骤 a　这种工艺从裸硅圆片开始。为形成所希望的空腔形状，圆片必须有特定的晶向。我们将在第 3 章和第 10 章讨论晶向和相关工艺。圆片通过彻底的清洗，去除大颗粒、灰尘和不可见的有机残留物。可用机械冲洗和氧化酸溶液清洗，之后用超净水清洗。

步骤 b　将清洗过的圆片放置在充有流动氧气或水汽的高温炉中。空气中的氧原子或水分子分解出的氧原子将和硅反应，形成一层二氧化硅保护膜。注意氧化物生长在圆片的两面和边缘上。（考虑到完整性，图 2-20 画出了圆片两面上的所有层。）

步骤 c　从高温炉取出圆片，并冷却至室温。所有有机分子将在高温氧化中分解，因此圆片将很干净。接着在圆片上淀积一层很薄的光刻胶（为使光刻胶和氧化层表面之间有良好的黏附性，有时旋涂或汽相涂覆六甲基二硅亚胺 HDMS）。最常用的方法是旋转涂胶，即将光敏聚合物溶液滴在高速旋转的圆片上。光刻胶层的厚度与转速有关。另外，可采用汽相涂覆、蒸气涂布或电镀方法来淀积光刻胶薄膜[26]。

旋转涂胶之后,圆片在对流烘箱中进行烘烤,目的是去除胶中大部分溶液并使胶的曝光特性固定,这个过程通常称为软烘。另外,可用红外线灯或真空去除水汽。

步骤 d 高能辐射(如紫外线、电子束或 X 射线)透过掩膜对光刻胶曝光。这些光有足够高的能量改变胶的化学和机械特性,掩膜上的图形挡住了光。有两种类型的光刻胶——负性光刻胶(负胶)和正性光刻胶(正胶)。辐照使负性胶产生交联聚合作用,而对正胶会使聚合链断裂。

然后将圆片放入显影液中去除松弛结合的光敏化合物。对正胶来说曝光区域将溶解掉。对负胶来说,曝光的区域被保留。步骤 c 的软烘保证了光刻胶在显影时有选择性地去除。

步骤 e 光刻胶需要再次烘烤,这次温度更高,持续时间通常比软烘长。这种二次烘烤称为硬烘,可以去除剩余溶液,并使留在圆片上的光刻胶与圆片粘得更紧。硬烘的程度决定紧随其后的工序。

光刻胶掩膜用于选择性地掩蔽二氧化硅不受 HF 刻蚀。HF 刻蚀剂在曝光窗口刻蚀氧化层,但对下层硅和光刻胶掩膜几乎不刻蚀。

步骤 f 用有机刻蚀溶剂如丙酮去除光刻胶(在室温或较高温下)。硬烘后的光刻胶能抵抗 HF 刻蚀剂的刻蚀,但不能抵抗丙酮。有机溶剂不能刻蚀氧化层和硅。

步骤 g 硅圆片浸入硅湿法刻蚀剂中,刻蚀剂不会刻蚀硅氧化层。只有氧化层上开有窗口处的硅被刻蚀,形成一个空腔,其侧壁为结晶面。如果对给定的圆片厚度,且窗口开得足够大,空腔可能穿通到圆片的另一面。

硅湿法刻蚀需要在较高温度($70℃ \sim 90℃$)下进行。刻蚀剂将刻蚀硬烘过的光刻胶,因此在此步工艺中不能直接将光刻胶作为掩膜。

再次用 HF 刻蚀剂去除氧化层。

步骤 h 从倾斜角度显示了步骤 g 所完成的圆片空腔。

步骤 i 另一圆片固定在步骤 g 所完成的圆片之上。很重要的一点是:加工圆片的环境要很洁净,因为黏附在任何一个圆片键合表面的微小颗粒将影响键合的最终质量。

步骤 j 通过机械抛光或化学刻蚀减薄顶部圆片。顶部圆片剩余的厚度决定了膜的厚度。薄膜应该有较高的灵敏度。

步骤 k 压力传感器做在制备好的膜上。淀积并图形化一层薄膜(例如氧化层),作为离子注入的掩蔽层。硅圆片上通过高能掺杂离子轰击形成掺杂区,即形成了压阻,其电阻随压力改变而变化(由于膜会在压力下弯曲)。

步骤 l 显示的是倾斜圆片的空腔。为了叙述简洁,跳过了步骤 j 到步骤 k 之间的一些详细步骤。

因为没有软件能方便地画出三维工艺图,所以研究者们常常以剖面图形式描述工序。图 2-21 描述了与图 2-20 相同的工艺,它以剖面图形式展示了膜和压力传感器。所选择的剖面图展示了主要过程的关键特征。有时,常用多个剖面图来描绘复杂的工艺。

对步骤很多的工艺来说,要画出常规工序的细节(如光刻胶的旋涂、曝光、显影和去除)很耗时。经验丰富的 MEMS 研发工程师可以跳过这些步骤来简化工艺图。但是用这种方法需要格外小心,因为很常规的工序在意外情况下也可能会复杂化。

有很多方法可以制造带有集成位移传感器或应变传感器的薄膜压力传感器。薄膜材料可以是硅、多晶硅、氮化硅、二氧化硅、聚合物(如聚对二甲苯、聚酰亚胺、硅橡胶)。不同的材料会得出不同的特性,包括灵敏度、允许的薄膜尺寸、抗过压能力、膜的光透明度、动态范围、制造成本。第 4 章 ~ 第 7 章将介绍各种压力传感器。

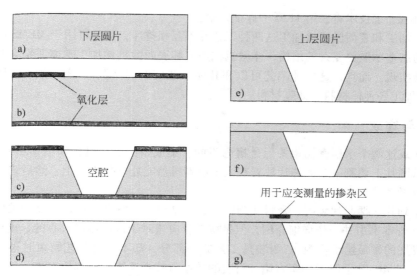

图 2-21　压力传感器制造工艺

　　MEMS 微制造工艺的第二种类型是表面微机械加工。它是通过去除薄膜结构下的间隔层来获得可动的机械单元，而不是对衬底进行直接加工。这层间隔层称为**牺牲层**，是表面微机械加工的基本特征。物理学家 Richard Feynman 首先预想了这种工艺的总体概念[27]。

　　图 2-22 说明了典型的表面微机械加工工艺，其中包括一层结构层和一层牺牲层。首先淀积和图形化牺牲层，接着在牺牲层之上淀积结构层。之后选择性地去除牺牲层以释放顶部的结构层。例如，为了形成衬底表面上的悬臂梁，可以用氧化物作为牺牲层、多晶硅薄膜作为结构层。事实上，因为微机械器件制作在圆片正面的薄层内，所以表面微加工才如此命名。

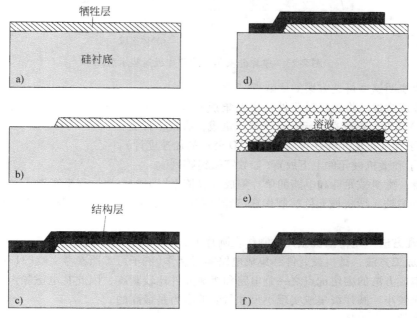

图 2-22　牺牲层表面微机械加工工艺

表面微机械加工技术将在第 11 章中详细讨论。

体微机械加工和表面微机械加工这两种工艺并不互相排斥，而且可用于 MEMS 的不仅仅是这两种工艺。为制造功能更复杂的结构，体微机械加工和表面微机械加工常需要结合起来，因为用单一工艺不能实现。而且，这两种工艺可以和其他工艺(如圆片键合、激光加工、微铸、三维组装)结合起来加工各种体材料和薄膜材料。

2.5   封装与集成

封装与集成这两个术语密切相关但是概念不同。集成指的是将机械和电学功能结合的行为。封装是指把从圆片上切割下来的芯片放置在人工或者机器能处理的组件上，然后该组件可直接装配到电路板或者系统上。

封装包括划片、裸芯片装配、密封和测试。封装是与 MEMS 器件设计高度相关的关键性问题[28，29]。尽管本书中并未作详细介绍，但是初学者应该对于这种振奋人心的、重要的、充满活力的、不断发展的领域给予重视。"封装是工艺的一部分，却不只是工艺结束时再做的工作。"的说法应成为所有 MEMS 学习者的座右铭。封装的成本占整个系统总成本的 30% ~90%，并且它将会极大影响 MEMS 器件的性能、成本、可靠性甚至从根本上影响 MEMS 器件在市场上的竞争力。

2.5.1   集成方法

MEMS 的简单定义就是将电路和机械元件共同集成制备到同一硅裸芯片上，如图 2-23 所示。实际上，将电路和机械元件组合到一起的方法有很多种。图 2-24 用图表进行了总结。电路可以与MEMS 器件在圆片级、封装级、电路板级进行集成。

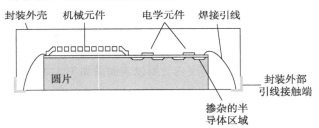

图 2-23   单片硅裸芯片的芯片级封装示意图

以下简要说明这些可选方案的优缺点：

圆片级集成方法   将微机械元件和电路集成在同一圆片上(单片集成)或者通过裸芯片黏合(如圆片键合)的方法集成在一起。对于单片集成，有很多种类：

1) 微电子和微机械元件并排放置(如 AD 公司的加速度计)。

2) 微电子和微机械元件上下放置(如数字微镜阵列)。

如有需要，微机械元件和电路的单片集成可以依据以下的主要过程来实现：

1) **后处理方法**   微机械元件被制作在已经存在电路的半导体圆片上表面(例子可参照参考文献[30])。

2) **前处理方法**   先将微机械元件制作在圆片上，然后再进行 IC 制作。

3) **混合加工方法**   微机械元件和集成电路同时制作(例子可参照参考文献[31 ~34])。

圆片级集成方法的突出优点之一是电路和机械元件比较紧凑，因此其电磁噪声以及一些其他的噪声就会比较小。圆片级集成实现小尺寸封装的潜力是最高的。

单片集成的缺点包括：

1) 芯片引脚不匹配。微机械元件比电路元件要大许多，因此增加了裸芯片整体的引脚数目，

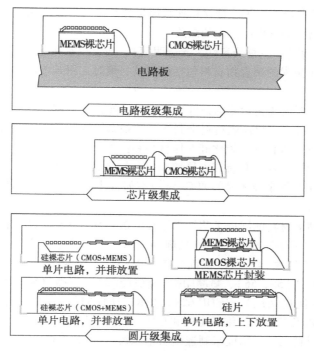

图 2-24 微机械和电路元件集成的可选方案

减少了圆片上的芯片数目。

2）材料复杂并可能降低成品率。由于电路和微机械元件被制造在同一片裸芯片上，它们的材料和工艺互相交织，因此常常使加工和制造的复杂性增加，也可能引起成本的增加。

芯片级集成方法　在这种封装方案中，微机械部分和电路裸芯片是单独制作的，裸芯片被安插在同一个封装体中，并通过焊线实现电学连接。因此材料和工艺不存在耦合。这种多芯片组件（MCM）需要电路和微机械元件之间有较长的距离。但是，它却很好地回避了在圆片级封装方案中所遇到的问题。

电路板级集成方法　在这种封装方案中，将微机械封装体和电路封装体在电路板上实现连接。这种方法存在最长的引线以及最大的电学噪声，不利于小型化。

2.5.2　密封

许多 MEMS 器件不能工作在空气中，它们必须放置在稳定、安全的密封环境中（如真空或者压力/湿度可控的环境）。将 MEMS 器件密封在可控环境中的过程叫做密封（或称为盖封、真空封装）[29]。商业化成功的 MEMS 产品，如 DLP 微镜、加速度计、陀螺仪、谐振器都是被密封在可控环境或者低压环境中。密封的质量和成本将会决定性地影响产品的成本、可靠性以及竞争力。

密封可以在圆片级或者封装级进行。圆片级密封在小型化和自动化方面有着巨大的潜力，但是圆片级密封面临一些技术挑战。

在设计 MEMS 产品时，集成和封装应该是在设计和工艺流程确立前就应该考虑的。

2.6　新材料和新制造工艺

近年来，由于采用了新材料和新工艺，硅微机械加工技术正迅速扩展。硅是机械特性较脆的一种半导体材料。对某些应用来说，硅材料比较昂贵并且没有必要应用。一些新的材料如聚合物和化合物半导体就可以弥补硅性能方面的缺陷。

由于聚合物材料特性(如生物兼容性、光透明度)、加工技术和比硅成本低等特点，正被应用在 MEMS 加工中。近年探索的聚合物材料包括硅橡胶、聚对二甲苯、聚酰亚胺等。聚合物材料的应用可以参考第 12 章。

很多传感器和执行器需要在苛刻的条件下工作，例如直接暴露于自然环境、高温、宽温度范围区或高冲击环境。用硅或无机薄膜材料来制造的精细微结构不适合这些应用。现在介绍几种可用于恶劣环境的 MEMS 无机材料。碳化硅有体材料和薄膜材料两种形式，可应用于高温固态电路和换能器[35~37]。金刚石薄膜具有高电导率和耐磨的优点，可用于压力传感器和电子显微镜探针等[38~40]。其他化合物半导体材料如 GaAs 也在研究中[41~44]。其他金属元素如镍、钛等也被应用于 MEMS 器件中。

使用硅衬底和其他新材料的制造工艺技术正在发展。MEMS 新工艺包括：用于材料去除和淀积的激光刻蚀[45]、用于快速成型的立体光刻[46,47]、局部电化学淀积[48]、光电铸[49]、高深宽比的深反应离子刻蚀[45]、微铣削加工[50,51]、聚焦离子束刻蚀[52]、X 射线刻蚀[53,54]、微电火花加工[55,56]、喷墨印刷(金属胶[57])、微接触印刷[58,59]、原位等离子体[60]、浇铸(包括注塑[61])、压印[62]、丝网印刷[63]、电化学焊接[64]、化学机械抛光、微玻璃吹塑[65]以及二维或三维的定向和自定向自组装[66,67]。

微制造工艺也可以达到纳米精度来制造纳机电系统(NEMS)[47,68]。纳米级特征尺寸及间距给电子机械元件制造的可靠性和成本带来了新挑战。相应的传统光刻不能提供 100nm 的分辨率而且成本很高。与光刻方法大有不同，纳米结构图形化技术是在物理和化学领域中发展出的多种纳米尺度图形化技术。对这些技术感兴趣的读者可以先阅读以下文献：纳米压印光刻[69]、纳米切削[70]、纳米球光刻[71]。

应注意微电子制造的材料和技术也在发展。事实上，在过去的十年中，传统的光刻技术和集成电路半导体材料正在迅速变化。为加快大面积电路、光伏电池、光电显示的生产[72]，人们正积极寻求新工艺技术(如滚轴压印)。有机聚合物材料在逻辑电路[73]、存储[74]、光学显示[75]等方面正逐步替代半导体材料。

新材料和新制造方法的未来是光明而又振奋人心的。诸如微机械加工、纳米制造、微电子制造等加工和制造技术在各自不同领域已有长时间的发展，且各有其各自的一套材料和体系。科学技术正朝着微米和纳米尺度方向发展，这些不同的制造技术正在综合起来产生一套强大的、超越性的新制造技术，它使新的科学研究和新器件的制造成为可能。

2.7　工艺选择与工艺设计

MEMS 中的工艺选择与工艺设计很重要，成功的工艺设计可以包含所需的材料，得到高成品率、低成本和高性能的器件。然而，工艺设计不是精确的分析科学，它在很大程度上取决于现存的材料和工艺设备。

2.7.1　淀积工艺中需要考虑的问题

在每一次淀积工艺中，需要慎重考虑以下几点：

1)**最终厚度**。可以淀积的薄膜厚度存在极限。常用的薄膜厚度已经在前面的工艺流程中讨论过了。极厚的薄膜要求更长的加工时间，同时，也会由于产生应力问题而导致最终的结构毁坏。

2)**淀积速率和控制因素**。高速淀积当然会提高工艺速度，但是不能保证质量。

3)**工艺温度**。

4）**淀积图形轮廓**。不同的制作方法和工艺条件选择，可以淀积和刻蚀出不同的轮廓。图 2-25 总结了一些常用的淀积图形轮廓。这些轮廓都是通过不同的材料和淀积方法得到的。熟悉这些分布对于成功开发 MEMS 很重要。

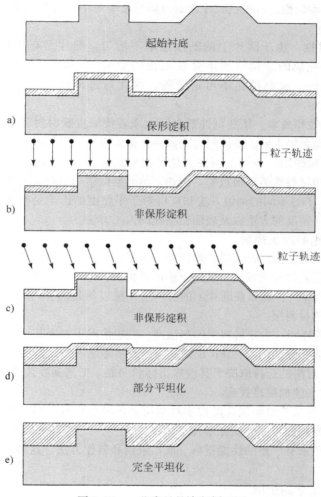

图 2-25 一些常见的淀积剖面图

2.7.2 刻蚀工艺中需要考虑的问题

下面列出了评估刻蚀工艺时所需要考虑的几点重要因素：

1）**刻蚀速率**。材料的去除速度是很重要的。高的刻蚀速率意味着更短的刻蚀时间以及更大的制造吞吐量。

2）**结束检测**。确定工艺步骤是否结束并不像说起来这么简单。由于不同的位置、时间以及一些难以控制的因素，都会导致结果不同。

3）**刻蚀速率的选择性**。刻蚀的选择性是指，对要刻蚀材料的刻蚀速率和对其他材料（如掩膜层或衬底）的刻蚀速率之比。每一步工艺的选择性应该越高越好。例如：在理想情况下，所有掩膜层完全不被刻蚀影响。MEMS 的初学者和研究者应该对交叉反应有初步的了解。在同一种实验环境下的不同材料及不同刻蚀方法的综合反应表已经得到概括[76，77]。这些为初学者提供了很好的参考。然而，材料刻蚀特性取决于特定的实验条件及实验过程，各个实验室及各种设备都应重新校准和记录。

4）**工艺温度**。体材料和刻蚀介质的温度是高度相关的。工艺过程的高温限制了材料的选择，许多系统的刻蚀速率也与温度高度相关。

5）**圆片上的刻蚀均匀性**。通常在圆片表面的刻蚀速率是不均匀的，这使工艺控制变得复杂，特别是圆片尺寸较大时。

6）**过刻蚀的敏感性**。由于圆片上的刻蚀速率不均匀，圆片上有一些结构会比其他结构提早完成。这些提早完成的结构就要承受过刻蚀的影响，来等待圆片上其他的结构通过继续刻蚀达到预想的设计。过刻蚀是不可避免的，因此对过刻蚀不敏感的鲁棒性工艺是人们所希望的。

7）**刻蚀剂的安全性和成本**。某些刻蚀剂在吸入或者接触皮肤时对健康是有害的。了解每种材料刻蚀剂的安全性问题很重要。应该经常查询并严格遵照既定产品的材料安全数据表（MSDS）。

8）**表面的平整度和缺陷**。不同的刻蚀方法和材料就会导致不同的表面平整度和裂纹密度。平整度对于许多器件和材料性能都很重要。例如，单晶硅微结构的断裂强度与形成该结构的刻蚀剂有关[2]。实际上，了解不同的刻蚀方法和环境对于平整度的影响是很必要的，当然如果需要也可以了解一下提高平整度的方法以及表面粗糙化的人工方法。

2.7.3　构造工艺流程的理想规则

MEMS 工艺是基于功能材料的逐层堆积和选择性刻蚀。有许多理论和实践的标准来判断工艺流程的好坏。理想的工艺流程应该至少满足下面两种情况：

理想工艺规则（IPR）#1：淀积在圆片上的材料层不能以物理的、热的、化学的形式损伤或损坏已经存在于硅片上的材料层。

理想工艺规则（IPR）#2：去除材料层的刻蚀剂，理想情况下对于其他的材料层毫无损伤。

实际上，存在许多实际的问题，IPR 规则是很难严格遵照的。比如：

1）通常情况下，材料的选择取决于其性能指标和功能。工艺流程必须适应这些材料。

2）极高选择性的刻蚀剂很难找到。

3）一个高度复杂的工艺流程包含着许多材料层和各种各样的材料。而随着材料层及材料种类的增加，违背 IPR 规则的可能性就在增加。

此外，工业生产要求有严格的性能指标、成本限制和制作方法。这些都将进一步地限制材料和加工方法。

2.7.4　构造鲁棒性工艺的规则

鲁棒性工艺就是指可以在尽量大的范围内，采用不同材料和工艺方法时依然保证高成品率。影响工艺鲁棒性的因素包括刻蚀速率的不确定性以及不适当的选择性。

与工艺相关的不确定性是很常见的。典型的例子包括：

1）淀积速率和刻蚀速率是变化的。它们都取决于很多因素，包括温度、浓度、功率。它们在圆片上会随批次不同、机器不同、时间不同而不同。

2）工艺结束时间的不确定性。不能及时地判断工艺是否在预想的位置结束并且不能及时地结束工艺，都会导致过度的淀积和过度的刻蚀。检测工艺结束的方法并不精确。

3）材料特性的不确定性和易变性。

鲁棒性工艺的最大威胁就是选择比的限制。处理刻蚀工艺不确定性的最好方法就是使用高选择性的工序，因此它们才可以在工艺结束时自停止，进而减少过度的工艺过程带来的加工误差。一般来说，目标材料和掩膜材料加工选择比理想情况下应该为 5∶1 或更大。

然而，选择高选择比的材料并没有那么容易。能列出的可以使用的 MEMS 工艺和材料是有限的(附录 D～附录 F)。只有有限的材料和工艺可以进行选择。大多数的工艺过程对其他材料只有有限的选择比。成功的 MEMS 设计必须可以权衡材料和工艺流程以期达到设计指标和价格目标。如果工艺环境不理想(如选择比有限、可变性、非均匀性),那么就需选择其中鲁棒性的工艺。

例题2.1 (**化学兼容性和温度兼容性**) 讨论图 2-20 所示工艺中的相关的化学兼容性和温度兼容性。

解: 表2-3 给出了工艺反应过程表。逐步描述以确保遵守 IPR 规则。

步骤 a 在 900℃～1100℃ 温度下,在硅表面生长一层二氧化硅,不损伤衬底材料。

步骤 b 室温下在氧化硅上旋涂光刻胶。光刻胶不与二氧化硅反应。

步骤 c 不与二氧化硅层反应的显影剂将光刻胶图形化。氧化物和光刻胶之间的选择比几乎无限大。

步骤 d 用稀释的 HF 刻蚀氧化硅。HF 溶液不与硅衬底也不与掩膜材料(光刻胶)发生反应。

步骤 e 光刻胶通过丙酮去除。丙酮是有机溶剂,不与氧化硅和硅衬底发生反应。

步骤 f 硅被各向异性的硅刻蚀液刻蚀,刻蚀液刻蚀氧化硅的速度比硅刻蚀速度要慢 10～50 倍。

步骤 g 通过 HF 去除氧化物掩膜层,HF 刻蚀硅衬底的速率是可以忽略的。

表2-3 交叉反应表

工艺介质	刻 蚀 剂				淀 积 方 法	
材料	光刻胶显影剂	丙酮	氢氟酸(稀释)	硅湿法刻蚀剂	光刻胶旋涂	热氧化生长
旋涂光刻胶	是,刻蚀速度慢	是	不完全	溶解	溶剂严重扩散和稀释	灰化
软烘光刻胶	不	是	不完全	溶解	溶剂扩散和稀释	灰化
硬烘光刻胶	不	是	不	溶解	中度稀释	灰化
氧化物	不	不	是	很慢	不	不
硅衬底	不	不	不	是	不	是,生成氧化物

2.8 总结

本章初步讨论了微制造技术,介绍了微制造的基本框架,并回顾了典型的微电子电路元件和硅 MEMS 器件的制造工艺。

下面列出本章中的一些主要的概念、实例和技能。读者可以通过这些内容来测试对相关内容的理解情况。

定性理解和概念:

1)微电子和 MEMS 使用平面圆片材料的原因。

2)传统制造和微制造的主要区别,如材料、加工方法和工具。

3)微制造及其设备相关的主要成本。

4)MEMS 制造和生产的设备和结构成本。

5)制作半导体晶体管的工艺步骤。

6)制作体微加工压力传感器的工艺步骤,及每一步的化学选择性和材料兼容性。

7)画出包含多种工艺步骤的横截面工艺图。

8)选择多层结构和材料工艺流程的主要考虑因素。

9)两种理想工艺规则。

10)鲁棒性工艺的定义。

定量理解和技能：

1）通过计算机软件画出工艺流程。

2）通过计算机软件画出掩膜版。

3）通过给定的工艺步骤评估相关的质量参数（刻蚀速率、选择比）。

4）讨论和评估一种多步工艺流程的整体质量及其鲁棒性（在第12章中，读者会遇到综合设计一种鲁棒性的工艺流程的任务）。

习题

2.1节

习题2.1　综述

本习题的目的是使学生熟悉微制造相关的基本器材。在这道实际应用的问题里，要求学生找出与MEMS工业和研究相关的基础设施和设备成本的第一手资料。假设你准备建立一家微制造研究所并且要购买图2-18所示工艺线设备。为了完成这个任务，首先假设本工艺线所需的主要设备至少包含光刻胶旋涂机、接触对准机或步进机、金属蒸发台、热氧化炉、淀积多晶硅的LPCVD系统、具有至少40X放大率的光学显微镜、等离子刻蚀机、表面轮廓测量仪（称为表面台阶仪）。以三个人为一组，向经销商调查所用设备的价格。或者也可以寻找新设备的价格。找出能够处理4″圆片的典型系统价格。编出一张数据表，列出制造商、型号、设备的总成本。

将所有的结果综合到简明的报告文件中。

习题2.2　综述

A部分：上一题列出的设备与加工工艺有关。然而，很多设备是后台的，如用于维持超净间运行环境的一些设备。做一个在线评估，确定建立一个超净间所需要的主要设备。调查超净间运行所需的新旧系统成本，如去离子水系统，它是保持化学和产品稳定性的关键部分，试着从商家处咨询关于去离子水系统的新旧价格。

B部分：几个学生组队，进行关于建立超净间成本的在线调查。例如，可以找一些最近介绍建立超净间及其成本的一些论文。

C部分：参观当地的超净间并从超净间管理者那边得到一些设备成本及超净间运转成本的信息。

习题2.3　综述

对当今4″、6″、8″硅圆片（单面抛光、单晶）价格进行在线调查，采购量为1000片硅片。

习题2.4　综述

对当今$0.5\mu m$工艺线上的5″掩膜价格进行在线调查，如果MEMS工艺需要十层掩膜层，制造掩膜的总成本是多少？

2.2~2.4节

习题2.5　制造

找到画MEMS掩膜版图和工艺图的软件并安装。免费软件如xkic（用来画电路板图）可在网上找到。用各种不同的软件中最好的软件来绘制工艺流程图。试用专用绘画软件画出工艺流程图，而不要用计算机文字处理和演讲工具中的自带绘画工具。因为专用的软件在处理复杂的几何结构时可以更好、更容易地控制。（提示：指导老师为全班指定常用的板图和绘画工具。）对于这类软件，读者可以参考本书网站中推荐的一些工具。

习题2.6　制造

画出参考文献[78]中所讨论的浮栅晶体管的剖面加工流程图，包含光刻胶旋涂、显影、去除等一些详细的步骤，不包括电路的制造细节。

习题2.7　制造

画出本章讨论的压力传感器制造过程（图2-21）。扩展其中的流程图使其包含光刻步骤等所有的步骤。这个练习的目的是认识、学习并熟悉画图软件。试描绘出包括诸如侧壁和斜坡覆盖层等一些细节的几何形状。（提示：读者最好在进行操作前先阅读一下第10章和第11章的内容，或指导老师可以在布置这个作业前先与同学们讨论一下第 10 章和第 11 章中材料方面的内容。)

习题 2.8　制造

画出本章中介绍的表面微机械加工悬臂梁制造工艺(图 2-22)。画出所有详细步骤，包括光刻胶的旋涂、显影、去除。试精确描绘出几何形状，包括诸如侧壁和斜坡上覆盖层等一些细节。

习题 2.9　制造

A 部分：画出一个 n 沟道和一个 p 沟道的 CMOS 晶体管芯片制造流程。

B 部分：设计与 A 部分相关的掩膜版图形。

2.7 节

习题 2.10　制造

在本章提到体微机械加工工艺中的压力传感器(图 2-20)，为什么光刻胶必须用做氧化物光刻的掩膜，之后氧化物又用作硅刻蚀的掩膜？假设用图形化的光刻胶作为硅刻蚀的掩膜，这种工艺可行吗？为什么？(找出定量原因和数据。)

习题 2.11　制造

参见图 2-20 描述的工艺流程。如果用氮化硅代替二氧化硅，从步骤 d、g 到 e、h，分别用什么化学试剂处理？

习题 2.12　思考

假设你是 AD 公司负责开发加速度计生产的管理人员。你从一个重要的客户那里接到一个订单，开发的产品是在 4″圆片上制造一百万个传感器。假设每个圆片上可以生产 400 个传感器。估计总年度成本，包括主要的元件如硅圆片、主要的相关设备、人员、圆片供应、场地(估算)以及税收(假设每个月是场地租金的 0.5%)。列出电子数据表来记录各项估计。这些估算都要有根据。

最后，准备一页报告来说明扩大这个项目需要多少资金。

参考文献

1. Jaeger, R.C., *Introduction to microelectronic fabrication*. 2nd ed. Modular series on solid-state devices, ed. G.W. Neudeck and R.F. Pierret. Vol. V, Upper Saddle River, NJ: Prentice Hall, 2002.

2. Sze, S.M., ed. *Semiconductor sensors*. 1994, Wiley: New York.

3. Ohmura, E., et al., *Internal modified-layer formation mechanism into silicon with nanosecond laser*. Journal of Achievements in Materials and Manufacturing Engineering, 2006. **17**(1–2): p. 381–384.

4. Schmidt, M.A., *Wafer-to-wafer bonding for microstructure formation*. Proc. IEEE, 1998. **86**(8): p. 1575–1585.

5. Tsau, C.H., S.M. Spearing, and M.A. Schmidt, *Fabrication of wafer-level thermocompression bonds*. Microelectromechanical Systems, Journal of, 2002. **11**(6): p. 641–647.

6. Kim, H. and K. Najafi, *Characterization of low-temperature wafer bonding using thin-film parylene*. IEEE/ASME Journal of Microelectromechanical Systems (JMEMS), 2005. **14**(6): p. 1347–1355.

7. Albaugh, K.B., P.E. Cade, and D.H. Rasmussen. *Mechanisms of anodic bonding of silicon to pyrex glass*. in Solid-State Sensor and Actuator Workshop, 1988. Technical Digest., IEEE. 1988.

8. Chavan, A.V. and K.D. Wise, *Batch-processed vacuum-sealed capacitive pressure sensors*. Microelectromechanical Systems, Journal of, 2001. **10**(4): p. 580–588.

9. Shimbo, M., et al., *Silicon-to-silicon direct bonding method*. Journal of Applied Physics, 1986. **60**(8): p. 2987–2989.

10. Cheng, Y.T., L. Lin, and K. Najafi, *Localized silicon fusion and eutectic bonding for MEMS fabrication and packaging*. Microelectromechanical Systems, Journal of, 2000. **9**(1): p. 3–8.

11. Mehra, A., et al., *Microfabrication of high-temperature silicon devices using wafer bonding and deep reactive ion etching*. Microelectromechanical Systems, Journal of, 1999. **8**(2): p. 152–160.

12. Field, L.A. and R.S. Muller, *Fusing silicon wafers with low melting temperature glass*. Sensors and Actuators A: Physical, 1990. **23**(1–3): p. 935–938.

13. Tong, Q.-Y., et al., *Low temperature wafer direct bonding*. Microelectromechanical Systems, Journal of, 1994. **3**(1): p. 29–35.

14. Singh, A., et al., *Batch transfer of microstructures using flip-chip solder bonding*. Microelectromechanical Systems, Journal of, 1999. **8**(1): p. 27–33.

15. Cheng, Y.-T., L. Lin, and K. Najafi, *A hermetic glass-silicon package formed using localized aluminum/ silicon-glass bonding*. Microelectromechanical Systems, Journal of, 2001. **10**(3): p. 392–399.

16. Shivkumar, B. and C.-J. Kim, *Microrivets for MEMS packaging: concept, fabrication, and strength testing*. Microelectromechanical Systems, Journal of, 1997. **6**(3): p. 217–225.

17. Han, H., L.E. Weiss, and M.L. Reed, *Micromechanical Velcro*. Microelectromechanical Systems, Journal of, 1992. **1**(1): p. 37–43.

18. Spiering, V.L., et al., *Sacrificial wafer bonding for planarization after very deep etching*. Microelectromechanical Systems, Journal of, 1995. **4**(3): p. 151–157.

19. Niklaus, F., S. Haasl, and G. Stemme, *Arrays of monocrystalline silicon micromirrors fabricated using CMOS compatible transfer bonding*. Microelectromechanical Systems, Journal of, 2003. **12**(4): p. 465–469.

20. Bang, C.A., et al., *Thermal isolation of high-temperature superconducting thin films using silicon wafer bonding and micromachining*. Microelectromechanical Systems, Journal of, 1993. **2**(4): p. 160–164.

21. Yun, C.-H. and N.W. Cheung, *Fabrication of silicon and oxide membranes over cavities using ion-cut layer transfer*. Microelectromechanical Systems, Journal of, 2000. **9**(4): p. 474–477.

22. Yang, E.-H. and D.V. Wiberg, *A wafer-scale membrane transfer process for the fabrication of optical quality, large continuous membranes*. Microelectromechanical Systems, Journal of, 2003. **12**(6): p. 804–815.

23. Kamins, T., *Polycrystalline silicon for integrated circuits and displays*. Second ed. 1998: Kluwer Academic Publishers.

24. Kovacs, G.T.A., N.I. Maluf, and K.E. Petersen, *Bulk micromachining of silicon*. Proceedings of the IEEE, 1998. **86**(8): p. 1536–1551.

25. Bustillo, J.M., R.T. Howe, and R.S. Muller, *Surface micromachining for microelectromechanical systems*. Proceedings of the IEEE, 1998. **86**(8): p. 1552–1574.

26. Pham, N.P., et al., *Photoresist coating methods for the integration of novel 3-D RF microstructures*. Microelectromechanical Systems, Journal of, 2004. **13**(3): p. 491–499.

27. Feynman, R., *Infinitesimal machinery*. Microelectromechanical Systems, Journal of, 1993. **2**(1): p. 4–14.

28. Jung, E., *Packaging options for MEMS devices*. MRS Bulletin, 2003. **28**(1): p. 51–54.

29. Esashi, M., *Wafer level packaging of MEMS*. Journal of Micromechanics and Microengineering, 2008. **18**: p. 073001.

30. Tea, N.H., et al., *Hybrid postprocessing etching for CMOS-compatible MEMS*. Microelectromechanical Systems, Journal of, 1997. **6**(4): p. 363–372.

31. Yi, Y.-W., et al., *A micro active probe device compatible with SOI-CMOS technologies*. Microelectromechanical Systems, Journal of, 1997. **6**(3): p. 242–248.

32. French, P.J., et al., *The development of a low-stress polysilicon process compatible with standard device processing*. Microelectromechanical Systems, Journal of, 1996. **5**(3): p. 187–196.

33. Jiang, H., et al. *A universal MEMS fabrication process for high-performance on-chip RF passive components and circuits*. in Technical digest: IEEE Sensors and Actuators workshop. 2000. Hilton Head island, SC.

34. Oz, A. and G.K. Fedder. *CMOS-compatible RF-MEMS tunable capacitors*. in Radio Frequency Integrated Circuits (RFIC) Symposium. 2003.

35. Mehregany, M., et al., *Silicon carbide MEMS for harsh environments*. Proceedings of the IEEE, 1998. **86**(8): p. 1594–1609.

36. Tanaka, S., et al., *Silicon carbide micro-reaction-sintering using micromachined silicon molds.* Microelectromechanical Systems, Journal of, 2001. **10**(1): p. 55–61.

37. Stoldt, C.R., et al., *A low-temperature CVD process for silicon carbide MEMS.* Sensors and Actuators A: Physical, 2002. **97–98**: p. 410–415.

38. Wur, D.R., et al., *Polycrystalline diamond pressure sensor.* Microelectromechanical Systems, Journal of, 1995. **4**(1): p. 34–41.

39. Shibata, T., et al., *Micromachining of diamond film for MEMS applications.* Microelectromechanical Systems, Journal of, 2000. **9**(1): p. 47–51.

40. Zhu, X., et al., *The fabrication of all-diamond packaging panels with built-in interconnects for wireless integrated microsystems.* Microelectromechanical Systems, Journal of, 2004. **13**(3): p. 396–405.

41. Zhang, Z.L. and N.C. MacDonald, *Fabrication of submicron high-aspect-ratio GaAs actuators.* Microelectromechanical Systems, Journal of, 1993. **2**(2): p. 66–73.

42. Adachi, S. and K. Oe, *Chemical etching characteristics of (001) GaAs.* Journal of Electrochemical Society, 1983. **130**(12): p. 2427–2435.

43. Chong, N., T.A.S. Srinivas, and H. Ahmed, *Performance of GaAs microbridge thermocouple infrared detectors.* Microelectromechanical Systems, Journal of, 1997. **6**(2): p. 136–141.

44. Iwata, N., T. Wakayama, and S. Yamada, *Establishment of basic process to fabricate full GaAs cantilever for scanning probe microscope applications.* Sensors and Actuators A: Physical, 2004. **111**(1): p. 26–31.

45. Heschel, M., M. Mullenborn, and S. Bouwstra, *Fabrication and characterization of truly 3-D diffuser/ nozzle microstructures in silicon.* Microelectromechanical Systems, Journal of, 1997. **6**(1): p. 41–47.

46. Maruo, S., K. Ikuta, and H. Korogi, *Force-controllable, optically driven micromachines fabricated by single-step two-photon microstereolithography.* Microelectromechanical Systems, Journal of, 2003. **12**(5): p. 533–539.

47. Teh, W.H., et al., *Cross-linked PMMA as a low-dimensional dielectric sacrificial layer.* Microelectromechanical Systems, Journal of, 2003. **12**(5): p. 641–648.

48. Madden, J.D. and I.W. Hunter, *Three-dimensional microfabrication by localized electrochemical deposition.* Microelectromechanical Systems, Journal of, 1996. **5**(1): p. 24–32.

49. Tsao, C.-C. and E. Sachs, *Photo-electroforming: 3-D geometry and materials flexibility in a MEMS fabrication process.* Microelectromechanical Systems, Journal of, 1999. **8**(2): p. 161–171.

50. Friedrich, C.R. and M.J. Vasile, *Development of the micromilling process for high-aspect-ratio microstructures.* Microelectromechanical Systems, Journal of, 1996. **5**(1): p. 33–38.

51. Vogler, M.P., R.E. DeVor, and S.G. Kapoor, *Microstructure-level force prediction model for micromilling of multi-phase materials.* ASME Journal of Manufacturing Science and Engineering, 2003. **125**(2): p. 202–209.

52. Tseng, A.A., *Recent developments in micromilling using focused ion beam technology.* Journal of Micromechanics and Microengineering, 2004. **14**(4): p. R15–R34.

53. Feinerman, A.D., et al., *X-ray lathe: An X-ray lithographic exposure tool for nonplanar objects.* Microelectromechanical Systems, Journal of, 1996. **5**(4): p. 250–255.

54. Manohara, M., et al., *Transfer by direct photo etching of poly(vinylidene flouride) using X-rays.* Microelectromechanical Systems, Journal of, 1999. **8**(4): p. 417–422.

55. Reynaerts, D., et al., *Integrating electro-discharge machining and photolithography: work in progress.* Journal of Micromechanics and Microengineering, 2000. **10**: p. 189–195.

56. Takahata, K. and Y.B. Gianchandani, *Batch mode micro-electro-discharge machining.* Microelectromechanical Systems, Journal of, 2002. **11**(2): p. 102–110.

57. Fuller, S.B., E.J. Wilhelm, and J.M. Jacobson, *Ink-jet printed nanoparticle microelectromechanical systems.* Microelectromechanical Systems, Journal of, 2002. **11**(1): p. 54–60.

58. Rogers, J.A., R.J. Jackman, and G.M. Whitesides, *Constructing single- and multiple-helical microcoils and characterizing their performance as components of microinductors and microelectromagnets.* Microelectromechanical Systems, Journal of, 1997. **6**(3): p. 184–192.

59. Black, A.J., et al., *Microfabrication of two layer structures of electrically isolated wires using self-assembly to guide the deposition of insulating organic polymer.* Sensors and Actuators A: Physical, 2000. **86**(1–2): p. 96–102.

60. Wilson, C.G. and Y.B. Gianchandani, *Silicon micromachining using in situ DC microplasmas.* Micro-electromechanical Systems, Journal of, 2001. **10**(1): p. 50–54.

61. Chen, R.-H. and C.-L. Lan, *Fabrication of high-aspect-ratio ceramic microstructures by injection molding with the altered lost mold technique.* Microelectromechanical Systems, Journal of, 2001. **10**(1): p. 62–68.

62. Shen, X.-J., L.-W. Pan, and L. Lin, *Microplastic embossing process: Experimental and theoretical characterizations,* Sensors and Actuators A: Physical, 2002. **97–98**: p. 428–433.

63. Walter, V., et al., *A piezo-mechanical characterization of PZT thick films screen-printed on alumina substrate.* Sensors and Actuators A: Physical, 2002. **96**(2–3): p. 157–166.

64. Jackman, R.J., S.T. Brittain, and G.M. Whitesides, *Fabrication of three-dimensional microstructures by electrochemically welding structures formed by microcontact printing on planar and curved substrates.* Microelectromechanical Systems, Journal of, 1998. **7**(2): p. 261–266.

65. Eklund, E.J. and A.M. Shkel, *Glass blowing on a wafer level.* IEEE/ASME Journal of Microelectromechanical Systems (JMEMS), 2007. **16**(2): p. 232–9.

66. Gracias, D.H., et al., *Forming electrical networks in three dimensions by self-assembly.* Science, 2000. **289**(5482): p. 1170–1172.

67. Whitesides, G.M. and B. Grzybowski, *Self-assembly at all scales.* Science, 2002. **295**(5564): p. 2418–2421.

68. Despont, M., et al., *VLSI-NEMS chip for parallel AFM data storage.* Sensors and Actuators A: Physical, 2000. **80**(2): p. 100–107.

69. Chou, S.Y., P.R. Krauss, and P.J. Renstrom, *Imprint of sub-25 nm vias and trenches in polymers.* Applied Physics Letters, 1995. **67**(21): p. 3114–3116.

70. Zhang, Y., et al., *Electrochemical whittling of organic nanostructures.* Nano Letters, 2002. **2**(12): p. 1389–1392.

71. Haes, A.J. and R.P.V. Duyne, *A nanoscale optical biosensor: Sensitivity and selectivity of an approach based on the localized surface plasmon resonance spectroscopy of triangular silver nanoparticles.* Journal of American Chemical Society, 2002. **124**: p. 10596–10604.

72. Shah, A., et al., *Photovoltaic technology: The case for thin-film solar cells.* Science, 1999. **285**(5428): p. 692–698.

73. Sirringhaus, H., et al., *High-resolution inkjet printing of all-polymer transistor circuits.* Science, 2000. **290**(5499): p. 2123–2126.

74. Service, R.F., *ELECTRONICS: Organic device bids to make memory cheaper.* Science, 2001. **293**(5536): p. 1746-.

75. Kim, C., P.E. Burrows, and S.R. Forrest, *Micropatterning of organic electronic devices by cold-welding.* Science, 2000. **288**(5467): p. 831–833.

76. Williams, K.R. and R.S. Muller, *Etch rates for micromachining processing.* Microelectromechanical Systems, Journal of, 1996. **5**(4): p. 256–269.

77. Williams, K.R., K. Gupta, and M. Wasilik, *Etch rates for micromachining processing-Part II.* Microelectromechanical Systems, Journal of, 2003. **12**(6): p. 761–778.

78. Nathanson, H.C., et al., *The resonant gate transistor.* IEEE Transactions on Electron Devices, 1967. **ED-14**(3): p. 117–133.

第3章 电学与机械学基本概念

3.0 预览

MEMS 研究领域涉及多门学科，包括电气工程、机械工程、材料加工以及微制造。成功设计 MEMS 器件必须要考虑许多交叉点。

例如，要开发一种诸如 ADXL 加速度计这样的微机械传感器，设计者就必须考虑电学和机械两方面的因素。电学设计方面要考虑的因素包括电容值和信号处理电路（例如模数转换）。机械设计方面要考虑的因素包括支撑梁的挠性、动态特性以及梁的本征应力。这些因素相互联系，并且和工艺、成品率以及成本相关。

本章涵盖了 MEMS 中最基本的概念和分析技巧。为了尽量简洁和平衡，在这里只介绍最重要和最常用的概念。

3.1 节介绍半导体晶体的概念以及掺杂步骤，然后讨论由掺杂浓度确定半导体电导率的基本步骤。

3.2 节讨论晶面和晶向的命名规则。

3.3 节涵盖不同材料应力和应变之间的基本关系。

3.4 节考查简单负载条件下梁弯曲的计算步骤。

3.5 节专门讨论简单负载条件下扭转杆的形变。

3.6 节解释本征应力产生的原因以及表征、控制和补偿的方法。

3.7 节讨论周期性负载条件下微结构的机械性能。

3.8 节介绍主动调节梁力常数和谐振频率的方法。

本章涉及几个学科范围的内容。如果要对这些内容以及其他相关的内容作深入研究，可以参考 3.9 节列出的推荐阅读资料。

3.1 半导体的电导率

硅是一种很常见的元素，沙粒或者窗户上的玻璃都含有硅，它是制造集成电路衬底的理想选择。硅属于半导体，半导体为电子电路提供了优良的电学特性以及可控性。半导体硅是 MEMS 领域中最常用的材料。很自然，硅的电学和机械特性是令人感兴趣的。

半导体不同于理想导体（如金属），也不同于理想绝缘体（如玻璃或橡胶）。顾名思义，半导体的电导率介于纯绝缘体和纯导体之间。但是，这只是半导体大量用于现代电子学的一个原因。更重要的原因是，半导体材料的电导率可以通过几种方法来控制，例如人为地掺杂、外加电场、电荷注入、环境光照或者温度变化。这些控制因素使得半导体材料有很多应用，包括双极型晶体管、场效应晶体管、太阳能电池、二极管，以及温度传感器、力传感器和化学传感器（例如化学场效应晶体管或者称作 ChemFET）。

当然，半导体电导率的具体值更令人感兴趣。宏观的电阻和电导都和微观的电导率有关。MEMS 领域中最基本的一项任务是求出半导体硅片电导率与掺杂浓度之间的关系。这是本节的重点。

在这里我们假定读者对于电荷、电压、电场、电流和欧姆定律有基本的了解。这些知识可以在教材中或者3.9节列出的参考书中查到。

3.1.1　半导体材料

半导体独特的电学特性源于它们的原子结构。本节我们来看一下半导体的导电性是如何产生的。

在元素周期表中硅属于Ⅳ族元素，每个硅原子最外层轨道上有四个电子。因此，在晶格中每个硅原子和它邻近的四个原子共用四个共价键。

硅原子位于晶格中，原子之间的间距由原子间吸引力和排斥力的平衡决定。在300K时固体硅中原子的密度为5×10^{22}原子/cm^3。

以共价方式成键到硅原子轨道的电子并不能传导电流，因而对体电导率没有贡献。半导体材料的电导率仅仅与能在体中自由移动的电子浓度有关。成键到原子上的电子必须受激发而具有足够的能量以脱离原子的外层轨道，才能参与到体电流的传导中。

激发共价键上的电子使其成为自由载流子所需要的最小统计能量称之为半导体材料的**带隙**。它对应于破坏两个原子之间的一个共价键所需要的能量。室温下，硅的带隙约为1.11eV或者1.776×10^{-19}J。更详细的信息可以参考固态电子器件方面的经典教材（[1，2]）。

有很多方法可以使电子获得能量逃离它的束缚原子，包括晶格振动（例如温度升高）和吸收电磁辐射（例如吸收光）。温度对决定体内自由电子浓度起着重要的作用。实际上，半导体硅在绝对零度（0K）没有自由载流子，因此是绝缘的。温度越高，自由载流子的浓度就越高，导电性就越好。

与之相反，金属导体的原子之间通过金属键结合，而金属键通常比共价键要弱。电子容易成为自由电子参与电流传导。金属的等效带隙为0，因此，金属导体的电导率总是很高并且对温度和光照的变化不敏感。

另一方面，绝缘体中原子之间的键合比半导体材料更强，例如为离子键。也就是说，绝缘体的带隙比半导体更大。因为电子打破原子轨道的束缚更加困难，因此绝缘体中自由载流子的浓度和电导率很低。

硅并不是MEMS中用到的唯一半导体材料。其他的半导体材料有锗、多晶锗、锗硅、砷化镓（GaAs）、氮化镓（GaN）和碳化硅（SiC）都已用于MEMS中，这些材料的带隙和硅不同[3，4]。

某些有机材料也表现出半导体的特性。人们正在研究有机半导体材料用于制造柔性电路和显示器。这些材料的器件结构和制造方法与无机半导体不同。这些内容已经超出了本书的范围，但是，有兴趣的读者可以参考相关论文以熟悉这一新出现的课题[5~8]。

3.1.2　载流子浓度的计算

半导体材料的电导率由体内自由载流子的数目以及它们在电场作用下的灵活性决定。在本节中，我们将讨论计算自由载流子数目（或体积浓度）的基本公式。

半导体中有两种自由载流子：电子和空穴。打破共价键而获得自由的电子并不是体电流传导的唯一参与者。逃离电子留下的键空位称之为**空穴**，它通过为连续的电子跳跃提供位置而参与体电流运动。一个空穴载流子带一个正电荷。对于某一给定的材料，电子和空穴传导电流的能力是不同的，但是它们通常具有相同的数量级。

半导体中的电子浓度用n（单位是电子/cm^3或者cm^{-3}）表示，而空穴的浓度用p（cm^{-3}）表示。在稳态、热平衡条件下（例如没有外加电流也没有光照），电子和空穴的浓度通常分别用n_0和p_0表示。下标0表示热平衡。

SI 单位制下载流子的浓度单位是 m^{-3}。由于历史原因，通常使用 CGS 单位制下载流子的浓度（cm^{-3}）。

半导体材料可以分为两类：本征和非本征。鉴于本征半导体材料是最简单的形式，我们将首先讨论它。然后我们将考查非本征材料，在 MEMS 和微电子中我们更经常遇到的是这一类材料。

理想半导体晶体结构中并没有杂质和晶格缺陷，这样的材料就叫做**本征半导体材料**。这一类型的材料，电子和空穴由热或光激发产生。当共价电子获得足够的能量，通过热或者光作用，它就会脱离硅原子而留下一个空穴。这一事件就称为电子－空穴对产生。

但是，电子和空穴的数目及浓度并不是随着时间无限制地增加。自由电子和空穴也会复合而释放能量。这一过程叫做**复合**，它与产生过程相互竞争。在稳定条件下，产生速率和复合速率相等。

由于电子和空穴是成对产生的，所以电子浓度（n）和空穴浓度（p）是相等的。对于本征材料，它们共同的值用 n_i 表示，这里下标 i 表示本征的意思。它们之间的关系可以表示为

$$n = p \equiv n_i \tag{3-1}$$

n_i 的值是带隙与温度的函数，即

$$n_i^2 = 4 \left(\frac{4\pi^2 m_n^* m_p^* k^2 T^2}{h^2} \right)^{3/2} e^{-\frac{E_g}{kT}} \tag{3-2}$$

这里 m_n^*、m_p^*、k、T 和 E_g 分别表示电子的有效质量、空穴的有效质量、波尔兹曼（Boltzmann）常数、绝对温度（单位为 K）和带隙，h 为普朗克常数。例如，室温下硅的 n_i 值仅为 $1.5 \times 10^{10}/cm^3$，这比硅原子密度 $5 \times 10^{22}/cm^3$ 要小得多。

载流子浓度的国际标准（SI）单位为 m^{-3}。然而由于历史原因，CGS 标准的单位 cm^{-3} 却更为常用。

但是，大多数半导体晶片并不是理想的本征材料。它们通常含有杂质原子，这种杂质可能是意外或者人为掺入的。杂质原子会贡献额外的电子和空穴，通常两者并不平衡。特意引入杂质的过程称为掺杂，它将本征材料转变成**非本征半导体材料**。杂质的引入有很多种方式，最常用的是扩散和离子注入。它们也可以在材料生长过程中耦合到半导体晶格中，这一过程叫做原位掺杂。

非控制地引入金属离子，如人的汗液中的钠离子，可能会引起晶体管性能的严重退化。因此，金属离子在净室中受到严格控制。

当把掺杂原子引入到晶格中时，它通常会取代晶格原子的位置。如果掺杂原子外层的电子比晶格原子多，它就能引入或"捐赠"多余的电子给体材料。这一步称为电离，通常在室温条件下就容易发生。这种类型的杂质称为施主。例如，引入到硅中的磷（P）原子就是施主，因为磷是第五族元素，最外层有五个电子，但是，它只需要拿出四个原子与周围的四个硅原子形成共价键。室温时掺磷硅的自由电子通常比空穴多（$n_0 > p_0$）。当电子浓度比空穴浓度大得多时，电子就称为**多数载流子**，相应的半导体就称为 n 型材料。记住这种命名规则的简单方法是记住 n 表示负（就像负电荷），并且它相应地表示电子的浓度，在这种情况下是多数载流子。

如果掺杂原子最外层的电子比晶格原子少，那它就会从体内"接受"电子。这种类型的杂质称为受主。例如，硼原子（B）在体硅中就是受主，因为硼属于第三族元素，其最外层有三个电子。掺硼硅的自由空穴比电子多（$n_0 < p_0$）。当空穴的浓度比电子大时，空穴就是多数载流子，相应地这种半导体材料就为 p 型。字母 p 代表正（就像正电荷），并且它相应地表示空穴的浓度，在这种情况下是多数载流子。

对于掺杂的半导体晶片，载流子浓度（n_0 和 p_0）与 n_i 不同。但是可以证明电子和空穴的浓度在热平衡条件下遵循下列简单关系式：

$$n_0 p_0 = n_i^2 \tag{3-3}$$

在 MEMS 和微电子学中，普遍使用掺杂的非本征半导体。一个重要的内容是根据掺杂浓度推导自由载流子浓度。我们通过下面的一般情况来介绍这一步骤。

对于施主杂质浓度为 N_d 和受主杂质浓度为 N_a 的非本征半导体，电子和空穴的浓度可以由下面步骤求出（N_d 和 N_a 通常是不相等的）。因为掺杂的过程是将中性原子注入到中性体中，所以体材料总是呈电中性的。体内负电荷的浓度由电子和电离受主原子（N_a^-）两部分组成。体内正电荷的浓度由空穴和电离施主原子（N_d^+）两部分组成。电中性条件为：

$$p_0 + N_d^+ = n_0 + N_a^- \tag{3-4}$$

为计算电子浓度，我们将 p_0 用 n_i^2/n_0 代替并重新整理上式得到

$$n_0 - \frac{n_i^2}{n_0} = N_d^+ - N_a^- \tag{3-5}$$

或者

$$n_0^2 - (N_d^+ - N_a^-)n_0 - n_i^2 = 0 \tag{3-6}$$

而用 p_0 表示则为：

$$p_0^2 - (N_a^- - N_d^+)p_0 - n_i^2 = 0 \tag{3-7}$$

在半导体正常工作温度下，假定施主和受主都完全电离，即 $N_a^- = N_a$ 和 $N_d^+ = N_d$。

一旦杂质的浓度已知，n_0 和 p_0 就可以通过求解这些二次方程得到。将会得到两个解，保留那个有物理意义的解。

如果 $N_d - N_a$ 的值远大于 n_i，n_i^2 就可以忽略，那么方程(3-6)的左边可以得到简化。这种情况下，电子浓度近似为

$$n_0 = N_d^+ - N_a^- \tag{3-8}$$

然后，可以通过求解方程(3-3)得到空穴的浓度。

另一方面，如果受主的浓度远远超过施主的浓度，并且 $N_d - N_a$ 远大于 n_i，从方程(3-7)可以得到空穴的浓度，近似为：

$$p_0 = N_a^- - N_d^+ \tag{3-9}$$

电子的浓度可以通过求解方程(3-3)得到。

例题3.1（计算载流子的浓度） 考虑室温和热平衡条件下的硅晶片。硅中硼的掺杂浓度为 10^{16} 原子/cm^3。计算电子和空穴的浓度。

解： 我们假定在室温条件下硼原子完全电离（$N_a = N_a^-$）。既然电离受主原子的浓度（$N_a^- = 10^{16}/\text{cm}^3$）比 n_i（$1.5 \times 10^{10}/\text{cm}^3$）大 6 个数量级，我们可以用公式(3-9)得到

$$p_0 = 10^{16}/\text{cm}^3$$

因此，电子的浓度为

$$n_0 \approx \frac{n_i^2}{p_0} = 2.25 \times 10^4/\text{cm}^3$$

注意杂质浓度比晶格原子的密度要小得多。

3.1.3 电导率和电阻率

半导体材料的电导率是它导电能力的量度。本节中，我们将讨论当两种载流子——电子和空穴的浓度已知时计算电导率的公式。半导体总电导率是两种载流子电导率之和。

自由载流子在电场作用下产生移动的方式称为**漂移**。载流子在给定电场下漂移的灵活性将影响体材料的电导率。那么自由载流子移动有多快呢？

在恒定电场作用下，晶格中自由载流子并不能随着时间增长而达到任意高的速度。相反，它会因为和晶格原子以及其他自由载流子的碰撞而降低速度甚至停滞。在两次碰撞之间，自由载流子将达到统计平均速度（$\bar{V}$）。该速度的值是局部电场（E）和载流子灵活性的乘积。我们通常用载流子的**迁移率 μ** 来表示载流子的灵活性。迁移率的定义为

$$\mu = \frac{\bar{V}}{E} \tag{3-10}$$

单位为（m/s）（V/m）= $m^2/V \cdot s$。

迁移率的值受到几个因素的综合影响，包括掺杂浓度、温度和晶向[1]。某些材料（如 GaAs）的电子和空穴迁移率比硅要高，它们通常用于高速电子电路中。

在两次连续的碰撞之间载流子经过的平均距离称为**平均自由程 $\bar{d}$**。两次连续碰撞之间的平均时间称为**平均自由时间 $\bar{t}$**。平均速度、平均自由程、平均自由时间之间可以用下式联系起来

$$\bar{d} = \bar{V} \cdot \bar{t} \tag{3-11}$$

有了载流子浓度及其速度的相关知识，我们就可以推导半导体电导率的表达式了。

我们从熟悉的欧姆定律开始。欧姆定律告诉我们：材料的体电阻率（ρ）是外加电场和电流密度 J 的比例常数

$$E = \rho J \tag{3-12}$$

电流密度即为单位截面面积流过的电流。电导率是电阻率的倒数（$\sigma = 1/\rho$）。因此电流密度和外加电场之间的关系可以表示成

$$J = \sigma E \tag{3-13}$$

很明显，电导率 σ 可以定义为

$$\sigma = \frac{J}{E} \tag{3-14}$$

从图 3-1 所示的模型中可以求出 J 和 E 之间的关系。由掺杂半导体组成的宏观电阻在外加电压为 V 时的电流为 I。首先，从体半导体电阻中分割出一个长方体单元。该长方体单元长度平行于电荷移动的方向以及外加电场的方向，其大小选为体内电子的平均自由程（$\bar{d}$）。由于该长方体单元是体电阻的一部分，所以其中的电流密度和体电阻中的相同。

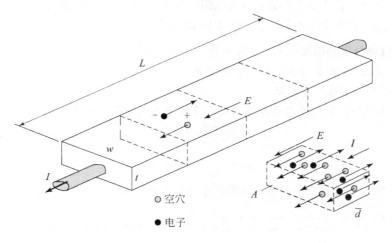

图 3-1　半导体电阻

长方体单元中的电流密度等于给定时间周期内通过单位截面面积(A)的总电荷。任意瞬间该单元中总电荷量 Q 等于载流子浓度、长方体单元的体积和单位带电粒子的电荷量 q 三者的乘积。因为该单元的长度设定为平均自由程,所以这些带电粒子在平均自由时间内刚好通过这一长方体。通过截面 $A - I_A$ 的总电流可以简单地表示成 Q 与平均自由时间的比值。

电子贡献的电导率如下

$$\sigma_n = \frac{J}{E} = \frac{\frac{I_A}{A}}{E} = \frac{\frac{Q}{A\bar{t}}}{E} = \frac{\frac{(nA\bar{d}q)}{A\bar{t}}}{E} = \frac{n\bar{V}q}{E} = n\mu_n q \tag{3-15}$$

其中 I_A、A、Q 和 q 分别表示电流、样品截面积、长方体内总的电荷——定义成 A 和 $\bar{d}$ 的乘积、载流子的单位电荷量($q = 1.6 \times 10^{-19}\mathrm{C}$)。$\mu_n$ 表示电子迁移率。

空穴贡献的电导率为

$$\sigma_p = p\mu_p q \tag{3-16}$$

其中 μ_p 表示空穴的迁移率。

总电导率等于电子和空穴贡献的电导率之和。它可以表示成迁移率和载流子浓度的函数,电阻率如下

$$\rho \equiv \frac{1}{\sigma} = \frac{1}{\sigma_n + \sigma_p} = \frac{1}{q(\mu_n n + \mu_p p)} \tag{3-17}$$

对于半导体硅来说,其电阻率与材料及掺杂相关,而对于电阻单元来说,电阻值还与尺寸有关。一旦电阻率和尺寸确定了,我们就可以计算出总的电阻值。

电阻定义为压降和电流负载的比值。总的压降等于电场和长度的乘积。同时,电流又是电流密度和截面面积($A = w \times t$)的乘积。所以电阻的表达式为

$$R = \frac{V}{I} = \frac{EL}{JA} = \rho \frac{L}{wt} = \frac{\rho}{t} \frac{L}{w} = \rho_s \frac{L}{w} \tag{3-18}$$

ρ_s 表示**方块电阻率**,它等于电阻率除以厚度,或者在掺杂半导体电阻中除以掺杂区的厚度。方块电阻率的单位为 Ω 或者 $\Omega/\square$,其中 $\square$ 称为方块。想象一下从上面看电阻的图形,它由方块砖组成,而方块砖的尺寸就等于电阻的宽,那么组成整个电阻所需要方块砖的数目就等于电阻的长与宽的比值。每一块假想的砖相对应于一个方块。在集成电路产业中引入方块的概念就是为了方便电路设计者和制造者之间的沟通。方块电阻率包含了掺杂浓度和深度的信息,可以让设计者的注意力集中于几何外形上而不是工艺细节上(如深度)。

例题 3.2 (计算电导率和电阻率) 室温条件下,硅的本征载流子浓度(n_i)为 $1.5 \times 10^{10}/\mathrm{cm}^3$。有一硅晶片,掺杂磷的浓度为 $10^{18}\mathrm{cm}^{-3}$。硅中电子和空穴的迁移率分别约为 $1350\mathrm{cm}^2/\mathrm{V \cdot s}$ 和 $480\mathrm{cm}^2/\mathrm{V \cdot s}$。计算掺杂硅的电阻率。

解: 根据例题 3.1,我们可以很容易求得电子和空穴的浓度分别为

$$n_0 = 10^{18}\mathrm{cm}^{-3}$$

$$p_0 = \frac{n_i^2}{n_0} = 225\mathrm{cm}^{-3}$$

将以上数据代入下列方程中就可以求得掺杂硅的电阻率为

$$\rho \equiv \frac{1}{\sigma} = \frac{1}{q(\mu_n n_0 + \mu_p p_0)} = \frac{1}{1.6 \times 10^{-19} \times (1350 \times 10^{18} + 480 \times 225)}$$

$$= 0.0046 \frac{\mathrm{V \cdot s \cdot cm}}{\mathrm{C}} = 0.0046 \frac{\mathrm{V \cdot cm}}{\mathrm{A}} = 0.0046\Omega \cdot \mathrm{cm}$$

例题 3.3（**方块电阻率**） 我们继续讨论例题 3.2。如果掺杂层厚 $1\mu m$ 并且在厚度方向上均匀掺杂，试计算掺杂层的方块电阻率。电阻是用掺杂层组成的，其几何尺寸如图 3-2a 所示。这一电阻的阻值是多少？当通过 1mA 的电流时该电阻会产生多少热量？图 3-2b 所示的电阻值是多少？

解：方块电阻率为：

$$\rho_s = \frac{\rho}{t} = \frac{0.0046(\Omega \cdot cm)}{10^{-4}(cm)} = 46\Omega/\square$$

计算电阻的方法有两种。第一种是，电阻等于电阻率乘以长度除以横截面积，即

$$R = \rho\frac{l}{wt}$$

第二种方法在此例中比较简单。电阻值等于方块电阻率乘以方块的数目。忽略拐角，在这块电阻中共有 15 个方块。所以总的电阻为

$$R = \rho_s\frac{l}{w} \approx 46 \times 15 = 690\Omega$$

当偏置电流为 1mA 时，欧姆加热功率为

$$P = I^2R = 0.69mW$$

注意到图 3-2b 中的电阻和图 3-2a 中的电阻具有相同数目的方块数，所以它们的电阻值也必然相同，为 690Ω。

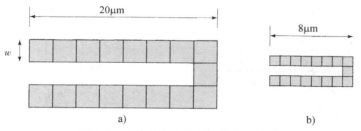

图 3-2 由掺杂半导体组成的电阻版图

3.2 晶面和晶向

晶体中的硅原子在晶格结构中规则排列。材料的特性（例如杨氏模量、迁移率和压阻系数）以及体硅的化学刻蚀速率通常都表现出对方向的依赖性。几个不同方向硅晶格的横截面图如图 3-3 所示。很明显，不同面上的原子堆积密度是不同的，这就可以解释电学、机械特性以及刻蚀特性的各向异性性质。

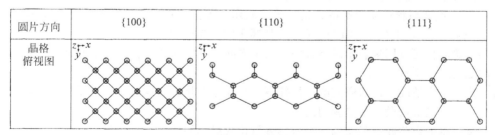

图 3-3 硅晶体沿典型方向的晶格截面

人们已经开发了一组通用符号来辨识和直观化晶格的晶面和方向，即密勒指数。

我们首先讨论命名晶面的步骤。通过考虑晶面和固体主晶轴如何相交来定义一个面。如图 3-4 所示的直角坐标系中，晶格常数为 a。下面讨论在这样的坐标系下用密勒指数表示晶面的标准步骤。

我们可以用一个基本例子很容易地解释这一步骤。我们首先考虑单色填充的强光表面/平面（图3-5）。主要涉及两个步骤。

第一步：确定平面与 x、y、z 轴相交的截距。这种情况下，x 轴的截距为 a，该点的坐标为 $(a, 0, 0)$。因为该面与 y 轴和 z 轴平行，所以与这两个轴并不相交。当平面平行于坐标轴时，我们认为截距为无穷（∞）。所以与 x 轴、y 轴、z 轴的截距为 a、∞、∞。

第二步：把第一步中得到的三个数取倒数并将它们化成最小的一组整数 h、k、l。以手头的例子说明，三个截距的倒数为 $1/a$、$1/\infty\ (=0)$、$1/\infty\ (=0)$。要将这三个值化成最小的整数，只要将三个数字分别乘以 a 即可。将得到的一组整数加上小括号 (hkl)，就是该面的密勒指数。图3-5所示强光面的密勒指数为 (100)。

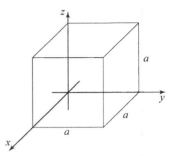

图3-4　立方晶格

从结晶学的观点看，晶格中的很多面都是等效的。例如，任何平行于图3-5中阴影面的面都为 (100) 面。图3-6中给出了三个都为 (100) 的平行面。表3-1给出了晶面、晶向以及同族的名称总结。

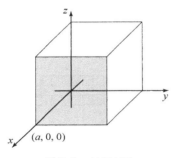

图3-5　(100)面

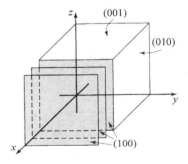

图3-6　等效面

表3-1　晶面、晶向以及同族的名称总结

	单个元素名称	同族名称
晶向	$[hkl]$	$<hkl>$
晶面	(hkl)	$\{hkl\}$

硅晶格属于立方晶格。在立方晶格中，材料性质表现出旋转对称性。因此，晶格（图3-6）中 (010) 和 (001) 面在材料性质上是等价的。为了表示一族这样的等价面，我们用大括号 $\{\}$ 代替小括号 $(\ )$。例如，晶面 (100)、(010) 和 (001) 都属于同一晶面族 $\{100\}$（图3-6）。

密勒指数同样可以用来表示晶格方向。矢量方向的密勒指数也包含三个整数，下面两步阐述了如何确定这三个整数。

第一步：很多情况下，所研究的矢量并不与坐标原点相交。这时，就需要求从原点出发的平行矢量。平行矢量的密勒指数是相同的。

第二步：将矢量与原点相交的三个坐标分量化成最小的整数，并同时保证它们之间的关系不变。例如，图3-4所示立方体的体对角线从点 $(0, 0, 0)$ 延伸到点 $(1a, 1a, 1a)$，它共包含三个 X、Y、Z 分量，都是 $1a$。因此，体对角线的密勒指数包含三个整数 $(1, 1, 1)$，然后将它们用中括号括起来 $[111]$。

立方晶格中，密勒指数为 $[hkl]$ 的矢量总是垂直于面 (hkl)。

矢量总是旋转对称的，并属于一个矢量族。矢量族用大括号{ }括起来的三个整数表示。

MEMS 中最常遇到的硅晶面如图 3-7 所示。注意{100}、{110}、{111}面的位置以及相应的晶向 <100>、<110>、<111> 位置。{111}平面族的任何一个面都与(100)面成 54.75°的倾斜角。(110)面与(100)面之间的夹角为 45°。

通常根据不同的表面"切口"来购买商用硅片。< 100 > 方向的硅片通常用于金属 – 氧化物 – 半导体(MOS)电子器件中，因为它们的界面态密度比较低。另一方面，< 111 > 方向的硅片通常用于双极性晶体管中，因为在 < 111 > 方向上载流子的迁移率较高。不过偶尔它们也应用在 MEMS 中(见第 10 章)。没有电路集成的表面微机械结构可以在任何方向的硅片上实现。

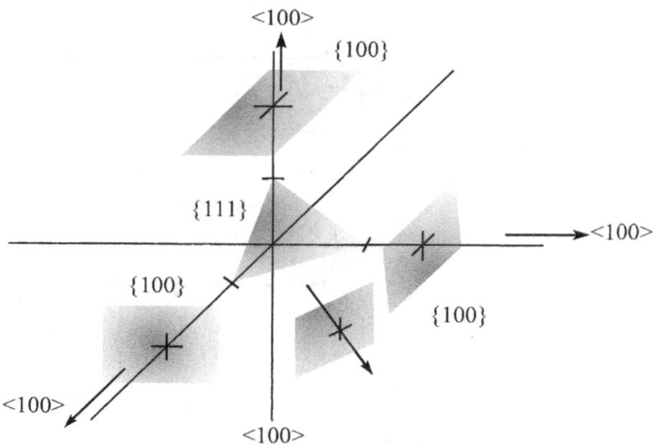

图 3-7　硅中重要晶面的表示方法

3.3　应力和应变

本节我们将讨论应力和应变的基本概念以及它们之间的关系。这里我们假定读者对力和力矩的一般概念有基本的了解。

3.3.1　内力分析：牛顿运动定律

应力是对机械负载的响应而产生的。因此，我们将首先讨论在负载作用下的微机械单元内力的分析方法。

牛顿运动三定律是分析 MEMS 器件在负载条件下静态和动态特性的基础。这里我们简单回顾一下这三条定律。

牛顿定律	陈　述
牛顿第一运动定律(惯性定律)	一切物体总保持匀速运动或静止状态，除非有外力迫使它改变这种状态为止
牛顿第二运动定律	质量 m、加速度 a 和外加力 F 之间的关系为 $F = ma$。加速度和力是矢量。力的方向和加速度的方向相同
牛顿第三运动定律	力和反作用力大小相等，方向相反

最常用到的牛顿定律的推论是：任何静止的物体，其自身以及任何部分所受的力和力矩(扭矩)的矢量和为 0。

这些定律用来分析材料内部力的分布情况，从而会有应力和应变，我们将通过下面的例子来阐述分析力的步骤。

考虑牢牢嵌入砖墙的一根杆，在其末端加上轴向力 F，如图 3-8 所示。因为力通过杆传到墙壁上，所以根据牛顿第三定律，墙壁也会产生一个反作用力。为了将力表达出来并进行定量分析，我们想象把墙壁去掉，而用它对杆的反作用力代替。杆的**隔离体图**很清楚地表明：墙壁必须提供和外加力大小相等方向相反的轴向力，才能使杆上总的作用力为零，从而保证杆的静止状态(牛顿第一定律)。

我们可以用这种方法来表达和分析任意剖面的内部力以及应力。因为杆是平衡的，所以杆的任何一个部分都是平衡的。我们可以任选一个剖面，并以此将杆切成两块。(如果剖面是垂直于杆的轴向，那么这个剖面就称为横截面。)分析两部分受力情况的简便方法是从右端的一块开始，因为它一端的受力情况是很明显的。

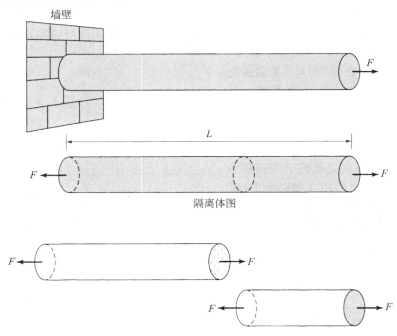

图3-8　力平衡分析

因为力是加在杆的自由端，所以在剖面上必须有大小相等方向相反的作用力。根据牛顿第三定律，切开的两个相对的面应有符号相反的匹配力和力矩。因此，大小为 F 的力应作用在左边一块的右端，即使由于该表面是隐藏的我们不能通过实验的方法测到它。

现在我们考虑受横向作用力的同一根杆（图3-9）。我们仍然假想把墙壁移开从而将杆分离出来，则隔离的杆所受到的总力和总扭矩都为零。因为净作用力为零，所以在与墙壁接触的杆的一端必然受到另一大小相等方向相反的作用力。但是，这一对作用力会产生扭矩（在力学中，也称力偶或者力矩），其大小为 F 乘以 L，L 为杆的长度。必然有一个大小也等于 F 乘以 L 但符号相反的反扭矩作用在杆与墙壁接触的一端。

为计算假想剖面上的反作用力和反扭矩，我们从右边一段开始计算，因为它一端的负载是已知的。横截面将受到一个反作用力和一个反扭矩的作用，反扭矩可以平衡这对作用力产生的扭矩。假设杆被分成两段，其中一段长 L'。

左边一段的假想剖面正好受到与其对面相反的力和扭矩（根据牛顿第三定律）。左边一段的总扭矩大小为：

$$\sum M = FL - FL' = FL''$$

就等于力 F 乘以左边一段的长度 L''。左边一段所受的净力和净扭矩都为0。

3.3.2　应力和应变的定义

机械应力分为两种——正应力和剪切应力。我们将首先通过图3-10所示的简单例子回顾一下这两种应力的定义。

正应力分析中最简单的情况是受轴向负载的均匀截面支杆。如果我们纵向放置支杆，它将受到拉力的作用并且长度会增加（图3-10）。

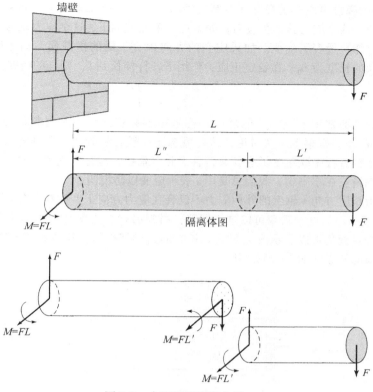

图 3-9   力和扭矩平衡分析

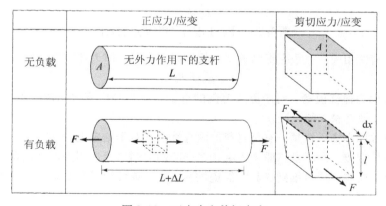

图 3-10   正应力和剪切应力

如果我们假想在支杆的某个剖面上切开，那么支杆的内部应力就会暴露出来。

对于任意选择的横剖面，在剖面的整个面上都有连续的分布力作用。这个力的密度就称为应力。如果应力以垂直于横剖面的方向作用，就称作**正应力**。正应力通常用 σ 表示，其定义为作用力（F）与给定面积（A）的比值：

$$\sigma = \frac{F}{A} \tag{3-19}$$

在 SI 单位制中，应力的单位为 N/m^2 或者 Pa。

正应力可以是张应力（例如沿着支杆方向拉伸的情况）或者压应力（例如沿着支杆方向推压的

情况)。正应力的极性可以通过在支杆内部隔离出无限小的单元来确定。如果这一单元在某一特殊的方向被拉伸，这个应力就为张应力；如果这一单元被推压，这个应力就为压应力。

支杆的单位伸长量表示应变。如果应变的方向垂直于梁的横截面，则这种应变就称为**正应变**。假设杆本来的长度为 L_0。在给定正应力作用下，杆伸长到 L。则杆的应变就定义为

$$s = \frac{L - L_0}{L_0} = \frac{\Delta L}{L_0} \tag{3-20}$$

在力学中应变通常用 ε 表示。但是这一符号很容易被误认为是材料的介电系数(或介电常数)。大多数情况下，根据上下文讨论，这一概念还比较容易弄清。而其他情况下，像讨论压电性质的时候，本构方程中既包含了应变又包含了介电系数，这时应变和介电系数必须用不同的符号表示以防止混淆。在本书中，我们总是用 s 表示应变以防混淆。

实际上，沿长度方向 x 轴上的外加应力不仅会在应力方向上产生拉伸作用，而且会使横截面的面积变小(图3-11)。这一现象可以这样解释：材料必须努力保证原子间距和体积不变。y 和 z 方向上尺寸的相对变化可以表示成 s_y 和 s_z。材料的这种特性可以用**泊松比** v 来表示。顾名思义，泊松比定义为横向和纵向的伸长量之比：

$$v = |\frac{s_y}{s_x}| = |\frac{s_z}{s_x}| \tag{3-21}$$

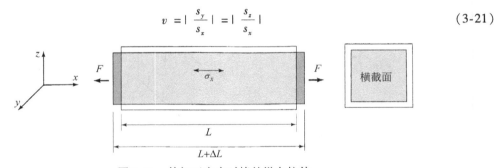

图 3-11 外加正应力时棒的纵向拉伸

应力和应变密切相关。在小变形情况下，根据胡克定律，应力和应变相互成比例

$$\sigma = Es \tag{3-22}$$

比例常数 E 称为**弹性模量**。对于更大范围的形变，应力和应变之间的一般关系要复杂得多。我们将在3.3.3节做更深入的讨论。

弹性模量通常称作**杨氏模量**，它是材料的固有性质。对于给定的材料，无论其形状和尺寸如何，杨氏模量都是常数。原子是靠原子力结合在一起的。如果我们想象原子间的相互作用力就像弹簧一样，当原子被拉开或者推到一起时能提供回复力，弹性模量是平衡点附近原子间弹簧刚度的量度。

例题3.4 **（纵向应力和应变）** 柱状硅棒两端各受 10mN 的拉力。该棒长为 1mm，直径为 $100\mu m$。试推导棒的纵向应力和应变。

解：用力除以横截面面积可以得到应力，

$$\sigma = \frac{F}{A} = \frac{10 \times 10^{-3}}{\pi \left(\frac{100 \times 10^{-6}}{2}\right)^2} = 3.18 \times 10^5 \mathrm{N/m^2}$$

应变等于应力除以弹性模量，

$$s = \frac{\sigma}{E} = \frac{3.18 \times 10^5}{130 \times 10^9} = 2.4 \times 10^{-6}$$

剪切应力可以在不同的作用力负载条件下产生。产生纯剪切负载的最简单方法之一就是如图3-10所示的情况，即一对作用力作用在立方体两个相对的面上。这种情况下，剪切应力的大小定义为：

$$\tau = \frac{F}{A} \tag{3-23}$$

τ 的单位是 N/m^2。剪切应力在 x、y 和 z 方向上没有拉长或缩短单元的趋势。相反，剪切应力会使单元的形状产生变形。这里，最初为长方体的单元变形为倾斜的平行六面体。剪应变 γ 定义为转动角位移的大小，即

$$\gamma = \frac{\Delta X}{L} \tag{3-24}$$

剪应变是没有单位的，实际上，它表示单位为弧度的角位移。剪切应力和剪应变也通过一个比例系数相互关联，称作弹性剪切模量 G。G 的表达式为 τ 和 γ 的比值：

$$G = \frac{\tau}{\gamma} \tag{3-25}$$

G 的单位是 N/m^2。G 的值只与材料有关，与物体的形状和尺寸无关。

对于给定的材料，E、G 和泊松比通过下式联系起来：

$$G = \frac{E}{2(1+v)} \tag{3-26}$$

3.3.3 张应力和张应变之间的一般标量关系

对于张应力和张应变之间的关系，无论是理论还是实验上都已经研究了很多材料，尤其是金属。公式(3-22)描述的正应力和正应变之间的关系仅仅适用于小形变范围。本节中讨论更大范围形变时正应力和正应变之间的关系。

为确定应力和应变之间的关系，常用张应力实验。现有精确尺寸、校准晶向以及光滑表面的支杆，在纵向上受到一个拉力作用。在梁断裂之前，将相对位移和外加应力画在应力－应变曲线上。

应力－应变之间的一般关系如图3-12所示。外加应力和应变比较小时，应力随着它所产生的应变成比例地增加，比例系数为杨氏模量。应力－应变曲线的这一区域称作弹性形变区。如果应力移走的话，材料将恢复到原来的形状。这样的力负载可以重复很多次。

当应力达到一定值时，材料就会进入塑性形变区。在这一区域，应力和应变之间不再遵从线性关系。并且，在外加负载撤去之后形变不能完全恢复。

如果轻轻弯曲一根回形针金属线的话，它通常能恢复到最初的形状。如果这根金属线弯曲得超过某一角度的话，回形针就再也不能回到原来的形状了。这时发生的就是塑性形变。

受压材料的应力－应变曲线与张应力情况不同。应力－应变曲线有两个明显的点：屈服点和断裂点。在达到屈服点之前，材料保持弹性。在屈服点和断裂点之间，样品发生塑性形变。在断裂点，样品发生不可逆的断裂。屈服点在 y 轴的坐标为材料的**屈服强度**。断裂点的 y 轴坐标为材料的**极限强度**(或断裂强度)。

对于很多金属，图3-12描述的应力和应变之间的普遍关系都是成立的。但是，并不是所有的材料都遵从这一关系。不同类型材料的一些典型曲线如图3-13所示，包括脆性材料(如硅)和软橡皮，它们都在 MEMS 中得到广泛应用。

常用一些定性术语来描述材料：坚硬、延展性、弹性、韧性。把这些术语和应力－应变曲线联系起来就很好解释了。

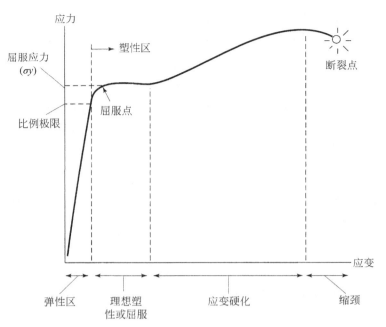

图 3-12   张应力和张应变之间的普遍关系

如果材料具有高的屈服强度或极限强度，这种材料就是坚硬的。基于这种解释，硅就比不锈钢更坚硬。

延展性是一个很重要的力学性质。它是持续到断裂点的塑性形变程度的量度。如果在断裂之前只经历了很小或者没有经历塑性形变，那么这种材料就为**脆性材料**。硅为脆性材料，超过弹性极限之后很小的延伸都会使其断裂。延展性在数量上可以用面积上的单位伸长量或单位压缩量来表示。

韧性是表述材料直到断裂前吸收能量能力的力学量度。对于静态情况，韧性可以从张应力－应变测试的结果中得到。它是直到断裂点前应力－应变曲线下面的面积。有韧性的材料必须既有强度又有延展性。

弹性是在材料发生弹性形变时吸收能量的能力，以及撤销负载时恢复到最初状态的能力。

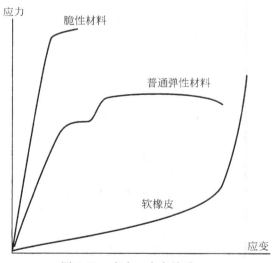

图 3-13   应力－应变关系

3.3.4   硅和相关薄膜的力学特性

对于像硅、多晶硅和氮化硅这样的脆性材料，其断裂应力和断裂应变对设计来说是很重要的 [10，11]。但是，单晶硅、多晶硅和硅的断裂应力、杨氏模量和断裂应变的实验值相对很少并且比较分散。数据少的原因是准确测量很小的实验样品比宏观样品更有挑战性。数据分散的原因是材料的性质会受到很多不常报道也不易追踪的敏感因素影响（例如精确的材料生长条件、表面光洁度以及热处理历史）。而对于宏观试样，由于是大试样，平均效应中这些差异并不明显。不幸的是，很多实验数据是从宏观样品中得到的，而这些数据并不适合微观情况。

某些测量到的材料性质，像断裂强度、品质因数[12]和疲劳寿命都与样品的尺寸有关[13，14]。尺寸对某些 MEMS 样品(单晶硅和硅复合薄膜)的影响已被大量研究[15～17]。例如，有个研究发现断裂强度与尺寸有关，微观尺寸的断裂强度比毫米级的要大 23～38 倍[16]。再如，硅的断裂性质就由存在的缺陷和原有的裂缝控制。对于很小的单晶硅结构，由于小体积内没有缺陷，相对体材料中的预测，器件可能表现出更大的弹性强度和应变。

对于单晶硅，杨氏模量是晶向的函数[18，19]。在{100}面上，硅的杨氏模量在[110]方向上是最大的(168GPa)[17]，在[100]方向上是最小的(130GPa)。在{110}面上，硅的杨氏模量在[111]方向上是最大的(187GPa)。硅的剪切模量也是晶向的函数[18]。硅的泊松比范围很大，从0.055 到 0.36，也与方向和测量结构有关[18]。不幸的是，数据之间分散性很大。

对于多晶硅薄膜，杨氏模量依赖于材料的精确工艺条件，而生长条件的微小变化使各个实验室数据互不相同。LPCVD 生长的多晶硅的是(100)结构且是均匀的柱状颗粒[20]。实际上，由于柱状结构，LPCVD 多晶硅的力学特性表现出对角度的依赖。多晶硅杨氏模量值的范围从 120GPa到 175GPa，平均值约为 160GPa。掺杂浓度也影响杨氏模量。有关多晶硅的弹性模量全面概括可以在参考文献[21，22]中找到。更重要的是，即使是相同的、同一批次、在同一个反应器中的材料，并且用相同的物理环境，观察到杨氏模量的值都不相同。这样看来，很多制造工厂并不用文章中引用的性质，而是使用最方便的测量技术并对每一制造批次进行测量[22]。

报道的泊松比从 0.15 到 0.36[22]。大量引用的多晶硅泊松比为 0.22。

测量的多晶硅断裂强度范围从 1.0 到 3.0GPa，这是用不同的方法(例如张力、弯曲和纳米压痕)从不同的多晶硅样品中得到的[23]。多晶硅的断裂应变与温度有关，它随着温度的增加而增加到某一值。这个值大约为 0.7%(室温时)和 1.6%(在 670℃ 时)。多晶硅材料的杨氏模量和断裂强度依赖于器件的晶体微结构和尺寸[24]。实验研究发现多晶硅的断裂强度随着测试部分总表面积的减小而增加[21]。

对于氮化硅薄膜，实验结果互相偏离并与体氮化硅值偏离[25]。有报道表明其杨氏模量为254GPa，断裂强度为 6.4GPa，断裂应变为 2.5%[26]。

薄膜和微结构由于其尺寸很小使得它们的性质很难直接研究。人们已经开发出很多技术和结构以提高测量的精度和效率[13，24，27～30]。有些情况下，使用和样品制造在一起的微执行器和传感器对微观结构的材料特性进行了非常有效且准确的研究[13，31]。

很多 MEMS 应用都潜在地受到制造、布置过程或工作过程中发生的冲击负载的影响。用实验和分析工具提炼出全面的准则是有意义的。人们对 MEMS 器件在冲击负载下的特性已经进行了研究[32]。提高冲击容限的一种方法是应用柔软的材料，如聚合物。例如，参考文献[33]就对带有聚酰亚胺铰链的光学扫描器进行了讨论。

即使应力小于断裂强度，在反复加负载时微结构也可能失效[34]，这一现象称为疲劳，在日常生活中经常遇到并会影响器件装置的寿命[35，36]。例如，反复小角度地弯曲回形针可能使其产生表面裂缝，并且反复弯曲多次之后它最终会断裂。单晶硅材料和微机械结构通常都有良好的疲劳寿命，因为它们的尺寸越小，在给定结构上裂缝产生的位置就越少。人们已经用实验的方法对单晶硅和其他材料的疲劳寿命进行了研究，通常是通过人为地引入可控制尺寸的缺陷来实现[37]。有研究表明：单晶硅的样品寿命范围为 10^6 到 10^{11} 次循环[38]。人们对多晶硅结构的疲劳特性也进行过研究[39]。多晶硅结构的疲劳寿命可以达到 10^{11} 次循环。同一研究发现多晶硅结构的疲劳寿命随着应力(均匀的或集中的)的增加而下降。

很少会有 MEMS 器件综合寿命的测试，而发表的相关数据则更少了。并且存在数据的分散性。例如，作为 MEMS RF 开关的金悬臂梁可以开关 70 亿次[40]。

附录 A 概括了几种重要 MEMS 材料的典型力学特性和电学特性。

3.3.5　应力 – 应变的一般关系

3.3.2 节给出的公式中将应力和应变视为标量。实际上，应力和应变都是张量。它们之间的关系可以很方便地用矩阵的形式表示，在矩阵中应力和应变都是矢量。本节中我们将讨论应力和应变之间的一般矢量关系。

为了使应力和应变的矢量分量直观，我们从材料内部分离出一个单位立方体，下面只考虑作用在其上的应力和应变分量。将立方体放在直角坐标系中，坐标轴为 x、y 和 z。为了下面的分析方便，x、y 和 z 轴也分别用 1、2 和 3 轴表示。

立方体有六个面。所以，就有 12 个可能的剪力分量——每个面有 2 个。它们并不是互不相干的。例如，每一对作用于平行面并沿着同一轴的剪切应力分量大小相等、方向相反以达到力的平衡（牛顿第一定律）。这就将独立剪切应力的数目降到了 6 个。这 6 个剪切应力分量 (τ) 的图解如图3-13所示。每一分量都用两个下标字母标注。第一个下标字母表示应力作用面的垂直方向，而第二个字母表示应力分量的方向。

基于力矩平衡，作用于两个面并指向同一边的两个剪切应力分量应该大小相等。明确地说，就是 $\tau_{xy} = \tau_{yx}$，$\tau_{xz} = \tau_{zx}$，$\tau_{zy} = \tau_{yz}$。换句话说，相等的剪切应力总是存在于互相垂直的面上。这样独立的剪切应力数目就降到了 3 个。

有 6 个可能的正应力分量——每个立方体的面有 1 个。在平衡条件下，作用于相对面的两个正应力分量一定是大小相等并指向相反的方向。因此，只有 3 个独立的正应力分量（图 3-13）。正应力分量用带两个下标字母的 σ 表示。

总之，在运动平衡条件下的直角坐标系中，共有 3 个独立的正应力和 3 个独立的剪切应力（图 3-14）。

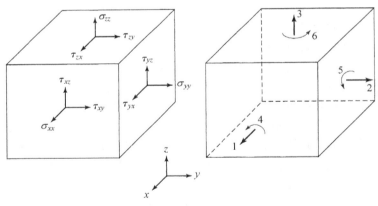

图 3-14　基本的应力分量

每一个分量都写两个下标是很麻烦的事，所以 6 个独立分量的标注可以用下列方案进一步简化：

1）正应力分量 σ_{xx}、σ_{yy} 和 σ_{zz} 可以简单地记为 T_1、T_2 和 T_3。

2）剪切应力分量 τ_{yz}、τ_{xz} 和 τ_{xy} 可以简单地记为 T_4、T_5 和 T_6。

相应地，有 3 个独立的正应变（s_1 到 s_3）和 3 个独立的剪应变（s_4 到 s_6）。应力和应变之间的一般矩阵方程为：

$$\begin{bmatrix} T_1 \\ T_2 \\ T_3 \\ T_4 \\ T_5 \\ T_6 \end{bmatrix} = \begin{bmatrix} C_{11} & C_{12} & C_{13} & C_{14} & C_{15} & C_{16} \\ C_{21} & C_{22} & C_{23} & C_{24} & C_{25} & C_{26} \\ C_{31} & C_{32} & C_{33} & C_{34} & C_{35} & C_{36} \\ C_{41} & C_{42} & C_{43} & C_{44} & C_{45} & C_{46} \\ C_{51} & C_{52} & C_{53} & C_{54} & C_{55} & C_{56} \\ C_{61} & C_{62} & C_{63} & C_{64} & C_{65} & C_{66} \end{bmatrix} \begin{bmatrix} s_1 \\ s_2 \\ s_3 \\ s_4 \\ s_5 \\ s_6 \end{bmatrix} \tag{3-27}$$

简记为：

$$\overline{T} = C\overline{s} \tag{3-28}$$

系数矩阵 C 称为刚度矩阵。

应变矩阵是柔度矩阵 S 和应力张量的乘积，即

$$\begin{bmatrix} s_1 \\ s_2 \\ s_3 \\ s_4 \\ s_5 \\ s_6 \end{bmatrix} = \begin{bmatrix} S_{11} & S_{12} & S_{13} & S_{14} & S_{15} & S_{16} \\ S_{21} & S_{22} & S_{23} & S_{24} & S_{25} & S_{26} \\ S_{31} & S_{32} & S_{33} & S_{34} & S_{35} & S_{36} \\ S_{41} & S_{42} & S_{43} & S_{44} & S_{45} & S_{46} \\ S_{51} & S_{52} & S_{53} & S_{54} & S_{55} & S_{56} \\ S_{61} & S_{62} & S_{63} & S_{64} & S_{65} & S_{66} \end{bmatrix} \begin{bmatrix} T_1 \\ T_2 \\ T_3 \\ T_4 \\ T_5 \\ T_6 \end{bmatrix} \tag{3-29}$$

简记为：

$$\overline{s} = S\overline{T} \tag{3-30}$$

柔度矩阵 S 是刚度矩阵的倒数，简记为：

$$S = C^{-1} \tag{3-31}$$

注意刚度矩阵用字母 C 表示，而柔度矩阵用字母 S 表示。这些符号常在力学中使用。

计算 36 个变量的矩阵是很繁琐的。幸运的是，很多 MEMS 中用到的材料，其刚度和柔度矩阵可以简化。对坐标轴沿着 <100> 方向的单晶硅，其刚度矩阵为：

$$C_{S_i, <100>} = \begin{bmatrix} 1.66 & 0.64 & 0.64 & 0 & 0 & 0 \\ 0.64 & 1.66 & 0.64 & 0 & 0 & 0 \\ 0.64 & 0.64 & 1.66 & 0 & 0 & 0 \\ 0 & 0 & 0 & 0.8 & 0 & 0 \\ 0 & 0 & 0 & 0 & 0.8 & 0 \\ 0 & 0 & 0 & 0 & 0 & 0.8 \end{bmatrix} 10^{11} Pa \tag{3-32}$$

例题 3.5（**刚度矩阵的应用**） 刚度和柔度矩阵包含了三维空间中杨氏模量和泊松比的大量信息。试根据刚度矩阵推导 [100] 方向上硅的杨氏模量。

解： 为求解沿 x 轴（即轴 1）方向的 [100] 方向上的杨氏模量，除了轴 1 外，将其他所有的应力分量都设为 0，然后只求解在该轴上产生应力的应变矩阵。

$$T_1 = 1.66 \times 10^{11} s_1 + 0.64 \times 10^{11} s_2 + 0.64 \times 10^{11} s_3$$

$$T_2 = 0 = 0.64 \times 10^{11} s_1 + 1.66 \times 10^{11} s_2 + 0.64 \times 10^{11} s_3$$

$$T_3 = 0 = 0.64 \times 10^{11} s_1 + 0.64 \times 10^{11} s_2 + 1.66 \times 10^{11} s_3$$

同时解这三个方程就可以得到 T_1 和 s_1 之间的关系。我们得到：

$$E_{[100]} = \frac{T_1}{s_1} = 1.66 \times 10^{11} - 2\frac{0.64 \times 10^{11}}{1.66 \times 10^{11} + 0.64 \times 10^{11}}0.64 \times 10^{11} = 130\text{GPa}$$

这与得到的实验数据相符[18]。

3.4　简单负载条件下挠性梁的弯曲

MEMS 中经常遇到作为弹性支撑单元的挠性梁。MEMS 研究者的基本技能和共同练习包括计算简单负载条件下梁的弯曲，分析引入的内应力以及确定单元的谐振频率。本节中我们将给读者介绍以下几个内容：

- 3.4.1 节讨论机械梁的类型及与支撑相关的边界条件。
- 3.4.2 节考查纯弯曲时梁的纵向应力和应变分布。
- 3.4.3 节和 3.4.4 节分别解释梁形变及弹簧常数的计算步骤。

3.4.1　梁的类型

梁是受横向负载的结构件，横向负载包括垂直于纵向轴的力矢量和力矩矢量等。在本书中，我们研究的是平面结构——单面的梁。另外，所有的负载作用在同一面上并且所有的形变发生在同一面上。

梁通常用它们被支撑的方式来描述。边界条件以梁支点的形变和斜率来划分。考虑二维的梁，其运动限制在一个平面上。沿梁长度方向上的每一个点最多有两个线性自由度（DOF）和一个旋转自由度。根据自由度的限制有如下三种可能的边界条件：

1）固定边界条件限定了线性 DOF 和旋转 DOF。支点处没有位移。在固定的支点条件下，梁既不能平移也不能旋转。典型的例子包括跳板的固定端或者花杆的地面端。

2）简支边界条件允许两个线性 DOF 但限定了旋转 DOF。

3）自由边界条件提供了线性 DOF 和旋转 DOF。在自由端，梁上的点既可以平移也可以旋转。典型例子是跳板的自由端。

表 3-2 用图示表示了这三种截然不同的边界条件。

表 3-2　可能的边界条件

边 界 条 件	线性 DOF 数	旋转 DOF 数	实　　例
固支（固定）	0	0	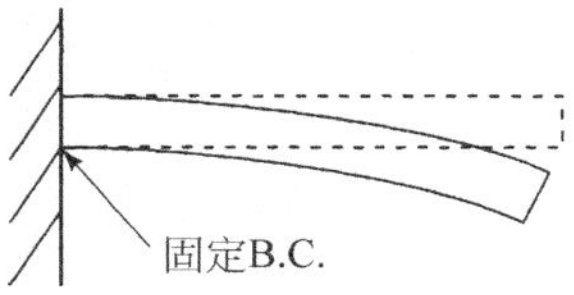 固定 B.C.
导向	2	0	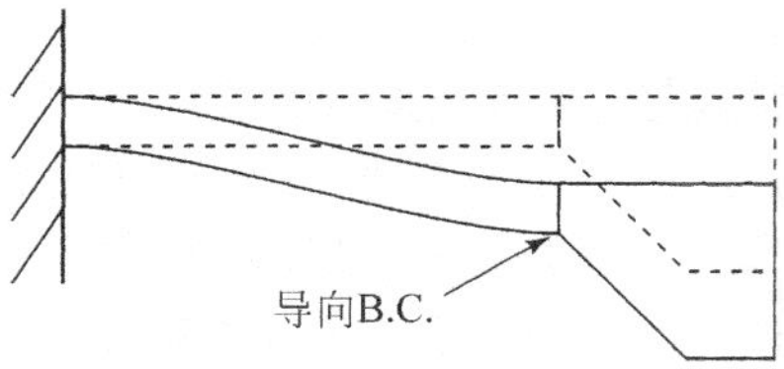 导向 B.C.
自由	2	1	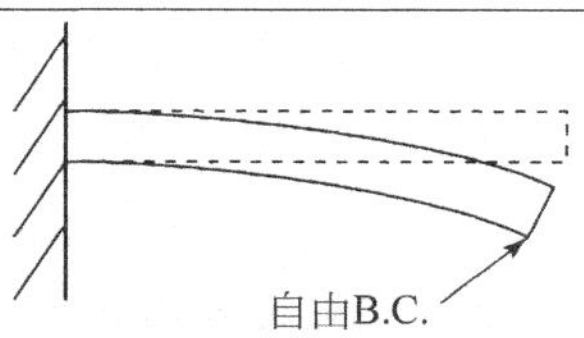 自由 B.C.

挠性梁可以根据它的两种力学边界条件的组合进行分类。例如，一端固定另一端自由的梁可以方便地表示成单端固支梁，通常称为**悬臂梁**。在 MEMS 研究中，最常遇到的梁的类型是单端固支梁(悬臂梁)、双端固支梁(桥)和一端固支另一端简支的梁。

正确地辨认梁的边界条件是很重要的。学习和识别边界条件的最好方法是通过例子来学习。图 3-15 描述了衬底上常见的几种梁结构。这些梁的边界条件概括如下：

（a）单端固支悬臂梁平行于衬底平面，其自由端可以在垂直于衬底平面的方向上运动。自由端在横向的面内运动将受到更大的阻力。

（b）双端固支梁(桥)平行于衬底平面。

（c）实际上有两种方法划分这种梁。它可以看成是中间有厚而刚性部分的平行于衬底面的双端固支梁，或者，也可以看成由两个简支梁平行地连接起来支撑中间的刚性部分。

（d）自由端可以在垂直于衬底方向上运动的单端固支悬臂梁。它的特性与(a)悬臂梁类似。

（e）自由端可以在衬底平面上运动的单端固支悬臂梁。它的厚度比宽度要大，所以自由端在垂直于衬底面上的运动要受到更大的阻力。

（f）双端固支梁(桥)。

（g）末端带有一刚块的单端固支梁。刚块由于厚度的增加而不能弯曲。

（h）这个梁除了制造方法外，其他和(c)梁很相似。

（i）长度折叠的单端固支悬臂梁。它包含七段串联的单端固支梁部分。折叠悬臂梁的自由端能在平行于衬底平面的方向上运动。自由端在垂直于衬底方向上运动将受到更大的阻力。

（j）两个单端固支悬臂梁并联。组合弹簧比单臂更硬。

（k）四个单端固支梁连到刚性梭，它可以在衬底平面上运动但离面的平移运动受到限制。

在 MEMS 中，最常见的梁的类型是双端固支结构和单端固支悬臂梁。

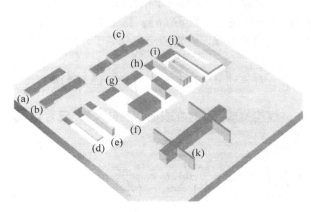

图 3-15　各种不同边界条件的梁

3.4.2　纯弯曲下的纵向应变

应力作用下梁的静态形变以及应力分析是 MEMS 设计的一个关键问题。这里我们首先讨论负载作用下梁的一级近似模型。当力或力偶加载到梁上时，梁的内部产生应力和应变。负载可能加在集中的位置上(集中负载)，或者在整个长度或区域内分布(分布负载)。为确定这些应力和应变的大小，我们首先要求作用于横截面的内部应力和内部力偶(见 3.3.1 节)。

作用于梁上的负载(集中式或分散式)引起梁的弯曲(或伸缩)，使其轴发生形变。梁的纵向应变可以通过分析梁的曲率半径和相应的形变得到。为此，考虑纯弯曲的一段梁($A-B$)(即整个梁的力矩为常数的情况）（图 3-16）。我们假定梁最初有直的纵向轴（在图中是 x 轴）。梁的横截面关于 y 轴对称。

假定梁的横截面，如 mn 和 pq 部分，仍然保持平面并垂直于纵向轴。由于弯曲形变，横截面 mn 和 pq 绕着垂直于 xy 面的轴各自旋转。梁凸出（下面）部分的纵向线被拉长，而凹入（上面）部分的线被缩短。因此，梁的下面部分伸张而上面部分收缩。梁顶部和底部的中间某处是纵向线长度不变的平面。这一平面，用虚线 st 标注，称作梁的**中性面**。中性面和任意横截面的交线，例如线 tu，称为横截面的**中性轴**。如果悬臂梁是由均质材料组成，并且有均匀、对称的横截面，中性面将位于悬臂梁的中部。

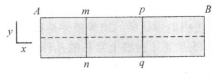

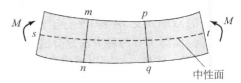

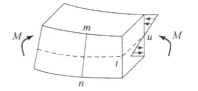

图 3-16　纯弯曲下某段梁的弯曲

对于对称和均质材料的悬臂梁，应力和应变的分布遵循以下几条准则：

1）内部任何一点应力和应变的大小都与这一点到中性轴的距离成线性比例。

2）在给定的横截面上，张应力和压应力的最大值发生在梁的顶面和底面。

3）张应力的最大值和压应力的最大值大小相等。

4）纯弯曲下，最大应力的大小在整个梁长上是恒定的。

纯弯曲模式下梁任何位置上的应力大小可以根据下面的步骤进行计算。对于任何剖面，分布应力导致分布力，分布力将会引起反力矩（相对于中性轴）。到中性面距离为 h 的正应力大小记为 $\sigma(h)$。作用于任意给定面 $\mathrm{d}A$ 的正应力记为 $\mathrm{d}F(h)$。这个力会产生相对于中性轴的力矩。力矩等于力 $\mathrm{d}F(h)$ 乘以力和中性面之间的力臂。力矩的面积分等于外加的弯矩，即下式

$$M = \iint_A \mathrm{d}F(h)h = \int_w \int_{h=-\frac{t}{2}}^{\frac{t}{2}} (\sigma(h)\mathrm{d}A)h \tag{3-33}$$

假定应力的大小和 h 呈线性关系，并且在表面达到最大值（记为 $\sigma_{\max}$）。在这样的假设下，可以改写上面的方程，得到

$$M = \int_w \int_{h=-\frac{t}{2}}^{\frac{t}{2}} \left(\sigma_{\max} \frac{h}{\left(\frac{t}{2}\right)}\mathrm{d}A\right)h = \frac{\sigma_{\max}}{\left(\frac{t}{2}\right)} \int_w \int_{h=-\frac{t}{2}}^{\frac{t}{2}} h^2 \mathrm{d}A = \frac{\sigma_{\max}}{\left(\frac{t}{2}\right)} I \tag{3-34}$$

I 称为特定横截面的**惯性矩**。纵向应变的最大值表示为总扭矩 M 的函数，即

$$\varepsilon_{\max} = \frac{Mt}{2EI} \tag{3-35}$$

实际情况通常要复杂得多。对于图 3-17 描述的简单应力条件，沿着梁的扭矩不是常数。也存在剪切应力分量。这种情况下，公式（3-35）可以应用到任意横截面。更多细节问题请见 6.3.1 节。

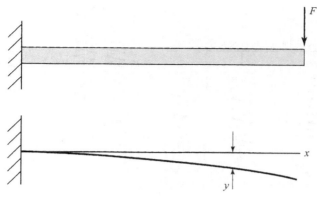

图 3-17　描述悬臂梁弯曲的坐标系

3.4.3　梁的挠度

本节将讨论简单负载条件下梁挠度的分析方法。

计算小位移时梁曲率的一般方法是求解梁的二次微分方程：

$$EI\frac{\mathrm{d}^2 y}{\mathrm{d} x^2} = M(x) \tag{3-36}$$

这里 $M(x)$ 表示位于 x 的横截面的弯矩，y 表示 x 处的位移。x 轴沿着悬臂梁的纵向方向（图3-17）。

y 和 x 之间的关系可以通过求解二次微分方程得到。解这一方程需要以下三步：

1）求相对于中性轴的惯性矩。

2）沿着梁长度方向求力和力矩的状态。

3）确定边界条件（需要两种边界条件来准确求解）。

最常遇到的悬臂梁横截面是矩形的。假定矩形的宽度和厚度分别记为 w 和 t，相对于中性轴的惯性矩为 $I = \frac{wt^3}{12}$（假设悬臂梁在厚度方向上弯曲）。如果梁的横截面是半径为 R 的圆，惯性矩为 $I = \frac{\pi R^4}{4}$。任意位置 x 的扭矩可以用3.3.1节讨论的步骤进行计算。

实际上，对于很多常用 MEMS 设计实例，目的在于求解微结构的最大位移而不是形变剖面。对于一般情况，附录 B 总结了求解简单的点负载条件下最大角位移和横向位移的方法。

3.4.4　求解弹簧常数

螺线形弹簧在日常生活和宏观工程中经常遇到。对于微观器件，制造和集成这种弹簧是很困难的。在 MEMS 中，梁是最常遇到的弹性单元。这些微梁作为传感和执行的力学弹簧。梁的刚度是设计中经常关心的问题。

刚度用**弹簧常数**（或者**力常数**）表示。这里，我们将讨论计算不同类型梁弹簧常数的步骤。

首先有必要对弹簧常数进行定义。我们这里用熟悉的盘簧（螺旋弹簧）加以定义（图3-18）。在点负载力 F 作用下弹簧伸长 x。位移和外加力的关系遵循胡克定律体现出的线性关系。力学弹簧常数是外加力和它引起的位移的比值，

$$k_m = \frac{F}{x} \tag{3-37}$$

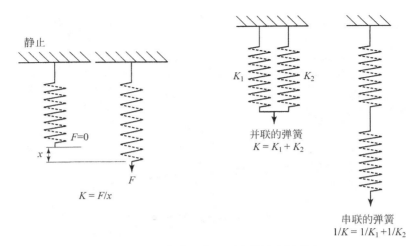

图 3-18　点负载力作用下盘簧的力学形变

　　对于悬臂梁弹簧，力常数的一般表达式是用力除以计算点的位移，通常这一点指的是受力点。

　　在自由端受点负载的悬臂梁，最大挠度发生在自由端。对于中心加负载力的双端固支桥，中心处挠度最大。

　　我们集中分析具有矩形横截面的单端固支梁的力常数，这是在 MEMS 中最常遇到的情况。悬臂梁如图 3-19 所示，其长、宽、厚分别记为 l、w 和 t。梁材料沿纵向的杨氏模量为 E。

　　在图 3-19 所示的情况下，力加在板面上。计算位移的公式可以在附录 B 中找到。梁的自由端达到某一弯曲角 θ，θ 和 F 之间的关系为：

$$\theta = \frac{Fl^2}{2EI} \tag{3-38}$$

产生的垂直位移等于

$$x = \frac{Fl^3}{3EI} \tag{3-39}$$

因此，悬臂梁的弹簧常数为

$$k = \frac{F}{x} = \frac{3EI}{l^3} = \frac{Ewt^3}{4l^3} \tag{3-40}$$

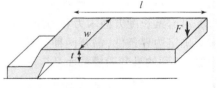

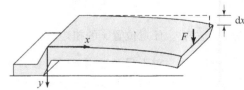

图 3-19　固定端 – 自由端悬臂梁的简化图

　　很明显，力常数随着长度的增加而下降。它与宽度成正比，由于 t^3 项的原因，因此受厚度的影响很大。

　　悬臂梁的刚度依赖于弯曲的方向。如果加的力是纵向的，弹簧常数将会有很大的不同。梁在一个方向上柔顺，但在另一个方向上却反抗运动。

例题 3.6（**两种梁的惯性矩**）　考虑长度和材料都相同的两个悬臂梁：第一个的横截面为 $100\,\mu m \times 5\,\mu m$，第二个的横截面为 $50\,\mu m \times 8\,\mu m$。试问哪一个更能抵抗弯曲（或者更硬）？

　　解：第一个梁的惯性矩为：

$$I_1 = \frac{wt^3}{12} = \frac{100 \times 10^{-6} \times (5 \times 10^{-6})^3}{12} = 1.04 \times 10^{-21}\,m^4$$

第二个梁的惯性矩为：

$$I_1 = \frac{wt^3}{12} = \frac{50 \times 10^{-6} \times (8 \times 10^{-6})^3}{12} = 2.13 \times 10^{-21} \, \text{m}^4$$

因为 $I_2 > I_1$，所以根据公式(3-40)，第二个梁更硬。

例题 3.7 （梁的力常数） 求图 3-20 描述的实例中(a)、(b)的力常数。

解： 实例(a)是有面内横向负载的单端固支悬臂梁。它的惯性矩和弹簧常数分别为：

$$I = \frac{w^3 t}{12}$$

$$k = \frac{F}{x} = \frac{3EI}{l^3} = \frac{Ew^3 t}{4l^3}$$

实例(b)是有垂直于衬底负载力的单端固支悬臂梁。其惯性矩和弹簧常数分别为：

$$I = \frac{wt^3}{12}$$

$$k = \frac{F}{x} = \frac{3EI}{l^3} = \frac{Ewt^3}{4l^3}$$

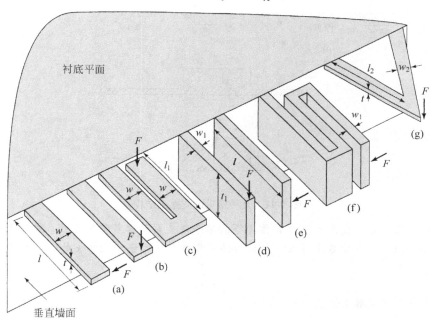

图 3-20 实例(a)~(g)弹簧常数的计算

在很多应用中，可能将两个或更多的弹簧连在一起组成弹簧系统。它们可以有两种连接方式：并联或串联。如果多个弹簧并联，总的弹簧常数就等于系统中所有弹簧的弹簧常数之和（见图 3-18）。如果多个弹簧串联，总的弹簧常数的倒数等于每一个弹簧的弹簧常数的倒数之和。

例题 3.8 （带有并联臂的悬臂梁） 求图 3-20 描述的实例(g)的力常数。

解： 实例(g)包含两个并联的单端固支悬臂梁。每一臂的惯性矩为：

$$I = \frac{w_2 t^3}{12}$$

总的力常数为：

$$k = 2\left(\frac{F}{x}\right) = 2\frac{3EI}{l_2^3} = \frac{Ew_2t^3}{2l_2^3}$$

例题3.9（**纵向平移板**） 简支弹簧通常用来支撑硬板以方便它们的平移。通常情况下，平板会被两个或更多这样的梁支撑（图3-21a和图3-21b）。在这些情况下，梁的一端固定，自由度受到限制。弹簧的另一端可以在垂直方向上运动，但是由于连在刚性平移板上，所以并没有角位移。在允许的位移条件下，平板仍然保持和衬底平行（图3-21c）。试求出平板的力常数表达式。

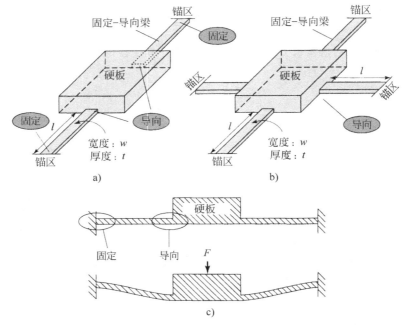

图3-21 几种常见的支撑梁结构

解： 我们先来考查在横向负载力 F 作用下的单个简支梁的弹簧常数公式。梁的长、宽和厚仍然分别为 l、w 和 t。从附录B中得知，最大位移出现在简支端最大位移 x 处，且和 F 有关

$$x = \frac{Fl^3}{12EI} \tag{3-41}$$

单个简支梁的力常数表达式为：

$$k = \frac{12EI}{l^3} \tag{3-42}$$

通过对比公式（3-39），可见，具有相同尺寸的简支悬臂梁比单端固支悬臂梁更硬。

如果 n 个悬臂梁尺寸和力常数相同，由它们支撑平板，则每个弹簧承担总力负载的 $1/n$。弹簧的总力常数为 nk。

每个简支梁的力常数为：

$$k = \frac{F}{x} = \frac{12EI}{l^3} = \frac{Ewt^3}{l^3}$$

对于由两个简支梁支撑的平板，其等效力常数为：

$$k = 2\left(\frac{Ewt^3}{l^3}\right)$$

对于由四个简支梁支撑的平板，其等效力常数为：

$$k = 4\left(\frac{Ewt^3}{l^3}\right)$$

3.5 扭转变形

在 MEMS 领域中，梁尤其是悬臂梁经常用来产生线性位移和小角度旋转，而扭转梁却经常用来产生大角度的旋转。立刻能想到的例子就是数字微镜器件。镜平面用扭转杆支撑以方便旋转。

我们考虑一个具有圆形横截面，且有扭矩 T 作用于其两端的等截面杆，首先看这种杆的扭转。因为杆的所有横截面都是相等的，并且每个截面都受相同的内扭矩 T 的作用，所以可以说杆是纯扭转。可以证明杆的横截面在它们围绕纵向轴旋转的时候并不变形。换句话说，所有的横截面都保持平面和圆形并且所有的半径都是直的。另外，如果杆的一端和另一端之间的转角很小，那么杆的长度和半径都不会改变。

为了使杆的形变直观，想象杆的左边一端固定在某一位置。然后，在扭矩 T 的作用下，右端将旋转很小的角 ϕ，称为扭转角。

由于旋转，杆表面笔直的纵向线会变成螺旋曲线。旋转角沿着杆的轴发生变化，在中间的横截面处，旋转角的值为 $\phi(x)$，它介于左端的 0 和右端的 ϕ 之间。$\phi(x)$ 在两端之间呈线性变化。右端面上的点 a 移动了距离 d，到达新的位置 a'。

扭转会在整个杆中诱致剪切应力。剪切应力具有径向对称性。剪切应力在横截面的中心处为零，在杆的最外表面处达到最大。杆的最大应力记为 $\tau_{\max}$。最大剪应变的表达式为

$$\gamma_{\max} = \frac{d}{L} \tag{3-43}$$

另外，应力的大小与到中心的径向距离成正比。沿着径向的剪切应力分布是叠加到杆的横截面上的，如图 3-22 所示。

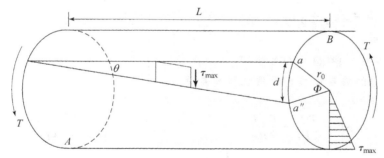

图 3-22　具有圆形横截面的圆柱扭转弯曲

扭矩和剪切应力最大值之间的关系可以通过任意给定部分的扭矩平衡得到：

$$T = \int \left(\frac{r}{r_0}\tau_{\max}\right)dA \cdot r = \frac{\tau_{\max}}{r_0}\int r^2 dA \tag{3-44}$$

面积分 $\int r^2 dA$ 称作**惯性扭矩**，用 J 表示。对于圆形梁，$dA = 2\pi r dr$，因此，

$$T = \frac{\tau_{\max}}{r_0}\int 2\pi r^3 dr = \frac{\pi r_0^4}{2}\frac{\tau_{\max}}{r_0} \tag{3-45}$$

最大剪切应力大小为

$$\tau_{\max} = \frac{Tr_0}{J} \tag{3-46}$$

半径为 r_0 的圆的惯性扭矩为

$$J = \frac{\pi r_0^4}{2} \tag{3-47}$$

根据下式计算扭转杆部分 AB 的总角位移：

$$\Phi = \frac{d}{r_0} = \frac{L\theta}{r_0} = \frac{L}{r_0}\frac{\tau_{\max}}{G} = \frac{LTr_0}{r_0 GJ} = TL/JG \tag{3-48}$$

在微机械器件中，经常遇到具有矩形横截面的扭转杆。这样的扭转杆(宽和厚分别为 $2w$ 和 $2t$)的惯性矩为：

$$J = wt^3 \left[\frac{16}{3} - 3.36\frac{t}{w}\left(1 - \frac{t^4}{12w^4}\right) \right] \quad (w \geqslant t) \tag{3-49}$$

边长为 $2a$ 的正方形截面梁的惯性矩为：

$$J = 2.25a^4 \tag{3-50}$$

例题 3.10（**扭转梁的形变**）　图 3-23 所示的悬臂梁受到力 F 的作用（$F = 10\mu\mathrm{N}$）。假定梁的挠性弯曲可以忽略，试求梁端点处的垂直位移。梁的尺寸为 $L = 40\mu\mathrm{m}$，$l = 200\mu\mathrm{m}$，$w = 5\mu\mathrm{m}$，$t = 2\mu\mathrm{m}$。梁材料的杨氏模量为 $E = 150\mathrm{GPa}$，泊松比为 0.3。

解：首先求梁的弹性剪切模量和惯性扭矩。可以直接求解：

$$G = E/2(1 + 0.3) = 57.7\mathrm{GPa}$$

$$J = 6.2 \times 10^{-25}\mathrm{m}^4$$

将扭矩的表达式 $T = FL$ 代入到弯曲角的表达式中，得到：

$$\phi = \frac{Tl}{2JG} = \frac{FLl}{2JG}$$

将数据代入得：

$$\Phi = 1.13\mathrm{rad} = 65°$$

悬臂梁自由端的垂直位移等于角位移和悬臂梁长度的乘积，即

$$d_{\text{torsional}} = \phi L = \frac{TlL}{2JG} = \frac{FL^2 l}{2JG}$$

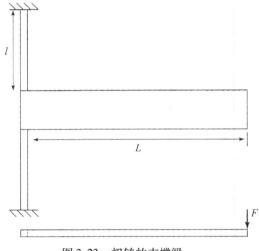

图 3-23　扭转的支撑梁

3.6　本征应力

　　即使在室温和零外加负载的情况下，很多薄膜材料都存在内部应力的作用。这一现象称为本征应力。MEMS 薄膜材料(像多晶硅、氮化硅和很多金属薄膜)都表现出本征应力[41]。本征应力大小在薄膜的厚度上可能是恒等的也可能不均匀。如果应力分布是不均匀的，就会出现应力梯度。

　　本征应力对 MEMS 器件很重要，因为它可能引起形变——很多情况下这种损害会影响表面平整性或者改变力学单元的刚度。例如，在微光学应用中，要求很平的镜面以达到要求的光学性能。本征应力可能会扭曲光学镜面并改变光学特性。存在本征应力的弯曲悬臂梁如图 3-24 所示。

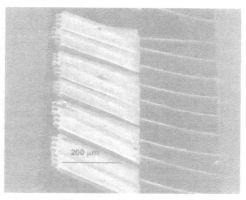

图 3-24   本征应力下弯曲的微尺度器件

本征应力也会影响薄膜的力学性能。对于图 3-25 所示的薄膜，当薄膜材料受到张应力的时候其平整性就能保证。边界夹紧的薄膜上如果存在过大的张应力可能会导致破裂。另一方面，压应力会使膜发生翘曲。

人们已经对本征应力的源和行为进行了大量的研究[42，43]。在和 MEMS 结构相关的很多情况中，在沉积和使用过程中会由于温度差而产生本征应力。薄膜材料通常需要在较高的温度下沉积在衬底上。在沉积过程中，分子以一定的平衡间距结合到薄膜中。但是，当 MEMS 器件从沉积室中移出后，温度变化使得材料以大于或小于衬底的速率收缩。根据经验法则，当薄膜有变得比衬底小的趋势时，其中的本征应力为张力。当薄膜有变得比衬底大的趋势时，其中的本征应力为压应力。

本征应力也可能产生于沉积薄膜的微结构。例如，在热氧化工艺中氧原子结合到硅晶格中会在氧化膜中产生本征压应力。

除了前面提到的产生本征应力的一般根源外，其他机制也可能产生，包括材料的相变和杂质原子的引入（例如掺杂原子）。

在某些例子中，希望实现弯曲，因此是人为引入的。在很多应用领域中，本征应力用来产生离面形变以实现独特的器件结构。

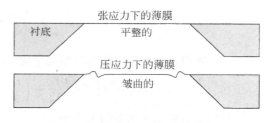

图 3-25   张应力下拉紧的薄膜和压应力下翘曲的薄膜横截面。给出了翘曲薄膜的光学图像

本征应力引入的梁弯曲的常见例子涉及由两层或更多结构层组成的微结构（图 3-26）。考虑由两层组成的悬臂梁，层 1 中的本征应力为零。如果层 2 受到张应力的作用，梁会朝着层 2 的方向弯曲（图 3-26b）。另一方面，如果层 2 受到本征压应力的作用，梁将朝着层 1 的方向弯曲（图 3-26c）。

我们将讨论在本征应力差作用下双层悬臂梁弯曲的计算公式。为简单起见，我们假定两层结构有相同的长度（l）和宽度（w）。每一层的厚度、本征静应力和杨氏模量分别记为 t_i，σ_i 和 E_i（$i=$ 1 或 2）。下标字母对应于层 1 和层 2，层 2 在底部。

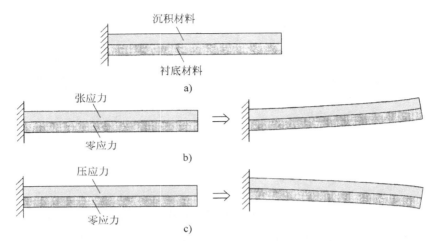

图 3-26   本征机械应力引起的梁弯曲

首先，中性轴的位置由下式得到：

$$\bar{y} = \frac{\frac{1}{2}(E_1 t_1^2 + E_2 t_2^2) + E_2 t_1 t_2}{E_1 t_1 + E_2 t_2} \tag{3-51}$$

这一距离是从底层的底部开始测量的。有效弯曲刚度可以通过下式计算：

$$I_{\text{eff}} E_0 = w\left(E_1 t_1 \left(\frac{t_1^2}{12} + \left(\frac{t_1}{2} - \bar{y} \right)^2 \right) + E_2 t_2 \left(\frac{t_2^2}{12} + \left(\frac{t_2}{2} + t_1 - \bar{y} \right)^2 \right) \right) \tag{3-52}$$

作用于悬臂梁上的弯曲力矩为：

$$
\begin{aligned}
M &= w\left[\left(\frac{t_1^2}{2} \right) \left(\sigma_1 (1 - \nu_1) - E_1 \frac{t_1 \sigma_1 (1 - \nu_1) + t_2 \sigma_2 (1 - \nu_2)}{E_1 t_1 + E_2 t_2} \right) \right] \\
&\quad + w\left[\left(\frac{t_2^2 + t_1 t_2}{2} \right) \left(\sigma_2 (1 - \nu_2) - E_2 \frac{t_1 \sigma_1 (1 - \nu_1) + t_2 \sigma_2 (1 - \nu_2)}{E_1 t_1 + E_2 t_2} \right) \right]
\end{aligned}
\tag{3-53}
$$

梁弯曲的曲率半径 R 由下式给出：

$$R = \frac{I_{\text{eff}} E_0}{M} \tag{3-54}$$

我们可以想象如果单端固支悬臂梁由单一均质材料制成，那么就不会有本征应力或者本征应力引起的弯曲。这种假设仅当整个厚度上本征应力均匀分布时才成立。本征应力的梯度可能引起单一材料组成的悬臂梁发生弯曲，这就好像悬臂梁是由很多薄层叠在一起。

有三种方法可以减少不需要的本征弯曲：1）使用本身没有本征应力或本征应力很小的材料；2）对于本征应力与材料工艺参数有关的材料，通过校准和控制沉积条件可很好地调节应力；3）使用多层结构以补偿应力引入的弯曲。

MEMS中具有零应力的一种材料是单晶硅（SCS）。SCS是有理想晶格间距分布的均质材料。与有机材料相比，聚合体材料的本征应力相对较小。另外，聚合物材料的沉积温度通常较低。聚对二甲苯是一种可以在室温下通过化学汽相沉积方法沉积的聚合物材料，它的本征应力几乎为0[44]。

很多表面微机械加工材料，像多晶硅和氮化硅，本征应力是不可避免的（第10章）。尽管有技术可以制造出零应力的材料，但是工艺通常很精密、要用专门的设备，并且要有复杂工艺的控制。最好的方法是将本征应力引起的弯曲减小到可以接受的程度。通常情况下，氮化硅或者多晶硅的本征应力可以通过控制压强、气体成分和生长速率得以减小[45]。

通常，层的本征应力不能通过材料加工完全消除。通过加入仔细选择的材料、应力和厚度作为应力补偿层，仍然有可能制造出没有本征应力引入弯曲的微结构。例如，图 3-27 所示的双层梁，上层的张应力和下层的压应力使梁的弯曲限制在有限的范围内。理论上可以通过在顶部增加另一层压应力材料，使得总的形变降到零。

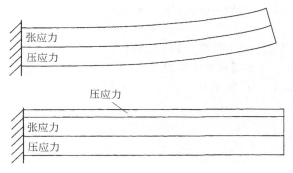

图 3-27　应力补偿的方法

材料的本征应力强烈依赖于材料的沉积条件。在给定工艺流程下，本征应力的确切大小可以用特定设计的测试结构和测试方法进行实验测量[46, 47]。测量应力的常用技术是使用圆形平板（例如圆片）支撑一层要研究的薄膜（图 3-28）[48]。薄膜中的应力可以从平板的曲率（突起）推导出来。在衬底很薄、弹性各向同性、初始平坦的条件下，人们已经推导出了经典公式（称为 Stoney 公式）[48]。在单层膜情况下，衬底的曲率为：

$$C = \frac{1}{R} = \frac{6(1 - \nu)\sigma h}{Et^2} \qquad (3\text{-}55)$$

这里 R 为曲率半径，ν 为衬底的泊松比，σ 为薄膜的平面内应力，t 是衬底厚度，h 是薄膜的厚度。薄膜材料只能在一面存在。如果沉积工艺使双面覆盖，那么应该小心地移除一边的材料。

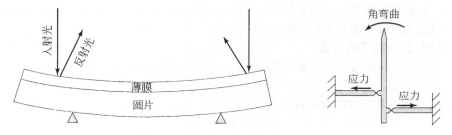

图 3-28　测量本征应力的实验方法

这一方法只能用来测量整个圆片面的总平均应力。大多数情况下，整个圆片面的应力分布是不均匀的。对于准确的工艺控制，我们需要知道圆片局部的应力。经常使用过程监控的表面和体微机械测试结构。图 3-28 所示的是一种监控结构，它包括一个悬挂的薄膜，指针通过两个偏移拉杆附在衬底上。在本征应力作用下，两个纵向的偏移拉杆产生扭矩会引起指针旋转一定的角度。

3.7　动态系统、谐振频率和品质因数

一个包含传感器和执行器的 MEMS 系统，总是由质量块以及支撑结构组成。这些支撑的机械单元(如薄膜、梁或悬臂梁)提供了弹性恢复的弹簧常数。质量块的运动由于与周围空气分子的碰撞而受阻。这就形成了阻尼，即一种与速度相关的阻力。

因此，MEMS 系统常常可以简化为经典的弹簧－质量块－阻尼系统。在时变的输入、动态输入(脉冲或冲击)以及正弦(谐振)输入信号作用下，该系统都会有改变。理解 MEMS 动态系统对于预测传感器和执行器的性能特征至关重要。很多教科书中都有相关的动力学分析，本节我们只讨论动态系统行为中最基本的知识。

3.7.1 动态系统和控制方程

图 3-29 中弹簧－质量块－阻尼系统的控制方程为：

$$m\ddot{x} + c\dot{x} + kx = f(t) \tag{3-56}$$

其中，c 为阻尼系数，k 为力常数(弹簧常数)，$f(t)$ 为力函数。两边同除以质量 m，得到经典表达式为：

$$\ddot{x} + 2\xi\omega_n\dot{x} + \omega_n^2 = a(t) \tag{3-57}$$

其中，

$$\omega_n = \sqrt{\frac{k}{m}} \tag{3-58}$$

为自然谐振频率，而

$$\xi = \frac{c}{2\sqrt{Km}} = c/c_r \tag{3-59}$$

为阻尼率。

系数

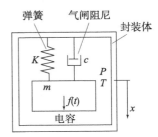

图 3-29　弹簧－质量块－阻尼系统

$$c_r = 2\sqrt{Km} \tag{3-60}$$

称为**临界阻尼系数**。

对于不同的输入，控制方程的解也不相同：

- 若 $f(t) = 0$，则称解为自由系统解。
- 若 $f(t)$ 为任意力函数，则解可能包括瞬态和稳态项。
- 若 $f(t) = A\sin\omega t$，则认为系统是正弦受迫或谐振受迫作用。

本节中，我们将只致力于探讨系统在正弦激励下的响应情形，读者若想深入了解动态系统响应的知识，可以参照这方面的书籍和附录 C。

3.7.2 正弦谐振激励下的响应

对于正弦力，系统将按照受迫频率而振荡。我们关心稳态解，在正弦激励下，

$$f(t) = F\sin(\omega t) = ma\sin(\omega t) \tag{3-61}$$

稳态系统输出将是一个与驱动同频率的正弦信号，即

$$x = A\sin(\omega t + \varphi) \tag{3-62}$$

因此，瞬态响应以及任意的初始条件都不会有影响。可以用转移函数来分析输出，此时，x 与 f 间的转移函数为：

$$T = \frac{X}{F} = \frac{1}{ms^2 + Cs + k} \tag{3-63}$$

分子分母同时除以 m，得到：

$$T = \frac{X}{F} = \frac{1/m}{s^2 + \frac{C}{m}s + \frac{k}{m}} = \frac{1/m}{s^2 + 2\xi\omega_n s + \omega_n^2} \tag{3-64}$$

若用 $j\omega$ 替换 s，则 T 的频谱响应为：

$$|T(\omega)| = \left|\frac{1/m}{\omega_n^2 - \omega^2 + j2\xi\omega\omega_n}\right| = \frac{1/m}{\sqrt{(\omega_n^2 - \omega^2)^2 + 4\xi^2\omega^2\omega_n^2}} \tag{3-65}$$

因此 A 的幅值为：

$$A = |T|F = \frac{F/m}{\sqrt{(\omega_n^2 - \omega^2)^2 + 4\xi^2\omega^2\omega_n^2}} \quad\quad (3-66)$$

其中，F/m 是直流受迫条件下的准振幅，而 A 的幅值既是频率 ω 的函数，也是阻尼系数 ζ 的函数。

二阶系统对激励的响应情况随系统阻尼大小而不同：

- 对于较大的阻尼 c，称系统过阻尼。
- 若 $c = 2\sqrt{km}$ 或 $\xi = 1$，称系统临界阻尼。
- 若阻尼处于临界阻尼与 0 之间，则称系统欠阻尼。

若固定 ξ 而改变 ω，则可作出典型的响应频谱图。周期负载条件下欠阻尼机械结构位移的典型频谱如图 3-30 所示。低频时位移保持常数。这表示适用于稳态负载情况的低频特性。在**谐振频率**点（f_r，且 $f_r = \omega_n/2\pi$）及其附近，机械振动幅度急剧增加。谐振峰的尖锐程度用**品质因数**（Q）表征。谐振峰端越尖锐，品质因数就越高。

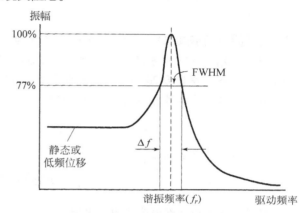

图 3-30　振动幅度与输入频率关系的典型响应频谱

谐振频率处的幅度放大是很有用的。通过使微传感器和执行器位于谐振频率处可以增加灵敏度或执行的范围。但是，谐振也可能会导致机械器件的自损坏。

超过谐振频率之后，振动幅度开始下降（衰减）。简单的物理解释是：固定惯性的机械结构无法跟上高于 f_r 的频率的驱动输入。

3.7.3 阻尼和品质因数

在 MEMS 中，质量块的位移总会面临阻尼。阻尼可能来自黏性流体相互作用[49]（例如压膜阻尼[49~53]、气体分子碰撞[54]）和结构阻尼（内耗）[55]。阻尼因子会受到温度、压力、气体分子类型，以及环境因素的影响[56~58]。

品质因数代表谐振峰的尖锐程度，可以有很多种定义方法。从数学上讲，品质因数与最大值一半处的宽度（FWHM）有关，即一半功率点（或者 77% 幅度处）两频率之间的距离。谐振频率和 FWHM 之间的比值给出了品质因数：

$$Q = \frac{f_r}{\Delta f} \quad\quad (3-67)$$

从能量的角度来看，Q 是系统中储存的总能量和每一个振荡周期中损失能量的比值。每一循环中损失的能量越低，品质因数就越高。

从数学角度来看，品质因数和阻尼因子有关，即

$$Q = \frac{1}{2\xi} \qu\quad (3-68)$$

则品质因数与阻尼成反比。小的阻尼系数 c 将会引起低能损耗，且阻尼率越小，Q 值越大。

因此，微器件的品质因数可以通过降低工作压力[12, 59]、改变工作温度[12]、改进表面粗糙度[60]、热退火（在[61]中提高 600%）或者改善边界条件[62, 63]来提高。人们已经在微或纳谐振器中证实了微机械器件的 Q 值范围从几百[64]一直到 10 000[63~65]。

3.7.4 谐振频率和带宽

谐振频率决定了一个器件最终可获得的带宽。因此，很多器件都希望获得更大的谐振频率。不同边界和负载条件下悬臂梁谐振频率的计算公式可以在附录 B 中得到。

在尺寸缩小时，机械单元的谐振频率通常会由于 m 值的急剧减少而增加。通过缩小谐振器件的尺寸，已经成功地证明谐振频率的范围可以从几兆赫兹[65]到数十兆赫兹[63]，甚至可以达到吉赫兹[60]。

由于谐振频率是器件尺寸的函数，它很容易随温度变化。温度稳定对于要求稳定频率的谐振器是很关键的，而温度稳定可以通过温度补偿来实现[66]。

另外，微谐振器的谐振频率可以通过微调材料(用激光或聚焦离子束)或局部沉积材料来准确地调节[67]。

例题 3.11 (**谐振频率**) 一机械谐振器(双端固支或双端钳制)由 SiC 薄膜材料实现。谐振器的长度(L)、宽度(W)和厚度(T)分别是 $1.1\mu m$、$120nm$ 和 $75nm$。假定实验测得的谐振频率为 $1.014GHz$，杨氏模量为 700GPa。计算用于谐振器的 SiC 材料密度。

解：根据附录 B 可知谐振频率的公式为

$$f_n = \frac{22.4}{2\pi}\sqrt{\frac{EIg}{wL^4}}$$

分布力 w 由下式给出：

$$w = \frac{\rho(WLT)g}{L} = \rho g WT$$

将其代入谐振频率的公式中，得到：

$$f_n = \frac{22.4}{2\pi}\sqrt{\frac{EIg}{\rho g WTL^4}} = \frac{22.4}{2\pi}\sqrt{\frac{EWT^3 g}{12\rho g WTL^4}} = \frac{22.4}{2\pi}\sqrt{\frac{ET^2}{12\rho L^4}} = 8.6\times10^5\frac{T}{\sqrt{\rho}L^2}$$

我们得到 ρ 的值为：

$$\rho = \left(\frac{8.6\times10^5}{f_n}\frac{T}{L^2}\right)^2 = 52.66^2 = 2773kg/m^3$$

3.8 弹簧常数和谐振频率的主动调节

梁和薄膜的机械特性，如弹簧常数和谐振频率，可以通过引入应变而改变。本节，我们集中讨论调节悬臂梁性能的方法。

对于悬臂梁，纵向应变可以通过轴向或横向负载力引入。下面我们将分别讨论这两种情况。

首先，轴向张力可以改变弹簧常数和谐振频率。这就跟小提琴师通过调整张力来调节音色相似。纵向调节力可以通过改变横向静电力或热膨胀引入。(同样的证明表明，谐振频率的改变可以用来表征双端固支梁的本征应力[68]。)在纵向应变 ε_s 作用下悬臂梁的谐振频率为：

$$w = w_0\sqrt{1 + \frac{2L^2}{7h^2}\varepsilon_s} \tag{3-69}$$

这里 w_0、h 和 L 分别表示梁的初始谐振频率、厚度和长度。

悬臂梁的力常数和谐振频率可以通过横向力调节。为说明这一情况，考虑站在跳板顶头的一个小孩在轻轻跳动。假设跳板下沉低于水平面。这个小孩能感觉到某种机械刚性。

现在，想象一个成年人拉住跳板的端点。当有主动的拉力时，这个小孩就会感觉跳板变得柔软些(在给定重量下更大的位移)。换句话说，跳板对小孩来说显得更柔软。只要偏置力指向悬臂梁回复力相反的方向，梁就会变得柔软。力常数从 k 变化到 k_{eff}。横向负载力可以通过静电力[69，70]、热力[71]或磁力施加。

3.9 推荐教科书清单

MEMS 领域以其跨学科和多物理量的特点著称。MEMS 领域人员需要掌握材料、工艺、半导体器件、电路设计与分析、力学以及机械设计方面的知识。若要成功实现 MEMS 设计，常常需要很多基本知识，如静电学、电磁学、固态物理、系统动力学、传热学、热力学、流体力学以及化学。MEMS 工程师经常会面临使用并理解许多新工具的挑战，例如工艺设备、计算机模拟、数据采集等。而且，对于 MEMS 领域中任何一位勇于创新的人而言，必须做到能够很快地熟知该领域的主流知识(如生物、医药、通信等)，并时刻关注具有竞争力的科技技术。由于科技与技术领域发展迅速，还需要对当今研究文献有深入且广泛的理解。因此，MEMS 是一个有智力需求同时令人兴奋的领域。

对于系统中耦合机电行为的探究并不只是局限于 MEMS 领域或微尺度。在宏观领域，对机电一体化和机电学这两个学科领域已进行了数十年的研究。它们也同时提供了 MEMS 研究所需的相关背景知识。

在 MEMS 领域获得成功需要跨学科的知识，这些很难能够从单一的本科学业课程中学习。对于想更深入了解基础知识以追求学习、研究和发展 MEMS 领域的读者，我们列出了与 MEMS 领域密切相关的经典教材与论文。

机械工程
- 材料力学[9]
- 弹性理论[72]
- 振动分析[73]
- 传热学[74]
- 流体力学[75]
- 动态系统与分析[76]

电子工程
- 电子电路基础[77]
- 场与波[78]
- 电子电路设计概论
- 半导体物理和固态器件[2]
- 集成电路设计[79]
- 机电学[80]
- 传感器：术语、原理和信号调理[81]

微制造
- 集成电路制造[82，83]
- MEMS 制造的深入探讨[84，85]
- MEMS 系统设计与制备[86]
- 自动化电子产品制造的技术现状[87~89]

材料科学
- 不同类型工程材料、性能和工艺技术的综合讨论[90]
- 多晶硅的材料性质[20]

商业与创新

- 创新准则[91]
- MEMS 产业发展案例研究[92]

3.10 总结

本章给出了开发 MEMS 器件经常用到的主要电和机械方面的内容。本章的目的在于帮助不同背景的读者快速达到统一的水平,帮助读者熟悉主要的问题和主要的分析步骤。我们鼓励读者针对每一个课题查阅相关的教材以获得全面的理解。

下面列出了和本章相关的主要概念、事实和技能。读者可以以此为依据来检测自己对相关知识的理解程度。

定性理解与概念:

1)半导体中两种载流子的起源。

2)半导体电导率和方块电阻率的差别和关系。

3)晶面和晶向的命名规则。

4)正应力和正应变的概念。

5)剪切应力和剪应变的概念。

6)正应力和正应变的关系以及各应变区的关系。

7)本征应力的来源。

8)减小由本征应力引入弯曲的方法。

定量理解和技巧:

1)在已知掺杂浓度时,非本征材料中电子和空穴浓度的计算步骤。

2)计算半导体电导率和电阻率的步骤。

3)梁或薄膜的边界条件确定。

4)在给定作用力下悬臂梁末端挠度的计算步骤。

5)机械梁力常数的计算步骤。

6)扭曲杆的扭转弯曲计算步骤。

7)一定边界条件下计算梁的谐振频率的公式。

习题

3.1 节

习题 3.1 综述

给定硅的晶格常数(5.43Å),计算单晶硅的原子密度($1/cm^3$)和比重(密度)。

习题 3.2 设计

一片金电阻用做加热器。电阻的厚度为 $0.1\mu m$,宽度为 $1\mu m$。如果要求总电阻为 50Ω,那么电阻的长应为多少?(提示:从文献或手册以及参考资料中查到金的电阻率。)

习题 3.3 设计

磷掺杂硅的电阻长 $100\mu m$、宽 $2\mu m$、厚 $0.5\mu m$。掺杂浓度为 $10^{17}/cm^3$。电子迁移率(μ_n)是掺杂浓度的函数,约为 $1350cm^2/V\text{-}s$。空穴迁移率约为 $480cm^2/V\text{-}s$。室温以及热平衡条件下电子和空穴的浓度是多少?求出材料的电阻率和总电阻。

习题 3.4 设计

重复习题 3.3,假设电阻掺杂了硼。在这种情况下,空穴成为多数载流子。

习题3.5 设计

重复习题3.3，假设磷的掺杂浓度为$10^{11}/cm^3$。

习题3.6 设计

硅片通过硼离子注入和热激活进行掺杂。离子注入剂量为$10^{14}/cm^2$。掺杂区的深度（结深）由驱动步骤中高能离子的初始穿透深度和热扩散深度决定。假定结深为$1\mu m$，并且浓度在掺杂层的整个深度上都是均匀的。问掺杂浓度为多少？

习题3.7 设计

掺杂硼的硅的方块电阻为$50\Omega/\square$。电阻的长度和宽度分别是$10\mu m$和$0.5\mu m$。求出电阻的阻值。如果已知电阻的厚度为$0.3\mu m$，那么电阻率和硼掺杂浓度是多少？室温以及热平衡条件下多数载流子的浓度是多少？

3.2 节

习题3.8 设计

讨论命名下列阴影面（$\{110\}$、$\{111\}$、$\{210\}$）的具体步骤。

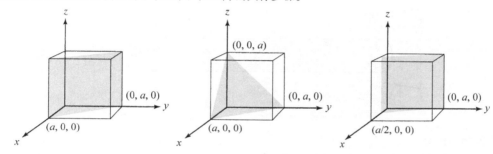

习题3.9 设计

考虑由x轴和z轴组成的平面，有两个平行面与该面平行。证明它们的密勒指数都是（010）。

习题3.10 设计

证明（111）面和（100）面所成的倾斜角为54.75°。

3.3 节

习题3.11 设计

单晶硅的热膨胀系数大约为$2.6\times10^{-6}/℃$。从室温升高$10℃$将会引起梁的长度和横截面积发生变化。计算与横向伸长有关的纵向应变和等效纵向应力（考虑变化了的横截面）。由于温度升高引起电阻变化的百分比是多少（假定电阻率保持不变）？假定杨氏模量为$120GPa$。（注意：实际上，硅的电阻率会由于晶格间距的变化而发生更大的变化。）

习题3.12 综述

写出单晶硅的柔度矩阵。

习题3.13 设计

大小为U的轴向力加在杆的端点处（杆的另一端连接在墙上）。求出杆的锚区端和截面A处的反作用力和力矩（如果有的话）。

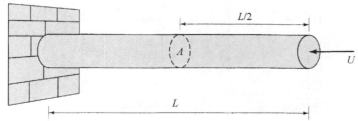

习题3.14 设计

大小分别为 U 和 F 的两个力加在杆的端点处。求出杆的锚区端和截面 A 处的反作用力和力矩（如果有的话）。假设合力作用下总的反作用力是两个力分别作用时反作用力的线性和。

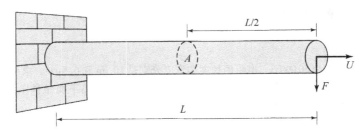

习题3.15 设计

大小为 M 的轴向力矩加在杆的端点处。求出杆的锚区端和截面 A 处的反作用力和力矩（如果有的话）。

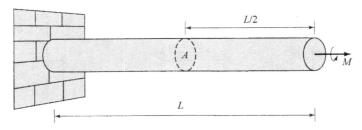

习题3.16 设计

一根细长的硅梁受到纵向张应力的作用。力的大小为 $1mN$，横截面积为 $20\mu m \times 1\mu m$。纵向的杨氏模量为 $120GPa$。求出梁的相对伸长量（百分比）。如果硅的断裂应变为 0.3%，那么要加多大力梁才会断裂？

习题3.17 设计

体积为 $1cm^3$ 的硅立方块平放在平面上。大小为 $1mN$ 的力垂直加在该面上。求出：（1）力类型；（2）在外加力方向上的应力类型和大小。

习题3.18 设计

假设硅杆的宽和厚分别为 $5\mu m$ 和 $1\mu m$。在最大断裂应变为 0.2%，杨氏模量为 $140GPa$ 的情况下，求出能加在杆纵向方向上的最大应力。

3.4 节

习题3.19 设计

求出下面所示悬臂梁的惯性矩。材料是单晶硅。悬臂梁纵向的杨氏模量为 $140GPa$。

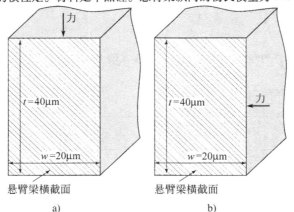

a)   b)

习题 3.20 设计

如果力加在悬臂梁的纵向方向上，求出习题 3.19 中梁的弹簧常数。其中梁的长度为 $800\mu m$。

习题 3.21 设计

室温时单晶硅杆长 $100\mu m$、宽 $5\mu m$、厚 $1\mu m$。杆均匀地掺杂磷，浓度为 $10^{16}/cm^3$。求出：（1）硅杆的惯性矩；（2）硅杆的电阻。

习题 3.22 设计

弯曲梁的惯性矩随尺寸缩小的规则是什么？MEMS 传感器的含义是什么？MEMS 执行器的含义是什么？

习题 3.23 设计

求出例题 3.7 中（d）、（e）和（f）的力常数的分析表达式。

习题 3.24 设计

证明中心点加力的双端固支梁的力常数可以看成两个简支的并联梁，并且横截面积不变，长度变为原来的一半。

3.5 节

习题 3.25 设计

双端固支的扭转杆中部附着一个悬臂梁。力 $F = 0.01\mu N$ 加在悬臂梁的端点处。确定由于扭转杆的旋转而引起的角弯曲量。不考虑悬臂梁部分的弯曲。L、w 和 t 的值分别为 $1000\mu m$、$10\mu m$ 和 $10\mu m$。梁由多晶硅制成。（提示：从文献或手册以及参考资料中查到杨氏模量和泊松比。）

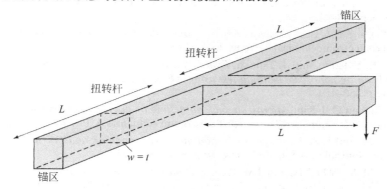

3.7 节

习题 3.26 设计

用单晶硅制造宽为 $20\mu m$ 的单端固支悬臂梁，使得力常数为 $10N/m$、谐振频率为 10kHz。求悬臂梁要求的长度和厚度。硅的杨氏模量为 120GPa。硅材料的密度为 $2330kg/m^3$。从下面的选项中选出正确的答案并给出你的理由。

（1）长 $= 6.4mm$，厚 $= 351\mu m$。

（2）长 $= 2.9mm$，厚 $= 75.7\mu m$。

（3）长 $= 143mm$，厚 $= 3.65mm$。

（4）以上都不是。

参考文献

1. Streetman, B.G., *Solid state electronic devices*. 4th ed. Prentice Hall Series in Solid State Physical Electronics, ed. J. Nick Holonyak. 1995, Englewood Cliffs, NJ: Prentice Hall.

2. Muller, R.S., T.I. Kamins, and M. Chan, *Device electronics for integrated circuits*. 3rd ed. 2003: John Wiley and Sons.

3. Mehregany, M., et al., *Silicon carbide MEMS for harsh environments*. Proceedings of the IEEE, 1998. **86**(8): p. 1594–1609.

4. Stoldt, C.R., et al., *A low-temperature CVD process for silicon carbide MEMS*. Sensors and Actuators A: Physical, 2002. **97–98**: p. 410–415.

5. Rogers, J.A., *ELECTRONICS: Toward paperlike displays*. Science, 2001. **291**(5508): p. 1502–1503.

6. Blanchet, G.B., et al., *Large area, high resolution, dry printing of conducting polymers for organic electronics*. Applied Physics Letters, 2003. **82**(3): p. 463–465.

7. Sundar, V.C., et al., *Elastomeric transistor stamps: Reversible probing of charge transport in organic crystals*. Science, 2004. **303**(5664): p. 1644–1646.

8. Mantooth, B.A. and P.S. Weiss, *Fabrication, assembly, and characterization of molecular electronic components*. Proceedings of the IEEE, 2003. **91**(11): p. 1785–1802.

9. Gere, J.M. and S.P. Timoshenko, *Mechanics of materials*. 4th ed. 1997, New York: PWS Publishing Company.

10. Fitzgerald, A.M., et al., *A general methodology to predict the reliability of single-crystal silicon MEMS devices*. IEEE/ASME Journal of Microelectromechanical Systems (JMEMS), 2009. **18**(4): p. 962–970.

11. Yang, J., J. Gaspar, and O. Paul, *Fracture properties of LPCVD silicon nitride and thermally grown silicon oxide thin films from the load-deflection of long Si3N4 and SiO2/Si3N4 diaphragms*. IEEE/ASME Journal of Microelectromechanical Systems (JMEMS), 2008. **17**(5): p. 1120–1134.

12. Yasumura, K.Y., et al., *Quality factors in micron- and submicron-thick cantilevers*. Microelectromechanical Systems, Journal of, 2000. **9**(1): p. 117–125.

13. Van Arsdell, W.W. and S.B. Brown, *Subcritical crack growth in silicon MEMS*. Microelectromechanical Systems, Journal of, 1999. **8**(3): p. 319–327.

14. Hatty, V., H. Kahn, and A.H. Heuer, *Fracture toughness, fracture strength, and stress corrosion cracking of silicon dioxide thin films*. IEEE/ASME Journal of Microelectromechanical Systems (JMEMS), 2008. **17**(4): p. 943–942.

15. Wilson, C.J. and P.A. Beck, *Fracture testing of bulk silicon microcantilever beams subjected to a side load*. Microelectromechanical Systems, Journal of, 1996. **5**(3): p. 142–150.

16. Namazu, T., Y. Isono, and T. Tanaka, *Evaluation of size effect on mechanical properties of single crystal silicon by nanoscale bending test using AFM*. Microelectromechanical Systems, Journal of, 2000. **9**(4): p. 450–459.

17. Yi, T., L. Li, and C.-J. Kim, *Microscale material testing of single crystalline silicon: Process effects on surface morphology and tensile strength*. Sensors and Actuators A: Physical, 2000. **83**(1–3): p. 172–178.

18. Wortman, J.J. and R.A. Evans, *Young's modulus, shear modulus, and Poisson's ratio in silicon and germanium*. Journal of Applied Physics, 1965. **36**(1): p. 153–156.

19. Hopcroft, M.A., W.D. Nix, and T.W. Kenny, *What is the Young's modulus of silicon*. IEEE/ASME Journal of Microelectromechanical Systems (JMEMS), 2010. **19**(2): p. 229.

20. Kamins, T., *Polycrystalline silicon for integrated circuits and displays*. Second ed. 1998: Kluwer Academic Publishers.

21. Sharpe, W.N., Jr., et al., *Effect of specimen size on Young's modulus and fracture strength of polysilicon*. Microelectromechanical Systems, Journal of, 2001. **10**(3): p. 317–326.

22. Chasiotis, I. and W.G. Knauss, *Experimentation at the micron and submicron scale*, in *Interfacial and Nanoscale Fracture*, W. Gerberich and W. Yang, Editors. 2003, Elsevier. p. 41–87.

23. Bagdahn, J., W.N. Sharpe, Jr., and O. Jadaan, *Fracture strength of polysilicon at stress concentrations*. Microelectromechanical Systems, Journal of, 2003. **12**(3): p. 302–312.

24. Tsuchiya, T., et al., *Specimen size effect on tensile strength of surface-micromachined polycrystalline silicon thin films*. Microelectromechanical Systems, Journal of, 1998. **7**(1): p. 106–113.

25. Walmsley, B.A., et al., *Poisson's ratio of low-temperature PECVD silicon nitride thin films*. IEEE/ASME Journal of Microelectromechanical Systems (JMEMS), 2007. **16**(3): p. 622–627.

26. Sharpe, W.N., *Tensile testing at the micrometer scale (opportunities in experimental mechanics)*. Experimental Mechanics, 2003. **43**: p. 228–237.

27. Johansson, S., et al., *Fracture testing of silicon microelements in situ in a scanning electron microscope*. Journal of Applied Physics, 1988. **63**(10): p. 4799–4803.

28. Pan, C.S. and W. Hsu, *A microstructure for in situ determination of residual strain*. Microelectromechanical Systems, Journal of, 1999. **8**(2): p. 200–207.

29. Sharpe, W.N., Jr., B. Yuan, and R.L. Edwards, *A new technique for measuring the mechanical properties of thin films.* Microelectromechanical Systems, Journal of, 1997. **6**(3): p. 193–199.

30. Reddy, A., H. Kahn, and A.H. Heuer, *A MEMS-based evaluation of the mechanical properties of metallic thin films.* IEEE/ASME Journal of Microelectromechanical Systems (JMEMS), 2007. **16**(3): p. 650–658.

31. Haque, M.A. and M.T.A. Saif, *Microscale materials testing using MEMS actuators.* Microelectromechanical Systems, Journal of, 2001. **10**(1): p. 146–152.

32. Srikar, V.T. and S.D. Senturia, *The reliability of microelectromechanical systems (MEMS) in shock environments.* Microelectromechanical Systems, Journal of, 2002. **11**(3): p. 206–214.

33. Miyajima, H., et al., *A durable, shock-resistant electromagnetic optical scanner with polyimide-based hinges.* Microelectromechanical Systems, Journal of, 2001. **10**(3): p. 418–424.

34. Ritchie, R.O., *Mechanism of fatigue-crack propagation in ductile and brittle solids.* International Journal of Fracture, 1999. **100**: p. 55–83.

35. Jalalahmadi, B., F. Sadeghi, and D. Peroulis, *A numerical fatigue damage model for life scatter of MEMS devices.* IEEE/ASME Journal of Microelectromechanical Systems (JMEMS), 2009. **18**(5): p. 1016–31.

36. Namazu, T. and Y. Isono, *Fatigue life prediction criterion for micro-nanoscale single-crystal silicon structures.* IEEE/ASME Journal of Microelectromechanical Systems (JMEMS), 2009. **18**(1): p. 129–137.

37. Somà, A. and G.D. Pasquale, *MEMS mechanical fatigue: Experimental results on gold microbeams.* IEEE/ASME Journal of Microelectromechanical Systems (JMEMS), 2009. **18**(4): p. 828–835.

38. Muhlstein, C.L., S.B. Brown, and R.O. Ritchie, *High-cycle fatigue of single-crystal silicon thin films.* Microelectromechanical Systems, Journal of, 2001. **10**(4): p. 593–600.

39. Sharpe, W.N. and J. Bagdahn, *Fatigue testing of polysilicon—a review.* Mechanics and Materials, 2004. **36**(1–2): p. 3–11.

40. Chan, R., et al., *Low-actuation voltage RF MEMS shunt switch with cold switching lifetime of seven billion cycles.* IEEE/ASME Journal of Microelectromechanical Systems (JMEMS), 2003. **12**(5): p. 713–719.

41. Hu, S.M., *Stress-related problems in silicon technology.* Journal of Applied Physics, 1991. **70**(6): p. R53–R80.

42. Doerner, M. and W. Nix, *Stresses and deformation processes in thin films on substrates.* CRC Critical Review Solid States Materials Science, 1988. **14**(3): p. 225–268.

43. Nix, W.D., *Elastic and plastic properties of thin films on substrates: nanoindentation techniques.* Materials Science and Engineering A, 1997. **234–236**: p. 37–44.

44. Harder, T.A., et al. *Residual stress in thin film parylene-C.* in The sixteens annual international conference on micro electro mechanical systems. 2002. Las Vegas, NV.

45. Mastrangelo, C.H., Y.-C. Tai, and R.S. Muller, *Thermophysical properties of low-residual stress, silicon-rich, LPCVD silicon nitride films.* Sensors and Actuators A: Physical, 1990. **23**(1–3): p. 856–860.

46. Askraba, S., L.D. Cussen, and J. Szajman, *A novel technique for the measurement of stress in thin metallic films.* Measurement Science and Technology, 1996. **7**: p. 939–943.

47. Chen, S., et al., *A new in situ residual stress measurement method for a MEMS thin fixed-fixed beam structure.* Microelectromechanical Systems, Journal of, 2002. **11**(4): p. 309–316.

48. Preissig, F.J.v., *Applicability of the classical curvature-stress relation for thin films on plate substrates.* Journal of Applied Physics, 1989. **66**(9): p. 4262–4268.

49. Kwok, P.Y., M.S. Weinberg, and K.S. Breuer, *Fluid effects in vibrating micromachined structures.* IEEE/ASME Journal of Microelectromechanical Systems (JMEMS), 2005. **14**(4): p. 770–.

50. Mohite, S.S., V.R. Sonti, and R. Pratap, *A compact squeeze-film model including inertia, compressibility, and rarefaction effects for perforated 3-D MEMS structures.* IEEE/ASME Journal of Microelectromechanical Systems (JMEMS), 2008. **17**(3): p. 709–723.

51. Luttge, R., et al., *Integrated lithographic molding for microneedle-based devices.* IEEE/ASME Journal of Microelectromechanical Systems (JMEMS), 2007. **16**(4): p. 872–884.

52. Pandey, A.K., R. Pratap, and F.S. Chau, *Influence of boundary conditions on the dynamic characteristics of squeeze films in MEMS devices.* IEEE/ASME Journal of Microelectromechanical Systems (JMEMS), 2007. **16**(4): p. 893–903.

53. Yang, Y.-J.J. and P.-C. Yen, *An efficient macromodeling methodololgy for lateral air damping effects.* IEEE/ASME Journal of Microelectromechanical Systems (JMEMS), 2005. **14**(4): p. 812–828.

54. Martin, M.J., et al., *Damping models for microcantilevers, bridges, and torsional resonators in the free-molecular-flow regime.* IEEE/ASME Journal of Microelectromechanical Systems (JMEMS), 2008. **17**(2): p. 503–511.

55. Prabhakar, S. and S. Vengallatore, *Theory of thermoelastic damping in micromechanical resonators with two-dimensional heat conduction.* IEEE/ASME Journal of Microelectromechanical Systems (JMEMS), 2008. **17**(2): p. 494–502.

56. Kim, B., et al., *Temperature dependence of quality factor in MEMS resonators.* IEEE/ASME Journal of Microelectromechanical Systems (JMEMS), 2008. **17**(3): p. 755–766.

57. Duwel, A., et al., *Engineering MEMS resonators with low thermoelastic damping.* IEEE/ASME Journal of Microelectromechanical Systems (JMEMS), 2006. **15**(6): p. 1437–45.

58. Nielson, G.N. and G. Barbastathis, *Dynamic pull-In of parallel-plate and torsional electrostatic MEMS actuators.* IEEE/ASME Journal of Microelectromechanical Systems (JMEMS), 2006. **15**(4): p. 811–821.

59. Cheng, Y.-T., et al., *Vacuum packaging technology using localized aluminum/silicon-to-glass bonding.* Microelectromechanical Systems, Journal of, 2002. **11**(5): p. 556–565.

60. Huang, X.M.H., et al., *Nanoelectromechanical systems: Nanodevice motion at microwave frequencies.* Nature, 2003. **421**: p. 496.

61. Wang, K., et al. *Frequency trimming and Q-factor enhancement of micromechanical resonators via localized filament annealing.* in *Solid State Sensors and Actuators, 1997. TRANSDUCERS '97 Chicago., 1997 International Conference on.* 1997.

62. Wang, K., et al. *Q-enhancement of microelectromechanical filters via low-velocity spring coupling.* in *Ultrasonics Symposium, 1997. Proceedings., 1997 IEEE.* 1997.

63. Wang, K., A.-C. Wong, and C.T.-C. Nguyen, *VHF free-free beam high-Q micromechanical resonators.* Microelectromechanical Systems, Journal of, 2000. **9**(3): p. 347–360.

64. Bannon, F.D., J.R. Clark, and C.T.-C. Nguyen, *High-Q HF microelectromechanical filters.* Solid-State Circuits, IEEE Journal of, 2000. **35**(4): p. 512–526.

65. Cleland, A.N. and M.L. Roukes, *External control of dissipation in a nanometer-scale radiofrequency mechanical resonator.* Sensors and Actuators A: Physical, 1999. **72**(3): p. 256–261.

66. Hsu, W.-T., J.R. Clark, and C.T.-C. Nguyen. *Mechanically temperature-compensated flexural-mode micromechanical resonators.* in *Electron Devices Meeting, 2000. IEDM Technical Digest. International.* 2000.

67. Joachim, D. and L. Lin, *Characterization of selective polysilicon deposition for MEMS resonator tuning.* Journal of Microelectromechanical Systems, 2003. **12**(2): p. 193–200.

68. Chen, S., et al., *A new in situ residual stress measurement method for a MEMS thin fixed-fixed beam structure.* IEEE/ASME Journal of Microelectromechanical Systems (JMEMS), 2003. **11**(4): p. 309–316.

69. Yao, J.J. and N.C. MacDonald, *A micromachined, single-crystal silicon, tunable resonator.* Journal of Micromechanics and Microengineering, 1995. **6**(3): p. 257–264.

70. Adams, S.G., et al., *Independent tuning of linear and nonlinear stiffness coefficients [actuators].* Microelectromechanical Systems, Journal of, 1998. **7**(2): p. 172–180.

71. Syms, R.R.A., *Electrothermal frequency tuning of folded and coupled vibrating micromechanical resonators.* Microelectromechanical Systems, Journal of, 1998. **7**(2): p. 164–171.

72. Timoshenko, S. and J. Goodier, *Theory of elasticity.* 3rd ed. 1970, New York: McGraw-Hill.

73. Meirovitch, L., *Elements of vibration analysis.* 1986: McGraw-Hill.

74. Incropera, F.P. and D.P. DeWitt, *Fundamentals of heat and mass transfer.* 5th ed. 2002, New York: Wiley.

75. White, F.M., *Fluid mechanics.* 4th ed. 1999, New York: McGraw-Hill.

76. Palm, W.J., *System dynamics.* 2010, New York: McGraw Hill.

77. Irwin, J.D. and D.V. Kerns, *Introduction to electrical engineering*. 1995: Prentice Hall.

78. Rao, N.N., *Elements of engineering electromagnetics*. 6th ed. Illinois ECE Series. 2004: Prentice Hall.

79. Gray, P.R., et al., *Analysis and design of analog integrated circuits*. 4th ed. 2001: John Wiley and Sons.

80. Woodson, H.H. and J.R. Melchier, *Electromechanical dynamics Part I: Discrete systems*. 1968: John Wiley and Sons.

81. Pallas-Areny, R. and J.G. Webster, *Sensors and signal conditioning*. 2001: Wiley-Interscience.

82. Jaeger, R.C., *Introduction to microelectronic fabrication*. 2nd ed. Modular series on solid-state devices, ed. G.W. Neudeck and R.F. Pierret. Vol. V. 2002, Upper Saddle River, NJ: Prentice Hall.

83. Sze, S.M., *VLSI technology*. 1988, New York: McGraw-Hill.

84. Kovacs, G.T.A., *Micromachined transducers sourcebook*. 1998, New York: McGraw-Hill.

85. Madou, M.J., *Fundamentals of microfabrication: The science of miniaturization,* 2nd ed. 2002: CRC Press.

86. Senturia, S.D., *Microsystem design*. 2001: Kluwer Academic Publishers.

87. Groover, M.P., *Fundamentals of modern manufacturing: Materials, processes, and systems*. 4th ed. 2010: Wiley.

88. Stillwell, R., *Electronic product design for automated manufacturing*. 1988: CRC Press.

89. Shina, S., *Green electronics design and manufacturing: Implementing lead-free and RoHS compliant global products*. 2008: McGraw-Hill Professional.

90. Callister, W.D., *Materials science and engineering, an introduction*. 4th ed. 1997, New York: John Wiley and Sons.

91. Rogers, E.M., *Diffusion of innovations*. 5th ed. 2003: Free Press.

92. Govindarajan, V. and C. Trimble, *Ten rules for strategic innovators*. 2005, Boston: Harvard Business School Press.

第4章 静电敏感与执行原理

4.0 预览

从本章开始，我们将对 MEMS 传感器与执行器中常用的几种换能器原理进行回顾，本章集中讨论静电敏感与执行原理及其方法。4.1 节将对静电换能器的优缺点进行总结；4.2 节与 4.3 节将分别介绍静电换能器的两种结构：平行板驱动与梳状驱动。对每种换能器结构，我们将讨论特定的应用实例，包括传感器与执行器。

由于其用途广泛，静电敏感与执行是各类传感器和执行器产品的最佳选择。其他敏感与执行原理(包括热、压阻以及压电能量转换)将在第 5~7 章中进行讨论。第 8 章将介绍磁执行器的设计和加工。第 9 章将对这些敏感与执行原理的优点进行总结。

4.1 静电传感器与执行器概述

电容器通常定义为可以存储相反电荷的两个导体，它既可以用做传感器，也可以用做执行器。当电容器的间距和相对位置因外加激励而改变时，它的电容值也随之变化，这就是电容(静电)敏感的机理。另一方面，当电压(或电场)施加于两个导体上时，导体之间会产生静电力，这定义为静电执行。

静电力很少用于驱动宏观机械，然而，由于微型器件通常有较大的表面积/体积比以及非常小的质量，使得作为表面力的静电力成为一种很有吸引力的微执行驱动源。

静电驱动的微电动机是最早的 MEMS 执行器之一[1]，其结构如图 4-1 所示，它由转子以及一组固定电极组成，转子固定在衬底的轴承上，固定电极称作定子，位于转子外围。定子成组施加同步偏置电压，比如可以将四个电极分为一组。图 4-1 所示电动机就包括三组这样的电极，它们可以由图中的不同填充图案来识别。

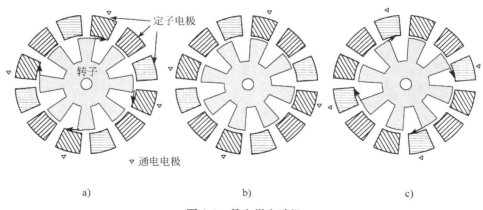

a)   b)   c)

图 4-1　静电微电动机

我们从处于任意角度静止位置的转子(图 4-1a)开始，对静电电动机的工作原理进行阐述。首先对一组定子电极施加偏置电压(由电极旁边的箭头符号可以判断电极在电压偏置下所处的状态)，该组中任一给定定子电极与其紧邻的转子轮齿之间会产生面内电场,并在它们之间产生静电引力,从而使轮齿与定子对准。在 100V 电压的作用下,产生的转矩在皮牛顿米(pN·m)的量级,这足以克服静摩擦。图 4-1b 中是转子小角度运动后的结构图,此时电压偏置转移到下一组定子电极上(图 4-1c),在相同运动方向引起另一次的小角度位移。通过分组连续激励定子电极,转子可以实现持续地运动。马达的制造工艺在第 11 章中将作深入的讨论。在静电执行器领域,随后在静电执行器方面的工作已经提供了可产生更大功率与输出转矩的新的设计(例如参考文献[2])。

本章中我们将对电容式传感器与执行器的原理及其工作方式进行讨论。静电敏感与执行的主要优点可以归结为:

1)结构简单:敏感与执行的原理相对简单,容易实现,仅需两个导电表面即可,无需专门的功能材料。其他的敏感方式(如压阻与压电敏感)与执行方式(如压电执行)往往需要专门压阻与压电材料的淀积、光刻以及集成。

2)功耗低:静电执行依赖于电压差而非电流,在低频应用时往往有很高的能效,静态时由于不存在电流这一优点尤其明显。高频时,随时间变化的偏置电压 $V(t)$ 会产生与时间相关且与频率相关的位移电流 $i(t)$,电流的大小为 $i(t) = C\dfrac{\mathrm{d}V(t)}{\mathrm{d}t}$,电容器上的瞬态功耗可表示为 $p(t) = i(t) \cdot V(t)$。

3)响应快:转换速度由充放电时间常数决定,对于良导体这一时间常数是很小的,因此,静电敏感与执行可以获得很高的动态响应速度。例如,在数字微镜显示(DMD)阵列中,微镜的开关时间小于 $21\mu s$,这一速度足以支持八位灰度级的显示。

应认识到静电执行与敏感也存在着缺点。静态执行所需的高压就是一个缺陷,DMD 微镜实现 $\pm 7.5°$ 的倾角需要 25V 的偏置电压,单片集成的光学微镜实现 9° 的倾角就需 150V 的偏置电压[3]。在线性静电执行器中,需要几百伏的电压来实现几十微米的位移也是很常见的。对高压的要求会带来电子电路复杂(用于提供高压)和材料兼容性问题。与绝缘体机械连接的电极上会积累电荷,尤其是在直流工作模式下,这种捕获的电荷会改变器件的工作特性。

按电极的几何结构分类,电容主要有两种:平板电容器和叉指(梳状驱动)电容器。平板电容器与梳状驱动电容器的静态电容值通常非常小,在 pF 量级或是更小。对于电容式传感器,需要仔细地设计电子线路,以便从噪声与干扰源中捕获 fF 量级甚至更小的电容变化[4]。

电容式执行器往往利用两个相反电荷表面间的静电引力,而很少利用静电斥力,排斥力需要由存储同种电荷的两个电极表面产生[5,6]。例如,对于有 18 个梳指的叉指执行器,在外加 20V 电压的作用下,已经证实可以达到 $0.5\mu m$ 的垂直位移。

大多数电容式器件采用能迅速释放电荷的电极。然而,一些电容式器件由介电材料制成,这些材料可以产生分子偶极子的固定排序或保留电荷。有一类荷电材料称作驻极体,由聚四氟乙烯或聚乙烯(聚甲基丙烯酸甲酯)(PMMA)之类的有机聚合物制作而成[7],它可以通过整体[7,8]或局部[9]电子注入充电达到 $10^{-4}C/m^2$ 或者更大的表面电荷密度。

4.2 平行板电容器

4.2.1 平行板电容

平行板电容器是静电传感器和执行器最基本的结构。顾名思义,它是由两个在宽度方向相互平行的导体平板构成的。从广义上讲,两块板并不一定在任何时刻都严格平行,而且也不要求是平面的。

平行板静电执行原理的典型应用就是德州仪器(TI)公司制造的 DMD 芯片[10],它由一组大阵列的微镜或者二进制光开关组成，每个微镜由一块可以绕着扭转支撑铰链旋转的反射平板构成，反射平板下面插入两个电极，每个电极在扭转铰链的两边覆盖一半的平板面积。这样就构成了两组平行板电容器：即板下的两个电极与其上的微镜表面。在每个下电极施加电压，微镜可以在静电引力作用下倾斜 ±7.5°，反射入射光。

我们考察图 4-2 所示的简单平板电容器，两块板的交叠面积为 A，间距为 d，两板之间的相对介电常数表示为 ε_r，介电常数为 $\varepsilon = \varepsilon_r \varepsilon_0$，这里 ε_0 是真空介电常数（$\varepsilon_0 = 8.85 \times 10^{-14} \ \text{F/ cm}$）。

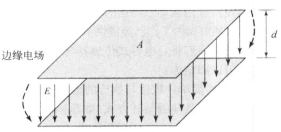

图 4-2　交叠面积为 A、间距为 d 的平板电容器

两平板间的电容值 C 定义为

$$C \equiv \frac{Q}{V} \qquad (4\text{-}1)$$

这里 Q 是存储的电荷量，V 是静电势。电容器存储的电能 U 表示为

$$U = \frac{1}{2}CV^2 = \frac{1}{2}\frac{Q^2}{C} \qquad (4\text{-}2)$$

对于平行板电容器，电力线之间相互平行并且在平板的交叠区域与平板表面垂直。边缘电场在电极边界外。边缘场电力线实际上是三维的，在严格的设计分析中应该予以考虑，但本书不对边缘场进行讨论。

根据高斯定理，电场 E 的大小与电荷 Q 有关，

$$E = Q / \varepsilon A \qquad (4\text{-}3)$$

由于电压值等于场强与板间距（d）之积，则平板电容器电容为

$$C \equiv \frac{Q}{V} = \frac{Q}{E \cdot d} = \frac{Q}{\frac{Q}{\varepsilon A} d} = \frac{\varepsilon A}{d} \qquad (4\text{-}4)$$

电容值与面积 A 成正比，与间距 d 成反比，是介电常数 ε 的函数。

两块平板的相对运动方式有两种——法向移动与切向移动，本书中我们主要考虑两块平行板沿着法向运动的情形。

平行板电容器是一种用在物理、化学以及生物传感器中的灵活平台，通过测量平行板电容器的电容大小，我们可以探测到介电常数、面积 A 或者间距 d 的变化。介电常数的变化可以由电容器介质的温度与湿度的变化引起。以介电常数改变电容的方式可以用于表征电容器间隙中的液体、气体，甚至生物粒子的特性。例如，真核细胞的 DNA 含量可根据细胞中 DNA 含量与电容变化的线性关系观测到，在 1kHz 电场下单细胞通过时引起电容变化。平板间的交叠面积及间距可以通过接触力、静态压力[13]、动态压力（声学）[14]以及加速度[15]来改变。

电容器可以用做产生力或位移的执行器（如果至少有一个电容器平板是悬吊或可变形的）。我们来看一对平行板电极，其中一个平板紧紧固定，另一块平板由机械弹簧悬吊，当两个平行板上施加电压时就会产生静电吸引力，力的大小等于所存储的电能 U 相对于空间变量的梯度，力的表达式为

$$F = \left|\frac{\partial U}{\partial x}\right| = \frac{1}{2}\left|\frac{\partial C}{\partial x}\right|V^2 \qquad (4\text{-}5)$$

这里 x 是相关的空间变量。如果平板沿着其法向运动，电极的间距就会发生变化，将 d 取代空间变量 x 代入式(4-5)，力的大小可以改写为

$$F = \left| \frac{\partial U}{\partial d} \right| = \frac{1}{2} \frac{\varepsilon A}{d^2} V^2 = \frac{1}{2} \frac{CV^2}{d} \tag{4-6}$$

在恒定偏置电压的作用下，静电力的大小随着间隙 d 的增加迅速减小。静电力可以认为是一种短程力，当间隙在几个微米量级时最为有效。

电介质的击穿电压决定了执行器的上限电压，如果介质是空气，击穿电压可以根据 Paschen 曲线进行预测，它随着间隙的减小而增加，这是 MEMS 电容式器件中有用的按比例缩小定律。

例题4.1（**计算电容值**） 由两块固定平行板构成的气隙电容器，静止（零偏）时，两平行板之间的间距为 $x_0 = 100\mu m$，平板面积 $A = 400 \times 400 \mu m^2$，两平板间的介质为空气，偏置电压 $U = 5V$，试计算电容与引力（F）的大小。如果平板一半面积区域的间隙充满水（作为板间介质），电容值又是多少？

解：要求解电容值，我们有

$$C = \varepsilon_r \varepsilon_0 \frac{A}{x_0} = 14.17 \times 10^{-15} F$$

力可以由下式给出

$$F = \frac{\partial V}{\partial d} = \frac{1}{2} \frac{CV^2}{x_0} = 1.8 \times 10^{-9} N$$

如果平板一半面积区域的间隙为水，另一半为空气，可以对两部分分别进行考虑。总电容由两个并联在一起的电容器组成，水在室温时的相对介电常数为 76.6，与水介质有关的电容为

$$C_{water} = \varepsilon_r \varepsilon_0 \frac{A/2}{x_0} = \frac{76.6 \times 8.854 \times 10^{-12} \times 80\,000 \times 10^{-12}}{100 \times 10^{-6}} = 542.6 \times 10^{-15} F$$

另一半空气介质部分的电容为

$$C_{air} = 7.08 \times 10^{-15} F$$

总电容为

$$C = C_{air} + C_{water} = 549.6 \times 10^{-15} F$$

4.2.2 偏压作用下静电执行器的平衡位置

许多静电传感器与执行器至少包含一个由弹簧支撑的可变形平板。确定它们在某一偏置电压下的静态位移大小是该类器件设计要考虑的重要因素。本节我们将讨论静态（DC）与准静态（低频）偏置条件下平衡位移的计算。

图4-3是平行板电容的结构示意图，上极板由机械弹簧支撑并且可动，弹簧的弹力常数为 k_m。静止时，外加电压、位移以及机械回复力均为零。由于平板质量往往非常小，重力的作用并不能引起明显的静态位移，因此，在微器件的静态分析中，忽略重力的影响。

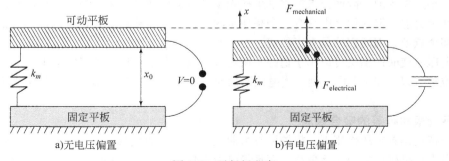

a)无电压偏置   b)有电压偏置

图4-3 平行板电容

施加电压载荷会产生静电力 $F_{\text{electrical}}$，可动极板在起始位置时的静电力 $F_{\text{electrical}}$ 大小为

$$F_{\text{electrical}} = \frac{1}{2} \frac{\varepsilon A}{d^2} V^2 = \frac{1}{2} \frac{CV^2}{d} \tag{4-7}$$

静电力使得间隙有减小的趋势，从而引起位移和机械回复力。在静态平衡下，机械回复力与静电力的大小相等，方向相反。

静电执行器的情况非常有趣，静电力本身的大小是位移的函数，但静电力也会改变弹簧系数，这使得情况变得复杂。从第2章的讨论我们知道，当静电力的方向与机械回复力相反时，弹簧将会变软。静电力的空间梯度定义为电弹簧常数

$$k_e = \left| \frac{\partial F_{\text{electrical}}}{\partial d} \right| = \left| -\frac{CV^2}{d^2} \right| = \frac{CV^2}{d^2} \tag{4-8}$$

正如公式中所示，电弹簧常数的大小随着位置 (d) 和偏置电压 (V) 变化。另一方面，机械弹簧常数 (k_m) 的大小在小位移时保持不变。

结构的有效弹簧常数是机械弹簧常数减去电弹簧常数。

下面对偏置电压 V 作用下弹簧支撑极板的平衡位移进行推导。假设平衡位移为 x，x 轴方向为沿着间隙变大的方向 (图4-3)。位移为 x 时，电极间的距离变为 $d + x (d + x < d)$，在平衡位置的静电力为

$$F_{\text{electrical}} = \frac{1}{2} \frac{\varepsilon A}{(x_0 + x)^2} V^2 = \frac{1}{2} \frac{C(x)V^2}{(x_0 + x)} \tag{4-9}$$

机械回复力为

$$F_{\text{mechanical}} = -k_m x \tag{4-10}$$

在位移 x 处，机械回复力与静电力大小相等，对上述等式进行整理得

$$-x = \frac{F_{\text{mechanical}}}{k_m} = \frac{F_{\text{electrical}}}{k_m} = \frac{C(x)V^2}{2(x_0 + x)k_m} \tag{4-11}$$

两个电容器极板之间的平衡间距可以通过求解上述关于 x 的二次方程得到。

用做图法也可以分析极板的平衡位置。首先建立坐标系，水平轴表示两极板间的间距，竖直轴是机械力或静电力的大小 (不考虑方向)。置于 x 轴原点处的极板是刚性的，另一个处于 x_0 处的极板是可动的。

图4-4中的两条曲线分别代表机械回复力与静电力随电极位置的变化。对于恒定的偏置电压 V，机械回复力 ($F_{\text{mechanical}}$) 随着极板位置线性变化，静电力 ($F_{\text{electrical}}$) 随着 x 的改变按照公式 (4-9) 非线性变化。

图4-4中，两条曲线有多个交点，它们对应于方程 (4-11) 的解集。在每个交点处，静电力与机械力的大小是相等的，因而交点的水平坐标表示了可动极板的平衡位置。值得注意的是，虽然同时存在几个交点，但它们之中只有一个是稳定的，特别是最接近静止位置的那个交点，极板会首先到达那个点处，因此它才是真正的解。

偏置电压改变时作图法可以用于追踪平衡位置，执行器在三种典型偏置电压 V_1、V_2、V_3 作用下的平衡位置可以在图4-5中找到，当电压增加时，静电力曲线族上移，交点的 x 坐标离静止位置更远。

4.2.3 平行板执行器的吸合效应

在某一特定偏置电压作用下，机械回复力曲线与静电力曲线相交于一个切点 (图4-6)。该切点处，静电力与机械回复力相互平衡，而且静电力常数 (由交点处梯度给出) 的大小等于机械力常数。弹簧的等效力常数为零 (也就是极端柔软)，应小心处理这一特殊条件，满足这一条件的偏置

电压称作**吸合**(pull-in)**电压**或 V_p。

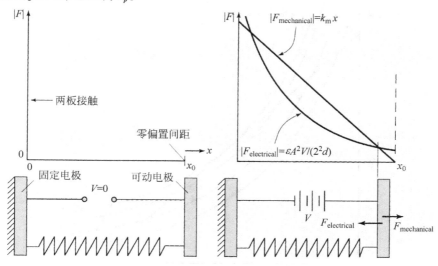

图 4-4　静电力和机械力与间距的关系

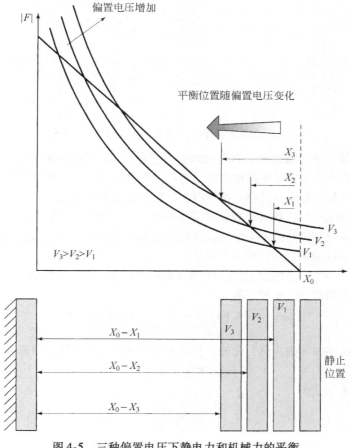

图 4-5　三种偏置电压下静电力和机械力的平衡

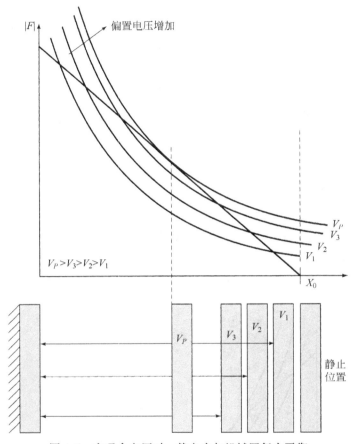

图 4-6　在吸合电压时，静电力与机械回复力平衡

如果偏置电压继续增加超过 V_p，两条曲线将不再有交点，因而平衡解消失。实际上，当仅作线性变化的机械回复力无法再平衡静电力时，静电力仍会继续变大，两平板将迅速吸合直到两者接触到一起，此时机械接触力将最终平衡静电力。这一现象称作**吸合**。

引起吸合所需的电压与位移对于静电执行器的设计至关重要，尽管吸合效应可以通过作图很容易得到解释，但要得到确切的吸合电压以及位移值就需要解析模型。我们将对图 4-3 所描述的简单弹簧承载电极系统的吸合条件作一下讨论。

在吸合电压下，$|F_{electrical}|$ 与 $|F_{mechanical}|$ 曲线存在一个切点，切点处静电力与机械平衡力的大小相等。建立这两个力的等式，整理后得

$$V^2 = \frac{-2k_m x (x + x_0)^2}{\varepsilon A} = \frac{-2k_m x (x + x_0)}{C} \tag{4-12}$$

当两电极间距减小时 x 值为负，此外，在交叉点处两条曲线的梯度相等，即

$$|K_e| = |K_m| \tag{4-13}$$

电场力常数的表达式为

$$k_e = \frac{CV^2}{d^2} \tag{4-14}$$

将 V^2 表达式（由等式(4-12)可得）代入上式，可将电场力常数表达式重新整理为

$$k_e = \frac{CV^2}{(x + x_0)^2} = \frac{-2k_m x}{(x + x_0)} \qquad (4\text{-}15)$$

满足方程(4-13)x 的唯一解为

$$x = -\frac{x_0}{3} \qquad (4\text{-}16)$$

上式说明在临界吸合电压作用下，平行极板相对于静止位置的位移恰好是极板间初始间距的三分之一。不管实际的机械力常数以及实际的吸合电压是多大，这一临界位移都是正确的。

将过渡段的位移代入式(4-12)，可以方便地解得吸合电压，由此可得

$$V_p^2 = \frac{4x_0^2}{9C} k_m \qquad (4\text{-}17)$$

从而可解得吸合电压为

$$V_p = \frac{2x_0}{3} \sqrt{\frac{k_m}{1.5 C_0}} \qquad (4\text{-}18)$$

实际上，吸合电压和阈值位移会偏离理想情况的计算值，理想模型中有两个偏差的来源。首先，边缘电容会改变静电力的表达式。其次，在大位移时，机械弹簧提供的回复力与线性模型中所预测的有所不同。

对于吸合效应的认识以及计算吸合效应的数学工具在不断提高[16]。对于多自由度系统以及迟滞现象，可以进行吸合现象的全面分析[17~19]。人们已对更复杂情形下的吸合效应进行了研究[20]，如基于扭转支撑的旋转静电执行器，以及有复杂外形的电极(例如悬臂梁和薄膜)[21~24]。静电执行器和传感器大部分工作在高频情况下，动态系统的吸合效应对系统的性能至关重要，其已在数值方法以及实验方面广泛研究[25,26]。

例题4.2 (平衡位置的计算)　平行板电容器由两个固定-导向的悬臂梁悬吊，每根悬臂梁的长、宽、厚分别由 l、w、t 表示(图4-7)。材料是多晶硅，杨氏模量为120GPa($l = 400\mu m$，$w = 10\mu m$，$t = 1\mu m$)。两块极板之间的间隙 x_0 为 $2\mu m$，平板面积为 $400\mu m \times 400\mu m$。计算平板在 0.4V 电压作用下的垂直位移大小。再计算在 0.2V 电压时的位移值。

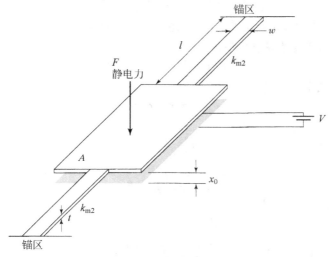

图4-7　由两根固定-导向梁支撑的静电执行器平板

解： 标准分析过程分三步。

第一步：求解与执行器相关的力常数。

我们首先利用固定-导向梁模型计算出其中一根梁的力常数。对于每根梁，在外力 F 作用下的垂直位移为

$$d = \frac{Fl^3}{12EI}$$

由此可得力常数为

$$k_m = \frac{F}{d} = \frac{12EI}{l^3} = \frac{Ewt^3}{l^3} = \frac{120 \times 10^9 \times 10 \times 10^{-6} \times (1 \times 10^{-6})^3}{(400 \times 10^{-6})^3} = 0.01875 \text{ N/m}$$

由于平板由两个并联连接的梁支撑，因此，总的力常数为两个单独力常数之和，即

$$k_m = 0.0375 \text{ N/m}$$

该支撑是相当"软"的。

第二步：求解吸合电压。

要确定平衡位置，我们首先要求解吸合电压。如果外加电压大于吸合电压，两块极板就会吸合到一起。我们首先求解静态电容值 C_0，

$$C_0 = \frac{8.85 \times 10^{-12} \ (F/m) \times (400 \times 10^{-6})^2}{2 \times 10^{-6}} = 7.083 \times 10^{-13} \text{F}$$

因而吸合电压为

$$V_p = \frac{2x_0}{3} \sqrt{\frac{k_m}{1.5C_0}} = \frac{2 \times 2 \times 10^{-6}}{3} \sqrt{\frac{0.0375}{1.5 \times 7.083 \times 10^{-13}}} = 0.25 (\text{V})$$

由此，当吸合电压为0.4V时，平板已经处于吸合状态，极板间距为零。

第三步：对0.2V的外加电压重复上述求解过程。

如果外加电压为0.2V，还不会达到吸合条件。为了求解垂直平衡位置，我们使用下式

$$V^2 = \frac{-2k_m x (x + x_0)^2}{\varepsilon A} = \frac{-2k_m x (x + x_0)}{C}$$

将上式写成 x 的表达式，

$$x^3 + 2x_0 x^2 + x_0^2 x + \frac{V^2 \varepsilon A}{2k_m} = 0$$

$$x^3 + 4 \times 10^{-6} x^2 + 4 \times 10^{-12} x + 7.552 \times 10^{-19} = 0$$

方程的解可以通过数值方法或解析方法求得。下列等式

$$x^3 + ax^2 + bx + c = 0$$

其解析解的获得可以先令

$$y = x + a/3$$

解为

$$y = A + B$$

或

$$x = A + B - \frac{a}{3}$$

其中 A、B 分别为

$$A = \sqrt[3]{\frac{-q}{2} + \sqrt{Q}}$$

$$B = \sqrt[3]{\frac{-q}{2} - \sqrt{Q}}$$

这里

$$q = 2 \left(\frac{a}{3} \right)^3 - \frac{ab}{3} + c$$

且

$$Q = \left(\frac{p}{3} \right)^3 + \left(\frac{q}{2} \right)^2$$

式中

$$p = \frac{-a^2}{3} + b$$

对三阶多项式方程，可以得到三个确定解。对于本问题，数学上可能的解如下：

$$x_1 = -2.45 \times 10^{-7} \text{m}, x_2 = -1.2 \times 10^{-6} \text{m}, x_3 = -2.5 \times 10^{-6} \text{m}$$

然而，最后两个解是不正确的，因为 x_2 已经处于吸合范围，x_3 甚至超出了初始的电极间距。

由于短路、火花放电以及表面键合，吸合可能会导致不可逆的损坏。在电极上淀积绝缘电介质可以避免吸合接触时电学短路。

吸合现象阻止了平行板电容式执行器的位移达到整个容许的间隙范围，位移限制在初始间隙大小的 1/3。对于许多应用，希望全间隙执行以使静电执行器在更大运动范围工作。最近研究表明，只要有合适的机械设计以及电学控制，全间隙执行是可能的。几种实现方法总结如下：

1）使用动态控制方法，包括串联电容反馈[27]。

2）使用杠杆执行器[28]或变高度平板设计[29]。

3）使用电流驱动，而不是电压驱动[30]。

4.3 平行板电容器的应用

平行板电容器可以广泛应用于各种各样的传感器与执行器中。本节我们将对四种典型的物理传感器与平行板执行器进行讨论，举出几个实例进行研究。在对这些实例相关的加工工艺进行讨论之前，不熟悉微加工技术的读者可以参考第 10 章与第 11 章。

4.3.1 惯性传感器

根据牛顿第二定律，作用于质量为 m 的物体上的加速度（a）将会产生相对于结构本身的反作用惯性力 ma，惯性力改变了电容电极间距，这构成了静电加速度传感器的基本工作原理。实例 4.1 中使用的机械结构是悬臂梁。实例 4.2 中使用的是扭转杆。

例题4.3（电容传感器响应） 表面积为 $100 \times 100 \mu\text{m}^2$ 的平行板电容器由四个悬臂梁支撑，平板材料为多晶硅，厚度 $t = 2\mu\text{m}$，平板底端与衬底间的距离 $d = 1\mu\text{m}$，每根悬臂梁长度（l）为 $400\mu\text{m}$，宽度（w）为 $20\mu\text{m}$，厚度（t）为 $0.1\mu\text{m}$。求在 1g 加速度时电容的相对变化。

解：平板质量为

$$m = \rho AT = 2330 \times (100 \times 10^{-6})^2 \times 2 \times 10^{-6} = 46.6 \times 10^{-12} \text{kg}$$

在加速度为 a 时作用在平板上的力为

$$F = ma = 46.6 \times 10^{-12} \text{N}$$

假设多晶硅的杨氏模量为 150GPa，与全部四根梁（固定－导向）有关的力常数为

$$k = 4 \times \left(\frac{12EI}{l^3} \right) = \frac{48 \times 150 \times 10^9 \times \dfrac{20 \times 10^{-6} \times (0.1 \times 10^{-6})^3}{12}}{(400 \times 10^{-6})^3} = 0.000\ 187\ 5 \text{ N/m}$$

加速度作用下的静态位移为

$$\delta = \frac{F}{k} = 0.248\mu m$$

零外力时的电容值为

$$C_0 = \varepsilon\,\frac{A}{d} = \frac{8.85 \times 10^{-12} \times (100 \times 10^{-6})^2}{1 \times 10^{-6}} = 88.5 \times 10^{-15}\mathrm{F}$$

产生 δ 位移后的电容值为

$$C = \varepsilon\,\frac{A}{d - \delta} = \frac{8.85 \times 10^{-12} \times (100 \times 10^{-6})^2}{(1 - 0.248) \times 10^{-6}} = 117.7 \times 10^{-15}\mathrm{F}$$

电容的相对变化为

$$\frac{C - C_0}{C_0} \times 100\% = 33\%$$

我们要讨论两个微机械加速度计的例子，它们都是和信号处理集成电路一起在硅片上实现的，两者的微机械工艺都与集成电路工艺兼容。兼容性对于提高集成的效率以及传感器的性能都至关重要。对于加速度计来说，电子单元以及换能器单元可以在多大程度上以同样或者互补的工艺步骤制造，将决定设计的实用性及其市场竞争力。

实例4.1 平行板电容加速度计

一种最早的全集成电容加速度传感器是用表面微机械加工工艺与集成的 MOS 探测电路制作在一个晶片上的[15]，这种传感器由覆盖金属的氧化物悬臂梁构成，在悬臂梁的末端有 $0.35\mu g$ 重的电镀金片作为质量块。悬臂梁的长、宽、厚分别为 $108\mu m$、$25\mu m$ 和 $0.46\mu m$。另一个电极由重掺杂 p 型硅制成。电容器间隙(C_B)由生长在硅表面的外延硅层所确定。

表面微机械加工工艺(图4-8)用热氧化物作为悬臂梁的结构材料，外延生长的硅作为牺牲层。制作过程从 n 型的(100)硅片开始，用氧化层作为掺杂阻挡层(步骤 b)，对硅片进行局部浓硼掺杂(浓度为 $10^{20}/\mathrm{cm}^3$)。步骤 a 到步骤 b 忽略了某些工序的细节，如氧化生长、淀积、光刻掩膜，以及随后的氧化物刻蚀与光刻胶去除。在整个晶片上生长 $5\mu m$ 厚，电阻率为 $0.5\Omega\mathrm{cm}$ 的外延硅层(步骤 c)。再淀积一层氧化层并光刻(步骤 d)，用做刻蚀通孔的掩膜(步骤 e)，随后再作为掺杂(用来形成漏极与源极，以及通孔侧壁上的导电通路)的阻挡层(步骤 f)。掺杂是通过能量为 100keV、剂量为 $5 \times 10^{14}/\mathrm{cm}^2$ 的离子注入实现的。在通孔刻蚀过程中，重掺杂区域不会受到侵蚀，这是因为刻蚀剂对重掺杂硅的刻蚀速率减小(这一内容将在第 10 章作更详细的讲解)。

接着除去氧化阻挡层(步骤 f)，随后是生长另一层厚的氧化层，用来充当介电绝缘层、悬臂梁以及除栅极之外的局部刻蚀阻挡层(步骤 g)。淀积并光刻一层金属，用来构成到底部 p$^+$ 电极的电学互连、氧化物悬臂梁上的电极以及场效应晶体管的栅极(步骤 i)。金属层包括 20nm 厚的铬层以及随后淀积在它上面的 40nm 厚金层，铬的作用是满足金层与衬底间增加黏附的需要。最后，用湿法刻蚀去除氧化物悬臂梁下面的外延硅(步骤 j)。

由于金属与氧化薄层存在的本征应力，释放后的悬臂梁呈自然弯曲，悬臂梁的末端近似上翘 $1.5°$。在外部加速度的影响下，梁会在静止形状的基础上进一步变形。由于这些因素，悬臂梁表面与衬底不是严格地平行。弯曲悬臂梁与配对的掺杂电极之间的电容值可以用分段的方式进行估计，对悬臂梁纵向分段的电容值进行求和，忽略边缘电容，总电容为

$$C_B = \int_0^L C_x \mathrm{d}x = \int_0^L \frac{\varepsilon_0 b}{d + \delta x}\mathrm{d}x \tag{4-19}$$

这里 L 和 b 分别是悬臂梁的长度和宽度，ε_0 是空气介质的介电常数，方程中其他项在图 4-8 中说明。由于悬臂梁不同区域的刚度变化，梁弯曲曲率的计算变得复杂化：悬臂梁与质量块交叠的区域较厚，可看作刚体。

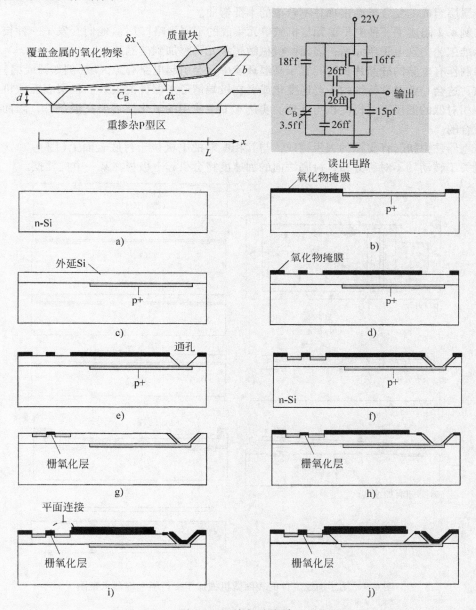

图 4-8 电容加速度计

电容的变化通过相对简单的阻抗转换器读出。传感器灵敏度可达 2.2mV/g，相应的梁位移为 68nm/g。悬臂梁的机械谐振频率为 22kHz。

这种传感器是早期开发的，它使用硅或和硅相关的重掺杂薄膜。在第 11 章中，我们将讨论这一实例中其他几种可用的材料与工艺。

实例4.2   扭转平行板电容加速度计

此前讨论的传感器给出了微机械单元与电学单元以混合工艺流程制作的过程。然而，这在实际上并不总是可行的或是有利的。单片集成会引起材料与工艺的兼容性问题。例如，由氧化层与金属层组成的复合梁会出现并不希望的本征弯曲。

实例4.2阐述了一种电子单元与机械单元集成的不同策略[31]。他们开发了一种技术，即在用标准工艺实现电子单元后，表面微机械敏感单元再添加到硅晶片上。

将制作有电路的硅晶片长时间置于高温环境中，会引起电路有源区域（例如源或漏）杂质的再扩散，这会导致电学特性的不可逆变化或者在极端情形下器件的失效。顶层表面微机械结构需要在相对低的温度下进行淀积与处理。实例4.1中使用的氧化层需要高温条件，因而在此处是不适合的。

新型器件由扭转杆支撑的镍板构成，与其相配对的电极位于衬底表面上（图4-9）。因为平板重量关于转动轴不对称分布，衬底法向的加速度将会引起上极板在某一方向摇摆。

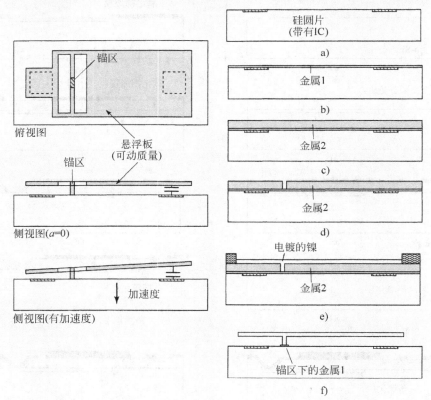

图4-9   用于加速度计的表面微机械加工平行板电容器示意图

上极板的总质量由几何设计确定，这里镍板的面积为$1 \times 0.6 \text{mm}^2$，厚度为$5 \mu\text{m}$。可以制造不同加速度范围的器件。实际上，在同一芯片上可以制作许多不同特性的单元，用以增加传感器的动态范围。对于$25g$的器件，扭转杆的宽为$8 \mu\text{m}$，长为$100 \mu\text{m}$，厚为$5 \mu\text{m}$。悬浮平板的质量为$6.9 \times 10^{-7}\text{g}$。静止时的电容值大约为$150 \text{pF}$。

器件的制作从已经完成 IC 制作的硅片开始。IC 芯片上的两个片状导电电极用做下电极(步骤 a)。首先，将导电层金属 1 淀积到衬底表面(步骤 b)，用做随后电镀的籽晶层。淀积第二层导电金属(金属 2)并光刻形成下电极的图形(步骤 c)，两层金属的总厚度为 5μm。接下来，淀积光刻胶层并形成图形，形成到金属 1 的窗口(步骤 d)，在此窗口处电镀镍便形成可动平板(步骤 e)，镀层镍的厚度就决定了可动平板与扭转杆的厚度。移除光刻胶后，接下来是牺牲层金属的刻蚀。底部导电层(籽晶层)也要刻蚀。确保锚区下面的金属 1 没有刻蚀掉是很重要的(步骤 f)。所有工艺步骤，包括淀积与刻蚀在内，都是在室温下进行。

传感器的响应按照军事和汽车技术标准在较大温度范围内(−55℃ ~125℃)进行校准。在这一温度范围内的漂移在 200×10^{-6}/℃ 以内。因此，电容敏感相对于其他敏感模式(如压阻)具有优势，因为它的温度敏感性相对较低。

4.3.2　压力传感器

压力传感器广泛应用于汽车系统、工业过程控制、医疗诊断与监控以及环境监测中。薄膜厚度是决定压力传感器灵敏度的主要因素。相对于传统机械加工，MEMS 技术可以使得薄膜厚度做得非常薄，使用微制造技术的薄膜同时具有很好的均匀性。基于压阻敏感单元的压力传感器最常见(见第 5 章)，然而，基于电容敏感的压力传感器也广泛使用。基于薄膜的压力传感器非常适合于平行板电容敏感。相对于压阻式压力传感器，电容式压力传感器具有压力灵敏度更大以及温度敏感性更低与功耗更小的优点。正如第 5 章中将要讨论的，压阻式压力传感器是自洽的，不依赖于匹配的电极或表面。

我们将讨论压力传感器的两个实例，用以说明独特且创新的设计与制造过程。实例 4.3 是含有压力参考密封腔室的电容式压力传感器，它由体微机械工艺以及晶片键合技术制造。实例 4.4 是采用体微机械加工与表面微机械加工复合工艺制造的声学传感器。

实例 4.3　薄膜式平行板压力传感器

薄膜式压力传感器可以探测薄膜两面的压力差，这通常需要两个压力端口。为了简化压力传感器的设计与使用，人们通常期望的是绝对压力传感器。在这种传感器中，薄膜的一边集成了参考压力，一种流行的做法是通过密封腔提供零压力(真空)基准。

带有批量加工的、气密封装真空腔室的压力传感器说明如下[32]。使用真空密封消除了腔室内的大气阻尼，避免了腔室内空气的膨胀，增加了带宽。作者认为，该器件在 −25℃ ~85℃ 温度范围内必须保证一定的分辨率。然而，实现真空封装以及与集成电路集成都有很大的挑战。

传感器的横截面见图 4-10 中的最后一步。由掺杂硅制成的薄膜用做压力敏感单元以及电容结构的一个电极，与其相匹配的电极由下面衬底(这里是用玻璃制成)上的金属薄膜构成。这里开发了一种新的制造工艺，将微机械加工硅薄膜转移到玻璃衬底上。从(100)硅片开始(步骤 a)，淀积氧化层并光刻(步骤 b)，氧化层用做湿法各向异性硅刻蚀(使用 KOH 溶液)时的化学阻挡层(步骤 c)，形成 9μm 深的凹陷区域，凹坑的斜坡为 {111} 晶面[33](步骤 d)。再生长一层氧化层，这次氧化层是用做保形涂层，然后光刻形成图形(步骤 f)。

光刻胶薄膜在有凹形空腔芯片上的淀积存在一定困难。存在表面拓扑的表面结构会对旋涂阻挡层的均匀性产生负面的影响。而且，在空腔底部的曝光将会远离曝光工具理想聚焦平面 9μm 远，导致线宽分辨率的降低。在加工过程中，任何时候对有重要拓扑特征的芯片进行曝光都应格外谨慎。

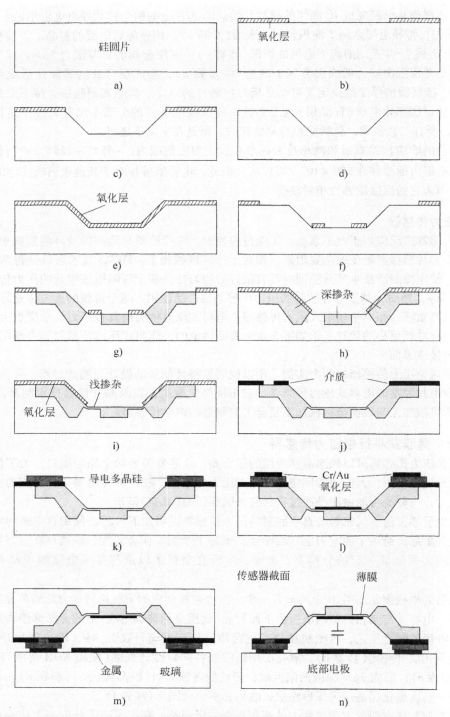

图 4-10 带有密封腔的压力传感器制造工艺

硼扩散在1175℃条件下进行(步骤g),以形成15μm厚的掺杂区域。接下来是氧化层的剥离以及另一层氧化膜的生长与图形化(步骤h)。第二层氧化层用于随后硼扩散步骤中定义的掺杂区域(深度 $=3\mu m$),即形成所要厚度的薄膜(步骤 i)。淀积氧化硅并形成图形用来构造介质绝缘层(步骤 j)。研究者在氧化层上光刻通孔,使随后淀积的多晶硅与硼掺杂区域导通,并用来与后续薄膜的电学接触(步骤 k)。在多晶硅上进行短时间的扩散(在 950℃)掺杂,随后进行化学机械抛光用以增加上表面的光滑度,同时也增强了后来密封步骤的成品率。

淀积一层金属(包括铬和金)并图形化,金层在晶片上面(步骤 l)。淀积氧化层并图形化,使其驻留于空腔底部,这样可以在薄膜接触到下电极时提供绝缘保护。研究者将玻璃片涂上一层 Ti-Pt-Au,再用倒装方法将芯片键合到玻璃片上。圆片在真空中(1×10^{-6}torr)、400℃条件下阳极键合 30 分钟实现与玻璃的键合(步骤 m)。在硅片的背面进行各向异性刻蚀溶解掉重掺杂部分以外的硅形成薄膜(步骤 n)。

由于间隙较大,传感器的动态范围也较大($500 \sim 800$torr),读出并数字补偿后有非常高的分辨率(25mtorr,相当于海平面一尺的高度差),器件的压力灵敏度可达 25fF/torr(或 3000×10^{-6}/torr)。

此外,可以通过真空下的化学汽相沉积密封排列的刻蚀孔,形成气密密封腔[34]。密封与非密封的电容式压力传感器也可以使用表面微机械工艺进行制造[35]。

实例 4.4   薄膜电容式传声器

接下来,我们将讨论一种电容式传声器,它是一种用来测量声波穿过大气或液体时所产生声压的压力传感器。声波是一种振动压力波,声音强度的典型定义是声压级 SPL(单位分贝或者 dB),SPL 的表达式为

$$SPL = 20\log\left[\frac{p_1}{p_0}\right] \tag{4-20}$$

这里 p_1 表示声压,p_0 是基准压力。并没有普遍认可的基准压力,然而,在大气声学以及水下噪声声学通常使用 0.0002 微巴(或 2×10^{-5}N/m^2)作为基准压力。

电容式传声器是由平行板电容器构成的,其中一个极板为实心板(称作振动膜),可以在入射声波作用下运动,另一个极板是穿孔的(称作背板)。穿孔减少了平板的形变。由这样两个极板构成的电容器在入射声波作用下会改变其电容值。电容器与集成电路的单片集成对于实现高分辨率以及小型化至关重要。

在参考文献[36]中讨论的电容式传声器不包含如实例 4.3 中所涉及的圆片键合。图 4-11 中的最后一步是传声器的示意图。器件的机械结构包括由聚酰亚胺薄膜做成的穿孔平板,以及一个由同样材料制成的实心平板,金属导体薄膜与两块平板一起集成,电容器电学连接到片上集成电路。

器件的制作过程采用了表面微机械加工与体微机械加工的复合工艺。首先由制作好集成电路单元的硅晶片开始,器件的有源区由 p 型外延层制成,n 沟道与 p 沟道场效应晶体管制作在同一衬底上,每种晶体管有两个放在芯片截面的两端(步骤 a),正如芯片的截面图所示。芯片由钝化氧化物介质层所覆盖。

淀积复合金属薄膜(由铬层、铂层以及另一铬层组成)并光刻。淀积一层可光刻的聚酰亚胺并图形化,与下面的金属薄膜相交叠。研究者使用一层铬增加铬层与周围结构层(下面的氧化层与上面的聚酰亚胺)之间的黏性(步骤 b)。在聚酰亚胺上面淀积一层铝,其厚度就是将来平行板电容器的间隙(步骤 c)。在铝上面,再淀积一层金属复合薄膜(Cr/Pt/Cr)并图形化,用以形成有穿孔的导电平板(步骤 d)。

淀积另一层聚酰亚胺并图形化，它与下面的穿孔电极平板对准(步骤e)。接下来，在芯片背面淀积一层铬并图形化，铬层可以在随后的深反应离子刻蚀中提供足够高的选择性，通过刻蚀可以刻穿芯片的背面露出第一层 Cr/Pt/Cr 复合层的背面(步骤f)。接着将铝牺牲层刻蚀掉，得到最终的器件(步骤g)。

在制作完成的器件中，振动膜有 20MPa 的本征张应力，这对于保持振动膜的平坦是理想的。振动膜的厚度为 $1.1\mu m$，而背板的厚度是 $15\mu m$，电容器间隙为 $3.6\mu m$，薄膜大小为 $2.2mm \times 2.2mm$，声孔的大小和间距分别是 $30 \times 30\mu m^2$ 与 $80\mu m$。

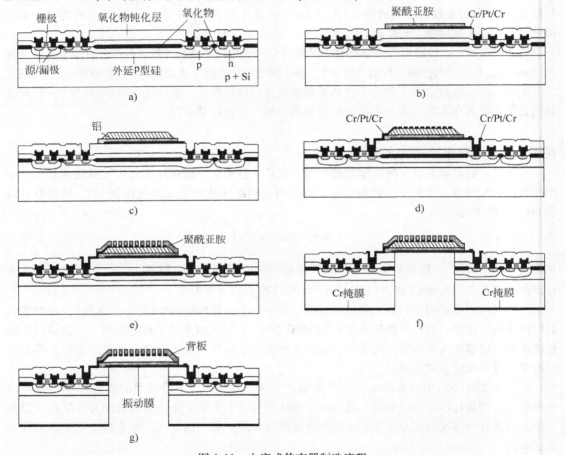

图 4-11　电容式传声器制造流程

电路部分包括 Dickson 型 DC-DC 电压变换器以及 MOS 缓冲放大器。电压变换器是一个电荷泵，它通过两相振荡器在输出端积累电荷。电压变换器可以将 1.9V 的电源电压变成 14.3V 的输出电压。电源电压为 1.9V 时，集成传声器的灵敏度为 29mV/Pa，带宽为 27kHz。

另一方面，用于压力与声音信号探测的电容式压力传感器也可以用表面微机械加工工艺进行制造(如参考文献[37])。

4.3.3　流量传感器

流量传感器广义上包括用于测量点流体速度、体积流动速率、侧壁的剪切应力以及压力的器件，微集成流量传感器自 MEMS 研究的早期就已经成为一个活跃的领域。微机械加工流量传感器具有以下优点：1）尺寸小，对所测流场的干扰小；2）柔性机械单元或电路集成，因此灵敏度高；3）有实现大阵列传感器一致性的潜力。我们将在实例4.5 中集中讨论一种流体剪切应力传感器。

实例4.5   电容式边界层剪切应力传感器

流体流过固体表面时会产生边界层，在边界层内流体速度将减小，并且速度会随着到壁面距离(y)的变化而变化。剪切应力定义为边界处的速度梯度与流体黏度的乘积：

$$\tau_w = \mu \frac{\mathrm{d}u}{\mathrm{d}y} \tag{4-21}$$

μ 代表动力黏度，单位是 kg/(m·s)。

剪切应力传感器揭示了在边界流底部的临界流体流动条件，这些条件用传统方法难以测量。剪切应力的面积整体上产生阻力。剪切应力的信息可以用于湍流场的主动控制、流体阻力的主动监控以及减小阻力。

测量流体剪切应力的方法分为两类：直接测量和间接测量。两种常用的技术是热线/热膜式风速计(间接测量)和浮动单元方法(直接测量)。

浮动单元剪切应力传感器是开发的第一款 MEMS 剪切应力传感器[38]，它通过测量自身感应到的阻力直接确定局部剪切应力的大小。如图 4-12 所示，悬浮的浮动单元嵌入在内壁的表面，作用于平板上的剪切力(阻力)引起浮动单元位移，被转变为平板的位移，这一位移可以通过不同的技术进行测量，包括静电(这里所讨论的)、压阻(第6章)、压电(第7章)以及光敏感。

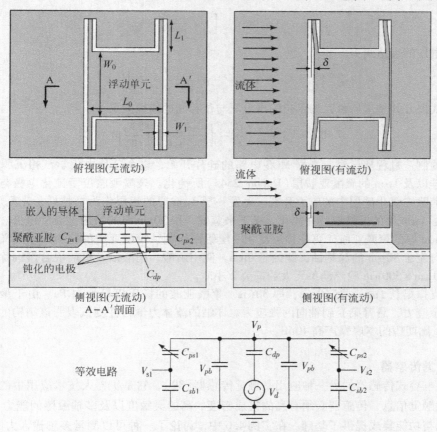

图 4-12   浮动单元剪切应力传感器

电容式浮动单元包括一个由四根固定-导向的悬臂梁悬吊的平板（面积为 $W_0 \times L_0$），每根悬臂梁的长、宽、厚分别为 L_1、w_1、t_1。假设平板为刚性的，分布阻力作用于浮动单元的同时也作用于悬臂梁。

给定流体的剪切应力为 τ_w，作用于浮动平板上的分布力 P 以及作用于四个固定-导向梁的分布力 $q(\mathrm{N/m})$ 为

$$P = \frac{1}{2}\tau_w W_0 L_0 \tag{4-22}$$

与

$$q = \tau_w W_1 \tag{4-23}$$

要估算总的位移，我们假定，有 $P/4$ 大小的点载荷与分布载荷一起作用于其中一个固定梁的导向端。复合力作用下的总位移是单个力作用下位移的线性叠加。

电学检测使用差分电容读出方案。三个钝化电极置于单元下面芯片的表面，薄导体嵌入到聚酰亚胺中。浮动单元的运动可以改变中心驱动电极与两个对称放置的敏感电极间的耦合电容。将敏感电极连接到片上一对匹配的耗尽型 MOS 场效应管，就可以转换电容的变化。（分析中忽略了边缘电容。）驱动电压 V_d 通过 C_{dp} 耦合到平板上（V_p）。敏感电容 C_{ps1} 与 C_{ps2} 随着平板的偏移 δ 线性变化，

$$C_{ps1} = C_{ps0}\left[1 - \frac{\delta}{fW_s}\right] \tag{4-24}$$

$$C_{ps2} = C_{ps0}\left[1 + \frac{\delta}{fW_s}\right] \tag{4-25}$$

输出电压的表达式为

$$V_{s1} - V_{s2} = \left[\frac{C_{ps1}}{C_{ps1} + C_{sb}} - \frac{C_{ps2}}{C_{ps2} + C_{sb}}\right]V_p \tag{4-26}$$

将公式展开并整理后可以揭示出输出电压与位移间的线性关系

$$V_{s1} - V_{s2} = -\left[\frac{C_{ps0}}{C_{sb}}\right]\left[\frac{C_{dp}}{C_{dp} + C_t}\right]\left[\frac{2V_d}{fW_s}\right]\delta \tag{4-27}$$

器件的制造过程从已经定义好 MOS 电路的硅片开始，整个芯片由化学汽相沉积 750nm 厚的二氧化硅以及 $1\mu m$ 的聚酰亚胺层（Dupont 2545）所钝化。聚酰亚胺位于钝化电极与牺牲层之间，用以消除二氧化硅层中的应力开裂。蒸发一层 $3\mu m$ 厚的铝层作为牺牲层，光刻形成图形，再涂覆一层 $1\mu m$ 厚的聚酰亚胺并固化，接下来蒸发一层 30nm 厚的铬用做浮动电极。用 7 步工艺涂覆 $30\mu m$ 厚的聚酰亚胺，再在顶层淀积一层铝用作刻蚀聚酰亚胺的掩膜，以定义平板以及悬臂梁。对应于 $30\mu m$ 的深刻蚀，侧蚀是 $6\mu m$。使用磷酸、硝酸以及水的混合溶剂除去铝，完全释放 $500\mu m \times 500\mu m$ 的浮动单元大约需要 2 小时。

每根支撑梁长 1mm，宽 $10\mu m$，厚 $30\mu m$。聚酰亚胺的杨氏模量为 4GPa。由于聚酰亚胺平板内的残余应力，悬臂梁受到轴向的张应力。详细的流体力学特性测试表明该结构的灵敏度为 $52\mu V/Pa$，比期望的本底噪声高 40dB。

4.3.4　触觉传感器

平行板电容式传感器的另一种应用是触觉传感器[39]，它是机器人技术应用中的关键元件。要精确测量触觉信息，传感器必须有高的集成密度、高的灵敏度以及多轴敏感的能力。MEMS 技术给小型化与功能集成提供了基础。在实例 4.6 中，讨论了一种可以测量多轴输入力的触觉传感器。该器件使用了多个电极与电容器。

实例 4.6   多轴电容式触觉传感器

在本实例中，制作了可以在两轴上测量法向接触与切向接触的传感器[39]。将硅片与玻璃片键合构成平行板电容器(图 4-13)。锥形硅台面由厚为 t、直径为 a 的圆形硅薄膜支撑。玻璃片上有一个凹陷区域，其内部有四个电极，每个电极的面积为 L^2，呈四方型分布。四个电极与悬浮平板构成四个电容器，四个电容用 $C_1 \sim C_4$ 来表示。

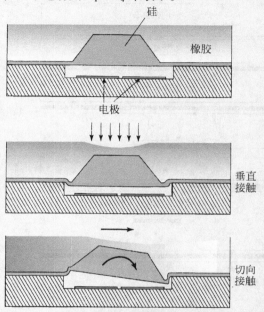

图 4-13   用于差分模式触觉传感器的体微机械加工平行板电容器的示意图

如果法向力垂直施加到衬底上，四个电容器的可动质量块与底端电极间的距离将会同时减小。电容变化与位移的关系为

$$\Delta C = \frac{\varepsilon_r \varepsilon_0 L^2}{d^2} \Delta d \tag{4-28}$$

然而，如果施加剪切力，则会引起硅质量块的旋转运动，四个电容器的电容变化就会有所差异。其中两个电容增加，而其他两个电容会减小，变化的大小几乎相同。在倾角为 θ 时，倾斜平板电容的总电容约为

$$C_\theta = \frac{\varepsilon_r \varepsilon_0 L^2}{d + 0.5\theta L} \tag{4-29}$$

硅元件的加工从一个双面抛光的标准 p 型 <100> 硅片开始(图 4-14a)，所有标准 IC 工艺都在正面进行。首先，通过掺杂形成 n 型埋层(3.5μm 深)，接着生长一层 6μm 厚的 n 型外延硅(图 4-14b)，n 型埋层与外延层一起构成柔性薄膜。进行 p 型深扩散掺杂使每个电容器电极电学绝缘(图中未表示)。接下来在两面淀积氧化硅与氮化硅的复合层，将背面的氮化硅与氧化硅光刻形成图形，用做湿法各向异性刻蚀的刻蚀掩膜(图 4-14d)。紧接着利用硅的各向异性湿法刻蚀形成顶部的接触区(图 4-14e)。随后用湿法化学刻蚀剂除去氮化硅和氧化硅层。接着将硅片和玻璃片进行键合，玻璃片包含凹陷区域(3μm 深)并在其底端有电极。在 400℃ 温度下施加 1000 ~ 1200V 偏置电压进行阳极键合。

外加校准力对传感器的输出特性进行表征，在 $0 \sim 1g$ 力的范围内，法向力引起的电容变化为 $0.13pF$，而剪切力引起的差分电容为 $0.32pF$。在此范围内，电容变化与校准力呈线性比例关系。

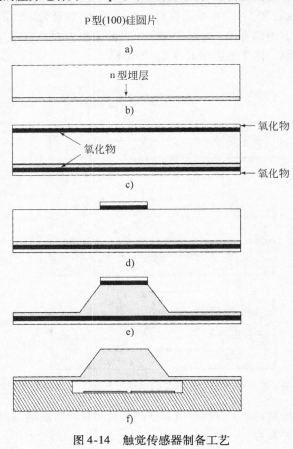

图 4-14　触觉传感器制备工艺

4.3.5　平行板执行器

平行板电容器可以用作微执行器，应用最多的是垂直于电极的线性运动或转动。在设计静电微执行器时，需注意运动范围与可用力之间的性能折中。平行板电容式执行器可以达到的位移受到初始间隙间距的限制，增加初始间距可以有更大运动范围，但是限制了力的大小。第 15 章将讨论这种执行器在光学中应用的实例。

通过使用一种抓爬式的执行器（SDA），平行板执行器可以获得远距离的面内运动范围 $[40 \sim 42]$。SDA 的原理见图 4-15。每个 SDA 包含一个末端带有垂直套板的平行板，未施加偏置电压时，平行板平行于衬底。当施加偏置电压时，平行板的一边会首先接触衬底（图 4-15b），当偏压逐渐增大时，上极板与下面衬底间的接触面积会逐渐增加，这通常称作"拉链"运动（图 4-15c）。当拉链运动向有套板的一边行进时，套板受迫旋转，在拉链运动引起的横向力超过摩擦力时"打滑"。偏置电压移除时，平行板电容器就会回到水平平面，但是平板在平面上前进了一小步，被套板止挡住。快速的连续性周期执行可以使抓爬达到高速线性位移。在 $1000kHz$ 的驱动频率下，SDA 驱动的速度可以达到 $80\mu m/s$，在较低的频率范围内，速度与频率呈线性关系。当驱动电压从 68V 上升到 112V 时，SDA 的线性输出力可以从 $10\mu N$ 显著增加到 $60\mu N$。SDA 的最大输出力可以达到 $100\mu N[41]$。研究者将系列 SDA 执行器作为平移台或旋转器件的动力，已经可以获得连续旋转的电动机[43]（图4-15）。

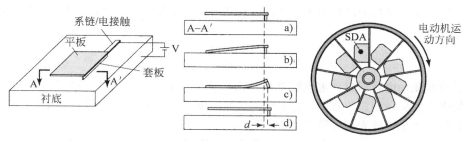

图4-15　抓爬式执行器工作原理

在 SDA 执行的第三阶段，套板一端有明显的大角度位移。以这种方式，拉链运动的静电驱动可以产生大角度的位移。这种能力对于产生大的、偏离衬底的角位移很有用[44]。（参照第15章的附加讨论。）

4.4　叉指电容器

平行板电容器通过相对的平面电极来产生敏感与执行，而另一种不同种类的电容器则是通过电极侧壁产生的电容。相对于平行板电容器，这种电容器提供了另一种制造工艺和工作模式。它们使用**叉指**（IDT）来增加边缘耦合长度（图4-16）[45]。两组电极放置于与衬底平行的同一平面上。通常来讲，一组指状电极固定于芯片，而另一组电极悬浮并可以沿一个或更多轴向自由运动。既然叉指形似梳子上的齿，这种结构通常也称作**梳状驱动**器件。

在一般结构中（图4-16），两组叉指在同一平面中，叉指的交叠长度为 l_0，叉指长度表示为 L_c。为简化起见，我们假设两组叉指都有相同的厚度（t）与宽度（w_c）。固定叉指与紧邻可动叉指的间距为 d，叉指的厚度对应于导体薄膜的厚度。

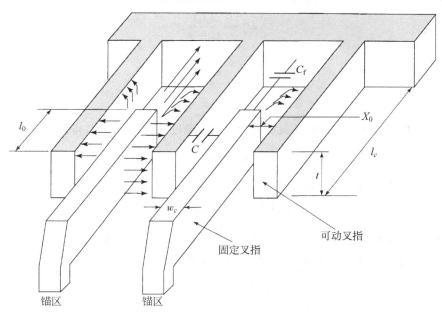

图4-16　梳状驱动传感器与执行器的透视图

一对电极叉指的电容由交叠区域叉指垂直表面电容以及边缘场电容所确定。由多个叉指对组成的电容相互并联，因而，总电容是邻近叉指构成的电容总和。

在交叠区域相对叉指的侧壁构成了平行板电容器，电容为 C（图 4-16）。两个紧邻叉指间的电容 C 为

$$C = \varepsilon_r \varepsilon_0 \frac{l_0 t}{d} \tag{4-30}$$

在设计梳状驱动电容器时，重点要考虑梳齿厚度 t 以及固定叉指和可动叉指之间的间距 d。厚度越大则电容效应越明显。然而，要实现理想的厚度有不同的方法（见第 12 章）。间距的大小应该越小越好，由最终的光刻分辨率决定。

加工工艺与设计相互关联。由于梁的厚度相当于质量块的厚度，那么越厚的梁可以理解为越重的质量块。通常利用硅的干法刻蚀以及钻蚀来制作厚电极。因此，当要同时达到深厚度（大 t）以及小间距（低 d）时将会有内在的冲突。

边缘电容 C_f 较难用解析方式来估算[46]。估算边缘电容最精确的方式是使用有限元法（FEM）[47]（图 4-17）。估算边缘电容的一种简单方法是假定它占交叠区域电容的固定比例 [48]。然而，这并不完全精确，只适用于初步分析。在讨论本书中的问题时，边缘电容可忽略不计。

通常会遇到两种类型的梳状驱动器件，这取决于两组叉指的机械支撑所允许的相对运动。第一种是如图 4-18 所示的横向叉指器件，自由梳指可以在垂直于叉指纵轴的方向运动。模拟器件公司开发的汽车防撞气囊加速度计就是使用的横向梳状驱动结构（见第 1 章）。

我们集中讨论一根固定的叉指以及与其紧邻的两个可动叉指。根据之前的分析，有两个主要的电容与每对叉指相联系，一个是在叉指的左手边，称作 C_{sl}，另一个在叉指的右手边，称作 C_{sr}。静止时，这两个电容的值是

$$C_{sl} = C_{sr} = \frac{\varepsilon_0 l_0 t}{x_0} \tag{4-31}$$

当自由叉指运动 x 距离时，这两个电容器的电容值变为

$$C_{sl} = \frac{\varepsilon_0 l_0 t}{x_0 - x} \tag{4-32}$$

$$C_{sr} = \frac{\varepsilon_0 l_0 t}{x_0 + x} \tag{4-33}$$

总电容是

$$C_{tot} = C_{sl} + C_{sr} + C_f \tag{4-34}$$

当横向叉指用作传感器时，位移灵敏度（S_x）可以通过 C_{tot} 对 x 的导数得到，即

$$S_x = \frac{\partial C_{tot}}{\partial x} \tag{4-35}$$

如果横向叉指用作执行器，驱动力的大小可以通过总的储能对 x 的导数计算得到，

$$F_x = \left| \frac{\partial U}{\partial x} \right| = \left| \frac{\partial}{\partial x} \left(\frac{1}{2} C_{tot} V^2 \right) \right| \tag{4-36}$$

第二种类型的梳状驱动器件称作纵向梳状驱动（图 4-18c），可动叉指的相对运动方向沿着叉指纵轴方向，其允许悬吊。当纵向运动 y 时，与一个叉指有关的电容变化为

$$C_{sl} = C_{sr} = \frac{\varepsilon_0 (l_0 - y) t}{x_0}$$

位移灵敏度可以通过 C_{tot} 对 y 的导数获得

$$S_y = \frac{\partial C_{tot}}{\partial y} \tag{4-37}$$

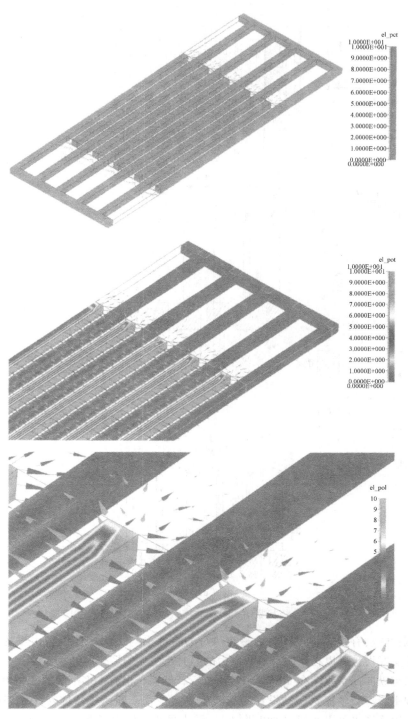

4-17　三种放大倍数下两组叉指之间的电力线分布。用 CFDRC 完成模拟

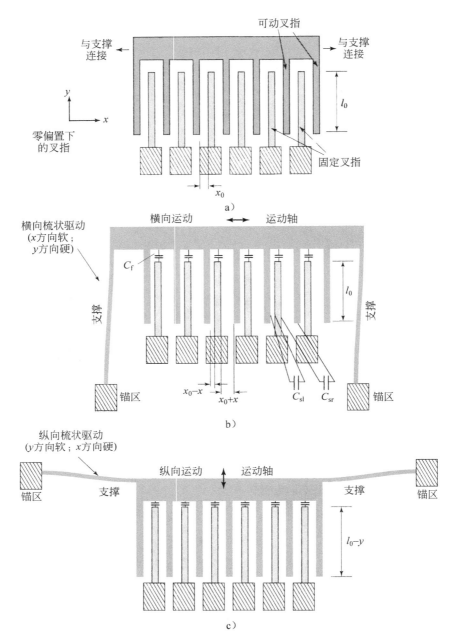

图 4-18　a) 梳状驱动；b) 横向梳状驱动；c) 纵向梳状驱动

　　基本的梳状驱动有很多种设计。敏感与执行的特性受与叉指相连机械支撑的很大影响。例如，优化柔性支撑设计可以在集中最小化应力的同时产生大的形变[49]。

　　共面横向与纵向梳状驱动在 MEMS 中较为流行，然而，也有许多不同的叉指电容器配置和结构偏离这两种主流。一些梳状驱动设计用来产生垂直位移，即使梳指的初始状态处于同一平面上，通过利用边缘场也可以实现这种结果[6]。浮力虽小，但它可能对某些应用是有用的，如光学相位调谐器，它的反射表面也仅仅需要运动一个波长。

　　初始状态不位于同一平面的梳状驱动可以产生离面的力或力矩。梳指离面放置可以通过新颖的制造工序或使用本征应力引起的一组面内叉指翘曲来实现[50,51]。例如，人们已经制造出在15V电压驱动下可以实现$1.8\mu m$位移的光学调制器[52]。

几乎所有梳指都有大的长宽比，并在其顶视图或侧视图中呈矩形。其他外形也是可以的，曲线形的梳状驱动[53]具有重要的优点，如最大驱动力、更高的线性度或者分段的驱动力-位移关系曲线[54]。

4.5 梳状驱动器件的应用

梳状驱动器件可以用于各种各样的敏感与执行中。下面将讨论梳状驱动加速度传感器与线性执行器。

4.5.1 惯性传感器

基于梳状驱动的惯性传感器可以用各种各样的方式实现。毕竟模拟器件公司的ADXL加速度计是最经典的一种MEMS传感器，它是基于共面横向梳状驱动的。最初的ADXL加速度计仅仅测量平面内一个轴向的加速度。实例4.7介绍了一种有不同敏感轴(其中一个方向是垂直于衬底的)的加速度传感器，它利用了梳指在垂直于衬底方向的运动。

例题4.4（**加速度计的灵敏度**）一种表面微机械加工的加速度计见图4-19，质量块由两根长l、宽w、厚t的悬臂梁支撑，梳状驱动交叠区域的长度为l_0、厚度为t、间距为d。传感器的敏感方向沿着哪个轴向呢？推导加速度灵敏度的表达式(电容的变化是外部加速度的函数)。

解： 由于在支撑梁的纵向上，质量块沿y轴方向运动将会受到较大的阻力。

支撑悬臂梁的宽度大于它的厚度，因而质量块在x轴方向运动受到的阻力要大于z轴方向运动所受的阻力，沿z轴对加速度更灵敏，发生形变时的传感器见图4-20。

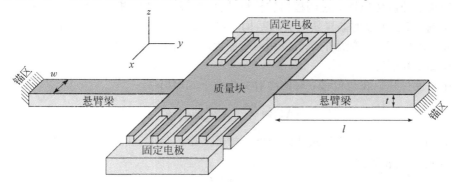

图4-19　敏感轴垂直于衬底的离面加速度计

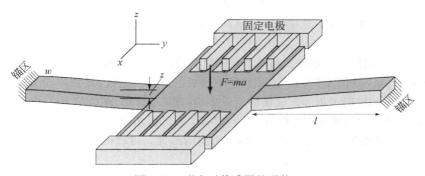

图4-20　形变时传感器的形状

质量块的质量由两部分组成：质量块运动梭与梳指。

与质量块相关的力常数是单个固定-导向悬臂梁力常数的两倍。总的力常数为

$$k = 2 \times \frac{12EI}{L^3}$$

静止时的电容由 8 个固定电极、16 个垂直侧壁构成的电容器所确定，总的电容值为

$$C(t) = 16 \left(\frac{\varepsilon_0 l_0 t_0}{d} \right)$$

在 z 轴方向的位移引起有效厚度(t)的变化，当位移为 z 时，电容变为

$$C(t) = 16 \left(\frac{\varepsilon_0 l_0 (t_0 - z)}{d} \right)$$

这里垂直位移 z 是外部加速度 a 的函数

$$z = \frac{ma}{\frac{24EI}{L^3}} = \frac{maL^3}{24EI}$$

电容对加速度 a 的相对变化为

$$\frac{\partial C}{\partial a} = \frac{\partial}{\partial a} \left(16 \left(\frac{\varepsilon_0 l_0 \left(t_0 - \frac{maL^3}{24EI} \right)}{d} \right) \right) = \frac{2\varepsilon_0 l_0 m L^3}{3dEI}$$

实例 4.7　梳状驱动加速度计

垂直梳指加速度传感器通过两根扭转杆将惯性质量块与锚区相连 [55]（图 4-21）。换能原理类似于实例 4.2，主要的差异是电极的结构。在实例 4.2 中，平行板电容由可动质量块与衬底构成，而在本实例中，使用的是可以相对离面运动的两组梳指（图 4-21）。电容的变化由电极间交叠面积的变化引起。

对于小角度位移，在角位移 θ 时的电容变化由下式给出

$$\Delta C \cong \frac{n\varepsilon_r l_f}{d} (2l_m + l_f) \theta \tag{4-38}$$

这里 l_m、l_f、d、n 分别是惯性质量块的长度、敏感叉指的长度、间隙间距以及敏感叉指数。转角与扭矩 M 的关系表达式为

$$\theta = \frac{Ml_m l_b}{4\alpha G t w_b^3} a \tag{4-39}$$

这里 a 是加速度，α 是考虑扭转梁矩形横截面的修正因子(0.281)。扭转梁的长、宽、厚分别为 l_b、w_b、t。

当无需集成 IC 电路时，器件的制作工艺相对简单。图 4-22 所示为原型的加工过程，硅晶片浓硼掺杂至 $12\mu m$ 深（图 4-22a），这相应于上极板的厚度。电镀镍（图中没有表示）作为重掺杂区域深反应离子刻蚀时的掩膜形成梳指与质量块（图 4-22b）。在玻璃上选择相应区域刻蚀空腔（图 4-22d），将硅片与玻璃进行键合（图 4-22e），在硅湿法刻蚀溶剂中溶解掉未掺杂硅层（图 4-22f），刻蚀溶液不会对重掺杂硅以及玻璃有明显的刻蚀。可动梳指下面的凹腔使梳指可以产生大范围的位移，并减小了气动阻尼。

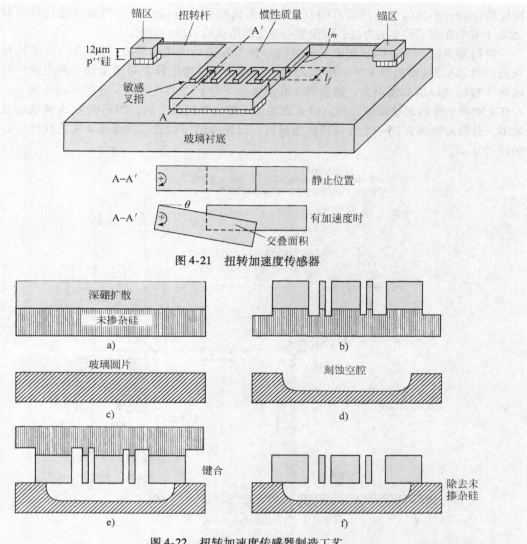

图 4-21　扭转加速度传感器

图 4-22　扭转加速度传感器制造工艺

与平行板电容器相比，两组相邻梳指间的电容较小，但是，我们可以通过增加梳指对数获得大的电容与驱动力。使用增益为 15mV/fF 的开关电容集成电路测试该传感器，灵敏度为 300mV/g。

4.5.2　执行器

梳状驱动执行器常常用来产生面内或离面位移。在直流电压或准静态偏置下的位移幅度总是很有限的。这里将介绍以一种典型的实例（实例 4.8），它是通过谐振驱动和机械齿轮结构实现大的转动（或线性位移）。

实例 4.8　大位移梳状驱动执行器

无论是基于纵向梳指还是横向梳指，梳状驱动可以获得的位移都是相当有限的。然而，机械单元的大位移可以通过多种设计实现。例如，如果将梳指的运动通过粘接-释放机械装置或齿轮耦合到一个物体上，只有有限行程范围的梳状驱动可以获得大的角度或线性位移。在15.3.1节中介绍了许多的方法，也包括不使用静电执行原理的情况。

我们来讨论 Sandia 国家实验室研制的一种齿轮传动的机械装置（图 4-23）。齿轮从两组横向梳状驱动器（谐振器 1 和谐振器 2）接受驱动动力。谐振器 1 和谐振器 2 都由两个并联的横向梳指构成以增加输出力。谐振器 1 和谐振器 2 分别在 x 方向和 y 方向驱动齿轮 A。齿轮A 在 x 轴和 y 轴的运动都被锁相，因此它的运动路径是椭圆形的。因而齿轮 A 间歇地啮合齿轮 B，引起齿轮 B 在同一个方向持续地旋转，齿轮 B 的转动通过齿轮传动实现线性滑动结构的线性运动。

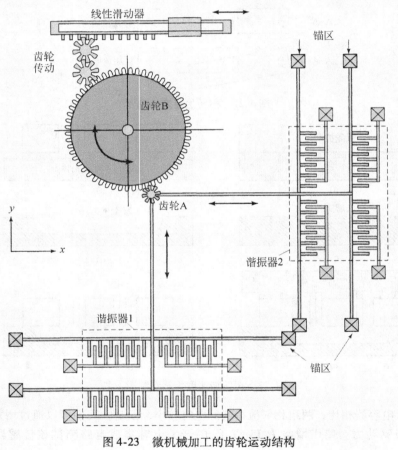

图 4-23　微机械加工的齿轮运动结构

4.6　总结

本章专门论述了静电敏感与执行原理。以下总结了本章相关的主要概念、事实与技能，读者可以根据以下列出的各点来检测自己理解了多少。

定性理解和概念：

1）两种类型的电容电极结构。

2）估算平行板电容器电容与力的公式。

3）吸合效应的定义。

4）吸合效应对平行板电容器工作特性的影响。

5）根据最大位移、线性/角位移以及输出力，讨论了不同结构的叉指电容器以及它们的相对优点和缺点。

6）静电敏感与执行器件的原理。

定量理解和技巧：

1）加质量块时弹簧的弹性系数的计算过程。

2）当平行板电容器的一个极板由机械弹簧支撑时，平板平衡位置的计算过程。

3）吸合电压与吸合距离的估算。

习题

4.2.1 节

习题 4.1 设计

平行板电容器的面积为 $100 \times 100 \mu m^2$，计算两极板间距为 $1 \mu m$ 与 $0.5 \mu m$ 时的电容值。介质为空气。

习题 4.2 设计

电容器两个极板的面积为 $1 mm^2$，间距为 $1 \mu m$（空气间隙），一个极板固定，另一个极板由机械弹簧支撑，机械弹簧的力常数为 $1 N/m$。如果两极板上没有外加电压，电容值（C_0）是多少？

$(1) C_0 = 8.85 \times 10^{-12} F$ $(2) C_0 = 8.85 \times 10^{-9} F$

$(3) C_0 = 8.85 \times 10^{-6} F$ $(4) C_0 = 0 F$

4.2.2 节

习题 4.3 设计

将长 l、宽 w、厚 t 的悬臂梁尺寸等比例缩小 1000 倍，以下哪一个结论是错误的？

(1) 力常数减小、梁变得更软   (2) 谐振频率变大

(3) 断裂强度变小   (4) 表面积/体积比变大

习题 4.4 设计

由四个硅梁支撑的平行板电容器如下图所示，上极板面积为 $1 \times 1 mm^2$，四根支撑梁都是 $500 \mu m$ 长、$5 \mu m$ 宽、$0.3 \mu m$ 厚。平行板电容器受到的力常数 K_m 是多少？（注意：图并未按尺度比例画）硅的杨氏模量取 120GPa。

(1) 0.1 N/m

(2) 0.4 N/m

(3) 0.000 13 N/m

(4) 0.000 52 N/m

(5) 0.000 03 N/m

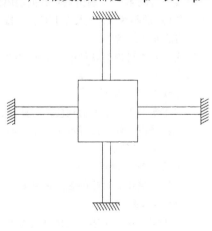

4.2.3 节

习题 4.5 设计

如果习题 4.4 中的支撑梁变为 $0.25 mm$（也就是原长的一半），以下哪个表述是正确的？

(1) 吸合电压将增加为四倍。

(2) 当梁的位移超过 $x_0/6$ 时，平板将发生吸合。

(3) 吸合点处的静电力常数（k_e）将增加到 8 倍。

(4) 器件的谐振频率将会减少。

习题 4.6 设计

根据习题 4.4 给定的条件，在 0.3V 偏置电压下，两极板的间距是多少？两极板的初始间距为 $1 \mu m$。

4.3 节

习题 4.7　设计

对于实例 4.1 中描述的二氧化硅悬臂梁，如果忽略二氧化硅上的金属薄膜，计算悬臂梁的谐振频率。将结果与报导的谐振频率进行比较。

习题 4.8　综述

对于实例 4.1 中讨论的传感器，确定悬臂梁自由端相对于最小端部位移的灵敏度。

习题 4.9　设计

考虑实例 4.1 中所述的静止状态二氧化硅/金属复合悬臂梁（零偏置电压）。由于本征应力引起梁的弯曲，在梁的两端测得有 $\delta(x)$ 的上翘高度差。假设弯曲梁的曲率半径为 R，悬臂梁端部的翘起角度为 $1.5°$。推导梁与衬底之间总电容的表达式。

习题 4.10　制造

对于实例 4.1 中描述的二氧化硅悬臂梁加工过程，求在步骤（j）中使用的硅各向异性刻蚀剂对单晶硅以及氧化层中的刻蚀速率。假设刻蚀剂为 KOH，置于硅刻蚀剂中的材料都易受到刻蚀。使用参考文献 [56] 给出的表格。

习题 4.11　设计

假设可以忽略边缘电容，计算实例 4.2 中下电极的面积。

习题 4.12　设计

使用实例 4.2 中给出的信息，求加速度为 1g 时扭转平板的最大垂直位移。（提示：使用扭转杆位移分析。）

习题 4.13　设计

解释实例 4.1 所讨论的加速度传感器对温度敏感的原因。

习题 4.14　综述

实例 4.3 中压力传感器的薄膜直径为 1mm，使用工艺流程中给出的信息计算电极之间的间距；误差控制在 5% 以内。求电容的标称值。

习题 4.15　综述

参照习题 4.14，画出一张数据表用来计算材料与加工的相对成本。考虑用于材料准备、加工、光刻以及原材料（如硅圆片等）的人力工时。安排三到四个学生为一组完成作业。

习题 4.16　设计

实例 4.4 讨论的器件中，电容器的标称电容值是多少？如果增大电容器的面积，器件的性能与加工会有什么变化？

习题 4.17　设计

对于实例 4.5 中的剪切应力传感器，推导给定剪切应力时位移 d 的解析表达式；忽略悬臂梁上的分布阻力，也就是说，仅考虑浮动平板上的阻力。根据推得的表达式，确定增加灵敏度的三种关键策略。讨论每种策略对加工的影响。

习题 4.18　设计

推导实例 4.6 讨论的触觉传感器工作的方程（4-28）与方程（4-29）。

习题 4.19　制造

对于实例 4.1 所述二氧化硅悬臂梁的制作过程，如果我们想通过低压化学汽相淀积获得氮化硅悬臂梁，需要改变哪些步骤？对相应步骤中的刻蚀方法有何影响？

习题 4.20　制造

以三到四个学生为一组，讨论使用微加工工艺制作集成的真空腔室（100mtorr 以下）可选用的方法。讨论这些独特的方法怎样才可以用于压力传感器的制作，并用类似于实例 4.3 中的真空参考腔。

习题 4.21　制造

在实现实例 4.3 所讨论的器件的加工步骤（n）中，讨论用于溶解硅芯片的刻蚀剂对所有置于其中材料的刻蚀选择性。讨论加工中潜在的注意点，以及至少一种提高工艺鲁棒性的方法。

习题4.22 制造

在实例4.4中传声器的加工步骤（g）中，讨论刻蚀剂与所有直接置于其中的所有其他材料之间的刻蚀速率选择性。

习题4.23 思考

讨论我们怎样设计实用的静电执行器，让它可以到达图4-4所示以及方程(4-11)解得的第二个不常使用的平衡位置。

4.4 节

习题4.24 设计

推导横向梳齿驱动器件在沿 x 方向变化的电容灵敏度解析表达式。为了计算简便，忽略边缘电容的影响。至少提出两种提高该灵敏度的方法。

习题4.25 设计

推导纵向梳齿驱动器件在沿重叠间距 l_0 方向变化的电容灵敏度解析表达式。至少提出两种提高该灵敏度的方法。

习题4.26 思考

设计面积为 $200\mu m \times 200\mu m$ 的 XY 平台，需在两个轴向都可以独立地移动 $5\mu m$，所需的电压必须最小。由三到四个学生组成一组，要求给出该器件的（1）设计分析；（2）器件板图；（3）制作工艺。

习题4.27 思考

限制驱动电压小于36V，再重新考虑习题4.26。

习题4.28 思考

假设必须将六根导线连接到器件的平台上，用于敏感与执行。例如，导线可以用于平台上纳米刻蚀微尖的寻址。如果导线随着机械悬浮结构运动就会使机械梁的设计变得复杂。再重新考虑习题4.26。

习题4.29 思考

XY 轴的移动平台广泛用于对准与扫描。我们来研究建立面内扫描的片上 XY 移动平台相关的问题。希望该平台沿面内 XY 方向用来移动 $2mm \times 2mm$ 的运动梭。在偏置电压小于或等于200V 的条件下，用静电执行器将硅运动梭移动 $10\mu m$。假设梳状驱动与悬浮结构使用深反应离子刻蚀工艺制作在 $500\mu m$ 厚的硅片上，最小线宽与间距为 $5mm$。确定实际的设计能否有足够的驱动力、力常数以及谐振频率（100Hz）。

参考文献

1. Fan, L.-S., Y.-C. Tai, and R.S. Muller. *IC-processed electrostatic micro-motors*. in *IEEE International Electronic Devices Meeting*. 1988.

2. Livermore, C., et al., *A high-power MEMS electric induction motor*. Microelectromechanical Systems, Journal of, 2004. **13**(3): p. 465–471.

3. Greywall, D.S., et al., *Crystalline silicon tilting mirrors for optical cross-connect switches*. Microelectromechanical Systems, Journal of, 2003. **12**(5): p. 708–712.

4. Kung, J.T. and H.-S. Lee, *An integrated air-gap-capacitor pressure sensor and digital readout with sub-100 attofarad resolution*. Microelectromechanical Systems, Journal of, 1992. **1**(3): p. 121–129.

5. Lee, K.B. and Y.-H. Cho, *Laterally driven electrostatic repulsive-force microactuators using asymmetric field distribution*. Microelectromechanical Systems, Journal of, 2001. **10**(1): p. 128–136.

6. Tang, W.C., M.G. Lim, and R.T. Howe, *Electrostatic comb drive levitation and control method*. Microelectromechanical Systems, Journal of, 1992. **1**(4): p. 170–178.

7. Zou, Q., et al., *A novel integrated silicon capacitive microphone-floating electrode "electret" microphone (FEEM)*. Microelectromechanical Systems, Journal of, 1998. **7**(2): p. 224–234.

8. Hsieh, W.H., T.-Y. Hsu, and Y.-C. Tai. *A micromachined thin-film teflon electret microphone.* in Solid State Sensors and Actuators, 1997. TRANSDUCERS '97 Chicago., 1997 International Conference on. 1997.

9. Jacobs, H.O. and G.M. Whitesides, *Submicrometer patterning of charge in thin-film electrets.* Science, 2001. **291**(5509): p. 1763–1766.

10. Van Kessel, P.F., et al., *A MEMS-based projection display.* Proceedings of the IEEE, 1998. **86**(8): p. 1687–1704.

11. Dokmeci, M. and K. Najafi, *A high-sensitivity polyimide capacitive relative humidity sensor for monitoring anodically bonded hermetic micropackages.* Microelectromechanical Systems, Journal of, 2001. **10**(2): p. 197–204.

12. Sohn, L.L., et al., *Capacitance cytometry: Measuring biological cells one-by-one.* Proc National Academy of Sciences, 2000. **97**(20): p. 10687–10690.

13. Mastrangelo, C.H., X. Zhang, and W.C. Tang, *Surface-micromachined capacitive differential pressure sensor with lithographically defined silicon diaphragm.* Microelectromechanical Systems, Journal of, 1996. **5**(2): p. 98–105.

14. Hall, N.A. and F.L. Degertekin, *Integrated optical interferometric detection method for micromachined capacitive acoustic transducers.* Applied Physics Letters, 2002. **80**(20): p. 3859–3861.

15. Petersen, K.E., A. Shartel, and N.F. Raley, *Micromechanical accelerometer integrated with MOS detection circuitry.* IEEE Transactions on Electron Devices, 1982. **ED-29**(1): p. 23–27.

16. Chowdhury, S., M. Ahmadi, and W.C. Miller, *Pull-in voltage study of electrostatically actuated fixed-fixed beams using a VLSI on-chip interconnect capacitance model.* IEEE/ASME Journal of Microelectromechanical Systems (JMEMS), 2006. **15**(3): p. 639–651.

17. Nemirovsky, Y. and O. Bochobza-Degani, *A methodology and model for the pull-in parameters of electrostatic actuators.* Microelectromechanical Systems, Journal of, 2001. **10**(4): p. 601–615.

18. Rocha, L.A., E. Cretu, and R.F. Wolffenbuttel, *Analysis and analytical modeling of static pull-in with application to MEMS-based voltage reference and process monitoring.* Microelectromechanical Systems, Journal of, 2004. **13**(2): p. 342–354.

19. Nielson, G.N. and G. Barbastathis, *Dynamic pull-in of parallel-plate and torsional electrostatic MEMS actuators.* IEEE/ASME Journal of Microelectromechanical Systems (JMEMS), 2006. **15**(4): p. 811–821.

20. Degani, O., et al., *Pull-in study of an electrostatic torsion microactuator.* Microelectromechanical Systems, Journal of, 1998. **7**(4): p. 373–379.

21. Loke, Y., G.H. McKinnon, and M.J. Brett, *Fabrication and characterization of silicon micromachined threshold accelerometers.* Sensors and Actuators A: Physical, 1991. **29**(3): p. 235–240.

22. Osterberg, P., et al. *Self-consistent simulation and modelling of electrostatically deformed diaphragms.* in Micro Electro Mechanical Systems, 1994, MEMS '94, Proceedings, IEEE Workshop on. 1994.

23. Yang, J., J. Gaspar, and O. Paul, *Fracture properties of LPCVD Silicon nitride and thermally grown silicon oxide thin films from the load-deflection of long Si_3N_4 and SiO_2/Si_3N_4 diaphragms.* IEEE/ASME Journal of Microelectromechanical Systems (JMEMS), 2008. **17**(5): p. 1120–1134.

24. Lee, D. and O. Solgaard, *Pull-in analysis of torsional scanners actuated by electrostatic vertical combdrives.* IEEE/ASME Journal of Microelectromechanical Systems (JMEMS), 2008. **17**(5): p. 1228–1238.

25. Alsaleem, F.M., M.I. Younis, and L. Ruzziconi, *An experimental and theoretical investigation of dynamic pull-in in MEMS resonators actuated electrostatically.* IEEE/ASME Journal of Microelectromechanical Systems (JMEMS), 2010. **19**(4): p. 794–806.

26. Fargas-Marques, A., J. Casals-Terré, and A.M. Shkel, *Resonant pull-in condition in parallel-plate electrostatic actuators.* IEEE/ASME Journal of Microelectromechanical Systems (JMEMS), 2007. **16**(5): p. 1044–1053.

27. Chan, E.K. and R.W. Dutton, *Electrostatic micromechanical actuator with extended range of travel.* Microelectromechanical Systems, Journal of, 2000. **9**(3): p. 321–328.

28. Hung, E.S. and S.D. Senturia, *Extending the travel range of analog-tuned electrostatic actuators.* Microelectromechanical Systems, Journal of, 1999. **8**(4): p. 497–505.

29. Zou, J., C. Liu, and J. Schutt-aine, *Development of a wide-tuning-range two-parallel-plate tunable capacitor for integrated wireless communication system.* International Journal of RF and Microwave CAE, 2001. **11**: p. 322–329.

30. Nadal-Guardia, R., et al., *Current drive methods to extend the range of travel of electrostatic microactuators beyond the voltage pull-in point.* Microelectromechanical Systems, Journal of, 2002. **11**(3): p. 255–263.

31. Cole, J.C. *A new sense element technology for accelerometer subsystems.* in *Digest of Technical Papers, 1991 International Conference on Solid-State Sensors and Actuators.* 1991.

32. Chavan, A.V. and K.D. Wise, *Batch-processed vacuum-sealed capacitive pressure sensors.* Microelectromechanical Systems, Journal of, 2001. **10**(4): p. 580–588.

33. Ahn, S.-J., W.-K. Lee, and S. Zauscher. *Fabrication of stimulus-responsive polymeric nanostructures by proximal probes.* in *Bioinspired Nanoscale Hybrid Systems.* 2003. Boston, MA, United States: Materials Research Society.

34. Liu, C., et al., *A micromachined flow shear-stress sensor based on thermal transfer principles.* IEEE/ASME Journal of Microelectromechanical Systems (JMEMS), 1999. **8**(1): p. 90–99.

35. Jin, X., et al., *Fabrication and characterization of surface micromachined capacitive ultrasonic immersion transducers.* Microelectromechanical Systems, Journal of, 1999. **8**(1): p. 100–114.

36. Pederson, M., W. Olthuis, and P. Bergveld, *High-performance condenser microphone with fully integrated CMOS amplifier and DC-DC voltage converter.* Microelectromechanical Systems, Journal of, 1998. **7**(4): p. 387–394.

37. Ladabaum, I., et al., *Surface micromachined capacitive ultrasonic transducers.* Ultrasonics, Ferroelectrics and Frequency Control, IEEE Transactions on, 1998. **45**(3): p. 678–690.

38. Schmidt, M.A., et al., *Design and calibration of a microfabricated floating-element shear-stress sensor.* Electron Devices, IEEE Transactions on, 1988. **35**(6): p. 750–757.

39. Chu, Z., P.M. Sarro, and S. Middelhoek, *Silicon three-axial tactile sensor.* Sensors and Actuators A: Physical, 1996. **54**(1–3): p. 505–510.

40. Akiyama, T. and K. Shono, *Controlled stepwise motion in polysilicon microstructures.* Microelectromechanical Systems, Journal of, 1993. **2**(3): p. 106–110.

41. Akiyama, T., D. Collard, and H. Fujita, *Scratch drive actuator with mechanical links for self-assembly of three-dimensional MEMS.* Microelectromechanical Systems, Journal of, 1997. **6**(1): p. 10–17.

42. Akiyama, T., D. Collard, and H. Fujita, *Correction to "scratch drive actuator with mechanical links for self-assembly of three-dimensional MEMS".* Microelectromechanical Systems, Journal of, 1997. **6**(2): p. 179.

43. Donald, B.R., et al., *Power delivery and locomotion of untethered microactuators.* Microelectromechanical Systems, Journal of, 2003. **12**(6): p. 947–959.

44. Chiou, J.-C. and Y.-C. Lin, *A multiple electrostatic electrodes torsion micromirror device with linear stepping angle effect.* Microelectromechanical Systems, Journal of, 2003. **12**(6): p. 913–920.

45. Tang, W.C., T.C.H. Nguyen, and R.T. Howe, *Laterally driven polysilicon resonant microstructures.* Sensors and Actuators A, 1989. **20**: p. 25–32.

46. Hammer, H., *Analytical model for comb-capacitance fringe fields.* IEEE/ASME Journal of Microelectromechanical Systems (JMEMS), 2010. **19**(1): p. 175–182.

47. Judy, M.W., *Micormechanisms using sidewall beams,* in *Ph.D. Thesis, Electrical Engineering and Computer Science Department.* 1994, University of California at Berkeley: Berkeley, CA. p. 273.

48. Fedder, G.K., *Simulation of microelectromechanical systems,* in *Ph.D. Thesis, Electrical Engineering and Computer Science Department.* 1994, University of California at Berkeley: Berkeley, CA. p. 298.

49. Pisano, A.P. and Y.-H. Cho, *Mechanical design issues in laterally-driven microstructures.* Sensors and Actuators A: Physical, 1990. **23**(1–3): p. 1060–1064.

50. Conant, R., *Thermal and electrostatic microactuators*, in Electrical Engineering and Computer Sciences. 2002, University of California at Berkeley: Berkeley.

51. Krishnamoorthy, U., D. Lee, and O. Solgaard, *Self-aligned vertical electrostatic combdrives for micromirror actuation.* Microelectromechanical Systems, Journal of, 2003. **12**(4): p. 458–464.

52. Lee, A.P., et al., *Vertical-actuated electrostatic comb drive with in situ capacitive position correction for application in phase shifting diffraction interferometry.* Microelectromechanical Systems, Journal of, 2003. **12**(6): p. 960–971.

53. Jensen, B.D., et al., *Shaped comb fingers for tailored electromechanical restoring force.* Microelectromechanical Systems, Journal of, 2003. **12**(3): p. 373–383.

54. Ye, W., S. Mukherjee, and N.C. MacDonald, *Optimal shape design of an electrostatic comb drive in microelectromechanical systems.* Microelectromechanical Systems, Journal of, 1998. **7**(1): p. 16–26.

55. Selvakumar, A. and K. Najafi, *Vertical comb array microactuators.* Microelectromechanical Systems, Journal of, 2003. **12**(4): p. 440–449.

56. Williams, K.R., K. Gupta, and M. Wasilik, *Etch rates for micromachining processing-Part II.* Microelectromechanical Systems, Journal of, 2003. **12**(6): p. 761–778.

第5章 热敏感与执行原理

5.0 预览

本章将对微机械加工热传感器和热执行器发展过程中所涉及的设计、材料和制造问题进行研究。热传感器包括两种含义：1）用于测量有诸如温度和热等热学特性的传感器；2）基于热传递原理的传感器。5.1节将全面讨论一般热传递原理。5.2节介绍基于材料热膨胀效应的热传感器和执行器。我们将着重介绍基于热双层片结构的传感器和执行器，以及另一种基于结构热膨胀的执行器，这种结构由单一材料制成。5.3节和5.4节将讨论温度传感的两种机制：热电偶和电阻式温度传感器（或热电阻器）。最后，5.5节将介绍一些热传感器的实际应用。

5.1 引言

5.1.1 热传感器

对温度和热的测量，人们已进行了大量实践，可以通过不同的原理进行。本章将主要讨论广泛用于MEMS领域并且是仅用于该领域的几个原理。这些原理包括：

1）热双层片传感器（5.2节）。

2）热电偶（5.3节）。

3）热电阻传感器（5.4节）。

温度敏感不仅仅对热行为的分析有用。热传导、热对流和热辐射这些热传递过程由某些物理参数决定，例如物体之间的距离，媒介的运动速度，材料和媒介的性质。我们可以完成包括距离[1]、加速度[2]、流速[3]和材料特性[4]在内的许多测量任务。

5.1.2 热执行器

微尺寸器件和结构的执行原理可以通过注入或抽走其中的热量来实现。温度分布的变化通过热膨胀[5]、热收缩或者相变将导致机械位移或者力的产生。通过吸收电磁波（包括光）、欧姆热（焦尔热）、热传导和热对流等传递形式的热量，微结构的温度可以升高。而通过热传导散热、热对流散热、热辐射散热以及有源热电制冷，微结构的温度可以降低。

热执行原理已用于商业的MEMS产品中。现在很多喷墨打印机都是利用墨水的热膨胀来喷出墨滴。热喷墨打印机墨嘴的示意图如图5-1所示。它包括一个有开口的微机械流体室；一个嵌在衬底空腔里的微加热器。脉冲电流将使加热器的温度提高，从而产生气泡挤压出墨水，进而喷射出墨滴。一旦冷却，气泡就消失，腔室再次充满墨水为下次喷射作准备。

由于使用了微加工的方法，因此墨滴的体积和喷射墨滴的热量都很小。墨水的加热和冷却都是以很快的速度完成的，对于许多商业用的墨盒，只要1μs甚至更快就可以产生气泡，喷射墨滴仅要15μs，腔室重新充满墨水只要约24μs。

成功地设计一个可靠的喷墨喷嘴涉及力、热、电等各个方面。例如，腔室内峰值压力可达到14ATM，表面最高温度大约为330℃。正压力和负压力（空腔现象）都很大，长时间就会造成材料层的断裂。这就需要考虑特殊的设计方法。为了消除因重复热膨胀和热收缩引起的断裂，使用了一种特有的热膨胀系数近似为0的金属氧化物材料来加固加热器。

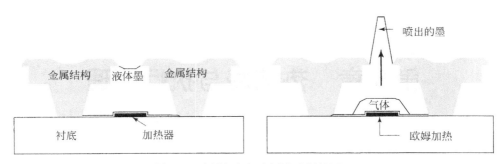

图 5-1 喷墨打印机中墨滴喷射的原理

5.1.3 热传递的基本原理

微尺度下原子的强烈振动体现了温度的存在。当材料中存在温度梯度时就会产生热传递，成功设计热执行器或者热传感器都需要熟悉热传递过程。

热量从一点传递到另一点都有四种可能的机制：

1）**热传导**，即当存在温度梯度时，热量通过固体媒介传递。

2）**自然热对流**，即热量从表面传递到静止流体内部，流体里的温度梯度通过浮力引起了液体的局部流动，流体的运动促进了热传递。

3）**强迫热对流**，即热量传递到运动流体的内部，这种内部流体运动比自然热对流引起的热传递要强。

4）**辐射**，即通过真空或空气中传播的电磁辐射引起热量的损失或增加。

在这四种热传递机制中，传热速率和温度梯度的关系如下：

热传导：

$$q''_{\text{cond}} = -\kappa \frac{\mathrm{d}T}{\mathrm{d}x} \tag{5-1}$$

自然和强迫对流：

$$q''_{\text{conv}} = h(T_s - T_\infty) \tag{5-2}$$

热辐射：

$$E = \varepsilon \sigma T_R^4 \tag{5-3}$$

在这几个方程中，q''_{cond} 是热传导沿着给定方向（指定 x 方向）的热流密度（W/m²），κ 是热导率，q''_{conv} 是热对流中的热流密度（W/m²），h 是热对流中的传热系数（W/m²·K），T_s 和 T_∞ 分别是表面和流体的温度，E 是辐射能或者通过辐射引起每单位面积释放能量的速率（W/m²），T_R 是表面的绝对温度值（K），σ 是 Stefan-Boltzmann 常数（$\sigma = 5.67 \times 10^{-8}$ W/(m²·K⁴)），ε 是发射率（$0 \leq \varepsilon \leq 1$）。

对流传热系数受表面尺寸、流体的速度、黏度和热扩散率的影响。对流传热系数的典型值总结在表 5-1 中。

表 5-1 对流热传输系数的典型值

		$h(\text{W/m}^2 \cdot \text{K})$
自然热对流	气体	2 ~ 25
	液体	50 ~ 1000
强迫热对流	气体	25 ~ 250
	液体	100 ~ 20 000
有相变的对流（沸腾或冷凝）		2500 ~ 100 000

这四种热传递原理在日常生活中随处可见。下面看一下电热炉上煮沸一壶水的热流路径。电

流通过加热线圈产生热量，但是热量最终会损失在背景环境中，假定环境是恒定的室温。主要的热传递路径和热流方向在图 5-2 中用箭头标出。

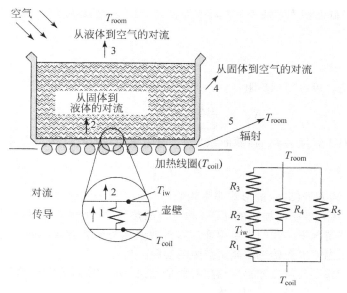

图 5-2　水壶加热的热传递过程

加热线圈产生的热量首先通过壶壁传递到水内部，在壁厚范围内的热传递通过热传导来实现。一旦热量到达壶的内壁时，传向液体的热传递将开始。靠近壶壁的液体温度逐渐升高，液体也会上升，这样就会形成自然热对流，将热量从壶壁传递到水体的内部。如果搅动壶内的液体，从壶内壁到液体的热传递会更加剧烈，强迫热对流将代替自然热对流。

水体的顶部暴露在空气中，如果外界空气是静止的，热量就会通过自然热对流从水中传递到空气中。而如果空气是运动的（比如，用风扇搅动），热量就会通过强迫热对流从水中传递到空气中。

同时，站在旁边的人会感觉到来自加热线圈的热浪。众所周知，热量是通过辐射在空气中传输的。假设加热线圈的温度非常高，则辐射引起的热传递将非常强。当然，辐射耗散降低了水加热过程中的能量效率。

即使是像这样一个简单的例子，热传递的路径也相当的复杂。图 5-2 所示的热传递路径是简化了的，仅仅是为了说明不同热传递原理之间的区别。实际上，这个例子还有许多二级热传递路径。例如，在壶的外壁，通过辐射和对流，热量散失到空气中。在这里，认为物体温度的分布是空间离散的，但实际上是连续分布的。

两点之间的温差会导致热流的产生。在两点间媒介或者物体传递热量的能力用**热阻**来衡量。两点间的热阻越大，热隔离越好，而且在给定的温差下热传递速度越低（热驱动力）。

通过比较热传递和电流之间的相似之处，可以更好地理解热阻的概念。温差是热流和热传递的驱动力。两点间的温差引起了热流的产生，很像电压引起了电荷的有规则运动（电流）。电阻定义为电压和电流的比值，类似地，热阻定义为温差和热流的比值。

图 5-2 表示出了水加热这一例子中等效的热阻网络图，热量在加热线圈（T_{coil}）和周围环境（T_{room}）之间传递，热阻元件的下标指的是图中的热传递路径。

我们将着重讨论与热传导过程相关的热阻。微结构的热阻值受尺寸和媒介热性能的影响。

在一维热传递的情况下，传导热阻的解析表达式是最简单的，很容易计算均匀横截面纵向物体的传导热阻。

对长度为 l、横截面积为常数 A、热阻率为 ρ_{th}（$=1/\kappa$）的纵向杆，其两端的温度差为 ΔT，则通过杆的热流量为：

$$q_{cond} = q''_{cond} \cdot A = -\kappa A \frac{\Delta T}{l} \tag{5-4}$$

用热电类比方法，可以得到热阻：

$$R_{th} = \left| \frac{\Delta T}{q_{cond}} \right| = \frac{1}{\kappa} \frac{l}{A} = \rho_{th} \frac{l}{A} \tag{5-5}$$

我们同样记得对于长度为 l、横截面积为 A、电阻率为 ρ 的电阻器，其总电阻为：

$$R = \rho \frac{l}{A} \tag{5-6}$$

很显然，方程(5-5)和方程(5-6)的形式非常相似。

对于二维的热导体(如中间加热的薄膜)和三维的热导体(如中心加热的体材料)，其有效热阻很难估算。在这些情况下，我们需要用到计算机数值模拟或者直接实验的方法。我们将在5.4节中讨论微机械加工温度电阻传感器测量热阻的实验方法。

在其他资料中能找到与对流和辐射热阻有关的信息[6]。热对流的传热系数与几何尺寸和流速状态有关。热辐射的热阻是温度的函数。

例题 5.1 （悬浮桥的热阻） 在双端固支悬臂梁的中间放一个欧姆电阻加热器。梁由氮化硅构成，金属引线由铝构成。求加热器的热阻值。假设梁宽为 $10\mu m$，$L = 100\mu m$，铝（t_m）和氮化硅（t_b）的厚度都是 $0.2\mu m$。如果在加热器上输入 $0.1mW$ 的功率，并假设体硅的温度保持在27℃，那么梁的稳定温度是多少？

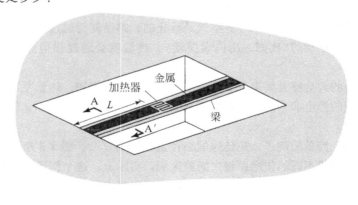

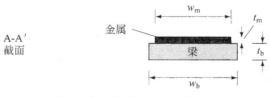

A-A' 截面

解：加热器通过四个并联的热阻连接在衬底上，其中两个热阻由金属层提供，另两个由氮化硅梁提供。衬底的热质量比悬臂梁大得多，假设衬底的温度为常数，衬底被称为热沉。在加热器和衬底间产生热流。

铝和氮化硅的热导率分别是240w/mK和5w/mK。每个金属热阻器的热阻为：

$$R_{m} = \rho_{th,m} \frac{L}{W_{m}t_{m}} = \frac{1}{240} \times \frac{200 \times 10^{-6}}{0.2 \times 10 \times 10^{-12}} = 4.17 \times 10^{5} K/W$$

每个氮化硅梁的热阻为:

$$R_{SiN} = \rho_{th,SiN} \frac{L}{W_{SiN}t_{SiN}} = \frac{1}{5} \times \frac{200 \times 10^{-6}}{0.2 \times 10 \times 10^{-12}} = 2 \times 10^{7} K/W$$

这四个电阻并联连接。总的热阻 R 可由下式得到:

$$\frac{1}{R} = \frac{2}{R_{m}} + \frac{2}{R_{SiN}}$$

总热阻为:

$$R = 2.042 \times 10^{5} K/W$$

如果我们不考虑从悬臂结构到周围空气中的辐射热损失和热传导/热对流,则产生的热量(1mW)全部在悬臂中传输。因此,从四个并联热阻器获得的总热流是 0.1mW。加热器和衬底间的温差是:

$$\Delta T = R \times 0.0001W = 20.4K$$

在许多器件中,微结构温度上升或下降的速度很关键。例如,喷墨打印机加热和冷却的速度决定了最高打印速度。热阻影响着热传感器或者热执行器的动态响应速度。

存储的热量(Q)和温度变化间的关系式是:

$$Q = sh \cdot m \cdot \Delta T = C_{th} \cdot \Delta T \qquad (5-7)$$

其中,$sh(J/kgK)$ 是**比热**,它是物体每单位质量温度提高 1 摄氏度或 1 开尔文所需的热量。$C_{th}(J/K)$ 称为**热容**,它是由热和电类比推得的电容等效值。微结构加热或者冷却时间常数的普遍表达式是:

$$\tau = R_{th}C_{th} = R_{th} \cdot sh \cdot m \qquad (5-8)$$

微结构的小质量使时间常数变小。

5.2 基于热膨胀的传感器和执行器

热膨胀是材料普遍的行为。温度上升后,由半导体、金属、绝缘体材料构成结构的尺寸和体积都会变大。**体积热膨胀系数**(TCE)通常记为 α,它是体积的相对变化与温度变化的比值:

$$\alpha = \frac{\frac{\Delta V}{V}}{\Delta T} \qquad (5-9)$$

线性热膨胀系数是指物体在一维方向上的尺寸变化与温度变化的比值:

$$\beta = \frac{\frac{\Delta L}{L}}{\Delta T} \qquad (5-10)$$

体积和线性热膨胀系数的关系是:

$$\alpha = 3\beta \qquad (5-11)$$

表 5-2 总结了典型有机物和无机物的线性热膨胀系数。显然,大多数固体材料的热膨胀系数很小。对于实际的温升,膨胀的程度很有限。例如,当温度升高了 100℃,一根 1mm 长的硅悬臂梁延伸的长度仅仅是 $2.6 \times 10^{-6} \times 100 \times 10^{-3} = 2.6 \times 10^{-7} m = 0.26\mu m$。

表 5-2　常见材料的热性质

材　　料	热导率(W/cm · K)	线性热膨胀系数
铝	2.37	25
氧化铝	0.36	8.7
氧化铝	0.46	—
碳	0.016	—
碳	23	—
铬	0.94	6
铜	4.01	16.5
砷化镓	0.56	5.4
锗	0.6	6.1
金	3.18	14.2
硅	1.49	2.6
二氧化硅(热生长)	0.0138	0.35
氮化硅(硅)	0.16	1.6
聚酰亚胺(Dupont PI 2611)	—	3
多晶硅	0.34	2.33
镍	0.91	13
钛	0.219	8.6

应该注意到，对于像氮化硅和多晶硅薄膜之类的薄膜材料，诸如热膨胀系数之类的热性质由材料的精确成分来决定，而材料的成分又由特殊工艺条件、设备条件和热处理历史决定。从文献中收集来的热性质数据变化范围很宽。此外，表 5-2 中的许多数据点是从体材料中收集来的，当处理微尺寸样品时这些数据只能作为参考。常用金属的典型热特性总结在表 5-3 中。

表 5-3　金属薄膜的热和电特性

金属	电阻率(μΩ · cm)	热导率(W/cm · K)	TCR(×10^{-6}/℃)	热膨胀系数(×10^{-6}/K)
铝(Al)	2.83	2.37	3600	25
铬(Cr)	12.9	0.94	3000	6.00
铜(Cu)	1.72	4.01	3900	16.5
金(Au)	2.40	3.18	8300	14.2
镍(Ni)	6.84	0.91	6900	13
铂(Pt)	10.9		3 927	8.8

过去我们已经实现了基于液体或气体热膨胀的执行器[5，7]。许多液体的热膨胀系数都比固体的大，高于 40℃ 水的 α 值近似为 400×10^{-6}/K，一些特殊的工程液体甚至有更大的 α。例如，3M 性能流体的体积热膨胀系数在 0.16%/K 范围内[5]。

气体的热膨胀已用于微流体管道中移动液滴。例如，陷入的体积大约为 100nL 的气体加热数十摄氏度后，将产生 7.5kPa 量级的气压[7]。

因温度改变而引起的气体热膨胀可以从理想的气体定律中推得。对于理想气体，体积和温度之间的关系如下：

$$PV = nRT = NkT \tag{5-12}$$

这里 P 是绝对压力，V 是体积，T 是绝对温度，n 是摩尔数，N 是分子数，R 是普适气体常数（$R = 8.3145$J/mol · K），k 是 Boltzmann 常数（$1.380\,66 \times 10^{-23}$J/K）。$k$ 和 R 的关系式如下：

$$k = R/N_A \tag{5-13}$$

这里 N_A 是 Avagadro 常数（$N_A = 6.0221 \times 10^{23}$）。

表 5-3 列出了常用金属材料的热导率、电阻率、TCR 和热膨胀系数。

5.2.1 热双层片原理

对于传感和执行而言，热双金属片效应是很常用的方法。这种效应可将微结构的温度变化转变为机械梁的横向位移。

热双层片由在纵向上连在一起的两种材料构成，两种材料构成一个机械单元[8]。（通常，热双金属执行器可由两层以上的材料构成。本书仅着重分析由两层材料构成的结构。）图 5-3 给出了由材料 1 和材料 2 构成的双层复合梁，它们有相同的长度（L），但热膨胀系数（CTE）不同（$\alpha_1 > \alpha_2$）。下标指的是不同的材料层。同样，两层材料的杨氏模量、宽度和厚度分别记为 E_i、w_i、t_i（$i = 1$ 或 2）。温度均匀变化 ΔT，两层的长度变化不一样。因为两层材料在界面处结合得很紧密，所以梁会向 CTE 较小的材料层一侧弯曲。横向的梁弯曲由此产生。

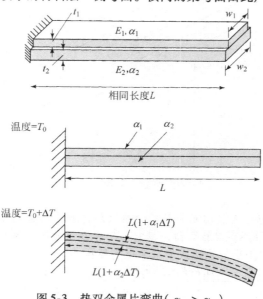

图 5-3 热双金属片弯曲（$\alpha_1 > \alpha_2$）

下面我们将分析如何来计算双金属梁的位移。在均匀温度变化 ΔT 的作用下，梁发生弯曲并呈现出弧形的形状，弧长为 L。圆弧的曲率半径 r 可由下面公式推得：

$$\frac{1}{r} = \frac{6w_1w_2E_1E_2t_1t_2(t_1 + t_2)(\alpha_1 - \alpha_2)\Delta T}{(w_1E_1t_1^2)^2 + (w_2E_2t_2^2)^2 + 2w_1w_2E_1E_2t_1t_2(2t_1^2 + 3t_1t_2 + 2t_2^2)} \tag{5-14}$$

此圆弧是圆的一部分，曲率半径是 r，弧度为 θ。

θ 值由下式给出：

$$\theta = \frac{l}{r} \tag{5-15}$$

一旦求得了曲率半径值，梁自由端的垂直位移可根据图 5-4 中的三角形得到。

悬臂梁自由端的垂直位移是：

$$d = r - r\cos\theta \tag{5-16}$$

如果总的弯曲角度很小，则用 $\cos\theta$ 泰勒展开式的前两项来代替 $\cos\theta$，这样近似得到垂直位移的大小：

$$d = r - r\left(1 - \frac{1}{2}\theta^2 + O(\theta^4)\right) \approx \frac{1}{2}r\theta^2 \tag{5-17}$$

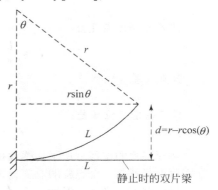

图 5-4 弯梁的几何图

例题5.2 （**热双层片执行器的位移**） 一个双层片悬臂梁由不同长度的两层构成。上面一层由铝制成（材料2），而下面一层由氮化硅制成（材料1）。两层的宽度均为$20\mu m$。A点到B点的长度为$100\mu m$，从B点到C点的长度也是$100\mu m$。铝和氮化硅的杨氏模量分别是$E_2 = 70GPa$、$E_1 = 250GPa$。铝和氮化硅的厚度分别是$t_2 = 0.5\mu m$、$t_1 = 1\mu m$。铝和氮化硅的热膨胀系数分别是$\alpha_2 = 25 \times 10^{-6}/℃$、$\alpha_1 = 3 \times 10^{-6}/℃$。在室温下，悬臂梁是直的。

相对于室温，梁均匀加热20℃，求悬臂梁的曲率半径（r）以及自由端的垂直位移量。

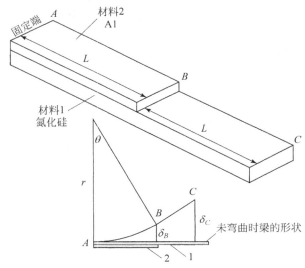

解：这个复合梁有两段。A点到B点这段受热双层片效应的影响而弯曲。B点到C点这段仅由单一的材料层构成，这段不会自行弯曲，但它会随着B点发生的弯曲而弯曲。

对于AB段，我们可用下面的表达式来求曲率半径：

$$\frac{1}{r} = \frac{6w_1w_2E_1E_2t_1t_2(t_1 + t_2)(\alpha_1 - \alpha_2)\Delta T}{(w_1E_1t_1^2)^2 + (w_2E_2t_2^2)^2 + 2w_1w_2E_1E_2t_1t_2(2t_1^2 + 3t_1t_2 + 2t_2^2)}$$

$$= \frac{6(400 \times 10^{-12})(70 \times 250 \times 10^{18})0.5 \times 10^{-12}(1.5 \times 10^{-6})(22 \times 10^{-6})20}{2.5 \times 10^{-11} + 1.225 \times 10^{-13} + 7(4 \times 10^{-12})}$$

$$= \frac{1.386 \times 10^{-8}}{5.3 \times 10^{-11}} = 260.9 \mathrm{m^{-1}}$$

AB段的曲率半径是

$$r = 0.003\ 83\mathrm{m}$$

圆弧部分的角度为：

$$\theta = \frac{L}{r} = \frac{0.0001}{0.003\ 83} = 0.026\mathrm{rad} = 1.49°$$

B点的垂直位移是：

$$\delta_B = r - r\cos(\theta) = 1.3 \times 10^{-6}\mathrm{m}$$

C点的垂直位移是：

$$\delta_C = \delta_B + L\sin(\theta) = 3.9 \times 10^{-6}\mathrm{m}$$

热双层片的位移可用于传感和执行中。实际上，许多常用的机电恒温器都运用了这一原理。常用恒温器就是一个螺旋的双层金属线圈。卷丝梁的末端与继电器连接在一起，继电器是含水银的密封玻璃管。当环境温度改变时，线圈的末端倾斜并触发水银滴继电器的移动，从而控制加热/冷却电路中的电流。

5.5节将讨论微机械加工双层片温度传感器的一些例子。本节剩余的部分将着重讨论热双层片执行器。

作为执行器的一部分，热双层材料梁会产生角位移和线性位移。如果将我们迄今为止学到的两种执行方法即静电执行和热执行作比较，那将会很有意义。这两种执行方式的热双金属片执行器常用于 MEMS 中。表 5-4 总结了两种方法的优缺点。

表 5-4　静电和热双层片执行的特点

	静 电 执 行	热 双 层 片 执 行
优点	1. 在低频时低功耗 2. 很快的响应速度	1. 较大的运动范围 2. 同等位移下较小的覆盖面积
缺点	1. 较小的运动范围 2. 需要大的面积和覆盖区以产生较大的力和位移	1. 因用电流产生欧姆热，工作功率较高 2. 因时间常数受制于加热和散热，响应速度较慢

下面将讨论热双层金属执行器的两个实例，两者都用于输送微小物体。实例 5.1 中的执行器不含用于控制的集成电路，但实例 5.2 中的执行器是用电路集成的。

实例 5.1　双层片人工纤毛执行器

在微电子的制造过程中，微小物体的操作和组装，例如从圆片上划割下的芯片，是高强度人力劳动且效率低。在生产线上需要一种技术来传输和定向小芯片。人们已经开发了热执行器阵列模仿生物纤毛来携带并在平面上横向输送微小物体[9]。如图 5-5，离面纤毛支撑着一个物体。这些执行器被分成有相位差的两组。以某种时钟频率将功率加在这两组执行器上。

在循环的开始，两组执行器都抬高以举起微小的物体（图 5-5a）。其中一组先执行并先降低（图 5-5b），另一组后降低，这样导致它携带的物体向前移动一小段（图 5-5c）。先降低的一组将先回到提升的位置，使物体再次向前移动一小段距离（图 5-5d）。接着，第二组执行器也提高，系统回到初始的位置。第一组的执行器被释放，而完成一个循环（图 5-5e）。通过一个周期，物体向前移动了一小段距离。而物体长距离地移动可通过重复循环实现。

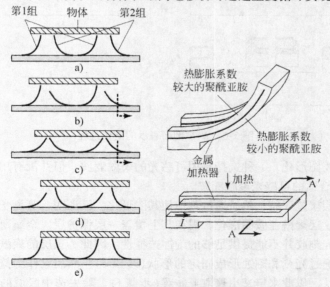

图 5-5　传送物体的人工纤毛阵列

每个纤毛都是一个弯曲的双层片悬臂梁：长 500μm，宽 100μm，厚 6μm（图 5-5）。悬臂梁的俯视图给出了一个折叠的线圈，每个线圈的引线电阻为 30～50Ω。截面包含三种主要层——

有较大热膨胀系数的聚酰亚胺层、金丝加热器和有较小热膨胀系数的底层聚酰亚胺层。聚酰亚胺层和金属层由于本征张应力在静止时使纤毛的末端提高了 $250\mu m$。当电流流过电阻时，金层和聚酰亚胺层被加热。因为顶部的聚酰亚胺层热膨胀系数较大，悬臂梁向下弯曲，这样达到了较大的位移。例如，当加上 $22.5mA$ 的驱动电流，将产生 $250\mu m$ 的垂直位移和 $80\mu m$ 的水平位移，这时每个执行器会有 $33mW$ 的功耗。

制作过程可在裸硅或玻璃圆片上实现。制作过程分为四步（图 5-6）：首先淀积一层 $1.6\mu m$ 厚的 Al 薄膜作为牺牲层（步骤 a）；然后旋涂并光刻一层 $2.2\mu m$ 厚的聚酰亚胺薄膜（步骤 b）；接着通过蒸发和湿法刻蚀形成一定形状的金属薄膜（200nm 厚的金和 100nm 厚的镍）（步骤 c），金和聚酰亚胺之间的黏附力通过镍黏附层而加强；最后再旋涂一层 $3.6\mu m$ 厚的聚酰亚胺（步骤 d）。

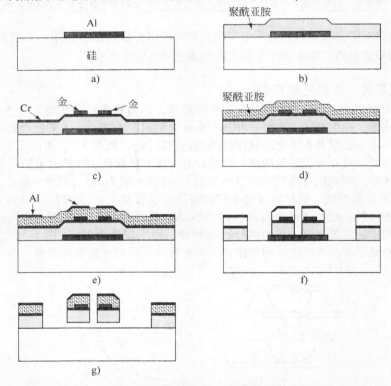

图 5-6　A-A'剖面表示的制作过程

聚酰亚胺层需要图形化，一种选择是用可感光的聚酰亚胺，但并没有用这种方法，可能是因为找不到 TCE 值合适的可感光聚酰亚胺。

这里先淀积一层聚酰亚胺，然后通过刻蚀使其图形化。已证明，等离子刻蚀是侧向刻蚀最小的方法。为了使这层聚酰亚胺图形化，需在其上覆盖一层保护层。金属薄膜和光刻胶都可作为保护层。然而，光刻胶并不能提供足够的刻蚀选择性。因此，顶层的聚酰亚胺涂上一层金属薄膜。此薄膜金属通过光刻和刻蚀形成固定的形状（步骤 e）。然后它作为掩膜层，用氧等离子体来刻蚀聚酰亚胺层，以此来定义出聚酰亚胺梁（步骤 f）。除去选中区域的牺牲层以释放聚酰亚胺梁（步骤 g）。

人们已经成功研制出每个执行器在 4mW 的输入下以 $27\sim500\mu m/s$ 速度运输 2.4mg 硅晶片的纤毛阵列。

实例5.2 用于运输物体的双层片执行器

纤毛执行器在每一循环的大部分时间保持在下面的位置。实例5.1中讨论的纤毛运输芯片要求恒定功率输入以保持纤毛在下面的位置。这就会造成相当大的功耗。

之后的研究者开发了用于在二维平面内运输物体的热执行器[10]（图5-7）。每个刮板形纤毛执行器包含一个金属电阻加热器和一个薄膜电极板。这两种有着不同热膨胀系数的材料都是聚合物，其中一种聚合物是 TCE 值为 $2.0 \times 10^{-6}/℃$ 的 PIQ-L200，另一种是 TCE 值为 $54 \times 10^{-6}/℃$ 的 PIQ-3200。金属薄膜夹在两层聚酰亚胺之间，用做加热器和平行板电容的一个电极。相对的电极放在衬底上。

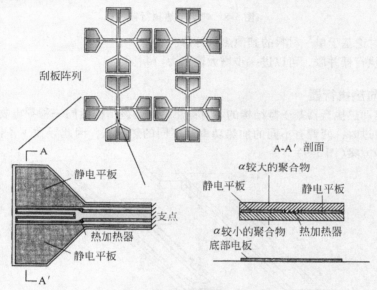

图 5-7   聚酰亚胺热执行器

在不加功率时，每个刮板因材料的本征应力而离面弯曲。一旦应用欧姆加热，刮板会向衬底弯曲。用静电执行来取代采用固定电流来保持纤毛在下面的方式，以此来保持住刮板的位置。当刮板平行于衬底平面时，电极最邻近，因此静电力最大。静电力对静止位置的保持是非常有效的，并且不消耗任何能量。

之后，该研究小组改变了热操作器的尺寸，并与 CMOS 电子控制器一起集成在衬底上[11]，每个执行器设计都比上一代的设计简单——用于静电保持的电极被移去，或许是因为将大覆盖区的平行板电容器集成到 CMOS 芯片上很昂贵。加热器由每个电阻都为 $1k\Omega$ 的 Ti-W 加热电阻器构成。若输入 $35 \sim 38mW$ 的直流功率，则产生 $95\mu m$ 的垂直位移和 $17\mu m$ 的横向位移。将阵列进行编程以完成线性和斜向的平移并可挤压、居中及旋转控制不同形状的硅片。在 2010 年，人们已经基于热执行器原理开发出了微机器人[12]。

5.2.2 单一材料组成的热执行器

热双层片的弯曲很容易产生离面线性位移或角位移。如果分层的热双层片材料堆在垂直的表面上，那就可以产生面内位移。然而，这种堆叠结构的制作是相当困难的。

人们已经证实可以用基于单一材料的热执行器来产生面内位移，例如弯梁电热执行器[13]。图5-8是典型弯梁执行器的示意图。弯梁由掺杂到某一浓度的硅制成，并作为欧姆加热器。流经弯梁的电流致使两分支膨胀，导致顶端向横向方向移动。在低于 12V 的驱动电压下，梁可产生大约 1～10nN 的峰值输出力。对长 410μm、宽 6μm、厚 3μm 的梁，在 79mW 输入功率下，会产生大约 10μm 的静态位移。

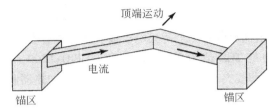

图 5-8　弯梁电热执行器

实例 5.3 将讨论基于单一材料的其他热执行器。

通过将多个执行器并联，可以进一步增大输出力[14]。

实例 5.3　横向热执行器

一些横向驱动热执行器基于微结构的不对称热膨胀，该结构由同一种导电材料制成的两臂构成。在电流通过时，两臂有不同的加热功率和不同的热膨胀，因此导致了不同的纵向膨胀。下面将阐述两种方案(图 5-9)。

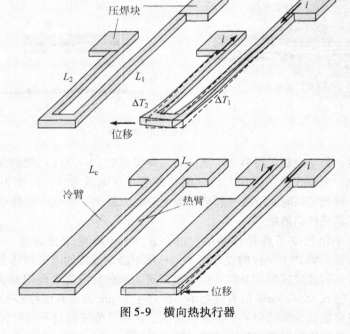

图 5-9　横向热执行器

1)执行器包含了两个有相同截面但长度不同的梁[15]。较长的臂有较大的电阻和热阻。在回路中通过相同电流时，较长臂将产生更高的温度且膨胀更大，致使顶端向短臂方向弯曲。对长臂为 500μm、短臂为 300μm、臂的宽度和厚度分别是 2.8μm 和 2μm 的执行器，14V 的外加电压可产生 9μm 的横向位移。臂的电阻率、杨氏模量、泊松比和密度分别为 $5 \times 10^{-6} \Omega \cdot cm$、150GPa、0.066 和 232kg/m³。

2)执行器包含了两个长度相同但截面不同的梁[16~19]。截面积较小的臂称为热臂，截面积较大的臂称为冷臂。在相同电流下，热臂达到较高的温度，因而产生更大的线性膨胀。对 2.5μm 宽、240μm 长的热臂和 16μm 宽、200μm 长的冷臂构成的执行器，在 3V 和 3.5mA 的作用下，对 2μm 厚的多晶硅，可使执行器产生 16μm 的位移。已经建立了执行器模型[19]。热执行器可连在一起产生较大的力从而在诸如光学对准器等中广泛应用[17]。

5.3 热电偶

1823 年，德国物理学家 Seebeck 发现：在两种不同材料的导体回路中，当两材料节点处的温度高于室温时，可在回路中产生电压(图 5-10a 和图 5-10b)。如果此回路是闭合的，电压可用来维持电流。(事实上，只有在电流能使附近的磁性指南针倾斜时才注意到电压。)

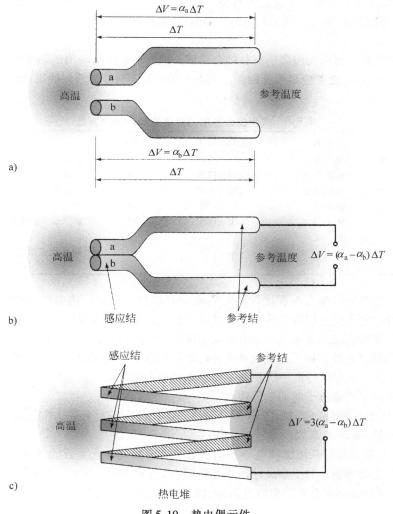

图 5-10　热电偶元件

由不同材料制成的两段引线结合在一点构成了**热电偶**。热电偶最常用于测量结合的敏感点和参考点之间的温差。根据两结之间的温度梯度，热电偶也可用来发电。

Seebeck 测试了许多材料，包括常见的半导体 ZnSb 和 PbS。当加上温差 ΔT 时，会伴随产生电压 ΔV。他发现开路电压线性正比于温差。Seebeck 系数定义为产生的开路电压与温差之比：

$$\alpha_s = \frac{\Delta V}{\Delta T} \tag{5-18}$$

其中，α_s 是热电偶的 **Seebeck 系数**，是两种材料结合的特有参数。Seebeck 系数也可称为热电功率或热功率。

为什么热电偶必须包含两种不同的材料？尽管在单金属片两端（结点）存在温差时，理论上也能表现出电压差，但此电压不容易测量或使用，这是因为必须用另一片导电材料来探测或传导此电压，所以，该导线也会显示 Seebeck 效应。如果此导电材料和用于测试的导电材料相同，则在参考结点处将检测不出电压差，因为两片的 Seebeck 电压相互抵消。因此，需用两片不同的金属以在参考结点处产生开路电压。

Seebeck 系数实际上与单个金属元件有关。假设图 5-10 中热电偶的两种构成材料（a 和 b）的 Seebeck 系数分别记为 α_a 和 α_b，则热电偶的 Seebeck 系数定义为：

$$\alpha_{ab} = \alpha_a - \alpha_b \tag{5-19}$$

虽然热电偶理论上可由无限多的材料结合构成，但大多数广泛应用的热电偶是有限的并且已被很好地表征。α_a 和 α_b 之差应尽可能的大。表 5-5 列出了一些经常遇到的工业热电偶材料的构成和特性。

表 5-5 常用工业热电偶材料的 Seebeck 系数

类型	材料 1	材料 2	温度范围/℃	灵敏度/(μV/℃)	注释
E	镍铬合金	铜镍合金	$-270 \sim 900$	68	高灵敏度，非磁性
J	铁	铜镍合金	$-210 \sim 1200$	55	窄温度范围
K	镍铬合金	镍铝合金	$-270 \sim 1250$	41	低成本，通用
T	铜	铜镍合金	$-270 \sim 400$	55	窄温度范围
R	铂	铑 13%铑	$-50 \sim 1450$	10	低灵敏度，高成本，适合高温测量
S	铂	铑 6%铑	$-50 \sim 1450$	10	和 R 类型相同

与热阻和其他温度传感方法相比，热电偶有一些独特的优点。热电偶的输出没有失调和漂移。除了光之外，它不受任何物理或化学信号的干扰。热电偶不需要加电压，而是自供电的。

半导体材料常表现出比金属大的热电效应 [18]。对于非简并硅，Seebeck 系数由三个主要效应决定：1）随着温度升高，掺了杂质的硅更接近本征状态；2）随着温度升高，载流子的平均速度更大，导致载流子在半导体冷的一边积累；3）硅内的温差使声子从热端到冷端净流动。在特定的条件下可产生从声子到载流子的动量传输。

掺杂单晶硅[21]和多晶硅[22，23]都是制作热电偶的可选材料。人们已表征了不同掺杂浓度和掺杂类型下的 Seebeck 系数。

硅的 Seebeck 系数是掺杂浓度和电导率的函数。对单晶硅，此系数大约为 -1000μV/K，大大高于列表中各金属的值。对于多晶硅，体电阻率为 $10\mu\Omega$m 时，Seebeck 系数近似为 100μV/K。在实际设计中，将 Seebeck 系数简单地近似为电阻率的函数，因此有：

$$\alpha_s = \frac{26k}{q}\ln(\rho/\rho_0)$$

式中，ρ_0 是参考热阻率（$5 \times 10^{-4}\Omega \cdot$cm）；$k$ 是 Boltzmann 常数；q 是电子电荷。

当多个热电偶以端对端的形式相连接并且热结和冷结对准时，热电偶的输出电压增大，此结构成为**热电堆**(图 5-10c)。这类似于许多电池串联在一起以提供更大的输出电压。热电偶总的输出电压等于单个热电偶的值乘以系统中热电偶的数目。

基于许多材料的微机械热电偶已用于温度敏感[20]。例如，表面微机械加工扫描热电偶探针用下面的热电偶材料制成：Ni 和 W(每个结的 Seebeck 系数为 22.5 μV/K)、镍铬合金和镍铝合金(每个结的 Seebeck 系数为 37.5 μV/K)[24]。用 Au-Ni(每个结为 14 μV/K)和 Au-Pt(每个结为 5μV/K)之间的结也制成了热电偶探针。在很多情况下，热电功率比相应体材料的值低[25]。

值得注意的是，Seebeck 效应属于热电效应大家族。Seebeck 效应发现后的十年，法国科学家 Peltier 发现了相似现象。他发现电子在固体中传输时，可将热量从材料的一端传输到另一端。之后，Lenz 解释了 Peltier 效应的真正本质。由于电流流动，热量在两导体连接处产生或被吸收。Lenz 还证实了在铋锑结处冷冻一滴水，并通过反向电流来融化冰。

在 Peltier 热电器件中，是载流子将热量从材料的一端输送到另一端。特定材料中热流和电流的比值称为 Peltier 系数 Π。实际上，Peltier 系数和 Seebeck 系数是相关的，

$$\Pi = \alpha_s T \tag{5-20}$$

式中，T 是绝对温度值。

5.4　热电阻器

电阻的阻值是电阻率 ρ 和其尺寸的函数，尺寸包括长度 l 和截面积 A，表达式如下：

$$R = \rho \frac{l}{A} \tag{5-21}$$

电阻率和尺寸都是温度的函数。因此，阻值对温度是敏感的。**热电阻**是具有明显温度灵敏性的电阻。

热电阻的阻值 R 和环境温度有关，关系式如下：

$$R_T = R_0(1 + \alpha_R(T - T_0)) \tag{5-22}$$

R_T 和 R_0 分别是温度 T 和 T_0 时的电阻，α_R 称为**电阻温度系数**(TCR)。温度范围较小时，此方程式成立。如果温差较大，要得到 R_T 的精确表达式，需考虑非线性项。

热电阻可由金属或半导体构成。在这两种情况下，热电阻的尺寸都随温度而变化。金属和半导体的电阻率都随温度而变化，但是金属和半导体中的变化规律是完全不同的。对于金属热电阻，温度升高会引起晶格振动的加强，这将阻止载流子的移动。而对于半导体，温度影响晶格间距，从而影响载流子的有效质量和迁移率。对半导体热电阻器，电阻率和温度的关系受掺杂浓度和掺杂类型的影响。

金属用作热电阻器是因为它加工简单。铂广泛用作热电阻材料是因为电阻率和温度呈非常好的线性关系，它有相当大的 TCR(39.2×10^{-4}/K)但电阻率较低，这将限制它在微型器件中的应用，因为产生可观的基本电阻 R_0 需要大的尺寸比(长比宽)。

常用的**热敏电阻器**是指半导体热敏电阻。半导体热敏电阻器具有大的电阻率和易于小型化的优点。然而，它的 TCR 低于金属。掺杂多晶硅常用于温度敏感的热电阻元件。它的 TCR 值依赖于掺杂浓度[26]。当掺杂浓度从 $10^{18}\,cm^{-3}$ 变化到 $10^{20}\,cm^{-3}$ 时，p 型掺杂多晶硅 TCR 值的变化范围是 0.1%/℃ ~ 0.4%/℃[27]。

例题 5.3（**热敏电阻器的电阻**）　一热电阻由 p 型掺杂多晶硅制成，其标称电阻值(R_0)为 2kΩ。假设材料的 TCR 值为 100×10^{-6}/℃。求高于环境温度 50℃ 时器件的电阻。

解：根据给出的电阻温度系数，高于室温 50℃ 时器件的电阻值为

$$R = R_0(1 + \alpha_R \Delta T) = 2000 \times (1 + 100 \times 10^{-6} \times 50) = 2010\Omega$$

通过加热电阻器，用温度控制平台和监控电阻值的方法，可简单地测量电阻温度系数。平台

的温度应以较小的增长量缓慢地增加，这样在增加期间留有足够的时间以保证热平衡。在实验中的电压和电流都需保持较低值，可降低电加热能量的贡献。

用来探测热电阻器阻值的电流和电压也会给其带来热量，此现象称为**自加热**。在电流 I 下，其加热功率为：

$$P = I^2R \tag{5-23}$$

由探测电流引起的自加热可改变热电阻的温度和热电阻值。

自加热状态下的温度及热电阻值取决于热输入和耗散的速率。欧姆加热能量可通过传导和对流耗散出去。如果对流热量损失占主要地位，自加热热电阻可用来测量对流热损失速率和流速，这就形成了热线风速计测量的基础，将在实例 5.6 中进一步讨论[3]。在流速为零时，加热的热电阻线温度达到稳定值。当热电阻线受流体影响时，热量以对流的形式从元件中流出，从而降低了温度。通过测量实时电阻值可得到传感元件的温度变化。相似地，自加热效应可用来测量界面层的流动剪切应力（实例 5.7）[28，29]。

热电阻的阻值易从电流 – 电压（I-V）特性中得到。根据欧姆定律，热电阻中的电流随着输入电压的增大而线性增大。我们经常会遇到线性的电流-电压图，I-V 特性曲线的斜率是电阻值的倒数。

如果发生自加热，热电阻的阻值会变化。因此，I-V 曲线的斜率会改变。如果热电阻的 TCR 值为正值，则热电阻值会随着输入电压的提高而增大。图 5-11 显示了 TCR > 0 时的典型热电阻 I-V 曲线。在大电压输入时，I-V 曲线的斜率会因自加热而降低。相反地，如果热电阻的 TCR 值为负值，在大电压输入时，I-V 曲线的斜率会增大。

热电阻 I-V 曲线的弯曲程度与热绝缘有关。对两个同样的热电阻，在给定的电压下（自加热），热绝缘较好的一个将达到更高的温度和更大的热电阻变化；相反地，热绝缘较差的器件平衡温度较低，它的 I-V 曲线的弯曲程度较小。（I-V 曲线的弯曲不能在分立的体热电阻器中注意到，这其中的原因部分归结于这些热电阻通常根本不进行热绝缘。）

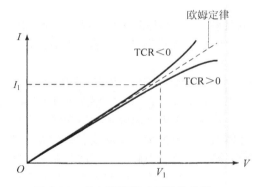

图 5-11 热电阻器的 I-V 特性曲线

5.5 应用

热传递原理可用于测量各种物理量，包括加速度、位置、位移、流速。在本节中我们讨论一些传感器的代表性实例。

5.5.1 惯性传感器

几乎所有的加速度计都用压阻或者电容式传感原理来探测质量块的移动。压阻加速度计表现出明显的温度特性，而电容加速度计具有电磁干扰的问题。另一方面，热加速度计将位移转变为温度或热流的变化。这里我们将讨论两个热加速度计的例子：一个基于可动质量块（实例 5.4），另一个没有可动质量块（实例 5.5）。

实例 5.4 基于热传递原理的加速度计

图 5-12 显示了有可动硅质量块的热加速度计[30]。它包括温度为 T 的热源（由加热电阻实现）和温度为 T_0 的热沉（封装体）。两个基于热电堆原理的温度传感器相对于加热器对称分布。加热器和温度传感器放置在薄膜上，这就限制了到封装架（热沉）的横向热流。薄膜结构增加了热阻值，并使加热器达到可观的温度而不浪费加热功率。

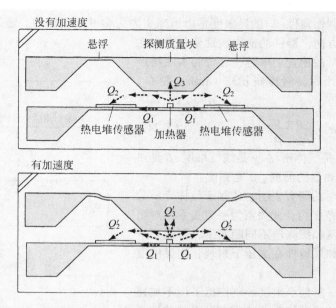

图 5-12　有可动质量块的热加速度计原理

在图中横向热流以 Q_1 标出。加热器产生的热量也通过空气间隙传递到其上的悬浮探测质量块上（Q_3）。除此之外，热量也通过空气热传导传递到热电堆传感器上（Q_2）。当外加的加速度为零时，给定了热耗散后，热电堆的温度可达到稳定值。

外加的加速度导致质量块和加热器之间的相对距离改变。如果距离减小，正如图 5-12 所示，热流量 Q_2 和 Q_3 相对于 Q_1 增大了，改变了稳态温度的分布并改变了热电堆的读数。

在参考文献[30]中，已经推导出在薄膜给定位置处的温度表达式，此表达式是质量块和薄膜间距离的函数，但是精度并没有验证。器件的温度灵敏度相对较低。根据研究结果，在温度变化范围为 20℃ ~ 100℃ 时，没有质量块的热电堆输出仅仅变化了 1%。如果有更好的材料选择和更好的设计，肯定有改进的余地。传感器的灵敏度为 9 ~ 25mV/g，敏感范围为 0.4 ~ 0.8g（较窄），频响可到 300Hz。

实例 5.5　没有可动质量块的热加速度计

几乎所有现存的 MEMS 加速度计都包括可动的惯性质量块。一种简单的没有可动质量块的加速度计传感器已经制造出来了。该设计成为 MEMSIC 公司（一个基于无圆片制造模式的 MEMS 公司）的基础。在第 15 章中，我们可了解一些更多的关于 MEMSIC 传感器的详细讨论。如图 5-13 所示，该器件包括一个欧姆加热器和至少两个关于加热器对称放置的温度传感器[31]。芯片放在内有空气的气密封装体里。加热器将空气加热。在静止状态下，热气囊的空间分布是对称的，这样两个温度传感器产生了相同的温度读数。如果在陶瓷封装体上加上加速度，芯片将沿着外加加速度的方向作轻微移动。因为惯性，气团将落在后面，导致了空气中温度分布不对称，两个温度传感器的读数将变得不相同，温度之差与外加加速度的大小对应。

这种原理已通过微制造技术[2]实现并和全 CMOS 电路工艺[32]集成。加热器和传感器制作在半导体衬底上，带有信号预调理电路和处理电路。加热器和温度传感器的制作过程和集成电路是高度兼容的，不需要任何可动部分。

第一个这种微制作器件[2]的灵敏度是以地球引力为参考来表征的。通过改变器件灵敏轴相对于地心引力的方向，器件的输出线性变化。当在大气压力下加20mW的偏置功率时，等价的本底噪声为0.5mg。加速度计的灵敏度正比于Grashof数Gr，Gr的表达式如下：

$$Gr = \frac{a\rho^2\chi^3\beta(\Delta T)}{\mu^2} \qquad (5\text{-}24)$$

这里a是加速度、ρ是气体密度、χ是线性维度、β是热膨胀系数、ΔT是加热器的温度、μ是黏度。

关于灵敏度之后的研究表明它依赖于气体介质的压力[33]。在低压范围内，此关系为平方关系。对更大的压力，在加热器和探测器不同距离下，可得到不同的最佳灵敏度。如果器件在高压下封装，则灵敏度会增加一千倍。

基于类似设计，其他小组已经制作出了用于加速度或倾斜度探测的传感器[32]，在直到几百赫兹的工作频率下，测得传感器的灵敏度是$115\mu V/g$（对于热电堆结构）和$25\mu V/g$（对于热敏电阻结构）。

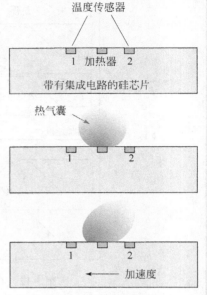

图5-13　基于热传递原理的加速度计

5.5.2　流量传感器

由于流体流动引起的质量传递和热量传递密切相关。基于热传递原理的流量传感器非常普遍。我们将讨论热线式风速计，风速计将通过它们产生的热对流传递效应来测量流速（实例5.6）。另一方面，在衬底表面上的热线式单元可测量流动剪切应力。实例5.7讨论基于热传递原理的表面微机械加工剪切应力传感器。对这个器件的讨论也导致了对试验技术的描述，此技术用来测量和微机械结构有关的热阻。

实例5.6　热线式风速计

热线式风速计（HWA）是用来测量液体流动速度的一种成熟技术。它利用了热元件，该元件既作为热电阻加热器，又作为温度传感器。热电阻器工作时偏置在自加热区，其温度和阻值随着液体流动的速度而改变。

HWA之所以受到关注是因为它成本低、响应速度快（在千赫兹范围内）、尺寸小及噪声低。传统的HWA传感器是单个装配的，由铂或钨制成的细导线安装在支撑插脚上。导线可以减薄（例如，放在酸溶液中刻蚀）到所要求的尺寸（通常长为几毫米，直径为数微米）。然后将传感器的有源部分放置在加了电的连接探针上以便于操作。图5-14显示了典型器件的简化图。但是传统的HWA有两个主要缺点：第一，制作过程和装配过程很精细，不能保证性能的一致性；第二，要形成用来测量流场分布的大HWA阵列是非常难的。

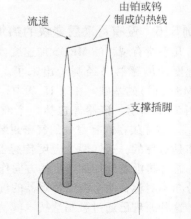

图5-14　传统热线风速计的原理图

参考文献[34]开展了相关研究，以降低 HWA 成本，高效率制造 HWA 并在柔性基板上制造阵列化 HWA。

有两种方法可用来实现这些目标。第一种方法是用表面微机械加工和三维组装方法相结合的方法来制造 HWA 传感器。这样就避免了使用体微机械加工的方法，因为这种方法需要相对较长的刻蚀时间和复杂的加工工艺。用各向异性湿法刻蚀剂进行体刻蚀经常会面临材料兼容性问题，因为给定衬底上的所有材料都要求承受长时间（数个小时来刻穿典型的硅晶片）的湿法刻蚀。参考文献[34]中报道的方法实现了更有效的装配，并且可使 HWA 形成大阵列。第二种方法是用薄膜金属而不是多晶硅制成热线。因不需要硅体（作为衬底）或薄膜（作为热线），因此能降低成本。由于消除了硅掺杂和体刻蚀的步骤，故制作工艺可用更有效的方法来实现。

图 5-15 给出了新型离面风速计的原理图。热元件从衬底提升到预定高度，即与支撑插脚的长度相一致。通过将热元件从速度边界层底部提升上来，热元件经受到更大的流体速度并有更高的灵敏度。热元件也通过支撑插脚将电引线连接到衬底上。

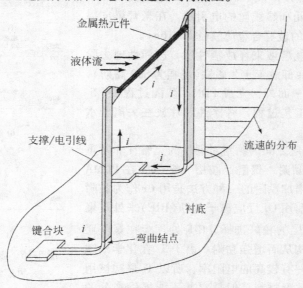

金属热元件

液体流

支撑/电引线

流速的分布

衬底

键合块

弯曲结点

图 5-15　单个离面 HWA 的示意图

热线是由温度敏感金属薄膜制成的。用聚酰亚胺层来做支撑层是因为它可以在不增加截面积和热导率的情况下，给热线提供必需的结构硬度。聚酰亚胺的热导率很低，几乎比金属（如镍）低两个数量级（见表 5-2）。

在该研究工作中，聚酰亚胺薄膜的厚度约为 $2.7\,\mu m$。如果厚度远低于这个值，机械硬度很可能会降低。另一方面，如果厚度远大于此值，由于热质量增加，聚酰亚胺支撑体将会降低 HWA 的响应频率。

制作过程利用了高效的 3D 装配方法，此方法称为塑性变形磁装配（PDMA），在第 11 章和参考文献[35]中作了详细讨论。下面的段落对此方法进行简单讨论。PDMA 工艺利用了表面微机械加工结构，此结构通过锚区固定在衬底上，悬臂梁由韧性金属（如金和铝）材料制成。此微结构附着在电镀铁磁性材料片上（如玻莫合金）。外加磁场时，铁磁性材料被磁化并和磁场相互作用以使微结构弯曲到平面外。如果弯曲量很大，悬臂梁支撑点处会发生塑性变形，从而导致微结构永久性弯曲，即使磁场被撤除弯曲也不能恢复。这种工艺效率很高，可以在圆片上并行实现。

图 5-16 给出了整个制作过程。最初的晶片是硅。但是，如果工艺过程的温度能保持很低，此工艺也可在玻璃或聚合物衬底上进行。首先，蒸镀并图形化铬/铜/钛金属堆层以形成牺牲层（图 5-16a）。10nm 厚的铬薄膜作为黏附层。250Å 厚的钛薄膜降低了 2500Å 厚的铜薄膜在工艺过程中的氧化。旋涂 2.7μm 厚的可光刻聚酰亚胺（HD-4000），通过光刻形成图形，然后在 350℃ 下固化两个小时（图 5-16b）。聚酰亚胺层形成了支撑插脚和热线的一部分。然后蒸发 Cr/Pt/Ni/Pt 薄膜并图形化，形成了热元件（图 5-16c）。作为黏附层的 Cr 薄膜厚度为 200Å。800Å 厚的 Ni 热电阻器夹在两层 200Å 厚的 Pt 薄膜之间，这将会降低工艺过程中 Ni 被氧化的可能性，这是因为 Pt 在高温下惰性相对较大。然后蒸发形成 5000Å 厚的 Cr/Au 薄膜（图 5-16d）作为机械弯曲单元和热线丝的电引线。在悬臂梁支撑插脚部分电镀 4μm 厚的玻莫合金薄膜（图 5-16e）。

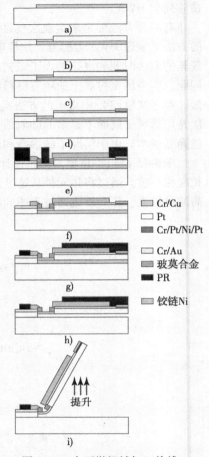

图 5-16　表面微机械加工热线风速计的制作工艺

用醋酸和过氧化氢溶液来释放牺牲层，选择性地去除铜薄膜。通过在衬底底部放置永久磁铁（场强为 800 高斯），将整个传感器提升到平面外，完成 PDMA 装配过程（图 5-16i）。为了完成整个工艺过程，将器件芯片放在去离子水中清洗并烘干。

Au 层和聚酰亚胺层之间的黏附对器件的完整性非常重要。如果没有合适的黏附，聚酰亚胺层和金薄膜在 PDMA 装配过程中会分离。增加黏附的一种方法是用 Cr 作为黏附层，并在金属淀积之前用 O₂ 反应离子刻蚀（RIE）来处理聚酰亚胺层。Cr 是黏附层的较好选择，RIE 处理会在聚酰亚胺表面产生亲水性结构从而增强黏附。由于 Ti 在化学刻蚀剂中有很好的稳定性并有较高的电阻率，所以 Ti 最初被用做 Au 和热线元件的黏附材料，但是它并不能提供充分的黏附。

对于特定的应用，能够使弯曲铰链更强是有利的，这样 HWA 能在高流速下工作。通过电镀金属（图 5-16g），机械硬度得到加强。

表 5-6 总结了该器件中所用材料的热和电学性质。除了聚酰亚胺的热导率引自 HD 微系统公司的产品手册外，其余所有的数值都引自参考文献[36]。在恒定电流和恒温这两种工作模式下，传感器对空气速度的稳态响应都可达到 20m/s。对于较小热质量，已表明频率响应可达 10kHz。

表 5-6　材料性质表

	TCR（×10⁻⁶）	热阻率（Ω/cm）×10⁻⁶	热导率 k（W/cm·℃）
钨	4 500	4.2	1.73
铂	3 927	10.6	0.716
镍	6 900	6.84	0.91
聚酰亚胺（PI 2 611）	—	—	0.001 ~ 0.003 57

实例5.7　热传递剪切应力传感器

边界层的流体剪切应力可用直接和间接的方法测出来。在前面的章节中已经讨论了基于直接测量原理的剪切应力传感器。在后面几章中，我们将讨论一些基于其他位置敏感方法的直接测量剪切应力传感器。

流体剪切应力的间接测量可通过热传递原理来实现。本实例将介绍一种表面微机械加工间接剪切应力传感器的设计、制造和表征[37]。这种传感器由放置在速度边界层底部衬底上的热电阻元件构成。热电阻元件产生的热量散失到液体（通过对流）和衬底（通过传导）中。热量从加热热电阻元件散到移动液体的速率取决于边界层的速度分布。

加热元件也在流体中产生热梯度。热边界层表示为液体中存在温度梯度的区域。在热边界层内，流体温度随着距加热元件距离的增大而降低，一直降低到平均束流时的温度。热边界层和速度边界层的典型分布见图5-17。

在恒定的输入功率下，传感器的稳态温度与热量流失到流体中的速度相对应。通过一些假设，我们可得到剪切应力（τ）和加热电阻器温度之间的解析关系。这些假设包括：1) 热元件的热边界层位于速度边界层内；2) 忽略跨度方向的热传递；3) 自然对流的影响比强迫对流小得多。

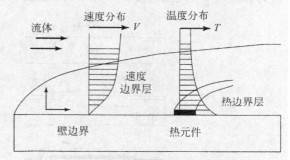

图5-17　速度边界层和热边界层

热电阻元件的温度可从它的瞬时热电阻中得到。温度 T 时的电阻 R 为：

$$R = R_0(1 + \alpha(T - T_0)) \qquad (5\text{-}25)$$

式中 R_0 是室温时的电阻，α 是电阻的 TCR 值。

欧姆加热输入能量的一部分传递到流体中，而其余部分损失到衬底中。能量平衡式如下：

$$i^2 R = \Delta T(A\,(\rho\tau)^{1/3} + B) \qquad (5\text{-}26)$$

式中，$A = 0.807 A_e C_p^{1/3} k_T^{1/3}/L^{1/3}\mu^{1/3}$，$B$ 与到衬底的传导热损失有关。这里，A_e 是热元件的有效面积，C_p 是流体的热容，k_T 是流体的热导率，L 是热电阻流束的长度，μ 是黏度系数。在给定的剪切应力和输入功率下，B 越大，温差（ΔT）越小。由于到衬底热损失的增加会导致低灵敏度和低检测极限，因此在设计时须将流失到衬底的热量最小化。

图5-18 给出了剪切应力传感器的俯视图和侧视图。加热元件和热敏感元件由掺磷的多晶硅制成。电阻器宽 $2\mu m$、厚 $0.45\mu m$，长度可从 $20\mu m$ 变化到 $200\mu m$。电阻被均匀掺杂，形成 $50\,\Omega/\square$ 的较低方块电阻值，对上面所指的电阻长度范围，在室温下典型的电阻值为 $1.25 \sim 5\,k\Omega$。每个电阻都放置在空腔横隔膜的中间，隔膜典型的面积是 $200\mu m \times 200\,\mu m$、厚度为 $1.5\mu m$。

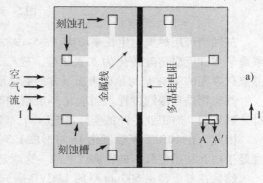

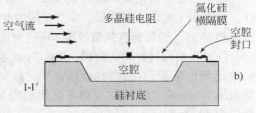

图5-18　热剪切应力传感器的示意图

两条金属化的引线，每条都是 10μm 宽，它们将多晶硅电阻器连接到外部电路上。

这种传感器的新颖性在于横隔膜位于真空腔的顶部，这使得从横隔膜经过空隙到衬底的热传导减小。横隔膜与空腔底部分开的距离近似为 2μm，空腔内的气压低于 300mtorr。此结构特点是提供了热元件和衬底之间的有效热绝缘。

通过增加空腔的深度，热绝缘可得到进一步改进，这样就增加了从横隔膜到衬底的热阻。但是这将使制造过程更加复杂。

图 5-19 给出了微机械加工过程。首先，通过低压化学气相淀积（LPCVD）淀积 0.4μm 厚的氮化硅层并通过光刻来定义空腔的位置和形状。每个空腔都定义为 200μm × 200μm 的方形窗口，窗口内的氮化硅材料通过等离子刻蚀（用 SF_6 气体）去除，将下面的硅衬底暴露出来（图 5-19 中的步骤 1）。通过等离子刻蚀或者各向同性湿法刻蚀使硅片达到特定的深度。每个空腔的理想深度都精确地控制在 0.73μm，此深度是指从氮化硅表面到硅底部表面。

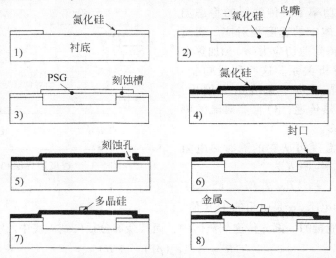

图 5-19　制造过程

刻蚀槽可用热氧化生长来填满（图 5-19 中的步骤 2）。在热氧化过程中，在暴露的窗口中，氧离子和硅反应将硅转化为二氧化硅。硅/二氧化硅界面向衬底内移动。在氧化过程结束时，总氧化厚度的 44% 是初始硅表面下方的氧化形成的。

热氧化是自限制过程。当氧化厚度增加时，氧离子将很难穿透氧化层到达下面的二氧化硅 – 硅界面。对工业生产的实际制造时间，氧化硅的厚度大约为 1.3μm。

因此，在 1050℃ 下热氧化 4h 将形成 1.3μm 厚的氧化硅。大约 0.73μm 或 56% 的氧化层厚度是生成在初始空气 – 硅界面以上的。这就是空腔的深度设计为 0.73μm 的原因。

然后在其上覆盖 500nm 厚的 LPCVD 磷硅玻璃（PSG）牺牲层。再将晶片放在 950℃ 下退火 1h。接着用光刻定义牺牲层，并且在刻蚀空腔上面定义刻蚀槽，这样使 PSG 层图形化（图 5-19 中的步骤 3）。用稀释氢氟酸浸泡 20s 将未掩膜的 PSG 刻除。

除去光刻胶材料后，淀积一层 1.2μm 厚的低应力氮化硅作为横隔膜材料（图 5-19 中的步骤 4）。用 SF6 等离子体选择性地除去氮化硅材料使下面的 PSG 牺牲层暴露出来。用（49%）氢氟酸浸泡 20min 将 PSG 牺牲层和热氧化层完全刻蚀掉。HF 溶液也刻蚀氮化硅，但是速率很低，近似为 40Å/min。

刻蚀后，将晶片完全放在去离子(DI)水中浸泡1h，通过外扩散将空腔中的HF清除掉。然后以7krpm的旋转速度旋转干燥晶片以将空腔里的水去除；接着在对流烘箱中以120℃烘烤1h将空腔内的水汽蒸发掉。

在真空中，近似300mtorr(0.04Pa)和850℃的条件下淀积第二层LPCVD氮化硅层(400nm厚)以密封空腔。因为在烘烤后空腔内还有水分子，因此在淀积开始之前将淀积腔放在600℃的氮气中净化30min。该工艺能在高真空氮淀积开始之前将残余的湿气完全清除掉。

在正面的氮化硅淀积比内部的刻蚀槽更明显。图5-20显示了刻蚀孔入口处的淀积剖面。在低真空下，两淀积正面最终相遇以永久性密封空腔。经实验研究，密封口的性能反映了封口材料(包括氮化硅、多晶硅和LPCVD氧化物)和刻蚀孔尺寸的影响[38]。

为了形成电阻器，在620℃下淀积450nm厚的LPCVD多晶硅层。在该温度下淀积的多晶硅薄膜完全结晶化，晶粒的尺寸大约为600Å。通过磷离子注入来完成多晶硅掺杂，离子注入能量为40keV、剂量为1×10^{16} cm^2。然后晶片放在1000℃下退火1h以激活掺杂剂并减小淀积多晶硅材料中的本征应力。多晶硅薄膜方块电阻为50 Ω/□。然后将多晶硅光刻，并且进行等离子刻蚀以形成单个的电阻器。除去光刻胶材料后，再淀积一层100nm厚的LPCVD氮化硅层钝化多晶硅电阻。该薄膜可

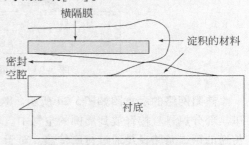

图5-20 刻蚀孔附近的局部截面图(被密封的刻蚀槽窗口如图5-18中的A−A′截面)

防止电阻的长期漂移，这些漂移来源于多晶硅电阻在空气中的自然氧化。

光刻并在等离子中刻蚀出接触孔，从而能穿过最后那层氮化硅，与多晶硅电阻直接相连。最后淀积作为引线的铝并图形化。

图5-21给出了制备器件的显微图。空腔的面积为200μm × 200μm，电阻长40μm、宽2μm。因为空腔保持真空状态，外界大气压力可使横隔膜弯曲以至于通过显微镜可观察到光学干涉图(Newton环)。图5-22是多晶硅电阻的扫描电子显微图。

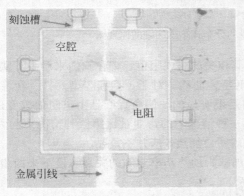 

图5-21 带有密封空腔的剪切应力传感器的光学显微图　图5-22 多晶硅电阻的扫描电子显微图

对传感器的稳态和动态性能进行了测量。对流体的响应也已测量，并和理论模型进行了比较。在恒定电流偏置下，传感器的频率响应是9kHz。

同样已经研制出结构相似但材料不同(例如，聚对二甲苯用做薄膜，金属用做热电阻)的剪切应力传感器[39]。

早前我们提到，I-V 特性曲线可用来测量热电阻器的热电阻。在本节中，我们将用剪切应力传感器和变量来说明这种测量方法。

包括剪切应力传感器热电阻在内的三种热电阻元件的 I-V 特性曲线可通过实验测量出来。三种元件的结构在图 5-23 中给出。第一种称为 1 型元件，正是前面讨论的剪切应力传感器，它是由与体衬底相距 2 μm 的薄横隔膜组成，空腔是在低压力下进行气密封装的。第二种称为 2 型元件，除了空腔内有一个小孔外，其他与第一种相同。因此空腔是放在大气压力下的。第三种加热器直接放在室温体衬底上面。

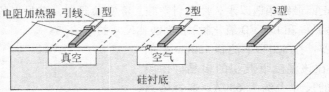

图 5-23　不同热绝缘结构的三种传感器

热阻网络的示意图如图 5-24 所示。欧姆加热产生的热量被释放到上方的空气和下面的衬底里。部分热量直接释放到周围的空气中。对于这三种情况，释放到空气中的热量是相同的。热传递的第二条路径是通过衬底传热。对于 1 型元件，热量需先经过横膈薄膜的传导。因为在低温下空腔密封较好，几乎没有空气分子传导热，所以从空腔到衬底的热传递是最小的。对于 2 型元件，热量可通过空气分子在空腔内传导并传递到衬底上。2 型元件中的热阻应比 1 型元件的小。在第三种情况下，热量直接传递到衬底里，而衬底被认为是热沉，因此热阻可认为是这三种情况中最小的。

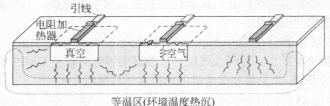

图 5-24　描述热流量路径的分布式热阻网络的原理图

热电阻元件的 I-V 特性曲线可用来定义与其相关的热电阻值。现在我们来看一下实际的实验结果。图 5-25 显示了三种电阻器的典型 I-V 特性曲线。对于 1 型和 2 型元件，在输入功率（电流和电压的乘积）较大时，I-V 曲线的弯曲是很明显的。偏离直线是由电阻值改变造成的，这是在加了测量电压后的欧姆加热引起的。第一种情况下的弯曲量比第二种情况下的大。3 型电阻在测量范围内显示了几乎线性的关系，这表明自加热效应并不重要。

我们可从 I-V 特性曲线中求出热电阻和外加欧姆加热功率之间的关系。接下来的步骤是将 I-V 特性关系转化为温度和功率输入之间的关系。

I-V 曲线上的每个数据点都对应着一个电流 I_d 和一个电压 V_d。对于每个测量点，水平坐标（电压）和垂直坐标（电流）的比值代表了瞬时电阻值，也就是：

$$R_d = \frac{V_d}{I_d} \tag{5-27}$$

另一方面，这两个坐标的乘积就是输入功率的值，即

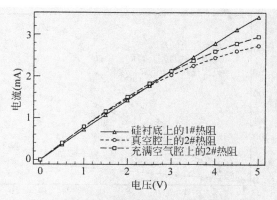

图 5-25 三种情况下的 $I\text{-}V$ 特性曲线

$$P_d = V_d I_d \tag{5-28}$$

因此，我们可逐点地将 $I\text{-}V$ 特性曲线转变为电阻和输入功率之间关系（$R\text{-}P$ 曲线）的曲线（图 5-26）。热电阻随着温度和输入功率的增加而增大；因此，$R\text{-}P$ 曲线应是线性的。自加热效应越大，曲线斜率也越大。对于 1 型器件，因为有真空腔的热隔离，所以图中电阻上升最多，表明其热绝缘最强。

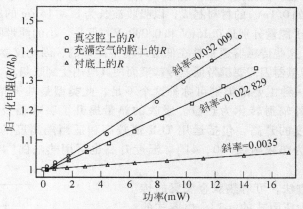

图 5-26 热电阻与功率的关系

如果热电阻器的 TCR 值已知，器件的温度可从它的电阻测量中推得。热电阻和环境之间的温差可从电阻读数中推得，即

$$\Delta T_d = \frac{\dfrac{R_d - R_0}{R_0} - 1}{\alpha_r} \tag{5-29}$$

因此，$R\text{-}P$ 曲线可进一步转化为温度和输入功率之间的关系图（$T\text{-}P$ 曲线，图 5-27）。$T\text{-}P$ 曲线的斜率对应着每种情况下的热电阻值。

2 型器件的热电阻比 3 型器件的大 6.6 倍，这表明薄膜是有用的。1 型器件的热电阻比 3 型器件的大 8.9 倍，这证实了真空密封的优点。

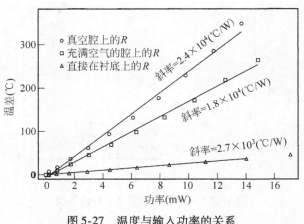

图 5-27   温度与输入功率的关系

5.5.3   红外传感器

热传感器是探测辐射的独特、有用的方法，特别是在红外（IR）谱线范围内更是如此。在本节中，我们将讨论微机械红外探测器，它是许多军用和民用器件的关键技术，包括夜视、环境监控、生物医学诊断和非破坏性测试。红外辐射探测器主要分为两类：光子型和热型。光子型传感器由能带间隙足够小（如 0.1eV）的材料制成，以吸收波长为 8 ~ 14μm 的红外辐射。（与 8μm 和 14μm 波长相对应的光子能量分别是 0.15eV 和 0.089eV。）但是，小的能带间隙使得这些器件很容易受到热噪声的影响。这些传感器通常是在低温环境中冷却的，因此仪器的重量重、复杂性高。许多军用和民用红外传感器因需要携带低温冷却液而使其应用受到限制。

红外传感器的另一种主要的类别可弥补这个不足，此类型是基于光热加热原理，它们通常用热量吸收器将红外辐射转化为热量。吸收的热量提升了吸收器及其载体的温度。有许多方法可用来感应温度的升高，包括运用 TCR 值较高和适当隔离度的热电阻。这构成了一大类红外传感器，称为**热辐射仪**[40，41]。温度升高也可用热电偶[42]和热双金属梁的机械位移探测[41]。

根据测量弯曲的方法，可对热双金属梁的传感器进一步分类，分为压阻式的[43]、电容式的（图 5-28）和光学反射技术[44]。这些传感原理提供的噪声等效温差（NETD）和低温冷却红外探测器（3mK）的大致相同[45，46]。和红外吸收器相关的双金属梁要有很大的热阻，即长度很长、截面积很小。用微机械加工技术来实现这类传感器是很理想的。为了达到探测的理论极限，必须对热双金属梁进行优化，参数包括噪声、热隔离度和响应速度[47]。

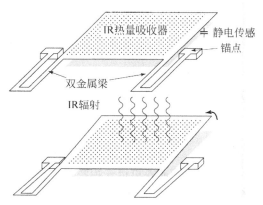

图 5-28   基于电容敏感的红外传感器：吸收 IR

能量引起了温度变化，从而引起热双金属梁弯曲，由吸收热量引起的弯曲可用很多方法测出来。实例 5.8 将讨论热双金属梁和光学读出的红外传感器。

实例5.8　用于红外敏感的双金属结构

有独特光读出器的微光机械红外接收器包含焦平面阵列（FPA）。阵列中的每个像素都由双层材料悬臂梁和大平板构成，见图5-28[46]。每个悬臂梁吸收了入射的 IR 辐射后，温度会上升，导致了双金属梁的弯曲。光学系统可用于同时测量 FPA 中所有悬臂梁的弯曲，并投影出因反射弯曲平面而形成的可视图像。运用这样的阵列，IR 景象可直接转换为可见光谱中的投影图像。直观的光学读出消除了对电路和金属引线的需要。

每个像素包含的平板由两层制成：氮化硅和金（图5-29）。氮化硅的吸收峰值范围为 8 ~ 14μm 。它的热导率和热膨胀系数都比金小得多。另一方面，金常用作可见光的反射器。悬臂梁的总长度为 200μm 。

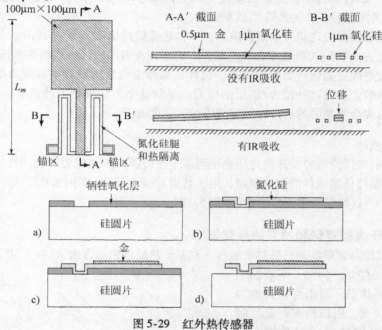

图 5-29　红外热传感器

支撑梁的设计需要考虑如下一些主要的性能：

1）吸收器和衬底间的热隔离应尽可能地大。

2）薄膜本征应力引起的梁弯曲应尽可能地小，这样可使悬臂梁在零输入下尽可能地平整。

3）位移对温度变化的灵敏度应尽可能地大。

我们来更仔细地考察热阻的设计。在设计每个像素时，对于给定的 IR 通量（$q[\text{W/m}^2]$）和面积 A，每个像素的高热阻应能使每个梁的温度升高达到最大。假设 IR 能量被 100% 吸收，温度升高为：

$$\Delta T = (qA)R_T \tag{5-30}$$

式中 R_T 是每个吸收板的有效热阻。从 IR 吸收器到环境之间的有效热阻包括并联相连的三个部分：1）与悬臂梁有关的热阻（$R_{T,l}$）；2）通过周围空气的传导（$R_{T,g}$）；3）与辐射有关的热阻（$R_{T,r}$）。

悬臂梁由氮化硅制成，并不含任何金属，因此 $R_{T,l}$ 的表达式为：

$$R_{T,l} = \rho_{\text{SiN}} \frac{l}{wt}$$

式中 l、w、t 分别是悬臂梁的长度、宽度和厚度，ρ_{SiN} 是热阻率。

使像素在真空中工作可使与气体传导有关的热损失达到最小。

与辐射有关的热阻率必须考虑在上表面和下表面发生的辐射能量损失。既然辐射能是敏感的重点，那就必须考虑辐射引起的热阻。此薄膜的有效热阻为：

$$R_{T,R} = \frac{\Delta T}{EA} = \frac{\Delta T}{\sigma(\varepsilon_{top} + \varepsilon_{bottom})A\Delta T^4} = \frac{1}{\sigma(\varepsilon_{top} + \varepsilon_{bottom})A\Delta T^3}$$

图 5-29 给出了简化的制造过程。制造过程先从硅圆片开始，硅片掺硼，其电阻率为 10 ~ 20 $\Omega \cdot cm$。第一步是淀积 5μm 厚的磷硅玻璃薄膜作为牺牲层，牺牲层刻蚀并图形化。淀积低应力氮化硅层（1μm）并光刻，接着热蒸发一层金薄膜（0.5μm 厚）。在金和氮化硅之间淀积 10nm 厚的铬以增加黏附。除去 PSG 层以释放梁。

研究表明金和铬薄膜之间有本征张应力，并将悬臂梁拉出离面大约 10μm。这是我们所不希望的，因为它使光学 FPA 阵列不在焦点处。有许多方法可用来减小或消除本征弯曲。论文中讨论的一种方法是改变氮化硅的淀积过程，这样它实际上包含形貌和本征应力都不同的两层。下面一层有很强的张应力以补偿金/铬层的应力。尽管这个方法理论上能成立，但是实际上是很难实现的，因为金铬薄膜的应力和厚度都随加工工艺改变。

5.5.4　其他传感器

本节中，我们将讨论两种特殊的应用来说明基于热传递的传感能力和灵活性。第一个实例是集成了热控制和温度传感元件的微悬臂梁，用于数据存储和检索（实例5.9）。第二个实例是用于聚对二甲苯薄膜 CVD 淀积的端点探测器（实例5.10）。

实例5.9　用于数据存储和检索的悬臂梁

原子力显微镜悬臂梁阵列已将热机械写入和基于热的读出结合起来[48~50]。数字信息作为表面拓扑特征存储。例如，下压的表面代表一个数字状态，而正常提升的表面代表另一种状态。用扫描探针显微镜的尖端写入可提供高密度的数据存储（每点的间距为 250nm）和很高的写入速度（热脉冲频率大于 100kHz，并且顶端移动速度大于 2.4mm/s）。在聚甲基丙烯酸甲酯（PMMA）薄膜上完成位写入，位写入时悬臂梁的温度达到 350℃（图 5-30）。参考文献[49]中论述的写入是用 1μm 厚、70μm 长的两臂硅悬臂梁。热量是由激光或集成的欧姆加热器提供。通过在悬臂梁两臂上进行重掺杂离子注入，而在尖端区进行较低掺杂离子注入的方法来形成尖端的热电阻加热区。

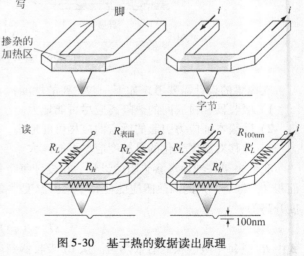

图 5-30　基于热的数据读出原理

通过检测随温度而变的电阻，用于写入的加热器悬臂梁有了热反向读出传感器的附加功能。下面就讨论这种原理。当 SPM 探针扫描以恒定提升高度扫描表面时，假设传给探针的是稳态加热器功率。SPM 探针的热量通过尖端、尖端衬底间的空气媒介和衬底进行传导。尖端和衬底(可认为是热沉)间的距离会随着尖端通过衬底表面移动而改变。当尖端直接悬在平整区域之上时，尖端和衬底间的距离是相当小的。然而，当尖端直接位于凹点处时，尖端和衬底间的距离会增加。距离的增加转变为热阻的增大，进而转变为尖端和悬臂梁温度的升高。

器件的电阻、机械刚性、谐振频率和热传递特性都由两臂的长度和截面积决定。较长的臂会增大寄生热阻 R_L(不希望的)，减小机械弹簧刚性(需要的)，降低谐振频率(不希望的)，增加热阻和热响应时间(不希望的)。基于足够精确模型，优化设计需综合考虑交叉点。

用于数据写入的优化悬臂梁对热数据读出可能不是最佳的。该工作的目的在于能使悬臂梁对于数据写入和读出同时优化。对每位 100nm 深的数据读出灵敏度进行了表征。每个悬臂梁的热电阻为 $5.1k\Omega$，就垂直位移而言，热读出灵敏度高达 $4 \times 10^{-4}/nm$。

实例 5.10 聚对二甲苯淀积的工艺过程监控器

聚对二甲苯已用于制造微机电器件，例如：微流控回路、微喷射器和阀/泵等。既然这种薄膜用来作为机械结构，那么厚度就成为一个重要的参数，该参数决定了传感器和执行器的性能指标。

图 5-31a 和图 5-31b 给出了聚对二甲苯厚度传感器的原理图[51]。传感器由加热元件和温度传感器组成。加热器和温度传感器放在两跳板型悬臂梁的末端。两个悬臂梁末端之间的距离 d 在掩膜设计时已定义好。运用微光刻技术，间隙的尺寸能精确控制。

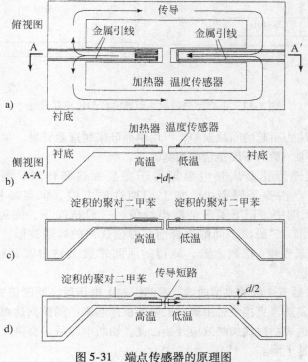

图 5-31 端点传感器的原理图

聚对二甲苯是在低压环境中淀积的，典型的淀积压力范围是 20 ~ 40mtorr。当将一个有间隙的传感器放在真空中时，通过间隙的热传导可被忽略。因聚对二甲苯以保形方式淀积，故两悬臂梁末端间的距离会逐渐减小（图 5-31c）。当聚对二甲苯的厚度达到 d/2 时，两聚对二甲苯的正面就会相连，从而填满间隙并形成了热传导的路径（图 5-31d）。因间隙里填满了热传导媒介聚对二甲苯，热量会同时以第一种和第二种模式传递。这样加热器产生的热量会通过"热传递捷径"到达温度传感器。热传递特性的改变可用来推断工艺过程的终点，在聚对二甲苯的厚度达到 d/2 时，间隙为 d 的单个传感器可显示这一点。

要成功制造这样一种端点探测器，微制造技术是必需的。光刻和微机械加工技术可使悬臂梁又窄又薄，从而可降低从加热器到衬底的热量传递。这会增加与第二种热传递模式相关的时间常数，故可很容易地探测到第一种热传递模式的存在。它还可以降低不必要的热量损失和功耗。此外，对于精确定义间隙距离 d，光刻是极为重要的。

典型传感器的结构如图 5-32 所示。悬臂梁的厚度是 $40\mu m$。假设硅的热导率是 $149W/m \cdot K$，则温度传感器和加热器的有效热阻值为 $1.3 \times 10^7 W/K$。通常来说，用薄而窄的梁有利于增加热阻。然而，金属引线有本征应力，这将使支撑悬臂梁弯曲。如果硅梁极薄，那么与间隙距离（d）相比，梁的弯曲就变得重要了。这将改变加热器和传感器间的有效距离。反之，如果梁非常厚，与加热器和温度传感器有关的热传递会降低。器件需要更大的功率才能工作。

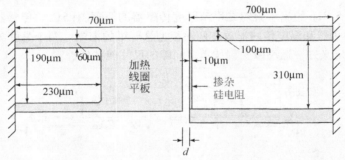

图 5-32　带有加热器和热阻器的典型传感器尺寸

为了避免因本征应力引起的间隙误差，可用单晶硅来制造悬臂梁。单晶硅材料几乎没有本征应力。在制造过程中，梁的厚度是精确控制的。

放置在硅梁上的圆形化金属热电阻器用于完成加热和传送。测出的电阻温度系数（TCR）是 0.14%/℃。在整个周期中，加上周期性的方波：恒定幅度（5V）和脉冲宽度（5s）。在一个典型周期中，记下了多个输出峰值。一般情况下，间隙闭合前和闭合后的峰形状是不同的。图 5-33 给出了间隙闭合前从峰值选出的典型波形。当电压突然增大时，传感器的电阻（也引起温度）指数上升，测得的时间常数大约为数百秒。切断电源后，电阻逐渐恢复到初始值。

图 5-34 给出了最后五个峰的典型曲线。显然，加上电压后，温度传感器的电阻变化很快。迅速变化的唯一原因是热流直接流过由聚对二甲苯桥接起来的间隙到达温度传感器。接着，热阻变化的速度变慢，这表明衬底加热效应开始占优。切断电源后，会再次看到在衬底加热效应起作用前，电阻值迅速下降。

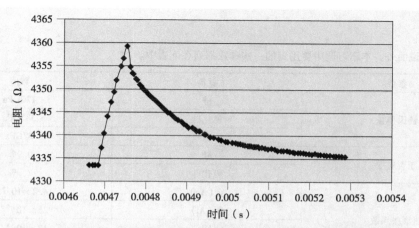

图 5-33　在加热器上输入阶跃电压时电阻的上升和下降。在间隙闭合前测量

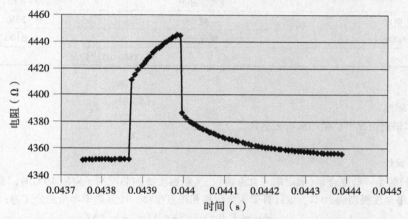

图 5-34　在加热器上输入阶跃电压时电阻的上升和下降。在间隙闭合后测量

5.6　总结

阅读完这章，读者应该能理解下面的这些概念和事实，并能够完成下面的分析。

定性理解和概念：

1）主要温度传感方法的物理特性和一阶数学描述，这些方法包括：热梁弯曲、热电偶和热电阻。

2）热传递的三种主要形式以及它们的基本方程。

3）传导、对流和辐射三种情况下热阻的定义。

4）直接提取欧姆加热热电阻元件热电阻值的方法。

5）热电偶测量的原理。

定量理解和技巧：

1）实验上计算热电阻温度系数的步骤。

2）计算微结构的传导热阻。

3）计算简单结构的热双金属梁的弯曲。

习题

除了特殊说明外，本章习题中要用到的一些参数都列在下表中。

参数	材料	数值
杨氏模量	硅	120GPa
	氮化硅	385GPa
	金	57GPa
断裂应变	硅	0.9%
	氮化硅	2.0%
热膨胀系数	金（Au）	$14.2 \times 10^{-6}/℃$
	铝（Al）	$25 \times 10^{-6}/℃$
	镍	$13 \times 10^{-6}/℃$
	硅和多晶硅	$2.33 \times 10^{-6}/℃$
密度 （kg/m³）	硅	2330
	氮化硅	3100
ε_0		8.854×10^{-12}F/m

5.1 节

习题 5.1　综述

推导对流和辐射情况下热阻的解析表达式。

5.2 节

习题 5.2　设计

对于 1mm 长的金 – 硅复合梁（固定端 – 自由端），当梁温度被加热到高于室温 10℃ 时，梁顶端的垂直位移是 20μm。如果温度提高到 30℃，试计算梁的角位移和垂直位移。计算曲率半径的公式为：

$$k = \frac{1}{r} = \frac{6 w_1 w_2 E_1 E_2 t_1 t_2 (t_1 + t_2)(\alpha_1 - \alpha_2) \Delta T}{(w_1 E_1 t_1^2)^2 + (w_2 E_2 t_2^2)^2 + 2 w_1 w_2 E_1 E_2 t_1 t_2 (2t_1^2 + 3t_1 t_2 + 2t_2^2)}$$

写出分析步骤。（提示：当 θ 较小时，用泰勒级数展开式来近似计算函数 $\cos\theta$ 。）

（1）垂直位移为 60μm，角位移为 6.9°。

（2）垂直位移为 49μm，角位移为 2.3°。

（3）垂直位移为 49μm，角位移为 15°。

（4）垂直位移为 60μm，角位移为 15°。

习题 5.3　设计

双金属悬臂梁由长度相同的两部分构成。上面一层材料（记为材料 2）是金，而下面的材料（材料 1）是 SCS（单晶硅）。两段的宽度都是 10μm，长度都是 1mm。金和硅的杨氏模量分别为 $E_2 = 57$GPa 和 $E_1 = 150$GPa。金和硅层的厚度分别为 $t_2 = 0.5$μm 和 $t_1 = 1.5$μm。金和硅的热膨胀系数分别是 $\alpha_2 = 14 \times 10^{-6}/℃$ 和 $\alpha_1 = 2.33 \times 10^{-6}/℃$。求：当悬臂梁均匀加热到高于室温 20℃ 时梁的曲率半径（r），并确定在这种情况下梁自由端的垂直位移。

习题 5.4　设计

给定温度变化 ΔT，试推导双金属悬臂梁产生的输出力解析表达式。

习题 5.5　设计

一根 100μm 长的纵向铝棒受到均匀的温度改变，温度上升到高于环境温度 20℃ 时，计算其伸长量。如果存在温度梯度，铝棒的一端高于环境温度 20℃，另一端是环境温度，计算这时的伸长量。

5.3 节

习题 5.6　设计

两根金属线以热电偶结构相连。节点 1 的温度高于节点 2 和节点 3。现有三种可能的金属：（1）镍铬合金，Seebeck 系数为 $30\mu V/K$；（2）镍铝合金，Seebeck 系数为 $-11\mu V/K$；（3）铁，Seebeck 系数为 $10\mu V/K$。下面哪个陈述是对的？哪种材料给出了最好的温度灵敏度？写出你的分析步骤。

（1）金属 1 为镍铬合金，金属 2 也为镍铬合金，产生的最大可能热电偶灵敏度为 $60\mu V/K$。

（2）金属 1 为镍铝合金，金属 2 为镍铬合金，产生的最大可能热电偶灵敏度为 $30\mu V/K$。

（3）金属 1 为铁，金属 2 为镍铝合金，产生的最大可能热电偶灵敏度为 $21\mu V/K$。

（4）金属 1 为镍铬合金，金属 2 为镍铝合金，产生的最大可能热电偶灵敏度为 $41\mu V/K$。

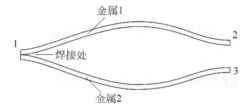

5.4 节

习题 5.7　设计

考虑三个多晶硅热电阻器，TCR 值分别为：（1）$\alpha = 1000 \times 10^{-6}/℃$，（2）$\alpha = 2000 \times 10^{-6}/℃$，（3）$\alpha = -1000 \times 10^{-6}/℃$。对这三个电阻进行 $I\text{-}V$ 曲线测量。下面哪组 $I\text{-}V$ 和 $R\text{-}P$ 曲线（a~f）最可能是真的？并解释原因。

（1）a　　　　　（2）b　　　　　（3）c

（4）d　　　　　（5）e　　　　　（6）f

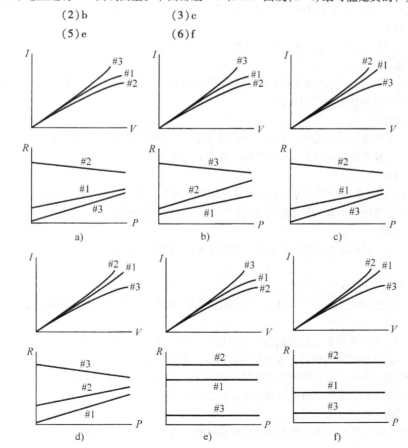

5.5 节

习题5.8 设计

推导实例5.1中参考文献[10]所讨论的悬臂梁垂直位移解析公式。尽管位移很大且线性模型不再适用，但是还是用线性模型来获得估算值，并和实验结果相比较。

习题5.9 制造

画出实例5.1中需要进行掩膜的每个步骤的掩膜图形。在绘制热电阻、悬臂梁和节点等元件时并不需要十分精确，但要能根据文中给出的信息按比例画出。使用一个专门的画图设计软件。

习题5.10 制造

画出实例5.1中制造过程的截面图，表明锚区处的流程[10]。

习题5.11 设计

对实例5.2，计算为保持双金属薄片处于下面位置所需的静电力和电压，器件的尺寸由参考文献[10]给出。

习题5.12 制造

根据参考文献[11]和图5-5画出实例5.2中详细的制造过程。

习题5.13 制造

画出实例5.2的详细制造过程，并以单个刮板的截面图作图。求每步的刻蚀剂（或者显影剂）和其他存在材料之间的刻蚀速率选择性。

习题5.14 设计

实例5.3中，多晶硅用做结构层。你能开发出一种用聚酰亚胺 PIQ – 3200（在实例5.3中用过）作为结构层的横向执行器制造过程吗？需考虑哪些相关的设计因素？找到没有造成离面本征弯曲的加热元件集成方法。

习题5.15 制造

对于实例5.3，当外加电压为14V时，求加在臂上的总功率。相关的设计参数在参考文献[15]中给出。

习题5.16 思考

对于实例5.3，推导解析公式来计算由热应力膨胀引起的水平弯曲量，这里两臂长度不同但截面积相同[15]。将你的解析公式和实验结果相比较。

习题5.17 设计

假设实例5.6中抬高的加热元件长1mm，求它的热阻。应考虑支撑梁的多层性质和加热元件是由两根梁抬起的这一事实。计算考虑四种材料：聚酰亚胺、电镀的玻莫合金、铂和镍。

习题5.18 制造

对于实例5.6，开发出能在同一芯片上单片集成加热器和传感器的制造过程。加热器和传感器被高电阻率的桥悬浮，以减小热损耗。画出简化的制造过程并展示一些重要的步骤。

习题5.19 制造

对于实例5.7，找出多晶硅用做热电阻器的原因。如果电阻由金属制成，那么设计和制造工艺有什么变化？

习题5.20 制造

对于图5-29描述过程的每一步，找出正确的刻蚀剂以及暴露出的对所有材料刻蚀速率的选择性。

习题5.21 设计

对于实例5.10，如果和反射镜相连的折叠梁本征弯曲量是$10\mu m$，求金属层本征应力的大小，假设此应力仅由铬层诱致（即忽略金层的贡献）。氮化硅的本征应力假设为0。

铬层的杨氏模量、厚度、泊松比和宽度分别为279GPa、10nm、0.21 和$3\mu m$。

氮化硅层的杨氏模量、厚度、泊松比和宽度分别为385GPa、$1\mu m$、0.29 和$3\mu m$。

习题5.22 设计

使用实例5.9中讨论的热传感原理作为基本传感原理，请设计一种加速度计。假设电阻的灵敏度由实例

5.9 给出，试推导该加速度计灵敏度的解析公式。画出完整的、实用的并且鲁棒的制造过程。

习题5.23 设计

参考实例5.10中讨论的聚对二甲苯端点传感器设计，计算带有加热器和温度传感器的两根梁热阻值。

习题5.24 思考

运用实例5.9讨论的热传感原理设计阵列触觉传感器。给出实用的单个传感器选址方法及其制造过程。触觉传感器用弹性材料（比如，聚二甲基硅氧烷或聚对二甲苯）作为最终的覆盖层。讨论 10×10 触觉像素阵列（不包括电路）的功耗。

习题5.25 思考

设计基于热传感原理的压力传感器，并开发它的制造过程。

习题5.26 思考

开发另一种设计聚对二甲苯厚度监控器的方案。比较其与参考文献[51]中传感器的优点和缺点。

习题5.27 思考

综述低成本、高可靠性的指纹传感器技术。讨论基于热传感技术的指纹传感器，并讨论其相对优点和缺点。开发该器件的制造工艺。讨论该器件系列表征工作。

参考文献

1. Vettiger, P., et al., *Ultrahigh density, high-data-rate NEMS-based AFM storage system.* Microelectronic Engineering, 1999. **46**(1–4): p. 101–104.

2. Leung, A.M., Y. Zhao, and T.M. Cunneen, *Accelerometer uses convection heating changes.* Elecktronik Praxis, 2001. **8**.

3. Chen, J., et al., *Two dimensional micromachined flow sensor array for fluid mechanics studies.* ASCE Journal of Aerospace Engineering, 2003. **16**(2): p. 85–97.

4. Engel, J.M., J. Chen, and C. Liu, *Development of a multi-modal, flexible tactile sensing skin using polymer micromachining.* in The 12th International Conference on Solid-State Sensors, Actuators and Microsystems. 2003. Boston, MA.

5. Yang, X., C. Grosjean, and Y.-C. Tai, *Design, fabrication, and testing of micromachined silicone rubber membrane valves.* Microelectromechanical Systems, Journal of, 1999. **8**(4): p. 393–402.

6. Incropera, F.P. and D.P. DeWitt, *Fundamentals of heat and mass transfer.* 5th ed. 2002, New York: Wiley.

7. Handique, K., et al., *On-chip thermopneumatic pressure for discrete drop pumping.* Analytical Chemistry, 2001. **73**(8): p. 1831–1838.

8. Prasanna, S. and S.M. Spearing, *Materials selection and design of microelectrothermal bimaterial actuators.* IEEE/ASME Journal of Microelectromechanical Systems (JMEMS), 2007. **16**(2): p. 248–259.

9. Ataka, M., et al., *Fabrication and operation of polyimide bimorph actuators for a ciliary motion system.* Microelectromechanical Systems, Journal of, 1993. **2**(4): p. 146–150.

10. Suh, J.W., et al., *Organic thermal and electrostatic ciliary microactuator array for object manipulation.* Sensors and Actuators A: Physical, 1997. **58**(1): p. 51–60.

11. Suh, J.W., et al., *CMOS integrated ciliary actuator array as a general-purpose micromanipulation tool for small objects.* Microelectromechanical Systems, Journal of, 1999. **8**(4): p. 483–496.

12. Erdem, E.Y., et al., *Thermally actuated omnidirectional walking microrobot.* Microelectromechanical Systems, Journal of. **19**(3): p. 433–442.

13. Que, L., J.-S. Park, and Y.B. Gianchandani, *Bent-beam electrothermal actuators-Part I: Single beam and cascaded devices.* Microelectromechanical Systems, Journal of, 2001. **10**(2): p. 247–254.

14. Lott, C.D., et al., *Modeling the thermal behavior of a surface-micromachined linear-displacement thermomechanical microactuator.* Sensors and Actuators A: Physical, 2002. **101**(1–2): p. 239–250.

15. Pan, C.S. and W. Hsu, *A microstructure for in situ determination of residual strain.* Microelectromechanical Systems, Journal of, 1999. **8**(2): p. 200–207.

16. Guckel, H., et al., *Thermo-magnetic metal flexure actuators.* in Solid-State Sensor and Actuator Workshop, 1992. 5th Technical Digest, IEEE. 1992.

17. Comtois, J.H. and V.M. Bright, *Applications for surface-micromachined polysilicon thermal actuators and arrays.* Sensors and Actuators A: Physical, 1997. **58**(1): p. 19–25.

18. DeVoe, D.L., *Thermal issues in MEMS and microscale systems.* Components and Packaging Technologies, IEEE Transactions on Components, Packaging and Manufacturing Technology, Part A: Packaging Technologies, 2002. **25**(4): p. 576–583.

19. Huang, Q.-A. and N.K.S. Lee, *Analysis and design of polysilicon thermal flexure actuator.* Journal of Micromechanics and Microengineering, 1999. **9**: p. 64–70.

20. Van Herwaarden, A.W., et al., *Integrated thermopile sensors.* Sensors and Actuators A (Physical), 1990. **A22**(1–3): p. 621–630.

21. Geballe, T.H. and G.W. Hull, *Seebeck effect in silicon.* Physical Review, 1955. **98**(4): p. 940–947.

22. Von Arx, M., O. Paul, and H. Baltes, *Test structures to measure the Seebeck coefficient of CMOS IC polysilicon.* Semiconductor Manufacturing, IEEE Transactions on, 1997. **10**(2): p. 201–208.

23. Sarro, P.M., A.W. van Herwaarden, and W. van der Vlist, *A silicon-silicon nitride membrane fabrication process for smart thermal sensors.* Sensors and Actuators A: Physical, 1994. **42**(1–3): p. 666–671.

24. Li, M.-H., J.J. Wu, and Y.B. Gianchandani, *Surface micromachined polyimide scanning thermocouple probes.* Microelectromechanical Systems, Journal of, 2001. **10**(1): p. 3–9.

25. Luo, K., et al., *Sensor nanofabrication, performance, and conduction mechanisms in scanning thermal microscopy.* Journal of Vacuum Science & Technology B: Microelectronics and Nanometer Structures, 1997. **15**(2): p. 349–360.

26. Schafer, H., V. Graeger, and R. Kobs, *Temperature independent pressure sensors using polycrystalline silicon strain gauges.* Sensors and Actuators, 1989. **17**: p. 521–527.

27. Kanda, Y., *Piezoresistance effect of silicon.* Sensors and Actuators A: Physical, 1991. **28**(2): p. 83–91.

28. Huang, J.B., et al., *Improved micro thermal shear-stress sensor.* IEEE Transactions on Instrumentation and Measurement, 1996. **45**(2): p. 570–574.

29. Jiang, F., et al., *A flexible MEMS technology and its first application to shear stress sensor skin.* in IEEE International Conference on MEMS. 1997.

30. Dauderstadt, U.A., et al., *Silicon accelerometer based on thermopiles.* Sensors and Actuators A: Physical, 1995. **46**(1–3): p. 201–204.

31. Dao, R., et al., *Convective acceleromter and inclinometer,* in *United States Patents.* 1995, REMEC Inc.: USA.

32. Milanovic, V., et al., *Micromachined convective accelerometers in standard integrated circuits technology.* Applied Physics Letters, 2000. **76**(4): p. 508–510.

33. Mailly, F., et al., *Effect of gas pressure on the sensitivity of a micromachined thermal accelerometer.* Sensors and Actuators A: Physical, 2003. **109**(1–2): p. 88–94.

34. Chen, J. and C. Liu, *Development and characterization of surface micromachined, out-of-plane hot-wire anemometer.* IEEE/ASME Journal of Microelectromechanical Systems (JMEMS), 2003. **12**(6): p. 979–988.

35. Zou, J., et al., *Plastic deformation magnetic assembly (PDMA) of out-of-plane microstructures: Technology and application.* IEEE/ASME Journal of Microelectromechanical Systems (JMEMS), 2001. **10**(2): p. 302–309.

36. Kovacs, G.T.A., *Micromachined transducers sourcebook.* 1998, New York: McGraw-Hill.

37. Liu, C., et al., *A micromachined flow shear-stress sensor based on thermal transfer principles.* IEEE/ASME Journal of Microelectromechanical Systems (JMEMS), 1999. **8**(1): p. 90–99.

38. Liu, C. and Y.-C. Tai, *Sealing of micromachined cavities using chemical vapor deposition methods: characterization and optimization.* Microelectromechanical Systems, Journal of, 1999. **8**(2): p. 135–145.

39. Fan, Z., et al., *Parylene surface-micromachined membranes for sensor applications.* Microelectromechanical Systems, Journal of, 2004. **13**(3): p. 484–490.

40. Richards, P.L., *Bolometers for infrared and millimeter waves.* Journal of Applied Physics, 1994. **76**(1): p. 1–24.

41. Eriksson, P., J.Y. Andersson, and G. Stemme, *Thermal characterization of surface-micromachined silicon nitride membranes for thermal infrared detectors*. Microelectromechanical Systems, Journal of, 1997. **6**(1): p. 55–61.

42. Chong, N., T.A.S. Srinivas, and H. Ahmed, *Performance of GaAs microbridge thermocouple infrared detectors*. Microelectromechanical Systems, Journal of, 1997. **6**(2): p. 136–141.

43. Datskos, P.G., et al., *Remote infrared radiation detection using piezoresistive microcantilevers*. Applied Physics Letters, 1996. **69**(20): p. 2986–2988.

44. Varesi, J., et al., *Photothermal measurements at picowatt resolution using uncooled micro-optomechanical sensors*. Applied Physics Letters, 1997. **71**(3): p. 306–308.

45. Perazzo, T., et al., *Infrared vision using uncooled micro-optomechanical camera*. Applied Physics Letters, 1999. **74**(23): p. 3567–3569.

46. Zhao, Y., et al., *Optomechanical uncooled infrared imaging system: design, microfabrication, and performance*. Microelectromechanical Systems, Journal of, 2002. **11**(2): p. 136–146.

47. Lai, J., et al., *Optimization and performance of high-resolution micro-optomechanical thermal sensors*. Sensors and Actuators A: Physical, 1997. **58**(2): p. 113–119.

48. Mamin, H.J. and D. Rugar, *Thermomechanical writing with an atomic force microscope tip*. Applied Physics Letters, 1992. **61**(8): p. 1003–1005.

49. Binnig, G., et al., *Ultrahigh-density atomic force microscopy data storage with erase capability*. Applied Physics Letters, 1999. **74**(9): p. 1329–1331.

50. King, W.P., et al., *Design of atomic force microscope cantilevers for combined thermomechanical writing and thermal reading in array operation*. Microelectromechanical Systems, Journal of, 2002. **11**(6): p. 765–774.

51. Sutomo, W., et al., *Development of an end-point detector for parylene deposition process*. IEEE/ASME Journal of Microelectromechanical Systems (JMEMS), 2003. **12**(1): p. 64–70.

第6章　压阻传感器

6.0　预览

压阻效应是微机械传感器常用的传感原理之一。在所有已知的具有压阻效应的材料中，掺杂硅表现出显著的压阻响应特性[1，2]。在本章中，我们将首先回顾压阻效应的起源和一般表达式（6.1 节）。在 6.2 节中，我们将回顾一系列典型的压阻材料，包括单晶硅与多晶硅。由于压阻元件对机械单元内部应变敏感，所以在 6.3 节中，我们将讨论在简单负载条件下计算梁和薄膜内部应变大小的方法与公式。在 6.4 节中，我们将详细讨论一些典型压阻传感器的设计、制造工艺和性能。

6.1　压阻效应的起源和表达式

压阻效应是由 Lord Kelvin 于 1856 年首先发现的，它是一种广泛应用的传感器原理。简单地说，当电阻受到应变和变形时，其阻值会发生变化。这种效应为机械能和电能之间提供了一种简单、直接的能量与信号转换机制。今天，它已经运用在 MEMS 领域的很多传感器中，包括加速度计，压力传感器[3]，陀螺仪[4]，触觉传感器[5]，流量传感器，监测机械元件结构完整性的传感器[6]和化学、生物传感器。

长度为 l、横截面积为 A 的电阻阻值由下式给出

$$R = \rho \frac{l}{A} \tag{6-1}$$

电阻值是由体电阻率（ρ）和几何尺寸决定的。因此，通过施加应变来改变电阻值的方法有两种。首先，几何尺寸，包括长度与横截面积，都将随着应变而改变。

尽管尺寸的相对变化一般很小，但这一点是容易理解的，注意到当施加纵向负载时，可能会产生横向的应力。例如，如果电阻的长度增加，在有限的泊松比下横截面积很有可能会减小（图 6-1）。其次，某些材料的电阻率可能是应变的函数，随着应变而改变。由这种原理引起的电阻阻值改变量比几何尺寸产生的改变量要大的多。

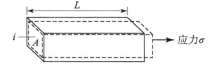

图 6-1　在纵向应力下电阻几何尺寸的改变

根据严格定义，压阻器是指电阻率随着施加应变而变化的电阻器。金属电阻由于应变而改变阻值主要是由于形状改变的机制。这样的电阻器在技术上被称为应变计。半导体硅的电阻率随应变而改变，因此硅才是真正意义上的压阻器。在本章中将讨论半导体压阻以及金属应变计。

半导体硅的电阻率随着应变而改变，这个事实很有吸引力。下面解释为什么电阻率与应变有关。回顾第 3 章，半导体材料的电阻率与载流子的迁移率相关，迁移率的公式如下

$$\mu = \frac{q\bar{t}}{m^*} \tag{6-2}$$

这里 q 是载流子的单位电荷，$\bar{t}$ 是指载流子碰撞的平均自由时间，m^* 是晶格中载流子的有效质量。平均自由时间和有效质量都和半导体晶格中的平均原子间距有关，而平均原子间距在施加的物理应变和变形下会发生改变。在参考文献[7]中有关于压阻效应的量子物理解释。

现在我们将重点放在压阻现象的宏观描述上。根据下式，在正应变下，电阻的变化与施加的应变呈线性关系。

$$\frac{\Delta R}{R} = G \cdot \frac{\Delta L}{L} \tag{6-3}$$

上式中的比例系数 G 称为压阻的**应变系数**，我们可以重新整理上式从而获得 G 的直接表达式，

$$G = \frac{\frac{\Delta R}{R}}{\frac{\Delta L}{L}} = \frac{\Delta R}{\varepsilon R} \tag{6-4}$$

电阻的阻值通常是沿着其纵轴测量的。但是外部施加的应变可能包括三个基本的矢量分量，其中一个沿着电阻的纵轴，另外两个与纵轴成 90° 并且互相垂直。沿着纵向和横向的应变分量引起的压阻分量不同。

在纵向应力分量下测得的电阻变化称为纵向压阻效应。所测电阻的相对变化与纵向应变的比值称为**纵向应变系数**。另一方面，横向应力分量下测得的电阻变化称为横向压阻效应。所测电阻的相对变化与横向应变的比值称为**横向应变系数**。

我们已经研究了掺杂类型（n 或 p 型）、掺杂浓度，以及环境温度对单晶硅压阻[8]、多晶硅压阻[9，10]的影响。应变系数是掺杂浓度的函数，温度的变化会引起电阻变化，应变系数作为温度的函数也会随着其变化而变化。

对于任何给定的压阻材料，纵向和横向应变系数是不同的。纵向和横向应变通常是同时存在的，虽然可能只是其中的一个起主导作用，认识到这一点很重要。在纵向和横向应力分量下总的电阻变化是它们的变化之和，也就是

$$\frac{\Delta R}{R} = \left(\frac{\Delta R}{R}\right)_{\text{longitudial}} + \left(\frac{\Delta R}{R}\right)_{\text{transverse}} = G_{\text{longitudial}} \cdot \varepsilon_{\text{longitudial}} + G_{\text{transverse}} \cdot \varepsilon_{\text{transverse}} \tag{6-5}$$

下面简单描述三种类型的压阻力学传感器，来说明纵向和横向的压阻结构。用电阻符号描述应变计，将应变计粘在杆的外表面，对杆施加外部负载力。图 6-2 描述了不同的电阻取向和外部力负载的方向。在图 6-2a 描述的例子中，纵向压阻效应起主导作用。在图 6-2b 和图 6-2c 描述的例子中，横向压阻效应起主导作用。

电阻的变化通常利用惠斯顿电桥的电路结构来读出。基本的惠斯顿电桥由四个连接成环状的电阻组成。两个电阻分别隔开了两个节点，输入电压加在这两个节点之间。另外两个节点之间的电压降构成了输出。环中的一个或多个电阻可以是敏感电阻，其阻值随着设定的变量而变化。在图 6-3a 所示的电桥中，一个电阻（R_1）随着应变而变化。另外的电阻（R_2、R_3、R_4）则对应变不敏感，它们被放置在诸如刚性衬底这样的机械应变为零的区域中。

输出电压与输入电压之间遵循以下的关系式：

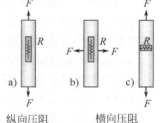

图 6-2　a）纵向应变系数；
b）、c）横向应变系数

$$V_{out} = \left(\frac{R_2}{R_1 + R_2} - \frac{R_4}{R_3 + R_4} \right) V_{in} \tag{6-6}$$

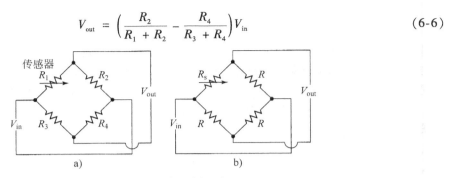

图 6-3 惠斯顿电桥电路

在很多实际应用中，所有的四个电阻都有相同的标称阻值。图 6-3b 给出了一个典型实例。在这个例子中，可变电阻（传感器）的阻值表示为

$$R_s = R + \Delta R \tag{6-7}$$

而另外三个电阻的标称电阻值都用 R 表示，输出电压与输入电压呈线性关系，表示如下

$$V_{out} = \frac{1}{2} \left(\frac{-\Delta R}{2R + \Delta R} \right) V_{in} \tag{6-8}$$

大多数压阻电阻器对温度敏感。为了减少环境温度变化对输出的影响，使用惠斯顿电桥非常有效。环境温度变化将使电桥中所有电阻以相同的比例变化。因此，温度变化将使式(6-8)中右边项的分子与分母以相同的比例因子变化，从而消除了温度效应的影响。

6.2 压阻传感器材料

6.2.1 金属应变计

金属应变计已经商业化，它经常被制作成金属包层的塑料片形式，然后黏附到所研究的机械薄膜表面。电阻刻蚀进金属镀层中。典型的应变计形状如图 6-4 所示。通常用之字型的导电通路，这样在给定面积下可以有效地增加电阻的长度和总电阻的大小。

选择金属应变计必须遵循一些标准，包括精度、长期稳定性、循环耐用性、工作温度范围、易于安装、延伸量大和恶劣环境下的稳定性。要满足这些要求，商用的金属应变计通常并不是由纯金属薄膜制作而成的，而是由专用的金属合金制成的。

对于微机械加工传感器来说，器件的尺寸非常小。把分离的应变计黏合或附着到器件上很不现实。相反，通常应用单片集成工艺将应变计制作在机械横梁上或薄膜上。

金属电阻通常通过淀积（蒸发或溅射）然后成型。应变系数范围从 0.8 到 3.0 的基本金属薄膜可以用做 MEMS 中的应变计。基本金属薄膜的来源和淀积工艺都已经成熟可用。

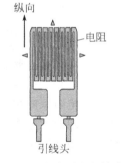

图 6-4 蛇形线圈应变传感器

就压阻应变系数而言，由薄膜金属制作的应变计没有半导体应变计的性能优越。但是，金属在断裂前通常可以承受很长的延伸量。同样，对于聚合物 MEMS 器件（例如，触觉传感器[11]），金属电阻可以放置在聚合物材料上，并且与硅相比可以显著改善机械鲁棒性。

6.2.2 单晶硅

半导体应变计可以通过对硅进行选择性掺杂来实现[1，2，12]。掺杂单晶硅压阻器的压阻系数受单晶硅晶轴相对位置的影响。如果我们考虑直角坐标系系统，它相对于半导体的结晶轴取任

意的方向，电场分量 E_i 和电流密度分量 i_i 通过对称电阻率矩阵以下式相联系：

$$\begin{pmatrix} E_x \\ E_y \\ E_z \end{pmatrix} = \begin{bmatrix} \rho_1 & \rho_6 & \rho_5 \\ \rho_6 & \rho_2 & \rho_4 \\ \rho_5 & \rho_4 & \rho_3 \end{bmatrix} \begin{pmatrix} i_x \\ i_y \\ i_z \end{pmatrix} \tag{6-9}$$

这是我们熟悉的以矩阵形式描述的欧姆定律。在欧姆定律的日常应用中，我们习惯于认为电势差和电流密度之间呈线性关系，仅包括一个标量常数。对一维导体的情况是显而易见的，就像电路中的一个连接。但是，对于三维单晶中的电导，电流密度和电势梯度通常没有相同的方向。

电阻率（ρ_i，$i=1\sim6$）和外加应力及应变之间究竟是什么关系？回忆第 3 章，我们知道在三维空间中有六个独立的应力分量：三个正应力（σ_{xx}、σ_{yy} 和 σ_{zz}）以及三个剪切应力（τ_{xy}、τ_{yz} 和 τ_{zx}）。它们的符号已经根据如下方案进一步统一和简化：$\sigma_{xx}\to T_1$，$\sigma_{yy}\to T_2$，$\sigma_{zz}\to T_3$，$\tau_{yz}\to T_4$，$\tau_{xz}\to T_5$，$\tau_{xy}\to T_6$。电阻率矩阵中的六个独立分量（ρ_1 到 ρ_6）的变化和六个应力分量相联系。

以硅为例，如果 x、y 和 z 轴与硅的 <100> 晶轴对准，电阻率和应力的关系以矩阵形式表示如下：

$$\begin{pmatrix} \dfrac{\Delta\rho_1}{\rho_0} \\[2mm] \dfrac{\Delta\rho_2}{\rho_0} \\[2mm] \dfrac{\Delta\rho_3}{\rho_0} \\[2mm] \dfrac{\Delta\rho_4}{\rho_0} \\[2mm] \dfrac{\Delta\rho_5}{\rho_0} \\[2mm] \dfrac{\Delta\rho_6}{\rho_0} \end{pmatrix} = [\pi][T] = \begin{bmatrix} \pi_{11} & \pi_{12} & \pi_{12} & 0 & 0 & 0 \\ \pi_{12} & \pi_{11} & \pi_{12} & 0 & 0 & 0 \\ \pi_{12} & \pi_{12} & \pi_{11} & 0 & 0 & 0 \\ 0 & 0 & 0 & \pi_{44} & 0 & 0 \\ 0 & 0 & 0 & 0 & \pi_{44} & 0 \\ 0 & 0 & 0 & 0 & 0 & \pi_{44} \end{bmatrix} \begin{pmatrix} T_1 \\ T_2 \\ T_3 \\ T_4 \\ T_5 \\ T_6 \end{pmatrix} \tag{6-10}$$

这里 ρ_0 是无应力硅的各向同性电阻率，π_{ij} 为压阻张量的分量。有三组独立的压阻系数：π_{11}、π_{12} 和 π_{44}。

单晶硅的压阻系数不是常数，而是受掺杂浓度[8, 13]、掺杂类型[8, 13]和衬底温度[2, 8]的影响。π 矩阵的不同分量（π_{11}、π_{12} 和 π_{44}）受温度和掺杂浓度的影响不同。对 p 型和 n 型硅来说，压阻系数的值都随着温度的升高和掺杂浓度的增加而降低。在特定掺杂浓度和掺杂类型下单晶硅的 π_{11}、π_{12} 和 π_{44} 已经进行了实验测定。对某些掺杂浓度下典型压阻系数值见表 6-1。

表 6-1　特定掺杂浓度下单晶硅的压阻分量表

压阻系数（$10^{-11}\mathrm{Pa}^{-1}$）	n 型 （电阻率 = $11.7\Omega\cdot\mathrm{cm}$）	p 型 （电阻率 = $7.8\Omega\cdot\mathrm{cm}$）
π_{11}	−102.2	6.6
π_{12}	53.4	−1.1
π_{44}	−13.6	138.1

但是，当笛卡儿坐标系的坐标轴相对于晶轴[14]呈任意方向时，系数矩阵 $[\pi]$ 中的所有 36 个系数可能都非零。以硅为例，如果 x、y 和 z 轴不与 <100> 方向对准，π 矩阵的分量会发生变化。

表6-2总结了大多数经常使用的情况，即当压阻器指向为<100>、<110>或<111>方向时[2,15]纵向和横向的有效压阻系数。

在表6-2中给出了有效压阻应变系数，它是通过把压阻系数和外加应变方向的杨氏模量相乘得到的。如第2章描述，硅的杨氏模量也是晶向的函数。

对于高精度传感器应用而言，应该记住压阻灵敏度并不是常数。如果需要，方程(6-3)需要加上二阶修正项[2,13]。但是这个问题的讨论超出了本章的范围。

表6-2　常用各种电阻结构的横向和纵向压阻系数计算公式

应变方向	电流方向	结构	压阻系数
<100>	<100>	纵向	π_{11}
<100>	<010>	横向	π_{12}
<110>	<110>	纵向	$(\pi_{11} + \pi_{12} + \pi_{44})/2$
<110>	$<1\bar{1}0>$	横向	$(\pi_{11} + \pi_{12} - \pi_{44})/2$
<111>	<111>	纵向	$(\pi_{11} + 2\pi_{12} + 2\pi_{44})/2$

例题6.1　（纵向和横向压阻系数）　一个纵向压阻被制作在硅悬臂梁靠近固定点的上表面。悬臂梁指向<110>方向。压阻是p型掺杂的，电阻率为7.8Ωcm。求压阻的纵向应变系数。

解： 纵向压阻系数为

$$(\pi_{11} + \pi_{12} + \pi_{44})/2 = \frac{(6.6 - 1.1 + 138.1) \times 10^{-11}}{2} = 71.8 \times 10^{-11} Pa^{-1}$$

单晶硅在<110>晶向的杨氏模量为168GPa。有效应变系数为

$$G = 71.8 \times 10^{-11} \left(\frac{1}{Pa}\right) \times 168 \times 10^{9} (Pa) = 120.6$$

当设计硅压阻时必须仔细选择合适的掺杂浓度。成功的设计必须在以下几个要求之间进行折中，即有可观的电阻值，使压阻系数最大化，温度效应最小化。掺杂浓度会影响这三个性能。应变系数是掺杂浓度的函数。压阻的电阻温度系数（TCR）理想情况下应该尽可能小，从而减小温度变化的影响。对于由掺杂硅制作的压阻来说，TCR是掺杂浓度的函数（见5.4节）。

6.2.3　多晶硅

多晶硅压阻器与单晶硅压阻器不同。对于MEMS压阻器，多晶硅比单晶硅具有更多的优点，例如多晶硅能够淀积在更多种衬底上[9,10]。多晶硅也表现出压阻特性，但是它的应变系数比单晶硅要小得多。应变系数与衬底平面上电阻的取向无关。但是它受生长工艺和退火条件的影响。

应用于MEMS领域的多晶硅需要有低的应力和良好的保形性，就材料的微结构和工艺而言，与应用在电子器件中的多晶硅有微妙但重要的区别[16]。

6.3　机械元件的应力分析

能够分析在给定的外加作用力或扭矩下机械元件的应力和应变分布是很重要的。负载条件可以是简单的（例如点作用力作用在结构的一个位置上）或复杂的（同时有分布的、不均匀扭矩和作用力负载）。在本书中，我们将用简单的例子来分析。分析应力的内部分布一般过程采用第3章介绍的隔离方法。

6.3.1　弯曲悬臂梁中的应力

在3.4.2节中，我们讨论了在纯弯曲下梁的纵向应力分布。现在我们考虑悬臂梁，在它的自由端施加集中的、横向负载力。这种情况在MEMS设计中经常遇到。横向应力负载会引起纵向应

变和剪应变。在本书中，我们忽略剪切应力分量。

首先我们定性描述纵向应力的分布（图 6-5）。在自由端的横向集中负载作用下，横梁的转矩分布不均匀——在自由端是零而在固定端达到最大值。在任意横截面，通过中性轴的纵向应力改变符号。在横截面的任意点，应力的大小与到中性轴的距离呈线性关系。

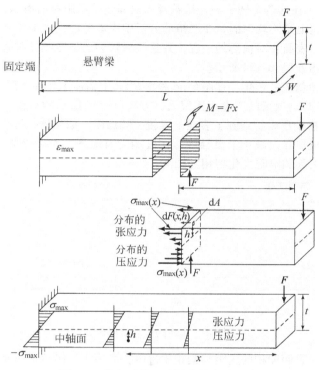

图 6-5　均匀对称悬臂梁中的应力分布

与每个横截面相关的最大应力值随着到自由端的距离呈线性变化，并且对每个横截面在上下表面达到最大值。这也就是压阻经常放置在悬臂梁的表面和靠近固定端的原因。

定量地说，沿悬臂梁长度方向上任意位置的应力可以采用和第 3 章中类似的步骤来计算。悬臂梁长度是 L，x 轴从自由端开始指向固定端。在横截面（位置 x 点）上任意距离中性轴 h 的正应力以 $\sigma(x,h)$ 表示。每个横截面的总反力矩可以简单地计算如下，将作用在任意给定横截面积 $\mathrm{d}A$ 上的正应力 $\mathrm{d}F(x,h)$ 与力到中性面之间的距离相乘，然后进行面积积分，也就是

$$M = \iint_A \mathrm{d}F(x,h)h = \int_w \int_{h=-\frac{t}{2}}^{\frac{t}{2}} (\sigma(x,h)\mathrm{d}A)h \tag{6-11}$$

如果假设应力的大小与 h 呈线性关系并且在任意横截面的表面（以 $\sigma_{\max}(x)$ 表示）达到最大值，则通过任意给定横截面的力矩平衡方程是

$$M = \int_w \int_{h=-\frac{t}{2}}^{\frac{t}{2}} \left(\sigma_{\max}(x,h)\, \frac{h}{\left(\frac{t}{2}\right)}\mathrm{d}A \right)h \tag{6-12}$$

对整个悬臂梁来说，最大应变发生在固定端，即 $x=L$ 处。实际上，在很多常规设计任务中，唯一关心的是求出在固定端的最大应力。最大应变可以表述为总力矩 $M(x)$ 的函数：

$$\varepsilon_{\max} = \frac{M(x)t}{2EI} = \frac{FLt}{2EI} \tag{6-13}$$

实际上，压阻总是有固定的长度和厚度。如果电阻是对硅横梁掺杂形成的，压阻器件将位于表面的下方(图6-6a)。另一方面，如果电阻是通过淀积多晶硅或金属层形成的，压阻器件将位于表面的上方(图6-6b)。在这两个例子中，从悬臂梁根部开始压阻都有有限的长度。(通过电阻的应力在长度和厚度方向上是不均匀的，在严格的分析中应该考虑这种不均匀性。)如果我们假设压阻只占了靠近悬臂梁上表面相对很薄的一层，并且与悬臂梁的长度相比很短，那么压阻上的应力可以近似为一个值，如方程(6-13)所示。

极厚压阻使设计和制造复杂化。在图6-6c和图6-6d中描述了两种情形。如果压阻的厚度(不管是掺杂的还是淀积的)与横梁的厚度相比很大，方程(6-13)给出的近似值将是不正确的。在图6-6d中，悬臂梁中的掺杂压阻扩展到了表面下方较深的深度。如果掺杂区到达了中性轴以下，超过中性轴的那部分压阻实际上减小了灵敏度。在极端的情况下，如果掺杂压阻覆盖了整个厚度，由压应力和张应力区引起的电阻变化将相互抵消。

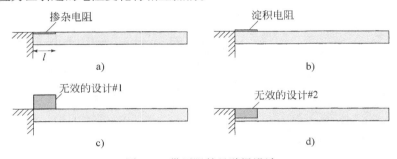

图6-6 带压阻的悬臂梁设计

如果位于悬臂梁上表面淀积的压阻与梁相比过厚，必须将压阻看成是横截面的集成部分，并且必须重新进行内部应力分析。中性轴的位置将改变。方程(6-13)中的 EI 项必须同时考虑压阻和横梁材料。

从电学的角度看，过厚的电阻并不能提供显著的工作优势，因为它们显示出更小的电阻，且还需要更长的工艺时间(通过掺杂或淀积)。

例题6.2 (**最大应力点**) 考虑由单晶硅制作的固定 – 自由端悬臂梁，它的长度指向 <100> 晶向。在悬臂梁上标注了十个点(标记为 A 到 J)。梁的长度(l)、厚度(t)和宽度(w)分别为 $100\mu m$、$10\mu m$ 和 $6\mu m$。如果 $1mN$ 的力作用在悬臂梁的自由端，悬臂梁中的最大应力为多少？在不同的负载条件下最大应力发生在哪一点？

解： 对第一种情况，施加单个轴向负载力。沿悬臂梁长度方向的每个横截面上的反作用力都是常量。因此，从点 A 到点 J 的应力都是相同的，应力的数值为

$$\sigma_{\text{case1}} = \frac{F}{A} = \frac{0.001}{10 \times 10^{-6} \times 6 \times 10^{-6}} = 1.6 \times 10^7 \ \frac{N}{m^2}$$

对第二种情况，A、B、C 和 E 点的应力最大。A、B 和 C 点处于张应力下而 E 处于压应力下。最大应力的数值为

$$\sigma_{\max} = \frac{Mt}{2I} = \frac{Flt}{2I} = \frac{Flt}{2\frac{wt^3}{12}} = \frac{6Fl}{wt^2} = \frac{6 \times 0.001 \times 100 \times 10^{-6}}{10 \times 10^{-6} \times (6 \times 10^{-6})^2} = 1.6 \times 10^9 \ \frac{N}{m^2}$$

对第三种情况，在 C、D 和 E 点的应力最大。在 A 点的应力与在 C、D、E 点的应力数值相

同；但是 A 点的应力符号和 C、D、E 点的应力符号相反。

$$\sigma_{max} = \frac{Mw}{2I} = \frac{Flw}{2I} = \frac{Flw}{2\frac{w^3t}{12}} = \frac{6Fl}{tw^2} = \frac{6 \times 0.001 \times 100 \times 10^{-6}}{6 \times 10^{-6} \times (10 \times 10^{-6})^2} = 10^9 \frac{N}{m^2}$$

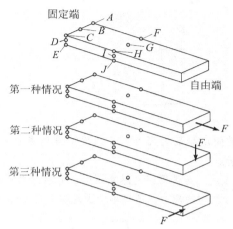

例题6.3 **（横向外力作用下的电阻变化）** 考虑由单晶硅制作的固定－自由端的悬臂梁。悬臂梁的纵轴指向[100]晶向。电阻是通过扩散掺杂制作的，纵向应变系数为50。横梁的长度(l)、厚度(t)和宽度(w)分别为 $200\mu m$、$20\mu m$ 和 $5\mu m$。如果 $F = 100\mu N$ 的力作用在悬臂梁纵向自由端，电阻变化的百分比为多少？

解：在这个例子中，在任意横截面上应力都相同。应力的大小由下式给出

$$\sigma = \frac{F}{wt} = \frac{100 \times 10^{-6}N}{100 \times 10^{-12}m^2} = 1MPa$$

沿着电阻纵向方向硅的杨氏模量为130GPa。应变为

$$\varepsilon = \frac{\sigma}{E} = 0.00077\%$$

电阻的相对变化为

$$\frac{\Delta R}{R} = G\varepsilon = 0.038\%$$

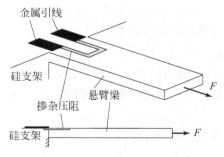

例题6.4 **（纵向外力作用下的电阻变化）** 考虑由单晶硅制作的固定－自由端悬臂梁。电阻是由扩散掺杂制作的，纵向应变系数为50。扩散区的深度小于 $0.5\mu m$，横梁的长度(l)、厚度(t)和宽度(w)分别为 $200\mu m$、$20\mu m$ 和 $5\mu m$。如果 $F = 100\mu N$ 的力作用在悬臂梁的中间，电阻变化的百分比为多少？

解：如果力作用在悬臂梁的中间，从施加力的点到自由端的悬臂梁部分不承受负载或经历形

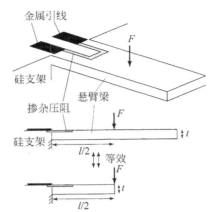

变。因此，为了分析悬臂梁固定端最大应力，我们使用等效系统。在等效系统中，悬臂梁的长度只有一半长，力施加在末端。

电阻跨越一定的深度和长度。与悬臂梁的厚度相比，电阻深度显得很小。因此悬臂梁表面的应力分布是均匀的，如果我们假设均匀的应力，即都等于固定端上表面的值，那么最大应变可以表示为

$$\varepsilon_{\max} = \frac{Mt}{2EI} = \frac{F\frac{l}{2}t}{2EI} = \frac{Flt}{4EI} = 0.019\%$$

例题6.5 （压阻悬臂梁） 下面是固定端制作压阻器的四个悬臂梁。四个悬臂梁的尺寸、压阻的掺杂浓度以及作用力都是相同的，但是压阻器的厚度不同，图 6-7a 中压阻的厚度是整个悬臂梁厚度的 1/8，图 6-7b 中是 3/8，图 6-7c 中是 6/8，图 6-7d 中是 8/8，试讨论这四种方案的优缺点。

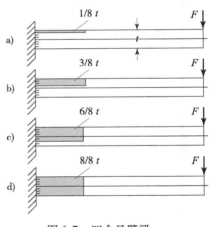

图6-7 四个悬臂梁

答案：图 6-7d 中由于在压应力和张应力区的电阻对称，因而对应力不敏感。

图 6-7c 中压阻穿过中线 $2t/8$（t 是悬臂梁的厚度），在中线以下的部分与中线以上的镜像部分相抵消。因此，这种设计与压阻器厚度是 $2t/8$ 的悬臂梁效果是相同的。

如果掺杂浓度相同，图 6-7a 中的电阻具有最大阻值。其电阻的相对变化最大，然而，噪声也是最大的。而且，如果悬臂梁厚度小的话，很难精确地控制掺杂厚度。

6.3.2 薄膜中的应力和变形

在微传感器中经常用到薄膜。薄膜的应力分析一般比横梁要复杂得多，因为薄膜实际上是二维的。本节我们将考察一种薄膜负载最简单的例子——在一个面上施加均匀分布压力。

在均匀压力负载 p 下薄膜位移的控制方程是

$$\frac{\partial^4 w}{\partial x^4} + 2\frac{\partial^4 w}{\partial x^2 \partial y^2} + \frac{\partial^4 w}{\partial y^4} = \frac{p}{D} \tag{6-14}$$

这里 w 是在薄膜位置 (x, y) 点的法向位移。D 代表薄膜的刚性系数，它与杨氏模量（E）、泊松比（ν）和材料的厚度（t）有关，即

$$D = \frac{Et^3}{12(1 - \nu^2)} \tag{6-15}$$

对于有固定边界的方形膜，沿 x 轴的薄膜位移和纵向应力的二维分布图如图6-8所示。根据该图可以得到以下几个重要的定性观察结论：

1）最大位移发生在薄膜的中间。

2）最大应力发生在两个相对边缘的中间点和薄膜的中心。沿着边缘和中心的应力符号相反。在探测薄膜形变时，这些高应力位置是放置压阻传感器的最佳位置。

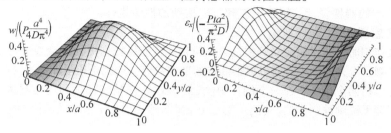

图6-8　沿 x 轴的归一化位移（左图）和应力（右图）

在许多应用中，所关心的只有最大位移和最大应力。这些可以通过经验公式进行计算。在均匀压力 p 下，在长方形薄膜（尺寸为 $a \times b$）中心点（w_{center}）的最大位移为

$$w_{center} = \frac{\alpha p b^4}{Et^3} \tag{6-16}$$

比例系数 α 的数值是由 a 与 b 的比率决定的。通过查找图6-9中的表可以得到 α 的数值。最大应力（在长边缘的中间点）和平板中心的应力为

$$\sigma_{max} = \frac{\beta_1 p b^2}{t^2} \tag{6-17}$$

$$\sigma_{center} = \frac{\beta_2 p b^2}{t^2} \tag{6-18}$$

β_1 和 β_2 的值也列在图6-9中所示的表中。

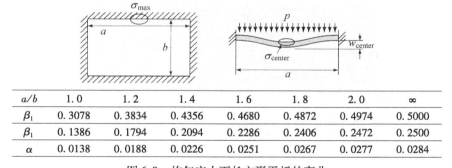

a/b	1.0	1.2	1.4	1.6	1.8	2.0	∞
β_1	0.3078	0.3834	0.4356	0.4680	0.4872	0.4974	0.5000
β_1	0.1386	0.1794	0.2094	0.2286	0.2406	0.2472	0.2500
α	0.0138	0.0188	0.0226	0.0251	0.0267	0.0277	0.0284

图6-9　均匀应力下长方形平板的弯曲

如果需要考虑泊松比和本征应力，位移和应力分析将变得相当复杂。对于给定泊松比和应力的情况，在分布压力作用下计算方形薄膜位移的解析表达式可以在参考文献[17]中找到。另一种可供选择的方法是，使用计算机辅助有限元模拟来求解给定尺寸和（或）复杂负载条件下薄膜的位移和应力分布。

对于周边固定的圆形薄膜，最大的位移是（参考文献[18]）

$$w_{max} = \frac{p r^4}{64D} \tag{6-19}$$

其中 r 是薄膜的半径。最大径向应力发生在顶部和底部的边缘，大小是

$$\sigma_{r,\max} = \frac{3}{4}\frac{pr^2}{t^2} \tag{6-20}$$

6.4 压阻传感器的应用

过去许多年中，压阻敏感效应已经用在了许多类的传感器中。下面要讨论一些代表性的实例；它们具有独特的器件设计、制造工艺和可以达到的性能指标。

6.4.1 惯性传感器

当有加速度作用时，质量块会受到惯性力，与它连接的机械支撑元件会发生形变，从而引入应力和应变。通过测量应力的大小，就可以推断加速度的数值，这就是压阻加速度计的基本工作原理。

下面我们将分析两个例子。在一个例子中（实例6.1），机械支撑是利用硅湿法刻蚀制作的，另一个例子是利用硅干法刻蚀制作的（实例6.2）。在这两个例子中，压阻都是利用掺杂单晶硅制作的。

实例6.1 单晶硅压阻加速度计

最早的微机械应变式加速度传感器的实例之一是 Roylance 和 Angell 在 1979 年制作的器件[19]，用于生物医疗植入，以测量心壁加速度。这个应用要求在 100Hz 的带宽内灵敏度约为 0.01g，且要求传感器的尺寸小。

该传感器是由末端附有刚性质量块的悬臂梁组成的（图6-10）。压阻位于悬臂梁的根部，它是薄层电阻为 $100\Omega/\square$ 的 p 型掺杂电阻。悬臂梁指向 <110> 晶向。利用硅的湿法刻蚀定义出悬臂梁和质量块，这会部分地影响和晶向的对准。（硅湿法刻蚀技术将在第10章中介绍。）

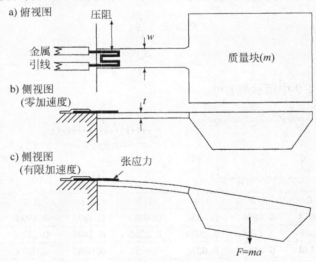

图 6-10 压阻式加速度计

在给定的加速度 a 下，质量块承受的力为

$$F = m \times a$$

整个质量块受力均匀，但是，为了计算由力产生的力矩，可以假设力集中在质量块的中心，则横梁固定端承受的力矩可以表示为

$$M = F\left(l + \frac{L}{2}\right)$$

（在这里，与质量块的贡献相比，作用在悬臂梁上的分布惯性力忽略。）纵向应变的最大值发生在悬臂梁根部的上表面，其大小如下：

$$\varepsilon_{max} = \frac{Mt}{2EI} = \frac{F\left(l+\dfrac{L}{2}\right)t}{\dfrac{Ewt^3}{6}} = \frac{6F\left(l+\dfrac{L}{2}\right)t}{Ewt^3}$$

压阻器覆盖了一定的长度和深度。电阻体内的应力分布不均匀。如果与悬臂梁相比，电阻相对较薄较短，我们可以假设电阻上的应力是均匀的并且等于 ε_{max}。

这里，形变 ε_{max} 施加在电阻轴向方向。因此，电阻的相对变化为

$$\frac{\Delta R}{R} = G \cdot \varepsilon_{max} = \frac{6GF\left(l+\dfrac{L}{2}\right)}{Ewt^2} = \left(\frac{6Gm\left(l+\dfrac{L}{2}\right)}{Ewt^2}\right)a$$

加速度计是用硅圆片制作的。通过阳极键合将两片 7740 Pyrex 玻璃键合到硅上形成质量块的封闭腔。为了使质量块有活动空间，要对玻璃进行各向同性刻蚀以形成空腔。弯曲横梁将质量块与硅支撑边缘连接起来，在其上面有扩散压敏电阻，质量块的位移就是通过它来检测的。整个器件的体积为 $2 \times 3 \times 0.6 \text{mm}^3$。

制作工艺如下，选择 n 型(100)硅片（图 6-11）。第一步是在硅片的两面热生长一层 $1.5\mu m$ 厚的氧化层（图 6-11b）。对正面的二氧化硅进行光刻和图形化从而开出扩散掺杂的窗口，进而

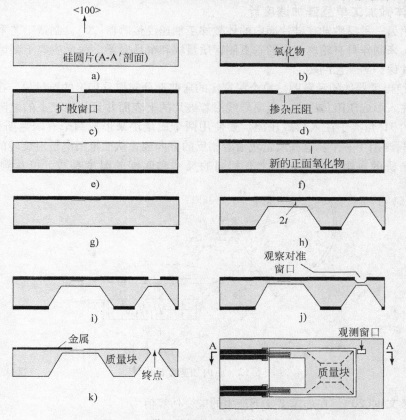

图 6-11 带悬臂梁的硅质量块制造过程

使下面的硅暴露出来(图6-11c)。对窗口区域的暴露硅进行掺杂形成薄层电阻为$100\Omega/\square$的压阻(图6-11d)。接着开第二个窗口来进行接触区的掺杂(薄层电阻为$10\Omega/\square$)。把正面的氧化层选择性地去掉,只留下完整的背面氧化层(图6-11e)。为了在溶液(如HF)中选择性地去掉氧化层,在湿法刻蚀前可以在正面的氧化层上覆盖光刻胶。

在硅片的两面上再次生长氧化层(图6-11f)。这次要保护正面的氧化层而对背面的氧化层进行光刻和图形化(图6-11g)。图形化产生了硅的暴露区域。经过各向异性刻蚀,体硅被刻蚀(图6-11h)。当悬臂梁区域硅剩余的厚度约为所需要梁的厚度两倍时停止刻蚀。

这一步骤需通过仔细地校准和观察工艺过程来控制。但是,由于整个硅片刻蚀速率的不均匀性和时变性,控制刻蚀厚度还是很困难的。虽然如此,要获得一定厚度的膜,这种方法比单独控制时间的刻蚀方法要简单且容许误差更小。

在硅片的正面开窗口(图6-11i),开始刻蚀(图6-11j)。正面和背面的刻蚀速率大致相等(图6-11j)。因此,当达到所需的厚度时,观测窗口被刻蚀穿通(图6-11k)。当硅片浸没到湿法刻蚀溶液中,可以通过目测或使用光学传感器来探测穿通现象。

该器件已经可以探测到低至0.001g的加速度。可以直接测量心脏的加速度。全量程范围为$\pm 200g$,灵敏度为$50\mu V/(gV_{supply})$,偏轴灵敏度10%,压阻效应温度系数为$-0.2 \sim 0.3\%/℃$,谐振频率为2330Hz。为了增加灵敏度,需要使用较大的质量块,而这样会使谐振频率相对较低。

实例6.2　体微加工单晶硅加速度计

下面介绍另一种灵敏轴在硅片面内的体微加工加速度传感器[20]。制造工艺采用深反应离子刻蚀技术,来制作具有轮廓清晰的垂直侧臂质量块和窄悬臂梁。深反应离子刻蚀还避免了背面刻蚀和硅片保护等工艺问题。

图6-12给出了器件的示意图。单个深宽比的弯曲部分支撑着扇形的质量块,在弯曲部分的垂直面离子注入形成压阻传感器。金属导线沿着硅片的上表面并且和侧壁上的电阻相连。在与竖直方向呈约31°角离子注入形成压阻。要使用两个质量块来形成两个有源惠斯顿电桥元件,但图6-12中只画出了一个。这些质量块沿着相反的方向放置从而抵消电桥对旋转的响应。设计整个惠斯顿电桥的电阻元件时,使之有相同的尺寸和匹配的温度系数,可达到基本的温度补偿。

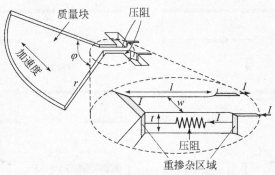

图6-12　面内加速度计设计

根据参考文献[20],在加速度a下产生的应变估算值为

$$\varepsilon = \frac{4\rho r^3 \sin{(\varphi/2)}}{Ew^2}a \tag{6-21}$$

这里 r 是质量块的径向长度，φ 是质量块的夹角，w 是弯曲部分的宽度。

制造工艺从绝缘体上的硅（SOI）衬底开始，它是由氧化、键合和抛光硅片制作出来的。SOI 衬底有两层薄的表面层：一层 $1.2\mu m$ 厚的氧化硅绝缘层（I 层），它位于 $30\mu m$ 厚、电阻率为 $0.5\Omega cm$ 的磷掺杂（100）n 型硅（S 层）下面。首先，由 p 型重掺杂形成接触区（图 6-13b）。低温淀积氧化物（LTO）薄膜并光刻、图形化（图 6-13c），用它作为深反应离子刻蚀的掩膜（图 6-13d）。在二氧化硅上选择性刻蚀，并最终停止在掩埋二氧化硅层上。

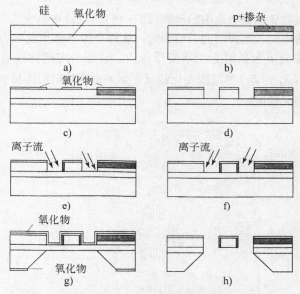

图 6-13　沿着图 6-12A – A'横截面的工艺流程图

通常，离子注入是通过使离子流垂直于衬底注入实现的。离子将只撞击暴露在注入离子视线的水平表面。为了在垂直表面上注入，采用倾斜角度离子注入工艺，在入射离子流和硅片之间设置一个角度，从而使离子可以撞击垂直面。硅片必须注入两次（图 6-13e 和图 6-13f），从而使两面的垂直表面都能得到掺杂。侧壁掺杂的薄层电阻为 $2 \sim 10k\Omega/\square$。通过光刻胶掩膜版可以使掺杂离子限制在弯曲区域，从而避免形成传感器周围的泄漏通路。LTO 膜使得弯曲部分的上表面掺杂离子无法注入。然后硅片再用一层 LTO 膜覆盖（图 6-13g），从而可以在随后的硅湿法刻蚀中保护整个硅片正面。由于刻蚀速率的降低（与硅相比），湿法刻蚀停止在掩埋二氧化硅层上。然后通过 HF 酸除去 LTO 膜和埋层二氧化硅，而不影响硅（图 6-13h）。

该传感器具有 $3mV/g$ 的灵敏度，在 $100Hz$ 具有 $0.2mg\sqrt{Hz}$ 的分辨率。它可与基于电容和压阻原理的商用电容加速度计相比拟。

6.4.2　压力传感器

微机械加工压力传感器是微机械加工技术最早的范例之一。由于高灵敏度和均匀性等重要特性，压力传感器在商业上非常有用。

最早的产品是由单晶硅可形变薄膜制作的体微加工压力传感器，它仍主宰着今天的市场。第 15 章会给出一个例子[3]。

微加工压力传感器的发展非常快。体加工和表面加工都可以使用。在实例6.3中我们将介绍一种典型的表面微加工工艺压力传感器。

实例6.3　表面微机械加工压力传感器

表面微机械加工压力传感器使用氮化硅薄膜作为隔膜，用多晶硅作为应变传感器[21，22]。与前面讨论的体微加工压力传感器相比，氮化硅薄膜的厚度更薄且更容易控制。根据方程(6-17)，对于给定的薄膜尺寸和压力差，减小厚度会导致更大的应力。

$$\sigma_{\max} = \frac{\beta_1 p b^2}{t^2} \tag{6-17}$$

传感器包括悬浮在衬底上很小空隙的薄膜(图6-14)。设计中包含八个压阻传感器。四个压阻分别位于薄膜四边的中间。当薄膜向下弯曲时，这四个传感器承受张力。另外四个传感器位于薄膜的中心，当薄膜向下弯曲时它们承受压应力。对于给定的薄膜弯曲，边缘电阻(R_1到R_4)的阻值和中心电阻(R_5到R_8)的阻值变化相反，如果这两组电阻连接到惠斯顿电桥电路的一个分支，将进一步提高灵敏度。

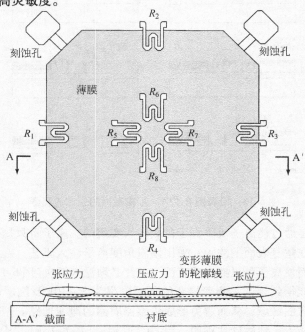

图6-14　表面微加工传感器的俯视图和剖面图

器件的制造工艺如图6-15所示，和前面讨论的(实例5.7)基于热传递流量剪切应力传感器具有相同的步骤。悬浮膜是由氮化硅制成的(图6-15e)，牺牲层通过沟道从腔中去除掉(图6-15g)。每个沟道末尾的开口通过化学汽相淀积薄膜来密封，淀积多晶硅并光刻图形化(图6-15h)。接着通过淀积金属薄膜和图形化来形成引线。

制造工艺不包括耗时的且有刻蚀性的硅湿法刻蚀。因此表面微机械工艺与集成电路更兼容。但是多晶硅应变系数比单晶硅要小。也有基于聚合物的表面微机械加工压力传感器(12.3节)。

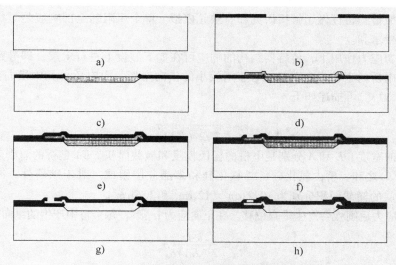

图 6-15　表面微机械加工传感器的制造工艺

6.4.3　触觉传感器

触觉传感器用来测量接触力并表征表面轮廓和粗糙度。微机械加工触觉传感器具有高密度集成的潜力。我们在实例 6.4 中讨论多敏感轴的硅微机械加工触觉传感器。在第 12 章将讨论另一个基于金属应变计和聚合物材料的压阻触觉传感器。

实例 6.4　多敏感轴压阻触觉传感器

人类通过对物体的复杂触觉感知来完成灵巧操作任务。当手指尖接触物体的时候，会产生分布接触应力。接触点的应力分布包括三部分：一个正应力分量和两个面内的剪切应力分量。

人们已经开发出具有 4096 个单元的触觉感测器阵列，传感器的机械元件使用体微加工技术[5]制作。每个单元包括一个中心闸板，它由四个做在刻蚀槽上的桥支撑，从而允许更大的位移范围和动态范围（图 6-16）。在每个桥中都有多晶硅压阻，标记为 R_1 到 R_4。每个压阻作为电阻半桥电路的可动臂。通过测量电阻 R_1 到 R_4 的阻值变化，可以同时获得三个应力分量的直接测量结果。

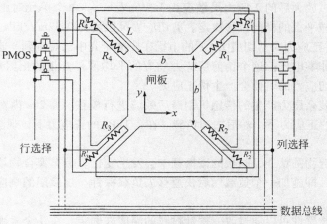

图 6-16　压阻触觉传感器

作者对机械传感特性做了解析研究和有限元模拟。单个压阻的全部响应是对每个应力分量引起响应的直接求和。

在只有剪切应力作用下，传感器结构的响应可在如下假设下进行求解，即导致结构变形的主要原因是由电桥的主轴应变引起。对于闸板小的横向变形，由电桥单元中横向剪切应力(τ)引起的剪切应力(s_τ)可描述如下

$$s_\tau = \frac{b^2}{2\sqrt{2}\,(EA)}\tau$$

这里 b 是闸板的宽度，E 和 A 分别是电桥的杨氏模量和横截面积。EA 是桥的总刚度，是每个复合层的刚度(EA)之和。桥由氮化硅、二氧化硅和多晶硅层组成。对于该器件，氮化硅、二氧化硅和多晶硅层的横截面积分别为 $10.2\mu m^2$、$12\mu m^2$ 和 $1.6\mu m^2$。

施加正向应力后闸板会产生垂直位移。在正向应力 σ_n 下，每个桥中产生的纵向应变大小为

$$s_n = \frac{b^2 L}{2\,(EA)\delta}\sigma_n$$

这里 L 是桥的长度，δ 是板的垂直挠度。

将每个压阻(R_i, $i = 1, 4$)连接到具有相同标称值的参考电阻上(R_i')。每个压阻和它相应的参考电阻组成半桥，并将电压输出到数据总线。

阵列传感器制作在 CMOS 的硅圆片上。为了控制最后独立式传感器结构中的内部应力状态，要在 CMOS 工艺流程中增加两步。第一个要修改的步骤是在工艺的开始，用低压化学汽相淀积方法(LPCVD)在裸硅圆片上淀积一层 $0.35\mu m$ 厚的张应力(300MPa)氮化硅。这一层构成了自由闸板和桥的基础。第二个要修改的是在工艺的末端，运用等离子增强化学汽相淀积(PECVD)方法淀积一层 $0.6\mu m$ 厚的张应力(200MPa)氮化硅。

CMOS 制造工艺完成以后，在 85℃ 下，利用体硅湿法刻蚀(5wt% TMAH，16g/l 溶解硅)技术，可以把传感器结构(闸板和桥)从下面的硅衬底上释放出来。采用预溶解硅的 TMAH 来代替 EDP 或 KOH，是因为它对标准 CMOS 电路中铝接触焊盘的低刻蚀速率。对管芯进行电子封装，最后用粘连材料覆盖一层弹性橡胶。

为了测量阵列和单个单元的机械特性，芯片被放置在半导体探针工作台上。整个阵列上的均匀应力是由聚合物表面密封的气动空腔提供的，单个传感器对纯正应力的响应可以通过缓慢压缩空腔决定。经过放大后的正应力灵敏度为 1.59mV/kPa。单个单元对施加剪切应力的响应由粘到聚合物上机械平板的横向位移决定。剪切应力灵敏度为 0.32mV/kPa。

不同测量模式(正应力对剪切应力)下的串扰在校准研究中已观测到。施加纯正应力时在两个剪切应力轴上有非零电压。这个伪剪切应力响应的平均值是真正的正剪切应力的 2.1%。类似地，当施加纯剪切应力的时候会产生伪正应力。

要对弹性橡胶残余压力产生的传感机制滞后效应进行校正。在 20s 内对传感器施加从零负载到全量程 78kPa 的正应力下。然后去掉负载。在 2.1kPa 的正应力下，观测到的平均无负载误差为 3.3mV。

因为闸板与聚合物的粘连，闸板的谐振频率会发生变化。带有聚合物填充闸板的机械谐振频率可由实验确定，即施加一个负载然后快速移去负载探针。过渡期的响应是 102Hz 的机械谐振频率。

传感器的温度敏感性可以通过改变探针衬底的温度来确定。在几个温度水平点记录传感器的输出。正应力信号的无放大温度系数为 $-0.83mV/℃$，相应于 $-0.52kPa/℃$ 下的正应力测量。

6.4.4　流量传感器

微结构可以用于流量传感器。它们较小的物理尺寸可以减小测试时对流量场的影响。微结构周围的流体流动可以产生提升力[23，24]、拖曳力[25]或漂浮单元上的动量传递[26，27]。这些力可以引起微结构变形、在漂浮单元或其支撑结构中产生较小的应力变化。在这些结构上有意地放置压阻，通过测量阻值就可以推断弯曲情况。

我们分析一个直接剪切应力传感器和一个流速传感器。实例6.5给出了用硅片键合技术制备的流量剪切应力传感器的设计和制造。实例6.6是用表面微机械加工和三维组装的动量传递型流速传感器。

实例6.5　压阻流量剪切应力传感器

悬浮单元剪切应力传感器包含一个平板（宽120μm、深140μm）和四个系链（每个长30μm、宽10μm）[28]。系链作为平板和电阻的机械支撑。在悬浮单元上并平行于系链长度方向的流动会在悬浮板的上方产生剪切应力。

假设平板像刚性物体那样移动。流动方向应该平行于系链。剪切应力在沿着系链的纵向方向引入拖曳力。两个系链承受张应力而另外两个承受压应力。电阻的变化来源于单晶硅的压阻特性。

平板上的力被四个系链平分，每个系链的纵向应力为

$$\sigma = \frac{\tau A_p}{4A_t} \tag{6-22}$$

这里 A_p 是平板的面积，而 A_t 是系链的横截面积。因此系链电阻的变化为

$$\frac{\Delta R}{R} = G\varepsilon = G\frac{\tau A_p}{4EA_t} \tag{6-23}$$

平板和系链由5μm厚的轻掺杂n型硅制造而成，它们悬浮在另一个硅片表面上方1.4μm处。传感器的制造工艺包括两个圆片的加工（圆片#1 和#2）。工艺过程如下，首先在圆片#1（操作圆片）上生长1.4μm厚的二氧化硅，其本底电阻率为10～20W/□（图6-17a）。将位于悬浮单元下面的二氧化硅图形化后进行等离子刻蚀（图6-17c）。氧化物的厚度决定了悬浮单元下侧和衬底之间的距离。

另一个器件圆片#2（图6-17d），在重掺杂（$10^{20}cm^{-3}$）硼区域（p^+区）的上方有一层5μm厚的轻掺杂n型外延区（掺杂约$10^{15}cm^{-3}$）。将两个硅片进行键合（图6-17e）。键合顺序包括以下步骤：预氧化清洗两个圆片，用3:1的 H_2SO_4:H_2O_2 溶液亲水处理键合表面10分钟，DI水清洗，旋转烘干，在室温下对两键合表面进行物理接触，在1000℃的干燥氧气环境中高温退火70分钟。

将硅衬底溶解在KOH溶液中，进行各向异性刻蚀，对圆片进行减薄直到重掺杂层为止（图6-17f）。由于高选择性，刻蚀自动停止在重掺杂区域。用8:3:1 的 CH_3COOH:HNO_3:HF（HNA）混合溶液来选择性刻蚀重掺杂层直到外延层（图6-17g）。

采用扩散的方法掺杂，形成重掺杂区域（图6-17h）。淀积薄金属薄膜并且图形化来形成电接触。金属和重掺杂区域形成欧姆（非整流）电接触（图6-17i）。在硅片的上方淀积氧化层来提供钝化，从而防止导通或隔离刻蚀性环境（图6-17j）。

对传感器测试表明它实现了13.7μV/V-kPa的全量程灵敏度。在剪切应力为1～100kPa下，传感器能够承受高压（2200～6600psi）和190℃～220℃的温度达20小时。

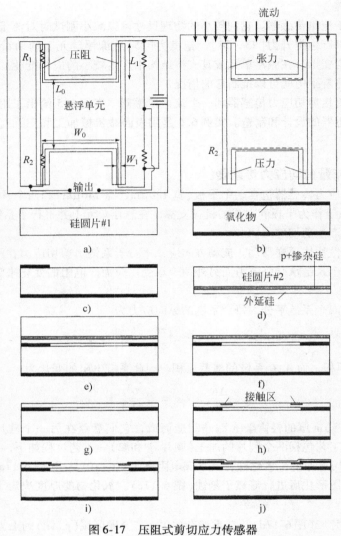

图 6-17　压阻式剪切应力传感器

实例 6.6　金属压阻式流速传感器

　　在动物世界，毛发细胞这种机械感受器很常见。毛发细胞由黏附到神经元上的纤毛组成。由于输入刺激而引起的纤毛机械位移，会产生脉冲输出。这个看起来很简单的机械传感原理被许多动物利用，如脊椎动物（用于听力和平衡）、鱼类（用于侧线流量传感器）和昆虫（用于流量和振动传感）。模仿生物毛发细胞的人工毛发细胞传感器（AHC）可以作为一种模块，从而实现不同工程传感器的应用。下面将讨论一种基于这种生物启示的流量传感器。

　　图 6-18 给出了基于聚合物纤毛的 AHC 的示意图[29]。AHC 由附着在衬底上的刚性垂直梁（人工纤毛）构成。位于梁的基端，在"纤毛"和衬底之间有一个应变计。沿着纤毛长度方向有一层厚的聚酰亚胺，应变计是由聚酰亚胺上的镍铬（NiCr）薄膜电阻组成的。当在垂直梁上施加外力时，如它与另外的物体直接接触（触觉传感器的功能）或流体流动的曳力（流量传感器），横梁将变形从而在垂直应变计中引起纵向应变。

在器件设计和制造工艺中还有两个新颖的方面。首先，垂直梁是由聚合物材料制作的，因此机械强度较高。其次，梁是通过高效的三维组装工艺制成的，因此可以在圆片规模上制作。

制造工艺包括一系列的金属化和聚合物淀积步骤（图6-19）。首先，在衬底上蒸发一层0.5μm的铝牺牲层并且图形化。然后，旋涂一层5.5μm厚的可光刻聚酰亚胺（HD微系统公司的HD-4000）并且光刻图形化（图6-19a）。将聚酰亚胺在350℃下1Torr的氮气真空环境中烘焙2小时，这是工艺中所用到的最高温度。然后，通过电子束蒸发淀积一层750Å厚的NiCr层来做应变计。紧接着蒸发0.5μm厚的Au/Cr用作电引线和弯曲铰链（图6-19b）。作者用图形化的光刻胶制作了电镀铸模（图6-19c）。然后将Au/Cr层作为仔晶层电镀约5μm的铁镍合金（图6-19d）。最后的表面微机械步骤是旋涂并且光刻图形化另一层2.7μm的聚酰亚胺薄膜层作为铁镍合金梁和镍铬应变计的保护层（图6-19e）。

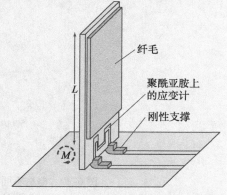

图6-18 人工毛发细胞单元的示意图

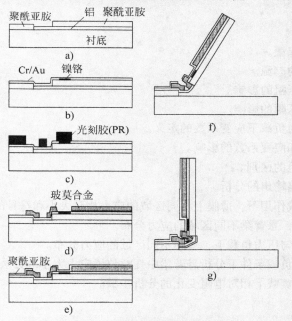

图6-19 制造工艺的示意图

然后将铝牺牲层放置在TMAH溶液中一天以上，释放梁结构。仔细清洗样品然后放置到电镀槽中并施加外部的磁场，它和铁镍合金相互作用从而把"纤毛"从衬底平面上拉起来（图6-19f和图6-19g）。

图6-20给出了具有不同梁和应变计尺寸的AHC阵列。这些阵列表明了制造工艺的并行和高效率。总之，制造方法的温度不超过350℃，并且允许在聚合物衬底上完成这些工艺。硅、玻璃和Kapton薄膜都可用做这种工艺的衬底。应变计阻值的变化范围为1.2kΩ到3.2kΩ。淀积镍铬薄

膜的 TCR 测量值为 $-25 \times 10^{-6}/℃$，由于它非常小，空气流动测试中不会引起测试风的效果。

图 6-20 制造不同高度和宽度的毛发细胞单元阵列的 SEM。
制作器件的纤毛长度从 $600\mu m$ 到 $1.5mm$

6.5 总结

下面列出了与本章有关的主要概念、事实和技能。读者可以用此来检验自己对本章相关内容的理解。

定性理解和概念：

1）硅压阻效应的起源。

2）金属压阻效应的起源。

3）掺杂浓度对硅压阻的影响。

4）圆片晶向对硅压阻的影响。

5）硅在横向和纵向负载下应变系数的定义。

6）温度对硅压阻和应变系数的影响。

7）纵向和横向压阻的区别。

8）惠斯顿电桥电路输出的分析。

9）在均匀压力负载作用下，薄膜上不同区域的应力相对大小和符号的判断。

10）在典型条件下，悬臂梁不同区域的应力分布。

11）在一面施加均匀压力负载下，薄膜不同区域的应力分布。

12）在简单横向力负载条件下分析悬臂梁中任意位置应力大小的方法。

13）悬臂梁在简单负载下相对电阻变化的分析步骤。

习题

6.1 节

习题 6.1 设计

考虑宽度为 w 的悬臂梁，求解电阻随 F 变化的解析表达式。

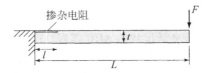

习题 6.2 设计

考虑 $100\mu m$ 长、$5\mu m$ 宽和 $0.5\mu m$ 厚的氮化硅横梁。在横梁断裂之前可以在横梁的自由端加多大的力？

（假设氮化硅的断裂应变为2%，杨氏模量为385GPa。）写出你的分析步骤。

(1) 16MN (2) 16mN

(3) 16μN (4) 0.16mN

(5) 以上都不正确

习题6.3 设计

下图给出了一个带扩散压阻的单晶硅悬臂梁。纵向应变系数为 $G_l=20$，而横向应变系数为 $G_t=10$。当靠近传感器的最大纵向应变约为1%时，求解压阻中的阻值变化。

(1) $\dfrac{\Delta R}{R} = 0.2$ (2) $\dfrac{\Delta R}{R} = 0.1$

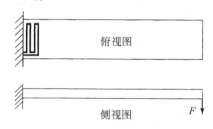

习题6.4 设计

一个固定 - 自由端硅悬臂梁长 (l) 200μm、宽5μm、厚0.5μm。在横梁中心（一半长度）的横向方向施加1μN的力。求解固定端和距离固定端 $x=l/4$ 处的最大张应力。沿着纵向方向硅的杨氏模量为160GPa。

6.2 节

习题6.5 设计

有一个纵向方向指向 <110> 晶向的硅悬臂梁受横向负载力。硅悬臂梁长200μm、宽20μm、厚1μm。电阻长20μm。计算当施加10μN的力时电阻变化的百分比为多少，力施加在横梁厚度方向。

习题6.6 设计

考虑有两个指向臂 <100> 方向的硅悬臂梁。（推导在力 F 作用下电阻相对变化的解析表达式。）电阻在整个长度方向均匀掺杂。每个悬臂梁的长度为 L、宽度为 W、厚度为 t。沿着每个臂的电阻长 L、宽 W、均匀掺杂厚度 t_p。（提示：与连接两个臂的水平杆有关的机械形变和电阻可以忽略。）

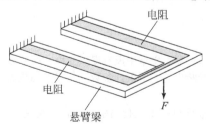

6.3 节

习题6.7 设计

下图给出了一个带掺杂压阻的悬臂梁。梁的宽度为 w。假设整个电阻承受的分布应力与位置相关。求出电阻变化的解析解，同时考虑剪切应力（图中的 F）和正应力。如果杨氏模量为120GPa，L 和 l 分别为400μm和40μm，w 和 t 分别为20μm和10μm，$F=1$mN。求解由正应力和应变引起的电阻相对变化。应变系数归一化为 G。

习题6.8　设计

将整个悬臂梁沿厚度方向掺杂到某一浓度，形成单晶硅梁上的电阻。（施加与习题6.7同样的力，与习题6.7不同的是电阻遍布整个悬臂梁。）在悬臂梁的末端施加垂直的作用力。讨论这种情况下电阻的变化，忽略金属线的有限厚度效应。

习题6.9　设计

对于习题6.7，讨论电阻长度增大到$4l$时有什么优点和缺点。

习题6.10　设计

下图表示出了含有四个压阻的方形薄膜。电阻R_1和R_4位于两个边缘的中间点。电阻R_2和R_3位于薄膜的中心，薄膜的尺寸为b，厚度为t，在薄膜上施加压力差p。在图a和图b所描述的两种惠斯顿电桥配置下，求解输出电压的解析表达式。

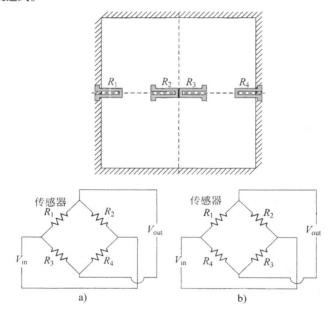

a)　　　　　　　　　　　b)

6.4节

习题6.11　综述

对于实例6.1中讨论的加速度传感器，文章中没有提供支撑梁的厚度、长度和宽度的信息。你能利用实例6.1中提供的信息和参考资料来判断出这三个设计参数吗？解释你找出硅支撑悬臂梁尺寸的方法。

习题6.12　设计

对于实例6.2中讨论的结构，推导出电阻变化与输入加速度之间的关系。并与参考文献中推导的公式（方程6-21）相比较。

习题6.13　制造

对于实例6.2中讨论的结构，如果把悬臂梁的宽度减小到现在尺寸的1/3，有什么优点和缺点？

习题6.14　设计

对于实例6.3中讨论的压力传感器，如果把边缘的电阻长度增加到薄膜总长度的1/4，有什么优点和缺点？如果把边缘的电阻长度增加到薄膜总长度的1/2，有什么优点和缺点？

习题6.15　设计

对于实例6.4中讨论的触觉传感器，分析单个压阻在剪切应力和正应力下的响应，并将结果与参考文献中的结果比较。

习题6.16　制造

实例6.4中的聚合物保护膜是通过把弹性橡胶和黏性填充物粘到一起实现的。但是，聚合物和单个闸板之间的黏附性不易控制。讨论触觉传感器的其他设计和工艺流程，要求和实例中讨论的有类似性能，但是需对聚合物与硅部分的集成有改进的方法。

习题6.17　综述

对于实例6.4，讨论选择 TMAH 而非 EDP 或 KOH 作为硅刻蚀剂的原因。

习题6.18　思考

在实例6.5中，面内垂直流动(也就是流动垂直于纵轴)的灵敏度是多大？离面垂直流动(也就是流动在正方向冲击平面)的灵敏度是多大？

习题6.19　思考

实例6.6中讨论的人工毛发细胞传感器包含长方形横截面积的"纤毛"。讨论以一种更有效的微制造工艺来制造高纵深比聚合物纤毛的方法。你能将传感器与单元集成(在它之上或与之连接)从而以更高的灵敏度探测智能纤毛的位移吗？

参考文献

1. Smith, C.S. *Piezoresistance effect in germanium and silicon.* Physics Review, 1954. **94**(1): p. 42–49.

2. Kanda, Y. *Piezoresistance effect of silicon,* Sensors and Actuators A: Physical, 1991. vol. **28**: p. 83–91.

3. Sugiyama, S., M. Takigawa, and I. Igarashi, *Integrated piezoresistive pressure sensor with both voltage and frequency output.* Sensors and Actuators A, 1983. vol. **4**:p. 113–120.

4. Gretillat, F., M.-A. Gretillat, and N.F. de Rooij, *Improved design of a silicon micromachined gyroscope with piezoresistive detection and electromagnetic excitation.* Microelectromechanical Systems, Journal of, 1999. vol. **8**: p. 243–250.

5. Kane, B.J., M.R. Cutkosky, and T.A. Kovacs, *A traction stress sensor array for use in high-resolution robotic tactile imaging.* Journal of Microelectromechanical Systems, 2000. vol. **9**: p. 425–434.

6. Hautamaki, C., S. Zurn, S.C. Mantell, and D.L. Polla, *Experimental evaluation of MEMS strain sensors embedded in composites.* Microelectromechanical Systems, Journal of, 1999. vol. **8**: p. 272–279.

7. Geyling, F.T. and J.J. Forst, *Semiconductor strain transducers.* The Bell Sysem Technical Journal, 1960. vol. **39**: p. 705–731.

8. Tufte, O.N. and E.L. Stelzer, *Piezoresistive properties of silicon diffused layers.* Journal of Applied Physics, 1963. vol. **34**: p. 313–318.

9. French, P.F. and A.G.R. Evans, *Piezoresistance in polysilicon and its applications to strain gauges.* Solid-state Electronics, 1989. vol. **32**: p. 1–10.

10. Obermeier, E. and P. Kopystynski, *Polysilicon as a material for microsensor applications.* Sensors and Actuators A, 1992. vol. **30**(1–2): p. 149–155.

11. Engel, J., J. Chen, and C. Liu, *Polymer-based MEMS multi-modal sensory array.* presented at 226th National Meeting of the American Chemical Soceity (ACS), New York, NY, 2003.

12. Toriyama, T. and S. Sugiyama, *Analysis of piezoresistance in p-type silicon for mechanical sensors.* Microelectromechanical Systems, Journal of, 2002. vol. **11**: p. 598–604.

13. Yamada, K., M. Nishihara, S. Shimada, M. Tanabe, M. Shimazoe, and Y. Matsuoka, *Nonlinearity of the piezoresistance effect of p-type Silicon Diffused Layers.* IEEE Transactions on Electron Devices, 1982. vol. **ED-29**: p. 71–77.

14. Kerr, D.R. and A.G. Milnes, *Piezoresistance of diffused layers in cubic semiconductors.* Journal of Applied Physics, 1963. vol. **34**: p. 727–731.

15. Senturia, S.D. *Microsystem design:* Kluwer Academic Publishers, 2001.

16. Kamins, T. *Polycrystalline silicon for integrated circuits and displays.* Second ed: Kluwer Academic Publishers, 1998.

17. Maier-Schneider, D., J. Maibach, and E. Obermeier, *A new analytical solution for the load-deflection of square membranes*. Microelectromechanical Systems, Journal of, 1995. vol. **4**: p. 238–241.

18. Benham, P.P., R.J. Crawford, and C.G. Armstrong, *Mechanics of Engineering Materials*. 2nd ed. Esses: Longman Group, 1987.

19. Angell, J.B., S.C. Terry, and P.W. Barth, *Silicon Micromechanical Devices*. Scientific American, 1983. vol. **248**: p. 44–55.

20. Partridge, A., J.K. Reynolds, B.W. Chui, E.M. Chow, A. Fitzgerald, M.L. Zhang, N.I. Maluf, and T.W. Kenny, *A high-performance planar piezoresistive accelerometer*. Microelectromechanical Systems, Journal of, 2000. vol. **9**: p. 58–66.

21. Liu, J. *Integrated micro devices for small scale gaseous flow study*. in Electrical Engineering. Pasadena, CA: California Institute of Technology, 1994, p. 169.

22. Lee, W.Y., M. Wong, and Y. Zohar, *Pressure loss in constriction microchannels*. Microelectromechanical Systems, Journal of, 2002. vol. **11**: p. 236–244.

23. Svedin, N., E. Kalvesten, E. Stemme, and G. Stemme, *A new silicon gas-flow sensor based on lift force*. Microelectromechanical Systems, Journal of, 1998. vol. **7**: p. 303–308.

24. Svedin, N., E. Kalvesten, and G. Stemme, *A new edge-detected lift force flow sensor*. Microelectromechanical Systems, Journal of, 2003. vol. **12**: pp. 344–354.

25. Schmidt, M.A. *Wafer-to-wafer bonding for microstructure formation*. Proc. IEEE, 1998. vol. **86**(8): p. 1575–85.

26. Fan, Z., J. Chen, J. Zou, D. Bullen, C. Liu, and F. Delcomyn, *Design and fabrication of artificial lateral-line flow sensors*. Journal of Micromechanics and Microengineering, 2002. vol. **12**: p. 655–661.

27. Svedin, N., E. Stemme, and G. Stemme, *A static turbine flow meter with a micromachined silicon torque sensor*. Microelectromechanical Systems, Journal of, 2003. vol. **12**: p. 937–946.

28. Shajii, J., K.-Y. Ng, and M.A. Schmidt, *A microfabricated floating-element shear stress sensor using wafer-bonding technology*. Microelectromechanical Systems, Journal of, 1992. vol. **1**: p. 89–94.

29. Chen, J., Z. Fan, J. Engel, and C. Liu, *Towards modular integrated sensors: The development of artificial haircell sensors using efficient fabrication methods*. presented at IEEE/RSJ International Conference on Intelligent Robots and Systems, Las Vegas, NV, 2003.

第 7 章 压电敏感与执行原理

7.0 预览

压电材料既可用做敏感材料，又可用做材料。7.1节首先回顾压电原理和基本的设计方法。7.2节介绍一些典型材料的压电特性。7.3节讨论一些基于不同机械和电学结构的执行器和传感器的实例。

7.1 引言

7.1.1 背景

压电现象于19世纪晚期被发现。那时人们发现一些材料在机械应力作用下会产生电荷（或电压），这种效应被称作**正压电效应**。反之，同一材料在电场作用下会产生机械形变（或力），这种效应被称作**逆压电效应**（一些文献称之为反压电效应）。

以1000V/cm的电场作用在石英棒两端可以引起10^{-7}的应变，作为压电效应强弱的标准。而微小的应变也可以引起巨大的电场。

1880年，Pierre 和 Jacques Curie 通过实验在多种天然物质中发现了压电效应，其中包括罗息盐和石英。1881年，Hermann Hankel 建议采用"piezoelectricity"这一术语，它来自希腊语"piezen"，意为"压"。1893年，William Thomson（Kelvin 爵士）发表了数篇关于压电理论的开创性论文。他通过数学假设和后来的实验论证，指出具有正压电效应的材料同时也具有逆压电效应。

压电现象已应用于声纳和石英振荡晶体。1921年，Walter Cady 发明了用于通信系统的石英晶体控制振荡器和窄带石英晶体滤波器[1]。第二次世界大战期间，军事上对潜艇侦测技术的迫切需求促进了这一领域的发展。20世纪50年代早期，两种重要的人工压电晶体钛酸钡（$BaTiO_3$）和锆钛酸铅（$PbZrTiO_3\text{-}PbTiO_3$，或 PZT）研制成功。这些材料并非天然的压电材料而是人工合成材料，它们必须经过电极化才能具有显著的压电效应。1958年，合成石英材料也得以实现。

历史上，压电传感器的主要应用包括留声机拾音器、微麦克风、声波调制解调器以及用于水下、地下物体观测或医学观测的声波成像系统。参考文献[2]是一本着眼于压电现象及其应用的好书。

现今，压电材料正广泛应用于 MEMS 传感器和执行器。薄膜压电材料已开发并应用于片上声换能器[3]、用于液体及颗粒的泵与阀[4，5]、加速度计[6，7]、扬声器与微麦克风[8，9]、微镜[10]以及化学传感器[11]等。

压电材料的很多重要性质源于材料的晶格结构。压电晶体可被看作由很多微晶（畴）组成。由于这些微晶取向各异，因此晶体的宏观行为与单个微晶不同。相邻晶畴的极化方向可以相差90°或180°。整个材料中的晶畴随机分布，因此不显现出整体的极化或压电效应。通过**极化**，晶体可以实现任意方向的压电性，这需要在高温下将晶体置于强电场中。在电场的作用下，与电场方向近似对准的晶畴增多，而其他取向的晶畴减少。在电场方向上，材料被拉伸。当电场去除之后，晶畴被锁定在近似对准的取向上，造成晶体的残余极化和永久形变（虽然较小）。

极化处理通常是晶体加工的最后一步。在这之后的处理过程必须十分小心，需确保晶体不被退极化，因为这将造成局部或整体的压电效应消失。晶体的退极化可以由机械作用、电作用或热作用引起。在以下的章节中，将对机械退极化进行进一步的解释。

将压电元件置于与极化电场方向相反的强电场中会使其退极化。造成明显退极化所需的场强与材料的等级、材料置于退极化电场中的时间以及温度有关。对于静电场，典型的阈值介于 200～500V/mm 之间。对于交变电场，在与极化电场方向相反的半周期也会产生退极化效应。

当作用在压电元件上的机械应力足够大以至于可以影响到晶畴的取向进而破坏晶畴的排列时，机械退极化将会发生。机械应力的安全界限由材料的等级不同而有较大差异。

如果压电元件被加热到某一阈值温度，晶格振动足够剧烈，使得晶畴变得无序，元件被完全退极化。这一临界温度称为**居里点**或**居里温度**。安全工作温度一般介于 0℃ 到居里点之间的中点值。

压电元件的性质随时间改变。其稳定性随时间的变化关系尤其受到关注。由于存在着能量自发降低的固有过程，在老化效应作用下，材料特性可能退化。可以通过添加复合材料元素或者加速老化来对老化速度进行控制。

很多压电材料受到有限离子迁移率的影响。也就是说，在执行器应用中，它们不能提供长期保持稳定能力。当设计静电工作条件的压电执行器时，必须考虑漏电效应。

7.1.2　压电材料的数学描述

压电材料都是晶体。微观上，压电性源于晶体中离子电荷的位移，它导致极化并形成电场。施加于压电晶体的应力（张应力或压应力）将导致单一晶畴单元中正负电荷中心的间距发生改变，引起净极化作用，具体表现为在晶体表面出现可观测的开路电压。压应力与张应力将引起相反的电场与电压极性。

反之，外电场在正负电荷中心之间施加作用，引起弹性应变及材料尺寸的变化，这种变化与电场方向有关。

并不是所有的天然晶体或合成晶体都表现出压电性。根据对称性，晶体被分为 32 种点群结构。如果晶格关于通过晶胞中心的任意轴对称，则称之为中心对称晶体。这些晶体占据了 32 种点群中的 11 种。在应力作用下，它们的正负电荷空间上的中心不会发生分离，因此这些晶体不是压电材料。在 21 种非中心对称的点群中，只有 20 种为压电晶体。

压电效应具有强烈的方向性。在讨论压电极化之前，首先介绍一下晶体取向的表示方法。虽然某些材料具有自然极化或者自发极化，但是要在特定方向上获得显著的压电效应仍然需要对压电材料进行极化处理。在直角坐标系中，通常将晶体极化的正方向选为与 x、y、z 晶轴中的 z 轴一致。沿着 x、y、z 轴的正应力分量分别由下标 1、2、3 来表示，这样极化轴的方向总是与轴 3 一致。沿轴的剪切应力分量分别由下标 4、5、6 来表示（图 7-1）。

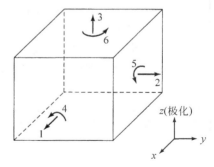

图 7-1　直角坐标系中压电晶体的示意图

在压电晶体中，与电极化（D）及外加机械应力（T）相关的本构方程为

$$D = dT + \varepsilon E \tag{7-1}$$

其中 d 为**压电系数矩阵**，ε 为介电常数矩阵，E 为电场。这里，同时给出电场与机械应力使得方程更具一般性。电极化由两部分效应引起———一部分来自于电偏置，另一部分来自于机械载荷。

如果没有外加电场（即 $E=0$），则方程（7-1）右边的第二项可以去掉。

一般的压电方程可以写成矩阵的形式：

$$\begin{bmatrix} D_1 \\ D_2 \\ D_3 \end{bmatrix} = \begin{bmatrix} d_{11} & d_{12} & d_{13} & d_{14} & d_{15} & d_{16} \\ d_{21} & d_{22} & d_{23} & d_{24} & d_{25} & d_{26} \\ d_{31} & d_{32} & d_{33} & d_{34} & d_{35} & d_{36} \end{bmatrix} \begin{bmatrix} T_1 \\ T_2 \\ T_3 \\ T_4 \\ T_5 \\ T_6 \end{bmatrix} + \begin{bmatrix} \varepsilon_{11} & \varepsilon_{12} & \varepsilon_{13} \\ \varepsilon_{21} & \varepsilon_{22} & \varepsilon_{23} \\ \varepsilon_{31} & \varepsilon_{32} & \varepsilon_{33} \end{bmatrix} \begin{bmatrix} E_1 \\ E_2 \\ E_3 \end{bmatrix} \tag{7-2}$$

T_1 至 T_3 为轴 1 至轴 3 方向的正应力，而 T_4 至 T_5 为剪切应力。电位移（D_i）、应力（T_j）、介电常数（ε_i）以及电场（E_j）的单位分别是 C/m^2、N/m^2、F/m 和 V/m。显然，压电常数 d_{ij} 的单位为电位移的单位除以应力的单位：

$$[d_{ij}] = \frac{[D]}{[T]} = \frac{[\varepsilon][E]}{[T]} = \frac{\dfrac{F}{m}\dfrac{V}{m}}{\dfrac{N}{m^2}} = \frac{Columb}{N} \tag{7-3}$$

类似地，逆压电效应也可以由矩阵形式的本构方程来表述。此时，总应变与外加电场及机械应力有关，并由下式给出：

$$s = ST + dE \tag{7-4}$$

其中 s 为应变向量，S 为柔度矩阵。

方程（7-4）可以展开为矩阵形式：

$$\begin{bmatrix} s_1 \\ s_2 \\ s_3 \\ s_4 \\ s_5 \\ s_6 \end{bmatrix} = \begin{bmatrix} S_{11} & S_{12} & S_{13} & S_{14} & S_{15} & S_{16} \\ S_{21} & S_{22} & S_{23} & S_{24} & S_{25} & S_{26} \\ S_{31} & S_{32} & S_{33} & S_{34} & S_{35} & S_{36} \\ S_{41} & S_{42} & S_{43} & S_{44} & S_{45} & S_{46} \\ S_{51} & S_{52} & S_{53} & S_{54} & S_{55} & S_{56} \\ S_{61} & S_{62} & S_{63} & S_{64} & S_{65} & S_{66} \end{bmatrix} \begin{bmatrix} T_1 \\ T_2 \\ T_3 \\ T_4 \\ T_5 \\ T_6 \end{bmatrix} + \begin{pmatrix} d_{11} & d_{21} & d_{31} \\ d_{12} & d_{22} & d_{32} \\ d_{13} & d_{23} & d_{33} \\ d_{14} & d_{24} & d_{34} \\ d_{15} & d_{25} & d_{35} \\ d_{16} & d_{26} & d_{36} \end{pmatrix} \begin{bmatrix} E_1 \\ E_2 \\ E_3 \end{bmatrix} \tag{7-5}$$

如果没有外加应力（$T_{i,i=1,6}=0$），应变只与电场有关

$$\begin{bmatrix} s_1 \\ s_2 \\ s_3 \\ s_4 \\ s_5 \\ s_6 \end{bmatrix} = \begin{pmatrix} d_{11} & d_{21} & d_{31} \\ d_{12} & d_{22} & d_{32} \\ d_{13} & d_{23} & d_{33} \\ d_{14} & d_{24} & d_{34} \\ d_{15} & d_{25} & d_{35} \\ d_{16} & d_{26} & d_{36} \end{pmatrix} \begin{bmatrix} E_1 \\ E_2 \\ E_3 \end{bmatrix} \tag{7-6}$$

注意，对于任意的压电材料，在逆效应中将应变与外加电场联系起来的 d_{ij} 分量也就是在正效应中将极化与应变联系起来的 d_{ij} 分量。d_{ij} 的单位也可以由方程（7-6）进行验证，即（m/m）/（V/m）= m/V = C/N。

机电耦合系数 k 表示在执行过程中有多少能量从电能转化为机械能，反之亦然。

$$k^2 = 转换能量 / 输入能量 \tag{7-7}$$

这一关系对于从机械能到电能的转化以及从电能到机械能的转化都是适用的。k 的大小不仅与材料有关，也与样品的形状及振动模式有关。

7.1.3 悬臂梁式压电执行器模型

为进行传感或执行功能，压电执行器通常与悬臂梁或膜结构相结合[12]。这些压电执行器的普适模型十分复杂。精确的分析往往需要运用有限元模拟的方法。对于个别情况如双层悬臂梁结构已经成功获得其解析模型。本章着眼于具有双层悬臂梁材料的结构分析，其中至少有一层为压电材料。

双层压电结构的挠度可以由简化方程来描述。考虑一端固定的双层悬臂梁结构，其中一层为普通的弹性材料，另一层为压电材料（图7-2）。这两层材料具有相同的长度。根据以下假设，可以给出计算悬臂梁弯曲曲率的简化模型：

1）诱致的应力和应变沿轴1方向，即悬臂梁的纵轴方向。
2）垂直于纵轴的梁截面仍然保持为平面且垂直于弯曲后的纵轴。
3）整个梁上的曲率保持一致。
4）忽略剪切效应。
5）忽略由于本征应力引起梁的弯曲。
6）梁的厚度远小于压电效应引起的弯曲。
7）二级效应（如 d_{33} 及电致收缩）的影响忽略不计。
8）各层膜的泊松比各向同性。

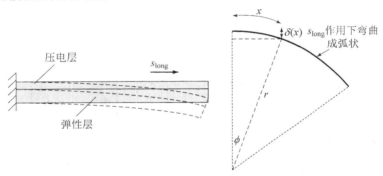

图 7-2 压电双层结构的弯曲

当压电层受到轴向应变 s_{long} 的作用时，梁弯曲成弧状（图7-2）。曲率半径可以由下式给出：

$$\frac{1}{r} = \frac{2\,|\,s_{\text{long}}\,|\,(t_p + t_e)\,(A_p E_p A_e E_e)}{4\,(E_p I_p + E_e I_e)\,(A_p E_p + A_e E_e) + (A_p E_p A_e E_e)\,(t_p + t_e)^2} \tag{7-8}$$

其中 A_p 和 A_e 分别为压电层与弹性层的横截面积；E_p 和 E_e 为压电层与弹性层的杨氏模量；t_p 和 t_e 为压电层与弹性层的厚度。

一旦曲率半径确定，就可以估计悬臂梁任意位置（x）上的垂直位移：

$$\delta(x) = r - r\cos(\varphi) \approx \frac{x^2 d_{31} E_3 (t_p + t_e) A_e E_e A_p E_p}{4\,(A_e E_e + A_p E_p)\,(E_p I_p + E_e I_e) + (t_e + t_p)^2 A_e E_e A_p E_p} \tag{7-9}$$

压电双层执行器自由端可获得的作用力与执行器末端恢复到无形变的初始状态所需的作用力相等。由于位移与作用力线性相关并由下式给出

$$\delta(L) = F/k \tag{7-10}$$

所以力的表达式为

$$F = \delta(x = L)k \tag{7-11}$$

经常遇到超过两层的压电传感器与执行器，对简单负载和任意负载可以在参考文献[13～17]

中找到一般的分析方法。

例题7.1（压电梁的弯曲） 500μm 长的悬臂梁式压电执行器由两层材料组成：一层 ZnO 层和一层多晶硅层（图7-3）。两层材料的宽度、厚度和材料参数在表7-1中给出。当外加电压为10V时，计算悬臂梁末端的垂直位移以及末端所受横向力的大小。

解： 本题中，极化轴轴3垂直于悬臂梁上表面，轴1沿梁的长度方向。外加初始电场沿轴3方向；应力的指定方向为轴1方向。

表7-1 尺寸及材料参数

	ZnO	多晶硅
宽度（μm）	20	20
厚度（μm）	1	2
杨氏模量（GPa）	160	160
压电系数（pC/N）	5	N/A

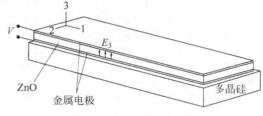

图7-3 压电双层执行器

梁的轴向应力记为 s_1。根据方程(7-6)，梁的轴向应力 s_{long} 与电场 E_3 相关，

$$s_{\text{long}} = s_1 = d_{31}E_3 \tag{7-12}$$

将 s_{long} 的表达式带入，方程(7-8)可以重新表述为：

$$\frac{1}{r} = \frac{2d_{31}(t_p + t_e)(A_pE_pA_eE_e)E_3}{4(E_pI_p + E_eI_e)(A_pE_p + A_eE_e) + (A_pE_pA_eE_e)(t_p + t_e)^2} \tag{7-13}$$

其中 E_3 为轴3方向的电场，它垂直于悬臂梁底面。

最大横向位移由下式给出，它位于悬臂梁的末端。

$$\delta(x = l) = \frac{l^2 d_{31}E_3(t_p + t_e)A_eE_eA_pE_p}{4(A_eE_e + A_pE_p)(E_pI_p + E_eI_e) + (t_e + t_p)^2A_eE_eA_pE_p}$$

$$= \frac{(500 \times 10^{-6})^2 \cdot 5 \times 10^{-12} \cdot \dfrac{10}{1 \times 10^{-6}} \cdot (3 \times 10^{-6})A_eE_eA_pE_p}{4((20 \times 10^{-12}) \cdot 160 \times 10^9 + (40 \times 10^{-12}) \cdot 160 \times 10^9)(E_pI_p + E_eI_e) + (3 \times 10^{-6})^2A_eE_eA_pE_p}$$

这里

$$(E_pI_p + E_eI_e) = 160 \times 10^9 \frac{20 \times 10^{-6} \cdot (10^{-6})^3}{12} + 160 \times 10^9 \frac{20 \times 10^{-6} \cdot (10^{-6})^3}{12} = 2.4 \times 10^{-12}\ \text{Nm}^2$$

$$A_eE_eA_pE_p = (20 \times 10^{-12}) \cdot 160 \times 10^9 \cdot (40 \times 10^{-12}) \cdot 160 \times 10^9 = 20.48\text{N}^2$$

因此

$$\delta(x = l) = \frac{(500 \times 10^{-6})^2 \cdot 5 \times 10^{-12} \cdot \dfrac{10}{1 \times 10^{-6}} \cdot (3 \times 10^{-6})A_eE_eA_pE_p}{4((20 \times 10^{-12}) \cdot 160 \times 10^9 + (40 \times 10^{-12}) \cdot 160 \times 10^9)(E_pI_p + E_eI_e) + (3 \times 10^{-6})^2A_eE_eA_pE_p}$$

$$= \frac{7.68 \times 10^{-16}}{9.216 \times 10^{-11} + 1.83 \times 10^{-10}} = 2.79 \times 10^{-6}\text{m}$$

7.2 压电材料的特性

由于半导体材料经常用于制作电路及 MEMS 器件，因此某些重要半导体材料的压电特性受到人们的关注。元素半导体材料如硅、锗等呈现出中心对称的晶格结构，因此没有压电性。另一方面，由共价键和离子键构成的 III-V 族化合物及 II-VI 族化合物（如 GaAs 和 CdS）呈现出非中心对称的晶格结构，因此具有压电性。但是由于它们较高的成本和较低的压电系数，这些材料并不是理想的压电材料。

表 7-2 给出了一些常用的压电材料及其特性。有关这些材料压电系数的详细信息在下面的内容中将进行总结。注意薄膜材料的特性可能与相应的体材料不同[18]。近年来，开发新型压电材料的进程正在不断加快[2，19]。

表 7-2　常用压电材料的特性

材　　料	相对介电常数	杨氏模量（GPa）	密度（kg/m³）	耦合系数（k）	居里温度（℃）
ZnO	8.5	210	5600	0.075	**
PZT-4（PbZrTiO₃）	1300 ~ 1475	48 ~ 135	7500	0.6	365
PZT-5A（PbZrTiO₃）	1730	48 ~ 135	7750	0.66	365
石英（SiO₂）	4.52	107	2650	0.09	**
钽酸锂（LiTaO₃）	41	233	7640	0.51	350
铌酸锂（LiNbO₃）	44	245	4640	**	**
PVDF	13	3	1880	0.2	80

下面几节讨论了一系列常用的压电材料及其典型参数。

7.2.1　石英

作为一种天然的压电材料，对石英最熟悉的应用是手表中的振荡器。在石英晶体振荡器中，金属电极被连接到一小片石英的表面。如同铃铛被敲击之后振动一样，石英片也会振动，但是它的振动频率很高，其振动频率达到机械谐振频率时会在电极间产生交流电压。当这种晶体用于振荡器时，正反馈为其提供能量以使其保持振荡，振荡器的输出频率由石英晶体精确控制。石英并不是唯一具有压电效应的晶体材料，但是由于它的谐振频率对温度特别不敏感，因此才具有这样的应用。石英晶体振荡器可以提供 10kHz 到 200MHz 的输出频率。在精细控制的环境中，它可以达到 1000 亿分之一的精度，尽管如此，精度普遍为 1000 万分之一。

石英材料的特性已得到了很好的研究。其柔度矩阵、压电系数矩阵以及介电常数总结如下：

$$s = \begin{bmatrix} 12.77 & -1.79 & -1.22 & -4.5 & 0 & 0 \\ -1.79 & 12.77 & -1.22 & 4.5 & 0 & 0 \\ -1.22 & -1.22 & 9.6 & 0 & 0 & 0 \\ -4.5 & 4.5 & 0 & 20.04 & 0 & 0 \\ 0 & 0 & 0 & 0 & 20.04 & -9 \\ 0 & 0 & 0 & 0 & -9 & 29.1 \end{bmatrix} \times 10^{-12} \, \text{m}^2/\text{N} \qquad (7\text{-}14)$$

$$d = \begin{bmatrix} -2.3 & 2.3 & 0 & -0.67 & 0 & 0 \\ 0 & 0 & 0 & 0 & 0.67 & 4.6 \\ 0 & 0 & 0 & 0 & 0 & 0 \end{bmatrix} \times 10^{-12} \, \text{C/N} \qquad (7\text{-}15)$$

$$\varepsilon_r = \begin{bmatrix} 4.52 & 0 & 0 \\ 0 & 4.52 & 0 \\ 0 & 0 & 4.52 \end{bmatrix} \qquad (7\text{-}16)$$

7.2.2　PZT

因具有很高的压电耦合系数，锆钛酸铅（Pb（Zr$_x$，TiO$_{1-x}$）O₃ 或 PZT）体系以多晶（陶瓷）结构形式得到了广泛的应用。PZT 实际上代表了一类压电材料。由于制备方法不同，PZT 材料可以具有不同的结构和特性。PZT 的生产者们使用特定的符号表示其产品。如 PZT-4、PZT-5、PZT-6、PZT-7 等分别表示掺入了铁、铌、铬和镧[20]。

通常用于制备 PZT 体材料(如 PZT-4、PZT-5A)的技术并不适合于微加工。用于制备 PZT 薄膜的一系列技术已经得到了发展，如溅射、激光烧蚀、喷模、静电喷涂等[21]。MEMS 中制备 PZT 材料使用最为广泛的方法之一是溶胶－凝胶淀积法。通过单层或多层淀积，这种方法可以轻易获得较大的厚度(如 7μm)[4，6]。

通过采用所谓的丝网印刷工艺技术，一次工艺过程甚至可以得到更厚的 PZT 薄膜[3，22，23]，这样得到的最大压电耦合系数为 50pC/N，比 PZT 体材料要低得多。丝网印刷所用的原料包括商用亚微米 PZT 粉末和作为黏合剂的碳酸锂及氧化铋。丝网印刷后，烘干淀积材料，并在高温下烧制以致密化。溶胶－凝胶淀积工艺正在进一步发展。厚达 12μm 的无针孔 PZT 薄膜已经研制出来，其 d_{33} 在 140 ~ 240 pC/N 之间[3]，尽管如此，0.1μm 的单层淀积厚度更加常见。

典型 PZT 材料的特性总结如下。$Pb(Zr_{0.40}，TiO_{0.60})TiO_3$ 的 d 矩阵为：

$$d_{ij} = \begin{bmatrix} 0 & 0 & 0 & 0 & 293 & 0 \\ 0 & 0 & 0 & 293 & 0 & 0 \\ -44.2 & -44.2 & 117 & 0 & 0 & 0 \end{bmatrix} pC/N \qquad (7\text{-}17)$$

$Pb(Zr_{0.52}，TiO_{0.48})TiO_3$ 的 d 矩阵为：

$$d_{ij} = \begin{bmatrix} 0 & 0 & 0 & 0 & 494 & 0 \\ 0 & 0 & 0 & 494 & 0 & 0 \\ -93.5 & -93.5 & 223 & 0 & 0 & 0 \end{bmatrix} pC/N \qquad (7\text{-}18)$$

PZT-4 是一种用于水下声纳的材料，其柔度、压电耦合系数及介电常数矩阵总结如下：

$$s = \begin{bmatrix} 12.3 & -4.05 & -5.31 & 0 & 0 & 0 \\ -4.05 & 12.3 & -5.31 & 0 & 0 & 0 \\ -5.31 & -5.31 & 15.5 & 0 & 0 & 0 \\ 0 & 0 & 0 & 39 & 0 & 0 \\ 0 & 0 & 0 & 0 & 39 & 0 \\ 0 & 0 & 0 & 0 & 0 & 32.7 \end{bmatrix} \times 10^{-12} m^2/N \qquad (7\text{-}19)$$

$$d = \begin{bmatrix} 0 & 0 & 0 & 0 & 496 & 0 \\ 0 & 0 & 0 & 496 & 0 & 0 \\ -123 & -123 & 289 & 0 & 0 & 0 \end{bmatrix} \times 10^{-12} C/N \qquad (7\text{-}20)$$

$$\varepsilon_r = \begin{bmatrix} 1475 & 0 & 0 \\ 0 & 1475 & 0 \\ 0 & 0 & 1300 \end{bmatrix} \qquad (7\text{-}21)$$

对于 PZT-5A，其柔度、压电耦合系数及介电常数矩阵总结如下：

$$s = \begin{bmatrix} 16.4 & -5.74 & -7.22 & 0 & 0 & 0 \\ -5.74 & 16.4 & -7.22 & 0 & 0 & 0 \\ -7.22 & -7.22 & 18.8 & 0 & 0 & 0 \\ 0 & 0 & 0 & 47.5 & 0 & 0 \\ 0 & 0 & 0 & 0 & 47.5 & 0 \\ 0 & 0 & 0 & 0 & 0 & 44.3 \end{bmatrix} \times 10^{-12} m^2/N \qquad (7\text{-}22)$$

$$d = \begin{bmatrix} 0 & 0 & 0 & 0 & 584 & 0 \\ 0 & 0 & 0 & 584 & 0 & 0 \\ -171 & -171 & 374 & 0 & 0 & 0 \end{bmatrix} \times 10^{-12} C/N \qquad (7\text{-}23)$$

$$\varepsilon_r = \begin{bmatrix} 1730 & 0 & 0 \\ 0 & 1730 & 0 \\ 0 & 0 & 1730 \end{bmatrix} \tag{7-24}$$

7.2.3 PVDF

聚偏二氟乙烯(PVDF)是一种具有$(-CH_2-CF_2-)_n$单链的合成含氟聚合物。它呈现出压电性、热释电性及铁电性;并具有卓越的化学稳定性、机械柔韧性以及生物兼容性[24]。PVDF 的压电性已经得到深入研究并建立了相关的模型[25]。

PVDF 的拉伸薄膜具有柔韧性,易于制成超声换能器。PVDF 是碳基材料,它通常由 PVDF 粉末的溶液旋涂而成。和大多数压电材料一样,淀积后的工艺步骤对膜的特性影响很大。例如,加热或者拉伸可能增大或减小压电效应。PVDF 以及多数其他的压电材料在淀积后需要极化。

PVDF 的 d 矩阵为:

$$d = \begin{bmatrix} 0 & 0 & 0 & 0 & <1 & 0 \\ 0 & 0 & 0 & <1 & 0 & 0 \\ 20 & 2 & -30 & 0 & 0 & 0 \end{bmatrix} \times pC/N \tag{7-25}$$

7.2.4 ZnO

ZnO 材料的生长方法很多,包括射频或直流溅射、离子电镀和化学汽相淀积等。在 MEMS 领域,经常通过磁控溅射[26, 27]将 ZnO 淀积到不同的材料上,并使 c 轴(或 Z 轴)接近于衬底的法向。对于 ZnO,c 轴将自发成型而无须极化。

为了实现大面积的厚膜,现已探索出减小 ZnO 预应力的措施[28]。淀积后的 ZnO 膜具有很大的压应力,其值从 1GPa 到 135MPa[7]。使用热退火(即 500℃ 加热 5 分钟)可以将预应力减小到 80MPa ~ 100MPa。

ZnO 薄膜上常用的电极材料是铝,它可以由 KOH、$K_3Fe(CN)_6$ 和 H_2O 的溶液(1g:10g: 100ml)进行刻蚀。ZnO 自身也可以进行湿法刻蚀,例如采用 $CH_3COOH:H_3PO_4:H_2O$(1ml:1ml:80ml)的溶液可以得到很高的刻蚀速率[29]。

ZnO 的压电系数矩阵为:

$$d = \begin{bmatrix} 0 & 0 & 0 & 0 & -11.34 & 0 \\ 0 & 0 & 0 & -11.34 & 0 & 0 \\ -5.43 & -5.43 & 11.37 & 0 & 0 & 0 \end{bmatrix} \times pC/N \tag{7-26}$$

然而,矩阵的精确值取决于处理条件和结晶形式(单晶或多晶)。

例题 7.2 (ZnO 压电力学传感器)　ZnO 薄膜位于悬臂梁的固定端附近,如图 7-4 所示。垂直方向上,ZnO 处于两导体膜之间。整个梁的长度为 l,它被分为两段:A 和 B。A 段与压电材料重叠,而 B 段则不与压电材料重叠。A 段和 B 段的长度分别为 l_A 和 l_B。如果此器件用于力学传感器,求作用力 F 与响应电压的关系。

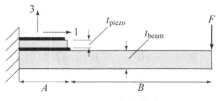

图 7-4　压电力学传感器

解: 淀积 ZnO 的 c 轴(轴 3)一般垂直于淀积衬底的正表面,此例中即为梁的上表面。横向力在压电元件中引起纵向（沿轴 1 方向）的张应力，进而诱致出沿 c 轴方向的电场和输出电压。作用力引起的剪切应力分量不计。

压电体长度方向上的应力实际上是不均匀的，它随位置变化。为简单起见，我们假设纵向应力为常数且等于固定端处的最大应力。在悬臂梁纵向引起的最大应力为：

$$\sigma_{1,\max} = Mt/(2I) = Flt_{\text{beam}}/2I_{\text{beam}}$$

应力分量 $\sigma_{1,\max}$ 平行于轴 1。

根据方程(7-2)，轴 3 方向输出的电位移为：

$$D_3 = d_{31}\sigma_{1,\max}$$

输出总电压为

$$V = E_3 t_{\text{piezo}} = \frac{D_3 t_{\text{piezo}}}{\varepsilon} = \frac{Flt_{\text{beam}}t_{\text{piezo}}}{2\varepsilon I_{\text{beam}}}$$

其中 t_{piezo} 为压电层的厚度。

例题 7.3（ZnO 压电执行器）　如果将例题 7.2 这样的悬臂梁用作执行器，推导梁末端的垂直位移。外加电压为 V_3。

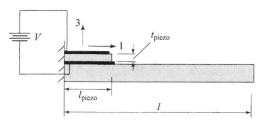

解：在外加电压的作用下，轴 3 方向的电场为：

$$E_3 = \frac{V_3}{t_{\text{piezo}}}$$

外加电场在轴 1 方向引起纵向应变，其大小由方程(7-5)给出：

$$s_1 = E_3 d_{31}$$

A 段被弯成弧状。由外加电压引起的曲率半径可以由方程(7-13)确定。

A 段末端的位移 $\delta(x = l_A)$ 可以采用与例题 7.1 相似的处理步骤求得。压电体末端的角位移为：

$$\phi(x = l_A) = \frac{l_A}{r}$$

B 段没有弯曲并保持平直。梁末端的垂直位移为：

$$\delta(x = l) = \delta(x = l_A) + l_B\sin[\phi(x = l_A)]$$

例题 7.4（ZnO 压电执行器）　悬臂梁上的 ZnO 薄膜执行单元由共面电极偏置。梁与压电体的结构与例题 7.2 一致。求出外加作用力下的输出电压。如果此结构用作执行器，当电极间施加某一电压时，相应的应力分量为多少？

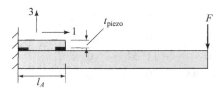

解：外加作用力引起两个应力分量，即正应力 T_1 和切应力 T_5。根据正压电效应方程，输出电场与应力相关：

$$\begin{bmatrix} D_1 \\ D_2 \\ D_3 \end{bmatrix} = \begin{bmatrix} d_{11} & d_{12} & d_{13} & d_{14} & d_{15} & d_{16} \\ d_{21} & d_{22} & d_{23} & d_{24} & d_{25} & d_{26} \\ d_{31} & d_{32} & d_{33} & d_{34} & d_{35} & d_{36} \end{bmatrix} \begin{bmatrix} T_1 \\ T_2 \\ T_3 \\ T_4 \\ T_5 \\ T_6 \end{bmatrix} + \begin{bmatrix} \varepsilon_{11} & \varepsilon_{12} & \varepsilon_{13} \\ \varepsilon_{21} & \varepsilon_{22} & \varepsilon_{23} \\ \varepsilon_{31} & \varepsilon_{32} & \varepsilon_{33} \end{bmatrix} \begin{bmatrix} E_1 \\ E_2 \\ E_3 \end{bmatrix}$$

由于无外加电场，方程右侧的 E_1、E_2、E_3 项为 0，方程可以简化为以下形式：

$$\begin{bmatrix} D_1 \\ D_2 \\ D_3 \end{bmatrix} = \begin{bmatrix} 0 & 0 & 0 & 0 & -11.34 & 0 \\ 0 & 0 & 0 & -11.34 & 0 & 0 \\ -5.43 & -5.43 & 11.37 & 0 & 0 & 0 \end{bmatrix} \begin{bmatrix} T_1 \\ 0 \\ 0 \\ 0 \\ T_5 \\ 0 \end{bmatrix} \times 10^{-12}$$

因此，

$$D_1 = -11.34 \times 10^{-12} \times T_5$$
$$D_3 = -5.43 \times 10^{-12} \times T_1$$

输出电压与轴 1 方向的电极化有关：

$$V_1 = \frac{D_1}{\varepsilon} \times l_A$$

当此器件用于执行器时，求输出应力。假设电压 V 沿纵向施加。这里，我们假设两电极间的距离为 l_A，则电场大小为：

$$E_1 = \frac{V}{l_A}$$

外加电场引起轴 1 方向的纵向应变。应变由下式求得：

$$\begin{bmatrix} s_1 \\ s_2 \\ s_3 \\ s_4 \\ s_5 \\ s_6 \end{bmatrix} = \begin{bmatrix} s_{11} & s_{12} & s_{13} & s_{14} & s_{15} & s_{16} \\ s_{21} & s_{22} & s_{23} & s_{24} & s_{25} & s_{26} \\ s_{31} & s_{32} & s_{33} & s_{34} & s_{35} & s_{36} \\ s_{41} & s_{42} & s_{43} & s_{44} & s_{45} & s_{46} \\ s_{51} & s_{52} & s_{53} & s_{54} & s_{55} & s_{56} \\ s_{61} & s_{62} & s_{63} & s_{64} & s_{65} & s_{66} \end{bmatrix} \begin{bmatrix} T_1 \\ T_2 \\ T_3 \\ T_4 \\ T_5 \\ T_6 \end{bmatrix} + \begin{pmatrix} d_{11} & d_{21} & d_{31} \\ d_{12} & d_{22} & d_{32} \\ d_{13} & d_{23} & d_{33} \\ d_{14} & d_{24} & d_{34} \\ d_{15} & d_{25} & d_{35} \\ d_{16} & d_{26} & d_{36} \end{pmatrix} \begin{bmatrix} E_1 \\ E_2 \\ E_3 \end{bmatrix}$$

由于没有外加应力，令 T_1 到 T_6 为 0，应变的简化形式为：

$$\begin{bmatrix} s_1 \\ s_2 \\ s_3 \\ s_4 \\ s_5 \\ s_6 \end{bmatrix} = \begin{pmatrix} 0 & 0 & -5.43 \\ 0 & 0 & -5.43 \\ 0 & 0 & -11.37 \\ 0 & -11.34 & 0 \\ -11.34 & 0 & 0 \\ 0 & 0 & 0 \end{pmatrix} \begin{bmatrix} E_1 \\ 0 \\ 0 \end{bmatrix} \times 10^{-12} = \begin{bmatrix} 0 \\ 0 \\ 0 \\ 0 \\ s_5 \\ 0 \end{bmatrix}$$

使用这种方法不会产生纵向应变。

例题7.5（ZnO 压电执行器）　压电换能器的结构与例题7.4 相同，推导其末端位移的表达式。与例题7.4 的区别在于：电极偏置 ZnO 材料的方式不同。换句话说，现在轴 3 被设定在梁的长度方向。电压 V 施加在两电极之间。

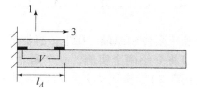

解：纵轴方向的电场为

$$E_3 = \frac{V}{l_A}$$

外加电场引起的纵向应变为

$$\begin{bmatrix} s_1 \\ s_2 \\ s_3 \\ s_4 \\ s_5 \\ s_6 \end{bmatrix} = \begin{pmatrix} 0 & 0 & -5.43 \\ 0 & 0 & -5.43 \\ 0 & 0 & 11.37 \\ 0 & -11.34 & 0 \\ -11.34 & 0 & 0 \\ 0 & 0 & 0 \end{pmatrix} \begin{bmatrix} 0 \\ 0 \\ E_3 \end{bmatrix} \times 10^{-12}$$

或

$$s_3 = d_{33} E_3$$

在方程(7-8)中，需要用 s_3 替代 s_{long}。之后的分析与例题7.3 相同。

7.2.5 其他材料

氮化铝（AlN）是另一种常见的压电薄膜材料。然而由于其压电系数较低，因此不如 ZnO 常用。氮化铝的 d 矩阵为：

$$d = \begin{bmatrix} 0 & 0 & 0 & 0 & 4 & 0 \\ 0 & 0 & 0 & 4 & 0 & 0 \\ -2 & -2 & 5 & 0 & 0 & 0 \end{bmatrix} \text{pC/N} \tag{7-27}$$

铌酸锂（LiNbO₃）和钛酸钡在 MEMS 领域的应用不太常见，但是它们在声学领域应用广泛。铌酸锂的耦合系数矩阵为

$$d_{ij} = \begin{bmatrix} 0 & 0 & 0 & 0 & 68 & -42 \\ -21 & 21 & 0 & 68 & 0 & 0 \\ -1 & -1 & 6 & 0 & 0 & 0 \end{bmatrix} \text{pC/N} \tag{7-28}$$

钛酸钡的特性取决于结晶形式。对于单晶钛酸钡体材料，其 d 矩阵为：

$$d_{ij} = \begin{bmatrix} 0 & 0 & 0 & 0 & 392 & 0 \\ 0 & 0 & 0 & 392 & 0 & 0 \\ -34.5 & -34.5 & 85.6 & 0 & 0 & 0 \end{bmatrix} \text{pC/N} \tag{7-29}$$

对于多晶钛酸钡体材料，其 d 矩阵为：

$$d_{ij} = \begin{bmatrix} 0 & 0 & 0 & 0 & 270 & 0 \\ 0 & 0 & 0 & 270 & 0 & 0 \\ -79 & -79 & 191 & 0 & 0 & 0 \end{bmatrix} \text{pC/N} \tag{7-30}$$

7.3 应用

压电材料可用于多种微传感器和执行器之中。我们将重点讨论四种传感器：惯性传感器、压力传感器、触觉传感器和流量传感器，同时将介绍两个压电执行器的实例。这里研究的全部实例将揭示出与压电 MEMS 器件紧密相关的设计、材料和制作问题。

7.3.1 惯性传感器

商用加速度计主要基于静电和压阻传感原理。压电传感器需要更复杂的材料和制作工艺，压电式加速度计已经研制出来。本节将介绍两个实例，一个是基于悬臂梁的检测结构（实例 7.1），另一个是基于膜的检测结构（实例 7.2）。实例 7.1 中的传感器采用了表面微加工工艺，而实例 7.2 中的传感器由体微加工工艺实现。

将压电材料集成在 MEMS 中并非易事。首先，控制压电薄膜的微结构需要专用的设备和准确的校准。其次，很多压电薄膜不具有化学惰性，在工艺过程中必须小心谨慎，以防压电薄膜受到破坏。

实例 7.1 悬臂梁式压电加速度计

压电传感器的应用之一是微加速度计。加州大学 Berkeley 分校的研究小组已经对典型的器件结构进行了研究[7]。传感器的示意图如图 7-5 所示。检测质量块附于悬臂梁的末端。悬臂梁由多层材料组成，其中 ZnO 是功能压电材料。用 ZnO 替代 PZT 的原因在于，虽然 PZT 材料提供了更大的压电系数，但其介电常数和电容也较大。

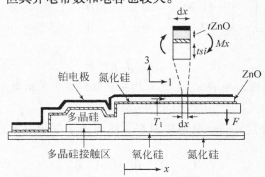

图 7-5 压电悬臂梁加速度计

压电层介于上（铂）下（多晶硅）导体层之间，类似于例题 7.2 的结构。垂直方向的加速度将使悬臂梁弯曲，产生沿轴 1 即悬臂梁长度方向的应变（ZnO 膜的极化方向垂直于衬底）。

但是，例题 7.2 的简化分析在这里并不适用。由于检测质量块和压电层沿长度和厚度方向分布不均，因此分析变得相对复杂。然而由于应力施加在轴 1 方向而电极化测量在轴 3 方向，因此可以说输出电压与 d_{31} 成正比。此例中 d_{31} 为 2.3pC/N。和器件性能相关的详细建模过程可以在参考文献[14]中找到。

下面简单介绍一下制作工艺。首先，在硅衬底上淀积一层氧化硅和一层氮化硅作为绝缘层。再淀积一层掺磷多晶硅，并通过反应离子刻蚀确定与加速度计下电极的电接触。这里，用多晶硅代替金属是因为多晶硅可以承受更高的工艺温度，为后续工艺提供了更好的灵活性。接着通过 LPCVD 淀积一层 2μm 厚的磷硅玻璃层，将其图形化确定悬臂梁正下方的区域。淀积第二层 2μm 厚的硅，覆盖裸露的硅衬底、第一层多晶硅和磷硅玻璃牺牲层。这一层以光刻胶作为掩膜，采用反应离子刻蚀（RIE）进行图形化。

RIE 对氮化硅和氧化硅(包括磷硅玻璃)的刻蚀速率很小，降低了长时间刻蚀的损伤。但是为了防止或减少第一层多晶硅的过刻蚀必须小心谨慎。作者接着用丙酮去除了光刻胶。

然后，在圆片上淀积一层 LPCVD 氮化硅，作为应力补偿层以平衡 ZnO 膜中的高应力。这一层的确切厚度取决于 ZnO 层的实际应力和厚度。

接着，以掺锂 ZnO 为靶材，通过射频磁控溅射淀积一层 0.5μm 厚的 ZnO。最后溅射一层 0.2μm 厚的 Pt 薄膜。通过快速热退火工艺减小 ZnO 膜中的应力。之后，采用离子铣精确定义三层膜的图形。梁下的牺牲层由 HF 溶液去除，而 ZnO 图形由光刻胶保护。对 ZnO 的保护是必要的，因为虽然薄膜有 Pt 覆盖，但是它的侧面暴露在外，且 Pt 膜上可能存在针孔。

此器件具有 0.95fC/g 的灵敏度且谐振频率为 3.3kHz。

实例 7.2　膜结构压电加速度计

第二个加速度计的实例使用了 PZT 代替 ZnO 作为传感材料[6]，这是由于 PZT 具有更高的压电系数。器件结构与前一个实例也不相同。传感器由硅检测质量块及支撑质量块的环状膜结构组成(图 7-6)。环状结构提供了特定的机械特性，包括高谐振频率以及由于对称而对横向加速度的不敏感性。

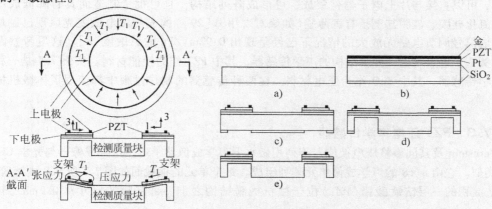

图 7-6　膜结构压电加速度计

器件包含三只环状电极。两只同心电极环置于膜上，另一电极环置于 PZT 环之下。上下电极用于提供初始极化。输出电压由两只上电极检测。

检测质量块的垂直位移导致径向的应力分布。径向应力分量引起两同心电极环之间的径向电场。由质量块垂直形变引起的径向应力比较复杂。例如，如果膜垂直向下运动，则质量块边沿附近的应力为压应力，固支端附近的应力为张应力。

在外加加速度的作用下，环状膜结构产生垂直形变。圆环中的应力径向分布。不像本章中的其他实例那样，对整个器件的分析都使用了单个坐标系，这里器件的每一个横截面都赋予了一个坐标系，其轴 1 指向半径方向，轴 3 垂直于衬底。

考虑到 PZT 压电系数矩阵的一般形式为：

$$d_{ij} = \begin{bmatrix} 0 & 0 & 0 & 0 & d_{15} & 0 \\ 0 & 0 & 0 & d_{24} & 0 & 0 \\ d_{31} & d_{32} & d_{33} & 0 & 0 & 0 \end{bmatrix} \text{pC/N}$$

径向应力分量引起轴 3 方向的电极化(输出),即 $D_3 = d_{31} T_1$。

由于从固支端到质量块处径向应力的符号发生改变,因此对两个区域进行了相反的极化。这样两个区域的输出电压相互叠加而不是相互抵消。如果器件依靠自发极化,则整个材料的极化方向相同,异向应力区域的输出电压将相互抵消。

加工工艺从准备硅片开始(图 7-6a),接着淀积氧化硅、铂、PZT 和金。上电极(圆环)由金构成,而下电极由铂构成(图 7-6b)。下电极只用于对 PZT 材料进行初始极化。背面氧化层为深反应离子刻蚀的掩膜(图 7-6d)。最后刻蚀正面氧化层,结束工艺(图 7-6e)。

将 MEMS 传感器的输出端与电荷放大器相连进行测试,电荷放大器具有 10pF 的反馈电容,放大倍数为 10mV/pC。当频率从 35kHz 变化到 3.7kHz 时,测得灵敏度从 0.77pC/g 变化到 7.6pC/g。高灵敏度与宽频带归功于有限元模拟与优化。遗憾的是,由于环状设计牵涉到一系列的空间晶向与杨氏模量问题,因此很难用简单的解析公式对器件进行建模。

7.3.2 声学传感器

由微机械工艺制作微麦克风的技术正备受关注。基于 MEMS 的微麦克风尺寸便于控制,易于小型化,可以直接与片上电子器件集成,可形成阵列结构,且可批量制造而具有降低成本的潜力。由氮化硅膜、硅膜甚至是有机薄膜(如聚对二甲苯[29])构成的压电微麦克风现已制成。在片上集成信号调节电路无放大的情况下已经呈现出 0.92mV/Pa 的灵敏度[8]。这里考察两个实例。实例 7.3 重点讨论一种膜结构的声学传感器,其中 PZT 作为换能材料。实例 7.4 是一种悬臂梁式声学传感器,其中 ZnO 作为压电材料。在两种传感器的制作过程中都使用了体微机械加工材料。

实例 7.3 PZT 压电声学传感器

Bernstein 及其同事将压电换能器阵列用做水下声学成像器[3]。这种成像器与光学 CCD 成像仪类似。它由 8×8 的声学成像单元阵列组成。每个单元的横截面如图 7-7 所示。由溶胶 – 凝胶方法淀积的一层锆钛酸铅(PZT)位于微机械膜结构之上。每层膜的尺寸从 0.2mm 到 2mm 不等。

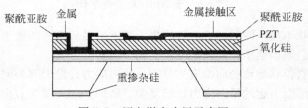

图 7-7 压电微麦克风示意图

两电极与 PZT 薄膜形成了三明治结构。由于压电材料的淀积使用了溶胶 – 凝胶方法,因此制作工艺值得一提。首先,在硅片氧化(图 7-8a)、刻蚀之后进行浓硼掺杂,于是,无氧化层保护的区域都受到了掺杂,之后这里将形成背面空腔(图 7-8b)。接着,去掉残余的氧化层。使用 LPCVD 法淀积一层低温氧化层(LTO)。再淀积一层 50nm 厚的 Ti 与 300nm 厚的 Pt 作为下电极,Ti 用于增加 Pt 与氧化层之间的黏附力(图 7-8c)。然后,用溶于冰醋酸的三水醋酸铅、n 丙醇锆与异丙醇钛的混合物进行旋涂淀积 PZT。涂敷后,在 150℃ 下烘干以去除溶剂,在 400℃ 下烘干以去除残余的有机物,在 600℃ 下烘干使 PZT 层致密化,避免日后收缩(图 7-8d)。配置溶胶 – 凝胶溶液的详细配方可以在论文中找到。在室温及 36V 的直流电压下对 PZT 进行 2 分钟的极化以实现 1400 的相对介电常数与 246pC/N 的 d_{33}。

用缓冲氢氟酸(BHF)与盐酸(HCl)的混合液对 PZT 进行湿法刻蚀以形成图形(图 7-8e)。其中 BHF 是氟化铵(NH_4F)与氢氟酸(HF)的混合物[31]。用 $2\mu m$ 厚的聚酰亚胺介质层将 ZnO 与上电极隔开。接着淀积上电极并图形化(图 7-8f)。背面空腔由各向异性刻蚀获得，同时正面由硅橡胶罩暂时保护(图 7-8g)。在刻蚀硅之前去除 LTO 氧化层。

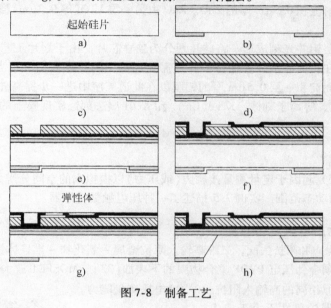

图 7-8　制备工艺

实例 7.4　PZT 压电微麦克风

第二个实例是悬臂梁式压电微麦克风和扬声器[9]。选择这个实例是由于它具有独特的换能原理并以 ZnO 作为压电材料以及在一次工艺流程中牵涉到湿法和干法这两种刻蚀工艺。

实例 7.3 中的早期工作使用的是四边固支的微机械膜。选择悬臂梁式微麦克风是由于其柔软性(图 7-9)。悬臂梁也不像膜结构那样受到残余应力的影响。根据作者的陈述，使用悬臂梁结构确实提高了微麦克风的灵敏度(890Hz 的谐振频率下为 $20mV/\mu bar$)。反过来，此器件作为执行器可以输出声音，在 4V(0 到峰值)的驱动电压下，频率为 890Hz 时，输出声压为 75dB。

悬臂梁的尺寸为 $2mm \times 2mm$，总厚度为 $4.5\mu m$。一层 ZnO 薄膜位于悬臂梁上。制造工艺由 <100> 晶向的准备硅片开始。首先通过热氧化生长一层 $0.2\mu m$ 厚的氧化硅，接着用 LPCVD 淀积一层 $0.5\mu m$ 厚的氮化硅，氮化硅由 6:1 的二氯甲硅烷(DCS，SiH_2Cl_2)和氨在 835℃、300mtorr 的压力下淀积而成。在圆片背面进行各向异性刻蚀直到氧化硅处停止。膜结构大而薄，当在硅片正面进行后道工序时必须小心谨慎。为使

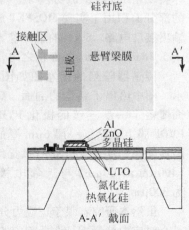

图 7-9　悬臂梁式压电微麦克风

膜具有足够的强度以经受余下的化学处理工序，在硅片两面同时淀积第二层 $0.5\mu m$ 厚的氮化硅，反应气体比例为 $4:1$。

然后淀积 $0.2\mu m$ 厚的 LPCVD 多晶硅电极。在硅片正面旋涂光刻胶并图形化。以光刻胶作为掩膜用反应离子刻蚀（RIE）刻蚀多晶硅。由于氮化硅具有一定的刻蚀速率，必须十分小心以防止氮化硅过刻蚀。所幸正面覆盖了两层氮化硅（总厚度 $1\mu m$）。接着在正面覆盖一层 LPCVD 低温氧化硅（LTO）作为绝缘层。硅片在 $950℃$ 下退火 25 分钟以释放应力并激活多晶硅中的杂质。用射频磁控溅射淀积 $0.5\mu m$ 厚的 ZnO。ZnO 由另一层 LTO（厚 $0.3\mu m$）覆盖并在键合块处制作窗口。

接着，溅射一层铝并光刻成形。将硅片划分为独立芯片。由于划片工艺需要在硅片背面抽真空以固定硅片、在正面冲水以去除微粒并且需要加热，因此膜被置于相当恶劣的环境之中。可以选择在硅片背面淀积一层 $0.5\mu m$ 厚的铝膜以在此道工序中进一步提高硅的强度。在分立的芯片中，分别用 HF、等离子刻蚀、$K_3Fe(CN)_6$ 和 KOH 湿法刻蚀实现膜上的 LTO、氮化层和铝图形化。

7.3.3 触觉传感器

触觉传感器的研究起因于定量测量接触力（或压力）以模拟人的空间分辨力和敏感性，并具有较宽的带宽和较广的动态范围。实例 7.5 描述了一种压电触觉传感器。

实例 7.5 聚合物压电触觉传感器

为减少输入电噪声和阻抗失配，二维高输入阻抗金属 – 氧化物 – 半导体场效应管（MOSFET）阵列由栅节点直接耦合到压电 PVDF 聚合物膜的下表面[32]。MOSFET 放大器阵列为每一接触像素点提供了独立但相同的高输入阻抗（$10^{12}\Omega$）电压测量能力。

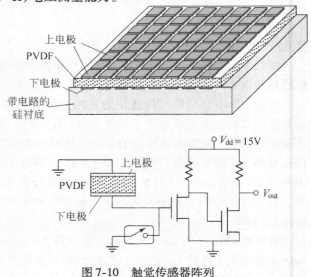

为使触觉传感器的尺寸不大于成人的指尖，设计并制作了外围尺寸为 $9.2mm \times 7.9mm$ 的硅集成电路。原型的制作通过 MOSIS（金属 – 氧化物 – 半导体实现系统）加工服务实现。集成电路的部分面积用于实现 MOSFET 放大器和输出接口电路。8×8 的触觉像素阵列位于 $5.3mm \times 5.3mm$ 的面积之内。

传感器阵列的示意图如图 7-10 所示，图中给出了结构的剖面。硅片的正面覆盖了一层连续的极化 PVDF 薄膜。PVDF 膜上旋涂了一层 $6\mu m$ 厚的氨基甲酸乙酯保形涂层。分立的触觉像素电极（$400\mu m \times 400\mu m$）与近邻电极的间距为 $300\mu m$。

图 7-10 触觉传感器阵列

虽然本研究着眼于正应力分量的测量，但是基于聚合物压电材料的触觉传感器已经发展出具有对应力分量进行选择响应的能力[33, 34]。

7.3.4　流量传感器

利用压电原理制作流量传感器可以采用与压阻流量传感器相似的方式，虽然其材料的淀积和优化需要付出更多的努力。例如，利用压电双层结构已经制作出悬浮单元剪切应力传感器[35]。这里着重讨论一种基于压电原理的流速传感器。

实例7.6　压电流速传感器

参考文献[36]讨论了一种基于压电传感原理的容积流速传感器。选择本例是由于它牵涉到将压电薄膜集成在聚合物上，并含有流体管道结构。

此传感器由两只压力传感器组成，压电输出端连接在液压节流管的不同位置（上游与下游）。由于沿管道的压差及容积流速由贝努利方程联系在一起，因此压电传感器测得的压差提供了与流速相关的信息。器件设计的流速测量范围为 $30\mu l/h$ 到 $300\mu l/h$。长 $10mm$、直径 $67\mu m$ 的节流管具有 $R_h=60mbar/(ml/h)$ 的流体阻力。

每只压力传感器由承载 ZnO 圆环的膜结构（由聚酰亚胺构成）组成。膜的直径为 $1mm$，厚度为 $25\mu m$。整个膜上的应变分布不均匀，在 $100mbar$ 的压力下平均应变为 6.8×10^{-5}。这里选择了圆环结构而非连续的圆形膜结构。当膜发生形变时，ZnO 材料的位置具有符号相同的径向应力。

器件制作从硅片准备开始（图7-11）。首先，由反应离子刻蚀从硅片表面刻蚀 $50\mu m$ 的沟槽（图7-11b）。由超声钻孔工艺制作流体互连孔（图7-11c）。接着，将商用热键合聚酰亚胺（UP-ILEX@ VT）薄片键合到已刻蚀好的硅片上，键合压力为 $50\sim100bar$，温度为 $300℃$（图7-11d）。在密封好的硅片上，将金电极蒸发到聚酰亚胺膜上并图形化（图7-11e），然后由等离子体增强化学汽相淀积（PECVD）淀积一层氧化硅绝缘层。这里没有使用 LPCVD 氧化物是由于对于聚酰亚胺而言它的淀积温度太高。接着以烧结 ZnO 为靶材通过射频磁控溅射溅射一层 $1\mu m$ 厚的 ZnO

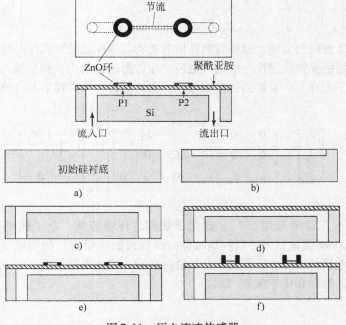

图7-11　压电流速传感器

薄膜并覆盖第二层绝缘层。最后使用剥离工艺淀积铝电极(图 7-11f)。剥离工艺在图形化时不牵涉到湿法刻蚀，湿法刻蚀可能会破坏包括 ZnO 在内的底层材料。

压力传感器的平均灵敏度为 8mV/mbar。已测量的流体容积为 1nl ~ 10nl。

7.3.5　弹性表面波

通过适当的电偏置，压电材料可以在体材料或者薄膜中激发弹性波。最常见的两种弹性波是表面声波(SAW)和弯曲板波(即 Lamb 波)(图 7-12)。SAW 发生在具有可观厚度的材料中，而 Lamb 波发生在平板材料中。

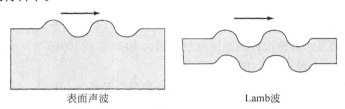

表面声波　　　　　　　　　　　　Lamb波

图 7-12　表面声波和弯曲板波

弹性表面波可由梳状驱动电极激发。SAW 波在压电体材料(如 PZT)中的激发原理如图 7-13 所示。电极排列成叉指状，叉指电极上的交流电压在相邻导体间形成电力线。在此激发器中，电力线沿轴 1 方向，在 E_1 的作用下，机械应力为：

$$\begin{bmatrix} s_1 \\ s_2 \\ s_3 \\ s_4 \\ s_5 \\ s_6 \end{bmatrix} = \begin{pmatrix} d_{11} & d_{21} & d_{31} \\ d_{12} & d_{22} & d_{32} \\ d_{13} & d_{23} & d_{33} \\ d_{14} & d_{24} & d_{34} \\ d_{15} & d_{25} & d_{35} \\ d_{16} & d_{26} & d_{36} \end{pmatrix} \begin{bmatrix} E_1 \\ E_2 \\ E_3 \end{bmatrix} = \begin{pmatrix} 0 & 0 & d_{31} \\ 0 & 0 & d_{32} \\ 0 & 0 & d_{33} \\ 0 & d_{24} & 0 \\ d_{15} & 0 & 0 \\ 0 & 0 & 0 \end{pmatrix} \begin{bmatrix} E_1 \\ 0 \\ 0 \end{bmatrix} = \begin{bmatrix} 0 \\ 0 \\ 0 \\ 0 \\ s_5 \\ 0 \end{bmatrix} \qquad (7\text{-}31)$$

它对应作用于沿轴 2 方向的力矩。对体材料晶格的扰动以弹性波的形式传播耗散。

沿轴 1 方向传播的弹性波通往一组接收电极。在传播的过程中，弹性波与固体内部以及表面相互作用。根据以下方程，一旦波到达接收电极，它又被转化为沿轴 1 方向的电极化：

$$\begin{bmatrix} d_1 \\ d_2 \\ d_3 \end{bmatrix} = \begin{bmatrix} 0 & 0 & 0 & 0 & d_{15} & 0 \\ 0 & 0 & 0 & d_{24} & 0 & 0 \\ d_{31} & d_{32} & d_{33} & 0 & 0 & 0 \end{bmatrix} \begin{bmatrix} 0 \\ 0 \\ 0 \\ 0 \\ T_5 \\ 0 \end{bmatrix} = \begin{bmatrix} d_{15}T_5 \\ 0 \\ 0 \end{bmatrix} \qquad (7\text{-}32)$$

弹性表面波具有广泛的应用[37]，如化学敏感、环境监测、电子线路、表面流体运输等[4]。它在 0.255μl/min 流速以下可以抽运流体。弹性波的传播特性如幅度、频率等受到体材料表面附着的微粒或溶液的密度、黏滞度和分子量的影响。因此弹性表面波可以用于表征发射电极与接收电极间众多的物理和化学现象[27]。

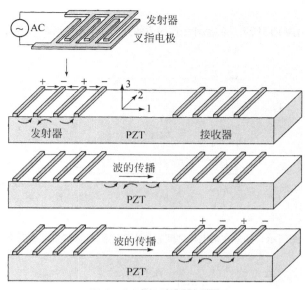

图 7-13　SAW 波的发射与接收

7.4　总结

本章对压电控制方程、各种压电材料以及压电器件的设计进行了概述。压电传感与执行的研究内容相当广泛，因此不可能在本章中完全涵盖。本章内容仅为准备继续探索的读者提供一个起点。

在本章的结尾，读者应该理解以下概念和内容：

1）正压电效应与逆压电效应的起因。

2）压电材料的基本晶格特性。

3）正压电效应的控制方程。

4）逆压电效应的控制方程。

5）常用的压电材料和它们的主要性质。

6）悬臂梁式压电传感器的定量分析。

7）悬臂梁式压电执行器的分析。

8）定量理解膜结构压电传感器与执行器的设计问题。

9）弹性表面波器件的基本原理。

依照对上述内容的定性了解和掌握，读者应该可以做到以下几点：

1）给出带有电极的压电传感器的几何结构，可以计算其传递函数。

2）给出压电执行器的几何结构，可以求其形变。

3）给出希望的传感器功能和机械单元(悬臂、横梁、薄膜)，可以选择能满足要求的压电器件。

习题

7.1 节

习题 7.1　复习

如方程(7-6)所示，由逆压电效应的控制方程导出压电系数的单位为 C/N。

习题 7.2　设计

对于 PZT 材料，有多少种方法可以产生纯转矩？假设轴 3 垂直于衬底，画出电极位置的透视图。

习题7.3　设计

压电力学传感器的结构如下图所示。如果外加作用力的方向如下图中所示，则输出电压的表达式是什么？

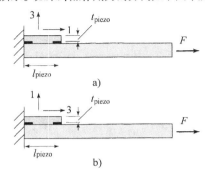

习题7.4　设计

压电执行器的结构如下图所示，如果在两电极之间施加电压，则在悬臂梁末端引起的线性位移表达式是什么？

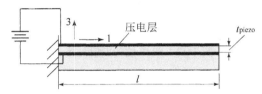

习题7.5　设计

考虑习题7.4中所示的压电执行器。外加电压固定，假设压电层的厚度从弹性层厚度的5%连续变化到其厚度的100%，定量画出输出作用力与压电层厚度的关系。再定量画出输出位移与压电层厚度的关系。

习题7.6　设计

推导悬臂梁末端垂直位移的表达式。

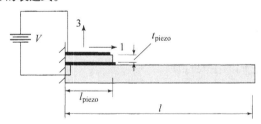

习题7.7　分析

假设压电双层传感器的两层材料具有相同的宽度，化简方程(7-9)。

7.3节

习题7.8　制造

画出实例7.1中制造流程的剖面图，包括详细的光刻步骤以及硅片的背面工艺。对于刻蚀或者材料去除工艺，讨论相应步骤中刻蚀剂对各种裸露材料的腐蚀选择性。

习题7.9　思考

利用与5.5.4节讨论的压阻式剪切应力传感器相似的设计原理[38]，完成压电流体剪切应力传感器的设计。给出制作工艺并且详细画出每步工艺流程的剖面图。剖面图必须包含压电元件以及详细的光刻步骤。对于所有的材料去除工艺，讨论刻蚀剂对各种裸露材料的腐蚀选择性。

习题7.10　复习

当检测块向下弯曲时，画出实例7.2结构中任意截面的示意图，阐明应力的符号以及电极化的方向。当检测块向上弯曲时，重复这一过程。

习题 7.11 制造

在实例 7.2 中，如果膜并非由单晶硅构成，而是由 LPCVD 氮化硅构成，画出相应的制造工艺。流程包括详细的光刻步骤。对于所有的材料去除工艺，讨论刻蚀剂对各种裸露材料的腐蚀选择性。

习题 7.12 设计

对于实例 7.3 中的声学传感器，推导在大小为 p 的均匀压力作用下，传感器输出响应的解析表达式。为实现高灵敏度，三层电极结构是否是最佳结构？至少考虑一种其他结构，给出设计、性能和制造流程。（提示：声学传感器为受均匀压力作用的周边固支圆形膜。）

习题 7.13 制造

实例 7.3 中，膜结构由掺杂硅构成。为提高器件性能，可以使用更薄的膜如氮化硅来制作膜结构。给出以 200nm 厚的氮化硅作为膜结构实现相似器件的工艺流程。省略光刻步骤的细节。

习题 7.14 复习

实例 7.5 使用了商用 PVDF 材料的连续薄片。这导致了像素点之间的交叉灵敏度。估计实例 7.5 中垂直像素点间的交叉灵敏度。例如，如果正应力施加在某一像素点上，则相邻像素点的输出是多少？

习题 7.15 设计

对于实例 7.5，存在剪切应力负载的灵敏度吗？

习题 7.16 思考

如果 PVDF 像素点可以被机械分离则交叉灵敏度将会显著减小。找出合适的材料和工艺技术在 CMOS 电路上制作分离的高分辨率 PVDF 像素点。

习题 7.17 设计

由于执行器或微镜结构具有可观的厚度，在典型的大尺寸镜面或微镜中，光学器件的大变形能力受到高刚度的限制。如果刚度下降则可以实现焦距的大幅度改变。静电执行器件受到吸合效应的影响，位移被吸合间距所限制。

压电执行器已用于移动（偏转）光束[10]。其基本结构由背面刻蚀释放的圆形膜构成。膜的上表面有一虹状压电执行层，它由作为压电执行材料的 PZT 构成。ZnO 及电极通过绝缘层与衬底隔开。面内极化方案使用的是 d_{33}。d_{33} 约为 d_{31} 的两倍。微镜的中心处形变最大，在 700V 的电压偏置下约为 $7\mu m$。

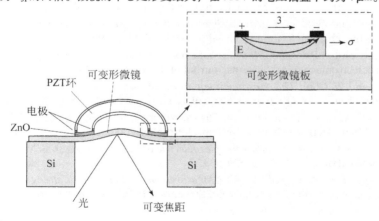

习题 7.18 复习

比较实例 7.2 与实例 7.6 中压电负载膜的设计。讨论它们在机械设计中的主要差别。根据材料制备和工艺流程的难度，比较两种设计的优劣。

习题 7.19 思考

大多数压电执行器采用的是垂直于衬底的活塞式运动或者是悬臂梁偏转的执行方式。找出一种设计方案，利用压电原理使得微结构可以在平行于衬底的平面内运动。设计必须包含可行的工艺制造方法。

参考文献

1. Cady, W.G. *Piezoelectricity: An introduction to the theory and applications of electromechanical phenomena in crystals*, 2 ed. New York: Dover, 1964.

2. Ikeda, I. *Fundamentals of piezoelectricity*. Oxford University Press, 1996.

3. Bernstein, J.J., S.L. Finberg, K. Houston, L.C. Niles, H.D. Chen, L.E. Cross, K.K. Li, and K. Udayakumar, *Micromachined high frequency ferroelectric sonar transducers*. Ultrasonics, Ferroelectrics and Frequency Control, IEEE Transactions on, 1997. vol. **44**: p. 960–969.

4. Luginbuhl, P., S.D. Collins, G.-A. Racine, M.-A. Gretillat, N.F. De Rooij, K.G. Brooks, and N. Setter, *Microfabricated lamb wave device based on PZT sol-gel thin film for mechanical transport of solid particles and liquids*. Microelectromechanical Systems, Journal of, 1997. vol. **6**: p. 337–346.

5. Li, H.Q., D.C. Roberts, J.L. Steyn, K.T. Turner, O. Yaglioglu, N.W. Hagood, S.M. Spearing, and M.A. Schmidt, *Fabrication of a high frequency piezoelectric microvalve*. Sensors and Actuators A: Physical, 2004. vol. **111**: p. 51–56.

6. Wang, L.-P., R.A. Wolf, Y. Jr. Wang, K.K. Deng, L. Zou, R.J. Davis, and S. Trolier-McKinstry, *Design, fabrication, and measurement of high-sensitivity piezoelectric microelectromechanical systems accelerometers*. Microelectromechanical Systems, Journal of, 2003. vol. **12**: p. 433–439.

7. DeVoe, D.L. and A.P. Pisano, *Surface micromachined piezoelectric accelerometers (PiXLs)*. Microelectromechanical Systems, Journal of, 2001. vol. **10**: p. 180–186.

8. Ried, R.P., E.S. Kim, D.M. Hong, and R.S. Muller, *Piezoelectric microphone with on-chip CMOS circuits*. Microelectromechanical Systems, Journal of, 1993. vol. **2**: p. 111–120.

9. Lee, S.S., R.P. Ried, and R.M. White, *Piezoelectric cantilever microphone and microspeaker*. Microelectromechanical Systems, Journal of, 1996. vol. **5**: p. 238–242,

10. Mescher, M.J., M.L. Vladimer, and J.J. Bernstein, *A novel high-speed piezoelectric deformable varifocal mirror for optical applications*. presented at Micro Electro Mechanical Systems, 2002. The Fifteenth IEEE International Conference on, 2002.

11. Vig, J.R., R.L. Filler, and Y. Kim, *Chemical sensor based on quartz microresonators*. Microelectromechanical Systems, Journal of, 1996. vol. **5**: p. 138–140.

12. Srinivasan, P. and S.M. Spearing, *Optimal materials selection for bimaterial piezoelectric microactuators*. IEEE/ASME Journal of Microelectromechanical Systems (JMEMS), 2008. vol. **17**: p. 462–472.

13. Tadmor, E.B. and G. Kosa, *Electromechanical coupling correction for piezoelectric layered beams*. Microelectromechanical Systems, Journal of, 2003. vol. **12**: p. 899–906.

14. DeVoe, D.L. and A.P. Pisano, *Modeling and optimal design of piezoelectric cantilever microactuators*. Microelectromechanical Systems, Journal of, 1997. vol. **6**: p. 266–270.

15. Smits J.G. and W. Choi, *The constituent equations of piezoelectric heterogeneous bimorphs*. Ultrasonics, Ferroelectrics and Frequency Control, IEEE Transactions on, 1991. vol. **38**: p. 256–270.

16. Elka, E., D. Elata, and H. Abramovich, *The electromechanical response of multilayered piezoelectric structures*. Microelectromechanical Systems, Journal of, 2004. vol. **13**: p. 332–341.

17. Weinberg, M.S. *Working equations for piezoelectric actuators and sensors*. Microelectromechanical Systems, Journal of, 1999. vol. **8**: p. 529–533.

18. von Preissig, F.J., H. Zeng, and E.S. Kim, *Measurement of piezoelectric strength of ZnO thin films for MEMS applications*. Smart Materials and Structures, 1998. vol. **7**: p. 396–403,

19. Muralt, P. *Ferroelectric thin films for micro-sensors and actuators: a review*. Journal of Micromechanics and Microengineering, 2000. vol. **10**: p. 136–146.

20. Tressler, J.F., S. Alkoy, and R.E. Newnham, *Piezoelectric sensors and sensor materials*. Journal of Electroceramics, 1998. vol. **2**: p. 257–272.

21. Lu, J., J. Chu, W. Huang, , and Z. Ping, *Microstructure and electrical properties of Pb(Zr, Ti)O3 thick film prepared by electrostatic spray deposition*. Sensors and Actuators A: Physical, 2003. vol. **108**: p. 2–6.

22. Chen, H.D., K.R. Udayakumar, L.E. Cross, J.J. Bernstein, and L.C. Niles, *Development and electrical characterization of lead zirconate titanate thick films on silicon substrates*. presented at Applications of Ferroelectrics, 1994. ISAF '94., Proceedings of the Ninth IEEE International Symposium on, 1994.

23. Walter, V., P. Delobelle, P.L. Moal, E. Joseph, and M. Collet, *A piezo-mechanical characterization of PZT thick films screen-printed on alumina substrate*. Sensors and Actuators A: Physical, 2002. vol. **96**: p. 157–166.

24. Manohara, M., E. Morikawa, J. Choi, and P.T. Sprunger, *Transfer by direct photo etching of poly(vinylidene flouride) using X-rays*. Microelectromechanical Systems, Journal of, 1999. vol. **8**: p. 417–422.

25. Brei, D.E. and J. Blechschmidt, *Design and static modeling of a semiconductor polymeric piezoelectric microactuator*. Microelectromechanical Systems, Journal of, 1992. vol. **1**: p. 106–115.

26. Yamamoto, T., T. Shiosaki, and A. Kawabata, *Characterization of ZnO piezoelectric films prepared by rf planar magnetron sputtering*. Journal of Applied Physics, 1980. vol. **51**: p. 3113–3120.

27. Wenzel, S.W. and R.M. White, *A multisensor employing an ultrasonic lamb-wave oscillator*. Electron Devices, IEEE Transactions on, 1988. vol. **35**: p. 735–743.

28. Zesch, J.C., B. Hadimioglu, B.T. Khuri-Yakub, M. Lim, R. Lujan, J. Ho, S. Akamine, D. Steinmetz, C.F. Quate, and E. G. Rawson, *Deposition of highly oriented low-stress ZnO films* presented at Ultrasonics Symposium, 1991. Proceedings., IEEE 1991, 1991.

29. Niu, M.-N. and E.S. Kim, *Piezoelectric bimorph microphone built on micromachined parylene diaphragm*." Microelectromechanical Systems, Journal of, 2003. vol. **12**: p. 892–898.

30. Kwon, J.W. and E.S. Kim, *Fine ZnO patterning with controlled sidewall-etch front slope*. IEEE/ASME Journal of Microelectromechanical Systems (JMEMS), 2005. vol. **14**: p. 603–609.

31. Inagaki, Y. and M. Shimizu, *Resource conservation of buffered HF in semiconductor manufacturing*. Semiconductor Manufacturing, IEEE Transactions on, 2002. vol. **15**: p. 434–437,

32. Kolesar, E.S. Jr. and C.S. Dyson, *Object imaging with a piezoelectric robotic tactile sensor*. Microelectromechanical Systems, Journal of, 1995. vol. **4**: p. 87–96.

33. Domenici, C. and D. De Rossi, *A stress-component-selective tactile sensor array*. Sensors and Actuators A: Physical, 1992. vol. **31**: p. 97–100.

34. Domenici, C., D. De Rossi, A. Bacci, and S. Bennati, *Shear stress detection in an elastic layer by a piezoelectric polymer tactile sensor*. Electrical Insulation, IEEE Transactions on [see also Dielectrics and Electrical Insulation, IEEE Transactions on], 1989. vol. **24**: p. 1077–1081.

35. Roche, D., C. Richard, L. Eyraud, and C. Audoly, *Piezoelectric bimorph bending sensor for shear-stress measurement in fluid flow*. Sensors and Actuators A: Physical, 1996. vol. **55**: p. 157–162.

36. Kuoni, A., R. Holzherr, M. Boillat, and N.F. d. Rooij, *Polyimide membrane with ZnO piezoelectric thin film pressure transducers as a differential pressure liquid flow sensor*. Journal of Micromechanics and Microengineering, 2003. vol. **13**: p. S103–S107.

37. White, R. M., *Surface elastic waves*. Proceedings of the IEEE, 1970. vol. **58**: p. 1238–1276.

38. Shajii, J., K.-Y. Ng, and M.A. Schmidt, *A microfabricated floating-element shear stress sensor using wafer-bonding technology*. Microelectromechanical Systems, Journal of, 1992. vol. **1**: p. 89–94.

第8章 磁执行原理

8.0 预览

磁敏感和执行是日常生活中使用最为广泛的换能原理之一。本章主要阐述微磁执行器的设计和制造方法，该执行器通常包含永磁体和电磁线圈。在8.1节，我们回顾微小尺度磁执行器的基本原理。在8.2节，我们将讨论芯片上电磁系统各种元件的典型制造工艺。8.3节给出六个实例，从而说明这些执行器的能力。

磁敏感和执行紧密相关。事实上，微执行器的很多材料、结构以及制造方法都来源于磁敏感和磁盘存储工业。磁敏感的极好综述可参见参考文献[1]。

8.1 基本概念和原理

8.1.1 磁化及术语

在磁场中的磁性材料会发生内部磁性的极化，这种现象称为**磁化**。

磁性材料由磁畴组成。每个磁畴都是由一个磁偶组成的。体磁性材料内部的磁化强度由这些磁畴有序程度决定。如果这些磁畴有规则排列，它们将对磁性材料自身的内部磁场起作用。

磁学有数百年的研究历史。研究者和技术人员使用了混合的概念和单位，一些是历史上的选择，一些是依据 CGS 单位制，而另一些与 SI 单位系统一致。本节的目的之一是阐明各种变量的单位。

磁场强度(符号 H)代表外部磁场对磁性材料的影响。在 SI 单位制中方便地表示为 A/m。在传统的 CGS 单位制中表示为奥斯特($1\text{A/m} = 4\pi/10^3\text{Oe}$)。

磁场密度(符号 B)代表在磁性材料中感应的总磁场。总磁场计及了感应场和内部磁化的影响。B 通常也指磁感应强度或磁通密度。B 的单位可以用 SI 系统中的特斯拉(T)或 Wb/m^2 表示，或用 CGS 单位制中的高斯($1\text{T} = 10^4$ 高斯)表示。韦伯在 SI 单位制中是 V·s，因此特斯拉在 SI 单位制中的单位是 V·s/m^2。

一般常见的磁性物体磁场密度是：

1) 普通电冰箱的磁场为：100~1000 高斯。

2) 用于磁谐振成像的稀土磁体为：1~2T。

3) 磁存储介质为：10mT，即 100 高斯。

4) 地磁场(赤道附近)为：1 高斯。

B 和 H 的关系可以用下面的方程来描述：

$$B = \mu_0 H + M = \mu_0(H + \chi H) = \mu_r \mu_0 H \tag{8-1}$$

式中 μ_0 为真空磁导率(SI 单位为：H/m 或 Wb/(A·m))，μ_r 为相对磁导率，M 为磁化强度。磁化率 χ 定义为 $\mu_r - 1$。χ 很小且为正的磁性材料称为**顺磁体**，χ 很小且为负的磁体称为**抗磁体**。对于顺磁体和抗磁体材料，它们的相对磁导率都很接近于 1。

对于**铁磁性材料**(如铁、镍、钴和一些稀土元素)，它们的相对磁导率很大。之所以称为铁磁性材料，是因为铁是这组材料中最常见的。铁磁材料通常用于 MEMS 执行器中。在下面的几节中，我们将重点讨论铁磁体的磁化。

B 和 H 的线性关系只有对 H 的某一范围才成立。铁磁体的完整磁化曲线在图 8-1 中给出。其中有一些重要特征需要关注：

1）在外加磁场达到某一个值时，磁化将达到一个饱和点，称为**饱和磁化**。饱和状态代表在磁性材料中的所有可用磁畴都对准排列。

2）当去除外部磁场，铁磁材料将失去它的部分磁化。在 H 为零时，饱和磁化剩余的部分叫做材料的**剩磁**（或叫剩余磁化）。

3）矫顽力是在达到饱和状态至少一次以后，使磁化为零所需的反向磁场大小。

4）磁滞回线所包围的面积代表储存在磁性材料中总的磁场能量。

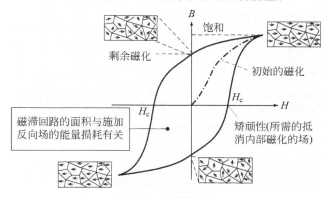

图 8-1　磁滞回线

铁磁体有两种重要的类型——**硬磁体**和**软磁体**。"硬"的意思是在没有外部磁场的情况下，磁体保持一定程度上的磁性极化。"软"的铁磁材料有很低的剩余磁化，并且只有在偏置的外部磁场下才表现出内部的磁化。

使用 B-H 磁滞回线可以很容易解释两者的差别。图 8-2 左边的曲线是硬磁体的磁滞回线，例如**永磁体**。永磁体不仅表现出大的剩余场，它们同样需要大的反转场和能量输入来转换或者破坏内建的磁场。图 8-2 右边的曲线是软磁材料的磁滞回线。例如，变压器芯就应该采用软磁体。较小的存储能量可以实现高效率、低功耗和快速转换。

例题 8.1（**磁滞回线**）　通过提供的磁滞回线，求出磁场强度为：（a）3000A/m（第一次磁化）和（b）10 000A/m（在几次完整的磁化循环之后）两种感应磁场强度下铁磁材料的磁化强度（$\chi\mu_0 H$）。计算这种磁体产生的表面感应磁场。

解：当磁场强度为 3000A/m 时，总的磁化为 0.75T。与驱动磁场有关的磁场密度为

$$\mu_0 \times 3000\text{A/m} = 0.003\ 77\ \frac{\text{Wb}}{\text{A}\cdot\text{m}}\frac{\text{A}}{\text{m}} = 0.003\ 77\text{T}$$

内部磁化 $\chi\mu_0 H$ 为 0.75 - 0.003 77 = 0.746T。

当磁场强度为 10 000A/m 时，内部的磁化为 1.2T。与驱动磁场有关的磁场密度为

$$\mu_0 \times 10\ 000\text{A/m} = 0.003\ 77\ \frac{\text{Wb}}{\text{A}\cdot\text{m}}\frac{\text{A}}{\text{m}} = 0.012\ 57\text{T}$$

因此，内部磁化 $\chi\mu_0 H$ 为 1.2 - 0.012 57 = 1.187T。

当除去驱动磁场时，0.9T 的剩余磁场出现在材料的表面。因为磁力线在磁性材料的表面和周围介质中是连续的，我们可以假设在空气中的磁通密度也为 0.9T。在空气中的磁化强度为

$$H = \frac{B}{\mu_0} = \frac{0.9}{1.257 \times 10^{-6}} = 716 \times 10^3 \text{A/m}$$

该值比第一次把铁磁体磁化所必需的 9000A/m 外部磁场要大得多。

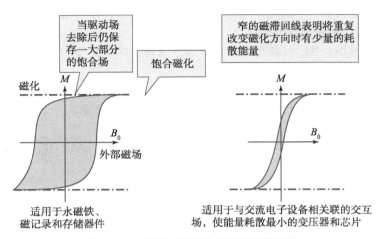

图 8-2 软磁体和硬磁体的典型磁滞回线

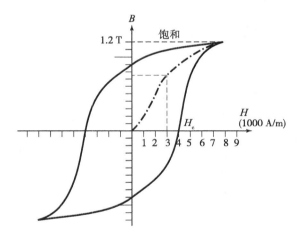

8.1.2 微磁执行器的原理

根据一些重要的磁执行原理[2]，可以利用磁场来产生力、力矩或者微结构的位移。驱动磁场能作用在一些元件上，如载流导线、电感线圈、磁性材料或者磁致伸缩材料。

在本节中，我们将讨论用于计算载流导线和磁化磁性材料之间的磁相互作用公式。

洛伦兹力执行器利用了载流导体和外部磁场的相互作用。带有电量为 q 的运动电荷受到的洛伦兹力为

$$\vec{F} = q\vec{v} \times \vec{B} \tag{8-2}$$

其中 $\vec{v}$ 是电荷的运动速度。力的大小为

$$F = qvB\sin\theta \tag{8-3}$$

其中 θ 为速度和磁场之间的夹角（$\theta < 180°$）。力的方向由简单的助记方法可以判定。伸出你的右手，拇指的方向指向正电荷移动的方向，其他四指指向磁场的方向，手掌就面对受力的方向。力的方向垂直于电荷运动方向以及磁场方向。

例题8.2 （**载流导线上的洛伦兹力**）　计算放置在1T的均匀磁场中，通有10mA电流的100μm长的金属线的受力，其中磁力线垂直于导线的方向（图8-3）。

　　解：在任一时刻，载流导线上带有大量可移动电荷。单个电荷上受到的作用力可以容易地求得。但为了获得整个导线上的受力，我们需要知道给定时刻以及电荷运动速度（v）下导线中的电荷数量（n）。

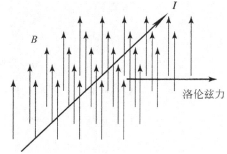

　　电流是每秒通过导线截面正电荷的数目。在大小为l/v的一段时间内，即在单个电荷穿过整个导线长度所需要的平均时间内，全部电子（n）都将流过导线的终端。就终端截面而言，在l/v秒内，流过的总电荷量为nq。因此，电流的表达式为

$$I = \frac{nq}{\left(\dfrac{l}{v}\right)} \tag{8-4}$$

图8-3　在磁场中，载流导线所受的洛伦兹力

整理上式得到

$$nqv = Il \tag{8-5}$$

　　总洛伦兹力等于载流子数乘以每个载流子所受的力：

$$F = n(qvB\sin\theta) = IlB\sin\theta = 1\mu N \tag{8-6}$$

例题8.3 （**量纲分析**）　检查例题8.2中得到的洛伦兹力表达式的单位与SI单位制的一致性。

　　解：在SI单位制中，F的单位是牛顿，方程（8-6）右边项的单位是：

$$[IlB\sin\theta] = A\cdot m\cdot T = A\cdot m\cdot\frac{Wb}{m^2} = A\cdot m\cdot\frac{V\cdot s}{m^2} = \frac{A\cdot V\cdot s}{m}$$

　　因为A和V的乘积是功率的单位（W），并且W与s的乘积是功的单位N·m，方程右边的单位是牛顿。

　　磁执行器可以通过永磁体和外部直流磁场的相互作用来工作。典型的例子是我们熟悉的指南针（图8-4）。在指南针中使用的永磁体是一种硬铁磁材料。如果内部和外部磁力线平行，将没有力或力矩施加在指南针上。当内部磁化方向与本地磁力线不平行时，指南针会受到一个力矩（称之为磁力矩）作用。该力矩使指针旋转，直到内部磁力线与外部磁力线平行时停止。该互作用的原理可以扩展到微传感器与执行器。事实上，人们已经开发了人工粘接[3]或集成化[4]永磁体的微磁执行器。

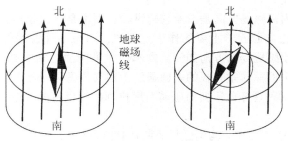

图8-4　指南针在静磁场中的运动

　　不论产生磁场的方法如何，外部磁场都可以分为两大类：空间**均匀磁场**和带有梯度的**非均匀磁场**。产生的合力或者力矩由磁体的种类（硬磁或软磁）和磁体在磁场中的初始取向（与磁力线平行或不平行）决定。

图 8-5 给出了硬磁体和软磁体在这两种场中的相互作用。其中两片硬（永久）磁体（片 1 和片 2）和两片软磁体（片 3 和片 4）作为例子。它们的初始取向不同，片 1 和片 3 的放置使得它们内部极化方向与外部磁场方向平行。片 2 和片 4 故意不平行地放置。

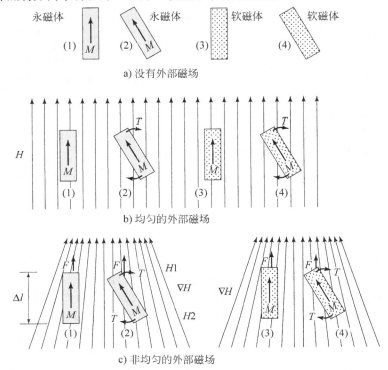

图 8-5　磁场中的磁化情况和受力情况。指出了每种磁场偏置情况下的净磁场力（F）和力矩（T）

在图 8-5a 所描述的情况下，没有外部磁场偏置。永磁体被磁化，而软磁体并没有磁化。由于缺少磁场驱动力（H），磁片没有受到力或力矩的作用。

在图 8-5b 所描述的情况下，施加了均匀磁场。磁场使软磁体（片 3 和片 4）发生极化，因此它们被磁化。而硬磁体（片 1 和片 2）已经被磁化。我们可以假设它们内部磁化的强度并没有被外部磁场所改变，而实际上硬磁体有轻微的改变。

当内部磁化与外部磁场平行时，没有力和力矩产生（片 1 和片 3）。但是如果内部磁化方向与外部磁场方向有一个夹角，磁片将受到力矩作用，但不受净力作用。

注意到片 2 和片 4 内部磁场方向是沿着它的纵轴，而不是平行于外部磁场。**形状各向异性**在决定磁化方向或剩余磁化方面起着重要的作用。例如，如果一片铁磁材料被制作成高长宽比的杆，不论杆纵向方向对于感应场的方向如何，内部磁化方向通常指向杆的纵向。（类似地，薄平的铁磁片在平行于板的平面而非垂直板的表面显示出很强的磁化，甚至当感应场初始垂直于板表面的方向时也是如此。）这种现象与需要将磁畴有序排列的能量有关。沿纵向或磁片平面方向的磁化需要较少的能量。

在图 8-5c 描述情况中，存在非均匀磁场。两片软磁体（片 3 和片 4）又都被磁化。如果内部磁化方向平行于外部磁力线，合力出现在磁片上（片 1 和片 3）。另一方面，如果内部磁化被放置在与外部磁场有一个夹角的位置，磁片（片 2 和片 4）会受到合力和力矩的共同作用。

在三种情况下（图 8-5a、图 8-5b 和图 8-5c）每片的力和力矩总结在表 8-1 中。

表 8-1 磁力和力矩存在的情况

	情况 a				情况 b				情况 c			
磁片	1	2	3	4	1	2	3	4	1	2	3	4
净力	0	0	0	0	0	0	0	0	F	F	F	F
净力矩	0	0	0	0	0	T	0	T	0	T	0	T

接下来，我们讨论一下在任意外部磁场下磁性材料受力和力矩的分析方法。

为便于分析，内部磁化为 M 的磁化磁性材料可以看作是一个带电的磁偶极子。为了简化，我们可以认为磁化的磁片包含两个极性相反的单极子。作用在每个单极子上的集中力可以表示为：

$$F = M(wt)H \tag{8-7}$$

其中 w 和 t 为截面的宽度和长度，H 是当地偏置磁场的大小。力正比于内部磁化的大小、外部驱动磁场以及截面的尺寸。

磁性材料受到的合力是集中在两个极子的力的矢量和。

在图 8-5b 部分，外部磁场是均匀的，磁力线也是直的。H 的大小处处相等，因此磁体受的合力为零。

在非均匀磁场条件下（图 8-5c 部分），因为 H 的大小不等，所以作用在两个极子的力也不相同。因而产生了净力。该力为

$$F = M(wt)\Delta H \tag{8-8}$$

其中 ΔH 是在两个极子上驱动磁场之差。ΔH 等于两个极子之间沿着磁力线方向的距离乘上磁场的梯度，即

$$\Delta H = \Delta l \frac{\partial H}{\partial l} \tag{8-9}$$

如果内部磁化与外部磁力线不平行，外部磁场与磁化的磁体相互作用产生转矩（T）。事实上，只要作用在磁体两极的力不在一条线上，就会产生力矩。例如图 8-5b 中的片 2 和片 4，即使净力为零，仍受到力矩。力矩的大小等于力的大小乘以两条力作用线之间的距离。如果磁体可以自由转动，就会产生角位移。对附着有软磁片的柔性梁，厚度为 $2.25\mu m$ 多晶硅梁可以实现较大的偏转（$180°$）。

在前面的几章中，我们已经讨论了静电、热和压电执行器，那我们在这里讨论磁执行器的原因是什么呢？

首先，磁执行器的优势之一在于它可以避免使用引线，这在静电、热和压电执行器里都不可避免。这样可以明显地减少封装和使用的复杂度。磁 MEMS 执行器能够真正地完成非连线操作。例如基于 MEMS 的微型机翼，它是用磁性材料装饰的，可以产生升力（能够举起 $165\mu g$ 的机翼）而不需要任何电线附着在上面。它的能量是由交变的磁场（$500Hz$）提供的[6]。微磁搅棒与微流体沟道结合可以混合和抽吸流体而不需要附着电线来提供电压和电流[7]。

其次，在自由空间存在相对较大的磁场而没有对人和自然环境造成危害。相反，在自由空间或电介质中较大的电场会导致诸如介质击穿或触电的问题。

再次，用无源永磁体可以提供足够强的外部磁场，可为微尺度器件提供可观的力和扭矩。这种磁体成本很低而且在工作时不消耗能量。

8.2 微型磁性元件的制造

磁执行器包含独特的材料和独特的结构（例如螺线管）。下节将讨论微磁系统中典型元件的准备和制造技术。

8.2.1 磁性材料的沉积

尽管可以把小片磁性材料附着在微机械结构上来实现传感器和执行器[3]，但通常这样的方

法效率很低。磁性材料的片上集成更加精确而且应用广泛。

微器件沉积铁磁材料最常用的方法是**电镀**。含有所需磁性材料的离子化学溶液用做晶片的电解液。在电镀槽中放有相反电极，相对于对电极，金属沉积(晶片)的工作片加上负偏置电压。

根据方程(8-7)，磁力与磁性元件的横截面有关。因此一般用厚铁磁体来产生较大的力和力矩。电镀的方法比其他薄膜沉积方法(如溅射)更令人满意，因为它很容易达到可观的厚度(如 $5\mu m$ 或更厚)。电镀的速率可以由提供的电流密度来控制。电流密度越大，电镀越快。当然，实际工作中电流的大小是有限制的，在很高的电流密度下，要考虑到发热问题以及表面粗糙度会增加。

在很多情况下，晶片自身并不导电。在这些情况下，首先把晶片的表面涂上一层薄膜金属层以便能提供负的偏置电压，这层薄膜层称为**籽晶层**。籽晶层材料通常由铜、铝或者金组成。钛或铬金属层常用来增强籽晶层与衬底之间的黏附。

使用籽晶层的典型电镀工艺流程见图8-6。先将衬底覆盖一层籽晶层。为了产生有图案的铁磁薄膜，通常采用模铸电镀方法(图8-6a)。该模铸由薄膜绝缘层构成(如图形化光刻胶)，将模铸进行沉积和刻蚀(图8-6b)。将晶片浸在电镀溶液中(图8-6c)。电镀金属在敞开的窗口中生长，也就是在籽晶层暴露在电解槽中的位置处生长。然后将电解模铸有选择性地除去。电镀过程可能导致电镀金属膜比模铸要薄(图8-6d)或更厚(图8-6e)，这取决于电镀的持续时间。当电镀金属的厚度超过模铸的厚度时，它将会向横向生长。我们可以利用这种特性产生独特形状的金属结构，如图8-7中的蘑菇状电镀金属。

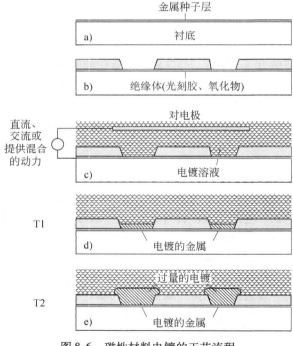

图8-6　磁性材料电镀的工艺流程

很多磁性材料和工艺在磁性数据存储工业中得到了发展。通过电镀实现沉积的磁材料种类分布广泛。如铁镍合金(又称为玻莫合金)就被广泛使用，因为它的高磁导率(500~1000)、软磁特性(矫顽力为1~5Oe)、高磁致电阻率以及低磁致伸缩(在磁场中材料的尺寸变化)[8]。在某些特定的应用中需要其他材料(如软磁材料[9，10]、永磁体和聚合物磁体)和特性(如高磁导率和矫顽力)。表8-2总结了电解槽的构造以及与NiFe和CoNiMnP两种典型材料有关的工艺参数。

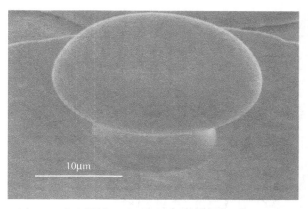

10μm

图 8-7　在电镀模具移去以后形成的蘑菇状电镀金属

表 8-2　典型磁性材料的电镀电解槽成分

磁 性 材 料	电解液成分	重量（克/升）
$Ni_{80}Fe_{20}$，玻莫合金	$NiCl_2 \cdot 6H_2O$，镍(Ⅱ)氯化物六水合物	39.0
（其他替代的成分可以	$NiSO_4 \cdot 6H_2O$，镍硫酸盐	16.3
用不同的工艺实现，表现出	H_3BO_4，硼酸粉末（如 Fisher A74 – 500）	25.0
不同的功能特性[9，11，12]）	钠糖精，用于调节应力	1.5
	NaCl，氯化钠	25.0
	$FeSO_4 \cdot 7H_2O$，硫酸亚铁晶体	1.4
	注意：溶液的 pH 值在 2.7 到 2.8 之间，对于低的 pH 值，加入少量稀释的盐酸，理想的电流密度为 $8 \sim 12mA/cm^2$	
CoNiMnP 永磁体[13,14]	$CoCl \cdot 6H_2O$	24
	$NaCl \cdot 6H_2O$	24
	$MnSO_4 \cdot H_2O$	3.4
	NaCl	23.4
	$B(OH)_3$	24
	$NaH_2PO_2 \cdot xH_2O$	4.4
	钠十二(烷)醇硫酸盐	0.2
	Schchain	1.0
	注意：使用含钴的阳极来防止次磷酸盐的氧化 电流密度为 $10 \sim 20mA/cm^2$	

除了电镀工艺外，实现厚磁性材料也用其他制造工艺。其中一种工艺是依靠聚酰亚胺与铁酸盐磁粉在不同浓度的混合[15]。磁性聚合物是由悬浮在非磁介质中的磁性材料微粒组成的。这些聚合物能把宏观尺度实现的磁性材料与微机械应用相结合。如果聚合物是感光的，可以通过网丝印刷技术或旋涂然后进行光刻来制造图形化的聚合物磁性膜。

8.2.2　磁性线圈的设计与制造

在芯片上集成螺线管是一件很有意思的事情。它们可以用作电磁源、线圈执行器、电感器、遥测线圈和集成电路中的变压器。螺线管传统加工工艺是在铁磁芯上缠绕导线（图 8-8）。然而对于微制造器件，用这种方法很难实现，因为它的尺寸很小而且缺乏自动化的工具。取而代之，最普遍而且可以制造的电磁体形式是单层、空心的平面线圈（图 8-9a）。这样的线圈不能产生很强的磁通量密度，因为缺少磁芯而且横向分布的金属线远离线圈的中心。

用集成的铁芯以及缠绕的线圈已实现更有效的电磁线圈。根据磁芯的方向，这样的线圈可以

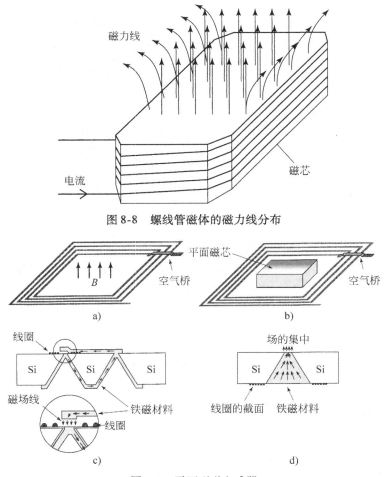

图 8-8　螺线管磁体的磁力线分布

图 8-9　平面型磁电感器

分为两类：磁通量与衬底平面垂直或者与衬底平面平行。制造方法和材料的综述请参见参考文献
[10，16]。

　　图 8-9 给出了用集成的铁磁芯实现微螺线管的技术。电镀带有平面线圈的高磁导率磁性材
料的简单方案，提高了单层磁线圈的性能（图 8-9b）。但是还存在磁力线发散的问题。为了限
制并且使磁力线集中，需要创新的结构和制造工艺。例如，利用各向异性刻蚀产生的斜面可以
构建穿通晶片的磁芯（图 8-9c）。通过在晶片两面加工磁芯材料可以制备马蹄形磁铁[17]。
80mA 激励电流和 320mW 的功率可以产生 200mN 的力。通过减少磁芯的横截面积可以增加磁
通密度（图 8-9d）。

　　图 8-9 中的全部螺线管都是单层导线。多层线圈可采用堆叠的形式（图 8-10）。它的工艺包含
沉积金属线圈层，在线圈层上覆盖绝缘材料，并平整化绝缘材料，重复以上步骤。在理论上，该
工艺可以重复无限次。而实际上，随着层数的增加，工艺时间、潜在的性能降低、表面的粗糙度
和堆叠的层数也有实际的限制。

　　已将三维线圈制造在各种衬底表面，包括非平坦表面。使用的技术有柱面上微接触式印刷技
术[18]、三维组装技术[19]、激光直接光刻技术[20]、流体自组装[21]，甚至是由焊线组成的
导电环。

同样可以构造平面磁化的磁性线圈。典型的多匝线圈工艺流程在图 8-11 中给出。基本步骤分为三步：淀积并使底部传导层形成图形（图 8-11a），电镀磁芯和垂直的传导柱（图 8-11b 和图 8-11c），淀积并使顶部传导层形成图形（图 8-11d）。

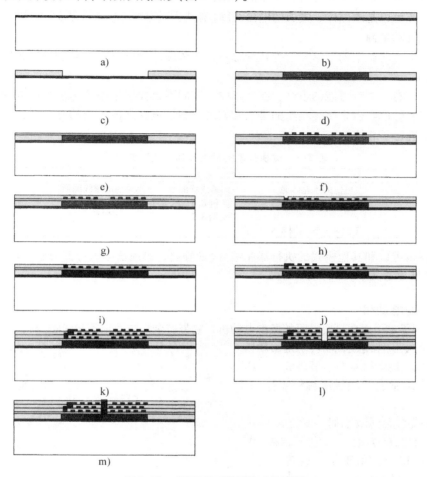

图 8-10　多层平面线圈的工艺流程

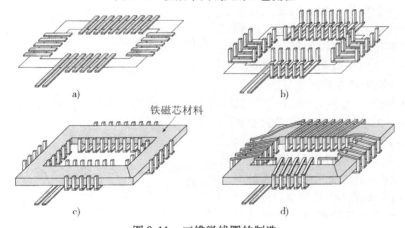

图 8-11　三维微线圈的制造

8.3　MEMS 磁执行器的实例研究

微磁执行器可以根据磁体种类及包含的微结构进行分类。

磁场的来源可以是永磁体、集成的电磁线圈（有或无磁芯）或外部的螺线管。以混合的方式可以使用多种磁场的来源。

芯片上产生力的微结构可以为下列几种之一：永久磁体（硬磁体）、软铁磁体或集成电磁线圈（有或无磁芯）。

总体而言，有十二种可能的组合。在本章中，我们不会详尽地综述每一个可能的种类，而是选择六个有代表性的实例来阐述典型的难点和解决方案。根据之前讨论的分类图，这些例子的关系在表 8-3 中进行了总结。

表 8-3　磁执行器的种类和对应的实例编号

片上微结构	场的来源			
	恒定的永磁体源	外部螺线管源	集成的电磁线圈源	混合源
永久磁体		实例 8.5		
软铁磁体材料		实例 8.2	实例 8.1	实例 8.6
集成电磁线圈	实例 8.3 和实例 8.5			

磁执行器也可以和其他模式的执行器相结合（如静电，热或压电执行器）或与其他定位控制传感器结合（参见参考文献[22]）。

实例 8.1　磁电动机

第一个例子是平面型可变磁阻的微型电动机，它带有全集成的定子和线圈[23]（图 8-12）。定子是由集成的电磁体制成，而转子是由软铁磁性材料制成。电动机有两组显磁极，一组在定子上（它通常有激励线圈缠绕着），另一组是在转子上。

当相位线圈受到激励时，靠近激励定子电极的转子磁极会吸引到定子磁极（图 8-12a 和图 8-12b）。由于定子旋转，定子磁极将与转子磁极对准。关断激励相位线圈的电流，下一个相位开始激励使之连续运动。在这种设计中，所有相位的电极都是相反极性成对排列，这样使得邻近极板间的路径很短。按顺序激励以一组或更多组排列的定子线圈来产生连续的转子转动。

转子厚为 40μm，直径为 500μm。将其组装在包含定子的芯片上或以集成的方式通过电镀来制造。当对每个定子施加 500mA 的电流时，会产生 12° 的旋转（每个增量行程）。在定子上施加三相 200mA 的电流脉冲，通过电源提供的电流频率和相位开关顺序来调整转子的速度和方向。可以观察到转子的连续转动速度高达 500rpm。在

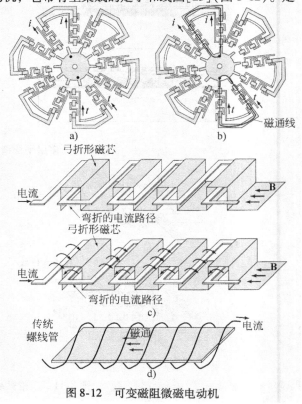

图 8-12　可变磁阻微磁电动机

500mA 驱动电流下可算出电动机的扭力为 3.3nN·m。

使用环形弯曲集成感应元件在电动机中产生磁通[12,23]。多层磁芯"缠绕"着平面弯曲的导线(图 8-12c)。这种结构可以认为是在传统电感器中交换导线和磁芯角色所产生的结果(图 8-12d)。制造工艺从氧化的硅圆片开始(图 8-13a)。淀积 200nm 厚的钛薄膜作为电镀籽晶(图 8-13b)。在晶片上旋涂聚酰亚胺(Dupont PI-2611)来为磁芯底层构建电镀铸模。用四次涂层获得固化厚度为 12μm 的厚聚酰亚胺层(图 8-13c)。用铝金属薄膜覆盖聚酰亚胺,然后再涂上光刻胶并光刻图案。光刻胶用做刻蚀铝的掩膜(在湿法刻蚀中),然后作为刻蚀聚酰亚胺的掩膜(在氧等离子体中)(图 8-13d)。镍铁玻莫合金通过电镀在聚酰亚胺层的窗口处生长并填满窗口(图 8-13f)。详细的工艺参数在参考文献[12]中给出。

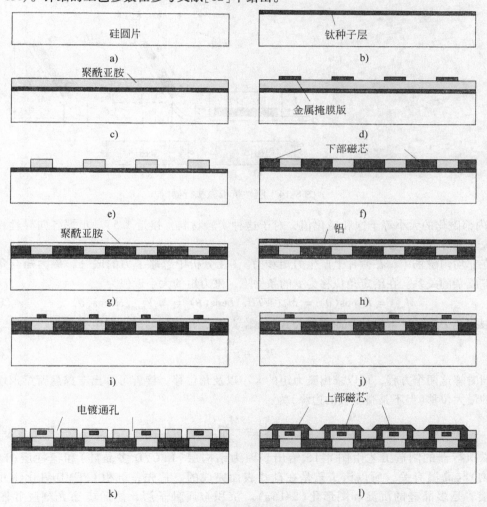

图 8-13 环状弯曲型磁芯的制造流程

旋涂另一个聚酰亚胺层隔离底部的磁芯(图 8-13g)。在聚酰亚胺绝缘层的顶部沉积 7μm 厚的金属层(铝或者铜)并形成图案(图 8-13i)。在图形化的金属上旋涂更多的聚酰亚胺来使晶片平整并且隔离弯曲的导体(图 8-13j)。使用与前面相同的方法使聚酰亚胺层形成图案(图 8-13k)。将通孔一直开到底部的磁芯并进行电镀来产生顶部磁芯(图 8-13l)。

实例8.2   磁性梁执行器

与静电、热以及压电执行器相比，磁执行器独特的特性之一就是能产生力矩并能得到大角度的位移。例如，在10kA/m的磁场中可以得到大角度的位移：近似90°时垂直的位移为几毫米[5]。

一种用于空气动力学控制的执行器已经研制出来[24]。执行器由刚性折板组成，该刚性折板的一边由两根自由固定端的悬臂梁支撑。每个刚性折板都是由多晶硅（作为支撑结构）和电镀的铁磁材料（这里是坡莫合金）构成。图8-14a给出了截面图。当外部磁场出现时，铁磁片内部产生磁化。情况与之前提到的图8-5c部分中的片4类似。实验表明，单片可以达到65°的角偏转。

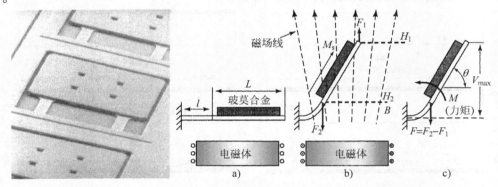

图8-14   刚性折板磁执行器

内部磁化的大小等于饱和磁化值，对于这种实验材料，接近1.5T。根据各向异性，内部磁化矢量的方向与折板平面平行（图8-14b）。

在非均匀磁场中，在微片上产生力矩和力。（在分析中忽略了力的成分。）磁力矩与角位移有错综复杂的关系。在给定角位移为θ的条件下，磁力矩的大小近似为

$$M_{mag} = FL\cos(\theta) = M_s(WTH_1)L\cos(\theta) = M_s V_{magnet}H_1\cos(\theta) \qquad (8\text{-}10)$$

根据纯力矩条件下梁的弯曲变形公式（见附录B），角位移与磁性扭矩有关，

$$\theta_{max} = \frac{M_{mag}l}{EI} \qquad (8\text{-}11)$$

同时解这两个方程，可以求出磁力矩的大小以及角位移。接着可算出支撑悬臂梁末端垂直方向的最大位移（但不是整个板的边缘）为：

$$y_{max} = \frac{M_{mag}l^2}{2EI} \qquad (8\text{-}12)$$

磁执行器的制造工艺由图8-15给出。因为结构层（LPCVD多晶硅）和牺牲层（LPCVD氧化物）与高温有关，所以该工艺是在硅片表面完成的。首先，沉积LPCVD氧化物并图形化，接着是多晶硅的沉淀和图形化（8-15a）。沉积金属种子层，然后旋涂光刻胶并图形化作为电镀的铸模（8-15b）。电镀发生在没有覆盖光刻胶的地方，并且它的高度由涂上的光刻胶层厚度决定（8-15c）。除去光刻胶（8-15d）。随后，在HF酸性溶液槽中除去牺牲层氧化物（8-15e）。

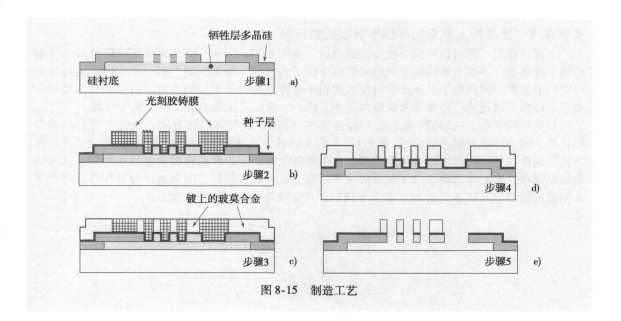

图 8-15　制造工艺

实例 8.3　利用洛伦兹力的平板扭转执行器

这里讨论能沿单轴旋转的可动线圈电磁光学扫描镜。由中间带有铝导线的多层聚酰亚胺膜组成的扭转铰链支撑镜板（图 8-16）。镜子由平面微板构成，其中光滑的一面用于光反射，相反的一面上有平面线圈。两个永久磁体安放在镜子的两边，这样磁力线平行于镜面并且与扭转的铰链垂直。当电流流过线圈时，会产生洛伦兹力以及镜子旋转的力矩。力矩的方向取决于输入电流的方向。

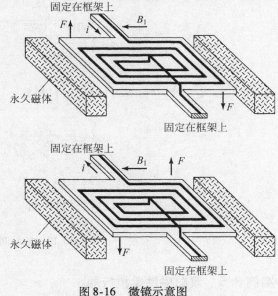

图 8-16　微镜示意图

作用于执行器的力矩大小可以表示为

$$T = iB_1 l_1 l_2 n \tag{8-13}$$

其中 i 代表电流，B_1 为永久磁体产生的磁场，l_1 为平行于磁体边缘线圈的平均长度，l_2 为导线在垂直于铰链方向上的平均间距，n 为线圈的圈数。

镜子铰链由聚酰亚胺材料制成，以增强耐冲击度，抗冲击可以高达 2500g[25]。铰链的尺寸决定了响应频率的范围。快速扫描镜子和慢速扫描镜子由不同的几何参数制成。用 20mA 的螺线管电流来驱动，谐振频率为 1.7kHz 时扫描镜子的旋转角度可以达到 1°，谐振频率为 72Hz 时角度为 60°。实践证明该器件的使用寿命至少为 13 000 小时。

参考文献[26]报道了使用类似原理但采用更多精细的结构的微镜阵列。

实例8.4　使用片上电感的多轴平板扭矩执行器

下面讨论另一种可以沿两个轴旋转的微镜。如图8-17a所示，镜子悬挂在可以沿两个轴旋转的平衡环上。平面电镀的四个电磁线圈位于镜子的背面，每个线圈占据一个象限。流过每个线圈的电流产生磁偶极子。稀土材料制成的强永磁体放在镜子平板的下方。依据在外部磁场中极子的极性，通过感应磁极和永久磁体的相互作用，吸引或排斥力会作用于每个线圈。

如果将两个邻近的线圈（至少有一边连接在一起）偏置在相同的方向，就会产生旋转的力矩。产生的力矩有四种可能情况（图8-17b～图8-17e）。选择性激活这些线圈将会以高度选择性方式沿两个轴的方向产生耦合角度位移。在由稳态永久磁体提供的强偏置电磁场作用下，实现电控制运动。永磁体消除了用于偏置的功率损耗，它可以在相对远的距离进行操作并且能产生大角度的偏转。高磁场H弥补了各个平面线圈产生电磁场相对较弱的缺点。

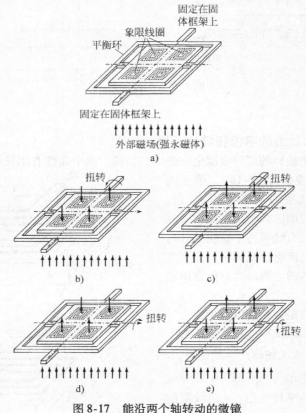

图8-17　能沿两个轴转动的微镜

实例8.5　双向磁性梁执行器

这里讨论一种双向悬臂梁型磁性执行器（图8-18）[4]。在硅悬臂梁的末端，永磁体阵列是电镀上去的，这样可以利用磁体阵列的垂直各向异性来实现垂直磁执行器。在永磁体的设计中采用阵列形状（多根垂直柱竖立在大薄板上）来抑制电镀CoNiMnP膜与优化的内部磁化之间的残余应力，该阵列垂直于悬臂平面。

采用商用的电感作为电磁体来驱动双向执行器。作用在悬臂上的磁力为

$$F = V \cdot M_s \cdot \frac{\partial H}{\partial z} \tag{8-14}$$

其中 V 为磁片的体积，M_s 为磁体的磁化。为了产生更大的力，最好使用空间分散的磁场来增加梯度。

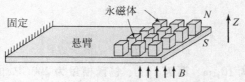

图 8-18 一种双向磁执行器

当输入电流为 100mA 时，作用在电镀膜表面的力为 $50\mu N$，它使梁产生了 $88\mu m$ 的弯曲。悬臂梁为 6mm 长，1mm 宽，$13\mu m$ 厚。在 142mW 的功耗下，最大弯曲为 $80\mu m$。

永久磁体是电镀上去的。在电镀的过程中，偏置磁场由永磁体提供，测得的表面通量密度为 3900 高斯。磁场偏置把磁体的矫顽力从 $30\sim40$kA/m 提高到 87.6kA/m。剩余磁化从 $50\sim80$mT 提高到 $170\sim190$mT。

实例 8.6 带有定位保持的混合磁执行器

带有混合磁源的执行器已用于可锁存的、双稳态电开关[27]。

MEMS 技术已用于实现开关和继电器。人们已研究出一系列的技术，例如静电执行器需要恒定的电压偏置来使开关保持在开或关的状态，这使得它易受供电中断的影响。开关的双稳态锁定很重要，因为它只有在开关的转变过程中才消耗功率，而在开或关的状态都不需要电来保持。

双稳态磁开关的结构和原理由图 8-19 说明。由扭转支柱将悬臂提升在衬底表面的上方。悬臂由顶部上的软铁磁材料(玻莫合金)和底部上的一层高电导率(为了电连接)的金属(金)构成。偏置磁场有两个来源：一个是平面线圈(在芯片上)，另一个是永久磁体(在芯片外)。平面线圈埋置于悬臂的下方。永久磁体位于硅片的背面，用于提供恒定的背景磁场 H_0。

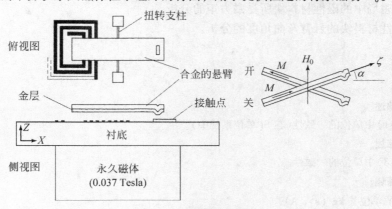

图 8-19 双稳态磁开关

悬臂梁的长度比它的宽度和厚度要大得多。当它在外部磁场中磁化时，由于各向异性，内部磁化的方向总是沿着长度的方向。内部磁化(M)与外部磁场的相互作用产生了力矩。然而由于在悬臂梁和外部磁场之间初始的排列，内部磁化有两个稳定的方向。依据 M 的方向，力矩要么是顺时针，要么是逆时针。对应开和关状态的两个角度位置是稳定的。

该开关的独特设计在于：双向磁化可以通过使用第二个磁场很快反转。这使得可以施加小电流来实现力矩和开关位置的转换。为了实现这一目标，在悬臂梁和外部磁场之间使用了平面线圈以产生磁场来补偿外部磁体产生的磁场。永久磁体使悬臂保持在开或关的位置直到下次开关动作出现。

施加的力矩大小为

$$\tau = M \times B_0 = \mu_0 M \times H_0 \tag{8-15}$$

对于长为 $600\mu m$、宽为 $10\mu m$、厚为 $1\mu m$、杨氏模量为 $200GPa$ 的悬臂梁，在弯曲 $\alpha = 1.6°$ 时的磁力矩为 $8.4 \times 10^{-10} N \cdot m$，这比扭转铰链产生的弹性恢复力大 4.7 倍。

平面磁体如何才能产生足够大的磁场来触发 M 的方向？平面线圈产生的磁力线指向 X 轴和 Z 轴。X 轴的磁场主要用于开关转换。使用计算和分析的方法，估计 X 轴的磁场位于悬臂开和关的位置。平均磁场强度为 0.001 到 $0.002T$，比永久磁体产生外部磁场的 X 轴分量($\mu_0 H_0 \sin\alpha$)要大得多。

最大的直流电流大于 $500mA$。寿命测试表明：在大气环境条件下，开态电流为 $200\mu A$，经 $4\ 800\ 000$ 次的开关循环，在接触区域并没观测到明显的损坏。

8.4 总结

在本章的结尾，读者应该理解如下的概念、事实和技能。

定性理解和概念：

1）内部磁化和外部磁场的关系。

2）硬磁材料和软磁材料磁化的磁滞回线。

3）MEMS 中常用磁性材料的特性和制备方法。

4）用于电镀的芯片准备过程以及电镀设备。

5）单匝和多匝磁线圈的设计和制造方法。

6）对放置在磁场中磁化的磁性材料块所受磁场力的分析。

7）放置在磁场中的磁性材料块所受磁力矩的分析。

8）载有磁性材料块的悬臂弯曲角度的分析。

习题

8.1 节

习题 8.1 综述

验证方程(8-1)中单位的一致性(在 SI 单位系统中)。

习题 8.2 综述

验证方程(8-8)中单位的一致性。

习题 8.3 综述

证明特斯拉的单位是 $kg/(s^2 \cdot A)$。

习题 8.4 综述

验证方程(8-14)中单位的一致性。

习题 8.5 设计

一片由扭转条支撑的永磁材料(饱和磁化为 $1T$)放置在外部磁场中。在静止时，磁片静止在水平方向，磁力线指向垂直的方向。将磁片移动到与磁场方向呈一个夹角。杆长 $400\mu m$、厚 $30\mu m$、宽 $30\mu m$。两个扭转条在杆长度方向的中点处连接。两个扭转条都是由多晶硅制成的，尺寸为长 $300\mu m$、宽 $5\mu m$、厚 $1\mu m$。对两个弯曲角 θ($\theta < 90°$)：$20°$ 和 $45°$，求外部磁场强度(H)。我们假设 MUMPS 工艺多晶硅的剪切模量为 $69GPa$。

习题 8.6 设计

有一根长 1mm、宽度和厚度均为 $2\mu m$ 的双端固定多晶硅线。当施加的横向磁场为 0.1T 时，求多晶硅线的最大位移。导线上的直流电流为 1mA。

习题 8.7 设计

求绕有多重线圈的螺线管产生的磁场大小。线圈为 200 匝，磁芯的横截面尺寸为 $200\mu m \times 50\mu m$。电流为 10mA。导线的直径为 $10\mu m$。

8.2 节

习题 8.8 设计

求带有平面磁芯的 10 匝平面电感线圈产生的磁场。磁芯的直径为 $100\mu m$，高为 $100\mu m$。电流为 10mA。最内层线圈的直径为 $110\mu m$，每层线圈之间的增量为 $20\mu m$。线的宽度和厚度分别为 $16\mu m$ 和 $10\mu m$。请清晰地陈述你的假设。

8.3 节

习题 8.9 制造

给出与实例 8.2 类似的片状磁执行器制造工艺流程，但这里采用聚酰亚胺作为结构层材料。悬臂可以由多层聚酰亚胺组成以便抵消本征弯曲。

习题 8.10 设计

在实例 8.3 中根据已知的电流和 B，导出计算微镜偏转角大小的解析公式。

习题 8.11 设计

从两个例子的启发进行执行器的设计：使用实例 8.3 的工艺但采用的结构是实例 8.4 的磁执行器结构。画出新器件的正面和横截面示意图，阐明相关的部件和材料。解释工作原理。使用简化工艺流程图来说明主要的工艺步骤。

习题 8.12 设计

实例 8.4 中，当两个相邻的线圈偏置在与 H 相同的方向，而另外两个线圈没有偏置时，写出执行器产生力矩的解析表达式。其中磁场为 0.3T，电流为 100mA，理想的角度偏转为 30°。

习题 8.13 设计

根据实例 8.5，已计算出作用在悬臂上的力为 $59\mu N$，求出垂直方向的位移。

习题 8.14 设计

计算实例 8.5 中磁场梯度的大小。

习题 8.15 制造

讨论实例 8.5 双向磁执行器的具体制造工艺流程。包括光刻步骤的细节。

习题 8.16 制造

画出并解释实例 8.6 中开关的详细制造工艺流程。标明步骤中包含的所有材料，包括光刻步骤的细节。

参考文献

1. Ripka, P. *Magnetic sensors and magnetometers.* Norwood, MA: Artech House, 2001.

2. Niarchos, D. *Magnetic MEMS: key issues and some applications.* Sensors and Actuators A: Physical, 2003. vol. **109**: p. 166–173.

3. Wagner, B., M. Kreutzer, and W. Benecke, *Permanent magnet micromotors on silicon substrates.* Microelectromechanical Systems, Journal of, 1993. vol. **2**: p. 23–29.

4. Cho H.J. and C.H. Ahn, *A bidirectional magnetic microactuator using electroplated permanent magnet arrays.* Microelectromechanical Systems, Journal of, 2002. vol. **11**: p. 78–84.

5. Judy, J.W., R.S. Muller, and H.H. Zappe, *Magnetic microactuation of polysilicon flexure structures.* Microelectromechanical Systems, Journal of, 1995. vol. **4**: p. 162–169.

6. Miki N. and I. Shimoyama, *Soft-magnetic rotational microwings in an alternating magnetic field applicable to microflight mechanisms.* Microelectromechanical Systems, Journal of, 2003. vol. **12**: p. 221–227.

7. Lu, L.-H., K.S. Ryu, and C. Liu, *A magnetic microstirrer and array for microfluidic mixing.* Microelectromechanical Systems, Journal of, 2002. vol. **11**: p. 462–469.

8.   Mallinson, J. *Magneto-resistive heads - fundamentals and applications*. New York: Academic Press, 1996.

9.   Taylor, W.P., M. Schneider, H. Baltes, and M.G. Allen, *Electroplated soft magnetic materials for microsensors and microactuators*. presented at Solid State Sensors and Actuators, 1997. TRANS-DUCERS '97 Chicago., 1997 International Conference on, 1997.

10. Park J.Y. and M.G. Allen, *A comparison of micromachined inductors with different magnetic core materials*. presented at Electronic Components and Technology Conference, 1996. Proceedings., 46th, 1996.

11. Leith S.D. and D.T. Schwartz, *High-rate through-mold electrodeposition of thick NiFe MEMS components with uniform composition*. Microelectromechanical Systems, Journal of, 1999. vol. **8**: p. 384–392,

12. Ahn C.H. and M.G. Allen, *A new toroidal-meander type integrated inductor with a multilevel meander magnetic core*. Magnetics, IEEE Transactions on, 1994. vol. **30**: p. 73–79.

13. Liakopoulos, T.M., W. Zhang, and C.H. Ahn, *Micromachined thick permanent magnet arrays on silicon wafers*. Magnetics, IEEE Transactions on, 1996. vol. **32**: p. 5154–5156.

14. Cho, H.J., S. Bhansali, and C.H. Ahn, *Electroplated thick permanent magnet arrays with controlled direction of magnetization for MEMS application*. Journal of Applied Physics. 2000. **87**(9): p. 6340–6342.

15. Lagorce, L.K., O. Brand, and M.G. Allen, *Magnetic microactuators based on polymer magnets*. Microelectromechanical Systems, Journal of, 1999. vol. **8**: p. 2–9.

16. Ahn C.H. and M.G. Allen, *Micromachined planar inductors on silicon wafers for MEMS applications*. Industrial Electronics, IEEE Transactions on, 1998. vol. **45**: p. 866–876.

17. Wright, J.A., Y.-C. Tai, and S.-C. Chang, *A large-force, fully-integrated MEMS magnetic actuator*. presented at Solid State Sensors and Actuators, 1997. TRANSDUCERS '97 Chicago., 1997 International Conference on, 1997.

18. Rogers, J.A., R.J. Jackman, and G.M. Whitesides, *Constructing single- and multiple-helical microcoils and characterizing their performance as components of microinductors and microelectromagnets*. Microelectromechanical Systems, Journal of, 1997. vol. **6**: p. 184–192.

19. Zou, J., C. Liu, D.R. Trainor, J. Chen, J. Schutt-aine, and P.L. Chapman, *Development of three-dimensional inductors using plastic deformation magnetic assembly (PDMS)*. IEEE Transactions on Microwave Theory and Techniques, 2003. vol. **51**: p. 1067–1075.

20. Young, D.J., V. Malba, J.-J. Qu, A.F. Bernhardt, and B.E. Boser, *A low-noise RF voltage-controlled oscillator using on-chip high-Q three dimensional coil inductor and micromachined variable capacitor*. presented at Technical digest, IEEE solid-state sensor and actuator workshop, Hilton Head, SC, 1998.

21. Scott, K.L., T. Hirano, H. Yang, H. Singh, R.T. Howe, and A.M. Niknejad, *High-performance inductors using capillary based fluidic self-assembly*. Microelectromechanical Systems, Journal of, 2004. vol. **13**: p. 300–309.

22. Bhansali, S., A.L. Zhang, R.B. Zmood, P.E. Jones, and D.K. Sood, *Prototype feedback-controlled bidirectional actuation system for MEMS applications*. Microelectromechanical Systems, Journal of, 2000. vol. **9**: p. 245–251.

23. Ahn, C.H., Y.J. Kim, and M.G. Allen, *A planar variable reluctance magnetic micromotor with fully integrated stator and coils*. Microelectromechanical Systems, Journal of, 1993. vol. **2**: p. 165–173.

24. Liu, C., T. Tsao, G.-B. Lee, J.T.S. Leu, Y.W. Yi, Y.-C. Tai, and C.-M. Ho, *Out-of-plane magnetic actuators with electroplated permalloy for fluid dynamics control*. Sensors and Actuators A: Physical, 1999. vol. **78**: p. 190–197.

25. Miyajima, H., N. Asaoka, M. Arima, Y. Minamoto, K. Murakami, K. Tokuda, and K. Matsumoto, *A durable, shock-resistant electromagnetic optical scanner with polyimide-based hinges*. Microelectromechanical Systems, Journal of, 2001. vol. **10**: p. 418–424.

26. Bernstein, J.J., W.P. Taylor, J.D. Brazzle, C.J. Corcoran, G. Kirkos, J.E. Odhner, A. Pareek, M. Waelti, and M. Zai, *Electromagnetically actuated mirror arrays for use in 3-D optical switching applications*. Microelectromechanical Systems, Journal of, 2004. vol. **13**: p. 526–535.

27. Ruan, M., J. Shen, and C.B. Wheeler, *Latching micromagnetic relays*. Microelectromechanical Systems, Journal of, 2001. vol. **10**: p. 511–517.

第9章 敏感与执行原理总结

9.0 预览

本章我们对前面几章讨论的敏感和执行原理作一个总结，另外简要讨论其他几种典型的敏感与执行原理。

目前，微传感器与执行器的研发人员面临着众多选择和障碍。选择何种敏感与执行方式取决于许多因素，这些因素包括：性能、稳定性、可靠性、能耗、仪器的成本与复杂性、研发成本以及所有权成本。一种敏感或执行机制往往不能很好地满足所有的选择标准。通常情况下一些在研发阶段相对次要的问题，例如环境温度对器件性能的影响或长期的漂移，在商用阶段却成为主要的问题。在选择换能方式或材料时，必须仔细考虑该方式或材料满足主要及次要标准的能力。选择合适原理和材料的能力是随着读者的经验而提高的。在9.1节，将对各种主要敏感与执行方式进行比较并给出一些通用标准。

本书第3章~第6章所介绍的是最常见的一些敏感方式。然而，还有许多其他的换能原理使用在一些独特的应用中。这些换能原理能够满足一些特定的应用场合。本章的9.2节介绍一些其他的敏感原理。这些原理至少已经被一些研究小组或者工业实验室证明是可行的，或者已经用于商业化的器件上。我们鼓励对这部分内容感兴趣的读者搜索并参考与这些课题相关的文献。其他执行方式的讨论已经超出了本书内容。

9.1 主要敏感与执行方式的比较

表9-1总结了静电敏感、热敏感、压阻敏感以及压电敏感各自的相对优缺点。通常，敏感原理的选择并不只是基于灵敏度。

表 9-1 各种敏感方式比较

	优 点	缺 点
静电敏感	• 材料简单 • 较低的工作电压与工作电流 • 低噪声 • 响应速度快	• 需要较大的器件尺寸以得到足够大的电容 • 对微粒与湿度敏感
热敏感	• 材料简单 • 省去了可动部件	• 相对较大的功耗 • 相对静电敏感，响应速度较慢
压阻敏感	• 高灵敏度 • 材料简单(金属应变计)	• 需要硅掺杂工艺以获取高性能的压敏电阻 • 通常只可以正面掺杂 • 对环境温度变化敏感
压电敏感	• 电信号可以自产生，无需外加电源	• 材料生长和制造工艺流程复杂 • 由于材料的漏电，相对较差的直流响应 • 压电材料不能在高温条件下工作

在商用 MEMS 产品中，静电敏感和压阻敏感是常用的方法。在设计 MEMS 产品时，最重要的

是先确定使用何种敏感方式。其次，再综合考虑一些问题，包括噪声、灵敏度、温度串扰以及工艺。单独噪声问题就相当复杂，由此可以考虑电容式敏感，但它不具有决定性的优势[1，2]。电容式敏感可以用于多轴惯性传感器，这是由于电容器可以制作在平行于衬底的表面上或侧壁上，而压阻通常只能制作在上表面。

表9-2总结了静电执行、热执行、压电执行与磁执行各自的相对优缺点。

表9-2　各种执行方式比较

	优　　点	缺　　点
静电执行	● 材料简单 ● 执行响应速度快	● 需要折中驱动力大小与位移大小 ● 易受吸合效应限制
热执行	● 能够得到较大的位移量(角度或线性) ● 适中的执行响应速度	● 相对较大的功耗 ● 对环境温度变化敏感
压电执行	● 可以得到快速的响应 ● 可以得到比较大的位移量	● 材料的制备过程复杂 ● 在低频工作条件下性能下降
磁执行	● 可以产生较大的角度位移量 ● 可以使用很强的磁力作为偏置	● 较为复杂的制造工艺 ● 制造高效率的片上螺线管较为困难

9.2　其他敏感与执行方法

本节我们讨论一些各种应用中已开发的敏感与执行方法。在这些应用中，所使用的方法可以提供独特的性能。

9.2.1　隧道效应敏感

由于电子隧道效应作为一种重要的位移换能器具有极高的灵敏度，已经被广泛研究[3]。在一般环境条件下，电流无法通过像空气或电介质这样的绝缘体。绝缘体和导体之间由于存在功函数差而形成势垒，电子只有在获得足够能量的条件下才能跨越势垒(图9-1)。但是，当两个电极之间的距离接近纳米量级尺度(例如，1nm)时，根据量子力学理论电子就可能穿越势垒，这种现象被称为隧道效应。

在探针和其对应表面之间隧道电流值通常满足以下关系

$$I \propto V \exp^{(-\beta\sqrt{\phi}z)} \qquad (9\text{-}1)$$

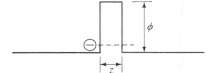

图9-1　电子隧道效应现象

式中 V 为偏置电压，β 为转换因子，其典型值为 $10.25(eV)^{-1/2}/nm$，ϕ 是势垒高度，单位是电子伏特(eV)，z 表示两个导体面之间的距离(典型值为1nm左右)。隧道效应产生的电流一般在 nA 量级。对于金电极，研究表明其势垒高度为 $0.05 \sim 0.5eV$，它取决于电极的清洁程度[4，5]。

对典型值 ϕ 和 z，两个电极之间的距离每变化1Å，电流值将会有一个数量级的变化。两电极间每变化 0.003Å 的位移，隧道效应电流值将变化1% A。如果假设探测精度受隧道电流中的散粒噪声限制，那么最小的可探测偏移为 1.2×10^{-5}Å$/\sqrt{Hz}$。该探测的灵敏度与电极的横向尺寸无关，因为产生隧道效应只需要间隙两端的表面上各存在一个金属原子即可。

隧道效应现象已经被用来以原子级的分辨率表征物体表面的特征。世界上第一台扫描隧道显微镜(STM)由 IBM 公司的 Heinrich Rohrer 和 Gerd Karl Binnig 发明。STM 可以以普通原子直径1/25的分辨率显示原子级的表面细节，该分辨率比最好的电子显微镜还要高几个数量级。人们很快就认识到 STM 的重要价值，并将其应用在半导体科学、冶金、电化学以及分子生物学等众多领域中。关于扫描隧道显微镜以及扫描探针显微镜(SPM)的更多讨论请参看第14章。

人们已经开发出多种基于隧道效应的传感器。由于它们具有极大的电流－位移增益，可以在小尺寸器件下提供极高的分辨率。隧道效应现象已用来感测任何物理现象造成的两导体间间距的变化。基于隧道效应的传感器已经公布了很多成果：包括力传感器[5]、红外传感器[6，7]、磁强计[3]、加速度计[4，5，8]和压力传感器[3]。这些传感器的灵敏度很高：位移(2×10^{-11} Å$/\sqrt{\text{Hz}}$，在1kHz下，参考文献[4]）、力（10^{-11} N$/\sqrt{\text{Hz}}$，参考文献[5]）、红外吸收（3×10^{-10} W$/\sqrt{\text{Hz}}$，在25Hz下，参考文献[6]）以及加速度。利用隧道效应原理制作的高灵敏度运动传感器已经用于地震活动的监测中。基于隧道效应原理的加速度传感器已经证实在10kHz频率下灵敏度可达1×10^{-7}g$/\sqrt{\text{Hz}}$量级[4]，对应着2×10^{-4}Å$/\sqrt{\text{Hz}}$的位移灵敏度。该灵敏度要比电容式传感器高三个数量级。这类加速度传感器的灵敏度在低频（低于1kHz）时主要受$1/f$噪声的限制，在高频时主要受散粒噪声和Johnson噪声的限制。实例9.1介绍了这类加速度传感器的一个实例。

虽然隧道效应敏感有着特别高的灵敏度，但是实验人员需要面对三个主要的挑战——噪声、交叉敏感以及仪器的复杂性。基于隧道效应的传感器是如此的敏感，以至于在早期的实验当中，它们会检测到诸如大楼的中央空调或是相隔数层楼的人走路产生的振动干扰。同时，伴随着高灵敏度而来的是器件制造、封装以及电路的复杂性和高成本。

基于隧道效应传感器的长期稳定性也是一个主要问题。例如，隧道电流理论上产生于两个金属原子之间。而布朗运动或者材料与环境的化学反应会造成这种金属原子的位置变化。而被吸附的分子（比如水分子）的迁移同样会影响隧道效应的特性。显然这种影响是我们不希望的。其他可能引起长期漂移的因素包括微机械结构的机械特性变化（例如松弛或热膨胀）以及电路的电特性变化。早前的研究明确指出，在低频（低于0.1Hz）时95%的噪声来源于传感器或封装体机械特性的温度系数[5]。

为了达到最佳的性能，基于隧道效应的传感器需要工作在闭环模式。这其中的原因包括：1）由于有极大的电流－位移增益，如果器件工作在开环模式下，测量的范围将受到限制；2）随着时间的变化在空气中隧道效应的势垒高度会发生一个数量级的变化，这会影响开环工作的灵敏度。一般通过将隧道效应电流转换为电压并提供给执行器作为校正信号的方法来完成闭环控制。使用集成电路进行闭环控制的许多电路设计方案已经建立[5，8]。

通常，用于控制隧道效应电极之间间距的机电执行器的特性限制了隧道效应传感器系统性能。因此，执行器必须有足够的带宽、动态范围和精度。

实例9.1 隧道效应加速度计

图9-2展示了一种隧道效应加速度计，该加速度计使用有源电容式执行器在闭环工作方式下控制间隙距离[9]。器件由两层硅结构和一层玻璃衬底组成。第一层硅结构，即图9-2中标记为硅2的部分，包括了一个带有隧道微尖的检测质量块。质量块由两边的梁结构提供支撑。第二层硅结构，即图9-2中标记为硅1的部分，通过两边的柱体固定，并且与第一层硅结构中的检测质量块上表面一起组成平板电容器结构。电容器用来产生加速度以进行自检和闭环控制。

检测质量块的活动区域为$400 \times 400 \mu m^2$。使用CMOS电路进行控制，该隧道效应器件可认为是非线性可变电阻。电阻随着隧道距离的变化而变化。人们已经开发出来了三种不同的电路，这些电路提供了不同级别的功耗和本底噪声[8]。

该加速度计的灵敏度为 $125\mathrm{mV/g}$，带宽为 $2.5\mathrm{kHz}$，动态范围为 $30g$，$1/f$ 噪声等效加速度为 $1\mathrm{mg/\sqrt{Hz}}$。一个月工作的性能漂移小于 0.5%。

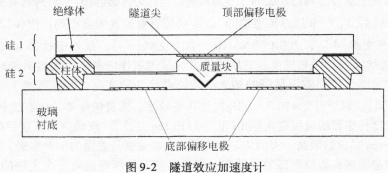

图 9-2　隧道效应加速度计

9.2.2　光学敏感

光学敏感可以将角度或平移的位移变化转换为光强度或光相位的改变。光学敏感为 MEMS 传感器的工作提供了许多优点：

1）对于微机械结构运动的光拾取省去了用于电偏置与电敏感的导线。当用光学原理来处理大阵列的器件时，这一点显得尤为重要。由于封装复杂性的降低带来器件成本的节省在一些特定场合下显得十分突出。

2）正如接下来将会提到的那样，光学敏感在许多场合中同样可以提供特别高的灵敏度和灵活性。目前，极高灵敏度的光学探测器有现成的产品可以利用，且价格低廉。

当然，光学敏感也无法应用在所有的场合中。在某些应用中排除了使用外部光源或内部光源的可能性，例如，有限的封装尺寸制约。光学定位敏感有多种实现的结构，接下来将介绍其中几种主要的结构。

利用波导的敏感结构：光可以在人造的波导中传输。光纤是一种低成本、高效的光波导材料。光纤由内芯和外壳组成。由于内芯与外壳的折射率不同，所以当光从内芯界面入射时将会产生全反射。这样光束将会被限制在内芯区域中，即便光纤是弯曲的，光在传输过程中也几乎没有损耗。

光纤构成了许多传感器的基础[10]。基于光纤的敏感方式，利用了光纤中光的相位和强度与光纤弯曲度、光纤上的机械应力、温度[11]、表面光学特性以及与化学生物体作用等有关这一原理[12，13]。例如，图9-3给出了一段光纤以说明光纤弯曲敏感的原理。如果一段光纤是直的（无应力状态），光在其中会走过一段特定的光学路径，该光学路径的长度与光纤的物理长度是不同的。假如光纤由于机械形变而产生弯曲，那么新的有效光学路径将导致光在光纤末端输出时的相位和强度发生变化。该原理已应用于多种不同的传感器之中[14，15]。

光学纤维由玻璃材料在高温下拉伸而得到。一些更为先进的技术特征，例如纵向微管道[16]以及非圆形内芯[17]，将使光纤与光相互作用的方式更为多样化。

利用片上集成的波导进行传感也是可以实现的。一种带有集成光学波导的加速度计，其波导是由混合的二氧化硅和氮化硅薄膜制成的线性导引结构。波导的一部分位于检测质量块上，其余部分位于支撑框架上。在加速度的作用下，位于检测质量块上的部分波导结构相对于框架结构上的波导结构发生位移，该位移将会使光耦合系数发生变化[18]。可探测的最小位移变化为 $0.17\mu\mathrm{m}$，对应的正加速度灵敏度为 $1.7\mathrm{dB/g}$，负加速度灵敏度为 $2.3\mathrm{dB/g}$。

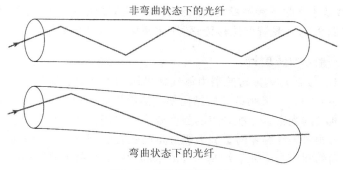

图9-3　光纤敏感示意图

利用自由空间光束的敏感结构：自由空间光束可以用来探测物体的位置或是对某种造成位置变化的现象进行感测。最简单的一种结构是让光束在某些微结构的反射面反射，例如在悬臂梁的背面上发生反射(图9-4)。反射光束指向光敏二极管或是射到投影屏上。如果悬臂梁弯曲一定角度，那么反射光束的投影点将会随之移动。反射光束投影点的位移与悬臂梁弯曲的角度成正比。具体地说，反射光束投影点移动的距离等于角度位移与悬臂梁到投影屏间距的乘积，即反射光束投影点的位移可表示为

$$d = 2\theta \cdot L \tag{9-2}$$

式中，L 是被测试器件与光电探测器之间的距离。由于角度位移被间距 L 所放大，所以该原理通常被称为"光学杠杆"。

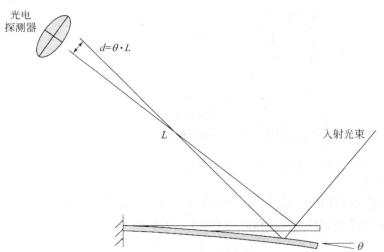

图9-4　作为高灵敏度位置敏感方式的光学杠杆

利用光学干涉测量法的位置敏感结构：干涉测量法用于测量悬臂梁的位移，它是灵敏度最高的光学技术之一。通过光学干涉可以十分精确地测量出参考物体和移动物体之间的相对运动。干涉测量法有多种方式，包括迈克逊干涉仪[19]、法布里－玻罗共振腔[20]以及利用梳状叉指结构作为衍射光栅等[21，22]。利用干涉法得到的位移分辨率可达 0.01Å，甚至更低。如果考虑了所有实际的噪声源，光学干涉换能器可以得到与电子隧道效应换能器相当的分辨率。

光学测量需要外部的光源和光接收器。许多情况下，无论实际敏感方法如何，它都是微加工器件精密度表征的方法。已有研究工作将基于静电以及基于光干涉测量法的位移敏感方式进行了比较[23，24]。同时，在汽车应用中，光学干涉测量法已经用来对陀螺仪的响应进行表征[25]。

下面将讨论一些基于光学干涉测量的传感器实例，它们都依靠光栅提供衍射。这些应用的实例包括加速度计（实例9.2）、悬臂梁位移传感器（实例9.5）以及压力传感器（实例9.6）。

实例9.2　干涉测量法加速度计

一种分辨率达 10^{-9}g 的加速度传感器由体硅微机械加工制成。梳状叉指交替地连接在检测质量块和一边的衬底上[22]。叉指的几何结构使其能够作为一种相位敏感衍射光栅，将入射的相干光反射成不同强度的光束，这些光束的强度取决于两组叉指的间隔距离（图9-5）。在平衡状态，即两组叉指的相对偏移为零时，偶数级分量的强度达到它们的极大值。其中，中央零级分量与二级分量之间的间距为 $\lambda D f_g$，f_g 是光栅的空间频率，D 是观测距离，λ 是入射光波长。

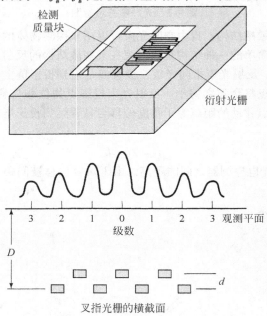

图9-5　基于衍射光栅的位移传感器原理

当可动叉指移动 $\lambda/4$ 距离后，中央束斑将会消失，其能量将会被分散到两边的一级分量以及各奇数级分量上。

由此，机械挠度可以通过测量零级光斑强度、一级光斑强度或是两者的强度差来确定。衍射模式的强度取决于平面外两组叉指的偏差（d），具体表示为

$$I(d) = I_0 \sin^2 \left(\frac{2\pi d}{\lambda} \right) \tag{9-3}$$

上式中 λ 为照射光波长。利用干涉计，在振动频率为 10Hz 时，悬臂梁挠度的分辨率可达 0.003Å。

在该设计中，一共有50个叉指（每个叉指长 175μm，宽 6μm，厚 20μm），相邻叉指之间的间距为 3μm。检测质量块上的叉指与支撑衬底上的叉指交叠长度为 125μm。这样就有 450μm × 125μm 的区域用以聚焦激光束。

该传感器的光源是带有聚焦镜的激光二极管。激光波长为 670nm，功率为 5mW。检测质量块的共振频率为 80Hz，噪声等效成加速度为 40ng$/\sqrt{\text{Hz}}$，在频率为 40Hz 时动态范围为 85dB。该性能指标至少与使用隧道效应敏感的加速度计相当，甚至更好。

主要的噪声源包括：光电探测器的散粒噪声，悬臂梁的热机械噪声，激光强度噪声，激光相位和 $1/f$ 噪声，电阻的热噪声，检测电路的电子噪声，同时还有整个系统的机械振动。对各噪声源的分析与讨论详见参考文献[26]。实际测得的器件噪声（0.02Å）大于分析预测的热机械噪声[27]与散粒噪声，其原因很可能是由于激光的强度波动引入了较大的噪声，如果能对激光的强度波动进行检测和补偿，该系统的本底噪声将会进一步降低。

实例9.3 使用光学干涉位置敏感的悬臂梁

一种带有悬臂梁的干涉仪已用来检测原子力显微镜探针的位移，其噪声约为0.02Å，带宽为10Hz~1kHz[21]（图9-6）。在生物和化学敏感的应用中，经过改进的二维光栅结构也可以用来测量两个相邻梁结构[28]之间微小的相对位移。

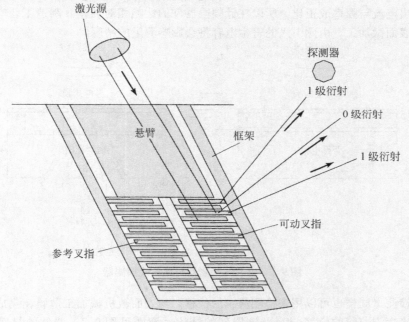

图9-6 带有梳状叉指的悬臂梁

在该干涉仪的设计中，悬臂梁的一部分经过微机械加工形成梳状叉指的形状。叉指中的一组连接在可动的悬臂梁上，而相配套的另一组叉指则固定在器件的框架上。当悬臂梁被光源照射时，叉指构成相位敏感衍射光栅，悬臂梁尖端的位移可通过测量衍射模式的强度来确定。当力作用在悬臂梁上时，只有连接在悬臂梁外部的那组叉指会产生垂直方向的位移，而剩下的那组连接在悬臂梁内部的叉指即参考叉指将保持不动。

该设计中还包括一个照明源（波长=670nm的激光二极管），同时采用标准的光敏二极管接收经过叉指的反射光。初始状态下，经由光栅的反射光中零级模式占主导地位。当悬臂梁尖端产生位移时，偏移参考叉指的光反射和移动叉指之间的干涉导致零级模式强度下降而一级模式强度增加。在悬臂梁的弯曲量为 $\lambda/4$ 时，零级模式强度达到最小值而一级模式强度达到最大值。悬臂梁的挠度可以通过检测零级模式、一级模式的强度或是两者的强度差得到。

实例9.4   利用干涉测量法的薄膜位移传感器

正如前面章节所阐述的那样，声学传感器可以基于多种原理。这里，我们将比较两种表面微机械加工电容器：一种基于电容敏感而另一种基于声学敏感。

人们已经证实电容式微机械声学传感器（CMUT）可以作为压电传感器的替代方案[29]。CMUT器件（如图9-7所示）由金属化氮化硅薄膜构成。在其接收模式下，声波碰撞薄膜使薄膜产生形变位移，从而导致薄膜与对应的下面电极板之间的电容值发生改变。对薄膜位移Δx的响应，CMUT的输出电流i可以表示为

$$i = w_a V_{bias} C \frac{\Delta x}{d_0} \tag{9-4}$$

式中w_a是声波的角频率，V_{bias}是直流偏置电压，C是CMUT的电容值，d_0为薄膜与衬底的间距。由于输出电流与频率成正比，所以在低频段器件的性能相对较差。制造工艺中包括对悬浮导电薄膜的表面微加工，由此引入的寄生电容将会影响测量的精度。

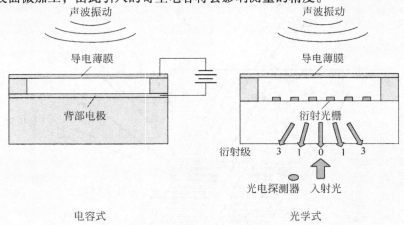

图9-7   电容式探测器与光学式探测器

光学干涉测量同样也可以用来检测薄膜的位移。与表面微机械加工薄膜相集成的光学衍射光栅即可用来探测薄膜的位移[30]。该器件的结构示意图见图9-7。器件的衬底由透光材料（石英）制成，从而允许光透射。能够反射光的薄膜与格栅电极一起构成了相位敏感衍射光栅。当相干光源发出的光通过透光衬底照射到薄膜下面的光栅上时，反射区除镜面反射（或者零级衍射）之外还会产生分裂的奇数级衍射光。同时还有一部分入射光穿过电极光栅被薄膜的背面所反射，这一过程导致衍射光与反射光发生干涉，从而使各级衍射光的强度发生改变。输出光强与微小位移Δx之间的关系可以表示为

$$i = RI_{in} \frac{4\pi}{\lambda_0} \Delta x \tag{9-5}$$

式中R是光学探测器的响应灵敏度，I_{in}是入射光的强度。

通过这种方式，使用光学探测可以在直流至2MHz范围内获得很高的灵敏度（$2 \times 10^{-4} \text{Å}/\sqrt{\text{Hz}}$）。为了得到频率低至直流的响应，空腔必须被真空密封。

9.2.3   场效应晶体管

集成电路中的许多元件都可以用于敏感应用中。例如，众所周知，固态电子器件如晶体管、

二极管、电阻等有温度敏感特性，所以这些器件可以被间接地用来制造温度传感器。场效应器件如场效应晶体管(FET)的特性也会受电场强度的影响而变化。在电势差不变的情况下，电场强度是两个可动电极间距离的函数，由此 FET 可以用来测量加速度[31]、压力(灵敏度 = 0.1mA/bar)[32]和声波(灵敏度 = 0.1~1mV/Pa)[33]。

另外，许多集成电路元件的电学特性都会受机械应力的影响。应力和应变施加在器件的有效区域时将使能带结构发生改变，其方式同应力和应变对压阻半导体材料的作用相类似。下面的实例 9.5 将介绍一种基于 FET 传感的加速度计。

实例 9.5　利用 FET 栅的位移敏感

首先我们考虑 FET 是如何工作的。FET 的横截面图如图 9-8 所示。FET 包含三个电学端口：源、漏、栅。源和漏之间的电流由栅上的电压控制。以 n 型衬底为例，其多数载流子为电子，在多晶硅栅上没有施加电压的情况下，源区和漏区之间几乎没有电流，因为它们像两个背靠背的二极管结构，无论源和漏之间的偏置电压如何，两个二极管中的一个将始终处于反偏状态，从而限制电流通过。当在栅上施加足够大的负电压后，栅下局部区域多数载流子的极性被反转。简单地说，这是因为大量空穴被栅上的负偏置电压吸引到了表面而造成的。该反型区被称为沟道，它可以使电流在源和漏之间流动。在源、漏、栅上分别加上合适的偏置电压后，源和漏之间电流的表达式为

$$I_D = \frac{\bar{\mu} Z C_i}{L} \left[(V_G - V_T) V_D - \frac{1}{2} V_D^2 \right] \tag{9-6}$$

式中 $\bar{\mu}$ 为载流子迁移率，Z 和 L 分别是沟道的宽和长，C_i 为介质层单位面积电容(包括栅氧化层和空气媒质)，V_G 是栅源电压，V_D 是漏源电压，V_T 为 FET 的阈值电压。

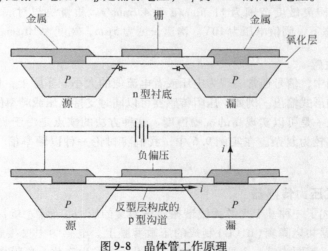

图 9-8　晶体管工作原理

人们之所以对电路元件应用于机械敏感有如此大的兴趣，是因为这些电路元件使得机械敏感信号能够同电子信号处理与逻辑电路直接耦合，从而使引入的寄生效应最小化。另外一个优点是基于这些电路元件的传感器制造与集成电路制造工艺相兼容，从而可以由 IC 制造厂家来承担。

一种基于场效应晶体管的加速度传感器在参考文献[31]中说明。加速度计的振动质量块是 FET 的栅，从而栅与沟道之间的距离与施加的加速度有关(图 9-9)。该距离可以等效成 CMOS FET 的典型二氧化硅介质层，因此其变化将使晶体管的阈值电压 V_T 的值发生变化。

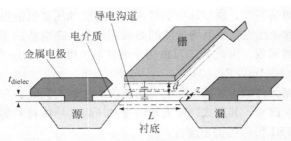

图9-9　位置敏感原理

C_i 和 V_T 都是栅与沟道之间空气间距的函数。它们与间距 a 之间的关系是

$$C_i = \cfrac{1}{\cfrac{1}{C_{dielec}} + \cfrac{1}{C_{media}}} = \cfrac{1}{\cfrac{t_{dielec}}{\varepsilon_{dielec}} + \cfrac{a}{\varepsilon_{media}}} \tag{9-7}$$

$$V_T = \Phi_{ms} + 2\Phi_F - \frac{Q_i}{C_i} - \frac{Q_d}{C_i} \tag{9-8}$$

式(9-7)中的下标 dielec 和 media 分别表示电容值对应的是电介质（例如，栅氧化层）和媒质（例如，浮置栅与电介质之间的真空或空气）。ε 和 t 分别表示介电常数和介电层厚度。式(9-8)中 Φ_{ms} 是栅与半导体间的功函数差，Φ_F 是平带电压，Q_i 是电介质材料中的陷阱电荷（每单位面积），Q_d 是沟道中的积累电荷。

加速度传感器使用的悬浮质量块，它通过四个厚度为 $2\mu m$ 的悬臂梁弹簧提供支撑。支撑梁长度范围为 $290\mu m$ 至 $350\mu m$，宽度均为 $5\mu m$。中央平板的尺寸范围为 $350 \times 350\mu m^2$ 至 $300 \times 300\mu m^2$。设计的机械灵敏度范围为 $11.5nm/g$ 至 $4.6nm/g$。质量块与衬底之间的空气间隙为 $1\mu m$。在零位移状态下，阈值电压为 $10V$。沟道长度为 $5\mu m$，宽度为 $10\mu m$。

9.2.4　射频谐振敏感

在许多敏感应用中，信号通常表现为电压或者电流值的大小。实际上，信号也可以通过频率调制的方法以频率的形式输出。例如，压阻传感器可以同时支持电压或频率的形式输出[34]。频率调制的最大好处之一是可以实现高的抗噪声度。这种方法的缺点是由于要在频域内译解信号，所需的信号处理电路较为复杂。在实例 9.6 中，我们将讨论一种以频率信号编码输出的压力传感器。

实例9.6　谐振式压力传感器

下面的例子阐述了一种基于无源无线谐振遥感测量的压力传感器[35]（图9-10）。平面螺旋电感覆盖在由低温共烧陶瓷（LTCC）制成的压敏薄膜上。电感的中央接触尺寸被有意放大，使其能与对面的电极表面构成一个可观的电容。如果压力发生变化，薄膜将产生形变位移，相应的电容值将发生变化。同时电感值也会随着薄膜的弯曲而改变。由此，谐振电路的谐振频率与压力 P 相关，其中电容值表示为

$$C_s(P) = C_0 \sum_{i=0}^{\infty} \frac{1}{2i+1} \left(\frac{2d_0}{t_g + 2t_m \varepsilon_r^{-1}} \right)^i \tag{9-9}$$

式中 C_0 是压力为零时的电容值，d_0 是薄膜在压力 P 下的位移，t_g 和 t_m 分别是薄膜间的距离和薄膜的厚度，ε_r 是薄膜的相对介电常数。作者给出的 d_0 与压力之间的关系为

$$\frac{d_0}{t_m} + 0.488 \left(\frac{d_0}{t_m}\right)^3 = \frac{3P\left(1-v^2\right)}{16E}\left(\frac{a}{t_m}\right)^4 \tag{9-10}$$

式中 a 为薄膜半径，E 为杨氏模量，v 为泊松比。

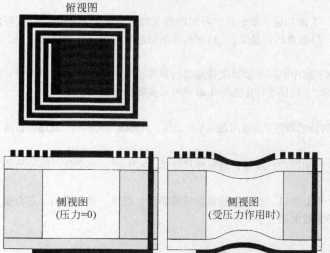

图 9-10   使用 RF 谐振敏感的压力传感器

一个典型传感器的测量灵敏度和精度分别为 141kHz/bar 和 24mbar。

9.3   总结

本章的目的可分为两个方面。首先，本章对前面几章讨论的敏感原理进行了比较。对于同一种敏感，可以使用多种换能原理来实现，何种敏感方式是最佳的选择往往取决于案例本身。各种敏感方式的主要优缺点已经在本章中给出。

本章的第二个目的是重点介绍一些极具前途的敏感原理。在许多重要的方面，这些原理比静电、压电、压阻敏感显示出性能优势。通常，它们可以提供其他敏感方式所不可企及的简易性和低成本。目前，这些敏感方式已经用在许多应用中。但是相比较于它们优越的性能，这些敏感方式还没有广为研究。

在本章结束时，读者应该掌握以下概念、事实。

定性理解和概念：

1）电容式敏感、压阻敏感与压电敏感各自的主要优缺点。

2）电容式执行、压电执行与热执行各自的主要优缺点。

3）隧道效应敏感的物理学原理。

4）光学干涉位置敏感的光学原理。

5）场效应晶体管的定性行为分析。

定量理解和技能：

对于给定的传感器应用，能够鉴别出相比于静电和压阻敏感，它在性能上有什么主要的特点。

习题

9.1节

习题9.1　综述

回顾在第4、5、6、7章和第9章中所学习到的所有加速度传感器实例。将这些传感器按照以下各项指标排序：（1）灵敏度；（2）制造的简易度；（3）对温度的敏感性。对于每种设计，至少给出一项主要优点和一项主要缺点。

首先，按章节和例子顺序将用于加速度传感器的器件检索出来，并给它们编号。然后将它们分别按照上述三项指标排序。给出对于每项指标你选择出最优与最差器件的过程。

习题9.2　综述

针对以下一种或多种传感器种类重复习题9.1的工作：薄膜压力传感器、流速传感器、悬臂梁位移传感器。

习题9.3　设计

如果你要设计一个三轴的加速度计，封装体尺寸是$3 \times 3 \text{mm}^2$，你会选择哪种换能方式？压阻？静电？

习题9.4　思考

假设你要设计一个片上相机，整个系统包括成像器件、透镜、聚焦机构，你会选择哪种执行方式？假设它是用于便携式器件如智能电话。

9.2节

习题9.5　制造

详细绘出实例9.1器件中的三层结构的制造工艺流程。清楚地标出每一步骤中包含的所有材料。

习题9.6　设计

使用光学杠杆测量长度为$100\mu\text{m}$的悬臂梁垂直位移。垂直位移t对应角度变化θ。光学杠杆长度为1mm。使用的碟状1/4光学探测器的半径为1cm。计算出该结构可探测的位移范围。

习题9.7　设计

推导出实例9.3中衍射光束强度与施加加速度之间关系的解析表达式。分析用于提高加速度灵敏度的设计措施。质量块的质量是m，每一个支撑梁的长、宽、高分别是l、w、t。

习题9.8　综述

分析并解释实例9.3中用于减小其他轴向加速度交叉敏感作用的简易设计措施。（提示：参考图9-5。）

习题9.9　设计

推导出实例9.3中器件的灵敏度解析表达式，以自由端每单位位移量的百分比形式表示。假设敏感方式分别使用光学敏感、压阻敏感和电容式敏感。电容式敏感中两极板间距设为d_0。

习题9.10　制造

分别绘出基于电容式敏感和光学敏感的薄膜声学传感器（实例9.4）制造工艺流程图。其中光刻步骤的细节可以省略。相对于利用电容式敏感，至少讨论出一点利用光学敏感在工艺和材料简化方面的优点。

习题9.11　思考

仔细考虑实例9.4中的声学传感器和实例9.6中的谐振敏感结构。设计一个结合了类似于实例9.6的敏感电路结构以及实例9.4中微机械结构的表面微机械压力传感器。给出设计与制造工艺流程。注意讨论每一步骤中所用材料的兼容性。

习题9.12　思考

设计一个执行器，其执行原理可以是本书前面章节给出的或是本书讨论范围外的任意一种原理。设计的目标是尽可能得到最大的垂直于芯片表面的位移。同时单个执行器所占的芯片面积不能超过$50\mu\text{m} \times 50\mu\text{m}$，这其中不包括该区域需要扩展的导线连接端口。执行器的制造必须采用适合于微加工的常用材料，同时对工作电压、电流以及输入功率的最大值也有限制。电压、电流、输入功率的上限分别为：100V、0.2A、300mW。

习题9.13　思考

重复习题9.12，设计目标是尽可能得到最大的角度位移。

习题 9.14　思考

重复习题 9.12，设计目标是在垂直运动时提供尽可能大的驱动力。

习题 9.15　思考

由三到四名学生组成小组完成习题 9.12、习题 9.13 和习题 9.14 的设计任务，并在班级范围内展开竞赛。

参考文献

1. Spencer, R.R., B.M. Fleischer, P.W. Barth, and J.B. Angell, *A theoretical study of transducer noise in piezoresistive and capacitive silicon pressure sensors.* IEEE Transductions on Electron Devices, 1988. vol. **35**: p. 1289–1298.

2. Harkey, J.A. and T.W. Kenny, *1/f noise considerations for the design and process optimization of piezoresistive cantilevers.* Microelectromechanical Systems, Journal of, 2000. vol. **9**: p. 226–235.

3. Grade, J., A. Barzilai, J.K. Reynolds, C.H. Liu, A. Patridge, T.W. Kenny, T.R. VanZandt, L.M. Miller, and J.A. Podosek, *Progress in tunnel sensors*, presented at Technical digest, Solid-state sensor and actuators workshop, Hilton Head, SC, 1996.

4. Kenny, T.W., S.B. Waltman, J.K. Reynolds, and W.J. Kaiser, *Micromachined silicon tunnel sensor for motion detection.* Applied Physics Letters, 1991. vol. **58**: p. 100–102.

5. Kenny, T.W., W.J. Kaiser, H.K. Rockstad, J.K. Reynolds, J.A. Podosek, and E.C. Vote, *Wide-band-width electromechanical actuators for tunneling displacement transducers.* Microelectromechanical Systems, Journal of, 1994. vol. **3**: p. 97–104.

6. Kenny, T.W., J.K. Reynolds, J.A. Podosek, E.C. Vote, L.M. Miller, H.K. Rockstad, and W.J. Kaiser, *Micromachined infrared sensors using tunneling displacement transducers.* Review of Scientific Instruments, 1996. vol. **67**: p. 112–128.

7. Grade, J., A. Barzilai, J.K. Reynolds, C.-H. Liu, A. Partridge, H. Jerman, and T. Kenny, *Wafer-scale processing, assembly, and testing of tunneling infrared detectors.* presented at Solid State Sensors and Actuators, 1997. TRANSDUCERS '97 Chicago., 1997 International Conference on, 1997.

8. Yeh, C. and K. Najafi, *CMOS interface circuitry for a low-voltage micromachined tunneling accelerometer.* Microelectromechanical Systems, Journal of, 1998. vol. **7**: p. 6–15.

9. Yeh, C. and K. Najafi, *Micromachiend tunneling accelerometer with a low-voltage CMOS interference circuit*, presented at 1997 Inernational Conference on Solid-state Sensors and Actuators, Chicago, IL, 1997.

10. Udd, E. "Fiber optic sensors," in *Wiley series in pure and applied optics*, Ballard S. S. and Goodman, J. W. Eds.: John Wiley and Sons, 1991.

11. Maurice, E., G. Monnom, D.B. Ostrowsky, and G.W. Baxter, *High dynamic range temperature point sensor using green fluorescence intensity ratio in erbium-doped silica fiber.* Lightwave Technology, Journal of, 1995. vol. **13**: p. 1349–1353.

12. Mignani, A.G. and F. Baldini, *In-vivo biomedical monitoring by fiber-optic systems.* Lightwave Technology, Journal of, 1995. vol. **13**: p. 1396–1406.

13. Michie, W.C., B. Culshaw, M. Konstantaki, I. McKenzie, S. Kelly, N.B. Graham, and C. Moran, *Distributed pH and water detection using fiber-optic sensors and hydrogels.* Lightwave Technology, Journal of, 1995. vol. **13**: p. 1415–1420.

14. Knowles, S.F., B.E. Jones, C.M. France, and S. Purdy, *Multiple microbending optical-fibre sensors for measurement of fuel quantity in aircraft fuel tanks.* Sensors and Actuators A: Physical, 1998. vol. **68**: p. 320–323.

15. Luo, F., J. Liu, N. Ma, and T.F. Morse, *A fiber optic microbend sensor for distributed sensing application in the structural strain monitoring.* Sensors and Actuators A: Physical, 1999. vol. **75**: p. 41–44.

16. Mach, P., M. Dolinski, K.W. Baldwin, J.A. Rogers, C. Kerbage, R.S. Windeler, and B.J. Eggleton, *Tunable microfluidic optical fiber.* Applied Physics Letters, 2002. vol. **80**: p. 4294–4296.

17. Kopp, V.I., V.M. Churikov, J. Singer, N. Chao, D. Neugroschl, and A.Z. Genack, *Chiral fiber gratings.* Science, 2004. vol. **305**: p. 74–75.

18. Plaza, J.A., A. Llobera, C. Dominguez, J. Esteve, I. Salinas, J. Garcia, and J. Berganzo, *BESOI-Based integrated optical silicon accelerometer*. Microelectromechanical Systems, Journal of, 2004. vol. **13**: p. 355–364.

19. Rugar, D., H.J. Mamin, and P. Guethner, *Improved fiber-optic interferometer for atomic force microscopy*. Applied Physics Letters, 1989. vol. **55**: p. 2588–2590.

20. Stephens, M. *A sensitive interferometric accelerometer*. Review of Scientific Instruments, 1993. vol. **64**: p. 2612–2614.

21. Manalis, S.R., S.C. Minne, A. Atalar, and C.F. Quate, *Interdigital cantilevers for atomic force microscopy*. Applied Physics Letters, 1996. vol. **69**: p. 3944–3946.

22. Loh, N.C., M.A. Schmidt, and S.R. Manalis, *Sub-10 cm3 interferometric accelerometer with nano-g resolution*. Microelectromechanical Systems, Journal of, 2002. vol. **11**: p. 182–187.

23. Annovazzi-Lodi, V., S. Merlo, and M. Norgia, *Comparison of capacitive and feedback-interferometric measurements on MEMS*. Microelectromechanical Systems, Journal of, 2001. vol. **10**: p. 327–335.

24. Jensen, B.D., de M.P. Boer, N.D. Masters, F. Bitsie, and D.A. LaVan, *Interferometry of actuated microcantilevers to determine material properties and test structure nonidealities in MEMS*. Microelectromechanical Systems, Journal of, 2001. vol. **10**: p. 336–346.

25. Annovazzi-Lodi, V., S. Merlo, M. Norgia, G. Spinola, B. Vigna, and S. Zerbini, *Optical detection of the Coriolis force on a silicon micromachined gyroscope*. Microelectromechanical Systems, Journal of, 2003. vol. **12**: p. 540–549.

26. Yaralioglu, G.G., A. Atalar, S.R. Manalis, and C.F. Quate, *Analysis and design of an interdigital cantilever as a displacement sensor*. Journal of Applied Physics, 1998. vol. **83**: p. 7405–7415.

27. Gabrielson, T.B. *Mechanical-thermal noise in micromachined acoustic and vibration sensors*. Electron Devices, IEEE Transactions on, 1993. vol. **40**: p. 903–909.

28. Savran, C.A., A.W. Sparks, J. Sihler, J. Li, W.-C. Wu, D.E. Berlin, T.P. Burg, J. Fritz, M.A. Schmidt, and S.R. Manalis, *Fabrication and characterization of a micromechanical sensor for differential detection of nanoscale motions*. Microelectromechanical Systems, Journal of, 2002. vol. **11**: p. 703–708.

29. Jin, X., I. Ladabaum, F.L. Degertekin, S. Calmes, and B.T. Khuri-Yakub, *Fabrication and characterization of surface micromachined capacitive ultrasonic immersion transducers*. Microelectromechanical Systems, Journal of, 1999. vol. **8**: p. 100–114.

30. Hall, N.A. and F.L. Degertekin, *Integrated optical interferometric detection method for micromachined capacitive acoustic transducers*. Applied Physics Letters, 2002. vol. **80**: p. 3859–3861.

31. Plaza, J.A., M.A. Benitez, J. Esteve, and E. Lora-Tamayo, *New FET accelerometer based on surface micromachining*. Sensors and Actuators A: Physical, 1997. vol. **61**: p. 342–345.

32. Svensson, L., J.A. Plaza, M.A. Benitez, J. Esteve, and E. Lora-Tamayo, *Surface micromachining technology applied ot the fabrication of a FET pressure sensor*. Journal of Micromechanics and Microengineering, 1996. vol. **6**: p. 80–83.

33. Kuhnel, W. *Silicon condenser microphone with integrated field-effect transistor*. Sensors and Actuators A: Physical, 1991. vol. **26**: p. 521–525.

34. Sugiyama, S., M. Takigawa, and I. Igarashi, *Integrated piezoresistive pressure sensor with both voltage and frequency output*. Sensors and Actuators A, 1983. vol. **4**: p. 113–120.

35. Fonseca, M.A., J.M. English, M. von Arx, and M.G. Allen, *Wireless micromachined ceramic pressure sensor for high-temperature applications*. Microelectromechanical Systems, Journal of, 2002. vol. **11**: p. 337–343.

第10章　体微机械加工与硅各向异性刻蚀

10.0　预览

本章主要论述体微机械加工技术。10.1 节简单地列举一些主要的术语。10.2 节讨论硅的各向异性刻蚀，首先探讨一些简单的例子，然后逐步过渡到复杂情形。10.3 节到 10.5 节分别论述等离子体刻蚀、深反应离子刻蚀、各向同性湿法刻蚀和汽相刻蚀。硅片表面通常会有一层本征氧化层，这层本征氧化层会对微加工产生影响，10.6 节将探讨本征氧化层在体硅加工过程中表现出来的一些性质，以及相关的处理技术。借助特殊圆片和技术，可以提高工艺鲁棒性和成品率。10.7 节对此进行一些讨论。

10.1　引言

体微机械加工是重要的 MEMS 加工技术之一[1]。在体微机械加工过程中，去除衬底的部分材料形成独立的机械结构(比如悬臂梁和膜)或者一些独特的三维结构(如空腔、穿透整个衬底的孔和台面等)。硅、玻璃、砷化镓以及其他一些材料都可以采用体微机械加工技术进行加工。本章主要论述基于硅衬底的体硅加工技术。

根据刻蚀剂的不同，体硅刻蚀技术可以分为两类：湿法刻蚀和干法刻蚀。硅湿法刻蚀技术采用液态的化学刻蚀液去除材料，而干法刻蚀采用等离子体(含有电离粒子的高能气体)或者汽相刻蚀剂去除材料。

根据刻蚀速率的三维分布和刻蚀得到的微结构，也可以对体硅刻蚀技术进行分类。在体硅刻蚀过程中，湿法刻蚀速率与衬底上的晶向有关，干法刻蚀速率则与衬底的方向有关。如果各个方向上的刻蚀速率相同，刻蚀过程就称为**各向同性的**。如果刻蚀速率与晶向有关，那么刻蚀过程就称为**各向异性的**。图 10-1 给出了采用各向同性和各向异性体硅刻蚀技术加工得到的空腔截面图。

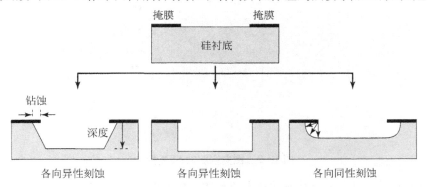

图 10-1　各向同性和各向异性刻蚀的定义

由图 10-1 可以看出，刻蚀不仅局限于发生在未被掩膜覆盖的区域，掩膜下方的侧向刻蚀也比较明显。这种侧向刻蚀称为钻蚀(undercut)。钻蚀可以有效地用于一些悬臂的微结构加工。但在一些特定结构的加工过程中，并不希望出现钻蚀现象，此时，要设计恰当的掩膜结构，精心地控制工艺尽量减小钻蚀。

表10-1总结了一些常用的体硅刻蚀液和刻蚀方法的相关性质。

表10-1 体硅刻蚀液和刻蚀方法特性

	EDP	KOH	TMAH	汽相刻蚀	等离子体刻蚀	HNA
干法/湿法	湿法	湿法	湿法	干法	干法	湿法
各向同性/各向异性	各向异性	各向异性	各向异性	各向同性	各向异性/各向同性	各向同性
<100>硅的刻蚀速率(μm/min)	0.3~1.25	0.5~1	0.3~1	1~10脉冲/周期	0.5~2.5	0.5~1
氮化硅的刻蚀速率(nm/min)	非常低	非常低	1~10	低	100~400	非常低
掺杂硅的刻蚀速率	重掺杂硅的刻蚀速率慢	重掺杂硅的刻蚀速率慢	重掺杂硅的刻蚀速率慢	对掺杂浓度不敏感	对掺杂浓度不敏感	刻蚀液混合比决定刻蚀选择性
二氧化硅的刻蚀速率	低	低,但是比EDP要快	低	非常低	低	中等
加工成本	中等	低	中等偏低	中等偏高	中等偏高	低

10.2 各向异性湿法刻蚀

10.2.1 简介

硅各向异性湿法刻蚀技术已经有20多年的发展历史[2~4]。作为一种常用的加工技术,硅各向异性刻蚀技术可以用来在硅衬底上加工出多种多样的结构,如凹槽结构(带膜或者无膜的孔腔)(如图10-2)、凸出结构(金字塔状的针尖、台面结构)等以及一些悬浮的微结构。硅各向异性湿法刻蚀技术已经成功地用于加工多种商业化的MEMS产品,包括硅压力传感器、加速度传感器、神经探针和扫描隧道显微镜的探头等。

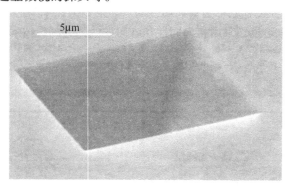

5μm

图10-2 倒向空腔的SEM照片

目前,补充和替代硅各向异性刻蚀技术的新加工技术正在逐步发展。例如,深反应离子刻蚀技术能加工高深宽比、具有独特垂直侧壁的结构,而且刻蚀过程中对材料的选择性也比较好。此外,也经常利用诸如聚合物衬底等新材料。

尽管已经有了这些新材料和新加工工艺,硅各向异性刻蚀技术在MEMS加工过程中仍占据主要地位。某些结构(如金字塔状的针尖和倒金字塔状的孔腔)只能采用硅的各向异性刻蚀技术得到。硅各向异性刻蚀具有独特的性质，并可加工得到独特的三维结构（如超光滑侧壁[5]）。此外，湿法刻蚀的成本也较干法刻蚀的成本低很多。因此，本章将用较多的篇幅论述硅各向异性刻蚀技术。

硅各向异性刻蚀技术的另一个应用，是用于如图 10-3 所示的原子力显微镜（AFM）悬臂探头。关于该悬臂探头的详细加工工艺将在第 14 章作进一步的论述。

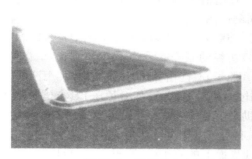

图 10-3　采用硅各向异性刻蚀技术加工得到的带悬臂的探头

硅各向异性刻蚀技术利用二维掩膜图形得到三维的立体结构，三维立体结构由不同的晶面组成，同时，该三维结构还会随刻蚀时间的变化不断变化。这些三维的立体微结构是如何加工制造的？10.2.2 节 ~ 10.2.5 节将通过讨论几何转换规则来寻找其解答。

10.2.2　硅各向异性刻蚀规则——简单结构

最简单的例子是采用与 < 110 > 方向对齐，有矩形或正方形刻蚀窗口的掩膜，在< 100 > 晶向硅衬底上刻蚀得到的图形如图10-4a 所示。

硅衬底浸没到各向异性刻蚀液中后，首先，刻蚀液将刻蚀窗口下与刻蚀液接触的那层原子，而且刻蚀液沿不同晶向的刻蚀速率相差很大。一般来说，所有晶面中，< 111 >晶向的刻蚀最慢。

虽然目前已有一些解释硅各向异性刻蚀速率的设想，但确切的刻蚀机理还不完全清楚。一般认为，硅各向异性刻蚀过程可以分为两步，首先，硅表面被氧化（刻蚀液中的氧化剂）；然后，刻蚀这些硅表面的氧化物（刻蚀液中的氧化物刻蚀剂）。刻蚀速率的不同是由于各晶面的氧化速率不同。然而，目前尚未有可以将实验数据与这种反应速率分析联系起来的直接证据。

从微观角度来说，刻蚀速率的差异是由于不同晶面上硅原子的原子键能不同。处于

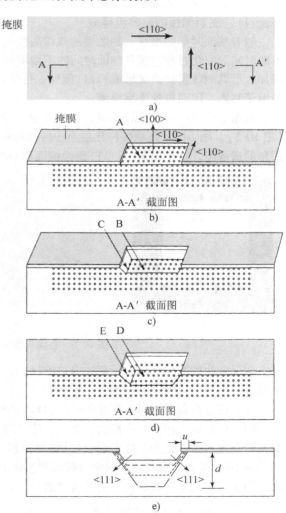

图 10-4　刻蚀分布随时间的变化

不同晶面表面上的原子具有不同的相邻原子数目，键能不相同，被刻蚀的难易程度也就有差异。

目前，已经认识到各个晶面的刻蚀速率差异以及 <100> 晶向和 <110> 晶向的刻蚀速率要比 <111> 晶向的刻蚀速率大得多的现象。一些高密勒指数晶面比 <100> 晶向和 <110> 晶向的刻蚀速率更快。

下面根据单晶硅各向异性刻蚀速率分布，采用沿刻蚀窗口中心线得到的衬底截面图（如图 10-4 所示），探讨随刻蚀时间不同得到的不同刻蚀图形。顶层的原子沿 <100> 方向紧密堆积，图 10-4b 中位于 <100> 晶向上的 A 原子，根据 <100> 晶向的刻蚀速率不断地被刻蚀。

当顶层原子被移走（完全刻蚀）后，刻蚀窗口边缘的原子就沿着 <100> 方向和其他晶向暴露出来（图 10-4c）。在新的刻蚀面中心的原子（如 B 原子）只能由 <100> 方向刻蚀，因为它四周都与同一平面内的 <100> 晶向的原子相连。位于刻蚀面边缘的原子（如 C 原子）具有比 B 原子更高的键强度。A-A' 截面图提供了一个直观方法，帮助理解为什么 C 原子具有更高的键强度，C 原子具有大于 180° 的立体角（solid angle），而 B 原子只有等于 180° 的立体角。

当第二层原子也被移走后（图 10-4d），刻蚀界面上的原子（E 原子）与 <111> 晶向的原子相连。移走 E 原子所需能量要比移走 D 原子所需的能量大得多。因此，{111} 刻蚀侧面的刻蚀速率要比 {111} 底面刻蚀的速率慢得多。

随着刻蚀时间的推移，刻蚀槽的截面图按照图 10-4e 所示的过程不断变化。虚线表示刻蚀图形随时间的变化过程。随着刻蚀时间的不增增加，孔腔的深度也按照 {100} 晶面的刻蚀速率不断增加，沿着刻蚀窗口边缘形成 {111} 侧壁。位于 {111} 晶面中心的原子由于四周都与 <111> 取向的原子相连，因而刻蚀速率极慢。

根据如图 10-5a 所示的掩膜，利用计算机模拟程序可以模拟各向异性刻蚀得到的三维图形（图 10-5）。图 10-5b 是刻蚀掉几层原子后的衬底俯视图，图 10-5c 是相应刻蚀结果（孔腔）的一个凹角的透视图。这个凹角由 {111} 刻蚀侧面和 {100} 刻蚀底面组成。

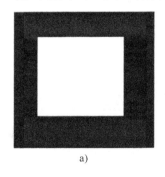
a)

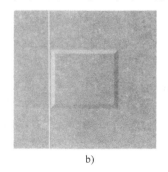
b)

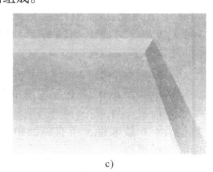
c)

图 10-5　各向异性刻蚀的计算机模拟结果

如果硅片的厚度远远大于刻蚀窗口的尺寸，刻蚀时间足够长，那么 {100} 晶面会逐渐变小直至消失，四个 {111} 面会相交。

对于正方形刻蚀窗口，刻蚀孔腔的 {111} 侧壁会理想地相交于底部的一点，对于矩形刻蚀窗口，刻蚀孔腔最终相交于底部的一条线，使得刻蚀过程基本停止。在实际刻蚀过程中，由于掩膜不能达到理想条件，并不能实现 {111} 侧壁理想地相交于底部的一点。

图 10-6 是采用正方形刻蚀窗口得到刻蚀槽的示意图。如果忽略 {111} 晶面的刻蚀速率，那么这个刻蚀过程就不会有钻蚀，刻蚀得到的 {111} 侧壁与 {100} 晶面的夹角为 54.7°。这种刻蚀窗口的宽度（w）和最终的刻蚀深度将能满足关系式：$d = \dfrac{w}{2}\tan 54.7°$。

图 10-6 是 4 个 {111} 侧壁组成的凹槽扫描电镜照片（SEM）。

值得注意的是，当 {100} 刻蚀底面消失后，槽的大小不会再随刻蚀时间的增加产生太多变化。实际上，如果完全忽略 {111} 晶面的刻蚀速率，那么不论怎么增加刻蚀时间，槽的尺寸永远不会改变了。由刻蚀速率很慢的 {111} 晶面组成的三维刻蚀图形称为**自限制稳定图形**（SLSP）。在形成自限制稳定图形之前的刻蚀图形称为**过渡图形**，过渡图形会随着刻蚀时间不断变化（如图 10-4c）。根据过渡图形的变化速度，过渡图形可以进一步分为**不稳定的过渡图形**（UTP）和**稳定的过渡图形**（STP）。不稳定过渡图形随着刻蚀时间的增加变化迅速且图形变化过程复杂，然而稳定的过渡图形变化比较缓慢而且其变化较简单，比较容易预测。

表 10-2 总结了这三种刻蚀图形的特点。

在生产和加工过程中，设计者和工艺工程师都希望利用 SLSP，因为这种图形对过刻蚀最不敏感。

实际应用时，硅片的厚度一般可以与刻蚀窗

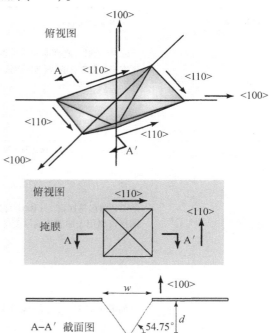

图 10-6 刻蚀腔的截面图

口的宽度相当，或者小于刻蚀窗口的宽度。根据刻蚀窗口的宽度、硅片的厚度（t），以及刻蚀时间（T），可以得到四种不同的稳定图形（STP 或 SLSP 型）。这四种稳定图形可以分为两类：穿透硅片的孔或闭合腔。闭合腔可以停止于一点、一条线或者 {100} 晶面。表 10-3 总结出了相应的刻蚀条件和刻蚀结果。< 100 > 晶面的刻蚀速率记作 $r_{<100>}$。

表 10-2 硅各向异性刻蚀的三维图形类型

图 形 类 型		定 义
过渡图形	不稳定的过渡图形（UTP）	含有刻蚀速度快的高密勒指数晶面（如 {211}、{411} 等晶面）组成的三维刻蚀图形
	稳定的过渡图形（STP）	只由三个低密勒指数晶面（{100}、{110} 和 {111} 晶面）组成的三维刻蚀图形
自限制稳定图形		只由 {111} 晶面组成的三维刻蚀图形

表 10-3 刻蚀条件和刻蚀结果

如果 $T \geqslant \dfrac{t}{r_{<100>}}$	如果 $w > 2t/\tan(54.7°)$	满足 $\infty > T \geqslant \dfrac{t}{r_{100}}$ 的图形
	SLSP 图形是一个穿透衬底的孔	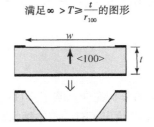

（续）

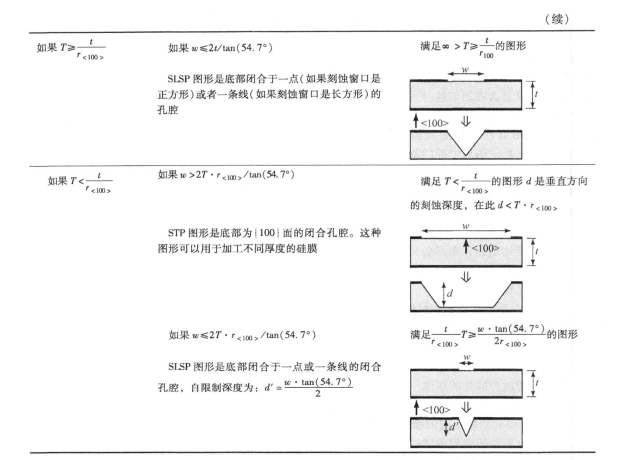

如果 $T \geqslant \dfrac{t}{r_{<100>}}$	如果 $w \leqslant 2t/\tan(54.7°)$ SLSP 图形是底部闭合于一点（如果刻蚀窗口是正方形）或者一条线（如果刻蚀窗口是长方形）的孔腔	满足 $\infty > T \geqslant \dfrac{t}{r_{100}}$ 的图形
如果 $T < \dfrac{t}{r_{<100>}}$	如果 $w > 2T \cdot r_{<100>}/\tan(54.7°)$ STP 图形是底部为 $\{100\}$ 面的闭合孔腔。这种图形可以用于加工不同厚度的硅膜	满足 $T < \dfrac{t}{r_{<100>}}$ 的图形 d 是垂直方向的刻蚀深度，在此 $d < T \cdot r_{<100>}$
	如果 $w \leqslant 2T \cdot r_{<100>}/\tan(54.7°)$ SLSP 图形是底部闭合于一点或一条线的闭合孔腔，自限制深度为：$d' = \dfrac{w \cdot \tan(54.7°)}{2}$	满足 $\dfrac{t}{r_{<100>}} T \geqslant \dfrac{w \cdot \tan(54.7°)}{2r_{<100>}}$ 的图形

例题 10.1（**硅各向异性刻蚀**） 利用正方形的刻蚀窗口在硅片上刻蚀孔腔，假设硅片的厚度为 $500\mu m(t)$，刻蚀窗口的边长为 $1mm(w)$，$\{100\}$ 晶面的刻蚀速率为 $2\mu m/min(T)$，忽略 $\{111\}$ 晶面的刻蚀速率。如果刻蚀时间大于 $t/r_{<100>}$，请计算刻蚀结束后得到的硅片背面刻蚀孔的尺寸。如果需要刻蚀出一个交于硅片内部一点的闭合腔，所需的硅片厚度是多少？

解： 首先确定是否会刻蚀出自限制稳定图形，有

$$2t/\tan(54.7°) = 0.714mm$$

因为刻蚀窗口的边长大于 $2t/\tan(54.7°)$，刻蚀会形成穿透硅片的刻蚀孔而不是形成闭合腔。硅片背面的刻蚀孔边长为：

$$w - 2t/\tan(54.7°) = 1 - 0.714 = 0.286mm$$

如果刻蚀出一个交于硅片内部一点的闭合腔，那么硅片厚度必须满足以下关系：

$$w < 2t/\tan(54.7°)$$

整理可得：

$$t > \frac{w\tan(54.7°)}{2} = 0.7mm$$

上面的分析完全忽略了 $<111>$ 晶向的刻蚀，然而，实际上 $\{111\}$ 晶面还是有较小的刻蚀速率的。图 10-7 给出了有一定钻蚀情况下刻蚀得到的倒向金字塔空腔的结构图。刻蚀总时间为 T 时，横向钻蚀 u 为：

$$u = \frac{r_{<111>} \times T}{\sin (54.7°)} \tag{10-1}$$

对于倒向 SLSP 型闭合腔，钻蚀将随时间改变其深度。

10.2.3　硅各向异性刻蚀规则——复杂结构

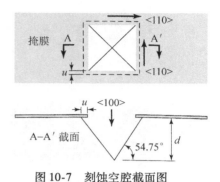

图 10-7　刻蚀空腔截面图

在前一节中，我们探讨了一种最简单、最常见的情况：边缘沿{100}硅衬底表面、<110>方向对齐的正方形或者长方形刻蚀窗口。现在将通过改变刻蚀窗口形状以探讨问题分析的复杂性。首先，不限制刻蚀窗口的边是不中断的直线。其次，也不限制刻蚀窗口的边与<110>方向对齐。

首先，暂不讨论刻蚀规则，而是先观察几个用计算机模拟软件模拟实际刻蚀过程的模拟结果[10]。图 10-8 给出了采用两个独立的刻蚀窗口（分别标注为 A 和 B）刻蚀硅片时刻蚀图形的变化过程。两个刻蚀窗口完全不同，但是经过足够长的刻蚀时间（如 170 分钟）后，得到了非常一致的三维刻蚀结果：边缘沿<110>方向对齐的闭合 STP 型孔腔（图 10-8h）。

必须注意，在这里掩膜覆盖下的某些区域也被刻蚀了。例如，B 中梁状掩膜覆盖的衬底由凸角处开始刻蚀。

根据掩膜拐角在刻蚀过程中的变化，可以探讨其刻蚀规则。拐角分为两种：凸角和凹角[11]。在**凸角**处，掩膜覆盖区的立体角小于180°。而在**凹角**处，掩膜覆盖区的立体角大于180°。图 10-8a 中的实箭头指向凹角，虚箭头指向凸角。

在凸角处，掩膜覆盖区域的刻蚀过程由刻蚀速率最快的晶面主导，与此相反，在凹角处，掩膜覆盖区域的刻蚀过程由刻蚀速率最慢的晶面主导。换言之，凸角容易被迅速钻蚀，出现一些刻蚀速率很快的晶面，如{211}和{411}晶面等，而凹角处容易出现{111}等刻蚀速率慢的晶面，而且这些晶面在刻蚀图形中逐渐占据优势。

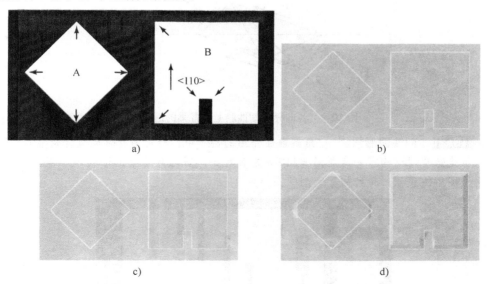

图 10-8　刻蚀图形的变化：a 是掩膜俯视图；b~h 是刻蚀时间为 5、10、20、40、50、80 和 170 分钟的刻蚀图形的透视图或俯视图

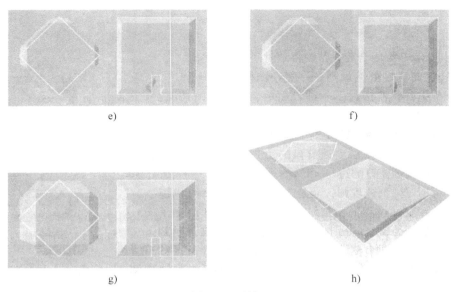

e)   f)

g)   h)

图 10-8 （续）

由于凸角刻蚀产生的钻蚀可以用于加工一些悬臂梁的微结构。例如刻蚀窗口 B 可以用来加工悬臂梁(图 10-9)，只要掩膜材料具有足够的机械强度和耐刻蚀性，就不会在整个湿法刻蚀过程被破坏。悬臂梁的材料就是湿法刻蚀过程中所用的掩膜材料。悬臂梁可以采用多种材料，包括氮化硅、二氧化硅和重掺杂硅等。此外，其他一些具有很好刻蚀选择性的材料也都可作为悬臂梁的材料。参考文献[12]和[13]比较全面地研究了硅衬底在各种刻蚀液中的刻蚀速率，以及一些重要的掩膜材料。

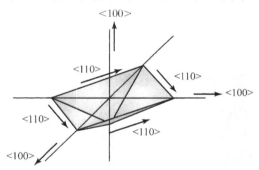

图 10-9   各向异性刻蚀腔上悬臂梁的透视图

例题 10.2 （**刻蚀图形预测**）   虽然前面介绍的例子中，凸出的悬臂梁边缘是沿 <110> 方向对齐的，但是悬臂梁结构不一定要沿 <110> 方向对齐，同时悬臂梁的形状也不限于长方形。请确定采用下图中掩膜图形得到的稳定刻蚀图形。

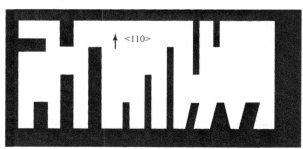

解： 对应于不同刻蚀时间的刻蚀结果如图 10-10 所示，梁掩膜下的衬底由凸角处开始钻蚀。图 10-10a ~ 图 10-10g 给出了刻蚀得到的 UTP 型孔腔。经过足够长时间的刻蚀后（如 180 分钟得到的图 10-10h 和图 10-10i），得到了一个由四个 {111} 刻蚀侧壁和 {100} 刻蚀底面组成的稳定过渡图形。

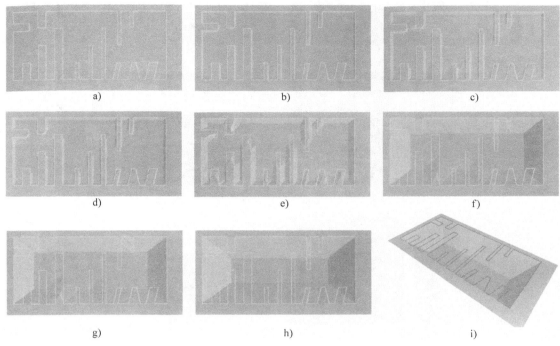

图 10-10　随刻蚀时间变化的刻蚀图形：a ~ h 分别是刻蚀时间为 3、9、15、24、36、60、120 和
180 分钟时得到的孔腔。i 为刻蚀时间为 180 分钟时得到的孔腔的透视图

　　在某些情况下，刻蚀窗口由曲折的边界组成，凸角和凹角的确定都比较困难，但通常不用精确地预测在此情况下刻蚀过程中出现的 UTP 图形。其实，在此种情况下，精确地预测刻蚀过程中出现的 UTP 图形并没有必要。但是，对于采用这种掩膜图形刻蚀得到 STP 和 SLSP 型图形是可以预测的。下面就来看看采用图 10-11 所示掩膜得到的刻蚀结果，该掩膜上有五个刻蚀窗口，其中包括两个含有曲折边界的刻蚀窗口。

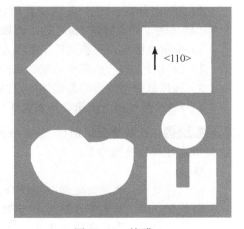

图 10-11　掩膜

　　对应于不同刻蚀时间的刻蚀结果如图 10-12 所示。图 10-12a ~ 图 10-12j 分别是刻蚀时间为 5、10、20、40、50、70、105、125、230 和 310 分钟时得到的孔腔。图 10-12k 为经过 310 分钟刻蚀时间后得到的具有 STP 和 SLSP 图形的硅片透视图，图 10-12l 为对应于图 10-12k 的截面图。经过足够长时间的刻蚀后，这两个含有曲折边界的刻蚀窗口都得到了由 {111} 刻蚀侧壁组成的 SLSP 孔腔。

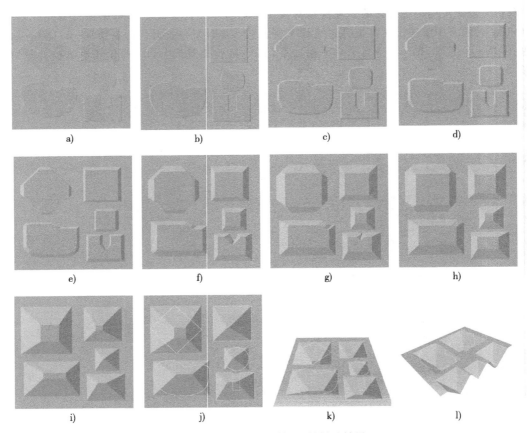

图 10-12   不同刻蚀时间下的刻蚀结果

由某个给定的刻蚀窗口，可以直接得到其对应的自限制稳定图形，并不需要分析形成自限制稳定图形前的 UTP 图形。

为了简化分析，定义**自限制孔腔覆盖区**（FSLC）为 SLSP 孔腔与衬底表面的交线。如果是 {100} 硅衬底，那么确定 FSLC 的步骤如下：

1）确定掩膜窗口外围边缘上的最左端、最右端、最前端、最后端的点（或者线）。

2）通过最左端的点和最右端的点画垂直 <110> 的直线。

3）通过最前端的点和最后端的点画平行 <110> 的直线。

4）FSLC 就是由上面第 2 步和第 3 步所画四条直线包围的区域。

例题10.3　（**孔腔类型识别**）　下面给出了掩膜图形以及经过一段时间刻蚀后硅片正面的透视图。请判别此时刻蚀得到的孔腔类型。

解：

刻蚀窗口 A：稳定的过渡孔腔（STP）。

刻蚀窗口 B：稳定的过渡孔腔（STP）。

刻蚀窗口 C：不稳定的过渡孔腔（UTP），有刻蚀速率很大的高密勒指数晶面。

刻蚀窗口 D：自限制稳定孔腔（SLSP），终止于一点。

刻蚀窗口 E：自限制稳定孔腔（SLSP），终止于一条线。

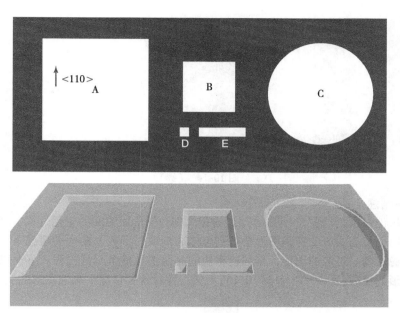

例题 10.4（FSLC 分析） 预测图 10-13 所示掩膜中刻蚀窗口将形成的 FSLC。

解：图中的掩膜含有很多的刻蚀窗口，其对应的刻蚀图形变化过程如图 10-14 所示。

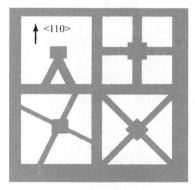

图 10-13 掩膜

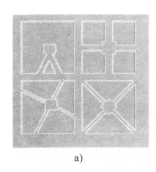 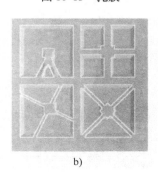 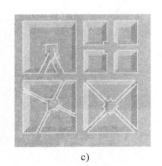

a) b) c)

图 10-14 随刻蚀时间变化的刻蚀结构：a～e 分别是刻蚀时间为 5、20、30、50 和 70 分钟
时得到的刻蚀图形；f 为刻蚀时间为 70 分钟时得到的刻蚀图形的透视图

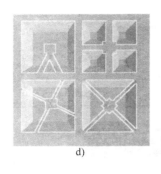
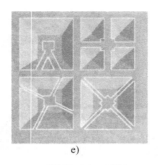
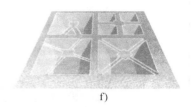

d)   e)   f)

图 10-14   （续）

10.2.4   凸角刻蚀

前面已经讨论过由刻蚀窗口（明区）得到的三维刻蚀图形随时间的变化过程。当中央部分有一小块暗区，其周围都为明区的掩膜图形会得到怎样的刻蚀图形呢？在这种情况下，刻蚀过程中的图形都属于不稳定的、过渡的图形，刻蚀速率快的晶面主导整个刻蚀过程。下面以含有一个正方形和一个圆图形的掩膜（图 10-15 和图 10-16）为例，探讨这种情况下刻蚀图形的变化过程。

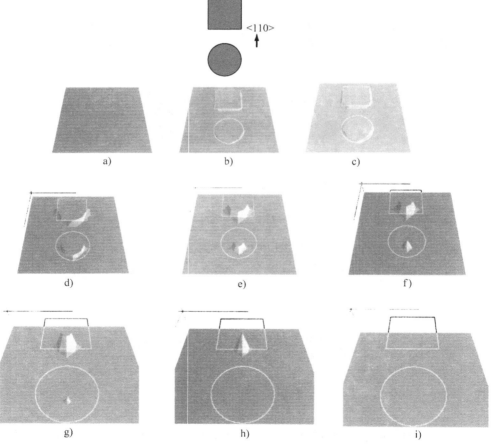

图 10-15   随刻蚀时间变化的刻蚀图形：a～i 分别是刻蚀时间为
5、15、25、50、90、110、120、150 和 200 分钟时得到的刻蚀图形

可以得出结论，如果采用中央部分为暗区，四周都为明区的掩膜，而不采用中央有孔（明区）的掩膜，就会刻蚀形成凸起的结构。这种凸起结构是不稳定的、过渡的，如果刻蚀时间足够长的话，这种凸起结构会被不断刻蚀，直至最后消失。

例题 10.5 （凸角补偿） 根据图中的 A、B 两种掩膜图形及硅片的晶向，预测刻蚀过程中的 UTP 刻蚀图形。

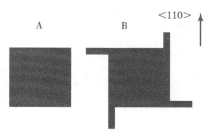

解： 图 10-16 给出了不同刻蚀时间时被刻蚀硅片的俯视图。刻蚀过程中会形成圆角的台面结构，对于给定的刻蚀深度和刻蚀时间（如 39 分钟），由掩膜图形 B 刻蚀得到的台面结构圆滑程度要比由掩膜图形 A 刻蚀得到的台面结构的圆滑程度低。掩膜 B 利用由正方形掩膜四角处延伸的梁来延缓圆角的出现时间，以便在需要的刻蚀深度条件下，刻蚀得到尖角的而不是圆角的台面结构。这种普遍采用的方法叫作**凸角补偿**。

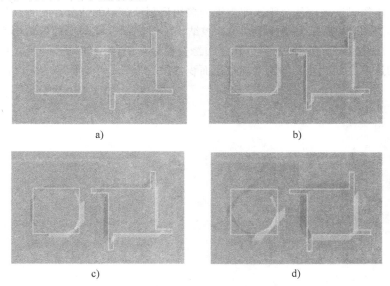

图 10-16 两种不同掩膜图形得到台面结构的刻蚀过程：a~d 分别是
刻蚀时间为 5、20、30 和 39 分钟时得到的刻蚀图形

虽然湿法刻蚀加工主要采用 <100> 硅衬底，但是其他晶面的衬底也可以用于湿法刻蚀加工。例如，<111> 晶向的硅衬底用来加工一些非常有用的、新颖的微结构[14]。此外，硅片切片时一般都会有一定晶向偏离，可以采用有晶向偏离的衬底来加工一些特殊的结构[15]。

10.2.5 独立掩膜图形之间的刻蚀相互作用

前面介绍的都是刻蚀窗口距离较远的情况，刻蚀得到的结构不会发生穿通，这些结构及其刻蚀过程都可以视为独立的。采用两个并列的、相距较远的多边形刻蚀窗口，刻蚀得到的 FSLC 不会重叠。图 10-17 给出了刻蚀得到的孔腔随刻蚀时间增加的变化过程。

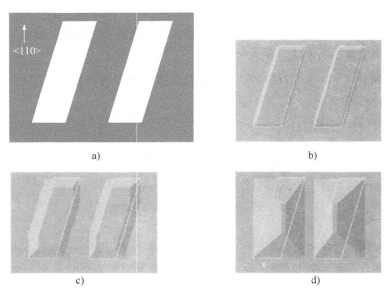

图 10-17　随刻蚀时间变化的刻蚀图形：a 是掩膜，b ~ d
分别是刻蚀时间为 10、60 和 200 分钟时的刻蚀图形

　　作为比较，再探讨当采用两个距离非常近的多边形刻蚀窗口的情况，此时，刻蚀得到的 FSLC
会产生重叠，如图 10-18 所示，刻蚀得到的孔腔结构随时间的变化与上面的情形有很大不同。当
刻蚀时间为 50 分钟时，刻蚀得到的两个孔腔边缘会穿通。继续增加刻蚀时间，那么由不同刻蚀
窗口刻蚀得到的这两个刻蚀孔腔不断增加穿通面积，最后形成一个自限制稳定孔腔。

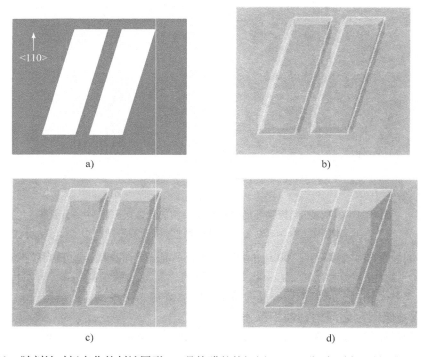

图 10-18　随刻蚀时间变化的刻蚀图形：a 是掩膜的俯视图，b ~ e 分别是刻蚀时间为 30、50、90
和 190 分钟时的刻蚀图形，f 为刻蚀时间为 190 分钟时得到的刻蚀图形透视图

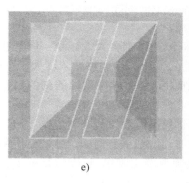 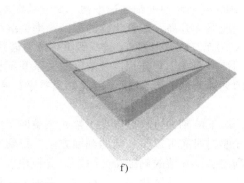

e)   f)

图 10-18 （续）

10.2.6 设计方法总结

硅各向异性刻蚀技术可以用于加工一些独特的三维结构和悬臂结构。前面已经探讨了预测各种 {100} 衬底上掩膜图形刻蚀出 UTP、STP 和 SLSP 图形的规则。对于给定的刻蚀时间，刻蚀图形与掩膜对齐方向、硅衬底厚度、刻蚀窗口尺寸以及不同晶向的刻蚀速率有关。

根据不同的掩膜图形和刻蚀时间，可以刻蚀得到的三维结构有三种类型：**不稳定的过渡图形、稳定的过渡图形和自限制稳定图形。**

不稳定的过渡图形可以用于加工一些独特的三维结构，但是工艺控制非常困难[11]。

稳定的过渡图形和自限制稳定图形有一定的抗过刻蚀能力，而且也比较稳定，不易受不确定因素和工艺参数变化的影响，因此加工过程中都希望利用这两种图形。SLSP 结构是最鲁棒的。

10.2.7 硅各向异性湿法刻蚀剂

EDP（乙二胺邻苯二酚）是一种经常使用的硅各向异性刻蚀剂，有时也称 EPW（乙二胺邻苯二酚和水）。在 EDP 刻蚀液中，< 100 > 和 < 111 > 方向的刻蚀速率比可以达到 35 : 1 或更高，< 100 > 方向的刻蚀速率大约为 $0.5 \sim 1.5\mu m/min$，氮化硅（LPCVD）和二氧化硅的刻蚀速率几乎可以忽略。二氧化硅的刻蚀速率大约为 $1 \sim 2\text{Å}/min$，氮化硅的刻蚀速率小于 $1\text{Å}/min$。一方面，由于 EDP 刻蚀液的高刻蚀速率选择比，可以采用二氧化硅作为硅各向异性刻蚀的掩膜；另一方面，这也意味着如果在各向异性刻蚀开始前没有去除硅片表面本征氧化层，刻蚀就难以进行，即使硅片表面的本征氧化层非常薄。

由于 EDP 溶液具有挥发性，且挥发出来的气体有剧毒，所以采用 EDP 刻蚀液的各向异性刻蚀加工通常在通风橱中进行。硅的各向异性刻蚀一般在 90℃ ~ 100℃ 的 EDP 刻蚀液中进行。为了防止 EDP 溶液在高温下挥发导致刻蚀液的成分改变，这些挥发气体一般都会被冷凝、回流到刻蚀液中，这种系统称为回流系统，如图 10-19 所示。

与 EDP 刻蚀液相比，KOH 刻蚀液是一种相当廉价的刻蚀液，而且 KOH 刻蚀液的制备过程也比较简单，可以直接在实验室中完成。将 KOH 粉末跟水混合（轻微的放热反应）就可得到 KOH 刻蚀液，KOH 溶液的刻蚀特性与溶液的浓度和温度有关。常用的硅各向异性刻蚀浓度大约为 20 ~ 40wt% 。在 KOH 刻蚀液中，< 100 > 和 < 111 > 方向的刻蚀速率比高于 EDP 溶液中的 < 100 > 和 < 111 > 方向的刻蚀速率之比，氮化硅（LPCVD）的刻蚀速率可以忽略。但二

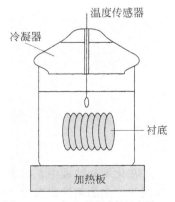

图 10-19 各向异性刻蚀过程的回流系统

氧化硅在KOH刻蚀液中的刻蚀速率比二氧化硅在EDP溶液中的刻蚀速率大得多，达到14Å/min，而且随刻蚀液温度升高，二氧化硅的刻蚀速率会继续增加。

对于KOH和EDP刻蚀液，磷或硼重掺杂后硅片的刻蚀速率都会大大减小，但是在这两种刻蚀液中，刻蚀速率减小与硅片掺杂浓度的关系并不相同[4, 16]。当硼掺杂浓度大于$7 \times 10^{18} cm^{-3}$时，硅片的刻蚀速率下降50倍。因此硼重掺杂硅可以作为硅各向异性刻蚀的**刻蚀自停止层**，防止过刻蚀。

通常情况下的刻蚀过程可以在正常光照条件下完成，且不需要给衬底加电压。通过给衬底加电压或强光照射衬底可以引入新的刻蚀方法，得到不同的刻蚀结果。例如，脉冲电压阳极刻蚀自停止技术利用了p-n结的刻蚀特性[17]。光照电化学刻蚀自停止技术（PHET）是基于在衬底表面电化学生长的二氧化硅钝化层。这种方法提供了一种外部的、可控的自停止技术，不需要对衬底进行重掺杂[18]。

TMAH（四甲基氢氧化铵）是一种非常有用的硅湿法化学刻蚀剂，它的使用晚于KOH和EDP刻蚀液[19]。TMAH刻蚀液对集成电路中常用的金属铝刻蚀速率很低，因此它可以对有铝引线的硅片进行刻蚀。如果将硅作为添加剂预先溶解到TMAH刻蚀液中，那么刻蚀液对铝的刻蚀速率会进一步降低，但溶解到刻蚀液中的硅会导致刻蚀表面的粗糙度增加。重掺杂硅在TMAH溶液中的刻蚀速率也会减小：当掺杂浓度大于$10^{20} cm^{-3}$时，刻蚀速率下降10倍；当掺杂浓度大于$2 \times 10^{20} cm^{-3}$时，刻蚀速率下降40倍。在TMAH刻蚀液中，二氧化硅的刻蚀速率较低，大约在$0.05 \sim 0.25 nm/min$之间。TMAH刻蚀液的不足之处在于：1）<100>和<111>方向的刻蚀速率比不如在EDP和KOH刻蚀液中的刻蚀速率比高；2）刻蚀表面比采用EDP刻蚀液得到的刻蚀表面粗糙。

硅各晶向的刻蚀速率可以通过实验测得，但并不需要通过刻蚀不同晶面的衬底来测量各晶面的刻蚀速率。采用特别的掩膜图形，如图10-20所示的车轮状掩膜图形，根据其刻蚀结果可以测得同一衬底上不同晶面的刻蚀速率。掩膜图形由一些狭长的切口组成，两个相邻切口之间的偏离角度为θ，所有切口共同组成一个360°的圆盘。

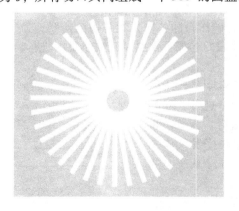 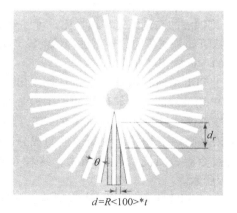

图10-20　车轮状掩膜图形

在化学刻蚀液中，由于存在钻蚀，切口的尺寸会变大。切口某处的宽度变化量与该处切口纵向法线方向的刻蚀速率大小成正比。图10-20中的第二幅图表明切口变宽后，其相应的半径也变小了（d_r的变化）。

图10-21给出了采用车轮状掩膜图形用计算机模拟得到的刻蚀结构。图10-22为实验得到的刻蚀结果。

图 10-21 对车轮状掩膜图形计算机模拟得到的一系列刻蚀结果

车轮状掩膜图为各晶面刻蚀速率的大小提供了一个定量和直观的图形表达方法，但这种方法精确度不高，切口的角度分辨率有限。最小的角度分辨率依赖于掩膜的分辨率和车轮状图形的大小。

目前，人们已提出了一种具有更高分辨率的方法来测量硅各晶面的刻蚀速率图，该方法采用含有一组独立的长方形刻蚀窗口掩膜，这组长方形刻蚀窗口与某一固定晶向之间以一定大小的偏角（如 1°[10]）不断增加（图 10-23a）。经过较短时间的刻蚀后（大约 5 ~ 10min），刻蚀得到的 UTP 钻蚀孔腔的某些边就会与长方形刻蚀窗口较长的边平行。因此，通过测量沿刻蚀窗口较长边方向的横向钻蚀，就可以得到相应的不同晶面刻蚀速率（图 10-23b）。图 10-23c 给出了一个矩形刻蚀窗口及其相应刻蚀孔腔的放大图。

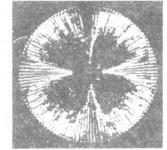

图 10-22 采用车轮状掩膜图形的刻蚀实验结果

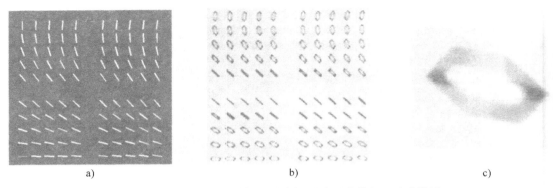

a)   b)   c)

图 10-23   测量 EDP 刻蚀液中刻蚀速率图的模拟和试验结果

实例 10.1   PEEL 工艺

美国西北大学的一个小组发明了一种独特的制造介观棱锥的方法，并将其作为等离子生物探测平台。生物分子载体必须具有以下独特性质：必须由金属构成，必须有尖端，必须具有均匀的、微纳尺度的器件尺寸。

这种自顶而下的纳米制造技术在 PEEL 工艺步骤中使用了各向异性刻蚀工艺，PEEL 是指相移光刻、刻蚀、电子束光刻、剥离[20]（图 10-24）。首先，在硅衬底上形成自限制的腔体（步骤 b）。接着淀积一层金属层（金）并对该层图形化。在步骤 c 结束后，一层金薄膜就留在了腔体中。该金薄膜层由于在 EDP 中耐刻蚀，所以被用来作为掩膜，从而可生成以金属覆盖层自对准的尖状结构（步骤 d）。对下方台面结构进行过刻蚀，则金微结构将脱落（步骤 f）。最终结构如图 10-25 所示。脱落的棱锥结构如图 10-26 所示。

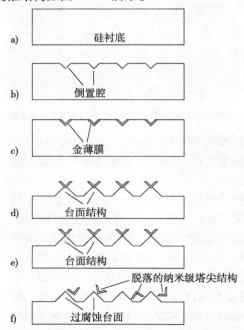

a)   硅衬底

b)   倒置腔

c)   金薄膜

d)   台面结构

e)   台面结构

脱落的纳米级塔尖结构

f)   过腐蚀台面

图 10-24   腔体刻蚀与锥体刻蚀相结合的 PEEL 工艺

图 10-25　释放前台面结构上的棱锥图（由西北大学的 Teri Odom 教授提供）

图 10-26　脱落的微锥体结构 SEM 图（由西北大学的 Teri Odom 教授提供）

10.3　干法刻蚀与深反应离子刻蚀

汽相等离子体刻蚀技术是一种可选的各向异性刻蚀技术。等离子体刻蚀不需要衬底与刻蚀液接触，简化了衬底的清洗步骤。等离子体刻蚀技术有更多的掩膜材料选择，且刻蚀所需的温度较低，虽然长时间的等离子体刻蚀会使衬底的温度升高，但一般来说，衬底都不会被加热。

等离子体刻蚀得到的侧壁与各向异性湿法刻蚀得到的侧壁不同。在一定范围内，可以通过调整气压、直流偏压、功率和使用的刻蚀气体等工艺参数得到比较垂直的侧壁。

深反应离子刻蚀（DRIE）是一种特殊的反应离子刻蚀技术，它可以加工侧壁陡直的高深宽比结构。这种技术基于 Robert Bosch GmbH 和德州仪器公司（TI）拥有的专利[21，22]。实现高深宽比连续深刻蚀加工的关键在于每一步刻蚀深度增加不大。深反应离子刻蚀采用刻蚀、钝化重复交替的方法。在钝化周期，在刻蚀表面淀积一层钝化层，在随后的刻蚀周期，由于刻蚀粒子的轰击，槽底部的钝化层被选择性地刻蚀，但侧壁上的钝化层则可以起到保护作用，防止侧壁的刻蚀。工艺参数对刻蚀表面形貌和所加工器件的机械性能起着关键作用[23]。

虽然深反应离子刻蚀设备非常昂贵，但是硅深反应离子刻蚀技术迅速地得到广泛应用。DRIE

具有刻蚀速度快、侧壁陡直、可以在常温下刻蚀的特点，而且根据掩膜形状非常容易推断最终得到的三维刻蚀结构。同时，DRIE 具有刻蚀选择性好的优点，光刻胶、二氧化硅、金属等都可以作为掩膜。此外，与普通的等离子体刻蚀技术相比，DRIE 在整个圆片之内的刻蚀均匀性要好得多。

虽然硅深反应离子刻蚀技术非常有用，但是如果只采用深反应离子刻蚀这一种加工技术也只能加工得到一些无源三维结构。因此，必须把深反应离子刻蚀技术及其他的加工技术和加工步骤结合起来才能得到复杂的电或机械结构。DRIE 可以与包括硅各向异性刻蚀技术在内的很多其他加工技术结合，加工得到多种多样的新颖结构(如微针[24，25]、梳指结构等[26，27])。

除了硅以外，其他很多材料都可以用深反应离子刻蚀加工，包括压电材料(如石英、PZT 等[28])、Pyrex 玻璃[29]和聚甲基丙烯酸甲酯(PMMA)[30]。

10.4   各向同性湿法刻蚀

最常用的硅各向同性刻蚀剂是由氢氟酸、硝酸和乙酸组成的混合物，这种混合物称为 HNA，其中 H、N 和 A 分别代表氢氟酸(HF)、硝酸(HNO$_3$)和乙酸(CH$_3$COOH)[31]。可以调整这三种酸的混合比得到不同的硅刻蚀速率，以及对掩膜材料的刻蚀选择性。由于刻蚀液中含有 HF，因而二氧化硅在刻蚀液中的刻蚀速率比较快，大约为300Å/min。

10.5   汽相刻蚀剂

除了湿法刻蚀和等离子体刻蚀之外，采用 XeF$_2$ 或 BrF$_3$ 作刻蚀气体的汽相刻蚀方法也是一种可供选择的硅刻蚀技术[32 ~ 34]。在室温下，XeF$_2$ 是固体，BrF$_3$ 则是液体。当压强小于100mtorr时，XeF$_2$ 和 BrF$_3$ 就可以分别升华或蒸发得到具有反应活性的气体，即使在室温下，这些气体也能与单晶硅或者多晶硅迅速反应，得到各向同性的刻蚀结构。但是这些反应气体基本上不会刻蚀普通的掩膜材料，如二氧化硅、金属甚至是光刻胶[13]。

必须要注意，刻蚀产物中含有 HF 气体，如果将刻蚀产物直接排放到空气中，这些 HF 就会吸附到水蒸气分子上，形成含有高浓度氢氟酸的酸雨。

硅衬底的刻蚀速率非常快。通常速率不是定义为单位时间内的刻蚀深度。由于刻蚀深度取决于每个进气周期(cycle)流入的反应气体量，因此，反应速率通常都是定义为 μm/周期。有效的刻蚀速率通常可以达到 20 ~ 50μm/周期。

10.6   本征氧化层

在室温条件、环境氧气氛、一定的湿度条件下的硅片，都不可避免地在表面生长一层很薄的二氧化硅层。因为二氧化硅生长的温度很低，因此得到的二氧化硅层很薄。但是如果刻蚀剂对二氧化硅的刻蚀速率很低的话，这层氧化层会严重阻碍刻蚀剂对硅的刻蚀。一般情况下，在进行硅湿法刻蚀或者等离子体刻蚀之前都会先去除硅表面的这层本征氧化层，以便更好地控制硅的刻蚀过程。

本征氧化层非常薄，以至于用薄膜厚度测量仪器根本不能测出硅片表面是否有本征氧化层。实验室中确定硅片表面是否有本征氧化层的方法是检测硅片的亲水性。纯硅片表面没有亲水性，但是表面有本征二氧化硅层的硅片表面是亲水性的。通过将水滴到硅片表面，然后观察这些水滴

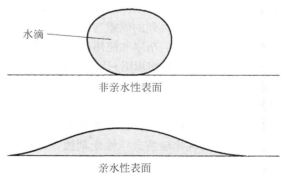

图 10-27   具有非亲水性和亲水性的表面

的形状，可以迅速、廉价地检测出硅片表面是否具有亲水性(图 10-27)。在没有亲水性(疏水性)的硅片表面，水滴会聚成水珠，而且如果将衬底倾斜，水珠会从衬底上滚落下来。相反地，在有亲水性的本征氧化层表面，水滴会均匀地覆盖在衬底表面。

用低浓度(如 5%)的氢氟酸浸泡硅片几分钟，就可以去除硅片表面的本征氧化层。

10.7　专用圆片与专用技术

被刻蚀材料与掩膜材料之间有无限大的选择刻蚀比一直是我们所追求的，但却很少能实现。随着材料层数的增加，高选择比刻蚀变得更加困难，而这将导致 MEMS 工艺成品率的降低。体硅刻蚀需要长时间，其刻蚀速率的非一致性以及可变性将会造成很大危害。带有内置自停止层的硅片对于提高工艺成品率尤为重要。下面将介绍两种特殊的处理工艺。

SOI 圆片：SOI 表示绝缘层上的硅片。SOI 圆片通常由两层单晶硅层夹着一层绝缘层(常为二氧化硅层)组成。可由多种方式形成这种 SOI 圆片，且每层的厚度可以单独控制。

由于需要很多额外的工艺步骤以及严格的工艺控制，SOI 的价格显著高于常规硅片的价格。但这种结构却有很多突出优势：

1) 对于硅湿法以及干法刻蚀，SOI 工艺中的绝缘层可作为重要的刻蚀自停止层。

2) 单晶硅层可以制作高质量压阻、掺杂导电层以及集成电路。

3) 单晶硅层是无应力的。

电化学刻蚀自停止层：重掺杂硅可降低硅湿法刻蚀剂的刻蚀速率。另外，在实现电化学自停止的刻蚀过程中，掺杂层可以施加偏压。这种结构层对早期的商用 MEMS 产品十分重要，如血压传感器(详见第 15 章)。

10.8　总结

本章主要介绍了体微机械加工技术。硅各向异性刻蚀技术是最独特和常用的 MEMS 加工技术。10.3 节探讨了随着掩膜图形复杂度不断提高，由二维版图得到三维刻蚀图形的规则。本章对其他的刻蚀技术也作了介绍。

学习了这一章，读者应该理解以下的概念、事实和技能。

定性理解和概念：

1) 各向异性刻蚀和各向同性刻蚀的定义。

2) 由常用湿法刻蚀剂和干法刻蚀剂得到的刻蚀图形，包括硅湿法各向异性刻蚀、等离子体刻蚀、深反应离子刻蚀、各向同性湿法刻蚀和汽相刻蚀。

3) 硅湿法各向异性刻蚀过程中的掩膜变化规则。

4) 刻蚀过程中得到的结构类型。

5) 确定某种掩膜的 FSLC 的方法。

6) 加工悬空梁的常用方法。

7) 加工悬空膜的常用方法。

8) 内建自停止层的概念以及这些特征提高成品率的原因。

定量理解和技巧：

1) 对给定掩膜，能够辨别 FSLC 形状的方法。

2) 对不同的硅片厚度、掩膜尺寸以及 <100> 和 <111> 方向的刻蚀速率比，能够评估腔体的尺寸。

3) 能够评估用各向异性刻蚀实现悬空梁与悬空膜设计方案的可行性。

习题

习题10.1　设计

< 100 >硅衬底的厚度为 $500\mu m$。掩膜图形中含有一个未知尺寸的长方形刻蚀窗口，窗口的边与 < 110 >晶向对齐。完成穿透衬底的刻蚀后，硅衬底背面刻蚀开口的尺寸为 $50\mu m \times 80\mu m$。请求出掩膜中的长方形刻蚀窗口尺寸，忽略钻蚀速率。

习题10.2　设计

条件如习题10.1。如果(111)晶面的刻蚀速率为(100)晶面刻蚀速率的1/100，请求出掩膜中长方形刻蚀窗口的尺寸。

习题10.3　设计

如下图所示的穿透衬底刻蚀孔，希望在硅衬底表面得到宽度为 $10\mu m$ 的刻蚀开口。采用硅各向异性刻蚀技术刻蚀 < 100 >晶向衬底。请确定衬底背面刻蚀窗口宽度的尺寸 W，忽略 < 111 >面的刻蚀速率。

（1） $222\mu m$ （2） $435\mu m$

（3） $745\mu m$ （4） $377\mu m$

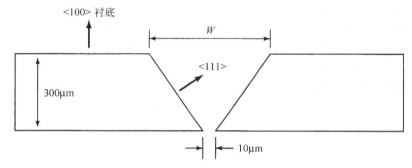

习题10.4　制造

请证明如图 10-28 所示掩膜图形中位于版图中心处薄板覆盖的硅衬底是否会被完全刻蚀。

习题10.5　设计

采用硅各向异性刻蚀技术加工倒金字塔状的刻蚀腔作为微型液体容器。掩膜材料为氮化硅，各向异性刻蚀剂为 EDP。下面哪种掩膜可以刻蚀得到容积最大的刻蚀腔？假设所有图形的尺寸都一样大。

（1）a

（2）b 和 c

（3）e

（4）b 和 d

（5）a 和 c

（6）a、c 和 d

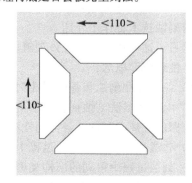

图 10-28　压阻式触觉传感器的刻蚀掩膜图形

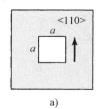
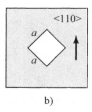
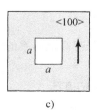
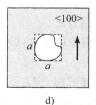
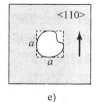

a)　　　　　　　　b)　　　　　　　　c)　　　　　　　　d)　　　　　　　　e)

习题 10.6 设计

采用下图所示的掩膜,利用硅各向异性刻蚀技术在 < 100 > 衬底上刻蚀孔腔,求经过一个小时的刻蚀后衬底正面的刻蚀窗口的尺寸,需要考虑横向钻蚀。假设 < 111 > 晶向的刻蚀速率为 $0.05\mu m/min$, < 100 > 晶向的刻蚀速率为 $1\mu m/min$。

(1) $100\mu m \times 100\mu m$

(2) $103.6\mu m \times 103.6\mu m$

(3) $103\mu m \times 103\mu m$

(4) $101.7\mu m \times 101.7\mu m$

(5) $102\mu m \times 102\mu m$

(6) $107.3\mu m \times 107.3\mu m$

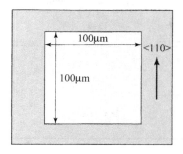

习题 10.7 设计

假设 < 111 > 晶向的刻蚀速率为 0,画出利用各向异性刻蚀技术得到的 SLSP 刻蚀结构俯视图和截面图。

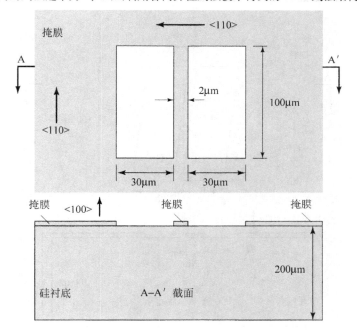

习题 10.8 设计

假设 < 111 > 晶向的刻蚀速率为 < 100 > 晶向刻蚀速率的 1/100,画出利用各向异性刻蚀技术得到的 SLSP 刻蚀结构的俯视图和截面图。

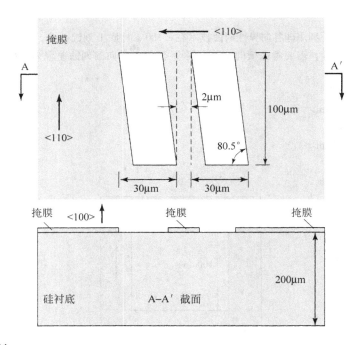

习题 10.9　设计

假设 <111> 晶向的刻蚀速率为 0，画出利用各向异性刻蚀技术得到的 SLSP 刻蚀结构的俯视图和截面图。

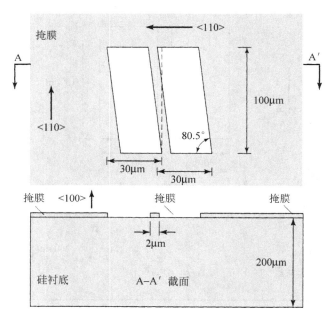

习题 10.10　设计

假设 <111> 晶向的刻蚀速率为 0，画出利用各向异性刻蚀技术得到的 SLSP 刻蚀结构的俯视图和截面图。

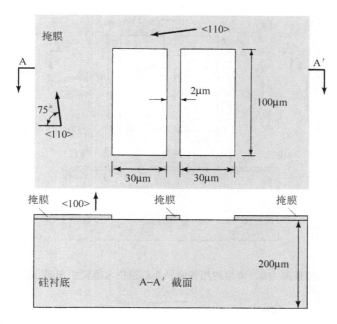

习题 10.11 设计

利用计算机模拟工具画出如下图所示尺寸的版图，采用该版图模拟 SLSP 刻蚀结构。假设衬底的厚度比刻蚀窗口的尺寸大得多，刻蚀窗口的边长 $L = 100\mu m$。

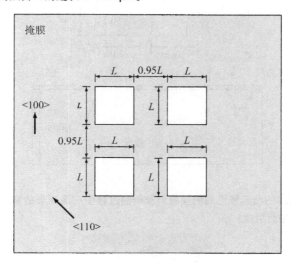

习题 10.12 设计

加工过程中的对准偏差会影响硅各向异性湿法刻蚀的结果。采用与 <110> 晶向对齐，边长为 100mm 的正方形刻蚀窗口进行各向异性刻蚀。由于仪器的误差或在晶片生产过程中确定晶向时的误差，会出现对准误差。假设对准误差为 5°，那么刻蚀窗口各边处的钻蚀深度是多少？

习题 10.13 设计

假设 <111> 晶向的刻蚀速率为 0，画出利用各向异性刻蚀技术得到的 SLSP 刻蚀结构的俯视图和截面图。

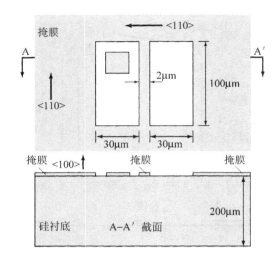

习题 10. 14　设计

假设 <111> 晶向的刻蚀速率为 0，画出利用各向异性刻蚀技术得到的 SLSP 刻蚀结构的俯视图和截面图。

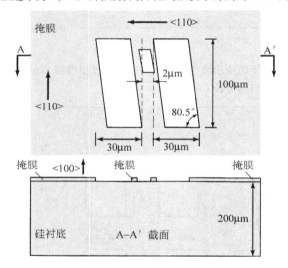

习题 10. 15　制造

确定能得到图 10-29 所示的凸起锥形的掩膜图形及刻蚀过程中三维图形的变化过程。图中锥形的侧面由 {111} 面和一些高密勒指数晶面组成。

图 10-29　锥形的刻蚀结果

习题 10. 16 设计

如果例题 10. 2 中的掩膜与 < 100 > 晶向对齐，而不是与 < 110 > 晶向对齐，会得到怎样的最终刻蚀图形？请用线条勾画出版图和相应的刻蚀孔腔的俯视图。

参考文献

1. Kovacs, G.T.A., N.I. Maluf, and K.E. Petersen, *Bulk micromachining of silicon.* Proceedings of the IEEE, 1998. **86**(8): p. 1536–1551.

2. Bean, K.E., *Anisotropic etching of silicon.* IEEE Transaction on Electron Devices, 1978. ED 25: p. 1185–1193.

3. Seidel, H., et al., *Anisotropic etching of crystalline silicon in alkaline solutions, I. Orientation dependence and behavior of passivation layers.* Journal of Electrochemical Society, 1990. **137**(11): p. 3612–3626.

4. Seidel, H., et al., *Anisotropic etching of crystalline silicon in alkaline solutions II. Influence of dopants.* Journal of Electrochemical Society, 1990. **137**(11): p. 3626–3632.

5. Ahn, S.-J., W.-K. Lee, and S. Zauscher. *Fabrication of stimulus-responsive polymeric nanostructures by proximal probes.* in Bioinspired Nanoscale Hybrid Systems. 2003. Boston, MA, United States: Materials Research Society.

6. Akiyama, T., D. Collard, and H. Fujita, *Scratch drive actuator with mechanical links for self-assembly of three-dimensional MEMS.* Microelectromechanical Systems, Journal of, 1997. **6**(1): p. 10–17.

7. Epstein, A.H. and S.D. Senturia, *Microengineering: Macro power from micro machinery.* Science, 1997. **276**(5316): p. 1211.

8. Biebuyck, H., et al., *Lithography beyond light: Microcontact printing with monolayer Resists.* IBM Journal of Research and Development, 1997. **41**(1/2): p. 159–170.

9. Akiyama, T. and K. Shono, *Controlled stepwise motion in polysilicon microstructures.* Microelectromechanical Systems, Journal of, 1993. **2**(3): p. 106–110.

10. Zhu, Z. and C. Liu, *Micromachining process simulation using a continuous cellular automata method.* IEEE/ASME Journal of Microelectromechanical Systems (JMEMS), 2000. **9**(2): p. 252–261.

11. Hubbard, T.J. and E.K. Antonsson, *Emergent faces in crystal etching.* Microelectromechanical Systems, Journal of, 1994. **3**(1): p. 19–28.

12. Williams, K.R. and R.S. Muller, *Etch rates for micromachining processing.* Microelectromechanical Systems, Journal of, 1996. **5**(4): p. 256–269.

13. Williams, K.R., K. Gupta, and M. Wasilik, *Etch rates for micromachining processing-Part II.* Microelectromechanical Systems, Journal of, 2003. **12**(6): p. 761–778.

14. Oosterbroek, R.E., et al., *Etching methodologies in <111>-oriented silicon wafers.* Microelectromechanical Systems, Journal of, 2000. **9**(3): p. 390–398.

15. Strandman, C., et al., *Fabrication of 45° mirrors together with well-defined v-grooves using wet anisotropic etching of silicon.* Microelectromechanical Systems, Journal of, 1995. **4**(4): p. 213–219.

16. Raley, N.F., Y. Sugiyama, and T.V. Duzer, *(100) silicon etch-rate dependence on boron concentration in ethylenediamine-pyrocatechol-water solutions.* Journal of Electrochemical Society, 1984. **131**(1): p. 161–171.

17. Wang, S.S., V.M. McNeil, and M.A. Schmidt, *An etch-stop utilizing selective etching of N-type silicon by pulsed potential anodization.* Microelectromechanical Systems, IEEE/ASME Journal of, 1992. **1**(4): p. 187–192.

18. Peeters, E., et al., *PHET, an electrodeless photovoltaic electrochemical etchstop technique.* Microelectromechanical Systems, Journal of, 1994. **3**(3): p. 113–123.

19. Landsberger, L.M., et al., *On hillocks generated during anisotropic etching of Si in TMAH.* Microelectromechanical Systems, Journal of, 1996. **5**(2): p. 106–116.

20. Hasan, W., et al., *Selective functionalization and spectral identification of gold nanopyramids.* The Journal of Physical Chemistry C, 2007. **111**(46): p. 17176–17179.

21. Douglas, M.A., *Trench etch process for a single-wafer RIE dry etch reactor.* 1989, Texas Instrument Incorporated: US patent # 4,855,017.

22. Laermer, F. and A. Schilp, *Method for anisotropic palsma etching of substrates*, in *US PTO.* 1996, Robert Bosch GmbH: US patent 5,498,312.

23. Chen, K.-S., et al., *Effect of process parameters on the surface morphology and mechanical performance of silicon structures after deep reactive ion etching (DRIE).* Microelectromechanical Systems, Journal of, 2002. **11**(3): p. 264–275.

24. Gardeniers, H.J.G.E., et al., *Silicon micromachined hollow microneedles for transdermal liquid transport.* Microelectromechanical Systems, Journal of, 2003. **12**(6): p. 855–862.

25. Gassend, B.L.P., L.F. Velásquez-García, and A.I. Akinwande, *Design and fabrication of DRIE-patterned complex needlelike silicon structures.* IEEE/ASME Journal of Microelectromechanical Systems (JMEMS), 2010. **19**(3): p. 589–598.

26. Lee, S., et al., *Surface/bulk micromachined single-crystalline-silicon micro-gyroscope.* Microelectromechanical Systems, Journal of, 2000. **9**(4): p. 557–567.

27. Lee, S., S. Park, and D.-I. Cho, *The surface/bulk micromachining (SBM) process: a new method for fabricating released MEMS in single crystal silicon.* Microelectromechanical Systems, Journal of, 1999. **8**(4): p. 409–416.

28. Wang, S.N., et al., *Deep reactive ion etching of lead zirconate titanate using sulfur hexafluoride gas.* Journal of American Ceramic Society, 1999. **82**(5): p. 1339–1341.

29. Li, X., T. Abe, and M. Esashi, *Deep reactive ion etching of Pyrex glass using SF6 plasma.* Sensors and Actuators A: Physical, 2001. **87**(3): p. 139–145.

30. Zhang, C., C. Yang, and D. Ding, *Deep reactive ion etching of commercial PMMA in O_2/CHF_3, and O_2/Ar-based discharges.* Journal of Micromechanics and Microengineering, 2004. **14**(5): p. 663–666.

31. Petersen, K.E., *Silicon as a mechanical material.* Proceedings of the IEEE, 1982. **70**(5): p. 420–457.

32. Warneke, B. and K.S.J. Pister, *In situ characterization of CMOS post-process micromachining.* Sensors and Actuators A: Physical, 2001. **89**(1–2): p. 142–151.

33. Yao, T.-J., X. Yang, and Y.-C. Tai, *BrF3 dry release technology for large freestanding parylene microstructures and electrostatic actuators.* Sensors and Actuators A: Physical, 2002. vol. **97–98**: p. 771–775.

34. Easter, C. and C.B. O'Neal, *Characterization of high-pressure XeF2 vapor-phase silicon etching for MEMS processing.* IEEE/ASME Journal of Microelectromechanical Systems (JMEMS), 2009. **18**(5): p. 1954.

第11章　表面微机械加工

11.0　预览

表面微机械加工方法广泛应用于 MEMS 领域。顾名思义，表面微机械加工工艺能够制造附着于衬底表面附近的微结构。与体微机械加工不同，表面微机械加工没有移除或刻蚀体衬底材料。

制造悬浮微结构的关键技术是牺牲层刻蚀。在 11.1 节中以多晶硅静电微型马达为例讨论一般的牺牲层刻蚀技术，其中展示了复杂度不断增加的三代微型马达。

有很多材料可以用于表面微机械加工。11.2 节将介绍选择结构层材料和牺牲层材料的规则。

表面微机械加工是以钻蚀释放为基础的。因此要着重考虑钻蚀释放的速度。在 11.3 节中，将要介绍一些加速钻蚀释放速度的技术。

牺牲层刻蚀通常在溶液中进行。如果不采用特殊的设计和工艺过程，许多悬浮的柔性微机械结构将在烘干工艺中失效。与烘干工艺相关的失效以及改进方法将在 11.4 节中进行介绍。

11.1　表面微机械加工基本工艺

11.1.1　牺牲层刻蚀工艺

采用简单、双牺牲层刻蚀工艺制造悬臂梁的工艺流程在第 2 章的图 2-22 中进行了说明。其中，设计想要得到的独立结构是锚区端固定在衬底上，另一端为自由端的悬臂梁。在制造时，首先在硅片上淀积一层牺牲层（A）。通过光刻图形化定义牺牲层的形貌（B），随后淀积并图形化结构层薄膜（C 和 D）。理想情况下，牺牲层材料应为结构层提供支撑，这种支撑必须具备机械上的坚固性和化学上的可靠性。换句话说，牺牲层在工艺过程中应当扮演可靠的空间定位角色。随后牺牲层材料被有选择地去除以释放出压在其上的结构层（E）。如果牺牲层刻蚀是在化学溶液中进行，这些液体必须去除后才能得到最终的结构（F）。

11.1.2　微型电动机制造工艺——第一种方案

11.1.2 节～11.1.4 节介绍制造静电电动机的三种完整的表面微机械加工工艺。关于微型电动机工作原理的细节请参考第 4 章。制造过程包括多层结构层和牺牲层的淀积、图形化和刻蚀。要达到的主要性能目标包括减少摩擦和抗磨损。

下面通过三种不断完善的制造方案来讨论实现微型电动机的工艺。本节将讨论一般的制造工艺。11.3 节将介绍一种减小转子与衬底之间接触面面积的改进工艺。11.4 节将介绍一种较为复杂的设计，它是通过采用低摩擦侧壁的轴承降低侧壁的摩擦与磨损问题。

微型电动机的基本制造工艺如图 11-1 所示。首先准备一块硅片。由于工艺中不包含体加工过程，所以硅片的晶向无关紧要。采用低压化学汽相淀积（LPCVD）的方法，在硅片上沉积一层牺牲层薄膜（如氧化硅薄膜）。（在本例中，硅片的上下两个表面都覆盖有薄膜，但是只有上表面的薄膜才与微型电动机的制造相关。）

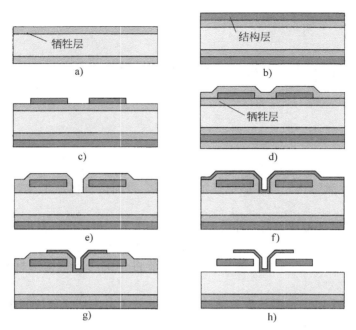

图 11-1　平面静电微型电动机的制造工艺

随后，作为结构层材料的多晶硅被沉积在硅片上（图 11-1b）。在本例中，结构层用于制成转子。

如图 11-1c，光刻胶薄膜涂敷在硅片的上表面。经过显影和固化之后，光刻胶在随后的反应离子刻蚀中起掩膜的作用，反应离子刻蚀使光刻胶上的图形转移到多晶硅结构层上。然后，采用氧等离子体（干法刻蚀）或有机溶剂（湿法刻蚀）除去光刻胶。

接下来，硅片的表面沉积另一层氧化物牺牲层（图 11-1d）。沉积层保形覆盖了结构层的水平表面和垂直侧壁。第二层牺牲层的材料可能与前一层不同，而该工艺中 LPCVD 二氧化硅是一种简便的选择。它提供了令人满意的台阶覆盖和温度适应性。

中心定子限制了转子的侧向平移，并且使转子不能脱离衬底。为了制造定子，采用光刻和化学湿法刻蚀穿透两层牺牲层，加工出与衬底相连的锚区窗口（图 11-1e）。沉积第二层结构层（图 11-1f），该结构层通过锚区窗口与衬底牢固相连。

将光刻胶涂敷在第二层结构层上，然后进行图形化和显影，这层光刻胶用于确定第二层结构层的形状（图 11-1g）。最后，将硅片浸入氢氟酸刻蚀液以除去两层牺牲层。

尽管在图示器件（图 11-1h）中转子处于被抬高的位置，但是它在重力作用下很容易落在衬底上，从而与衬底产生大面积的接触。如果硅片干燥工艺不合适，转子也可能黏附在衬底上。

11.1.3　微型电动机制造工艺——第二种方案

前面所讨论的制造工艺仅仅能制造出基本的微型电动机。但是，它的结构和性能与最理想的情况相差甚远。图 11-1 设计中的主要缺点是缺少摩擦控制。一种降低摩擦的方法是减少转子和衬底间的接触面积。下面讨论其具体的实现工艺，如图 11-2 所示。

首先，在硅片上沉积一层绝缘薄膜（图 11-2a）。为了描述简洁，图中只显示了上表面所沉积的材料（读者应当知道在某些步骤中，硅片的下表面也会有材料沉积）。所沉积的牺牲层如图 11-2b。经过两次光刻刻蚀后的横截面如图 11-2e 所示。第一步在牺牲层上涂敷光刻胶、图形化、显影并以光刻胶为掩膜移除一定厚度的牺牲层（图 11-2d）。去除光刻胶，然后涂敷一层新的光刻胶。新一轮的加工是将光刻胶涂敷、图形化和显影等步骤重新进行一遍。这一次，暴露的牺牲层将完全除去。

图 11-2d ~ 图 11-2k 的工艺步骤类似于 11.1.2 节中所讨论的工艺，唯一不同的是第二层结构层(用于加工定子)的材料用氮化硅取代了多晶硅。在步骤 k 中牺牲层完全去除以释放转子。注意：转子可能与衬底接触，但接触仅发生在微小的凸点上，如图 11-2c 所示。与前一种方案相比，有效接触区域大大减小，这一特点减小了摩擦并且降低了转子黏附在衬底上的可能性。

转子和定子在任何时候都不紧密接触，它们之间必然有水平间隙，其尺寸由第二层牺牲层的厚度决定。在高速旋转的过程中，转子可能会绕着定子发生晃动从而产生交替的接触点，非常像舞者腰间转动着的呼拉圈。

11.1.4 微型电动机制造工艺——第三种方案

转子和定子的接触产生了额外的摩擦和磨损。解决这个问题的一种方法是采用氮化硅作为接触面以降低转子和定子间的摩擦系数。

具有氮化硅侧壁的轴承结构制造工艺如图 11-3 所示。首先在硅片上涂敷一层由二氧化硅和氮化硅组成的双层绝缘层(图 11-3a)。然后，沉积一层多晶硅接地层(图 11-3b)，随后沉积并图形化第一层牺牲层(图 11-3c)。沉积第二层多晶硅结构层(图 11-3d)。二氧化硅牺牲层和多晶硅结构层通过光刻刻蚀实现图形化。随后，沉积一层氮化硅，使其覆盖水平表面和垂直表面(图 11-3f)。

接下来，对整个器件进行反应离子刻蚀。设计工艺参数使得物理刻蚀起主要作用，从而垂直方向的刻蚀速率大于水平方向的刻蚀速率。尽管表面(例如定子的底面和转子的上表面)上的氮化硅被移除，但垂直表面上的氮化硅依然存在(图 11-3g)。

定时湿法刻蚀用于在第一层牺牲层上制造受控的侧向底槽(图 11-3h)。随后，保形沉积一层牺牲层材料。该牺牲层覆盖了所有表面，包括那些悬浮结构的下表面(图 11-3i)。旋涂光刻胶并进行图形化，使定子的底面暴露出来。刻蚀窗口上的牺牲层以获得到达多晶硅底层的通道(图 11-3j)。沉积并图形化作为定子的另一层氮化硅(图 11-3k)，最后进行整体牺牲层刻蚀以释放出转子。

所完成的微型电动机横截面如图 11-3l 所示，其定子的侧壁上具有摩擦控制层。在图 11-3h 所示的底槽区域内沉积的氮化硅可以防止定子落到衬底表面上。

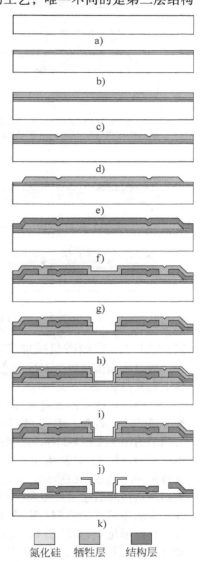

图 11-2 微型电动机的制造工艺

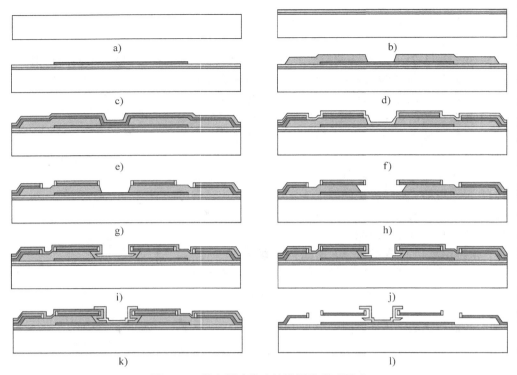

图 11-3   带有侧壁防摩擦涂层的微型马达

实例 11.1   表面微机械加工方法加工的三维结构

通过表面微机械加工技术已制造出旋转铰链微结构（图 11-4）。铰链可以使微结构在衬底平面上直立[1]。

下面讨论的铰链制造流程中，以多晶硅作为结构层，氧化物作为牺牲层。首先，通过 LPCVD 淀积牺牲层 1（图 11-5a），随后淀积结构层 1（图 11-5b），光刻图形化结构层 1（图 11-5c）。然后再淀积牺牲层 2，将结构层 1 完全覆盖（图 11-5d）。旋涂一层光刻胶薄膜并对其进行图形化。这层光刻胶作为制作贯穿两层牺牲层进而到达衬底的通道孔掩膜（图 11-5e）。接着淀积结构层 2，填充前一步制作出来的孔洞（图 11-5f）。随后在硅圆片上旋涂光刻胶并光刻图形化光刻胶（图 11-5g）。留下来的光刻胶用来做铰链平面的掩膜（图 11-5i）。将所有的牺牲层材料去除，释放出结构层，此时铰链就可以在硅平面上自由地旋转。

图 11-4   在衬底上实现旋转
的铰链微结构

可以改进整个工艺过程来生产更为复杂的器件。例如，过去曾制作出一种垂直微风车[2]。

被铰链连接的器件很小，绝不能通过手工进行操作。将铰链结构移开平面有多种不同的方法，这些方法包括：1）相应地装配冲洗结构，即可以对其进行流体扰动；2）相应地集成连续的微型机械手[3]；3）在释放结构时，相应地在层结构中集成内应力，这种应力可以将微结构撬离初始平面；4）利用聚合物和焊接材料相变引起的表面张应力[4~6]；5）相应地集成使用一些外部磁场[7，8]，或者是热产生的气泡所引起的热动力学力（100℃高温和 10torr 低压）[9]。装配静电执行器和热执行器的方案也已经被验证过（如参考文献[10]），不过它们需要更复杂的装置和更大的表面积。

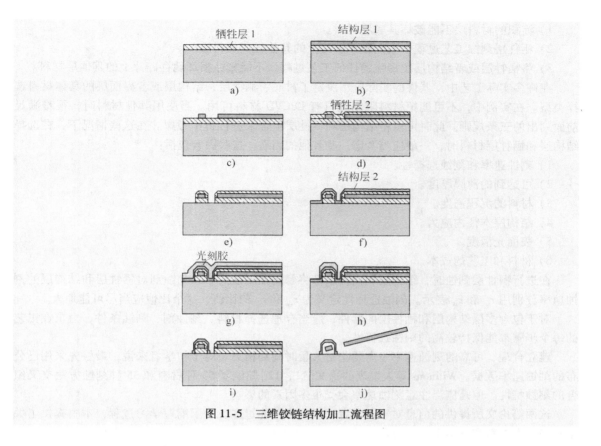

图 11-5   三维铰链结构加工流程图

11.2   结构层材料和牺牲层材料

有很多种可供选择的结构层材料和牺牲层材料。需根据各个应用的特殊要求进行适当的材料选择。本节中，首先介绍评估选择结构层和牺牲层材料是否正确的一般标准。重点关注的是多晶硅、二氧化硅和氮化硅薄膜。聚合物和金属等其他材料将在 11.2.3 节中进行讨论。

11.2.1   双层工艺中的材料选择标准

在基本的双层工艺中，选择结构层和牺牲层材料的一些基本先决条件是将理想工艺规则进行了以下的修正：

1）将结构层沉积在牺牲层上时，不能导致牺牲层熔化、溶解、开裂、分解、变得不稳定或其他形式毁坏。

2）用于结构层图形化的工艺不能破坏牺牲层和衬底上已有的其他薄层。

3）用于除去牺牲层的工艺不能侵蚀、溶解、损坏结构层和衬底。

最常采用的材料组合是多晶硅（用做结构层）和磷硅玻璃（简称 PSG，用做牺牲层）。这种材料组合能够满足上面所述的三条标准。磷硅玻璃能够承受多晶硅层的沉积。采用等离子刻蚀法可以使多晶硅层图形化，等离子刻蚀法却对磷硅玻璃和氧化物的刻蚀速率较低。采用氢氟酸溶液去除磷硅玻璃和氧化物，氢氟酸溶液对于磷硅玻璃有很高的钻蚀刻蚀速率，但对于硅的刻蚀速率却很小。

某些加工工艺包含两层或者更多的材料层、结构层或者牺牲层。微型马达加工工艺通常包含多重结构层和牺牲层。在这样的实例中，已有的工艺设计规则变得更加复杂。本节上面讨论的规则需要通过以下方式进行扩展：

1）淀积的材料层不能破坏其底层材料。

2）牺牲层刻蚀工艺过程中不能破坏硅片上的其他任何材料层。

3）将牺牲层或者结构层图形化的任何工艺过程，不能刻蚀损坏现存硅片上的其他层材料。

在许多实际工艺中，器件的实际应用决定了衬底、牺牲层、结构层或者界面层的具体材料选择类型。在实例中，不可能把材料限制到只有 LPCVD 材料可用。当使用其他材料时，很难满足前面列出的三条规则。此时可以将结构层和牺牲层组合来进行折中考虑。在这些情况下，在选择结构层和牺牲层材料时，一般应当考虑一些其他的因素，这些因素包括：

1）刻蚀速率和刻蚀选择性。

2）可达到的薄膜厚度。

3）材料的沉积温度。

4）结构层本征内应力。

5）表面光滑度。

6）材料和工艺的成本。

在进行牺牲层刻蚀时，结构层和牺牲层都将暴露在刻蚀剂中。刻蚀剂对牺牲层和结构层的刻蚀速率分别用 r_{sa} 和 r_{st} 表示。刻蚀选择性定义为 r_{sa} 和 r_{st} 的比值，这个比值应当尽可能地大。

对于包含多层结构层和牺牲层的器件，应当合理选择材料、刻蚀剂、刻蚀条件，力求在工艺的每个步骤都能保持较高的刻蚀选择性。

建立合理、可靠的刻蚀速率表需要花费大量时间和精力。对于初学者来说，最好先采用已公布的刻蚀速率数据。Williams 等人发表的论文[11, 12]归纳了 53 种材料和 35 种刻蚀方法交叉组合的刻蚀特性。但是应当注意刻蚀速率会受很多因素的影响。

这两篇论文所提供的信息对于初学者来说内容可能过多。为了缩短学习过程，本书提供了关于一些基本材料和基本工艺信息的三个表格。10 种最常见的 MEMS 材料在附录 D 中以表格形式给出。附录 E 以表格形式总结了 12 种最常用的刻蚀工艺过程和方法。附录 F 是将附录 D 中的材料和附录 E 中的刻蚀方法相结合而得到的简要刻蚀工艺组合表格。

理想情况下，较高的牺牲层刻蚀速率 r_{sa} 意味着完成牺牲层刻蚀过程的时间减少。如果两种备选方案具有相同的刻蚀选择性，那么具有较高牺牲层刻蚀速率 r_{sa} 的方案更受青睐。如果其中的一种方案对牺牲层的刻蚀速率较慢但是比另一种方案的刻蚀选择性高，那么在选择方案时应考虑其他因素。

11.2.2　薄膜的低压化学汽相淀积

实际中广泛应用到的结构层和牺牲层材料的沉积方法是**化学汽相淀积**（CVD）。在化学汽相淀积腔中，硅片上的固体薄膜是由气体凝结或固相反应副产物的附着所形成的。材料生长通常在密封腔内进行以防止灰尘的混入和反应气体的泄漏。

反应能量由热能或是等离子能源提供。如果能量仅由热能提供并且在低压环境（即几百 mtorr）中进行，这种工艺称作**低压化学汽相淀积**（LPCVD）。如果能量由等离子能源提供，该工艺称为**等离子体增强化学汽相淀积**（PECVD）。

在低压化学汽相淀积工艺中，硅片被置于充满着后续工艺所需的气体的空腔内（图 11-6）。典型的空腔是由耐高温的石英材料制成的。通常的压力范围是 200 ~ 400mtorr（1torr = 1/760 个标准大气压）。

在 MEMS 中应用的 LPCVD 材料主要有三种：多晶硅、氮化硅和二氧化硅。低压化学汽相淀积多晶硅和二氧化硅材料的工艺在集成电路工业中已经很成熟了。这两种材料很自然地首先应用在 MEMS 领域。加利福尼亚大学伯克利分校的 Howe 教授和 Muller 教授是建立这两种材料的机械特性和工艺指南的先驱。LPCVD 多晶硅材料广泛应用于集成电路制造领域。掺杂的多晶硅通常用做晶体管的栅、导线和电阻。未掺杂的 LPCVD 二氧化硅常被沉积在芯片上作为密封。

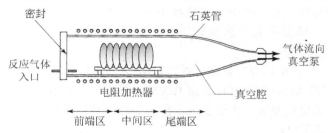

图 11-6　LPCVD 沉积腔(多个温度区用于提高材料生长的均匀性)

LPCVD 多晶硅：在580℃～620℃的温度范围内，通过硅烷气体(SiH_4)的分解反应沉积多晶硅[13]。化学反应方程式为 $SiH_4 = Si + 2H_2$。气压、气流速度和温度等工艺参数决定了最终的微结构，也决定了多晶硅薄膜的电学特性和机械特性[14, 15]。例如：当沉积温度低于580℃时，在水平的 LPCVD 体系中会形成非晶硅[16]。

掺杂不仅会影响电学特性，也会影响机械特性(如多晶硅的应力[17])。多晶硅的掺杂可以用两种方法实现。其一，采用扩散或离子注入使掺杂原子进入要掺杂的多晶硅中。其二，在 LPCVD 生长期间引入含有掺杂原子的气体使得掺杂原子原位结合到多晶硅中。

对于 MEMS 中应用的多晶硅，下面的几个性质很重要：保形性、应力及刻蚀速率。保形覆盖的目的是覆盖三维结构的图形；对于螺母螺旋结构，内部应力会引起扣住的现象；对于悬臂梁结构，厚度方向的梯度应力会引起形变。

CMOS 电路中应用的多晶硅和 MEMS 中的多晶硅实际上是不同的。对于 MEMS 应用，需要的是高生长速率(薄膜的厚度通常比在电路应用中的要厚一些)、低应力以及在 HF 酸刻蚀牺牲层材料时的低刻蚀速率(与沉积的条件相关)。

LPCVD 氮化硅：LPCVD 氮化硅是一种绝缘的电介质，一般情况下，它具有本征张应力。在800℃左右的环境中通过硅烷气体(SiH_4)或二氯硅烷($SiCl_2H_2$)与氨(NH_3)反应可以淀积氮化硅。硅烷气体的化学反应方程式为 $3SiH_4 + 4NH_3 = Si_3N_4 + 24H$。化学计量中氮化硅的化学式为 Si_3N_4。但是，当气体的浓度偏离化学计量条件时，氮化硅薄膜的化学式将会变为 Si_xN_y。

LPCVD 二氧化硅：LPCVD 二氧化硅在相对较低的温度(例如500℃)中采用硅烷与氧气反应的方法淀积生成。反应方程式为 $SiH_4 + O_2 = SiO_2 + 2H_2$。如果在反应中没有引入附加的气体，二氧化硅不会被掺杂，称之为**低温氧化硅**(LTO)。附加的磷化氢(PH_3)气体与硅烷和氧气同时反应可以将磷原子掺入 LTO 中。这种特殊的磷掺杂二氧化硅被称作**磷硅玻璃**(PSG)。掺入磷原子可以加快二氧化硅在氢氟酸溶液中的刻蚀速率。含磷4% wt 的 PSG 在浓氢氟酸刻蚀剂(40%)中，其刻蚀速率可以达到1μm/min。PSG 材料在高温(如高于900℃)下会变软和回流，这可以使台阶的边缘光滑和圆润。

二氧化硅牺牲层通常采用液体刻蚀剂移除。但是采用 HF 汽相干法刻蚀二氧化硅的方法也已经研发出来[18]。

工艺参数控制：工艺参数(包括气体混合比、气流速率、压力以及温度)会影响 LPCVD 薄膜的电学特性、机械特性和热学特性。

工艺参数会影响 LPCVD 薄膜的热学特性。例如，人们已经研究了 LPCVD 薄膜的热导率[19～21]。低应力氮化硅的热导率和其他热学特性可参照参考文献[22]。更全的研究表明晶粒大小、密度和掺杂类型都会影响多晶硅的热导率[23]。

工艺参数还会影响 LPCVD 薄膜的本征应力。LPCVD 材料的应力可以是张应力也可以是压应力，其大小取决于众多因素，包括工艺温度、升温过程的温度分布、气体成分和薄膜厚度。氮化硅通常显示出张应力特性。通过改变工艺参数和气体成分可以降低应力[22]。多晶硅薄膜的应力较二氧化硅和氮化硅要小几个数量级。通过常规退火[13，24，25]或快速热退火[26，27]可以进一步减小应力。

其他方法：氮化硅、多晶硅和二氧化硅可以采用 LPCVD 以外的其他方法进行沉积。前面所讨论的 LPCVD 沉积工艺可以在整个硅片表面上进行材料沉积。多晶硅或非晶硅已经能够采用局部化学汽相沉积的方法生长而成，这种方法只在局部对微结构进行加热[28]。在这种情况下，CVD 生长仅发生在加热部位。

由于沉积速率有限，所以在实际中采用 CVD 方法生长氧化物牺牲层的厚度是受到限制的。如果需要较厚的氧化层，可以采用其他类型的氧化物。例如，旋涂玻璃(SOG)既可以用来作为牺牲层材料[29]，也可以作为结构层材料[30]。

可以采用 PECVD 方法沉积硅、氧化硅和氮化硅[31]。与 LPCVD 相比，PECVD 方法可以在较低的工艺温度下进行。但是低温也意味着较低的材料密度和较差的抗刻蚀性。

当然，像多晶硅这类薄膜材料可以用溅射法形成。溅射工艺可以在室温下进行。

11.2.3　其他表面微机械加工材料与工艺

近年来，诸如锗硅和多晶锗等 LPCVD 材料逐渐成为 MEMS 中可以使用的结构层材料。在MEMS 应用领域，锗硅一直受到积极的推广，因为其较低的加工温度(相比多晶硅的580℃，锗硅工艺温度只有450℃)使得 MEMS 工艺线可以更广泛地选择一些不同种类的衬底材料，并且可以增强与 CMOS 工艺的兼容性[32～35]。与多晶硅相比，锗硅的生长速率更高。多晶锗具有较低的沉积温度(小于350℃)并相对于硅 MEMS 中常用的薄膜材料，它有着极佳的刻蚀选择性[36]。

除了半导体材料及其相关薄膜之外，其他种类的材料也可以作为牺牲层和结构层。这些材料包括聚合物和金属薄膜。与 LPCVD 材料相比，聚合物和金属能够在更低的温度下并采用更简单的设备进行沉积和加工。

MEMS 中常用的聚合物将在第 13 章中进行介绍。聚合物材料可以采用多种方式沉积，这些方式包括旋涂、汽相涂覆、喷涂和电镀。聚合物能够作为结构层并且具有独特的机械、电学和化学特性，这些特性是半导体薄膜所无法提供的。

聚合物作为牺牲层可以采用干法刻蚀(如氧等离子刻蚀)或强力有机溶剂(如丙酮)进行去除。对于不同的聚合物需要采用非常规的加工工艺。例如，一种去除聚对二甲苯牺牲层的方法是，首先将聚对二甲苯转变为碳，然后让固态碳与氧气反应变为二氧化碳气体，从而将固态碳除去[37]。该工艺中防止了黏附问题的发生，黏附问题是由液相刻蚀和随后的烘干过程所引起的。

金属元素(包括金、铜、镍、铝和金属合金)可以作为牺牲层或结构层[38～43]。采用蒸发或溅射能够沉积薄金属膜(如小于 $1\mu m$)，采用电镀能够制造出厚金属膜(如大于 $2\mu m$)。

无论是单晶硅还是多晶硅都可以作为牺牲层材料。硅牺牲层刻蚀工艺已经研制出，采用的是汽相刻蚀剂，如 XeF_2 或 BrF_3[44，45]。

例题 11.1　(双层表面微机械加工工艺的材料选择)　讨论四种牺牲层材料(CVD 氧化物、光刻胶、聚对二甲苯和金属)和五种结构层材料(CVD 多晶硅、CVD 氮化硅、金属、光刻胶和聚对二甲苯)之间的组合。在双层工艺中共有多少对可行的结构层–牺牲层材料组合？

解：以上牺牲层和结构层材料之间的兼容性在表 11-1 中进行了总结。总共有十种可行的材料组合。

表11-1　可行的牺牲层（列）和结构层（行）组合（"不可以"指通常情况下不可能存在的组合）

结构层	牺牲层			
	CVD PSG 或热氧化物	光刻胶	聚对二甲苯	金属
LPCVD 多晶硅	可以	不可以，对于光刻胶而言沉积温度过高	不可以，对于聚对二甲苯而言沉积温度过高	不可以，很多金属无法承受 LPCVD 多晶硅时的高温
LPCVD 氮化硅	可以	不可以，对于光刻胶而言沉积温度过高	不可以，对于光刻胶而言沉积温度过高	不可以，对于光刻胶而言沉积温度过高
金属	可以①	可以②	可以③	可以（只要是不同金属）
光刻胶	不可以，氢氟酸溶液会损坏光刻胶	不可以，结构层和牺牲层会同时被刻蚀	不可以，刻蚀聚对二甲苯的所有方法（包括干法刻蚀）都会侵蚀光刻胶结构层	可以
聚对二甲苯	可以	可以，有机溶剂会侵蚀光刻胶，不会侵蚀聚对二甲苯	不适用	可以

①某些氧化物刻蚀剂（例如浓氢氟酸）可能会侵蚀某些金属。
②蒸金会使硅片的温度升高并且导致聚合物局部熔化。这就需要精细的工艺控制。
③聚对二甲苯（作为牺牲层）必须要采用氧等离子去除，这种方法可能会氧化某些金属。

11.3　加速牺牲层刻蚀的方法

　　大面积平板牺牲层的释放或去除长槽和暗槽中的牺牲层材料需要耗费很多时间。由于尺寸较小（大面积平板的厚度，槽的横截面），新鲜的刻蚀剂和产生的副产品的传输速率随着刻蚀的进行而降低。

　　通过化学湿法刻蚀的方法对长形暗槽中的牺牲层材料进行刻蚀，其化学物质传输特性已经开展了研究，研究中分别采用 PSG（牺牲层为氮化硅）[46]和光刻胶（牺牲层为聚对二甲苯）[47]作为结构层。

　　减少大面积平板牺牲层刻蚀时间的一种方法是使用被称为**刻蚀孔**的小开口。图 11-7 给出了悬浮微机械板的扫描电子显微照片，每个板由两个悬臂梁支撑。板的面积为 $200\mu m \times 200\mu m$。板上的四个刻蚀孔使得牺牲层钻蚀不但可以在板的边缘发生，而且可以在其内部进行。这种方法可以大大减少刻蚀所需的时间。多晶硅上刻蚀孔的显微照片如图 11-8 所示。在大多数情况下，刻蚀孔应当比较小，以免在器件工作时产生不良影响。

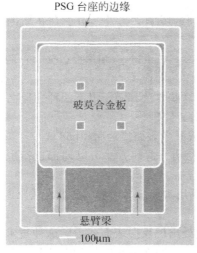

图 11-7　表面微机械加工的磁执行器

图 11-8　刻蚀孔的 SEM 显微照片

在某些应用中，刻蚀孔对器件的性能有一定的影响。例如，光反射器上的刻蚀孔不但会降低反射系数，而且会导致衍射现象的发生[48]。在刻蚀孔并非最佳选择的情况下或者不允许采用刻蚀孔时，就需要通过改变刻蚀方法和刻蚀材料来提高刻蚀速率。过去人们已经设计了一些可行性的实验对这方面进行研究。据报导，以下材料具有非常快的刻蚀速率和很高的刻蚀选择性：1) 树状聚合物，例如超分支聚合物（HBP）[49]；2) 氧化锌薄层。2% 的盐酸对氧化锌的刻蚀速率大于 1000Å/s 而且不会产生气泡。如果牺牲层材料是金属，可以通过加偏压使其在电解液中溶解的方法来加速钻蚀[50]。此外，可以使用自组装的单分子层来释放大面积的微器件而不需要采用化学湿法刻蚀[51]。

研究者同样研制出作为结构层的多孔硅（穿通薄膜的孔直径为 10 ~ 50nm）。这些孔可以使其下的牺牲层被快速移除而不需要借助大尺寸的刻蚀孔[52，53]。因为孔尺寸达到纳米量级，所以它们对器件的工作影响很小。

11.4　黏附机制和抗黏附方法

牺牲层去除常常采用化学溶剂来完成，这是因为其刻蚀速率高，并且设备简单，刻蚀选择性也很好。它常需要采用自然蒸发或强制蒸发的后处理方法对圆片和芯片进行干燥。但是，干燥过程并非一蹴而就。具体情况在图 11-9 中进行解释说明。

随着液体通过蒸发方式被去除，微结构顶部表面最先被暴露在空气中。困在悬挂微结构下的液体需要更多的时间去除。表面张力作用在液体和空气的界面上，其作用方向是液体和空气界面的切线方向。对于大尺寸器件而言，表面张力作用可以忽略并且不会造成显著的变形。但是，由于微尺寸器件常常采用柔性材料并包含微小的间隙，表面张力能够使表面微结构产生显著的变形，常常会造成微结构与衬底相接触。

人们已经开展了详细的研究，用以确定所选材料系统结合时的表面能[54，55]。悬浮结构与衬底的接触会导致不可逆的损坏。一旦接触，

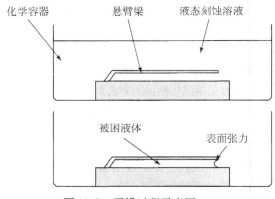

图 11-9　干燥过程示意图

强大的分子力（例如范德华力）会加强悬浮结构和衬底间的吸引。另外，由于存在新的反应副产品，很可能会产生固体桥接。

微结构的这种失效模式称为**黏附**，黏附（stiction）是粘接（sticking）和摩擦（friction）两个单词所组成的复合词。

人们已经开发了很多实用的方法来解决黏附问题。这些方法都源于以下四种途径之一：

1) 改变固体与液体界面的化学性质以减小毛细吸引力[56]。

2) 防止产生过大的结合力，如提高溶液温度[57]或减少表面接触面积[58]。

3) 采用各种形式的能量输入释放黏附在衬底上的结构，这些方法可以局部进行也可以整体进行[59~61]。

4) 为机械结构提供反向力以防止其相互接触，如利用本征应力引起的弯曲现象[62]。

下面详细介绍利用上述途径的两种典型方法。

采用超临界流体烘干方法可以防止液体与空气界面处出现反向表面张力。这种技术最先应用于生物领域。在形态学研究中，该技术用来使细嫩的生物组织在避免结构的毁坏和变形的情况下

脱水。通过观察溶剂材料的通用相图可了解这项工艺(图 11-10)。读者对于固、液、气三相的概念非常熟悉,而超临界相则出现在高温高压的环境下。

下面描述的是采用超临界相技术的典型烘干工艺。将带有释放微结构的芯片浸入液体中并置于合适的压强(非大气压)和室温下。初始状态在相图中用点 1 表示。增加液体的温度并保持压强不变。溶剂从液相转变为超临界相(点 2)。降低超临界相流体的压力,使得超临界流体转变为汽相(点 3)。实际上从液相转变为超临界相以及从超临界相转变为汽相的过程中不存在表面张力。

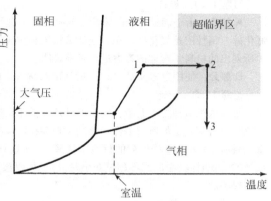

图 11-10   二氧化碳超临界烘干方法

在微结构和衬底上采用疏水涂层可以降低结合能,从而降低黏附。表面覆盖一层自组装的长链分子,这种长链分子叫做单层疏水自组装(SAM)[56,63,64]。另外,可以采用等离子方法沉积碳氟化合物(类似于 Teflon)[65]。

除了用于防黏附涂层外,疏水表面处理还可以应用于其他领域。例如,采用疏水的图形化区域降低了表面结合能,就可以不采用牺牲层湿法刻蚀便从模具中提起圆片级尺度的器件[51]。局部疏水处理可以使小部件按照自组织方式进行自动组装[66,67]。

11.5   总结

表面微机械加工技术是本章的重点。表面微机械加工以及前面章节所讨论的体微机械加工在工艺中常常同时使用。本章所讨论的牺牲层技术基于最为常见的材料体系——多晶硅作为结构层和氧化物作为牺牲层。本章还讨论了制造微型马达的三种工艺,并以此为例展示了实现微结构在技术上存在的复杂性;对其他的替代材料也做了简单讨论;随后讨论了与制造相关的主要问题,即黏附和加速牺牲层钻蚀的内容。

以下所列出的是本章包括的主要概念、事实和分析方法。

定性理解和概念:

1) 基本的双层表面微机械加工工艺。

2) 采用微机械加工工艺制造微型马达。

3) 普通刻蚀剂对多晶硅和氧化物的刻蚀速率和刻蚀选择性。

4) 选择结构层和牺牲层材料的一般准则,适用于三层结构层的工艺。

5) 多晶硅、氮化硅、氧化物、光刻胶和金属的沉积条件和刻蚀方法。

6) 防止黏附的常用方法。

7) 完整的表面微机械加工工艺流程,包括选择正确的结构层和牺牲层材料以及刻蚀剂,使其具备最大的刻蚀选择性。

定量理解和技巧:

1) 评估一种多层牺牲层微结构工艺流程的鲁棒性。

2) 通过功能或者结构描述,综合设计表面微机械加工工艺流程。

习题

11.2节

习题11.1　设计

A部分：由金制成的悬臂梁位于硅衬底上，硅衬底上有一层氮化硅钝化层。用低压化学汽相沉积法沉积氮化硅，牺牲层是氧化硅。在不损坏结构层和衬底的前提下，找出尽可能多的方法刻蚀牺牲层，使用附录D中所列出的材料。对你的答案进行解释说明。

B部分：使用参考文献[11]中所列出的材料，重复A部分的工作。

习题11.2　设计

表面微机械加工工艺中，在平面硅片上低压化学汽相沉积多晶硅作为结构层，淀积5μm厚的牺牲层。列出牺牲层必须满足的所有条件，讨论是否存在这样的材料能够符合以上设计要求。（考虑所有可能的牺牲层备选材料（从附录D中所列的材料中选择），所选材料必须具备工艺温度的兼容性、化学刻蚀兼容性、可以接受的沉积时间（总时间不超过6小时）以及可以接受的刻蚀时间。也可以列出那些与多晶硅温度兼容性不确定的材料。）

习题11.3　制造

常规的表面微机械加工工艺如下图所示，它采用两层结构层材料和两层牺牲层材料。在此工艺中，衬底材料是硅，结构层#1是多晶硅，结构层#2必须是聚对二甲苯。

（1）从下面所列的材料中确定一组可行的备选材料作为牺牲层#1和#2：LPCVD氮化硅、LPCVD氧化硅、光刻胶和蒸金薄膜。简单说明一下所列的每种材料选择与否的原因。（提示：有可能所有的材料都无法满足条件。）

（2）参照附录D中所列的刻蚀兼容性表格，找出能够满足工艺兼容性要求的其他材料组合。

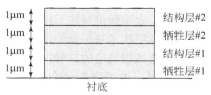

习题11.4　制造

常规的表面微机械加工工艺如下图所示，它采用两层结构层材料和两层牺牲层材料。在此工艺中，衬底材料是硅，牺牲层#1是金，结构层#1是聚对二甲苯。

A部分：从下面所列的材料中确定一组可行的备选材料作为牺牲层#2和结构层#2：

- 牺牲层材料选项：LPCVD氧化硅、光刻胶和蒸金薄膜。
- 结构层材料选项：LPCVD氮化硅、LPCVD氧化硅、蒸金薄膜。

简单说明一下所列的每种材料选择与否的原因。（提示：有可能所有的材料都无法满足条件。）

B部分：参照刻蚀兼容性表格，找出能够满足工艺兼容性要求的其他材料组合（选择范围仅限附录D中所讨论的材料）。描述制造叠层结构的完整工艺流程，包括光刻胶的旋涂和显影等细节。（提示：从网上资料中找出各种材料的沉积温度并将它们总结在表格中。）

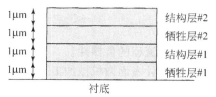

习题11.5　制造

常规的表面微机械加工工艺如下图所示，它采用两层结构层材料和两层牺牲层材料。在此工艺中，衬底材料是硅，结构层#1 是金，结构层#2 是聚对二甲苯。

从下面所列的材料中确定一组可行的备选材料作为牺牲层#1 和#2：LPCVD 氮化硅、LPCVD 氧化硅和光刻胶。

简单说明一下所列的每种材料选择与否的原因。（提示：有可能所有的材料都无法满足条件。）

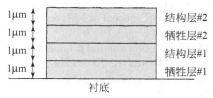

习题 11.6 制造

常规的表面微机械加工工艺如下图所示，它采用两层结构层材料和两层牺牲层材料。在此工艺中，衬底材料是玻璃，结构层#1 是多晶硅，结构层#2 是金。

从下面所列的材料中确定一组可行的备选材料作为牺牲层#1 和#2：LPCVD 氮化硅、LPCVD 氧化硅、光刻胶和蒸金薄膜。简单说明一下所列的每种材料选择与否的原因。（提示：有可能所有的材料都无法满足条件。）

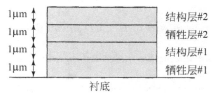

习题 11.7 制造

对下图所示结构，重复习题 11.3。这里我们增加一个任意的标准：所有的沉积步骤不能超过 3 小时。（提示：从文献和网上资源找出生长速率的数据。）

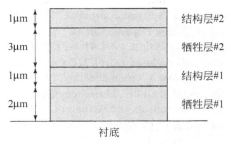

参考文献

1. Pister, K.S.J., et al., *Microfabricated hinges.* Sensors and Actuators A: Physical, 1992. **33**(3): p. 249–256.
2. Ross, M. and K.S.J. Pister, *Micro-windmill for optical scanning and flow measurement.* Sensors and Actuators A: Physical, 1995. **47**(1–3): p. 576–579.
3. Dechev, N., W.L. Cleghorn, and J.K. Mills, *Microassembly of 3-D, microstructures using a compliant, passive microgripper.* Microelectromechanical Systems, Journal of, 2004. **13**(2): p. 176–189.
4. Green, P.W., R.R.A. Syms, and E.M. Yeatman, *Demonstration of three-dimensional microstructure self-assembly.* Microelectromechanical Systems, Journal of, 1995. **4**(4): p. 170–176.
5. Syms, R.R.A., *Surface tension powered self-assembly of 3-D micro-optomechanical structures.* Microelectromechanical Systems, Journal of, 1999. **8**(4): p. 448–455.

6. Syms, R.R.A., et al., *Surface tension-powered self-assembly of microstructures—the state-of-the-art.* Microelectromechanical Systems, Journal of, 2003. **12**(4): p. 387–417.

7. Yi, Y. and C. Liu, *Magnetic actuation of hinged microstructures.* IEEE/ASME Journal of Microelectromechanical Systems (JMEMS), 1999. **8**(1): p. 10–17.

8. Zou, J., et al., *Plastic deformation magnetic assembly (PDMA) of out-of-plane microstructures: Technology and application.* IEEE/ASME Journal of Microelectromechanical Systems (JMEMS), 2001. **10**(2): p. 302–309.

9. Kaajakari, V. and A. Lal, *Thermokinetic actuation for batch assembly of microscale hinged structures.* Microelectromechanical Systems, Journal of, 2003. **12**(4): p. 425–432.

10. Reid, J.R., V.M. Bright, and J.T. Butler, *Automated assembly of flip-up micromirrors.* Sensors and Actuators A: Physical, 1998. **66**(1–3): p. 292–298.

11. Williams, K.R. and R.S. Muller, *Etch rates for micromachining processing.* Microelectromechanical Systems, Journal of, 1996. **5**(4): p. 256–269.

12. Williams, K.R., K. Gupta, and M. Wasilik, *Etch rates for micromachining processing-Part II.* Microelectromechanical Systems, Journal of, 2003. **12**(6): p. 761–778.

13. French, P.J., et al., *The development of a low-stress polysilicon process compatible with standard device processing.* Microelectromechanical Systems, Journal of, 1996. **5**(3): p. 187–196.

14. Kamins, T.I. and T.R. Cass, *Structure of chemically deposited polycrystalline-silicon films.* Thin Solid Films, 1973. **16**(2): p. 147–165.

15. Kamins, T.I., *Structure and propreties of LPCVD silicon films.* Journal of Electrochemical Society, 1980. **127**: p. 686–690.

16. Kamins, T., *Polycrystalline silicon for integrated circuits and displays.* Second ed. 1998: Kluwer Academic Publishers.

17. Ylonen, M., A. Torkkeli, and H. Kattelus, *In situ boron-doped LPCVD polysilicon with low tensile stress for MEMS applications.* Sensors and Actuators A: Physical, 2003. **109**(1–2): p. 79–87.

18. Lee, Y.-I., et al., *Dry release for surface micromachining with HF vapor-phase etching.* Microelectromechanical Systems, Journal of, 1997. **6**(3): p. 226–233.

19. Volklein, F. and H. Balles, *A Microstructure for measurement of thermal conductivity of polysilicon thin films.* Microelectromechanical Systems, Journal of, 1992: p. 193–196.

20. Paul, O.M., J. Korvink, and H. Baltes, *Determination of the thermal conductivity of CMOS IC polysilicon.* Sensors and Actuators A: Physical, 1994. **41**(1–3): p. 161–164.

21. Paul, O. and H. Baltes, *Thermal conductivity of CMOS materials for the optimization of microsensors.* Journal of Micromechanics and Microengineering, 1993. **3**: p. 110–112.

22. Mastrangelo, C.H., Y.-C. Tai, and R.S. Muller, *Thermophysical properties of low-residual stress, silicon-rich, LPCVD silicon nitride films.* Sensors and Actuators A: Physical, 1990. **23**(1–3): p. 856–860.

23. McConnell, A.D., S. Uma, and K.E. Goodson, *Thermal conductivity of doped polysilicon layers.* Microelectromechanical Systems, Journal of, 2001. **10**(3): p. 360–369.

24. Guckel, H., et al., *Fine-grained polysilicon films with built-in tensile strain.* Electron Devices, IEEE Transactions on, 1988. **35**(6): p. 800–801.

25. Gianchandani, Y.B., M. Shinn, and K. Najafi, *Impact of high-thermal budget anneals on polysilicon as a micromechanical material.* Microelectromechanical Systems, Journal of, 1998. **7**(1): p. 102–105.

26. Ristic, L., et al., *Properties of polysilicon films annealed by a rapid thermal annealing process.* Thin Solid Films, 1992. **220**(1–2): p. 106–110.

27. Zhang, X., et al., *Rapid thermal annealing of polysilicon thin films.* Microelectromechanical Systems, Journal of, 1998. **7**(4): p. 356–364.

28. Joachim, D. and L. Lin, *Characterization of selective polysilicon deposition for MEMS resonator tuning.* Journal of Microelectromechanical Systems, 2003. **12**(2): p. 193–200.

29. Azzam Yasseen, A., J.D. Cawley, and M. Mehregany, *Thick glass film technology for polysilicon surface micromachining.* Microelectromechanical Systems, Journal of, 1999. **8**(2): p. 172–179.

30. Liu, R.H., M.J. Vasile, and D.J. Beebe, *The fabrication of nonplanar spin-on glass microstructures.* Microelectromechanical Systems, Journal of, 1999. **8**(2): p. 146–151.

31. Soh, M.T.K., et al., *Evaluation of plasma deposited silicon nitride thin films for microsystems technology.* IEEE/ASME Journal of Microelectromechanical Systems (JMEMS), 2005. **14**(5): p. 971–977.

32. Sedky, S., et al., *Structural and mechanical properties of polycrystalline silicon germanium for micromachining applications.* Microelectromechanical Systems, Journal of, 1998. **7**(4): p. 365–372.

33. Franke, A.E., et al., *Polycrystalline silicon-germanium films for integrated microsystems.* Microelectromechanical Systems, Journal of, 2003. **12**(2): p. 160–171.

34. Rusu, C., et al., *New low-stress PECVD poly-SiGe layers for MEMS.* Microelectromechanical Systems, Journal of, 2003. **12**(6): p. 816–825.

35. Low, C.W., T.-J.K. Liu, and R.T. Howe, *Characterization of polycrystalline silicon-germanium film deposition for modularly integrated MEMS applications.* IEEE/ASME Journal of Microelectromechanical Systems (JMEMS), 2007. **16**(1): p. 68–77.

36. Li, B., et al., *Germanium as a versatile material for low-temperature micromachining.* Microelectromechanical Systems, Journal of, 1999. **8**(4): p. 366–372.

37. Hui, E.E., C.G. Keller, and R.T. Howe. *Carbonized parylene as a conformal sacrificial layer.* in Technical digest, Solid-state Sensor and Actuator Workshop. 1998. Hilton Head Island, SC.

38. Storment, C.W., et al., *Flexible, dry-released process for aluminum electrostatic actuators.* Microelectromechanical Systems, Journal of, 1994. **3**(3): p. 90–96.

39. Zavracky, P.M., S. Majumder, and N.E. McGruer, *Micromechanical switches fabricated using nickel surface micromachining.* Microelectromechanical Systems, Journal of, 1997. **6**(1): p. 3–9.

40. Frazier, A.B. and M.G. Allen, *Uses of electroplated aluminum for the development of microstructures and micromachining processes.* Microelectromechanical Systems, Journal of, 1997. **6**(2): p. 91–98.

41. Zou, J., C. Liu, and J. Schutt-aine, *Development of a wide-tuning-range two-parallel-plate tunable capacitor for integrated wireless communication system.* International Journal of RF and Microwave CAE, 2001. **11**: p. 322–329.

42. Buhler, J., et al., *Electrostatic aluminum micromirrors using double-pass metallization.* Microelectromechanical Systems, Journal of, 1997. **6**(2): p. 126–135.

43. Kim, Y.W. and M.G. Allen, *Single- and multi-layer surface-micromachined platforms using electroplated sacrificial layers.* Sensors and Actuators A: Physical, 1992. **35**(1): p. 61–68.

44. Tea, N.H., et al., *Hybrid postprocessing etching for CMOS-compatible MEMS.* Microelectromechanical Systems, Journal of, 1997. **6**(4): p. 363–372.

45. Yao, T.-J., X. Yang, and Y.-C. Tai, *BrF3 dry release technology for large freestanding parylene microstructures and electrostatic actuators.* Sensors and Actuators A: Physical, 2002. **97–98**: p. 771–775.

46. Liu, J.Q., et al. *In-situ monitoring and universal modeling of sacrificial PSG etching using hydrofluoric acid.* in Proceedings, IEEE Micro Electro Mechanical Systems Workshop (MEMS'93). 1993. Fort Lauderdale, FL: IEEE.

47. Walsh, K., J. Norville, and Y.C. Tai. *Dissolution of photoresist sacrificial layers in parylene microchannels.* in Proceedings, IEEE International Conference on Micro Electro Mechanical Systems. 2001. Interlaken, Switzerland: IEEE.

48. Zou, J., et al., *Effect of etch holes on the optical properties of surface micromachined mirrors.* IEEE/ASME Journal of Microelectromechanical Systems (JMEMS), 1999. **8**(4): p. 506–513.

49. Suh, H.-J., et al., *Dendritic material as a dry-release sacrificial layer.* Microelectromechanical Systems, Journal of, 2000. **9**(2): p. 198–205.

50. Selby, J.S. and M.A. Shannon. *Anodic sacrificial layer etch (ASLE) for large area and blind cavity release of metallic structures.* in Technical Digest, Solid-state Sensor and Actuator Workshop. 1998. Hilton Head Island, SC.

51. Kim, G.M., et al., *Surface modification with self-assembled monolayers for nanoscale replication of photoplastic MEMS.* Microelectromechanical Systems, Journal of, 2002. **11**(3): p. 175–181.

52. Anderson, R.C., R.S. Muller, and C.W. Tobias, *Porous polycrystalline silicon: A new material for MEMS.* Microelectromechanical Systems, Journal of, 1994. **3**(1): p. 10–18.

53. Dougherty, G.M., T.D. Sands, and A.P. Pisano, *Microfabrication using one-step LPCVD porous polysilicon films.* Microelectromechanical Systems, Journal of, 2003. **12**(4): p. 418–424.

54. Mastrangelo, C.H. and C.H. Hsu, *Mechanical stability and adhesion of microstructures under capillary forces. I. Basic theory.* Microelectromechanical Systems, Journal of, 1993. **2**(1): p. 33–43.

55. Hariri, A., F. Jean Zu, and R.B. Mrad, *Modeling of wet stiction in microelectromechanical systems (MEMS).* IEEE/ASME Journal of Microelectromechanical Systems (JMEMS), 2007. **16**(5): p. 1276–1285.

56. Srinivasan, U., et al., *Alkyltrichlorosilane-based self-assembled monolayer films for stiction reduction in silicon micromachines.* Microelectromechanical Systems, Journal of, 1998. **7**(2): p. 252–260.

57. Abe, T., W.C. Messner, and M.L. Reed, *Effects of elevated temperature treatments in microstructure release procedures.* Microelectromechanical Systems, Journal of, 1995. **4**(2): p. 66–75.

58. Yee, Y., et al., *Polysilicon surface-modification technique to reduce sticking of microstructures.* Sensors and Actuators A: Physical, 1996. **52**(1–3): p. 145–150.

59. Rogers, J.W. and L.M. Phinney, *Process yields for laser repair of aged, stiction-failed, MEMS devices.* Microelectromechanical Systems, Journal of, 2001. **10**(2): p. 280–285.

60. Gogoi, B.P. and C.H. Mastrangelo, *Adhesion release and yield enhancement of microstructures using pulsed Lorentz forces.* Microelectromechanical Systems, Journal of, 1995. **4**(4): p. 185–192.

61. Savkar, A.A., et al., *On the use of structural vibrations to release stiction failed MEMS.* IEEE/ASME Journal of Microelectromechanical Systems (JMEMS), 2007. **16**(1): p. 163–173.

62. Toshiyoshi, H., et al., *A surface micromachined optical scanning array using photoresist lenses fabricated by a thermal reflow process.* Journal of Lightwave Technology, 2003. **21**(7): p. 1700–1708.

63. Kim, B.H., et al., *A new organic modifier for anti-stiction.* Microelectromechanical Systems, Journal of, 2001. **10**(1): p. 33–40.

64. Zhuang, Y.X., et al., *Vapor-phase self-assembled monolayers for anti-stiction applications in MEMS.* IEEE/ASME Journal of Microelectromechanical Systems (JMEMS), 2007. **16**(6): p. 1451–1460.

65. Man, P.F., B.P. Gogoi, and C.H. Mastrangelo, *Elimination of post-release adhesion in microstructures using conformal fluorocarbon coatings.* Microelectromechanical Systems, Journal of, 1997. **6**(1): p. 25–34.

66. Srinivasan, U., D. Liepmann, and R.T. Howe, *Microstructure to substrate self-assembly using capillary forces.* Microelectromechanical Systems, Journal of, 2001. **10**(1): p. 17–24.

67. Whitesides, G.M. and B. Grzybowski, *Self-assembly at all scales.* Science, 2002. **295**(5564): p. 2418–2421.

第12章 工艺组合

12.0 预览

本章的主要目的是讨论并总结制备 MEMS 器件时可采用的工艺。读者在学过了微机械加工工艺(第 2、10、11 章)以及换能原理之后，应该能够**就材料和功能而选择的工艺进行评估**。

目前，有多种多样的 MEMS 器件，但在 MEMS 器件中，只有三种明显不同的可动结构(如图 12-1 所示)，它们是：

1）悬臂梁：一端固定，另一端自由的梁。

2）悬浮结构：两端固定的梁。横梁中间可能包括一个平板，悬浮结构也叫做两端夹紧梁。

3）薄膜或平板。

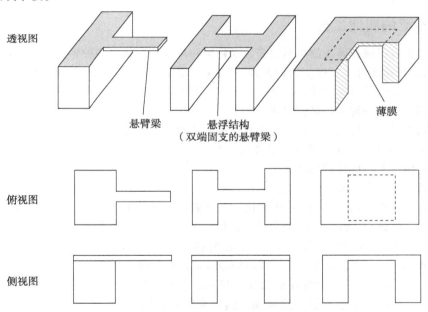

图 12-1 悬臂梁、悬浮结构以及薄膜

商用 MEMS 产品广泛采用薄膜和悬浮结构。例如加速度计(悬浮电容平板或梳齿)、陀螺仪(悬浮平板或梳齿)、数字微镜阵列以及压力传感器(薄膜)。扫描探针会经常使用悬臂梁结构。

所有的单元都包括机械质量和弹性系数。许多器件是自由、可动的结构。采用的质量–弹簧–阻尼器模型分析器件动态性能的方法是相似的。然而，由于功能的不同，其制备工艺完全不同。

至于采用哪种结构，要根据它们在内应力作用下的行为来选择。

1）悬臂梁常用于需要自由端的器件里。当在其厚度方向受到梯度应力时，它就会发生弯曲，但是，如果悬臂梁受到均匀的应力，它就不会弯曲。

2）对于两端固定的悬梁，如果受到均匀的压应力，它会发生弯曲和屈曲，但是如果受到的是拉应力，悬梁依然保持直的。

3）薄膜在受到拉应力的作用下依旧保持平坦，但是当受到压应力时就会发生弯曲变形。

应力问题是不可避免的，它与所选取的基本材料性能有关。材料会影响工艺，工艺反过来又会影响设计。例如，制作悬浮结构的材料如果选取单晶硅，那么就不能采用表面微机械加工技术。

本节我们首先单独讨论这几类器件的典型加工工艺。这些比较不是详细的综述，也不可能提供一种综合的分析指南，而是丰富微制造可能性的一种介绍。在本章，我们只考虑制作独立微机械结构的加工工艺。换言之，我们不考虑那些与电子电路和封装集成的器件加工工艺。

在选择加工工艺时，有许多因素需要考虑：

材料：机械元件可能由硅、薄膜电介质、聚合物、金属构成。

加工技术分类：表面微机械加工、体微机械加工、干法刻蚀、湿法刻蚀以及圆片键合。

圆片的种类：硅、玻璃、特殊圆片（例如 SOI 硅片）。

集成方案：是否同时制作电路和微机械元件。

材料层数：一些结构包括一层材料，然而大多数结构包括两层或更多层材料（包括引线）。

辅助结构：要考虑机械结构是否容纳传感器或执行器。

换能原理：当制作传感器时，采用的换能方式会决定结构形状以及所选取的材料。例如，静电敏感需要采用对电极。

12.1　悬空梁的制造工艺

可用于加工悬浮梁和薄板的材料很多，而且梁和薄板的形状也多种多样。大多数 MEMS 商用产品（投影仪、加速度计、陀螺仪、谐振器）都是基于悬臂结构的。微结构由板状结构和衬底结构构成。图 12-2 画出了部分典型的悬空结构（最多两层材料）和衬底结构。微结构可以由其中一种梁或薄板结构与其中一种衬底结构组成。

根据不同的材料、衬底、硅片上的垂直结构形状和薄膜成分，许多工艺可以用于加工悬浮梁和薄板，图 12-3 给出了其中几种典型的加工工艺。这些加工工艺可以分为主要的三类：钻蚀、背面刻蚀和硅片键合及结构转移的混合加工。

下面简要描述一下所使用的方法：

方法 a.1：淀积一层薄膜，然后图形化。该薄膜用于各向异性湿法刻蚀的掩膜来钻蚀硅片，从而释放结构。在这种情况下，由于薄膜是淀积形成的，因而其厚度是有限的。

方法 a.2：淀积一层薄膜，然后图形化。该薄膜用于各向同性湿法/干法刻蚀的掩膜来钻蚀硅片，从而释放结构。与方法 a.1 一样，其薄膜厚度也是有限的。

方法 a.3：淀积一层带有自停止刻蚀层的厚膜，其中自停止层将薄膜和衬底分开。SOI 硅片就是一个例子。采用深反应离子刻蚀薄膜，然后采用各向同性湿法或干法刻蚀钻蚀衬底，释放结构。

方法 b.1：和方法 a.1 基本相似，只是本方法的硅片从背面刻蚀，因而结构是自由独立的。

方法 b.2：和方法 b.1 基本相似，只是本方法里有一层刻蚀自停止层将图形化的薄膜和衬底分开，自停止层会将背面的各向异性湿法刻蚀停止，最后选择性地去除自停止层。

方法 b.3：和方法 b.1 基本相似，只是本方法中背面刻蚀采用的是背面深反应离子刻蚀（DRIE）。由于没有使用刻蚀自停止层，正面材料在进行 DRIE 时，应该具有较低的刻蚀速率。

方法 b.4：基本上与方法 b.2 相同，只是本方法中背面刻蚀采用的是 DRIE。

方法 c.1：将正面的薄膜材料贴在一个转移硅片上，然后将它与带有空腔的衬底硅片键合，选择性去除转移硅片。薄膜作为钻蚀的掩蔽膜。这与方法 a.1 中的钻蚀方法以及薄膜用途相似。由于薄膜被转移了，在这种方法中使用的某些材料在方法 a.1 中不一定可以使用。

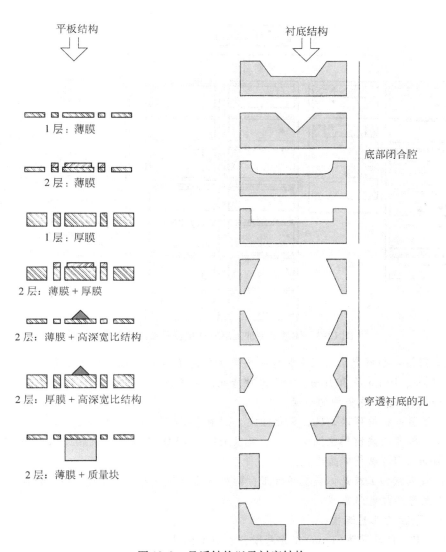

图 12-2 悬浮结构以及衬底结构

方法 c.2：与方法 c.1 相似，只是转移硅片与一个已经具有空腔的硅片键合。这样可以使用更多种类的薄膜材料，因为薄膜材料不需要作为各向异性刻蚀的掩膜材料。

如果结构中必须使用多层材料，或是使用对电极，或是包括集成电路，在图 12-3 的基础上必须增加很多工艺步骤。

例题 12.1 一个公司正在开发基于静电敏感的 MEMS 陀螺仪。它需要一个悬梁支撑。该器件不一定要与电子电路集成。从图 12-3 中选择一种可以制作悬梁的工艺。

解： 由于此结构基于静电敏感原理，所以它必须由低应力、低损耗的导电材料制成。对于横梁，只有具有张应力的氮化硅、多晶硅以及单晶硅是可选的。由于氮化硅既不可以用于静电敏感，也不可以用于压阻敏感，因此，悬梁结构应由单晶硅制作。

因为悬梁结构要经过硅钻蚀或是背面刻蚀，因而，a.1、a.2、b.1、b.2、c.1 以及 c.2 都是不合适的。由于要选用刻蚀自停止层来隔离硅悬梁元件，只有 b.2 和 b.4 是可以采用的。

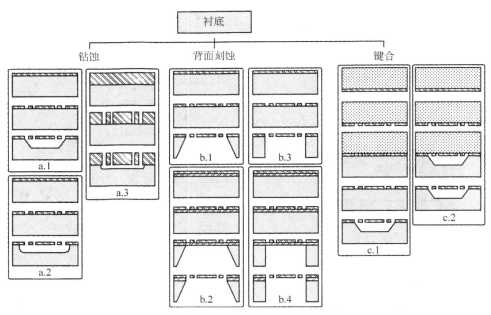

图 12-3　体微机械加工形成微机械平板的典型方法

例题12.2 假设一个研究小组正在制作一个带有质量块 m 的悬梁。该小组考虑使用三种不同厚度的悬梁，$1\mu m$、$10\mu m$ 及 $300\mu m$，对于每种情况，选择合适的工艺。

解： 小组至少会面临下面的因素

- 薄膜类型：材料可以是硅、氮化硅或金。由于淀积时间和材料成本限制，对于氮化硅和金薄膜，厚度应该控制在低于 $1\mu m$。可以采用 LPCVD(低压化学汽相淀积)薄膜硅(厚度限制在 $3\mu m$ 以下)或是单晶硅。

- 表面微机械加工或是体微机械加工：两种方法与集成电路并不是 100% 兼容，表面微机械加工允许单片电路集成。

可以采用下面的工艺流程：

选项 1：LPCVD 硅薄膜($1\mu m$)作为悬梁，表面微机械加工工艺。

选项 2：LPCVD 硅薄膜($1\mu m$)作为悬梁，体微机械加工释放结构。

选项 3：单晶硅膜($10\mu m$)作为悬梁，采用 SOI 硅片进行体微机械加工。

选项 4：用深反应离子刻蚀超厚硅膜，然后进行硅片键合和转移。

在选项 1 中，首先 LPCVD 淀积一层牺牲层(氧化层)，并且图形化。接着，LPCVD 淀积一层多晶硅，并且图形化。通过多晶硅结构的窗口，可以去除氧化牺牲层。

选项 2 中，先在硅片上热生长一层氧化层，然后 LPCVD 淀积一层多晶硅。对硅片的背面进行湿法刻蚀或 DRIE 刻蚀。刻蚀会在氧化层自停止，氧化层最后由 HF 溶液去除。

如果要制作一层 10mm 厚的硅结构，LPCVD 方法就不可以使用了，因为 LPCVD 需要太长时间以至于无法生长如此厚的硅膜。

选项 3 使用 SOI 硅片和正面硅，正面硅层的厚度必须设计成悬梁结构所需的厚度，先对正面硅进行干法刻蚀，直到氧化层暴露出来。然后再对背面的硅片进行刻蚀，直到刻蚀到自停止层，最后去除氧化层释放悬梁。

选项 4 由于悬梁所需的厚度是硅片厚度量级的，所以在硅结构中刻蚀悬梁更好，然后将该结构与一个带有空腔的结构键合。如果采用选项3制作这一结构，需要使用 SOI 硅片，而且其正面的硅厚度要尽量厚一些，这样的话制作衬底的成本比较高。

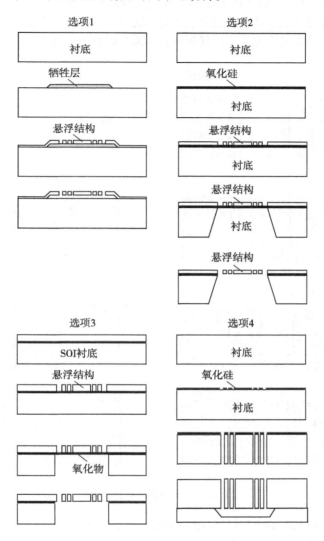

实例 12.1 单片集成中，实现硅悬浮结构的 HARPSS 工艺

前面实例描述的厚悬梁工艺使用了硅片键合技术。我们能不使用键合工艺来制作厚悬梁器件吗？这种工艺的一个实例是将多晶硅和单晶硅结合起来的高深宽比（HARPSS）MEMS 技术[1]，这种技术可以制造高 Q 的谐振器、加速度计以及陀螺仪。后来开发了一种相关的工艺，叫做深槽回填多晶硅技术（TRiPs）。图 12-4 给出了 HARPSS 工艺的主要步骤。首先在硅片上淀积一层氮化硅，然后光刻图形化。氮化硅可以有效地提供电绝缘。用光刻胶或是氧化物作为掩膜，采用深反应离子刻蚀制造垂直的深沟，该沟道深 100μm、宽 6μm（图 12-4a）。然后在整个硅片上 LPCVD 淀积一层氧化物薄膜（图 12-4b）。在敞开的深沟里，淀积的薄膜相对保形，尽管

深沟底部的氧化层要比表面的氧化层厚度薄一些。然后在硅片上旋涂光刻胶，将光刻胶图形化，作为接下来刻蚀步骤的掩膜(图12-4c)。在氮化硅结构上开出锚区窗口，这样可以使多晶硅膜紧紧地粘在氮化硅膜上。然后将光刻胶去掉。这里，应注意一定要将深沟底部的光刻胶完全去掉，因为下一步要涉及高温工艺。任何没有去除掉的光刻胶都会污染氧化炉管，从而降低器件的性能。

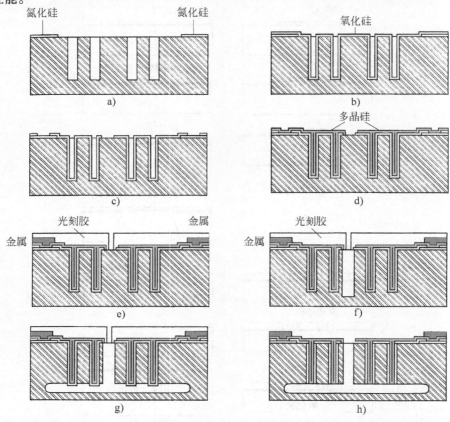

图12-4 HARPSS工艺流程

LPCVD淀积一层硼掺杂的多晶硅层(图12-4d)，使用光刻胶掩膜对多晶硅图形化(图12-4e)，再旋涂一层光刻胶并且图形化，然后开窗口，接下来采用DRIE刻蚀去除窗口下面的硅(图12-4f)，刻蚀达到所要求的深度时，用SF_6反应气体进行各向同性等离子刻蚀。等离子刻蚀横向钻刻$25\mu m$(图12-4g)。定义多晶硅垂直电极和对电极(体硅)间隙的氧化物薄膜，使用HF溶液去除(图12-4h)。

12.2 悬空薄膜的制造工艺

悬空的膜结构是MEMS的常用结构，它已经用于压力传感器、声学传感器、声学执行器和光学微镜阵列等器件。薄膜可以采用表面微机械加工(图12-5a)、体微机械加工(图12-5b和图12-5c)或是用这些方法与圆片键合技术结合。薄膜可以由氮化硅、氧化硅、单晶硅、金属或聚合物材料制成。这些薄膜可能制作后具有张应力、压应力或是零本征力。它们可能由单层薄膜构成，也可能由多层薄膜构成。这些因素使得设计和制造的方法多种多样。

　　图 12-6 列出了一些基于体微机械加工常用的方法。这些加工技术可以分为以下几种：硅湿法刻蚀技术、干法等离子体刻蚀技术、硅片键合和转移技术以及薄膜键合技术。对于每一种结构，可以选择不同的制备方法。

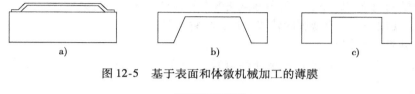

图 12-5　基于表面和体微机械加工的薄膜

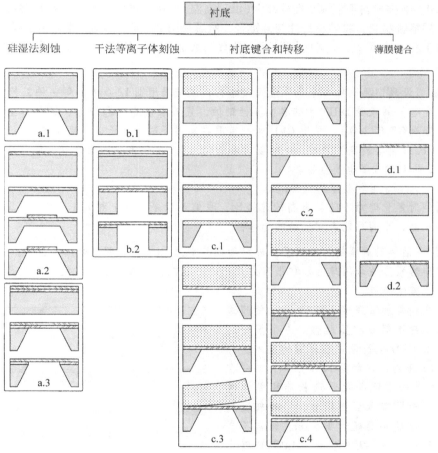

图 12-6　制造薄膜的常用方法

　　方法 a.1：先淀积一层薄膜材料，然后从背面对硅片进行各向异性湿法刻蚀。

　　方法 a.2：先在硅片正面淀积一层薄膜，当从硅片背面刻蚀到一定厚度时，这层薄膜作为硅片正面的掩膜。当腔体仍然被剩下的硅支撑时，淀积第二层薄膜材料，并且进行图形化，然后将硅片从背面完全刻蚀到正面。由于硅片从合适厚度开始刻蚀到完全释放所用的时间要比整个硅片直接刻蚀所用的时间短，第二层薄膜材料不需要在各向异性刻蚀液中暴露太长的时间。

　　方法 a.3：使用刻蚀自停止层上附有理想厚度薄膜的圆片，背面刻蚀到达刻蚀自停止层。将刻蚀自停止层去除，然后释放薄膜。

　　方法 b.1：与方法 a.1 类似，先淀积一层薄膜，然后采用 DRIE 从背面刻蚀硅片。

方法 b.2：与方法 a.3 类似，在刻蚀自停止层上先淀积一层薄膜，刻蚀硅片的背面，直到达到刻蚀自停止层，然后选择性去除刻蚀自停止层，释放膜结构。

方法 c.1：某些材料以薄膜形式淀积可能有困难。在这种情况下，可以将体硅圆片和硅圆片键合。将正面抛光到所需的厚度，采用硅湿法各向异性刻蚀从背面对圆片进行刻蚀。

方法 c.2：使用一个带有薄膜的转移硅片，将它与各向异性刻蚀出来的硅结构键合起来。转移硅片可以由剥离工艺去除。

方法 c.3：与方法 c.1 相似，只是体硅被转移到硅结构，这样，体材料就不必被各向异性刻蚀。

方法 c.4：有些材料不能淀积在硅片上（由于高温），我们可以将其淀积在转移硅片上，并且在中间夹一层牺牲材料，将转移硅片与硅键合，然后采用牺牲刻蚀工艺将转移硅片去除。

方法 d.1 和方法 d.2：在某些情况下，具有松散的薄膜，因此，可以直接将薄膜与硅结构键合。

例题12.3 假设我们要制作一个氮化硅薄膜结构，应该采用图 12-6 中的哪一种工艺呢？

解： 氮化硅能够承受 DRIE 和硅各向异性刻蚀，且具有很高的选择比。LPCVD 生长方法对其薄膜厚度有限制（见第 2 章）。采用 CVD 生长需要在高温下进行，所以不可能采用 c.1、c.2（需要背面刻蚀）、c.3（需要剥离）以及 c.4（需要大量的钻刻）。由于氮化硅相当脆，转移整个薄膜比较困难，因而，d.1 和 d.2 也不合适。

这样我们只有 a 组和 b 组的选择了。

由于刻蚀时氮化硅对于硅具有高的选择比，我们可以采用 a.1 和 b.1。工艺 a.3 和 b.2 中包括刻蚀自停止层，因而可能具有更高的选择性。

例题12.4 评估单层薄膜的加工工艺。确定加工厚度为 1μm 的薄膜所采用的方法。

解： 制作薄膜应该采用单晶硅和张应力氮化硅。现在我们来评估几种制作单层薄膜的具体工艺，并且讨论其优缺点。

第一个实例是加工厚度不超过 1μm 的超薄薄膜。薄膜本身不需要有压阻性。一个很好的选择是采用 LPCVD 生长氮化硅薄膜的技术，与图 12-6 中的 a.1 对应。如图 12-7 所示，首先在 <100> 衬底上采用低压化学汽相淀积氮化硅层，由于氮化硅层有本征张应力，一般来说淀积氮化硅层的厚度不会超过 1.5μm。通常不会采用太厚的氮化硅层，因为生长厚 LPCVD 氮化硅薄膜的时间太长。采用光刻胶做掩膜，运用等离子体刻蚀技术刻蚀硅衬底背面的氮化硅层，在氮化硅层上刻出一个四边与 <110> 对齐的刻蚀窗口。将硅片浸入刻蚀液中刻蚀，直到空腔到达硅片的另一面。

除了氮化硅薄膜，硅薄膜也是经常需要的，因为很多时候需要薄膜的厚度超过 1.5μm，或者需要在薄膜上通过掺杂的方式得到压阻。

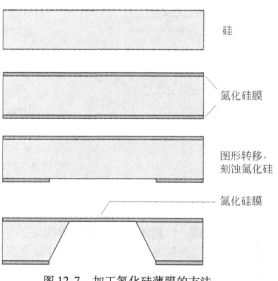

图 12-7　加工氮化硅薄膜的方法

制备硅膜的典型加工工艺如图 12-8 所示，与图 12-6 中的 a.1 对应。首先在 <100> 衬底上生长一层二氧化硅，然后采用光刻胶做掩膜，运用 HF 酸刻蚀硅衬底背面的二氧化硅层，在二氧化硅层刻出窗口，随后用 EDP 或 KOH 刻蚀衬底的窗口。在刻蚀过程中，对刻蚀速率进行较准，并精确地测量硅片厚度。通过控制刻蚀时间，可以得到所需厚度的硅膜。然后将硅片投入 HF 中，去除氧化层。

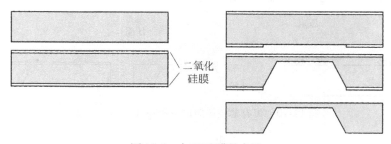

图 12-8　加工硅膜的方法

但是这种加工技术用到刻蚀过程的 STP 孔腔，因此它不能承受过刻蚀，而且很容易受工艺参数的某些不确定性影响。采用这种方法，一般很难加工厚度小于 $1\mu m$ 的薄膜。

怎样才能增强硅膜的加工鲁棒性？图 12-9 给出了另一种与图 12-6 中的 a.1 一致的加工技术。采用重掺杂硅可减小各向异性刻蚀速率。采用扩散或者离子注入的方法对硅衬底正面重掺杂，然后进行高温退火，使得掺杂原子融入硅晶格。这样可以得到掺杂浓度为 $10^{20}\,cm^{-3}$ 数量级的重掺杂层，而且可以精确地控制重掺杂层的厚度。达到这样的掺杂浓度，各向异性刻蚀速率至少会下降35 倍。然后双面氧化衬底，或者在衬底两面淀积氮化硅薄膜。刻蚀衬底背面的二氧化硅层或者氮化硅层，将衬底背面硅表面暴露。接着进行衬底的各向异性刻蚀过程，直到衬底正面的重掺杂层被暴露到刻蚀液中。如果是淀积二氧化硅层作为刻蚀过程的掩膜，那么最后就用 HF 去除衬底表面的二氧化硅。如果淀积氮化硅层作为刻蚀过程的掩膜，那么最后要用磷酸在 180℃ 去除衬底上的氮化硅。

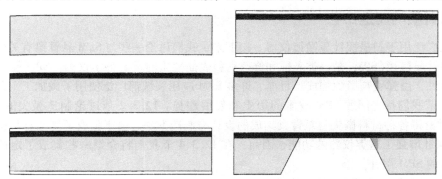

图 12-9　重掺杂硅膜的加工方法

最后的这种加工技术利用了良好的刻蚀选择性，提高了工艺的鲁棒性和加工成品率。但是由于得到的是重掺杂薄膜，因此薄膜上不能形成有效的压阻。

例题 12.5 设计一种制作带有压阻的薄膜的工艺。设计一种工艺用于制作 1mm 厚的薄膜，并且薄膜上要带有硅压阻。

解： 有时传感器(压力传感器、微麦克风)薄膜的位移测量很重要。在这种情况下，一种常用的方法就是在薄膜上集成压阻。图 12-10 给出了三种可能实现方法：(a)在绝缘薄膜上淀积多晶硅压阻；(b)薄膜由体加工制作，在薄膜上重掺杂形成压阻；(c)压阻淀积在膜材料的表面，而不是嵌在薄膜里。

图 12-10b 和图 12-10c 使用规则的硅圆片，采用各向异性湿法刻蚀在硅片的背面形成空腔。另外，也可以使用 SOI 硅片和干法刻蚀方法。图 12-11a 中 SOI 硅片包含一层氧化层作为刻蚀自停止层，在正面的硅中掺杂形成压阻。在图 12-11b 中，对硅片背面进行深反应离子刻蚀，这种刻蚀方法对二氧化硅具有高的选择比。然后选择性地去除氧化硅（图 12-11c），在正面形成了硅膜。

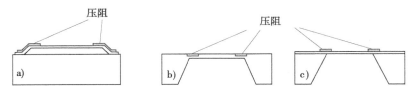

图 12-10　带有薄膜压阻的三种可能的实现方法

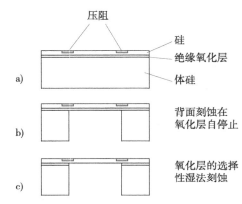

图 12-11　由 SOI 硅片制作带压阻的薄膜工艺

12.3　悬臂梁的制造工艺

悬臂梁广泛用于扫描探针显微镜仪器。接下来，我们讨论一些与 SPM 悬臂梁有关的实例。

扫描探针显微镜（SPM）是一类表征和修改材料表面性质的重要科学仪器。SPM 探针是整个仪器的核心部件，由弹簧与微尖构成。目前，许多 SPM 应用领域都广泛使用了微加工工艺制造的探针。12.3.1 节我们首先回顾 SPM 技术的历史和发展趋势。12.3.2 节讨论制造微尖的常见方法。12.3.3 节讨论将各种材料微尖与悬臂梁集成的设计与制造方法。由于集成了传感器与执行器的主动式 SPM 探针增强了这类仪器的功能，因而，在 12.3.4 节我们将介绍一些集成了定位传感器与偏转执行器的 SPM 探针。

12.3.1　扫描探针显微镜（SPM）技术

SPM 是一类研究材料表面形貌与性质的仪器，具有超高空间分辨率。它们主要用于探测微尖和样品表面间发生的各种尺度物理作用现象。

一般的 SPM 系统包含以下部件（图 12-12）：尖锐微尖、样品、使微尖沿样品表面进行精确三维移动的自动控制台、获取数据及反馈控制的电路。

微尖是整个仪器的关键部件。不同的 SPM 仪器要求不同设计和不同材料的微尖，但是几乎所有微尖都极尖锐，微尖尖端的曲率半径甚至可以小到 20nm。微尖决定了与样

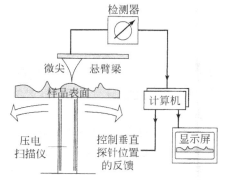

图 12-12　扫描探针显微镜的结构示意图

品相互作用的空间范围，因此，尖锐微尖具有较高的空间分辨率。

微尖由弹簧支撑，而弹簧基本上都是以悬臂梁的形式出现。悬臂梁有三种可能的功能：1）作为传感器反映微尖的位移；2）作为执行器控制微尖的位置或者温度；3）作为引线或光波导的载体。某些 SPM 应用需要柔顺性相当好的弹簧（即 $k \leqslant 0.1 \mathrm{N/m}$）来实现高的位移灵敏度。

最早的 SPM 探针是手工制造的，然而手工制造工艺非常费力且可重复性差。微机械加工技术是研制新型 SPM 部件的有力工具。微机械加工工艺不仅制造出了弹簧，扩大了微尖材料的选择范围，而且提供了更好的可重复性。在许多情况下，MEMS 技术已成为集成功能微尖和悬臂梁的唯一途径。

在本章中，我们将列举一些利用微机械加工工艺实现 SPM 探针的实例，从中阐明设计、制造及性能之间的相互关系。不过在接触这些实例之前，有必要对过去、现在以及将来的 SPM 仪器有个广泛的了解。首先，我们简要回顾一下两个最早的 SPM 案例：扫描隧道显微镜（STM）和原子力显微镜（AFM）。

STM 是 SPM 家族的第一个成员。1981 年，IBM 公司苏黎世实验室的 Gerd Binnig 和 Heinrich Rohrer 利用原子之间的隧道电流效应发明了扫描隧道显微镜。5 年内即证实了 STM 对科学技术有直接而深远的影响，该发明使两位科学家获得了 1986 年诺贝尔物理学奖。STM 是第一台新型的表面分析仪器，具有原子级的分辨率。它利用纳米尺度可导电的微尖和被研究样品表面作为两个电极，在微尖和导电样品之间加上偏压。当微尖和样品的距离在 1nm 以内时，由量子隧道效应可知，在微尖与样品表面所形成的电场作用下，电子会穿过二者的间隙（势垒），从一个电极流向另一个电极。在一定范围内，隧道电流强度对微尖和样品表面间距离的变化是非常敏感的。

恒高度模式通过记录隧道电流变化的信息可得到样品的表面形貌图像。恒电流模式是在扫描过程中利用闭环回路控制微尖和样品表面的间距，从而使隧道电流保持恒定。在样品表面扫描期间，闭环电路中产生的驱动信号可用于重构样品的表面形貌。

STM 使用的局限性在于被测样品表面必须导电。为了弥补扫描隧道显微镜这方面的不足，人们在它的基础上发明了原子力显微镜（AFM），AFM 允许以原子级分辨率观测非导体样品表面的形貌。在 AFM 仪器中，悬臂梁上的微尖和样品表面之间的原子力相互作用，造成悬臂梁微小偏转，通过记录力－位移曲线可重构样品表面形貌。如图 12-13 所示，造成 AFM 悬臂梁微小偏转的相互作用力种类有多种，可以概括为排斥力和吸引力。

AFM 延伸了人们以原子级分辨率研究包括生物材料在内的非导体材料的能力。现在，AFM 仪器已被广泛用于表征生物的结构和监控气体或液体中的生物现象[3]。

SPM 仪器不久就超越了测量隧道电流（STM）和范德华力（AFM）的限制。AFM 属于所谓的**力显微镜**方案。该方案已经大大地扩展，使得微尖能够感应多种力，因而就会有很多种力显微镜模式，包括横向力显微镜（LFM）、磁力显微镜（MFM）、静电力显微镜（EFM）等。

并不是所有的 SPM 仪器都包含力的测量和诠释。如果敏感原理随尺寸缩小而正常工作，当传感器元件安装到扫描微尖上

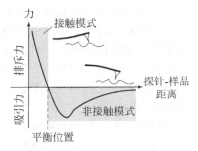

图 12-13 原子间作用力符号与
大小及微尖－样品距离的关系

时，许多功能传感器的空间分辨率都能够极大地提高。这样应用的实例包括扫描热显微镜（SThM）[4，5]、近场光学显微镜[6]。

SPM 仪器已经突破了仅测量样品表面物理性质的限制。其应用目前包含纳米光刻和数据存储。

蘸笔纳米光刻(Dip Pen Nanolithography，DPN)是一种以微小线宽直接将生物化学分子(包括DNA 和蛋白质)淀积到样品表面的有力技术[7]。DPN 技术使用的 AFM 微尖表面吸附了分子。当微尖与样品表面接触时，两者之间形成半月形的水滴，微尖上的分子通过半月形水滴的毛细作用直接"书写"(扩散)到样品表面，形成了精细的分子图案(图 12-14)。由于 SPM 微尖通常非常细小，目前的线宽能够小到 50nm。

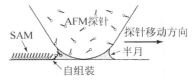

图 12-14   DPN 光刻工作示意图

12.3.2   制造微尖的常用方法

本章我们将回顾 SPM 探针常见的微制造方法，且集中讨论力显微镜探针。

当选择材料和工艺来制造集成微尖时，相关考虑因素包括：

1）尖端锐度。

2）微尖深宽比。

3）电导率。

4）耐磨损性。

微尖的锐度决定了成像的分辨率，对锐度的要求反过来又决定了微尖和悬臂梁的制造材料和制造工艺。

深宽比通常很容易与微尖的锐度发生混淆，但实际上它是另一个重要的量。高深宽比(长度与微尖直径的比)的微尖可以用于观测深沟道的形貌。

尽管 AFM 使用的探针不要求导电，但是对于某些 SPM 仪器和纳米光刻(例如扫描隧道显微镜和高电压纳米光刻)来说，探针的电导率是非常重要的。导电性的要求会影响材料、设计和工艺技术的选择。

对于接触式光刻或者需要进行大面积扫描的应用领域而言，耐磨损性显得尤为重要。耐磨损性微尖可以由金属、硅或者金刚石制造而成。

硅各向异性湿法刻蚀工艺可能是加工集成微尖最常用的方法。首先在硅表面覆盖一层薄膜，例如，热氧化生成的氧化硅膜或者化学汽相淀积生成的氮化硅膜。然后利用光刻技术刻蚀薄膜形成掩膜。最后通过湿法各向异性刻蚀和钻蚀加工出平台，进而加工出微尖。图 12-15 显示了掩膜下面形成的锥形微尖。

这种技术简单而且材料容易获取。尽管如此，它存在严重缺陷：由于微尖形貌不稳定、易变(UTP)，因而很难控制微尖的锐度。一旦形成原子级的微尖，掩膜片将会脱落，这样微尖很快会受到顶部的浸蚀。空间不均匀且随时间变化的刻蚀速率也使微尖的锐度控制变得更加复杂。

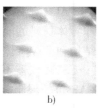

a)   b)

图 12-15   锐化前后的探针阵列

提高各向异性刻蚀微尖质量和制造效率的常见方法是在原子级微尖形成之前就停止刻蚀工艺，使用其他工艺步骤继续锐化微尖。图 12-15a 是平顶微尖的扫描电镜显微图。使用氧化炉把微尖表面的硅转化成二氧化硅，然后再去除氧化层[8，9]，可以进一步锐化微尖。这种锐化方法原理将在下面讨论。

氧化物的生长率受到微尖表面曲率的影响。由于微尖尖端的氧化物比微尖斜面上的氧化物承受了更大的应力，因而尖端上的氧化物比斜面上的氧化物生长要慢。一次氧化锐化工艺循环后，微尖变得更加尖锐(图 12-16)。通过几次重复的锐化循环，微尖的锐度和均匀性将得到很大提高。常规制造工艺生产微尖的曲率半径小于 15nm，离尖端 1μm 范围内的锥角约为 30°。而且这种工艺制造的硅微尖曲率半径可低于1nm。

另一种能形成高深宽比、突出的硅微尖方法是用等离子体刻蚀代替各向异性湿法刻蚀。等离子体刻蚀不仅能产生各向异性的侧面，也能产生各向同性的侧面，这取决于工艺参数的选取，例如，气体的混合比例、压强、功率、电极几何尺寸等。与各向异性湿法刻蚀相比，等离子体刻蚀可产生更高深宽比的微尖。虽然这些刻蚀工艺能制造出各种各样的微尖形状，但是它对整个硅片表面的刻蚀并不均匀，而且很难重复制造出同样的微尖。事实上，当尖端仍留有微小平顶时，应该停止刻蚀。与各向异性湿法刻蚀类似，微尖可以通过氧化来进一步锐化。

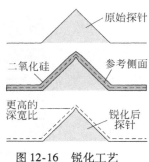

图 12-16　锐化工艺

微尖还可以通过模铸形成，模具是各向异性刻蚀生成带有四个斜面的 SLSP 槽[10]。下一节我们将讨论一些与之相关的实例。需要特别说明的是，氧化锐化技术也可以应用到倒向锥形槽上，换句话说，氧化锐化技术的优点可转移到通过模铸氮化硅或金属制成的微尖上[11]。

12.3.3　带有集成微尖的悬臂梁

通常 SPM 探针是由悬臂梁和微尖两部分构成的。对于材料选择、设计和制造方法而言，这两部分必须作为一个整体来考虑。与悬臂梁有关的最常见考虑因素包括：

1）悬臂梁的弹性常数。

2）悬臂梁的谐振频率。

3）悬臂梁的固有弯曲。

4）悬臂梁的表面粗糙度。

本节我们讨论带有集成微尖的 SPM 悬臂梁（但没有集成传感器或执行器）。

一方面，许多应用领域要求弹性常数限定在一定范围内，例如，为了增加力灵敏度和避免在接触模式中擦伤样品表面，高灵敏度的 AFM 测量要求非常软的悬臂梁（弹性常数小于 0.1N/m）。而另一方面，某些应用领域则要求硬的悬臂梁用于探测、压印和刮擦样品。第 2 章讨论过悬臂梁弹性常数计算公式，所有尺寸因素（长度、宽度及厚度）中，对设计影响最大的是厚度，因为悬臂梁的弹性常数随 t^{-2} 而变化，其中 t 代表厚度。

悬臂梁的谐振频率决定了书写与位移敏感以及表面成像空间分辨率的最大带宽。带宽越大的 SPM 传感器扫描样品表面的速度也就越快。

悬臂梁的固有弯曲是有害的。许多应用中，悬臂梁的固有弯曲可能干扰系统校准。更糟的是，本征弯曲还可能会影响仪器的性能。例如，如果横向力显微镜（LFM）探针发生固有弯曲，那么横向摩擦力可能导致梁翘曲，而不是简单的扭曲。

悬臂梁表面粗糙度和光学反射率也非常重要。许多 SPM 仪器都是使用光学手段来测量位移，如果悬臂梁材料没有足够的反射率，或者表面非常粗糙，那么 SPM 仪器的悬臂梁将不能正常工作。附加的金属层虽然可以增加光学反射率，但是它也可能会引入不希望的固有弯曲。

在实际应用中，我们见得最多的是单晶硅和氮化硅制成的悬臂梁。我们讨论 7 种带有集成微尖的悬臂梁制作方案。方案 1 到方案 3 涉及的是氮化硅悬臂梁，而方案 4 到方案 7 涉及的是硅悬臂梁。对于硅悬臂梁，方案 4 和方案 5 使用的是普通硅圆片，而方案 6 和方案 7 使用的是带有掩埋层（重掺杂硅刻蚀停止层或氧化硅层）的复合硅圆片。

带有微尖的悬臂梁有两种形式：一种是微尖指向衬底外部（向外的）的悬臂梁，另一种是微尖指向衬底内部（向内的）的悬臂梁。向内的微尖很难使用，因为存在衬底的妨碍，微尖可能会首先与衬底接触。但是，微尖向内指的 SPM 探针制造工艺却更加简单（图 12-17 方案 2）。

接下来我们讨论图 12-17 中的方案 1～方案 3。

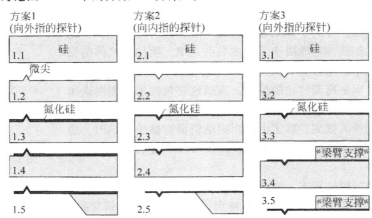

图 12-17　带有集成微尖的氮化硅悬臂梁制造方法

方案 1：

方案 1 使用的是正面处在{100}晶面的普通硅圆片(图 12-17，步骤 1.1)。首先在硅圆片的正面淀积并光刻形成掩膜层，再利用掩膜刻蚀出突出的锥形微尖，并通过氧化锐化微尖(步骤 1.2)。接着在去除了掩膜层和氧化层之后，在整个圆片上覆盖一层氮化硅(步骤 1.3)。值得注意的是，为了简洁，我们没有显示圆片背面的工艺。在圆片的正面旋涂一层光刻胶，并利用光刻技术形成图形，然后利用图形化的光刻胶作为掩膜刻蚀下面的氮化硅(步骤 1.4)。但是，旋转涂胶的厚度不是均匀的。因为微尖尖端的光刻胶厚度比平坦表面的光刻胶厚度薄，如果光刻胶的厚度不够，那么微尖尖端的保护层就可能会被完全去除。在这种情况下进行各向异性刻蚀，则存在微尖被刻蚀的风险。

接下来，在氮化硅层上刻蚀出集成化氮化硅微尖悬臂梁，并且对硅圆片背面的钝化层进行光刻。利用各向异性刻蚀形成芯片柄(步骤 1.5)。与该工艺有关的缺点包括：1)旋涂圆片和如何保护微尖(实施步骤 1.3 和 1.4 时)的困难；2)淀积均匀厚度氮化硅不仅减小了微尖的锐度，而且(与微尖厚度相等的量)增加了微尖的曲率半径。

方案 2：

方案 2 也使用了{100}晶面的硅圆片。通过淀积、光刻形成掩膜后(步骤 2.1)，利用掩膜刻蚀出锥形槽(步骤 2.2)。接着淀积一层氮化硅(步骤 2.3)，再进行光刻(步骤 2.4)。最后光刻圆片的背面形成掩膜后，通过各向异性刻蚀形成芯片柄(步骤 2.5)。相对于方案 1，方案 2 最重要的改进在于微尖的锐度不再受到氮化硅层厚度的影响。而且刻蚀出倒向锥形槽的另一优点是倒向锥形槽具有自局限性，同时工艺不再依赖精确的时间控制。尽管如此，由于微尖是指向内部的，这也限制了它的应用潜力。

方案 3：

模铸微尖工艺不仅能得到尖锐的微尖，而且很容易实现统一的微尖锐度。那么，使用模铸工艺能加工出面向外的微尖吗？答案是肯定的，这里我们介绍其中的一种方法。同样使用{100}晶面的硅圆片。首先通过各向异性刻蚀在圆片的正面形成倒向锥形槽(步骤 3.2)。然后淀积和光刻氮化硅形成悬臂梁(步骤 3.3)。接着在悬臂梁上键合一块芯片柄，以此来代替去除部分硅衬底(步骤 3.4)。最后通过硅各向同性刻蚀溶液去除整个硅圆片。该工艺能够制造面向外的微尖，而且微尖的锐度不再受氮化硅层厚度的影响。实际上，该工艺是由斯坦福大学的 Quate 教授领导的研究小组所发明的，现今它已经被广泛应用于 SPM 工业制造商用探针[13，14]。不过该工艺也有它的缺点：1)键合步骤增加了工艺的复杂性；2)去除硅圆片既昂贵又耗时。

采用硅制造的 SPM 探针不仅能够消除与氮化硅有关的本征应力，而且能够导电。根据方案 4 和方案 5，使用普通的硅圆片能够实现硅悬臂梁的制造。不过，采用硅制造探针工艺的时间明显比采用氮化硅制造探针工艺的时间长。

方案 4：

首先在｛100｝晶面的硅圆片上（图 12-18，步骤 4.1）形成一个锥形微尖，并进行锐化（步骤 4.2）。然后在圆片上覆盖保形的钝化层，例如氧化硅或氮化硅（步骤 4.3）。如果钝化层是氧化硅，在后续工艺中可以通过 HF 溶液去除。如果钝化层是氮化硅，在后续工艺中则可以通过热磷酸（H_3PO_4）去除。接下来，在圆片的背面淀积、光刻钝化层生成掩膜，随后进行各向异性背面刻蚀（步骤 4.4）。通过控制背面刻蚀的时间，可得到希望的厚度（步骤 4.5）。最后，去除正面的钝化层完成器件制造（步骤 4.6）。需特别说明的是，该工艺中厚度的控制实际上还是十分困难的。

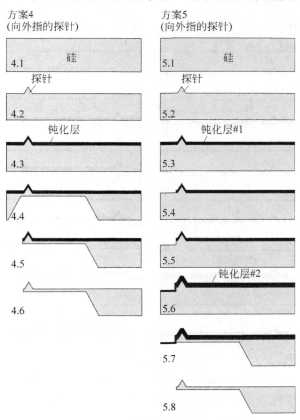

图 12-18　使用 <100> 晶向硅圆片制造探针的工艺

方案 5：

方案 5 是另外一种可选择的硅悬臂梁制造工艺。该工艺的前几步即步骤 5.1 至 5.3 与方案 4 中的制造步骤类似。但在步骤 5.4 和 5.5 中，该工艺采用等离子体刻蚀硅圆片正面来控制硅悬臂梁的厚度。钝化硅圆片正面，可以防止背面各向异性刻蚀的影响，因为刻蚀到达正面时，只有被钝化层覆盖的圆片部分才会变得透明，这样可以通过光照来检测刻蚀终点，因此仔细控制背面刻蚀时间的方法就不必要了。尽管如此，圆片级刻蚀不均匀问题仍然没得到解决。

采用方案4，在直径为4″的硅圆片上控制悬臂梁厚度的实际精度在5~10μm之间，悬臂梁切实可行的最小厚度约为20μm。采用方案5，精度会比方案4有所提高，在圆片尺寸上，最小的厚度可达到5~10μm。

越薄的悬臂梁有越理想的弹性常数。为了获得有更薄悬臂梁的硅探针和更容易实现的制造工艺，应该采用特殊的硅圆片。接下来我们将讨论方案6和方案7这两个具有代表性的制造工艺。

方案6：

方案6使用的硅圆片带有重掺杂掩埋层(图12-19)，该掩埋层的掺杂浓度要足够高以达到自停止刻蚀的作用。掩埋层的上面覆盖了一层轻掺杂单晶硅[15]。顶部的轻掺杂层和中间的重掺杂层的厚度视具体情况而定。带有复合层的硅圆片可以通过键合和背面刻蚀来形成。形成复合层的工艺包括两块硅片键合，其中底部的硅片有重掺杂的顶层，而顶部的硅片可以通过背面刻蚀或者抛光减薄到希望的厚度。

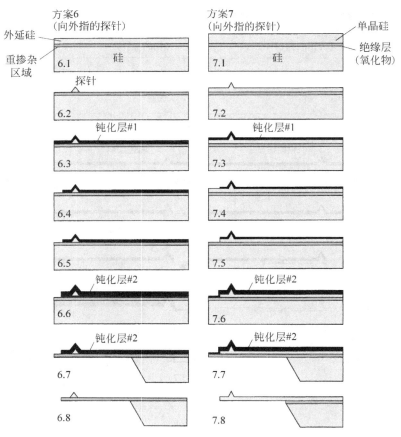

图12-19　用复合圆片实现硅悬臂梁的方法

具体的工艺过程如下：首先在外延生长的硅片上形成一个锥形微尖(步骤6.2)。如果微尖是通过各向异性湿法刻蚀形成的，那么到达掩埋层时，刻蚀自停止。接着在硅圆片正面覆盖一层钝化层(钝化层1)(步骤6.3)。光刻、刻蚀钝化层(步骤6.4)，然后把它作为掩膜，用等离子体刻蚀下面的重掺杂层(步骤6.5)。再在暴露的硅圆片上淀积第二层钝化层(钝化层2)(步骤6.6)。随后进行背面各向异性湿法刻蚀。一旦到达重掺杂掩埋层，刻蚀自停止(步骤6.7)。最后去除钝化层完成硅悬臂梁制造(步骤6.8)。

使用方案 6，控制悬臂梁厚度的精度可以达到 0.5μm。

方案 7：

根据方案 7，该工艺使用绝缘体上硅(SOI)圆片取代硅圆片。SOI 圆片由两个单晶硅层和夹在它们之间的掩埋层(通常是氧化物)构成。通过两块硅片键合(一个是普通单晶硅片，另一个硅片正面覆盖了氧化物)并背面刻蚀普通硅片可以形成 SOI 圆片(步骤 7.1)。其中，顶部的普通单晶硅片厚度可根据用户确定。

顶部普通硅片可以用于制造微尖和悬臂梁。前几步包括：刻蚀并锐化锥形微尖(步骤 7.2)，在硅片正面覆盖钝化膜(步骤 7.3)，光刻钝化层(步骤 7.4)，用等离子体刻蚀硅片。等离子体刻蚀到达氧化层后很容易停止，因为等离子体对硅和氧化硅刻蚀速率的选择性很高[16](步骤 7.5)。再次钝化整个圆片的正面(步骤 7.6)，并且使用湿法各向异性刻蚀或者深反应离子刻蚀(DRIE)进行背面刻蚀(步骤 7.7)；对硅和氧化物而言，这两种刻蚀方法都具有很好的选择性。最后，去除悬臂梁下的氧化物和钝化层就完成了器件制造(步骤 7.8)。

12.3.4 带有传感器的悬臂梁 SPM 探针

目前，大多数 SPM 应用都只涉及一个单一的、被动的 SPM 探针，而这样的探针包含一个悬臂和一个微尖。然而，许多 SPM 应用都需要探针具备集成的传感器和执行器。为了获得高效率和高输出，许多未来的应用，比如数据存储和纳米光刻，都需要 SPM 探针阵列(一维或者二维)[17~20]。在特定的应用中，人们要求探针与加热器、执行器和传感器集成在一起[21，22]。

尽管 SPM 探针有很高的空间分辨率，但是它的视场一般都非常有限。因此，SPM 测量技术不能被拓展到大面积区域的成像，比如，半导体掩膜和圆片。SPM 探针阵列能增加成像能力。对于整个阵列而言，同时敏感探针位移变得非常必要。

具有传感器和执行器的 SPM 探针的设计和制造工艺远比被动式 SPM 探针复杂。几个典型的设计和工艺将在下面讨论。

传统的 SPM 仪器使用激光束反射来检测悬臂梁的位移，这种方法简单而且成本低，但是采用多重激光束去探测许多高速变化的位移是不现实的。有效地解决阵列化 SPM 探针传感的方法是在每个探针上都集成传感器。

为了实现足够高的力检测分辨率，传感器设计方法与传感器材料的选取无疑是个挑战。梁的厚度决定灵敏度，但是随着梁厚度减少，工艺的复杂性却在增加。下面我们将讨论三种集成了压阻式传感器的探针。悬臂梁厚度的目标值分别为 4.5μm(实例 12.2)、1μm(实例 12.4)和 0.1μm(实例 12.6)。三个实例都采用 SOI 圆片。

实例 12.2 硅悬臂梁 SPM 探针(无微尖)

第一个实例讨论的是无微尖 AFM 探针，它在整个悬臂梁上嵌入了一个压阻式传感器[23]。悬臂梁包含本征硅层和 p 型掺杂硅层(它的方块电阻为 220Ω)。这里的 p 型掺杂硅层用做压阻应变计。悬臂梁的厚度为 4.5μm，掺杂区的平均深度为 0.5μm。悬臂梁的长度和宽度分别为 400~75μm 及 50~10μm，相应的弹性常数为 5~100N/m。测量的谐振频率为 40~800kHz，相应的空气品质因子大约为 200~800。不同悬臂梁的电阻在 2.5~70kΩ 范围内变化。

应变电阻可以定义在最高应力的区域，但在本文中，应变电阻覆盖了整个悬臂梁。这样可简化工艺，消除光刻掺杂隔离层的掩膜。

器件制造工艺在 SOI 圆片上进行，该 SOI 圆片是通过键合技术制备的，顶层是 n 型的硅片，厚度为 $(6 \pm 1)\,\mu m$，电阻率为 $15\Omega cm$。中间氧化层的厚度为 $1\mu m$，在最后的释放阶段，即刻蚀体硅衬底的过程中，中间氧化层作为刻蚀自停止层（图 12-20a）。首先刻蚀顶部的硅层，使其厚度减小为 $(2 \pm 1)\,\mu m$。然后对整个圆片进行氧化，这样为背面形成掺杂保护层（图 12-20b）。使用湿法刻蚀去除圆片正面的氧化物之后，在圆片正面注入硼，能量为 80keV，剂量为 $10^{15}/cm^2$，精确控制掺杂层的厚度（图 12-20c）。接着使用光刻胶在硅圆片正面定义悬臂梁，再使用等离子体刻蚀圆片正面，当到达中间氧化层时，刻蚀自停止（图 12-20d）。随后对圆片背面进行光刻，并用 HF 刻蚀氧化物。

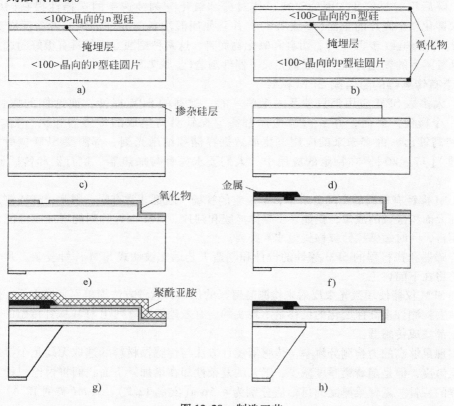

图 12-20 制造工艺

在圆片正面生长一层氧化物薄膜作为钝化层和绝缘层，然后光刻悬臂梁终端的氧化物提供电互连（图 12-20e）。再溅射金属（铝），光刻图形后刻蚀出引线（图 12-20f）。通过热退火使铝和掺杂层形成欧姆接触。接下来，在圆片的正面旋涂一层聚酰亚胺，用它作为在乙二胺 – 邻苯二酚溶液中进行硅各向异性刻蚀的保护层（图 12-20g）。各向异性刻蚀到达掩埋氧化层后自停止。工艺的最后，（使用丙酮或氧等离子体）去除聚酰亚胺，同时使用 HF 去除最初的掩埋氧化物层，使 AFM 探针结构完全释放（图 12-20h）。最后，用 HF 溶液去除剩下的氧化物，完成器件制造。

随着施加在惠斯登电桥上的电压增大，输出的信号也在变大。为了增加灵敏度，偏置电压应尽可能高。但最优的偏置电压不应该使 $1/f$ 噪声增加。当施加 8V 的偏置电压时，信噪比能够最大化，而且悬臂梁上功耗也减少为几毫瓦。当带宽在 10Hz 到 1kHz 之间时，可检测的最小偏转在 $0.7Å_{rms}$ 到 $0.1Å_{rms}$ 之间。

实例12.3　硅悬臂梁SPM探针

最近，实例12.2中的研究小组已经实现了一种在1μm的悬臂梁上集成压阻式传感器的SPM探针。这次，悬臂梁上集成了微尖[24]。相对于上一个实例，实现微小厚度的悬臂梁以及如何与微尖集成都成为新的挑战，包括：1）如何精确控制掺杂分布；2）悬挂的悬臂梁制成后如何键合芯片引线。

起始材料是带有5μm顶层硅的SOI圆片（图12-21a）。首先淀积一层氧化膜，光刻后形成掩膜，随后采用等离子体刻蚀方法刻蚀掩膜形成钝的微尖（图12-21b），再用氧化的方法锐化微尖（图12-21c）。在刻蚀与氧化的消耗之后，顶层硅片的厚度约为1μm。用等离子体刻蚀形成悬臂梁（图12-21d）。接着在顶层表面生长一层100nm厚的氧化膜作为掺杂掩膜（图12-21e）。选择性刻蚀氧化层以允许杂质到达希望的压阻位置（图12-21f）。接下来，作者通过$5 \times 10^{14}/cm^2$的剂量进行硼离子注入，形成轻掺杂层，然后通过1000℃下快速热退火10秒钟和800℃下低温炉退火40分钟激活轻掺杂层（图12-21g）。再通过铝金属化实现欧姆接触（图12-21h）。对圆片的背面实施刻蚀，同时晶片的前面部分被覆盖住（图12-21i）。剩下的工艺步骤和实例12.2类似。

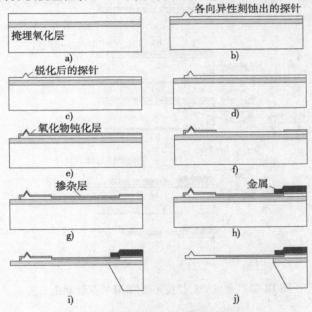

图12-21　1μm悬臂梁的制造

与实例12.2不同的是，淀积氧化物钝化层是在离子注入之前完成，而不是之后完成。这一点非常重要，因为氧化是一个高温步骤，会使杂质向外扩散。由于梁的厚度很小，允许误差也会更小，因此，氧化不应该像实例12.2一样，在离子注入之后实施。通过快速热退火可以激活注入的杂质原子，从而限制掺杂区域全面扩大。

实例12.4　超薄硅悬臂梁SPM探针

为了满足极高灵敏度的要求（空气中，最小可检测力的目标值要达到$8.6fN/\sqrt{Hz}$），厚度低于1000Å的另一种悬臂梁已被制成[25]。减少悬臂梁厚度的困难在于需要精确控制掺杂剖面。与前面的实例类似，如果杂质在悬臂梁中均匀地扩散，由于关于中性轴的对称性原因，那么灵敏度将为零，因此掺杂不能超过梁厚度的一半。对于这样的微小厚度，前面讨论的用于制造悬臂梁以及非对称掺杂的方法将不能再提供足够的精度。使用低压化学汽相淀积工艺原位淀积掺硼硅形成压阻器，代替了用离子注入掺杂悬臂梁形成压阻器的方法。接下来，我们看一下这个掺杂步骤是怎样结合到整个工艺流程中的。

该工艺在 SOI 圆片上进行，本底掺杂的电阻率为 $10\Omega cm$（见图 12-22）。正面硅膜厚度为 200nm，这已接近 SOI 圆片加工技术的极限（图 12-22a）。首先可以通过机械抛光或者湿法刻蚀有选择性地减薄正面的硅膜，但这些方法并不能提供实际应用中要求的高精度，因此最好用热氧化工艺代替这些方法。通过氧气和硅反应形成氧化层，可以从正面消耗硅。氧化工艺相当慢且均匀，因此，能精确地控制硅膜厚度。随后去除氧化物，此时正面剩下的硅膜厚度为 80nm（图 12-22b）。接着使用 HCl 溶液清洗硅片，虽然 HCl 刻蚀硅的速率是有限的，但是它仍能从正面消耗 10nm 的硅。

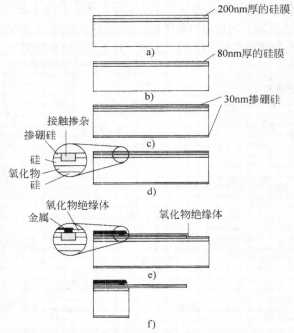

图 12-22　集成了定位传感器的 AFM 探针制造工艺

在整个硅圆片上生长一层 30nm 厚的掺硼硅，掺杂浓度为 $4 \times 10^{19} cm^{-3}$（图 12-22c）。再覆盖一层光刻胶来定义悬臂梁的外形。掺硼硅形成压阻器。但是，与金属和压阻器的直接接触会产生高电阻和整流接触。为了产生没有整流特性的低电阻接触，以 30keV 的能量、$1 \times 10^{15} cm^{-2}$ 的剂量进行硼离子注入。注入离子的位置限制在小接触区域，而其他位置都被一层光刻胶覆盖，这样可以防止离子注入（图 12-22d）。在氧气中以 700℃ 的温度热退火 3 个小时。这同时激活杂质并形成保护圆片正面的氧化绝缘层。

在氧化物上开接触窗口，淀积一层铝，并通过光刻形成金属引线（图 12-22e）。接着在 400℃ 的合成气体中退火 1 小时。然后利用释放掩膜对背面氧化物和掺杂硅片进行光刻，再通过深反应离子各向异性刻蚀去除硅衬底，在到达掩埋氧化层时刻蚀自停止（图 12-22f）。这里，不适宜采用各向异性湿法刻蚀，因为低温下短时间氧化形成的钝化层相对有点薄。在后续工艺步骤中，先采用键合硅片临时覆盖悬臂梁和接触区，其中采用光刻胶作为黏附剂。然后使用缓冲 HF 溶液去除掩埋层和淀积的氧化层。最后用丙酮去除键合硅片完成整个工艺。

12.3.5　带有执行器的 SPM 探针

人们已开发带有执行器的 SPM 探针提供了新的应用能力，例如，主动控制和数据存储。通常使用执行器提供横向微尖位移。这种执行器可以基于压电、电容或者热双层片的执行原理。下面我们将讨论基于不同执行原理的两个实例。实例 12.5 讨论的是在悬臂梁上集成了压电传感器和执行器的 SPM 探针。实例 12.6 中涉及了热双层片执行器，可以用它来驱动悬臂梁和微尖。

实例 12.5　带有压电传感器和执行器的 SPM 探针

斯坦福大学的 Calvin Quate 教授领导的研究小组开发了一种新型的原子力显微境[22]，该 AFM 集成了压阻传感器和压电执行器。器件在 <100> 晶向的 SOI 圆片上进行加工，该圆片带有 $100\mu m$ 厚的本征硅层，在顶部硅层和衬底之间夹有 $1\mu m$ 厚的二氧化硅层（图 12-23a）。该工艺的前几个步骤与实例 12.2 类似。如图 12-23b 所示，热生长的二氧化硅层覆盖了圆片的正面和背面。接着使用双面光刻技术对圆片正面和背面的氧化物进行光刻，其中正面图形化的氧化物形成了用于各向异性干法刻蚀的掩膜，而背面图形化的氧化物形成了用于在体硅中刻蚀凹槽的掩膜。然后使用等离子体刻蚀在顶部的硅膜中制造微尖。一旦微尖形成，就用湿法氧化来锐化微尖，氧化在 950℃ 的温度下保持 2 个小时。再以 80keV 的能量和 $5 \times 10^{14} cm^{-2}$ 的剂量进行离子注入，这样就制造出了压阻器掺杂层（图 12-23c）。

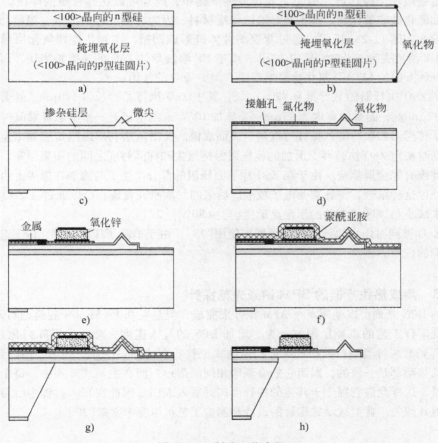

图 12-23　制造工艺流程

实际上，沿着厚度的方向，掺杂浓度将表现出一定的分布。以层状的方式来近似电阻，可以得到有效应变系数，这里，每层具有不同的掺杂浓度。利用半导体工艺仿真工具（所谓的工艺 CAD 或 TCAD 工具），可以更容易地获得精确的解。对于数量级的估计，目前广泛接受的实际做法是把表面的剂量分配到有效的厚度内，这样可以得到体密度并求出与掺杂浓度有关的压阻系数[26]。

接下来，通过光刻和刻蚀形成悬臂梁，并在悬臂梁上生长一层 100nm 厚的氧化物。该氧化物有许多用途，包括：作为钝化层和电隔离层、激活杂质、修复由于高能离子轰击造成的表面损伤。

利用 LPCVD 淀积一层 0.2μm 厚的氮化物，后面我们会讨论它的功能。在悬臂梁根部开接触孔以便第一层金属（由 10nm 厚的钛层和 500nm 厚的金层构成）能和硅形成电接触（图 12-23d），该金属层作为压阻器的金属引线。底部电极用于氧化锌（ZnO）压电执行器。通过直流磁控溅射在金层表面形成一层 3.5μm 厚的 ZnO 薄膜，并在 ZnO 上再次淀积铬和金膜。因为 ZnO 和光刻化学物质会发生反应，因而使用剥离工艺代替显影。淀积的金属作为顶部电极和刻蚀 ZnO 的掩膜，这里的刻蚀溶液由 15g 的 $NaNO_3$、5ml 的 HNO_3 和 600ml 的 H_2O 混合而成（图 12-23e）。

在整个硅圆片的正面用一层聚酰亚胺钝化来防止各向异性刻蚀剂的影响（图 12-23f）。之所以选择聚酰亚胺作为钝化层是因为它能在低温下淀积，而且可以达到希望的厚度。而 LPCVD 薄膜，例如氮化硅和氧化物，都不是好的钝化层材料，因为它们淀积的时候，温度超过了 ZnO 的居里温度。如图 12-23g 所示，通过背面刻蚀体硅形成凹槽，在到达掩埋氧化层后刻蚀自停止。使用 HF 溶液去除氧化物（图 12-23h）。由于 HF 溶液刻蚀 ZnO 的速度相当快，因而在刻蚀过程中，ZnO 下面的 LPCVD 氮化物层就起到了保护 ZnO 的作用。

集成了 ZnO 执行器的悬臂梁有 420μm 长，其中 ZnO 执行器的长为 180μm。悬臂梁的每个支架都是 37μm 宽，而梁的宽度为 85μm。当施加 10^7V/m 的电场时，整个悬臂梁偏转为 1μm。

集成了传感器和执行器的探针可以用于表面成像。反馈回路利用压阻传感器来监测悬臂梁的位移，同时决定 ZnO 执行器上所加的偏压以保持微尖和样品衬底之间的距离恒定。但是传感器和执行器没有完全退耦合。由于在 ZnO 片下面压阻的部分产生了与施加在微尖上力无关的信号，为了补偿这种耦合，探针需要电子校准。后来的一项研究发现，可以通过在 ZnO 执行器下面重掺杂来减小与该区域有关的压阻灵敏度（至少 80%）[27]。

然后 ZnO 被同时作为执行器和传感器来使用[28]。由于消除了压阻元件，该工艺具有简化设计和制造的优点。

实例 12.6　集成热执行器的 SPM 纳米光刻探针

传统的 DPN 光刻可以使用单个 AFM 探针来完成，但是在 0.1 ~ 5μm/s 的典型写入速度下，书写能力受串行工艺的本质所限制。为了增加 DPN 的写入速度，希望采用阵列化并行探针。DPN 探针阵列有两种类型：被动式探针和主动式探针。在被动式探针阵列中，当阵列移动时，所有微尖的移动都是一致的，因而它们会刻印相同的图形。而在主动式阵列中，每个探针都装备了执行器，这样允许它独立于其他的探针而离开写入表面。因此在写入过程中，每个探针都可以任意地开或关。典型被动式探针的设计和制造工艺可以参考文献[29]。

许多方法都能实现执行,例如:静电弯曲、压电弯曲和热弯曲。热双层片弯曲的优点在于材料成本低、制造方法简单、位移大;压电执行的方案则要求复杂的工艺、专门的材料处理方法以及精密的仪器设备;而静电执行通常只能形成微小位移。

图 12-24 给出了热执行 SPM 探针的示意图。每个探针都由两层构成:金属层和氮化硅层。这两层材料有不同的热膨胀系数。光刻金属层形成加热电阻器和膨胀区。根部蜿蜒的金线用作欧姆加热器,而其余的金则作为与氮化硅梁一体的双层片热执行器。当不加热时,微尖和书写表面接触;当提供了加热电流时,微尖被拉离书写表面。

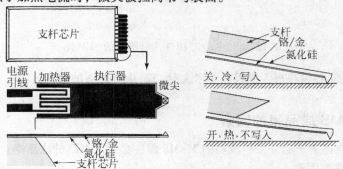

图 12-24   热执行 DPN 探针的原理

主动式 DPN 探针设计必须满足一些折中的设计标准。例如,每个探针都必须:1)产生足够的力去克服表面的黏附作用而离开表面;2)产生足够的偏转去反映表面形貌;3)当被压低去克服阵列和表面失配时,不能擦伤表面;4)由薄膜应力产生的后释放弯曲应最小化以简化仪器构造。目前,通过数值分析程序,已经得到了满足大部分标准的成功的几何设计[30]。

图 12-25 显示了热执行 DPN(TA-DPN)探针的制造工艺流程。该工艺采用氧化的 <100> 晶向的硅圆片(图 12-25a)。首先通过各向异性刻蚀制造突出的微尖(图 12-25b)。锥形尖端的锐化可以通过两次重复的热氧化及氧化物去除来完成[31](图 12-25c)。然后利用 LPCVD 淀积一层氮化硅,用反应离子刻蚀形成悬臂梁(图 12-25d)。再淀积铬和金的金属层,光刻后形成金属加热器和执行器(图 12-25e)。

金层与硅衬底之间的铬层增强了它们的黏附性,虽然铬层的厚度通常都很薄,但是它仍然会产生本征应力和不希望出现的弯曲。

最后,利用氮化硅层作为掩膜,从圆片的正面开始各向异性刻蚀,这样可以使悬臂梁从衬底上释放(图 12-25f)。

图 12-26 给出了设计好的探针阵列扫描电镜显微图。在单个硅芯片上,每个探针阵列都由 10 个探针构成。微尖间的距离为 100μm,这导致单个探针之间有 20μm 的间隙。每个探针长 300μm(从探针根部到微尖尖端的长为 295μm),宽 80μm。探针是由 9650Å 厚的氮化硅、3650Å 厚的金层以及 250Å 厚的铬黏附层构成的,其中铬层在氮化硅和金层之间。解析计算出来的弹性常数为 0.30N/m。探针的微尖约为 5μm 高。

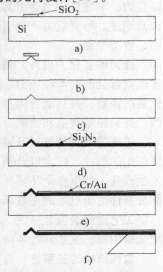

图 12-25   热执行 DPN 探针的制造工艺

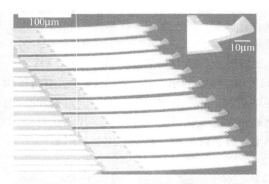

图 12-26　主动式 DPN 探针阵列的 SEM 图

DPN 写入的性能参数和写入过程在参考文献[32]中有详细的讨论。

12.4　影响 MEMS 成品率的因素

不管是用于研究还是产品开发，成功的 MEMS 器件必须具有高的成品率。下面总结了一些影响 MEMS 成品率的重要因素。

应力　由于许多 MEMS 器件都包括一些自由独立式的结构，例如悬梁、悬臂梁、薄膜，因此，这些单元的质量就显得很重要。在制作这些单元时，本征应力是一个常见的问题。另外，封装工艺也可能引入影响微器件的应力[33]。应力会引起器件表面拓扑的变化，改变其性能，甚至对器件造成永久破坏（例如，黏附），还可能引入一些不希望的信号串扰。

许多功能薄膜如金属、二氧化硅、氮化硅都表现出一定的本征应力。很难做到完全地消除本征应力。本征压应力会引起薄膜或悬梁发生弯曲，悬梁或是薄膜上的张应力会改变机械谐振频率以及刚度。尽管应力不会引起悬臂梁发生弯曲或屈曲，但是悬臂梁上沿着膜厚方向的梯度应力会引起静态位移。

应力的变化　另外，精确地控制应力水平也不容易。诸如淀积薄膜的温度及其化学成分等许多因素都会改变本征应力。因此，薄膜以及自由独立式器件中的应力通常是可变的。它是圆片上位置的函数，并且随着圆片的不同而不同或随不同批次而不同。通常，这样的变化是不可避免的，并且很难预测和控制。

工艺的不均匀性以及可变性　工艺特性（速度和选择性）可能随着时间的变化而变化，另外，所使用的圆片、批次以及使用的机器也会影响到工艺特性。这些变化会导致已经做好的器件性能发生改变。如果整个晶圆存在可变性，由于所有的器件不可能被处理到相同的程度，这样就会使部分器件由于过处理而破坏，从而就会降低成品率。

工艺过程的低选择性　对材料低选择性的工艺使得加工时间非常苛刻，而且对工艺结束的预测变得困难。这些问题会由于工艺的不均匀性以及可变性而进一步放大。

机械结构的完整性　自由独立式的机械结构会受到很多挑战。例如，表面微机械加工工艺在干燥时会引入黏附。划片工艺对这些元件的物理完整性是一大挑战。另外，无论是采用人工还是自动化的拾放机器对裸芯片处理，都可能引入高温、接触力、应力以及震动。

三维表面拓扑　MEMS 结构具有三维特征。然而，三维特征使得光刻变得困难，具有开放式结构的圆片难以旋涂光刻胶。旋涂在三维结构上的光刻胶可能造成不均匀的覆盖。

12.5 总结

本章采用 SPM 作为实例阐明了 SPM 部件的设计、材料的选择以及制造方案。对于 SPM 应用来说，MEMS 探针是唯一可行的探针。因此，我们也讨论了 SPM 技术的基本原理。

在本章结束时，读者应该理解下面的概念、事实和技能：

定性理解和概念：

1）扫描隧道显微镜和原子力显微镜的基本工作原理。

2）SPM 探针的基本构造和设计时考虑的因素：力常数和谐振频率。

3）采用不同的材料实现 SPM 探针的 8 种制造工艺。

4）不同厚度硅悬臂梁 SPM 探针的制造方法。

5）在 SPM 探针上集成传感器和执行器的动机。

定量理解和技能：

1）基于理想工艺规则，评估工艺的鲁棒性。

2）基于给定的功能和材料描述，分析制作悬浮结构、悬臂梁、薄膜的工艺。

习题

12.1 节 ~12.2 节

习题 12.1　设计

有一个由金导体构成的静电 MEMS 开关。这里采用金的原因是其化学性质不活泼。顶部的金悬浮结构与金信号导体和执行电极距离 3μm，通过对执行电极施加电压，顶部的金导体会被拉下来，从而与信号导体相连。确定所有的备用方案，开发一种制备这种结构的工艺。

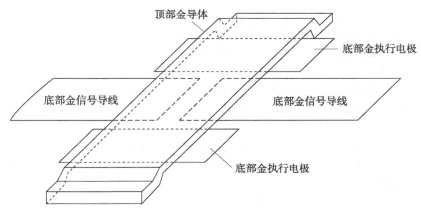

习题 12.2　设计

设计一种与医学兼容的压力传感器。薄膜是由聚对二甲苯制成的。薄膜位移的感测可以由嵌在薄膜里的金属应变计来实现。开发一种实现该结构的工艺流程。评估所有可行的方法，然后选择一种最优的设计方案。（框架可以由湿法或干法刻蚀实现，侧壁可以是垂直的也可以是倾斜的。）

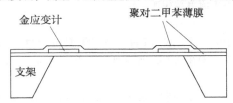

习题 12.3 设计

假设习题 12.2 中的器件已经成功制成,并且表现出一定的应用前景。为了改善器件,需要使用单晶硅作为应变计(由于较大的应变系数)并且采用金作为引线。薄膜材料仍然用聚对二甲苯。设计开发一种制作这种新型器件的工艺流程。

12.3 节

习题 12.4 制造

寻找方案2(图12-17)的一种改进方法,使用同样的步骤去制造面向外的微尖。这种改进方法能得到典型的微尖取向,而锐度由刻蚀槽决定。

习题 12.5 设计

求出力常数为 0.5N/m、谐振频率为 100kHz 的悬臂梁尺寸,该悬臂梁由单晶硅($t = 5\mu m$)和金薄膜($t = 0.5\mu m$)制成,假设硅的杨氏模量为160GPa。

习题 12.6 制造

设计一种用金微尖和多晶硅悬臂梁实现的 SPM 探针工艺。详细画出工艺截面图,并描述工艺的每一步骤,同时能清楚地辨别所有的层。微尖的外形应该和 $5\mu m$ 高的锥形体相似,或使微尖的锐度最大化。

习题 12.7 制造

设计能够用薄膜金刚石微尖和聚酰亚胺悬臂梁实现的 SPM 探针制造工艺。详细画出该工艺的截面图。同时研究在硅圆片上淀积金刚石的方法。总结工艺条件、薄膜质量(光滑性)。

习题 12.8 制造

设计一种基于模铸转移方法[34]实现 SPM 探针阵列的制造工艺,其中该探针阵列在同一衬底上包含两种类型的 SPM 探针。其中,一种探针由氮化硅微尖和悬臂梁构成,另一种探针则由导电的铂微尖和氮化硅悬臂梁构成。两个悬臂梁的长度相同,两种类型的探针厚度也相同。

习题 12.9 制造

根据图 12-6,有多少种方法可以用于制作 200nm 厚的氮化硅薄膜?该薄膜大小为 1mm×1mm,在氮化硅的顶部表面有一个多晶硅压阻器。多晶硅压阻与金属引线相连,整个压阻位于薄膜上并且覆盖了薄膜的一部分,设计所有可能的制造方法,并就成本、成品率以及局限性讨论各种方案的优缺点。

习题 12.10 制造

根据图 12-6,有多少种方法可以用于制作 200nm 厚的氮化硅薄膜?讨论某些方法失败的原因。对所有可能的制造方法,就成本、成品率以及局限性讨论各种方案的优缺点。

习题 12.11 制造

根据图 12-6,有多少种方法可以用于制作 $1\mu m$ 厚的聚对二甲苯薄膜?该薄膜大小为 1mm×1mm。讨论某些方法失败的原因。对所有可能的制造方法,就成本、成品率以及局限性讨论各种方案的优缺点。

习题 12.12 制造

根据图 12-19,复习方案7,确定每一层的刻蚀剂和材料。参看参考文献[16],总结每一步中(步骤7.2到步骤7.8)刻蚀剂对各种暴露材料的刻蚀选择性,并制作数据表。

习题 12.13 制造

根据参考文献[34],开发使用模铸转移方法实现带有氮化硅微尖的 SPM 探针制造工艺。悬臂梁应该由带有金层和氮化硅层的双层执行器构成,具体原理和实例12.6中相似。也就是说,金层由电阻加热器组成,该工艺应当允许金电阻器与电压或电流电源相连。

习题 12.14 设计

比较实例 12.2 和实例 12.3 中的扩散,求出单晶硅在 1000℃ 和 800℃ 下硼的扩散率之比。假设离子注入产生了相同的表面浓度,求出两个实例在 $0.5\mu m$ 厚度处,离子注入 10 分钟后的杂质浓度之比。

习题 12.15 设计

对实例 12.2,导出计算出弹性常数的方程(参看参考文献 [23] 中的方程 1)。

习题 12.16　设计

求出实例 12.2 中估计结构谐振频率的正确表达式。基于已知的几何尺寸[23]，判断实验测量的谐振频率是否与分析的结果一致，并且讨论所有可能的偏差根源。

习题 12.17　设计

根据实例 12.2，讨论悬臂梁与温度(%/℃)及加速度（%/g）之间的交叉灵敏度，并和力灵敏度相比较。

习题 12.18　制造

在实例 12.4 中，实现了带有 100nm 厚悬臂梁的 SPM 探针。但是 SOI 圆片相当昂贵。讨论一种替代工艺去实现不同材料制造的 100nm 厚的悬臂梁，例如，氮化硅。同时，根据压阻原理找出适当的位移换能材料，并且详细画出制造工艺流程图。注意悬臂梁和位移换能材料的整个厚度不应超过 150nm。最后与实例 12.4 中的硅悬臂梁比较，讨论包括灵敏度在内的主要性能差别。并讨论使用这种工艺的性价比。

习题 12.19　综述

根据实例 12.5 中的参考文献［22］，求出位移和外加电压间的函数关系表达式。把分析结果和参考文献［22］中的实验数据相比较，并陈述你的假设。

习题 12.20　设计

利用参考文献［32］中列出的尺寸信息，对实例 12.6 中热双层片主动式 DPN 探针，导出微尖位移解析表达式。把分析结果与实验数据对比，找出偏离的原因，并陈述你的假设。

习题 12.21　思考

开发一种集成了热双层片执行器和位移敏感元件的 SPM 探针制造工艺。探针的尺寸应该和参考文献［32］中的相同，并讨论敏感与执行之间的耦合问题。

12.4 节

习题 12.22　制造

讨论制作表面凹陷阵列的方法（图 12-27）。在四英寸的圆片上制作，凹槽的深度是 $1.6\mu m$，精度是 $\pm 0.1\mu m$。圆形凹槽的直径是 $2.5\mu m$。每个凹槽的底部和侧壁都被一层薄的金膜（100nm 厚）覆盖。凹腔之间的平面表面上覆盖了一层 100nm 厚的氧化层，该层氧化物不能带有有机残留物。侧壁应该是小于 85°的斜坡（下面给出了单个凹腔的示意图），凹腔是细菌附着的位置。金表面有利于细菌附着，而氧化层不利于细菌的生长。衬底可以采用任意的材料制作。

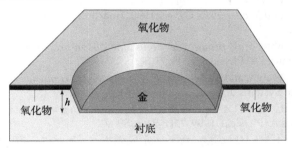

图 12-27　单凹点示意图

习题 12.23　制造

对于 MEMS 器件来说，薄膜本征应力是非常重要的。不幸的是，本征应力会受到工艺参数的影响。对于MEMS 器件制造者来说，监测微器件的本征应力水平是很重要的。所以，很有必要制作片上的应力测试结构，来定性或定量地测量本征应力的大小。这些测试结构应该使工艺工程师在不破坏圆片以及不对圆片上的其他器件执行不可逆的、破坏性的操作前提下测试本征应力。

根据参考文献，查找三种用来测量 LPCVD 氮化硅层本征应力的测试结构。根据实现的简便性，比较这些方法。

参考文献

1. Ayazi, F. and K. Najafi, *High aspect-ratio combined poly and single-crystal silicon (HARPSS) MEMS technology.* Microelectromechanical Systems, Journal of, 2000. **9**(3): p. 288–294.

2. Selvakumar, A. and K. Najafi, *Vertical comb array microactuators.* Microelectromechanical Systems, Journal of, 2003. **12**(4): p. 440–449.

3. Horber, J.K.H. and M.J. Miles, *Scanning probe evolution in biology.* Science, 2003. **302**(5647): p. 1002–1005.

4. Li, M.-H., J.J. Wu, and Y.B. Gianchandani, *Surface micromachined polyimide scanning thermocouple probes.* Microelectromechanical Systems, Journal of, 2001. **10**(1): p. 3–9.

5. Luo, K., et al., *Sensor nanofabrication, performance, and conduction mechanisms in scanning thermal microscopy.* Journal of Vacuum Science & Technology B: Microelectronics and Nanometer Structures, 1997. **15**(2): p. 349–360.

6. Novotny, L., D.W. Pohl, and B. Hecht, *Scanning near-field optical probe with ultra-small spot size.* Optics Letters, 1995. vol. **20**: p. 970–972.

7. Piner, R.D., et al., *"Dip-pen" nanolithography.* Science, 1999. **283**(5402): p. 661–663.

8. Marcus, R.B., et al., *Formation of silicon tips with <1 nm radius.* Applied Physics Letters, 1990. **56**(3): p. 236–238.

9. Folch, A., M.S. Wrighton, and M.A. Schmidt, *Microfabrication of oxidation-sharpened silicon tips on silicon nitride cantilevers for atomic force microscopy.* Microelectromechanical Systems, Journal of, 1997. **6**(4): p. 303–306.

10. Ahn, S.-J., W.-K. Lee, and S. Zauscher. *Fabrication of stimulus-responsive polymeric nanostructures by proximal probes.* in *Bioinspired Nanoscale Hybrid Systems.* 2003. Boston, MA, United States: Materials Research Society.

11. Akamine, S. and C.F. Quate, *Low temperature thermal oxidation sharpening of microcast tips.* Journal of Vacuum Science & Technology B, 1992. **10**(5): p. 2307–2310.

12. Akiyama, T., D. Collard, and H. Fujita, *Scratch drive actuator with mechanical links for self-assembly of three-dimensional MEMS.* Microelectromechanical Systems, Journal of, 1997. **6**(1): p. 10–17.

13. Albrecht, T.R., et al., *Microfabrication of cantilever styli for the atomic force microscope.* Journal of Vacuum Science & Technology B, 1990. **8**(4): p. 3386–3396.

14. Albrecht, T.R., et al., *Method of forming microfabricated cantilever stylus with integrated pyramidal tip,* in *US Patents and Trademarks Office.* 1990, Board of Trustees of the Leland Stanford Junior University: USA.

15. Liu, C. and R. Gamble, *Mass producible monolithic silicon probes for scanning probe microscopes.* Sensors and Actuators A: Physical, 1998. **71**(3): p. 233–237.

16. Williams, K.R., K. Gupta, and M. Wasilik, *Etch rates for micromachining processing-Part II.* Microelectromechanical Systems, Journal of, 2003. **12**(6): p. 761–778.

17. Lutwyche, M., et al., *5 × 2D AFM cantilever arrays a first step towards a Terabit storage device.* Sensors and Actuators A: Physical, 1999. **73**(1–2): p. 89–94.

18. Zhang, M., et al., *A MEMS nanoplotter with high-density parallel dip-pen nanolithography probe arrays.* Journal of Nanotechnology, 2002. vol. **13**: p. 212–217.

19. Vettiger, P., et al., *Ultrahigh density, high-data-rate NEMS-based AFM storage system.* Microelectronic Engineering, 1999. **46**(1–4): p. 101–104.

20. Chow, E.M., et al., *Characterization of a two-dimensional cantilever array with through-wafer interconnects.* Applied Physics Letters, 2002. **80**(4): p. 664–666.

21. Bullen, D., et al. *Micromachined arrayed dip pen nanolithography (DPN) probes for sub-100 nm direct chemistry patterning.* in 16th International Conference on Micro Electro Mechanical Systems (MEMS). 2003. Kyoto, Japan.

22. Minne, S.C., S.R. Manalis, and C.F. Quate, *Parallel atomic force microscopy using cantilevers with integrated piezoresistive sensors and integrated piezoelectric actuators.* Applied Physics Letters, 1995. **67**(26): p. 3918–3920.

23. Tortonese, M., R.C. Barrett, and C.F. Quate, *Atomic resolution with an atomic force microscope using piezoresistive detection.* Applied Physics Letters, 1992. **62**(8): p. 834–836.

24. Chui, B.W., et al., *Low-stiffness silicon cantilevers for thermal writing and piezoresistive readback with the atomic force microscope.* Applied Physics Letters, 1996. **69**(18): p. 2767–2769.

25. Harley, J.A. and T.W. Kenny, *High-sensitivity piezoresistive cantilevers under 1000-angstrom thick.* Applied Physics Letters, 1999. **75**(2): p. 289–291.

26. Kanda, Y., *Piezoresistance effect of silicon.* Sensors and Actuators A: Physical, 1991. 28(2): p. 83–91.

27. Minne, S.C., et al., *Independent parallel lithography using the atomic force microscope.* Journal of Vacuum Science and Technology, 1996. B **14**(4): p. 2456–2459.

28. Minne, S.C., et al., *Contact imaging in the atomic force microscope using a higher order flexural mode combined with a new sensor.* Applied Physics Letters, 1996. **68**(10): p. 1427–1429.

29. Zhang, M., et al., *A MEMS nanoplotter with high-density parallel dip-pen nanolithography probe arrays.* Nanotechnology, 2002. **13**(2): p. 212–217.

30. Rozhok, S., R.D. Piner, and C.A. Mirkin, *Dip-pen nanolithography: What controls ink transport?* Journal of Physical Chemistry B, 2003. **107**(3): p. 751–757.

31. Liu, C. and R. Gamble, *Mass-producible monolithic silicon probes for scanning probe microscopes.* Sensors and Actuators A—Physical, 1998. **71**(3): p. 233–237.

32. Bullen, D., et al., *Parallel dip-pen nanolithography with arrays of individually addressable cantilevers.* Applied Physics Letters, 2004. **84**(5): p. 789–791.

33. Zhang, X., S. Park, and M.W. Judy, *Accurate assessment of packaging stress effects on MEMS sensors by measurement and sensor—Package interaction simulations.* IEEE/ASME Journal of Microelectromechanical Systems (JMEMS), 2007. **16**(3): p. 639–649.

34. Zou, J., et al., *A mould-and-transfer technology for fabricating scanning probe microscopy probes.* Journal of Micromechanics and Microengineering, 2004. **14**(2): p. 204–211.

第13章 聚合物 MEMS

13.0 预览

聚合物材料正越来越多地用于 MEMS 中制造微结构、传感器以及执行器。13.1 节介绍了一些与聚合物相关的术语。13.2 节讨论了 7 种在 MEMS 领域中常见的聚合物。13.3 节讨论了几种采用聚合物材料的传感器应用实例，从而说明了聚合物材料的一些独特的技术和挑战。

13.1 引言

聚合物分子较大，一般是由小分子构造而成的链状分子。长链聚合物由被称为链节的结构化实体组成，而链节沿分子链连续重复。很多的聚合物链构成了体聚合物。聚合物材料的物理特性不仅与其分子量和分子链的构成有关，同时也与分子链的排列有关。

聚合物可以分为三种主要类型：纤维、塑料和人造橡胶。这三类聚合物的主要特征总结在表 13-1 中。在这三类聚合物材料中，数量最大的是塑料。聚乙烯、聚丙烯、聚氯乙烯（PVC）、聚苯乙烯、碳氟化合物、环氧树脂、酚醛塑料以及聚酯等都被划入塑料一类。不同厂家生产的聚合物材料在销售时有不同的名字。例如，丙烯酸树脂（聚甲基丙烯酸甲酯，PMMA）在销售的时候可以叫作聚丙烯酸酯塑料、Diakon、人造荧光树脂或者树脂玻璃。厂家可以在聚合物中添加不同的物质来调整它们的物理、化学、电和热等各方面的特性或者改变它们的外观。

表 13-1　聚合物的特性

	人造橡胶	塑　料	纤　维
伸长率上限(%)	100～1000	20～100	<10
应力变形特性	完全瞬时弹性形变	部分是可逆性弹性形变；延迟弹性形变；有些永不变形	某些是可逆性弹性形变；部分是延迟弹性形变；有些是永不形变
结晶化趋势	无定形（无应力状态下）	中等偏高	很高
初始杨氏模量(MPa)	$10^5 \sim 10^6$	$10^7 \sim 10^8$	$10^9 \sim 10^{10}$

按照起源的不同，聚合物可以分为两大类：自然聚合物和人造聚合物。自然聚合物来源于植物和动物，它包括木材、橡胶、棉花、羊毛、皮革和丝绸。人造聚合物是由石油产品衍生而来的。

聚合物也可以按照受热后的形态性能来分类。**热塑性聚合物**（thermalplasts）可以被反复加热再成型，而**热固性聚合物**（thermalsets）一旦熔化加工过后就有了固定的外形，仅能加工一次。

聚合物晶体的熔融状态和固体材料的变性状态相对应。它指从对准分子链的有序排列结构到高度无序结构的粘滞液体的各状态。当聚合物被加热到熔化温度 T_m 时就会产生这种现象。

聚合物从弹性状态转变为刚性状态时的温度称为玻璃转变温度。玻璃化发生在非晶质或半晶质的聚合物中，它是由于温度降低引起大段分子链的运动减少。

在很多方面，聚合物与金属和半导体的机械特性并不相同。与聚合物相关的机械特性在参考文献[1]中有很好的概括。一些主要特性总结如下：

1）聚合物材料的杨氏模量有很大的变化范围。对于高弹性的聚合物材料，弹性系数可以低至只有几个 MPa，而对于硬的聚合物材料，弹性系数则可以高达 4GPa。

2）聚合物的最大抗拉强度可以达到 100MPa 量级，这要远远低于金属和半导体材料的抗拉强度。

3）很多聚合物有黏弹性行为。当有力施加在这种聚合物上时，首先会发生瞬时弹性形变，接着发生粘滞和时变应变。所以，在持续的恒定作用力下，很多聚合物会随着时间变化而产生形变。这种形变称为**黏弹性蠕变**（viscoelastic creep）。

4）聚合物的机械特性受到很多因素的影响：如温度、分子量、添加剂（很多知识产权）、结晶度以及热处理历史。在很小的温度范围内，特定聚合物的机械特性会产生急剧性的变化。例如，PMMA（丙烯酸树脂）在 4℃ 时完全是易碎的，但是在 60℃ 的情况下却是极度柔软的。应力——应变关系以及黏弹性行为受到温度的影响都很大。

很多有机聚合物是电介质绝缘体。但是某些聚合物存在一些有趣的导电现象。近几年来，导电聚合物材料被积极地应用于制造晶体管[2]、有机薄膜显示［3]以及存储器[4]。这类导电聚合物包括聚吡咯、聚苯胺和聚苯硫。

聚合物中带电体的迁移率比硅以及化合物半导体材料中带电体的迁移率要小几个数量级。在目前这个阶段，聚合物电子器件的性能是无法和半导体电子器件竞争的。

我们可以采取多种方法对聚合物进行加工：喷射模塑法、挤压、热成型、吹模、机械加工、铸造、压模、旋转模制、粉末冶金、烧结、分散涂布、流化床涂布、静电喷涂、压延、热成型、冷模压、真空成型以及蒸发淀积。其中很多技术可以与微制造技术相结合。

13.2 MEMS 中的聚合物

MEMS 中的微机械加工技术来源于集成电路的制造技术。因此硅就成为最主要的加工材料。最近几年，聚合物作为 MEMS 应用中一类新的重要材料脱颖而出。聚合物材料有很多独特的优点。首先，这种材料的成本远低于单晶硅；其次，很多聚合物材料适用于独特的低成本批量制造和封装技术之中，如热微成型、热压以及喷射塑模。聚合物衬底可采用高产量的滚压制造方式代替一次只能处理一片的方式；再次，某些聚合物具有硅以及硅的其他衍生物材料所没有的一些独特的电特性、物理特性和化学特性。例如，机械冲击容限[5]、生物兼容性和生物降解性[6]。

在 MEMS 中应用聚合物存在一些障碍。在某些应用中，我们不希望出现黏弹性行为。很多聚合物材料有较低的玻璃化温度和熔化温度。较低的热稳定性会限制器件制造方法及其应用范围。

最近几年，有相当多的聚合物材料被应用到 MEMS 中。这些应用并不限于操作硅片和黏合层。这些材料同样可以作为机械结构单元，如悬臂梁和隔膜。

下面列举说明一些已经在 MEMS 中成功并广泛应用的聚合物。其中有些项指的是一类聚合物，而有些项则指的是某种特定产品。

1）聚酰亚胺。

2）SU-8。

3）液晶聚合物。

4）聚二甲基硅氧烷。

5）聚甲基丙烯酸甲酯（也称作丙烯酸树脂、树脂玻璃或者 PMMA）。

6）聚对二甲苯。

7）聚四氟乙烯（Teflon）以及氟化聚合物（Cytop）。

这些聚合物的电特性以及机械特性在表13-2中进行了总结。在13.2.1节～13.2.7节中我们将详细讨论这七种材料的材料加工过程以及应用。

表13-2　7种聚合物材料的特性

	LCP①	聚酰亚胺②	EPON SU-8③	PMMA[1]
介电常数(60Hz)	2.8	3.5	5.07	3～4
耗散因数(60Hz)	0.004	0.002	0.007	0.02～0.04
吸潮	<0.02%	2.8%	N/A	N/A
玻璃化温度	145℃	360～410℃	194℃	45℃（全规的）；105℃（见规的）
热膨胀系数	0～30×10^{-6}/℃	20×10^{-6}/℃	(20～50)×10^{-6}/℃④	(50～90)×10^{-6}/℃
抗张强度	180MPa	200～234MPa	50MPa	48.3～72.4MPa
拉伸模量	7～22GPa	2.5～4GPa	4～5GPa④	2.24～3.24GPa
破裂时的延长	(1～5)%	(10～150)%	<1%④	(2.0～5.5)%
密度(g/cm^3)	1.4	1.42～1.53	1.2	0.9
典型的成型方法	激光、等离子体刻蚀	光刻、湿法刻蚀、等离子体刻蚀	光刻、等离子体刻蚀	光刻、等离子体刻蚀

	聚对二甲苯⑤	氟化聚合物(Cytop⑥)	PDMS⑦
介电常数	2.65～3.15	2.1～2.2	2.7
耗散因数(60Hz)	0.02～0.0002	0.0007	0.001
吸潮	(0.01～0.06)%	<0.01%	0.1%
玻璃化温度	160℃	(-97～108)℃⑧	-125℃⑨
热膨胀系数	(35～69)×10^{-6}/℃	(125～216)×10^{-6}/℃[1]	30×10^{-6}/℃
抗张强度	45～75MPa	20～35MPa⑧	6.2MPa
拉伸模量	2.4～3.2GPa	0.4～1.2GPa	0.5～1MPa
破裂时的延长	(10～200)%	(200～400)%⑧	100%
密度(g/cm^3)	1.1～1.4	2.1	1.05
典型的成型方法	等离子体刻蚀	等离子体刻蚀	塑模、等离子体刻蚀（慢）

① Vectra LCP, Celanese AG
② Kapton, Dupont
③ Resolution Performanc Products, LLC
④ http：//aveclafaux.freeservers.com/SU-8.html
⑤ Parylene Coating Services Inc.
⑥ Cyton, Asahi Glass Co. LTD
⑦ Dow Corning, Inc.
⑧ W. D. Callister. Materials Science and Engineering：An Introduction[M]. 4th ed. New York：Wiley, 1997.
⑨ L. E. Neilsen. Mechanical Properties of Polymers and Composites[M]. 2nd. New York：Marcel Dekker, Inc, 1994.

13.2.1　聚酰亚胺

聚酰亚胺代表了一类聚合物，由于自身的循环链键结构，因此聚酰亚胺具有优异的机械特性、化学特性和热学特性[7]。体加工的聚酰亚胺部件应用很广泛，从汽车（某些汽车中的压杆和底盘）到微波炉中都有应用。在微电子工业中聚酰亚胺也广泛作为绝缘材料应用。

聚酰亚胺是由聚酰胺先驱物（图13-1a）结合R基和R′基（图13-1b）等芳香基经过脱氢环化成循环链键聚合物而得到的。其中R基和R′基这些芬芳基决定了最终所得到的聚酰亚胺特性。例如，经过化学变化后含有R″基的聚酰胺酸先驱物对紫外线敏感。当暴露在紫外线中时，被光照到的先驱物会产生交联[8]。

人们已经对聚酰亚胺薄膜的机械特性进行了研究[9,10]。通过对微制造的悬浮线状的测量，得出凝固态的聚酰亚胺膜内应力大小在 $4 \times 10^6 Pa$ 至 $4 \times 10^7 Pa$ 量级之间。而且聚酰亚胺的机械特性和电特性可能会与链键结构方向有关。其很多特性如折射系数[12]、介电常数[13]、杨氏模量[14]、热膨胀系数[14]以及热导率[15]也会与加工条件有关。

用做固化板、半固化板以及用于甩胶的黏稠性溶剂聚酰亚胺已商用化[16]。图13-1a给出了典型商用聚酰亚胺——HN型Kapton的结构。在MEMS中，聚酰亚胺可以用来做绝缘膜、衬底、机械元件（隔膜和悬臂梁）、弹性接头与连杆[17]、黏合膜、传感器[18]、扫描探针[19]以及应力释放层[5]。在这些应用中，聚酰亚胺材料表现出良好的性能：1)化学稳定性；2)低于400℃时的热稳定性；3)优异的绝缘性；4)机械坚固性和耐久性；5)材料与处理设备便宜。

$$\left[\begin{array}{c} HOOC \\ -NH-CO \end{array} R \begin{array}{c} CO-NH-R'- \\ COOH \end{array} \right]_n \qquad \left[-N \begin{array}{c} CO \\ CO \end{array} R \begin{array}{c} CO \\ CO \end{array} N-R'- \right]_n$$

a)   b)

图13-1 聚酰亚胺化学式常见聚酰亚胺结构为聚酰亚胺先驱物
与特定的R基和R'基在经过亚胺化即脱氢环化过程后得到

聚酰亚胺可以用做传感器和执行器的结构单元。但是由于聚酰亚胺既不导电，对压力也不敏感，所以导体和应变计需要另外集成。薄金属膜应变计已与聚酰亚胺集成，其有效应变系数在2至6之间。还有一种解决方法可以将聚酰亚胺材料改性使之变得对应变敏感。例如，人们已经证实聚酰亚胺和碳微粒压阻复合物的有效应变系数在2至13之间[16]。

13.2.2 SU-8

SU-8胶是一种近紫外负性光刻胶，首先由IBM公司在20世纪80年代末发明[20]。它的主要作用就是可以在厚光敏聚合物上制造高深宽比(>15)结构。光刻胶中的主要成分是SU-8环氧树脂(由Shell Chemical公司出产)。环氧树脂在有机溶剂(GBL，γ-butyrolacton)中溶解。溶剂的量决定了光刻胶的黏稠度以及可以得到的胶厚范围。经过处理，我们可以得到100微米厚的胶，这为实现低成本掩膜、成型和制造高深宽比结构提供新的可能。SU-8光刻的成本显著地低于其他制造高深宽比结构的技术，例如LIGA技术和深反应离子刻蚀。SU-8已被集成在很多微型器件中，其中包括微流器件[21]、SPM探针[22]以及微针。在表面微加工中，SU-8也可以作为厚牺牲层。

13.2.3 液晶聚合物(LCP)

液晶聚合物是一种具有独特结构和物理特性的热塑性塑料。制成不同厚度的LCP薄片的工艺已经商用化。聚合物在加工过程中呈液晶态流动时，分子中的刚性部分会沿着剪切流方向一个接一个地对准排列。一旦这个方向形成，分子的方向和结构将不再改变，即便LCP的温度冷却到低于熔融温度时也是如此。这个特征使得LCP区别于其他大多数的热塑性聚合物(如Kapton)，这些聚合物的分子链在固态下是随机排列的。

由于LCP独特的结构，它具有电学、热学、机械和化学等方面的综合特性，这是其他工程聚合物所不能比的。在MEMS中使用最早的LCP薄膜是Vectra A-950芳芳液晶聚合物，由Hoechst Celanese公司生产[23]。据报道，Vectra A-950的熔融温度是280℃，比重为1.37~1.42kg/m³，分子量大于20 000g/mol。在微机械加工工艺中，这种LCP与常用化学药品的兼容性在参考文献[23]中最先进行研究。在相当长的时间内以及相当宽的温度范围内，LCP本质上并不会受到酸、碱溶剂的影响。大量的实验表明，至少在下列的微制造中的常用化学药品对LCP不会有侵蚀或者溶解作用：1)有机溶剂，包括丙醇和酒精；2)Al、Au和Cr

等金属的刻蚀剂；3）氧化物的刻蚀剂（49％的 HF 以及 HF 缓冲剂）；4）常见光刻胶和 SU-8 胶的显影液。

LCP 膜有很好的稳定性，它对于湿气有非常低的吸收性（约 0.02％）和渗透性。这比 PMMA 的性能要好（见 13.2.5 节），可以与玻璃相媲美。对于其他气体，包括氧气、二氧化碳、氮气、氩气、氢气和氦气，LCP 的渗透性能也比常见的材料要好。而且，即使在高温下，气体在 LCP 中的渗透性也不会受湿度的影响。在制造过程中可以对 LCP 的热膨胀系数进行控制，其值可以控制得很小且可以对其大小进行预测。同时 LCP 薄膜也表现出了很好的化学稳定性。

LCP 最初作为高性能的衬底材料应用于高密度的印刷电路板（PCB）中[23]。针对 LCP 提出了很多独特的加工方法，包括激光钻孔和过孔填充（用于低阻的穿通圆片的电学互连）。

由于 LCP 有很好的性能和稳定性，所以常常用于空间和军事电子系统的衬底。例如，它们可以用做射频电磁元件如天线的高性能载体等。高频测试的结果表明 LCP 在 0.5GHz 至 40GHz 的范围内有相当一致的相对介电常数（值为 3），而且它们有很低的功耗因子（约 0.004）。

Kapton 是另外一种聚合物薄膜（是聚酰亚胺的一种），最近几年在 MEMS 中应用较多。将 LCP 与 Kapton 相比是很有意义的。与 Kapton 相比，LCP 的成本较低（比 Kapton 低 50％～80％），且在较低的温度下可以进行熔融加工。所以，将 LCP 与其他衬底（如玻璃）键合会相对简单一些。例如，Kapton 键合时需要有中间黏附层，但 LCP 制成薄片后可以与其他表面直接键合。

对于单轴分子取向的 LCP 薄膜，它的机械性能是各向异性的，并与聚合物的分子链取向有关。例如，单轴 LCP 薄膜在横向上承受的负载（与其分子方向呈直角的方向）比纵向上（与分子方向相同的方向）低。如果需要，可以制备在横向与纵向上有很好一致性的双轴取向薄膜来改进各向异性特性。单轴膜可以将多层各向异性膜按照每层晶向的角度偏差键合来得到。当薄膜分子两面按照相反角度取向时，LCP 的分子方向会随着膜的厚度而变化。如果角度在两面分别为 +45° 和 −45°，热膨胀系数、抗张强度和模量等机械特性几乎是各向同性的。

商用 LCP 材料在供应时是薄片状。LCP 薄膜的厚度可以从几个微米变化到几个毫米。其中有些在一边或者两边都有铜覆盖层。铜覆盖层的厚度通常在 15～20μm 范围内变化。铜覆盖层是在 LCP 的熔融温度附近真空环境下压制成型的。

13.2.4 PDMS

人造橡胶能够承受较大程度的变形，并在使其变形的力撤除后仍能恢复其原貌。**聚二甲基硅氧烷**（PDMS）是属于室温硫化（RTV）硅树脂人造橡胶族的一种人造橡胶材料。它在 MEMS 应用中有相当多的优点。它有透光性、电绝缘性、机械弹性、气体浸透性和生物兼容性。这种材料的生物与医学兼容性在参考文献[24]中有所讨论。PDMS 广泛应用于微流控器件中。细节部分见第 13 章。

最主要的加工方法是成型技术，这种技术可以简单、快速、低成本地加工原型。PDMS 有很多独特的加工特性需要注意：

1）在凝固时 PDMS 的体积会收缩。在设计时必须考虑尺度上的补偿，从而得到所需的尺寸。

2）由于体积收缩以及弹性，在凝固的 PDMS 上淀积的金属薄膜会产生裂缝，从而影响导电性。

3）可以通过改变掺杂混合比来改变表面化学特性（如黏合能）；这种改变可以通过化学处理或者电学处理来实现。

商用 PDMS 是黏稠的液体，它可以浇铸或旋涂在衬底上。但是，PDMS 的光学性能不是十分清楚，所以不能像普通的光刻胶那样旋涂以及图形化。尽管正在开发 UV 凝固 PDMS [25]，但是这种技术目前很不成熟。可以采用等离子体刻蚀的方法来成型 PDMS 薄膜图形。但是其刻蚀速率十分低。在 800W 功率和 100V 的偏压下，其刻蚀速率大约是 7nm/min。若采用 O_2 等离子体刻蚀 PDMS，表面和线条边缘处会变得粗糙、不平整[26]。

对 MEMS 应用，在衬底上成型 PDMS 薄膜图形的方法是十分重要的。在实例 13.1 中将给出用于制造带有精确尺寸的薄 PDMS 膜图形的工艺。

实例 13.1　PDMS 的精确图形成型

图 13-2 给出了基本 PDMS 图形成型过程的原理，它是由常见的丝网印刷技术变化而来的。

首先将光刻胶旋涂在固体衬底(如玻璃或者硅)的表面，同时采用传统的光刻技术对其进行光刻(图 13-2，步骤 1)。改变旋转速率可控制光刻胶的厚度。将黏稠的 PDMS 预聚合物溶液(如：Dow Coring SYLGARD 184，其基底与固化剂的配比为 10∶1)倾倒在圆片的正面，使溶液覆盖圆片(步骤 2)。用平整、光滑的橡胶刀片横向刮过衬底表面，同时确保刀片与光刻胶层的顶端表面相接触(步骤 3)。这样可以将多余的 PDMS 去除，仅将处于光刻胶模具包围的凹区中的 PDMS 留下来。

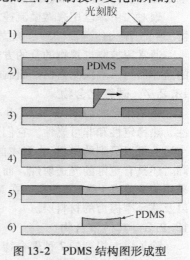

图 13-2　PDMS 结构图形成型方法的示意图

由于刀片与光刻胶表面的接触并不是十分理想，在光刻胶区域的表面会残留薄层(<1 微米)且通常是不连续的 PDMS 膜(步骤 4)。这层膜可以通过轻微的机械抛光或等离子体刻蚀来去除。

对圆片进行热处理，这样凹形区域中的 PDMS 会发生聚合反应(步骤 5)。最后用丙酮将光刻胶模具去除(步骤 6)。PDMS 图案的横向尺寸与光刻胶中的凹形区域是相对应的。采用这种技术，可以在圆片上制造 O 形环等微加工结构(图 13-3)。而且将这种技术与表面微加工技术相结合，可以在梁结构或者膜结构上集成人造橡胶结构。

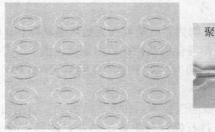

聚对二甲苯膜　　PDMS 人造橡胶

图 13-3　微机械加工的 PDMS O 形环

13.2.5　PMMA

PMMA 的形式有很多种，包括块状、薄片状以及用来旋涂的溶液状。块状 PMMA 商业上常常称作丙烯酸树脂，已用来制作微流控器件。感光的 PMMA 薄膜是一种广泛应用于电子束和 X 射线的光刻胶。旋涂的 PMMA 也可用做牺牲层[28]。适用于 PMMA 薄膜的深离子刻蚀工艺已经得到研究[29]。

13.2.6　聚对二甲苯

聚对二甲苯是一种热固性聚合物。它是唯一采用化学汽相淀积(CVD)的塑料。淀积工艺在室温下进行。聚对二甲苯的淀积系统包括一个与真空淀积腔相连接的源腔。在源腔中将二聚物(dipara-xylene)加热至约 150℃，使它升华成气态单体，接着进入真空腔并覆盖在腔中的物体上。有三种不同的聚对二甲苯二聚物已商业化，包括聚对二甲苯 C(应用很广泛)、聚对二甲苯 N(有较好的绝缘强度和渗透性)以及聚对二甲苯 D(有更好的温度特性)。

在 MEMS 应用中，聚对二甲苯薄膜表现出一些非常有用的特性。这些特性包括：非常低的内应力[30]、可以在室温下淀积、保角涂覆、化学惰性以及良好的刻蚀选择性。聚对二甲苯膜用做电绝缘层、化学防护层、保护层和密封层是十分理想的材料。

聚对二甲苯已用来做微流控沟道[31]、阀门[32]、视网膜修补物[33]和传感器(加速度传感器[34]、压力传感器[35]、微麦克风[36]和剪切应力传感器[35])。

通常用控制二聚物的量的方式来调控聚对二甲苯覆盖层的厚度。在原位探测聚对二甲苯厚度的监控器与末端探测器已经研制出来(可基于传热原理)[37]。

13.2.7　碳氟化合物

碳氟化合物(如特氟纶(Teflon)和 Cytop[38]等)由于有很强的 C–F 键，因此有很好的化学惰性、热稳定性和非可燃性。它们可以用做表面覆盖层、绝缘层、抗反射膜或者黏附层。Cytop 是市场上可以买到的材料(由日本的 Asashi Glass 公司提供)。它不但具有与特氟纶一样优良的特性，同时还具有更好的光透射性，而且在特定含氟元素的溶液中有很好的溶解性。含氟聚合物膜可以采用旋涂或者 PECVD 淀积。在 MEMS 中，特氟纶(Teflon)和 Cytop 可以用做电绝缘层、黏附键合以及减小摩擦力的材料层。

13.2.8　其他聚合物

除了以上提到的 7 种聚合物，人们正在尝试将一些新的聚合物用于功能结构层、特殊的牺牲层、黏附层、化学传感器和机械执行器，包括生物可降解的聚合物[6]、蜡(石蜡)[39]和聚碳酸酯。这三类聚合物将在下面进行简要的介绍。

用于可植入医疗器械、药物传输工具和生物组织工程基体的生物可降解的聚合物材料已进行了开发和研究。生物可降解聚合物如聚己酸内酯、聚乙交酯、聚交酯以及聚交酯–共–乙交酯已经在 MEMS 中使用。生物可降解聚合物是热塑性的，可以通过微成型来形成微流槽、储存池和针等微结构[6，40]。

石蜡有很多其他材料所没有的有趣特性。例如，石蜡有很低的熔融温度(40℃~70℃)和较高的体膨胀(14%~16%)。不同熔融温度的石蜡混合可调控石蜡的熔融温度。一些特定的有机溶剂(如丙醇)可以在室温下有选择性地刻蚀石蜡。同时，对于很多强酸溶液(如 HF)，它也有很好的化学稳定性。

使用石蜡会得到一些有趣的换能机制和微制造技术。在大尺度方面，石蜡可以用做灵巧的内窥镜中的线性执行器[41]。在小尺度方面，将石蜡片与集成加热器封装到一起形成石蜡执行器，可以应用在微流阀和泵[39，42]中。蜡可以用做复杂微结构的模具[43]。

石蜡可以采用热蒸发的方法淀积，然后采用氧气与氟里昂 14 产生的气体混合物而生成的等离子体来刻蚀图形。由于石蜡熔融温度很低(Logitech 0CON-195 或 n 三十六烷的值为 75℃)，所以在淀积后，对于它的处理必须在低温下进行或者在处理时对衬底进行冷却。

聚碳酸酯是一种坚固的、尺寸稳定的、透明热塑性材料，它可以用于宽温度范围内却需要高性能的场合中。商用聚碳酸酯有三种等级：机械级、窗口级和玻璃增强级。无切口的聚碳酸酯有很高的冲击强度、非常好的介电强度和电阻率。聚碳酸酯可以采用喷射模塑法、挤压、真空成型和吹模等方法加工。对聚碳酸酯部件键合和焊接都很容易。在 MEMS 中，可以采用牺牲刻蚀[44]或者铸模的方法对聚碳酸酯微加工来制造微型沟道。带有离子轨迹刻蚀孔的聚碳酸酯薄片，由于这些孔具有纳米尺寸直径且一致性非常好[45]，可以用做特殊离子过滤时的过滤器。

尽管最近几年有很大的进展，但是很多在宏观尺寸下广泛应用的聚合物在MEMS应用中并没有开发。很多聚合物材料在MEMS中都有潜在应用。这些潜在的聚合物包括导电聚合物[46，47]、电活性聚合物[48]如聚吡咯[49~51]、可感光制图的凝胶[52]、聚亚安酯、可收缩的聚苯乙烯膜[53]、形状记忆聚合物[54]和压电聚合物如聚偏二氟乙烯（PVDF）[55，56]。

但是，改进聚合物材料的方法是无穷无尽的。例如，最近发现很多聚合物的功能、电学以及机械特性可以通过添加纳米粒子[57]、碳纳米管和纳米线来改变。

13.3 典型应用

通过对应用考察，可以对聚合物材料的很多独特的材料特性和制造技术有更好的理解。这里将介绍四种传感器，它们都采用了薄膜聚合物或者聚合物体衬底。

13.3.1 加速度传感器

利用不同转换原理，加速度传感器可以完全或者部分用聚合物材料进行制造。制造方法一般包括在聚合物衬底或微结构上淀积功能薄膜。

在实例13.2中，我们将介绍利用聚合物弹簧进行加速计设计与制造的过程。聚合物在其中是用来做结构而不是用做换能器。

实例13.2 聚对二甲苯梁硅加速计

这里，介绍一种采用聚合物梁的微制造加速度传感器[34]。加速计集成了硅质量块和高深宽比的聚对二甲苯梁。最重要的是聚合物梁提高了冲击强度，能承受大变形而不失效。由于聚对二甲苯的杨氏模量较小，所以其弹性系数比对应的硅梁要小。较低的弹性系数会提高灵敏度，但会减小谐振频率。

在这个设计中，聚对二甲苯梁的宽度为 $10\sim40\mu m$，其深宽比（高比宽）为 $10\sim30$。但生长几百微米的聚对二甲苯薄膜是不太现实的。而且，没有高深宽比反应离子刻蚀工艺能够进行垂直刻蚀。

人们已提出一种可以制造高深宽比聚对二甲苯结构的方法。首先，在 $500\mu m$ 厚的硅衬底上开一些高深宽比的槽（$400\mu m$ 深）（图13-4b）。在高温下将圆片与氧气反应使其氧化（图13-4c）。将氧化后的圆片（氧化层大约 $2\mu m$ 厚）放入聚对二甲苯淀积腔中。厚度为 $10\sim20\mu m$ 的聚对二甲苯膜完全将槽填充（图13-4d）。接着对其进行等离子体刻蚀，去除圆片正面的聚对二甲苯。由于槽中的聚对二甲苯膜有效厚度很大，所以留了下来（图13-4e）。

将圆片翻转过来刻蚀背面的掩蔽层，然后采用深反应离子刻蚀（DRIE）处理圆片。DRIE对于硅和二氧化硅的选择性非常好（图13-4g），当其接触到二氧化硅时反应就会停止。最后，用HF溶液将二氧化硅去除，释放聚对二甲苯梁。由于聚对二甲苯膜在DRIE期间不能承受过刻蚀，所以采用氧化层可以有效地保护聚对二甲苯膜。

由于系统中没有有源感应层，采用光学方法来测量质量块对加速度的响应而产生的位移。质量块的面积为 $1.75mm\times1.75mm$。测量到的谐振频率为 $37Hz$。热机械本底噪声预测为 $25nm\sqrt{Hz}$，而测量到的噪声频谱密度为 $45nm\sqrt{Hz}$。

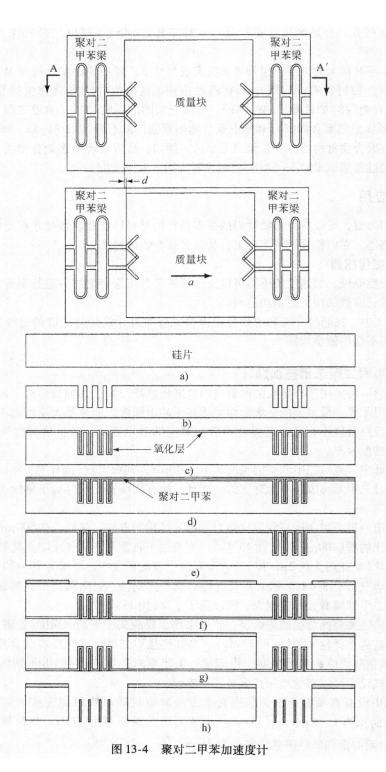

图 13-4　聚对二甲苯加速度计

13.3.2　压力传感器

在前几章中已经讨论了用硅膜、氮化硅膜和多晶硅膜制备的压力传感器。在实例 13.3 中我们将讨论表面微机械加工工艺中的聚对二甲苯压力传感器。由于采用了表面加工技术和用金属作为应变计，所以完全消除了对薄膜硅及衬底的需要，同时还降低了制作成本，进而减少了整个器件的成本。

实例13.3 聚对二甲苯表面微加工压力传感器

在图13-5中，给出了集成了电阻的表面微机械加工聚对二甲苯膜的基本设计原理[59]。如图13-5中所示，圆形膜与衬底表面有0.5~30μm的距离，用来敏感膜位移的应变计电阻沿着膜的外围排列。金属膜作为压阻，替代了掺杂多晶硅。但是，缺点在于金属薄膜的电阻率远小于多晶硅。为了达到所需的电阻（如大于40Ω），这些电阻采用径向段和切向段并呈之字形排列的方式。径向段主要敏感位移，当有垂直的力或者压力施加到膜上时，膜会产生变形，从而在径向方向产生平面内的应力，这时径向应变计电阻就会对其敏感。

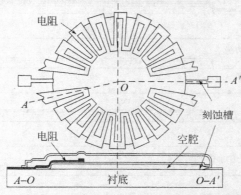

图13-5 集成了电阻的表面微机械加工聚对二甲苯膜的俯视图
和剖面图。剖面图为组合图，是沿着 $A-O-A'$ 线切割

膜器件的设计参数主要包括膜的直径和厚度，下面空腔的高度以及薄膜电阻的阻值大小。成功的设计必须同时考虑加工工艺以及所需的性能指标。例如，为了防止膜坍塌或者黏附到衬底上，希望把膜设计得更小、更厚且空腔高度更高。但是，如果膜太小，就没有足够的面积来实现嵌入金属电阻所需的阻值。

增加腔的高度（与膜之间的间距）将给膜与衬底间的电学互连带来困难。同时制造较厚的牺牲层在实际中也有较大困难。

工艺如图13-6与图13-7所示，整个工艺过程可以在相对较低的温度（如低于120℃）下完成。所以，此工艺可以在硅、玻璃甚至聚合物等衬底上实现。

将光刻胶旋涂在圆片正面，然后对其进行光刻（图13-6a）。将旋涂后的圆片放在对流式烘箱中处理。首先保持65℃ 5分钟（消除边缘上的小珠子），然后在110℃下烘1分钟。在显影后烘时（110℃ 2分钟），光刻过的光刻胶会产生轻微的回流，使得边缘变圆滑从而产生倾斜的边缘。有时候可以在靠近刻蚀/密封孔处，把光刻胶有选择性地进行减薄（最终目标为2.5μm）（图13-6b）。本例通过使用其他的掩膜版在刻蚀孔区域附近再次光刻得到了这个结果。这样可以减少在步骤m中密封空腔时聚对二甲苯的使用量。

选择光刻胶作为牺牲层材料（与金属和二氧化硅相反）的主要原因有：1）牺牲层的厚度可以相对容易且快速达到10~20μm；2）光刻胶牺牲层的边缘可以平滑从而实现平坡。

接着在圆片表面的顶部淀积一层1μm厚的聚对二甲苯薄膜（图13-6c）。随后用150nm厚的

Al 薄膜覆盖聚对二甲苯（图 13-6d）并光刻图形化。将 Al 作为掩蔽膜，使用氧等离子体刻蚀去除裸露的聚对二甲苯（图 13-6e）直至接触到衬底。

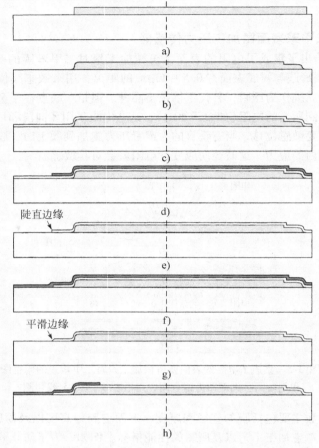

图 13-6　聚对二甲苯膜制造工艺中的前 8 个主要步骤（a～h）

　　氧等离子体刻蚀会在衬底与聚对二甲苯表面之间形成陡直的边缘。这将使衬底与聚对二甲苯表面之间的金属连线互连困难。所以在去除了金属刻蚀掩蔽膜后，采用了下面的工艺使得聚对二甲苯的边缘变得平滑。

　　在去除了金属薄膜后，旋涂一层光刻胶（2500rpm 10 秒）。加工回流后（先 64℃ 5 分钟，接着 110 ℃ 1 分钟）的光刻胶形貌将比聚对二甲苯的坡面更为平滑（图 13-6f）。接着用氧等离子体刻蚀对光刻胶进行处理（图 13-6g）。由于氧等离子体对光刻胶的刻蚀速率与聚对二甲苯是一样的（当压力为 300mtorr、功率为 350W 时），所以在表面上的光刻胶被去除后，平滑回流后的光刻胶边缘形貌被转移到聚对二甲苯上。

　　嵌入到聚对二甲苯膜上的薄膜金属电阻必须处于表面附近，并离开膜的中性轴。在边缘形貌调节过后，在聚对二甲苯薄膜上淀积并光刻一层 200nm 厚的 Au（在下面有 5nm 厚的 Cr 层作为黏附层）（图 13-6h）。与其他金属（如 Ni、NiCr 和 Al）相比，Au 能够提供更好的保形覆盖，当其跨越膜的边缘时能得到较好的电学互连。下面的聚对二甲苯薄膜保护了金属电阻不会直接接触或短路。另外一层聚对二甲苯包裹了金属电阻，防止层间引线短路或者意外短路。

使用剥离工艺，淀积另外一层金属，使短切向线段的厚度更厚(图13-7i)。

然后将整个器件用另外一层8μm厚的聚对二甲苯覆盖(图13-7j)。采用一层薄金属(300nm厚的Al)作为掩蔽膜对聚对二甲苯进行氧等离子体刻蚀。等离子体刻蚀可对刚淀积的聚对二甲苯膜图形成型。这个过程将使刻蚀孔区域暴露出来，并重开接触块区(图13-7k)。用丙酮将空腔内的光刻胶牺牲层去除(图13-7l)，该工艺在室温下持续3小时(对于直径为400μm的膜)或者更长时间(对于更大的膜)。圆片在红外灯下烘10分钟。用旋转甩干的方法去除腔内湿的化学物质是不实际的，因为这样会使膜坍塌或者黏附到衬底上。

另外，可以通过淀积另一层聚对二甲苯(厚度约为2μm)来密封空腔。在每个刻蚀孔的开口处，两面的聚对二甲苯将同时从相对的表面生长，最终相遇，从而实现空腔密封(图13-7m)。腔内的压力将维持在淀积聚对二甲苯时的压力水平(约40mtorr)。遗憾的是，聚对二甲苯膜也会淀积在键合块区域。可以用另一块掩蔽(采用金属膜)与刻蚀(采用氧等离子体)工艺来露出键合块区域(图13-7n)。

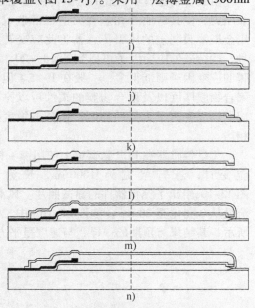

图13-7　聚对二甲苯膜制造工艺中的后6个步骤(i～n)

图13-8给出了一个制造好的器件光学显微照片。它已成功地测量出接触压力。为了实现对空气与液体压力变化的测量，还需要对其进一步地研究与改进。

图13-8　带有弯曲形压阻的隔膜光学显微照片，膜的直径为400μm

13.3.3　流量传感器

多数已有的微机械传感器是采用单晶硅作为衬底的。选择在硅上制造传感器的一个重要原因是，可以通过有选择地掺杂在硅上造出压阻元件。但是与聚合物和金属器件相比，硅器件比较昂贵且易碎。当有冲击或者碰触时，硅梁可能会断裂。现在采用聚合物器件制造的流量传感器已有报道。作为实例，下面(见实例13.4)将讨论基于LCP的流量传感器。

实例13.4 LCP压阻流量传感器

由聚合物悬臂梁构成的流量传感器已经研制出来[23]。如图13-9所示，流体对悬臂梁施加压力，使其弯曲会在悬臂梁的根部造成应变。利用金属薄膜制造的压阻传感器将此应变转换为电信号。掺杂硅的应变因子可以到达10～20，而金属薄膜的应变因子则低得多，一般在1～5。但是增加的聚合物膜厚度以及聚合物膜的柔性可以弥补金属膜应变计应变因子太低的问题，使其灵敏度与硅器件相当。

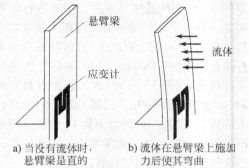

a) 当没有流体时，悬臂梁是直的   b) 流体在悬臂梁上施加力后使其弯曲

图13-9 LCP流量传感器的示意图

流量传感器在LCP悬臂梁上使用镍－铬（Ni-Cr）应变计，悬臂梁宽为1000μm，长为3000μm。图13-10a给出了完整器件的显微照片。风洞测试中，流量从0变化至20m/s，如图13-10b中二次方曲线所示，其结果与预期的一样，与速度呈平方关系。

a) 悬臂梁流速传感器的光学显微照片

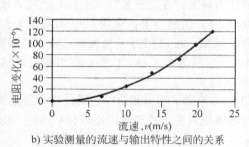

b) 实验测量的流速与输出特性之间的关系

图13-10 悬臂梁流速传感器的光学显微照片及实验测量的流速与输出特性之间的关系

13.3.4 触觉传感器

本书中讨论了压力、加速度、流量和触觉等多种传感器。在这些传感器中，触觉传感器对于鲁棒性的要求最为严格。它们要求能够承受直接接触与过载。将聚合物集成在触觉传感器中对提高鲁棒性水平有好处。多模式触觉传感器的例子在实例13.5中给出。采用PVDF材料的压电敏感触觉传感器也已经研制出来[60]。

实例13.5 多模式聚合物触觉传感器

一种多模式的传感器皮肤已经研制出来，用来模拟生物皮肤触觉的功能[61]。生物的皮肤是有弹性且鲁棒的，它们能够探测到多种参数。这种多模式传感器皮肤能够测量到物体的四种参数：表面粗糙度、表面硬度、温度以及热导率（图13-11）。

下面有选择性地讨论一下硬度传感器的设计，它不需知道绝对接触力。研制的硬度传感器结构在图13-12a中给出。器件由两个有不同膜厚的膜接触式压力传感器组成。每个薄膜传感器都包括了一个接触台面；在这些接触台面的顶部由金属应变计来探测膜的形变。这两个传感器靠得足够近，这样当物体接触时可认为它们的接触力是相同的。在均匀接触力下，薄的膜形变比厚的膜要大（图13-12b）。

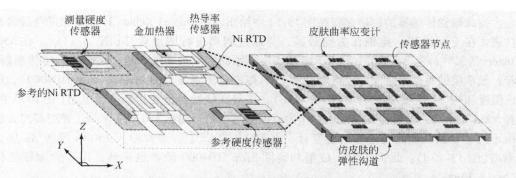

图 13-11　一个传感节点集成了四种传感器：参考温度、热导率、接触力和硬度传感器

根据固支板的原理，均布压力与薄膜最大位移的关系为

$$q_{plate} = \frac{z_{max} E t^3}{(0.0138) b^4} \qquad (13-1)$$

其中 z_{max} 是膜中心的最大垂直挠度，q_{plate} 是施加到板上的压力，b 是正方形的边长，E 为杨氏模量，t 为平板的厚度。

参考传感器没有使用减薄的横隔膜；接触台和应变计被安置在体聚合物片的整个厚度上（图 13-12a）。此时接触台上均匀压力与最大位移之间的关系为

$$q_{bulk} = \frac{z_{max} E}{(2.24) a (1 - v^2)} \qquad (13-2)$$

其中 v 是膜的泊松比，a 是接触台的宽度，q_{bulk} 是施加到体传感器接触台上的压力。

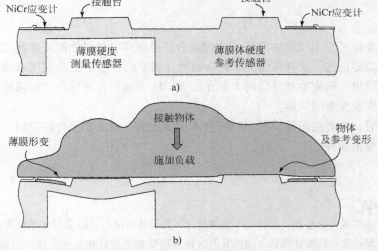

图 13-12　a) 带有薄膜硬度传感器和体硬度传感器的剖面图；b) 与物体接触时，
传感器会随着压力而产生变形，压力与接触物硬度成正比

当传感器皮肤接触到物体时，由于压阻响应，可以探测到膜上不同位置的电阻变化（图 13-12）。接触物的硬度与这两个传感器的电阻差有关。这对硬度传感器的校准是通过将一系列聚合物样品与传感器表面接触实现的。将已知硬度（范围是 10 ~ 80Shore A）的 sorbothane 和聚氨酯橡胶参考样品切为 5mm × 5mm 的方块，然后用固定的质量块压至传感器表面上。

多模式触觉传感器的制造过程在图 13-13 中给出。将 Dupont Kapton HN200 聚酰亚胺薄片作为衬底。在上面淀积一层铝作为掩蔽膜，并通过剥离进行图形转移（图 13-13a）。在 350W、300mtorr 的氧气（图 13-13b）中采用 RIE 将 $50\mu m$ 厚的膜刻蚀 $40\mu m$ 深，从而制成薄传感器膜。接着，最顶层的表面上旋涂一层可曝光的 $2\mu m$ 厚的聚酰亚胺（HD Microsystems HD4000），然后形成温度和热导率传感器的台面（图 13-13c）。接着在接触台上淀积镍薄膜电阻（在 100Å 的 Cr 上有 500Å 的 Ni），然后将其刻蚀。它作为温度敏感电阻。淀积 750Å 的 NiCr，采用剥离方法形成用于力、弯曲和硬度传感器的应变计。在 100Å 的 Cr 上热蒸发形成 1500Å 厚的 Au 层，然后剥离（图 13-13d）。最后旋涂、成型和凝固 $8\mu m$ HD4000 的接触平台，用于力和硬度传感器（图 13-13e）。

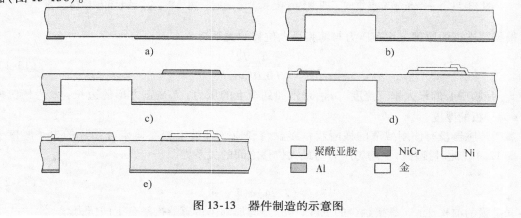

图 13-13　器件制造的示意图

13.4　总结

本章概括地介绍了在 MEMS 中有广泛应用或者已经证实有很好性能或者巨大潜力的各种不同聚合物。但读者们要记住，这并不是关于聚合物的详细罗列，很多已经使用或者有很好前景的材料在这里并没有列出。希望本章可以向大家介绍 MEMS 中的聚合物的一些比较独特的设计与制造方法，从而引起大家探索的兴趣。

在本章结束时，读者应能够识别 MEMS 技术中使用的一些主要聚合物类型，并且知道它们常用的制造方法与加工条件。

习题

习题 13.1　制造
将三至四个学生组成一个小组，设计一个加速度计，其设计原理不可以采用光学原理。完成设计、制造过程和性能预测。概括使用此加速度计与使用其他材料 MEMS 加速度计相比有何优点与缺点。（提示：注意聚合物结构层的机械特性）。

习题 13.2　综述
针对实例 13.2，根据参考文献[34]中所给的几何尺寸和材料特性，计算力常数和响应频率。

习题 13.3　设计
计算实例 13.2 传感器中热机械本底噪声，在设计时采用最小的力常数。

习题 13.4　制造
在实例 13.2 所讨论的制造过程中，如果用氮化硅取代氧化硅来填充 DRIE 沟道，工艺将会产生什么变化？如果采用氧化物代替氮化物，这个选择是否恰当？解释你的原因。

习题 13.5　设计

在实例 13.2 中，敏感轴位于衬底平面内。采用与实例 13.2 中类似的材料，设计一种加速度计，但是其敏感轴垂直于衬底平面。画出详细的加工工艺。力常数应与实例 13.2 相同。聚对二甲苯的厚度不超过 $10\mu m$。

习题 13.6　综述

对于实例 13.3，当膜（直径）减小到原来的 1/3 时，考虑其设计、材料和制造过程将会受到什么影响，将每个最重要的改变和相关问题列一个表。

习题 13.7　思考

使用 PDMS 材料制造膜能够得到更高的灵敏度和柔性吗？组织三到四个学生，设计并制造一个 $20\mu m$ 厚的 PDMS 膜压力传感器。

习题 13.8　讨论

对于实例 13.4，推导出纵应变与流速关系的解析公式，假设流过悬臂梁表面的流速是一样的。

习题 13.9　思考

在实例 13.5 中的聚合物触觉传感器中，采用了金属应变计，但是其应变因子相当有限。多晶硅和单晶硅的应变因子相对大一些，但是它们与聚合物衬底不兼容。研究并设计一种方法，将硅压阻单元与聚合物衬底相集成，这样机械柔性与电子测量可以同时满足。

习题 13.10　思考

将三至四个学生组成一组，找到一种在 MEMS 中很有潜力并且在本文中没有提到的聚合物材料。给出与此聚合物相关的化学特性、机械特性以及其他独特的特征。

习题 13.11　思考

找出一种在 MEMS 中没有使用的聚合物材料。描述其化学特性、机械特性以及其他独特的性质。

参考文献

1. Callister, W.D., *Materials science and engineering, an introduction*. Fourth ed. 1997, New York: John Wiley and Sons.

2. Sundar, V.C., et al., *Elastomeric transistor stamps: Reversible probing of charge transport in organic crystals*. Science, 2004. **303**(5664): p. 1644–1646.

3. Rogers, J.A., *ELECTRONICS: Toward paperlike displays*. Science, 2001. **291**(5508): p. 1502–1503.

4. Guizzo, E., *Organic memory gains momentum*. Spectrum, IEEE, 2004. **41**(4): p. 17–18.

5. Miyajima, H., et al., *A durable, shock-resistant electromagnetic optical scanner with polyimide-based hinges*. Microelectromechanical Systems, Journal of, 2001. **10**(3): p. 418–424.

6. Armani, D. and C. Liu, *Microfabrication technology for polycaprolactone, a aiodegradable polymer*. Journal of Micromechanics and Microengineering, 2000. vol. **10**: p. 80–84.

7. Androva, N.A., et al., *Polyimide, a new class of thermally stable polymers*. vol. **VII**. 1970, Stamford, CT: Technomic.

8. Merrem, H.J., R. Klug, and H. Hartner, *New developments in photosensitive polyimides*, in Polyimides, Synthesis, Characterization, and Applications. 1984, Plenum Press: New York. p. 919–931.

9. Bhattacharya, P.K. and K.S. Bhosale, *Relaxation of mechanical stress in polyimide films by softbaking*. Thin Solid Films, 1996. vol. **290–291**: p. 74–79.

10. Mapplitano, M.J. and A. Moet, *The mechanical behavior of thin film polyimide films on a silicon substrate under point loading*. Journal of Material Science, 1989. **24**(9): p. 3273–3279.

11. Kim, Y.-J. and M.G. Allen, *In situ measurement of mechanical properties of polyimide films using micromachined resonant string structures*. Components and Packaging Technologies, IEEE Transactions on [see also Components, Packaging and Manufacturing Technology, Part A: Packaging Technologies, IEEE Transactions on], 1999. **22**(2): p. 282–290.

12. Herminghaus, S., et al., *Large anisotropy in optical properties of thin polyimide films of poly (p-phenylene biphenyltetracarboximide)*. Applied Physics Letters, 1991. **59**(9): p. 1043–1045.

13. Boese, D., et al., *Stiff polyimides: Chain orientation and anisotropy of the optical and dielectric properties of thin films.* Materials Research Society Symposium Proceedings, 1991. vol. **227**: p. 379–386.

14. Ho, P.S., T.W. Poon, and J. Leu, *Molecular structure and thermal/mechanical properties of polymer thin films.* Journal of Physics and Chemistry of Solids, 1994. **55**(10): p. 1115–1124.

15. Kurabayashi, K., et al., *Measurement of the thermal conductivity anisotropy in polyimide films.* Microelectromechanical Systems, Journal of, 1999. **8**(2): p. 180–191.

16. Frazier, A.B., *Recent applications of polyimide to micromachining technology.* Industrial Electronics, IEEE Transactions on, 1995. **42**(5): p. 442–448.

17. Park, K.-T. and M. Esashi, *A multilink active catheter with polyimide-based integrated CMOS interface circuits.* Microelectromechanical Systems, Journal of, 1999. **8**(4): p. 349–357.

18. Dokmeci, M. and K. Najafi, *A high-sensitivity polyimide capacitive relative humidity sensor for monitoring anodically bonded hermetic micropackages.* Microelectromechanical Systems, Journal of, 2001. **10**(2): p. 197–204.

19. Li, M.-H., J.J. Wu, and Y.B. Gianchandani, *Surface micromachined polyimide scanning thermocouple probes.* Microelectromechanical Systems, Journal of, 2001. **10**(1): p. 3–9.

20. Lorenz, H., et al., *SU-8: a low-cost negative resist for MEMS.* Journal of Micromechanics and Microengineering, 1997. vol. **7**: p. 121–124.

21. El-Ali, J., et al., *Simulation and experimental validation of a SU-8 based PCR thermocycler chip with integrated heaters and temperature sensor.* Sensors and Actuators A: Physical, 2004. **110**(1–3): p. 3–10.

22. Zou, J., et al., *A mould-and-transfer technology for fabricating scanning probe microscopy probes.* Journal of Micromechanics and Microengineering, 2004. **14**(2): p. 204–211.

23. Wang, X., J. Engel, and C. Liu, *Liquid crystal polymer (LCP) for MEMS: Processes and applications.* Journal of Micromechanics and Microengineering, 2003. **13**(5): p. 628–633.

24. Belanger, M.-C. and Y. Marois, *Hemocompatibility, biocompatibility, inflammatory and in vivo studies of primary reference materials low-density polyethylene and polydimethylsiloxane: A review.* Journal of Biomedical Materials Research, 2001. **58**(5): p. 467–477.

25. Ma, X., et al., *Low temperature bonding for wafer scale packaging and assembly of micromachined sensors.* Final Report 1998–99 for MICRO Project 98–144, University of California, Davis, California, 95616.

26. Eon, D., et al., *Surface modification of si-containing polymers during etching for bilayer lithography.* Microelectronic Engineering, 2002. vol. **61–62**: p. 901–6.

27. Ryu, K., et al., *A method for precision patterning of silicone elastomer and its applications.* IEEE/ASME Journal of Microelectromechanical Systems (JMEMS), 2004. **13**(4): p. 568–575.

28. Teh, W.H., et al., *Cross-linked PMMA as a low-dimensional dielectric sacrificial layer.* Microelectromechanical Systems, Journal of, 2003. **12**(5): p. 641–648.

29. Zhang, C., C. Yang, and D. Ding, *Deep reactive ion etching of commercial PMMA in O_2/CHF_3, and O_2/Ar-based discharges.* Journal of Micromechanics and Microengineering, 2004. **14**(5): p. 663–666.

30. Harder, T.A., et al. *Residual stress in thin film parylene-C.* in The Sixteens Annual International Conference on Micro Electro Mechanical Systems. 2002. Las Vegas, NV.

31. Burns, M.A., et al., *An integrated nanoliter DNA analysis device.* Science, 1998. **282**(5388): p. 484–487.

32. Wang, X.Q., Q. Lin, and Y.-C. Tai. *A parylene micro check valve.* in The Twelves Annual International Conference on Micro Electro Mechanical Systems. 1999. Orlando, Florida.

33. Li, W., et al., *Wafer-level parylene packaging with integrated RF electronics for wireless retinal prostheses.* IEEE/ASME Journal of Microelectromechanical Systems (JMEMS), 2010. **19**(4): p. 735–742.

34. Suzuki, Y. and Y.-C. Tai. *Micromachined high-aspect-ratio parylene beam and its application to low-frequency seismometer.* in The Sixteenth Annual International Conference on Micro Electro Mechanical Systems. 2003. Kyoto, Japan.

35. Fan, Z., et al., *Parylene surface micromachined membranes for sensor applications.* IEEE/ASME Journal of Microelectromechanical Systems (JMEMS), 2003. **13**(3): p. 484–490.

36. Niu, M.-N. and E.S. Kim, *Piezoelectric bimorph microphone built on micromachined parylene diaphragm.* Microelectromechanical Systems, Journal of, 2003. **12**(6): p. 892–898.

37. Sutomo, W., et al., *Development of an end-point detector for parylene deposition process.* IEEE/ASME Journal of Microelectromechanical Systems (JMEMS), 2003. **12**(1): p. 64–70.

38. Oh, K.W., et al., *A low-temperature bonding technique using spin-on fluorocarbon polymers to assemble microsystems.* Journal of Micromechanics and Microengineering, 2002. **12**(2): p. 187–191.

39. Carlen, E.T. and C.H. Mastrangelo, *Surface micromachined paraffin-actuated microvalve.* Microelectromechanical Systems, Journal of, 2002. **11**(5): p. 408–420.

40. Park, J.-H., et al. *Micromachined biodegradable microstructures.* in Micro Electro Mechanical Systems, 2003. MEMS-03 Kyoto. IEEE The Sixteenth Annual International Conference on. 2003.

41. Kabei, N., et al., *A thermal-expansion-type microactuator with paraffin as the expansive material (basic performance of a prototype linear actuator).* JSME International Journal, Series C, 1997. **40**(4): p. 736–742.

42. Carlen, E.T. and C.H. Mastrangelo, *Electrothermally activated paraffin microactuators.* Microelectromechanical Systems, Journal of, 2002. **11**(3): p. 165–174.

43. Chen, R.-H. and C.-L. Lan, *Fabrication of high-aspect-ratio ceramic microstructures by injection molding with the altered lost mold technique.* Microelectromechanical Systems, Journal of, 2001. **10**(1): p. 62–68.

44. Jayachandran, J.P., et al., *Air-channel fabrication for microelectromechanical systems via sacrificial photosensitive polycarbonates.* Microelectromechanical Systems, Journal of, 2003. **12**(2): p. 147–159.

45. Kuo, T.-C., et al., *Gateable nanofluidic interconnects for multilayered microfluid separation systems.* Analytical Chemistry, 2003. vol. **75**: p. 1861–1867.

46. Oh, K.W., C.H. Ahn, and K.P. Roenker, *Flip-chip packaging using micromachined conductive polymer bumps and alignment pedestals for MOEMS.* Selected Topics in Quantum Electronics, IEEE Journal on, 1999. **5**(1): p. 119–126.

47. Oh, K.W. and C.H. Ahn, *A new flip-chip bonding technique using micromachined conductive polymer bumps.* Advanced Packaging, IEEE Transactions on [see also Components, Packaging and Manufacturing Technology, Part B: Advanced Packaging, IEEE Transactions on], 1999. **22**(4): p. 586–591.

48. Bar-Cohen, Y., *Electric flex.* Spectrum, IEEE, 2004. **41**(6): p. 28–33.

49. Smela, E., M. Kallenbach, and J. Holdenried, *Electrochemically driven polypyrrole bilayers for moving and positioning bulk micromachined silicon plates.* IEEE/ASME Journal of Microelectromechanical Systems (JMEMS), 1999. **8**(4): p. 373–383.

50. Jager, E.W.H., E. Smela, and O. Inganas, *Microfabricating conjugated polymer actuators.* Science, 2000. **290**(5496): p. 1540–1545.

51. Lu, W., et al., *Use of ionic liquids for pi-conjugated polymer electrochemical devices.* Science, 2002. **297**(5583): p. 983–987.

52. Yang, L.-J., et al., *Photo-patternable gelatin as protection layers in low-temperature surface micromachinings.* Sensors and Actuators A: Physical, 2003. **103**(1–2): p. 284–290.

53. Zhao, X.-M., et al., *Fabrication of microstructures using shrinkable polystyrene films.* Sensors and Actuators A: Physical, 1998. **65**(2–3): p. 209–217.

54. Gall, K., et al., *Shape-memory polymers for microelectromechanical systems.* Microelectromechanical Systems, Journal of, 2004. **13**(3): p. 472–483.

55. Gallantree, H.B., *Review of transducer applications of polyvinylidene fluoride.* IEE Proceedings, 1983. **130**(5): p. 219–224.

56. Manohara, M., et al., *Transfer by direct photo etching of poly(vinylidene flouride) using X-rays.* Microelectromechanical Systems, Journal of, 1999. **8**(4): p. 417–422.

57. Yagyu, H., S. Hayashi, and O. Tabata, *Application of nanoparticles dispersed polymer to micropowder blasting mask.* Microelectromechanical Systems, Journal of, 2004. **13**(1): p. 1–6.

58. Abramson, A.R., et al., *Fabrication and characterization of a nanowire/polymer-based nanocomposite for a prototype thermoelectric device.* Microelectromechanical Systems, Journal of, 2004. **13**(3): p. 505–513.

59. Fan, Z., et al., *Parylene surface-micromachined membranes for sensor applications.* Microelectromechanical Systems, Journal of, 2004. **13**(3): p. 484–490.

60. Kolesar, E.S., Jr. and C.S. Dyson, *Object imaging with a piezoelectric robotic tactile sensor.* Microelectromechanical Systems, Journal of, 1995. **4**(2): p. 87–96.

61. Engel, J., J. Chen, and C. Liu, *Development of polyimide flexible tactile sensor skin.* Journal of Micromechanics and Microengineering, 2003. **13**(3): p. 359–366.

第14章　微流控应用

14.0　预览

微流控学是一门新兴的跨学科研究领域。本章将对这一研究领域进行介绍。由于用做微流控通道、反应器、传感器和执行器的材料必须与生化流体和微粒相兼容，这对 MEMS 开发人员选用新材料，开发实用、有效、低成本的传感器与执行器提出了挑战。在 14.2 节，将为器件研发者介绍相关的生物和化学的概念。在 14.3 节，涵盖了在微型通道中传送流体的各种方法。在 14.4 节，我们将回顾多种微流控元件的设计和加工技术，包括通道、阀和传感器。

14.1　微流控的发展动机

例如用于医学诊断和环境检测的复杂化学生物分析步骤，通常由受过专门训练的人员在专用实验室进行。这些操作需要在实验台顶部的试管和烧杯中完成。这种实验台顶部的操作方式，具有不易接近、周转时间长、后勤准备（如样品的输送和存储）复杂以及代价高昂等缺点。

在过去的几十年中，集成电路的出现改变了传统的微电子学。元件尺寸的缩小、利用单片电路集成方法进行加工，以及元件之间的大规模互联，带来了性能的指数增长和成本的指数降低。那么，实验试管、烧杯和通道的尺寸是否可以减小？我们是否可以实现一个集成的低成本系统，不需要人员的介入，而以完全自动化的方式完成复杂生物化学实验？如果答案是"是"，那么已经在微电子工业中实现的优点也同样可以应用到生物、化学、医药中。

用于化学生物诊断的微流控系统被叫做"片上实验室"（laboratory-on-a-chip）或者"微全分析系统"（micro total analysis system）（μTAS）。这一领域的名称显示了它的产生灵感和产生原因。单词"microfluidics"的最后三个字母"ics"与单词"microelectronics"的最后三个字母完全相同。

正如微电子电路给信号处理和通信带来的变革一样，在集成化、微型化的通道和执行器中进行的流体反应，同样给以下应用领域带来了巨大变革：医学诊断和介入[1]、药物开发[2]、环境监控[3]、细胞培养和生物粒子操作[4,5]、气体处理和分析（例如，成分分离[6~8]、或者热量传递）、热量交换[9,10]、化学反应器（力的产生）[11~15]，以及生物恐怖主义防御。

应用微流控平台代替传统实验台上化学反应的主要优点如下：

1）微流控系统可以通过使用大面积的腔室和连接器来减小化学实验系统中的死体积。

2）微流控系统可以减少化学实验的次数，减少所需溶液的数量，因此可以通过一些分析来节约所使用的昂贵的化学生物样本的数量，从而减低成本。

3）微电子形式的批量生产可以降低复杂系统的成本。光刻以及并行生产可以降低建立复杂流体管道系统和反应网络的难度。

4）微流控系统可以实现高水平的多通道复用和并行操作，从而提高化学生物研究的效率。

微流控元件不仅可以用在生物化学分析中，还在其他领域得到了广泛的应用。例如光通信[16]、触觉显示（例如，点字显示器[17]）、IC 芯片冷却[18~19]，以及流体逻辑[20~22]。微流控也可以用于最新的微钠制造技术中[23,24]。

本章介绍重要的基本原理、元件、微流控通道的应用，重点介绍在生物化学分析中的应用。

14.2　生物基本概念

微流控系统用于处理生物化学粒子和物质，并与它们相互作用，这些粒子和物质包括细胞和聚合物（如 DNA 和蛋白质）。本节简要回顾与微流控系统设计、制造及功能有关的基本生物化学单元的主要特性。

MEMS 设计者至少应该熟悉生物化学的关键术语及概念，因此下文将对此进行简单综述。有关更加详细的内容，可以参考生物和化学方面的相关教材。

细胞　细胞是生命的基本功能单元。细胞的功能由它携带的遗传序列所决定。人类的基本细胞存储了遗传密码，并依靠细胞的分类来复制这些密码，蛋白质分子的制造也是根据这些密码进行的。基于遗传密码，细胞才可以形成各种机能分化。

细胞通过高度复杂且具有柔性的细胞壁与外界环境进行联系。细胞壁由与离子通道平齐的脂质双层构成，离子通道是允许离子（如钾和钠）选择性双向进出的微细通道。

细菌和病毒是特殊形式的细胞。例如，细菌不包含细胞核；而病毒则不具有分裂和复制的能力，它只在感染了宿主细胞并接管了其复制机制后，才具有分裂和复制的能力。

某些细胞的是否存在、数量多少及细胞遗传变异可以指示出医学和环境条件的变化。细胞、细菌和病毒的快速识别对医疗诊断、环境监控和生物防恐具有重要意义。例如，如果能够在复杂生物流体中快速低成本地确定出少量的癌细胞，那么这将成为癌症的早期发现，以及增加治愈希望的强有力的新型武器。

DNA　只有当每个细胞在分裂时把细胞如何工作的重要信息传给下一代，生命才有可能延续。承载这些信息的物质是一种叫做脱氧核糖核酸（DNA）的聚合物，它是一种具有相当于几十亿个普通分子重量的大分子。构成核酸的单体称为核苷酸，它有三种不同的组成部分：五碳糖、含氮的有机碱基、磷酸大分子（H_3PO_4）。共有四种含氮的碱基——胞嘧啶（C）、胸腺嘧啶（T）、腺嘌呤（A）和鸟嘌呤（G）。人类细胞共携带 30 亿个核苷酸分子碱基对。DNA 链的片段称为基因，基因是以其中核苷酸的特定排列顺序为依据，来控制蛋白质的产生。遗传密码把蛋白质预期的基本结构信息传递给细胞的制造"机器"。

单链 DNA 分子与另一单链 DNA 分子能以互补序列（A 到 G，C 到 T）的形式相结合。例如，10 链节的 DNA 序列形式为 AAGCCTTAGG，它可以同另一个含有 GGATTCCGAA 序列的 DNA 分子紧密地结合。具有轻微错配的双链 DNA 分子也可较好地结合，但是其结合强度要比完全匹配的双链 DNA 分子结合强度低。错配的 DNA 双链在严格的测试下可以被离解，离解可以通过施加电场、加热或者改变盐分浓度来实现。

DNA 分子存储蛋白质产生的遗传信息，RNA 分子则负责把这些信息传递给核糖体，最后在核糖体里合成出蛋白质。

DNA 分子的合成可以通过自动 DNA 测序在试管中进行，这一切都可在一块芯片上实现。因此 DNA 的作用不仅仅是调控生命，它还可以作为电导体、机械黏合剂、分析信标和执行器来使用。例如，由于 DNA 分子独特的杂化机制，可以把它用于识别以及纳米尺度的装配。

蛋白质　如果说 DNA 是生命的基本密码，那么蛋白质就是实现这些密码的媒介。蛋白质是天然的聚合物。它约占我们身体的 15%，蛋白质分子的重量范围为 6000 克/摩尔到 1 000 000 克/摩尔。蛋白质分子是由 α 氨基酸链构成的。在生物中已发现了 20 种基本类型的氨基酸。蛋白质中氨基酸的顺序称为蛋白质的基本结构，一般使用氨基酸的三个字母码的缩写形式表示。例如，带有三个氨基酸（赖氨酸、丙氨酸、亮氨酸）的短蛋白质片段（成为多肽）可以用速记法表示为 lysala-leu。

在自然界中，长链蛋白质分子并不以直线形式存在。事实上，蛋白质片段之间存在相互作用。蛋白质的二级结构是长蛋白质分子的空间折叠。二级结构通常由氧原子（位于一种氨基酸的羧基中）和氢原子（附着于另一种氨基酸的氮原子上）之间的氢键构成。这种相互作用可发生在链内，形成称作 α 螺旋的螺旋结构。α 螺旋使蛋白质具有弹性。

长蛋白质分子可以呈现多种盘绕形状，从而决定了蛋白质可以具有多种功能。蛋白质的功能不仅源于初始的氨基酸序列，而且也取决于长分子链的折叠方式。

折叠的蛋白质分子结构在一定的条件下可被分解，这一过程称为变性。在加热、X 射线辐射或核辐射情况下，都会发生变性。

我们可以设想，蛋白质是由 20 种氨基酸分子以任意的顺序、任意的长度进行聚合形成的，那么这样的蛋白质将具有数种基本结构。如果蛋白质分子折叠的形式是不同的，那么蛋白质的结构及功能将展现出更丰富的多样性。

锁 – 钥生物结合   化学和生物学中有很多锁 – 钥协议的实例，例如，两个或多个实体的高度有选择性地自动调整装配，其中实体之间的识别是通过化学键力和蛋白质的折叠形状来确定的。许多生物结合现象非常特异和强烈，它们能进行分子结合的化学识别和机械化构造。这种选择性和自动化选择过程在裁剪能力、选择性精度与普适性方面还没有工程换算关系。一些最常用的生物结合协议有：

1）抗体与抗原之间的结合。

2）生物素与链霉素蛋白质分子之间的结合。

3）DNA 互补链的结合。

分子和细胞的标记   当特定的细胞、化学生物分子及离子同时出现在液体环境中时，由于它们太小且太分散而不易检测。为了知道生物细胞或分子的位置、种类、键结合特性以及环境条件（如 pH 值、温度）等信息，常常要使用特殊的标记（信标）。标记用于标注我们感兴趣的细胞或分子，来实现这些细胞和分子的可视化、识别、选择和捕捉。标记在尺寸和工作原理上具有多样性。常用的标记有：荧光粒子和分子，由磁性材料、金属或电介质材料制成的表面 – 功能化圆珠或粒子。

目前荧光标记在化学生物研究中具有重要作用，它们可以通过分子或细胞水平来表征行为和状况。这种标记可以是自然存在的，也可以通过工程制造而成，这些分子结构可在激发时产生荧光。荧光的强度可增强、减弱（熄灭）或通过关注方面的不同进行调制，包括化学键的缔结和离解、温度、pH 值和接近性。这种分子探针可通过商业渠道购买，并且选择范围很大。

下面将给出生物标记和圆珠的典型应用。这些例子可以作为感兴趣的读者进行更深入研究的起点：

1）DNA 和蛋白质微阵列使用荧光染色剂来报告靶标和探针之间的 DNA 和肽的结合情况[26]。

2）探测水中痕量金属离子可通过特定的 DNA 分子进行表征，并用荧光分子来进行说明[27]。

3）磁珠可以高选择性地捕捉到结合到该磁珠上的细胞和分子[28，29]。

4）功能化的金纳米颗粒可以以光[30]和电[31]的形式报告分子的结合现象而不再需要荧光显微镜。

14.3　流体力学基本概念

微流控系统的基本功能是输送和操作流体。本节给出了微流体系统设计所必需的流体力学基本概念及术语，并把复杂的流体动力学精简为介绍几个最为重要的概念，这些概念在微流控的实际应用中被频繁使用。希望进一步系统学习流体力学的读者，可以参考有关流体力学的经典教材[32]。

14.3.1　雷诺数与黏性

雷诺数是流体力学中几个重要无量纲数之一。它用来定量地表征各种流态的流动特性及其热传递特性。流态与介质种类、长度及流速有关。物体在流体介质中的雷诺数定义为：

$$\text{Re} = \frac{\rho VL}{\mu} \tag{14-1}$$

它与流体的流速(V)和长度(L)成正比，同流体的黏度成反比。

事实上，实际使用的流体基本上都具有黏性。流体的黏性表征了流体的抵抗剪切变形能力、附着性、摩擦特性。有两个相关的黏度术语：**动力黏度**(μ)和**运动黏度**(ν)。这两个黏度通过公式联系起来。

动力黏度的国际单位(SI)是 kg/(m·s)或 Pa·s。CGS 的单位是泊(1 泊 = 1g/(cm·s) = 1 达因·秒)。二者的转换关系为：1kg/(m·s) = 10 泊 = 1000 厘泊(cP)。例如，水在 20℃时的动力黏度约为 1 厘泊(cP)。

运动黏度的 SI 单位和 CGS 单位分别是 m²/s 和 cm²/s。它的 CGS 单位为 cm²/s，也称为沱(St)。SI 单位与 CGS 单位之间的转换关系为：1m²/s = 10 000St = 100cSt。例如，水在 20℃时的密度和运动黏度分别约为 1g/cm³ 和 1cSt。

例题 14.1　（雷诺数的计算）　计算以下两种情况所对应的雷诺数：1)人在充满了蜜糖的游泳池中游泳，蜜糖的运动黏度为 10 000 厘沱(cSt)；（2）长为 1.8 mm 的蝌蚪在水中以 1 cm/s 的速度游动（水的运动黏度为 1cSt）。

解：假设游泳者身高为 1.8 m，他在稠密液体中的游泳速度为 0.1 m/s。此情况下的雷诺数为：

$$\text{Re} = \frac{\rho VL}{\mu} = \frac{0.1 \times 1.8}{100} = 0.0018$$

而蝌蚪在水中运动时的雷诺数为：

$$\text{Re} = \frac{\rho VL}{\mu} = \frac{0.01 \times 1.8 \times 10^{-3}}{0.01} = 0.0018$$

可见这两种情况具有相同的雷诺数。于是可以说，它们具有相同的流动特性。这个练习的目的是指出：尽管蝌蚪在生物界中好像可以在水中优雅、轻松地游动，但这对它来说以可观的速度运动却是非常困难的。

雷诺数经常用于预测层流和湍流两种流态之间的转变。如果雷诺数低于某一阈值，此时的流体被认为是处于**层流流态**，即流体的流动能够以层区分，层与层之间没有相互的干扰。如果雷诺数大于某一阈值，则流体进入**湍流流态**。为说明这一转变，可以在家中或实验室里简单地拧开水龙头，并使流量逐渐增大来观察水流的状态(图 14-1)。当流量(和流速)较小时，流出的水是稳定的和层状的；随着水龙头逐渐开大，水流出的速度也随之增大，当超过一定的流速后，流出的水进入湍流状态。

在微流控系统中遇到的空间尺寸通常较小，Re 通常非常小。所以是大多数微流控系统都工作在层流流态。

图 14-1　层流和湍流示意图

14.3.2　通道中流体的驱动方法

开发微流体系统所关心的一个主要问题是芯片上液体的可控输送方法。目前已经出现了多种流体的泵送方法。流体驱动力的来源有以下几类。

1）压差。有多种产生压差的方法（具体方法在 14.3.3 节给出）。正压（加在上游）和负压（加在下游）都可以用于泵送液体。在实验室产生压差源头的最简单方法是使用水平位置高于流体出口的储液池。

2）磁流体动力学（MHD）效应是对导电流体施加电场和磁场后所产生的流动效应[33]。在 MHD 泵中，要同时施加电场和磁场。电场和磁场的方向均垂直于流体通道，且电场与磁场的方向也是相互垂直的。对导电液体施加电场会驱动导电液体在磁场中运动。

3）电流体动力学效应利用了电场与介电流体中所嵌入的电荷之间的相互作用[34 – 37]。电荷和带电粒子可以通过直接注入，或通过加入含有高浓度离子的液体得到。

4）磁流变泵包括利用磁致动来驱动的铁磁流体栓。铁磁流体是含有悬浮纳米铁磁粒子的液体溶液[38]。

5）表面张力驱动流。在微尺度范围，表面张力相对于诸如重力或者结构恢复力等其他力而言是较大的力。它可用于驱动毛细管中的液体或平面上的液滴。例如，施加感应电荷可改变液体与基底界面之间的表面张力，这一现象称为电浸润[39，40]。

6）声表面行波能够使与基底接触的液体流动[41]。

7）电渗效应（EO）是通过施加与带电通道壁平行的电场而使液体流动的效应。详细内容参见 14.3.3 节。

14.3.3　压力驱动

流体的压力驱动方式因其简单性与一般性成为微通道液流最常见的驱动方式。使用可变形的薄膜能在芯片上产生高压力。而薄膜的变形有多种方法实现：包括形状记忆合金薄膜[42]、压电[43，44]、静磁[45]、热压[46]、热气动[47]以及液、汽之间的相变[48]。流体的压力驱动还可以由以下方式实现：通道内蒸汽的产生（和气泡的形成）[49，50]、渗透交换[51]、与预存储的压力源（上游）的连通[52]、离心力[53]或液体的热膨胀；甚至可利用真空向下顺流液流来产生压力，从而驱动流体。

既然薄膜形变可推动液体同时流向进口和出口，那么要在一个特定的方向形成净流动，就要做必要的调整。单膜泵一般需要用止逆阀或单向扩散阀（称作流体二极管）[44]，以保证在指定的流动方向产生净流动。另外，多膜结构则可利用它们在空间与时间上的工作差别产生净流动，如多膜蠕动泵[43]。

在选择芯片上的泵时，有以下若干重要因素需要考虑：

1）可达到的流速。

2）制造的简单性。

3）制造的成本。

4）控制的简单性。

5）薄膜的鲁棒性。

6）薄膜与通道材料的生物兼容性。

7）功耗，这对便携系统尤为重要。

一般而言，微通道的容积流量与其两端的压差成正比。对圆形截面的通道，截面半径为 r（单位为 m），通道长度为 L（单位为 m），其容积流量 Q 与压力差的关系为

$$Q = \frac{\pi r^4}{8\mu L}\Delta P \tag{14-2}$$

对矩形截面的通道，截面宽为 w、高为 h，其容积流量与压差之间的关系可表述为

$$Q = \frac{wh^3}{12\mu L}\Delta P \tag{14-3}$$

这里 w/h 相当大。压差与容积流量之间的比率称为通道的**流动阻力**。

注意到大多数微通道一般具有较小的截面面积，这意味着达到一定的流速需要较大的驱动压力。驱动长通道内部的液体需要较大的压力聚集。通道内的压力聚集会导致通道和反应器的分层。

当通道内的液体在压差的作用下移动时，紧邻通道壁的液体粒子不会与通道壁发生相对运动。一般认为界面处液体分子的速度服从于非滑移边界条件。随着液体粒子与通道壁之间距离的增加，液体粒子的速度也随之增加。流速分布 u 是液体分子到通道壁距离（y）的函数，如图 14-2 所示。当 y 增大到一定程度后，流速不再继续随 y 变化，而是达到一个恒定值，此定值称为平均流速。

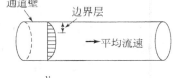

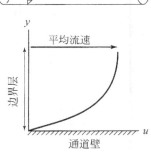

流速的非均匀分布引起所谓的**流体剪切应力**，它定义为

$$\tau = \mu \frac{\mathrm{d}u}{\mathrm{d}y} \tag{14-4}$$

计算层流条件下，边界层厚度（δ）的一般公式为

$$\delta = \frac{5}{\sqrt{\mathrm{Re}_x}}x \tag{14-5}$$

图 14-2　流速分布

在湍流条件下（如 $\mathrm{Re}_x > 10^6$），上式可写为

$$\delta = \frac{0.16}{(\mathrm{Re}_x)^{1/7}}x \tag{14-6}$$

Re_x 是本地雷诺数 $\left(\mathrm{Re}_x = \frac{u_0 x}{v}\right)$，这里 x 是距前缘的距离。

在低 Re 条件下（层流边界层），普遍可接受的液体粒子流速分布为

$$u_y = f(y) = u_0\left(\frac{2y}{\delta} - \frac{y^2}{\delta^2}\right) \tag{14-7}$$

例题 14.2 （机油中的剪切应力）　设在板间距为 h 的两平行板之间充满 SAW30 机油，两平行板相对运动速度为 V，则机油承受因运动而产生的剪切应力。计算当 $V = 3m/s$，$h = 2cm$ 时的剪切应力。

解： 首先在工程表中查出动力黏度值，

$$\mu = 0.29 kg/(m \cdot s)$$

设流速的分布与距离 y 呈线性关系，则剪切应力为

$$\tau = \frac{\mu dV}{dy} = \frac{\mu V}{h} = \frac{0.29 kg/(m \cdot s) 3 m/s}{0.02 m} = 43 kg/(m \cdot s^2) = 43 N/m^2$$

14.3.4　电致流动

大多数微通道内壁表面在与弱电解质或强电解质溶液接触时会自然地产生电极化。这些极化电荷是由于液/固界面处的电化学反应产生的。对于玻璃表面，主要反应是酸性硅烷醇基的去离子化，在通道壁内产生负电荷（图 14-3）。体内液体的正电荷被吸附到通道壁，屏蔽了通道壁上的电荷。在液体和通道壁交界面的高电容带电离子区域称为**电双层**。外层（称作 Gouy-Chapman 层）中的离子是可动的，并形成了带净正电荷的离子区域，这一区域的范围是溶液的德拜长度量级。对浓度为 1nM 的对称一价电解质溶液，德拜长度约为 10nm。

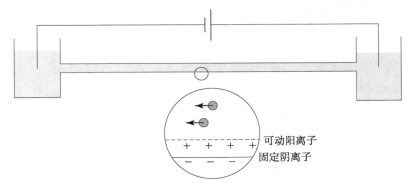

可动阳离子
固定阴离子

图 14-3　电渗（电致）流

当沿通道方向施加电场后，固/液界面处液体一侧的离子在电场的作用下运动并拖动包围在其周围的液体分子共同运动。于是，离子的拖曳引起了液体沿通道长度方向的净流动。这一现象称为**电致流动**。

通道宽度上的流速分布不同于压力驱动的情形。流体的速度从通道壁处的非滑移边界条件迅速增大到通道中心处的最大值。电致流动的边界层非常薄。通常近似地认为流速在通道截面内是相同的。

电渗流（EOF）微泵利用电致流动输送液体或产生静压。毛细管充满了高密度颗粒，而颗粒构成了平行小孔，这些小孔产生了电致流动。大的面积/体积比会引起高压的产生。在施加数十至数千伏量级的电压时，可产生超过 20atm 的压强和几个 $\mu l/min$ 的流速[54]。为减小离子电流，增大热力学效率，消除不必要的发热，这类泵在理想情况应使用去离子水作为工作液体。电极一般通过人工插入微流体毛细管的对应两端。另外，集成的平面电极可以提高集成化水平[55]。

在电渗流装置中，高电场会使电解反应发生，并使 H_2O 分解产生氧气和氢气。确保以下几点是十分重要的：1）气体的产生最小化（如通过增加电极间的距离来降低电场强度）；2）形成的气体应被去除，以免造成通路堵塞，使用特定的 AC 电压是一种有效的方法[56]。

14.3.5　电泳和介电泳

电场对单个粒子的作用在生物粒子的输运、分离和表征中很有用。对电荷量为 Q 和极化强度为 P 的粒子，它所受到的作用力为

$$\boldsymbol{F} = Q\boldsymbol{F} + (\boldsymbol{P} \cdot \nabla)\boldsymbol{E} \tag{14-8}$$

方程右侧的第一项是**电泳力**，第二项是**介电泳力**。在均匀的电场中，介电泳力不出现。带有净电荷的粒子只受电泳力作用，此时方程简化为

$$\boldsymbol{F} = Q\boldsymbol{E} \tag{14-9}$$

如果粒子没有带净电荷，则简化的介电泳力表达式为

$$\boldsymbol{F} = (\boldsymbol{P} \cdot \nabla)\boldsymbol{E} \tag{14-10}$$

图 14-4 给出了带电粒子(两个小的圆圈)和中性粒子(大圆圈)在电场中的四种典型情形。施加在粒子上的净作用力用带箭头的线表示。带电粒子无论是放置在均匀电场还是放置在非均匀电场中都受到力的作用。中性粒子放置在电场中会被极化。如细胞等中性粒子仅在非均匀电场中才受到力的作用，而在均匀电场中则不受力的作用。

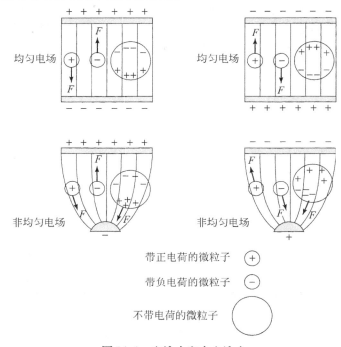

图 14-4　电泳力和介电泳力

按照它们的尺寸和所携带的电荷，电泳广泛用于分离带电的生物大分子，如 DNA、蛋白质和缩氨酸之类的生物大分子。DNA 分子总是带负电荷，而蛋白质既可带正电也可带负电。人们已制造出带有集成化学反应区的微电泳器件[57]。

在恒定均匀的电场中，液体环境中的带电粒子会达到稳定的速度。在平衡条件下，静电力和流体摩擦力达到平衡，

$$F_{\text{elec}} = z_i e E = 净电荷 \times 电场$$
$$F_{\text{fric}} = f_i v_i \tag{14-11}$$

摩擦系数是关于凝胶孔洞尺寸、粒子尺寸和电场强度的函数。

速度与电场之间的关系为

$$v_i = \frac{z_i e}{f_i} E = \mu_i E \qquad (14\text{-}12)$$

这里 μ_i 指粒子的迁移率。

毛细管电泳（CE）是电泳分析中常见的一种形式。使用时，首先把毛细管充满电泳凝胶材料，设计的凝胶材料与待测分子具有特定的结合率（图14-5）。当一组分子在电场的作用下通过凝胶基质时，一些现象会发生：一些粒子会无阻碍地通过，而另一些分子会被凝胶基质永久地捕获，还有一些会在被捕获之后又被释放掉。于是在相同时间和地点出发的各种分子会在不同的时刻到达CE 通道末端。可以利用这一点来分析分子构成及它们的相对浓度。

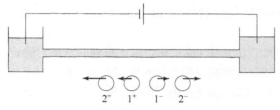

图 14-5   毛细管电泳

介电泳（DEP）利用了细胞在受控非均匀 AC 或 DC 电场中的极化作用，实现对活细胞及细胞组织的表征或分离。DEP 依赖于非均匀电场对极化的中性粒子所产生的吸引力（或排斥力）。它不同于电泳，电泳利用了电场对自由电荷或多余电荷的作用力。

生物材料会对非均匀的电场产生响应的根本原因在于所施加的电场所引起的极化效应。细胞及其组分的极化效应是不同的。有两种主要的极化机制：体极化和界面极化（或称接触表面间的极化）。每种可能的极化机制一般都有特征频率，只有在特征频率下开始极化。研究生物材料在宽频带下的响应，可以用来评估哪一种极化机制在起作用以及它的贡献有多大。而且，各种不同极化机制对生物材料的确切生理状态存在高的灵敏度。正是这一点使我们可以进行分离操作并对灵敏度和有效性进行分析。过去几年来，DEP 已用于分离活细胞和死细胞、区分常规血细胞以及表征细胞的老化过程[58]。

DEP 已在微流控器件中用于表征或人工操作（如捕捉）生物细胞或粒子[59]。

14.4   微流控元件的设计与制造

微流控芯片是由多种部件组成的，本节仅讨论最重要的两种：通道和阀。其他的部件有加热器、混合器、液体反应器和储液池。这些部件的设计及加工方法应与通道和阀的加工工艺相兼容。

14.4.1   通道

尽管微流控通道的形式和功能相对于其他部件（比如泵和阀）来说较简单，但它是微流控系统中最重要的部件。开发微流控系统，首先要选择微通道材料。在选择微通道的材料及其随后的加工方法时，有以下几个重要的方面需要考虑：

1）通道壁的疏水性。借助毛细管作用，液体自由地通过亲水性通道，这就简化了样品的加载和加注过程。例如，玻璃对许多液体是亲水性的，且它的性质也都为人们所熟知。而把液体引入疏水性的管道内则相对困难得多。

2）生物兼容性和化学兼容性。在理想情况下，通道壁不应与通道内的流体、粒子和气体发生反应。玻璃作为制造烧杯和试管的材料，或许是研究得最成熟的生物兼容性材料，它是生物学和化学领域最常用的材料，但是缺少玻璃的微机械加工方法。

3）通道材料对空气和液体的渗透性。高渗透性会导致流体过多地流失，或者在多个通道相隔很近时造成通道间流体的交叉污染。不过也可以利用空气或气体对通道的高渗透性来排出通道内的空气或移除陷入的气泡。

4）化学药剂在通道壁上的抑制力。在重复使用通道时，通道壁上保留的化学药剂会引起交叉污染。

5）透光性。透光的通道易于观察和定量测量分析。

6）加工温度。人们总是期望低温加工处理。高温处理会使结构材料和表面涂覆材料的可选择范围缩小。

7）功能复杂性及开发成本。通道材料应该与其他有源部件（如泵和阀）的集成相兼容。原型设计和加工的难度应较低。

所用材料往往决定了加工方法与性能指标，因此材料的选择对确定通道几何尺寸起着重要作用。用于其他部件（如泵和阀）的材料及相关技术要与通道的材料及其加工工艺相兼容。

微流控的研究源于两个不同的领域：MEMS 和分析化学。这两个研究领域使用了不同种类的材料。

在微流控系统开发和应用的早期，通道材料采用了 MEMS 研究中常见的无机材料，如硅、二氧化硅、氮化硅、多晶硅[60]和金属[61]。加工工艺包括体刻蚀（湿法或干法刻蚀）、牺牲层刻蚀、圆片–圆片键合，或这些工艺的结合。图 14-6 给出了几种有代表性的加工方法，加工出的通道具有不同形状的截面。

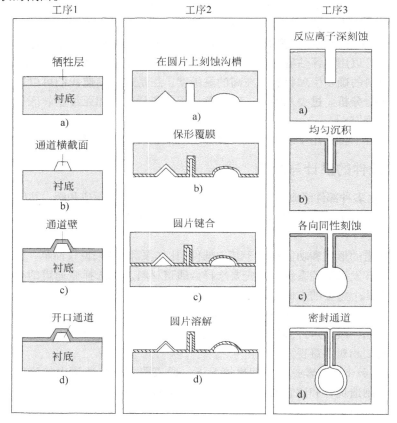

图 14-6　硅衬底上加工通道的典型工艺

在分析化学领域，研究者开发的通道加工工艺是基于我们熟悉的材料（玻璃）和简单的加工技术（圆片键合）。

尽管硅基微流控器件能加工出复杂的横截面通道，但是硅基器件存在许多问题。例如，硅作为一种透光性不好的材料，需要设计特殊的液体成像和跟踪方法。硅微加工技术对化学家和生物学家来说不容易实现，同时已证明是成本昂贵且难于实现快速原型测试。

就表面化学性质、透光性和构造的容易性而言，玻璃芯片是理想的。已有基于玻璃芯片的商业产品，如由 Agilent 和 Caliper 技术公司生产的电泳芯片。然而，在玻璃芯片上加工先进的一体化阀、泵和传感器时却存在困难。玻璃芯片经常采用永久性的封装，这使通道壁内表面的功能化变得困难。

在过去几年里，通道材料已经得到了快速发展。现在的微通道一般由下面所述的材料加工而成。这些材料分为两大类：有机材料和无机材料，代表性材料总结如下：

1）有机聚合物：聚对二甲苯、聚二甲基硅氧烷（PDMS）、丙烯酸树脂、聚碳酸酯、生物降解聚合物、聚酰亚胺。

2）无机材料：玻璃（耐热玻璃、特种玻璃）、硅、二氧化硅、氮化硅、多晶硅。

根据上面的数据，表 14-1 给出了用于微通道的代表性材料系统的相对优点比较。

表 14-1　微通道加工方法比较

	玻璃—玻璃键合	硅微机械加工	PDMS 键合	塑料键合	聚对二甲苯表面微加工
疏水性	亲水性	用涂覆层（如氧化物）可改变	疏水性，可变为亲水性，不可靠	可用表面处理进行改变	疏水性
生物兼容性	非常好	可接受	非常好	非常好	中等
通道壁的渗透性	无	无	对有机溶剂和气体高	中等	低
化学试剂的存留	低	低	高（如无特殊涂层）	中等	不清楚
透光性	非常好	无	非常好	好	好（如果在透明的基底上）
加工温度	高（对热键合）	高	低	中等	低
功能的复杂性和成本	中等	高	低	中等	中等～高

下文给出早期微流控通道在不同应用中的几个实例。实例 14.1 与实例 14.2 讨论玻璃微流控通道。在实例 14.3 中，回顾集成有神经探针的硅微通道。实例 14.4 和实例 14.5 介绍由聚合物制造的通道：实例 14.4 是硅合成橡胶，实例 14.5 是聚对二甲苯。

实例 14.1　汽相色谱仪通道

色谱涉及溶解于流动相（可以是气体、液体或临界液体）中的样品（或样品萃取）。流动相受迫经过不可流动、不可融合的固定相。选择流动相与固定相时，应使样品的组成在每一相中具有不同的溶解度。那些能够完全溶解于固定相中的成分比那些不能完全溶解于固定相却能充分溶解于流动相中的成分在穿过固定相时所用的时间要长。利用这种差别，可使样品成分在穿越固定相时得到分离。

从样品注入开始到分析物峰值抵达毛细管末端的检测器所用的时间称为滞留时间（t_R）。每一分析物具有不同的滞留时间。流动相自身穿越毛细管柱的时间为 t_M。

1975年，斯坦福大学的研究组报道了一种用玻璃圆片制造的集成汽相色谱仪（GC）[6]（图14-7）。汽相色谱器件在气体混合器内分离气体成分并分析气体样本的相对浓度。气体分离通道具有半圆形的截面，跨度为$200\mu m$，深为$40\mu m$。在直径为$4''$（$100mm$）的圆片上实现的通道长度达$1.5m$。通道壁的材料是玻璃。

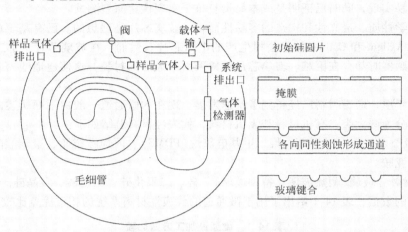

图14-7　集成汽相色谱仪系统的原理图

该系统用于环境中污染物和有毒成分的化学痕量分析。它没有往通道内填充固相物质，而是以通道壁作为吸附部件。当在入口和出口之间施加相同的压力梯度时，不同的气体分子表现出不同的t_R。各种气体组分在同一位置和时间出发，但在不同的时间到达出口。

随着微制造技术的进步，GC芯片的尺寸可进一步减小。利用硅、玻璃或聚合物制造的三维通道，可高效地组合长GC柱[8，62，63]。

实例14.2　微通道中的电泳

电泳可分离液体样品中的多种组分，这是一种强有力的分析和净化技术。按照前面关于电泳的讨论，可知不同种类的粒子在给定的电场中其运动速度不相同。为使电泳的分离效率最高，在开始时这些粒子相互之间都应该位于紧邻的位置，而不是分散在长样品柱中。

EP分离柱的尺寸是由精度确定的，EP分离柱可使用双T型进样器实现。人们已经开发出电分离生物分子的玻璃微芯片[64]。这一系统包括四个液池及与它们连通的两个T型接头，这四个液池分别是缓冲液池、分析物液池、废液池和分析物废液池（图14-8）。双T型进样器的工作原理在下文中介绍，相关图示见图14-9。

首先，在缓冲液池与废液池之间注入缓冲液。随后在分析物液池和分析物废液池之间注入分析液。在两个T型接头之间形成了具有精确体积的分析液。然后在缓冲液池和废液池之间施加EP电势，使分析液沿着EP柱向废液池移动。在分离柱的末端会检测到分析液内不同的组分。

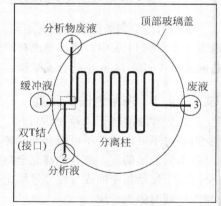

图14-8　玻璃微电分离芯片原理图

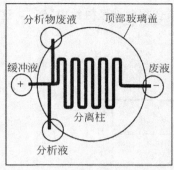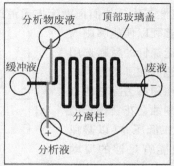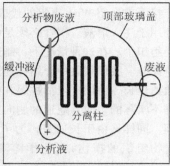

图 14-9 电分离芯片的工作原理

有多种设计和制造方法可实现这种 EP 分离系统。首先，采用玻璃圆片——所用材料与传统 EP 分离柱的材料完全相同。在玻璃上沉积一层 Cr 薄膜，并且光刻成像（图 14-10b）。Cr 膜上的图形用于确定通道的位置和尺寸。使用含有 HF 和 NH_4F 的溶液对玻璃上没有被 Cr 膜覆盖的区域进行进一步刻蚀并使之达到期望的深度（图 14-10c）。去除 Cr 掩膜层（图 14-10d）。把另一片玻璃放在这个刻蚀过的玻璃基片上，然后进行永久性键合。于是这样的通道全部由玻璃制成。金属电极则从外部插入液池中。

由于玻璃的亲水性表面及人们对它的熟悉，所以它成为电化学中优先选用的材料。也可用其他材料和加工方法构造相同的系统。由诸如 PDMS 等其他材料加工的 EP 通道可能需要进行化学改进，以使通道表面能够长期提供所期望的功能。

下面介绍早期最简单的实例（图 14-10）。

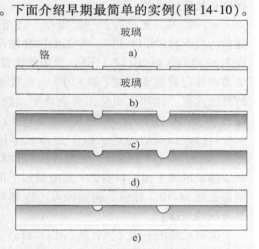

图 14-10 微细加工技术

实例 14.3 神经探针通道

神经生理学是人类最重要的科学与医学探求之一。对神经生理学的理解有助于防止和治疗某些严重影响人类生活质量的疾病，如阿兹海默氏病和帕金森氏病。神经信号处理是在无数连接的复杂三维组织中进行的，为了研究神经信号处理，需要先进的工程工具对神经行为进行成像、记录，并影响神经行为。微通道神经记录探针就是这些工具中的一种，为了减小无意识的损伤并能够提取丰富的数据，微通道神经记录探针应具有小尺寸和高密度。

神经记录探针微加工领域中最早的开创性工作是在密歇根大学的 K. D. Wise 教授的带领下完成的。他的研究团队已实现了许多可行的工程能力，包括：

1）硅基一维阵列和二维阵列神经记录探针。

2）记录探针具有多重记录点和激励点。

3）使用记录和电激励信号，记录探针可向神经组织发送或从中收集化学物质。

4）集成化 BiCMOS 电路可进行本地放大和调理，以保持信号的完整性。

接下来介绍 Wise 小组的代表性工作，他们把微流控通道结合在微神经探针中[65]。这种探针用于注入溶液。探针必须足够硬以便能够刺入神经组织中。在这种情况下，制造探针的材料选用了单晶硅。我们将集中介绍硅通道的加工工艺。由于通道较长，使用嵌入牺牲层并在随后去除它的方法是不实际的，而且通道的侧向刻蚀会花费很长的时间。同样又由于长通道，为了在低压差（以避免对生物组织的损伤）时化学溶液能有足够的流动性，需要相对较大截面积的通道。由于沉积工艺需要较长时间，所以用沉积牺牲层材料来实现大截面积也是比较困难的。

　　所用加工工艺只需要一层掩膜。选用 <100> 晶向的硅圆片（图 14-11），在正面以高浓度掺杂形成 $3\mu m$ 厚的区域（图 14-11b）。掺杂浓度要足够高，从而在各向异性刻蚀液（如 EDP）中有效地降低硅的刻蚀速率。硅片正面使用反应离子刻蚀法刻蚀，这种方法无法区分不同掺杂浓度的硅材料（14.11c）。预期的通道区以 V 形形状穿过这一层产生（如图 14-11d 所示）。使用各向异性刻蚀侧向刻蚀掺杂区域下面的材料。V 形掩膜层下面的刻蚀剖面见图 14-12。足够的侧刻蚀可产生相对较大截面面积的通道。

　　深硼扩散用于定义探针柄（图 14-11e）。通道的整个内表面要达到刻蚀自停止效应所需的扩散浓度。使用热氧化物和 LPCVD 淀积绝缘体封闭通道。在沉积并光刻电极与屏蔽绝缘之后，把硅片放入各向异性刻蚀液中进行溶解，这样会选择性地去除只有本征浓度的体硅，而仅留下独立的硅柄（图 14-11g）。

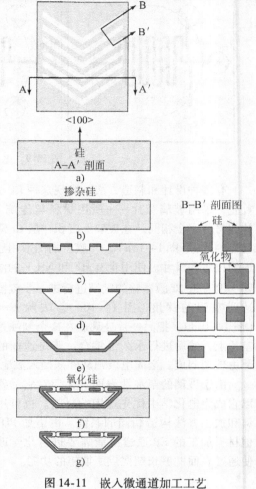

图 14-11　嵌入微通道加工工艺

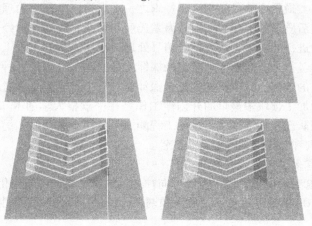

图 14-12　刻蚀过程

实现大截面埋入式密封通道的另一替代工艺是使用诸如多孔硅一类的多孔材料[66]。多孔材料所具有的微细孔使其下面的材料能够被刻蚀。由于连续膜大部分充满了小孔（高达75%的孔隙率），采用少量沉积的热氧化物或LPCVD材料就可密封[67]。

实例14.4　PDMS微流控通道

PDMS材料因容易得到、加工快速及性能较好等方面具有优越性，故用其加工的通道十分普遍。PDMS材料可以通过黏性液态原始材料得到，有许多商家出售不同品牌的原始材料，如：Dow Corning公司的硅树脂橡胶、GE Silicones公司的RTV硅树脂。最常用的PDMS材料是硅树脂184（Dow Corning公司）和RTV 615（GE Silicones公司）。

原始材料由两种组分组成：基本组分和固化剂。两种组分混合后可在室温、真空条件下固化；也可升温以快速固化。在推荐的混合比下，生成热固性的透明弹性固体。如硅树脂橡胶184能够采用以下推荐的条件之一完成固化：23℃时24小时；65℃时4小时；100℃时1小时或150℃时15分钟。

PDMS是一种相对多孔的材料，允许液体和分子以低速率扩散。气体同样也可扩散穿过它。固化的PDMS通常是疏水性的。可把它放置于氧等离子体中处理，或用化学药品处理（如HCl溶液），或涂覆有机聚合物使其表面改性为亲水性。通常情况下，在半小时到几小时内可使它的表面重新变为疏水性。

为实现精确的三维特征，可在三维图形化（图14-13）的表面浇铸未固化的原始材料，三维图形化表面可用各种方法加工完成（包括体刻蚀、光刻成型等）（图14-13a和图14-13b）。除去弹性材料后，表面就变为凸或凹的区域（图14-13c）。然后PDMS材料与另一基片键合形成闭合的通道（图14-13d）。匹配的基底可以是硅、玻璃、聚酰亚胺甚至可以是另一片PDMS。在大多数情况下，键合是可逆的；换言之，已键合的两片材料可拆开并再次键合。如果是两片PDMS材料键合在一起，若键合表面放置于氧等离子体中处理过，那么键合力会很强（永久性的）。也可以把多层材料集成在一起，用复杂的三维通道结构构成三维空间微流控网络[68]。

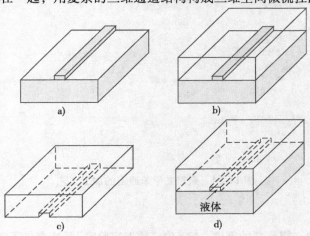

图14-13　PDMS模塑成型

可用打孔机（冲床）在弹性体上钻出入口和出口。还可把PDMS原料浇铸在三维结构上（例如弯曲的金属丝）[69]。PDMS固化后，可用机械方法移走或用电化学刻蚀掉金属丝，于是就留下了三维通道和进出孔端口[70]。

PDMS 材料从模具上取下后，它的体积会在各个方向收缩。因收缩而导致的尺寸变化与材料、浇铸材料的数量和固化方法有关。在每个应用中都要仔细地加以校准。

实例14.5　基于聚对二甲苯的表面微加工通道

采用光刻胶作为牺牲层，化学汽相沉积聚对二甲苯薄膜作为结构层，已制备出表面微加工通道。使用聚对二甲苯光刻胶系统取代了高温 LPCVD 多晶硅/氧化物系统[71]。

图 14-14 给出了与硅衬底上液体进出孔端口单片连接的聚对二甲苯通道的加工工艺。该工艺首先选用 <100> 晶向的硅片（图 14-14a），用二氧化硅薄层覆盖。对背面的氧化层进行光刻，该氧化层用做各向异性硅刻蚀的掩膜层（图 14-14b）。旋涂光刻胶并图形化（图 14-14c）。之后在硅片的正面涂覆一层聚对二甲苯薄膜（图 14-14d）。旋涂一层聚酰亚胺并图形化以提高通道的机械强度，防止通道塌陷（图 14-14e）。接着去除背面刻蚀孔中保留下来的硅，直到刻蚀到正面氧化硅层（图 14-14f）。这可使用各向异性湿法刻蚀或等离子刻蚀来完成。之后，空腔底部的氧化物放入 HF 酸池中去除（图 14-14g）。使用丙酮去除光刻胶牺牲层材料以产生开放的通道，并使它穿过已开通的进出孔端口（图 14-14h）。

在这类系统中已集成了许多部件，它们包括：

1）一次性阀[72]。

2）芯片上的热–气动源[47]。

3）电渗泵[56]。

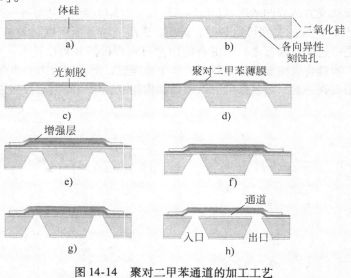

图 14-14　聚对二甲苯通道的加工工艺

14.4.2　阀

阀是微流控系统中一类重要的部件。它们给"片上实验室"系统提供了复杂的系统级功能。在选择和开发微加工阀时，需要考虑以下因素：

1）阀工作的可靠性。理想的阀在"关"态应为零泄漏，而在"开"态应能可靠地打开。

2）阀工作的可重复性。

3）耐高压的能力。

4）阀结构的简易性。

5）阀工作和控制的简易性。

6）与液体及生物粒子的生物兼容性。

按照工作方式，阀可分为以下几类：

1）循环阀可多次工作。它们置为常"开"时，意味着阀保持在打开的位置而不需要输入有源功率；或置为常"闭"时，意味着阀将保持在闭合的位置而不需要有源功率。

2）一次性阀仅使用一次。常"开"阀在被激励后永久地封闭通道。而常"闭"阀一旦受到激励就永久处于开通状态，所以它可完成诸如环境样品采集等应用。

阀对微流控系统的性能及其微型化来说是至关重要的部件，目前已经开发了很多种阀。根据阀的结构，通常可以将其归为以下几种：

1）硬膜阀。

2）软膜阀。

3）栓阀。

4）阈值阀。

硬膜阀使用以下几种材料中的一种来加工膜：单晶硅、多晶硅[73]、LPCVD 氮化硅、压电薄膜、金属薄膜或无弹性有机聚合物（如聚对二甲苯和聚碳酸酯）。硬膜阀的工作原理有多种。最常见的原理是基于压电[74]、静电[73，75，76]、电磁[1，77]、热双层片、气动[17，20]和热气动[78，79]执行器。也可以是几种原理的组合。例如，气动阀可使用静电力来保持闭合缝隙的位置[17]。硬膜阀在"关"态一般不能提供很好的密封性能，尤其是作调节阀。

软膜阀使用诸如 PDMS[80]的弹性体制造膜。与硬膜相比，弹性膜的工作原理是受限制的。由于是软膜，集成电极等部件是比较困难的。不过软膜的密封性好，所以是传统阀的合适材料。

栓阀可以基于不同的原理。例如，利用化学浓度、pH 值、温度、电场[81~84]对离子水凝胶所引起的大幅度膨胀和收缩能力来开发这种阀，或利用汇集的磁粒子或化学改性粒子开发这种阀。

阈值阀依靠压力或流速改变它们的"开/关"态。阈值阀经常利用表面张力原理。冲击阀是一种特殊的阈值阀：在阀上压力达到一定值时，阀的状态从关闭变为打开。

实例 14.6　PDMS 气动泵

弹性（橡胶）聚合物的软膜阀几乎专门用于宏观的阀和泵。它们的优点是在"闭"态可以较好地封闭液体或气体。因为软膜和匹配座必须集成到微系统中去，所以从设计和加工角度看，软膜阀更具有挑战性。由于 PDMS 相对简单的加工工艺及客观的柔软性，故它经常用做软膜材料。在大约 100mW 的输入压力下，薄膜（$1 \times 1mm^2 \sim 2 \times 2mm^2$）可产生很大的变形（$50 \sim 150\mu m$），可用于包括空气在内的各种工作流体[79]。

接下来介绍一种使用外加气动控制功能阀的典型加工方法[85，86]。该阀含有两层 PDMS 薄膜（图 14-15）。第一层和第二层都采用前面实例中 PDMS 模具成型的方法加工。对于第一层，PDMS 的厚度应尽可能小，因此通道上方的膜非常薄（图 14-15c）。在固化之前可以调整和平坦化 PDMS 原料。

第二层由气动控制线构成（图 14-15d）。第一层和第二层中的通道呈十字交叉进行键合。氧等离子体处理可使这两层膜永久地键合在一起。装配在一起的这两片 PDMS 再键合到基底上。第一层 PDMS 中形成的通道用于输送液体，而第二层 PDMS 中的通道用于传递气体或液体压力。

施加于第二层通道中的压力推动 PDMS 膜向下，从而封闭下面的通道。

这种方法可用于构建微泵。图 14-16 给出一种可能的构造。第一层中的通道同它上面的压力线在三个区域十字相交，于是形成了三个确定的 PDMS 薄膜。以蠕动方式工作的三条压力线可向两个可能的方向连续地推动液体。

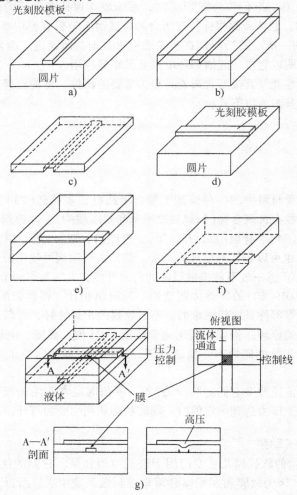

图 14-15　气动控制的 PDMS 阀

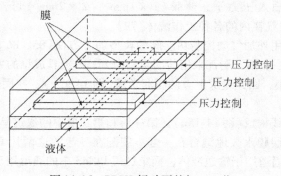

图 14-16　PDMS 蠕动泵的加工工艺

14.5 总结

读者在阅读完本章后应该理解以下概念、事实，并进行分析：

1）微通道的基本设计、材料和微加工工艺。

2）微通道加工的相对简单性和灵活性。

3）微流加工通道中泵送流体的主要方法及其原理。

4）压力驱动条件下，与微流控通道某一部分相关的流阻分析。

5）实用微阀的基本设计。

6）电泳和介电泳的基本概念。

7）硅橡胶微流控通道和集成阀的设计。

习题

习题 14.1 设计

一微流控通道长度为 1mm，截面面积为 $20\mu m^2$，如果通道一端承受的水柱高为 5m，另一端与大气连通，求容积流量和平均流速。

习题 14.2 制造

确定三种加工通道的实际方法，通道的截面面积见习题 14.1，高为 $4\mu m$，通道的一部分应是透明的，便于光学观察。由于通道太长，牺牲层刻蚀一般不可用。

习题 14.3 设计

当通道宽度为 $5\mu m$ 时，计算习题 14.1 中所对应的雷诺数。

习题 14.4 综述

设计通道长度为 $1\sim10\mu m$、每个通道的截面为 10nm 的通道阵列的加工方法。通道的横截面必须是圆形或正方形。讨论图形化的方法。评述实用性、效率和精度。

习题 14.5 设计

微流控通道的一部分长为 10mm，截面尺寸为宽 $30\mu m$、高 $1\mu m$。要达到 10nl/min 的容积流速需要多大的压力？

习题 14.6 综述

画出实例 14.1 中气体色谱芯片的详细加工流程。并说明所选择的掩膜层是恰当的。

习题 14.7 制造

画出集成有流体输送通道的神经探针加工流程 [87]，并画出探针的典型截面图。

习题 14.8 设计

在实例 14.6 中，PDMS 气动阀使用了薄弹性膜，该膜的面积是由十字交叉液体与控制线确定的。PDMS 表面的接触使它具有可靠的密封。讨论降低关闭阀所必需的阈值电压的至少三种方法。并讨论每种方法对加工工艺的影响。

习题 14.9 制造

设计集成有液体输送通道的聚对二甲苯悬臂探针的完整加工工艺。通道在悬臂梁的自由端开口。探针由体硅微加工的手柄构成。手柄中有刻蚀的空腔，空腔与集成的通道连通，并作为储液池和入口。注意空腔和手柄的侧壁可以是倾斜的也可以是垂直的，画出垂直壁的情况。详细的光刻步骤可在图中省略，画出通道和处理基片的步骤，要明确地标出工艺所使用的每一层材料。

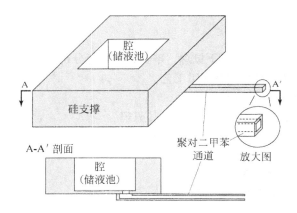

习题 14.10   思考

设计一个面积不超过 $1mm^2$、电控制的微阀。该阀可以完全关断背景压力为 30kPa 的液流。阀工作电压应低于 100V。面积和电压应尽可能小。阀的泄漏率为零。不能使用芯片外的气动源。该阀还应可以重复使用。

参考文献

1. Bae, B., N. Kim, H. Kee, S.-H. Kim, Y. Lee, S. Lee, and K. Park, *Feasibility test of an electromagnetically driven valve actuator for glaucoma treatment*. Microelectromechanical Systems, Journal of, 2002. vol. **11**: p. 344–354.

2. Gwynne, P., and G. Heebner, *Drug discovery and biotechnology trends—laboratory automation: Scientists' little helpers.*. Science, 2004. vol. **303**: p. 549–553.

3. Becker, T., S. Muhlberger, C. Bosch-v.Braunmuhl, G. Muller, A. Meckes, and W. Benecke, *Gas mixture analysis using silicon micro-reactor systems*. Microelectromechanical Systems, Journal of, 2000. vol. **9**: p. 478–484.

4. Rusu, C., van't R. Oever, M.J. de Boer, H.V. Jansen, J.W. Berenschot, M.L. Bennink, J.S. Kanger, B.G. de Grooth, M. Elwenspoek, J. Greve, J. Brugger, and A. van den Berg, *Direct integration of micromachined pipettes in a flow channel for single DNA molecule study by optical tweezers*. Microelectromechanical Systems, Journal of, 2001. vol. **10**: p. 238–246.

5. Maharbiz, M.M., W.J. Holtz, S. Sharifzadeh, J.D. Keasling, and R.T. Howe, *A microfabricated electrochemical oxygen generator for high-density cell culture arrays*. Microelectromechanical Systems, Journal of, 2003. vol. **12**: p. 590–599.

6. Terry, S.C., J.H. Jerman, and J.B. Angell, *A gas chromatographic air analyzer fabricated on a silicon wafer*. IEEE Transaction on Electron Devices, ED, 1979. vol. **26**: p. 1880–1886.

7. Reston, R.R., and E.S. Jr. Kolesar, *Silicon-micromachined gas chromatography system used to separate and detect ammonia and nitrogen dioxide. I. Design, fabrication, and integration of the gas chromatography system*. Microelectromechanical Systems, Journal of, 1994. vol. **3**: p. 134–146.

8. Tian, W.-C., S.W. Pang, C.-J. Lu, and E.T. Zellers, *Microfabricated preconcentrator-focuser for a microscale gas chromatograph*. Microelectromechanical Systems, Journal of, 2003. vol. **12**: p. 264–272.

9. Harris, C., M. Despa, and K. Kelly, *Design and fabrication of a cross flow micro heat exchanger*. Microelectromechanical Systems, Journal of, 2000. vol. **9**: p. 502–508.

10. Stephens, L.S., K.W. Kelly, D. Kountouris, and J. McLean, *A pin fin microheat sink for cooling macroscale conformal surfaces under the influence of thrust and frictional forces*. Microelectromechanical Systems, Journal of, 2001. vol. **10**: p. 222–231.

11. Pattekar, A.V. and M.V. Kothare, *A microreactor for hydrogen production in micro fuel cell applications*. Microelectromechanical Systems, Journal of, 2004. vol. **13**: p. 7–18.

12. Peles, Y., V.T. Srikar, T.S. Harrison, C. Protz, A. Mracek, and S.M. Spearing, *Fluidic packaging of microengine and microrocket devices for high-pressure and high-temperature operation*. Microelectromechanical Systems, Journal of, 2004. vol. **13**: p. 31–40.

13. Arana, L.R., S.B. Schaevitz, A.J. Franz, M.A. Schmidt, and K.F. Jensen, *A microfabricated suspended-tube chemical reactor for thermally efficient fuel processing.* Microelectromechanical Systems, Journal of, 2003. vol. **12**: p. 600–612.

14. Lee, K.B., and L. Lin, *Electrolyte-based on-demand and disposable microbattery.* Microelectromechanical Systems, Journal of, 2003. vol. **12**: p. 840–847.

15. Sammoura, F., K.B. Lee, and L. Lin, *Water-activated disposable and long shelf life microbatteries*1.* Sensors and Actuators A: Physical, 2004. vol. **111**: p. 79–86.

16. Cattaneo, F., K. Baldwin, S. Yang, T. Krupenkine, S. Ramachandran, and J.A. Rogers, *Digitally tunable microfluidic optical fiber devices.* Microelectromechanical Systems, Journal of, 2003. vol. **12**: p. 907–912.

17. Yobas, L., D.M. Durand, G.G. Skebe, F.J. Lisy, and M.A. Huff, *A novel integrable microvalve for refreshable Braille display system.* Microelectromechanical Systems, Journal of, 2003. vol. **12**: p. 252–263.

18. Ross, P.E. *Beat the heat.* Spectrum, IEEE, 2004. vol. **41**: p. 38–43.

19. Koo, J.-M., S. Im, L. Jiang, and K.E. Goodson, *Integrated microchannel network for cooling of 3D circuit architectures.* presented at *Proceedings of ASME International Mechnaical Engineering Congress and Exposition (IMECS'03)*, Washington, D.C., 2003.

20. Takao H., and M. Ishida, *Microfluidic integrated circuits for signal processing using analogous relationship between pneumatic microvalve and MOSFET.* Microelectromechanical Systems, Journal of, 2003. vol. **12**: p. 497–505.

21. Thorsen, T., Maerkl, J. Quake Sebastian, and R. Stephen, *Microfluidic large-scale integration.* Science, 2002. vol. **298**: p. 580–584.

22. Reyes, D.R., M.M. Ghanem, G.M. Whitesides, and A. Manz, *A glow discharge in microfluidic chips for visible analog computing.* Lab on a chip, 2002. vol. **2**: p. 113–116.

23. Kenis, P.J.n.A., R.F. Ismagilov, and G.M. Whitesides, *Microfabrication inside capillaries using multiphase laminar flow patterning.* Science, 1999. vol. **285**: p. 83–85.

24. Goluch, E.D., K.A. Shaikh, K. Ryu, J. Chen, J. Engel, and C. Liu, *Microfluidic method for in-situ deposition and precision patterning of thin-film metals on curved surfaces.* Applied Physics Letters, 2004. vol. **85**: p. 3629–3631.

25. Mirkin, C.A. *DNA-based methodology for preparing nanocluster circuits, arrays, and diagnostic materials.* MRS Bulletin, 2000. vol. **25**: p. 43–54.

26. Pennisi, E. *BIOTECHNOLOGY: The Ultimate gene gizmo: Humanity on a chip.* Science, 2003. vol. **302**: p. 211.

27. Li, J. and Y. Lu, *A highly sensitive and selective catalytic DNA biosensor for lead ions.* Journal of American Chemical Society, 2000. vol. **122**: p. 10466–10467.

28. Nam, J.-M., C.S. Thaxton, and C.A. Mirkin, *Nanoparticle-based bio-bar codes for the ultrasensitive detection of proteins.* Science, 2003. vol. **301**: p. 1884–1886.

29. Choi, J.-W., C.H. Ahn, S. Bhansali, and H.T. Henderson, *A new magnetic bead-based, filterless bioseparator with planar electromagnet surfaces for integrated bio-detection systems.* Sensors and Actuators B, 2000. vol. **68**: p. 34–39.

30. Taton, T.A., C.A. Mirkin, and R.L. Letsinger, *Scanometric DNA array detection with nanoparticle probes.* Science, 2000. vol. **289**: p. 1757–1760.

31. Park, S.-J., T.A. Taton, and C.A. Mirkin, *Array-based electrical detection of DNA with nanoparticle probes.* Science, 2002. vol. **295**: p. 1503–1506.

32. White, F.M. *Fluid mechanics*, 4th ed: McGraw-Hill, 1999.

33. Jang J. and S.S. Lee, *Theoretical and experimental study of MHD (magnetohydrodynamic) micropump.* Sensors and Actuators A: Physical, 2000. vol. **80**: p. 84–89.

34. Darabi, J., M. Rada, M. Ohadi, and J. Lawler, *Design, fabrication, and testing of an electrohydrodynamic ion-drag micropump.* Microelectromechanical Systems, Journal of, 2002. vol. **11**: p. 684–690.

35. Richter, A., A. Plettner, K.A. Hofmann, and H. Sandmaier, *A micromachined electrohydrodynamic (EHD) pump.* Sensors and Actuators A: Physical, 1991. vol. **29**: p. 159–168.

36. Fuhr, G., R. Hagedorn, T. Muller, W. Benecke, and B. Wagner, *Microfabricated electrohydrodynamic (EHD) pumps for liquids of higher conductivity*. Microelectromechanical Systems, Journal of, 1992. vol. **1**: p. 141–146.

37. Yang, L.-J., J.-M. Wang, and Y.-L. Huang, *The micro ion drag pump using indium-tin-oxide (ITO) electrodes to resist aging*1*. Sensors and Actuators A: Physical, 2004. vol. **111**: p. 118–122.

38. Hatch, A., A.E. Kamholz, G. Holman, P. Yager, and K.F. Bohringer, *A ferrofluidic magnetic micropump*. Microelectromechanical Systems, Journal of, 2001. vol. **10**: p. 215–221.

39. Yun, K.-S., I.-J. Cho, J.-U. Bu, C.-J. Kim, and E. Yoon, *A surface-tension driven micropump for low-voltage and low-power operations*. Microelectromechanical Systems, Journal of, 2002. vol. **11**: p. 454–461,

40. Chiou, P.Y., H. Moon, H. Toshiyoshi, C.-J. Kim, and M.C. Wu, *Light actuation of liquid by optoelectrowetting*. Sensors and Actuators A: Physical, 2003. vol. **104**: p. 222–228.

41. Luginbuhl, P., S.D. Collins, G.-A. Racine, M.-A. Gretillat, N.F. De Rooij, K.G. Brooks, and N. Setter, *Microfabricated lamb wave device based on PZT sol-gel thin film for mechanical transport of solid particles and liquids*. Microelectromechanical Systems, Journal of, 1997. vol. **6**: p. 337–346.

42. Benard, W.L., H. Kahn, A.H. Heuer, and M.A. Huff, *Thin-film shape-memory alloy actuated micropumps*. Microelectromechanical Systems, Journal of, 1998. vol. **7**: p. 245–251.

43. Smits, J.G. *Piezoelectric micropump with three valves working peristaltically*. Sensors and Actuators A: Physical, 1990. vol. **21**: p. 203–206.

44. Olsson, A., P. Enoksson, G. Stemme, and E. Stemme, *Micromachined flat-walled valveless diffuser pumps*. Microelectromechanical Systems, Journal of, 1997. vol. **6**: p. 161–166.

45. Ahn, C.H. and M.G. Allen, *Fluid micropumps based on rotary magnetic actuators*. presented at Micro Electro Mechanical Systems, 1995, MEMS '95, Proceedings. IEEE, 1995.

46. Van de Pol, F.C.M., H.T.G. Van Lintel, M. Elwenspoek, and J.H.J. Fluitman, *A thermopneumatic micropump based on micro-engineering techniques*. Sensors and Actuators A: Physical, 1990. vol. **21**: p. 198–202.

47. Handique, K., D.T. Burke, C.H. Mastrangelo, and M.A. Burns, *On-chip thermopneumatic pressure for discrete drop pumping*. Analytical Chemistry, 2001. vol. **73**: p. 1831–1838.

48. Tsai, J.-H. and L. Lin, *Active microfluidic mixer and gas bubble filter driven by thermal bubble micropump*1*. Sensors and Actuators A: Physical, 2002. vol. **97–98**: p. 665–671.

49. Maxwell, R.B., A.L. Gerhardt, M. Toner, M.L. Gray, and M.A. Schmidt, *A microbubble-powered bioparticle actuator*. Microelectromechanical Systems, Journal of, 2003. vol. **12**: p. 630–640.

50. Tsai, J.-H. and L. Lin, *A thermal-bubble-actuated micronozzle-diffuser pump*. Microelectromechanical Systems, Journal of, 2002. vol. **11**: p. 665–671.

51. Su, Y.-C. and L. Lin, *A water-powered micro drug delivery system*. Microelectromechanical Systems, Journal of, 2004. vol. **13**: p. 75–82.

52. Hong, C.-C., J.-W. Choi, and C.H. Ahn, *Disposable air-bursting detonators as an alternative on-chip power source*. presented at Micro Electro Mechanical Systems, 2002. The Fifteenth IEEE International Conference on, 2002.

53. Madou, M.J., L.J. Lee, S. Daunert, S. Lai, and C.H. Shih, *Design and fabrication of CD-like microfluidic platforms for diagnostics: microfluidic functions*. Biomedical Microdevices, 2001. vol. **3**: p. 245–254.

54. Zeng, S., C.-H. Chen, J. Mikkelsen, C. James, and J.G. Santiago, *Fabrication and characterization of electroosmotic micropumps*. Sensors and Actuators B: Chemical, 2001. vol. **79**: p. 107–114.

55. Chen, C.-H. and J.G. Santiago, *A planar electroosmotic micropump*. Microelectromechanical Systems, Journal of, 2002. vol. **11**: p. 672–683,

56. Selvaganapathy, P., Y.-S.L. Ki, P. Renaud, and C.H. Mastrangelo, *Bubble-free electrokinetic pumping*. Microelectromechanical Systems, Journal of, 2002. vol. **11**: p. 448–453.

57. Woolley, A.T., D. Hadley, P. Landre, A.J. deMello, R.A. Mathies, and M.A. Northrup, *Functional integration of PCR amplification and capillary electrophoresis in a microfabricated DNA analysis device*. Analytical Chemistry, 1996. vol. **68**: p. 4083–4086.

58. Pohl, H.A. *Dielecrophoresis*: Cambridge University Press, 1978.

59. Mohanty, S.K., S.K. Ravula, K.L. Engisch, and A.B. Frazier, *A micro system using dielectrophoresis and electrical impedance spectroscopy for cell manipulation and analysis.* presented at TRANSDUCERS, Solid-State Sensors, Actuators and Microsystems, 12th Innational Conference on, 2003, 2003.

60. de Boer, M.J., R.W. Tjerkstra, J.W. Berenschot, H.V. Jansen, G.J. Burger, J.G.E. Gardeniers, M. Elwenspoek, and A. van den Berg, *Micromachining of buried micro channels in silicon.* Microelectromechanical Systems, Journal of, 2000. vol. **9**: p. 94–103.

61. Papautsky, I., J. Brazzle, H. Swerdlow, and A.B. Frazier, *A low-temperature IC-compatible process for fabricating surface-micromachined metallic microchannels.* Microelectromechanical Systems, Journal of, 1998. vol. **7**: p. 267–273.

62. Lu, C.-J., J. Whiting, R.D. Sacks, and E.T. Zellers, *Portable gas chromatograph with tunable retention and sensor array detection for determination of complex vapor mixtures.* Analytical Chemistry, 2003. vol. **75**: p. 1400–1409.

63. Hsieh, M.-D. and E.T. Zellers, *Limits of recognition for simple vapor mixtures determined with a microsensor array.* Analytical Chemistry, 2004. vol. **76**: p. 1885–1895.

64. Jacobson, S.C., R. Hergenroder, A.W. Moore, and J.M. Ramsey, *Electrically driven deparations on a microchip.* presented at IEEE Solid-state sensor and actuator workshop, Hilton Head Island, SC, 1994.

65. Chen, J., K.D. Wise, J.F. Hetke, and S.C. Bledsoe, *A multichannel neural probe for selective chemical delivery at the cellular level.* IEEE/ASME Journal of Microelectromechanical Systems (JMEMS), 1997. vol. **44**: p. 760–769.

66. Kaltsas, G. and A.G. Nassiopoulou, *Frontside bulk silicon micromachining using porous-silicon technology.* Sensors and Actuators A: Physical, 1998. vol. **65**: p. 175–179.

67. Kaltsas, G., D.N. Pagonis, and A.G. Nassiopoulou, *Planar CMOS compatible process for the fabrication of buried microchannels in silicon, using porous-silicon technology.* Microelectromechanical Systems, Journal of, 2003. vol. **12**: p. 863–872.

68. Jo, B.H., L.M. Van Lerberghe, K.M. Motsegood, and D.J. Beebe, *Three-dimensional micro-channel fabrication in polydimethylsiloxane (PDMS) elastomer.* IEEE/ASME Journal of Microelectromechanical Systems (JMEMS), 2000. vol. **9**: p. 76–81.

69. Jo, B.-H., L.M. Van Lerberghe, K.M. Motsegood, and D.J. Beebe, *Three-dimensional micro-channel fabrication in polydimethylsiloxane (PDMS) elastomer."* Microelectromechanical Systems, Journal of, 2000. vol. **9**: p. 76–81.

70. Chiou, C.-H., G.-B. Lee, H.-T. Hsu, P.-W. Chen, and P.-C. Liao, *Micro devices integrated with microchannels and electrospray nozzles using PDMS casting techniques.* Sensors and Actuators B, 2002. vol. **86**: p. 280–286.

71. Burns, M.A., B.N. Johnson, S.N. Brahmasandra, K. Handique, J.R. Webster, M. Krishnan, T.S. Sammarco, P.M. Man, D. Jones, D. Heldsinger, C.H. Mastrangelo, D.T. nd Burke, *An integrated nanoliter DNA analysis device.* Science, 1998. vol. **282**: p. 484–487.

72. Carlen, E.T. and C.H. Mastrangelo, *Surface micromachined paraffin-actuated microvalve.* Microelectromechanical Systems, Journal of, 2002. vol. **11**: p. 408–420.

73. Vandelli, N., D. Wroblewski, M. Velonis, and T. Bifano, *Development of a MEMS microvalve array for fluid flow control.* Microelectromechanical Systems, Journal of, 1998. vol. **7**: p. 395–403.

74. Li, H.Q., D.C. Roberts, J.L. Steyn, K.T. Turner, O. Yaglioglu, N.W. Hagood, S.M. Spearing, and M.A. Schmidt, *Fabrication of a high frequency piezoelectric microvalve.* Sensors and Actuators A: Physical, 2004. vol. **111**: p. 51–56.

75. Shikida, M., K. Sato, S. Tanaka, Y. Kawamura, and Y. Fujisaki, *Electrostatically driven gas valve with high conductance.* Microelectromechanical Systems, Journal of, 1994. vol. **3**: p. 76–80.

76. Yobas, L., M.A. Huff, F.J. Lisy, and D.M. Durand, *A novel bulk micromachined electrostatic microvalve with a curved-compliant structure applicable for a pneumatic tactile display.* Microelectromechanical Systems, Journal of, 2001. vol. **10**: p. 187–196.

77. Sadler, D.J., T.M. Liakapoulos, and C.H. Ahn, *A universal electromagnetic microactuator using magnetic interconnection concepts.* Microelectromechanical Systems, Journal of, 2000. vol. **9**: p. 460–468.

78. Rich, C.A. and K.D. Wise, *A high-flow thermopneumatic microvalve with improved efficiency and integrated state sensing.* Microelectromechanical Systems, Journal of, 2003. vol. **12**: p. 201–208.

79. Yang, X., C. Grosjean, and Y.-C. Tai, *Design, fabrication, and testing of micromachined silicone rubber membrane valves*. Microelectromechanical Systems, Journal of, 1999. vol. **8**: p. 393–402.

80. Unger, M.A., H.-P. Chou, T. Thorsen, A. Scherer, and S.R. Quake, *Monolithic microfabricated valves and pumps by multilayer soft lithography*. Science, 2000. vol. **288**: p. 113–116.

81. Lee, S., D.T. Eddington, Y. Kim, W. Kim, and D.J. Beebe, *Control mechanism of an organic self-regulating microfluidic system*. Microelectromechanical Systems, Journal of, 2003. vol. **12**: p. 848–854.

82. Baldi, A., Y. Gu, P.E. Loftness, R.A. Siegel, and B. Ziaie, *A hydrogel-actuated environmentally sensitive microvalve for active flow control*. Microelectromechanical Systems, Journal of, 2003. vol. **12**: p. 613–621.

83. Richter, A., D. Kuckling, S. Howitz, T. Gehring, and K.-F. Arndt, *Electronically controllable microvalves based on smart hydrogels: magnitudes and potential applications*. Microelectromechanical Systems, Journal of, 2003. vol. **12**: p. 748–753.

84. De, S.K., N.R. Aluru, B. Johnson, W.C. Crone, D.J. Beebe, and J. Moore, *Equilibrium swelling and kinetics of pH-responsive hydrogels: models, experiments, and simulations*. Microelectromechanical Systems, Journal of, 2002. vol. **11**, p. 544–555.

85. Chou, H.-P., C. Spence, A. Schere, and S.R. Quake, *A microfabricated device for sizing and sorting of DNA molecules*. Proc. Nat'l. Acad. Sci., 1999. vol. **96**: p. 11–13.

86. Groisman, A., M. Enzelberger, and S.R. Quake, *Microfluidic memory and control devices*. Science, 2003. vol. **300**: p. 955–958.

87. Cheung, K.C., K. Djupsund, Y. Dan, and L.P. Lee, *Implantable multichannel electrode array based on SOI technology*. Microelectromechanical Systems, Journal of, 2003. vol. **12**: p. 179–184.

第 15 章　MEMS 典型产品实例

15.0　预览

本章我们将综述一些 MEMS 器件的设计、制造工艺、集成技术和器件性能。尽管在前面几章我们已经讨论了一些实例，但是这些实例都来自于学术刊物，而不是商业产品。前几章的实例研究给出了丰富的构想和设计理念，然而，这些讨论被局限在前面几章。其中一个原因是，在第 10~12 章对体加工和表面微加工的介绍之前，这些实例已在第 4~9 章讨论。

每一类传感器都面临着不同的挑战。就机械和电子单元的复杂性来说，血压传感器是最简单的传感器。然而，由于医疗产品的特殊性，它需要面对医疗健康机构制定的严格规范。微麦克风是压力传感器的变化形式，但比压力传感器要复杂，目前，市场上已经存在大量产品。对于 MEMS 微麦克风来说，如何占据市场的份额是它们最为关注的问题。加速度计是 MEMS 产品中的高端产品，它承载了 MEMS 技术的许多优点。但是，成功的加速度计的工艺和设计是十分复杂的。由于有着不同的设计方案，加速度计的产业竞争激烈。就技术和设计来说，陀螺仪可能是最复杂的 MEMS 产品。它需要真空封装、复杂的电路(用于控制和减小串扰)以及对外界环境良好的抗干扰能力。尽管如此，这种器件已经获得了极大的成功，三轴陀螺仪可以封装成几立方毫米的体积，成本低于 1 美元，而且就几个大公司来说，每年的产量都接近数亿只。

本章挑选了一些典型的、已商业化的产品进行具体分析，因为这些产品已经很好地实现了设计、材料、制造和商业化之间的折中。工业化传感器必须满足价格与性能的技术指标要求，而且要能够和其他技术与公司(已存在的和即将出现的)进行竞争。同样地，这些产品也展现了各种设计规则和独创性。

但是，需要注意的是，商业公司不可能在公开资料中完全透露它们产品设计加工的技术细节。许多好产品的具体信息也没有公开出版。因此，在下面的讨论中，必须忽略一些具体的加工细节。

15.1　案例分析：血压(BP)传感器

15.1.1　背景及历史

植入式动脉血压敏感是一个重要的医疗步骤。通过在动脉中植入导管针(图 15-1)，可直接测量动脉压力。导管通过一个无菌的加注流体通道连接到电子压力传感器上。大家都很熟悉在诊所和医院中广泛使用的、基于血压计的非植入式血压测量方法。这一方法很方便，但是只可以间歇式使用，而且精度较差。与非植入式血压传感器相比，植入式方法的优点在于，动脉血管中的压力可以实时监测，且有高精度。这一技术在重症特别护理、手术室、麻醉科中都特别重要。

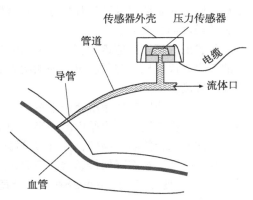

图 15-1　植入式血压传感器监测
系统主要部件原理图

在使用硅 MEMS 压力传感器之前，血压测量是通过昂贵的、易污染的传感器（在 1982 年，价格为 50 美元）进行的。这些器件基于硅悬梁技术，因而很容易损坏。传感器与病人的血液进行接触，由于价格高，在使用之后，每个传感器都必须进行严格清洗，以便下次再用。这就需要进行消毒处理，而且传感器很容易受到污染，导致医疗成本增加。

硅 MEMS 技术使低成本、一次性血压传感器成为可能。第一只一次性血压传感器于 1992 年在美国诞生。这一年，大约销售了 4 万只。1993 年，这一市场增加到年销售 1700 万只。MEMS 技术使医院降低了医疗风险。由于每只传感器的价格从 50 美元降到了 8 美元，因而医院可以节约成本。实际上，每一组件的价格还不到 2 美元。

如今，正在开发可植入式、无线网络传输、自供电血压监测器件[2]。新的加工工艺（DRIE）、新的圆片尺寸、加工平台的创新都给这一技术带来了巨大的进步。例如，Omron Electronics Components 公司在 2001 年生产的电容式压力传感器，在 5″的圆片上进行制造，裸芯片面积为 $2.2 \times 1.7 \text{mm}^2$。而采用 DRIE 干法刻蚀技术后，使用 8″圆片，芯片面积仅为 $1.3 \times 1.3 \text{mm}^2$。

15.1.2 器件设计考虑

压力传感器设计的一般原理包括隔膜的设计及其位移的测量方法。如何设计血压传感器，使其具有高性能和低成本呢？有多种敏感原理，如压阻式敏感和电容式敏感。器件可以通过体加工和表面微加工实现。而且，材料也有很多种选择。例如，压阻式传感器可以通过掺杂的体硅电阻或者多晶硅电阻实现。

我们回顾一下早期设计者们面临的挑战。医疗传感器是严格管理的产品，必须满足性能、精度、安全性的严格标准。许多技术性能标准都是由先进医疗器械协会（AAMI）提出和制定的。例如，温度误差必须低于 $0.3 \text{mmHg}/\text{℃}$。（人体的平均血压在收缩压 120mmHg 到舒张压 80mmHg 范围内变化。）传感器必须具有高精度，这意味着器件性能必须是可重复的，而且需要很好地校准。只有采用高可控性和高重复性的工艺才可以实现。

由于器件是在良好的导电媒质（血液和生物组织）中工作的，静电敏感不是一个很好的选择，因为它很容易受电位波动的影响。而且器件也常用于诊所和手术室中，这里的电磁噪声干扰很强。虽然可以通过复杂的屏蔽和封装技术降低电磁噪声干扰，但会提高整体成本。与电容式敏感相比，压阻式传感器有更好的抗干扰能力。

隔膜的合理尺寸应该为多少？在一些实例中，传感器需要足够小才可以放入管道中。通过减小传感器的芯片面积，我们可以在给定圆片上生产更多的芯片。然而，过度地缩小尺寸也有不利影响，因为隔膜的尺寸和芯片尺寸有着密切联系。随着尺寸缩小，器件的灵敏度降低，而操作和封装的难度却会提高。

隔膜的合理厚度应该为多少？根据隔膜的位移公式，在差压下产生的最大中心位移与隔膜厚度的三次方成反比，与隔膜尺寸的四次方成正比。因此，减小隔膜的厚度、增加隔膜的尺寸可以提高灵敏度。

然而，隔膜厚度的减小会带来三个问题。1）回顾一下之前压阻式传感器的讨论，我们知道掺杂区域的厚度应当小于膜厚度的一半。如果隔膜非常薄，会增加掺杂厚度控制的难度。2）降低厚度、增加面积会使隔膜易碎，并且很难操作。3）减少隔膜的厚度并增加隔膜的尺寸会使传感器的谐振频率降低。这将降低传感器的带宽，并可能对医疗数据的有效性产生不利影响。

15.1.3 商业化实例：NovaSensor 公司的血压传感器

NovaSensor 公司开发出了一款经典的用于血压测量的压力传感器，并获得了巨大的成功，虽然用现在的观点来看，这是一种相对粗糙的技术。但在那时，电路的直接集成是非常困难的，对于批量生产尤其如此。在 20 世纪 80 年代，电容式传感器和接口电路并没有被大家熟知。当时，表面微加工技术还处在初期，还不可以用于商业生产。因此，NovaSensor 设计团队采用了压阻式隔膜设计和体加工工艺。隔膜的位移可以通过掺杂的压敏电阻进行测量。

图 15-2 给出了基本的设计思想。采用两片圆片，一片上制作隔膜，另一片上制作背面的压力孔，两者键合在一起。传感器被放置在应力集中的位置，以提高灵敏度。硅腔的反方向倾斜决定了芯片尺寸必须比隔膜的尺寸大。

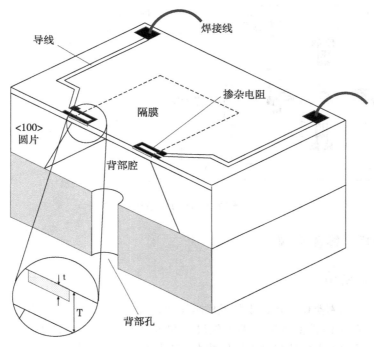

图 15-2   商业化血压传感器原理图

主要的设计参数包括：

1）裸芯片尺寸。

2）隔膜的尺寸。

3）隔膜的厚度。

4）电阻厚度。

5）电阻掺杂浓度。

6）电阻尺寸。

所设计的传感器芯片尺寸为 2.05mm × 2.05mm，在 4″圆片上大约可以生产 1500 个传感器。

压敏电阻放置在隔膜边缘的中点处（图 15-3）。这些压敏电阻的位置对应于受均匀压差作用下隔膜的最大张应力位置。

必须确保隔膜是无应力的，这样才可以防止初始残余应力对器件性能的影响。唯一可能的材料是单晶硅。

制造方法必须保证圆片厚度均匀以及可重复性。因此，定时刻蚀工艺不能满足这种要求。NovaSensor 器件采用了自停止电钝化刻蚀技术。

掺杂区域的厚度必须小于膜厚度的 1/2，这样才可以确保压敏电阻的最大灵敏度。为了以可控的方式均匀地掺杂这样的电阻，NovaSensor 器件采用了离子注入代替杂质扩散。

电阻的标称阻值和尺寸都十分重要，因为它们决定了电流、功耗和噪声。电阻值越大，电流和功耗越低。但是，大的电阻值会导致更大的热噪声。

尽管当时产品的产量相对较低，但是如果所有传感器都采用人工封装的话，NovaSensor 公司不可能获得成功。传感器必须符合批量生产模式。由于芯片都非常小，NovaSensor 公司开发了一种简单的封装方法，使芯片可以直接落入封装套筒中，并以自对准方式形成电气连接。

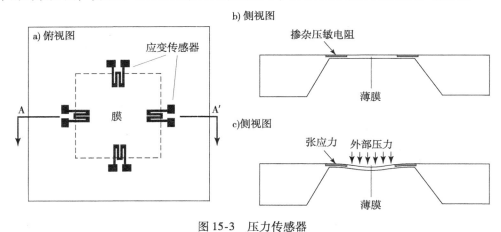

图 15-3　压力传感器

15.2　案例分析：微麦克风

15.2.1　背景及历史

微麦克风是许多消费类电子产品中的低成本元件，包括手机、电脑、游戏机。微麦克风市场是 MEMS 技术和商业化的重要方向，因为就尺寸和价格而言，已经商业化的产品极具竞争力。MEMS 微麦克风市场的巨大成功来自于优异技术、工艺和对市场需求的理解。

理论上，MEMS 技术是低成本、高性能微麦克风的最佳解决方法，因为：

1）按比例缩小易于得到应用，这意味着 MEMS 微麦克风的尺寸可以和声波波长相匹配。

2）MEMS 器件可以实现小型化，来满足个人便携式电子产品尺寸缩小的要求。

3）具有巨大的市场，这意味着 MEMS 产品可以在成本上具有竞争性。

4）MEMS 微麦克风可以实现复杂的电路功能，例如数字化、声波整形、降噪等。

微麦克风市场是已经成功的领域。小尺寸微麦克风已经用于消费产品中，如助听器。但毫无疑问，微麦克风市场中已存在许许多多产品，例如，电介质电容式微麦克风（ECM）基于电介质材料（保持永久电荷的聚合物）。在 2010 年，它比 MEMS 产品更加便宜（大约是 MEMS 微麦克风价格的 1/3）。这使得 MEMS 技术必须与现有的微麦克风技术进行竞争。

幸运的是，有两个因素有助于 MEMS 技术：

1）在现代生产线上，器件不再由人工操作和焊接，而是通过自动拾放设备和表贴式回流焊机器实现。随着器件尺寸的缩小，在这样的回流焊操作中，器件将会迅速达到相当高的温度。而在这一操作中，低成本的电介质微麦克风将会受损（在温度高达 260℃ 时），MEMS 器件则是用无机材料制成的，将不受损害。

2）电子元件的聚集，包括高频元件（天线），意味着更大的电磁干扰。由于这个原因，具有复杂功能（如数字化）的 MEMS 微麦克风将成为未来发展的关键。MEMS 技术在传感器信号处理功能整合方面（数字化、降噪、阵列构建、电源管理）具有更大的优势。

这一领域的一些公司，如 Sonion 公司、Akustica 公司（2001 年）、Knowles Electronics 公司（2003 年）是早期的领导者。Knowles 公司在 2009 年成为第一家销售量达到 10 亿只微麦克风的公司。有趣的是，这三家公司在各自的早期阶段，采用了三种不同的封装与集成策略：

1）Akustica 公司采用在同一芯片上的 CMOS 和 MEMS 单片集成技术。其优点在于有更好的信号完整性和更低的引线噪声。然而，这一工艺也具有更高的复杂性和成本。

2）Sonion 公司采用了把三个裸芯片集成在一块芯片上的方法：一片微机械裸芯片、两片电路裸芯片。这一方法正好与 Akustica 公司的方法相反。通过使用多芯片组件，工艺的复杂性问题可以得到解决。然而，芯片必须通过压焊线进行互连，这样又会造成电磁噪声的增加。

3）Knowles 公司采用了把两块裸芯片放置在一块芯片上的策略：一个 MEMS 裸芯片、一个 CMOS 芯片。这一策略是十分有效的，因为 Knowles 公司在 2010 年获得了突出的市场份额。

这一领域的竞争随着更多竞争者的加入变得更加激烈。在 2010 年，至少有 12 家公司从事 MEMS 微麦克风生产，包括著名的 Analog Devices 公司。这一领域对于高性能、低成本的竞争还在继续。传统的微麦克风公司和 ECM 制造商也开始把 MEMS 特征与 MEMS 产品进行结合。

15.2.2　器件设计考虑

电容式敏感是 MEMS 微麦克风最常使用的敏感原理。这样的器件包含隔膜和穿孔的背板（图 15-4）。背板和隔膜是相互平行的。入射的声波会引起隔膜的振动，而背板保持静止。隔膜和背板之间的相对位移可以采用多种敏感原理（包括电容敏感原理）检测。

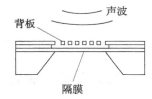

图 15-4　电容式微麦克风原理图

然而，电容式微麦克风的困难在于隔膜的应力问题。如果隔膜的材料具有压应力，那么隔膜将弯曲。这一弯曲将会改变隔膜的动态范围和初始校准，而且这也会使微麦克风更易受到温度影响。如果隔膜受张应力，这种隔膜可以应用。但是，这种应力在确定动态行为（如谐振频率）时起到了重要作用。这就要求每一个圆片内部都要具有相同的应力，每一批圆片也要具有相同的应力。为了使这种传感器更具竞争性，隔膜必须是导体，这样才能更好地利用电容敏感原理。唯一的解决方法是利用单晶硅来制作隔膜。

芯片尺寸和封装尺寸都很重要。芯片尺寸越小，每一个芯片的价格就越低。然而，尺寸越小，器件就越难操作。Akustica 公司实现了一种纯 MEMS 芯片，芯片尺寸只有 $1mm^2$。对于手机和电脑来说，封装形式很重要，因为这些产品变得越来越小，而且内部空间也更加拥挤。但是，只有小尺寸并不能给产品带来成功。既有小尺寸，又有低价格，才是获得成功的关键。

15.2.3　商业化实例：Knowles 公司的微麦克风

我们似乎已经了解微麦克风设计的所有问题。但是，作为 2010 年市场引领者之一的 Knowles Electronics公司使用了一些额外设计单元，从而确保了产品的成功。Knowles Electronics 公司成立于 1988 年，当时的名字叫做 Monolithic Sensors。它采用两块不同裸芯片实现机械和 CMOS 功能，然后把它们在多芯片模块中集成，如图 15-5 所示。这种架构决策是十分重要的，使得公司在竞争中脱颖而出。MEMS 架构十分重要，因为它给公司带来了决定性的知识产权地位。微机械芯片的剖面表明，这种器件使用了硅各向异性刻蚀而形成的腔。隔膜和背板都必须导电，这样才可以利用电容敏感原理。

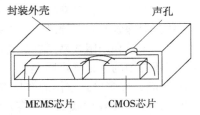

图 15-5　Knowles 微麦克风组装原理图，这里应用两个芯片，一个 MEMS 芯片，一个 CMOS 芯片，以封装级集成

这样看来，无应力的单晶硅是器件的最好选择。但是，我们从前面几章了解到，制作单晶硅膜的最好方式是使用刻蚀自停止圆片（如SOI）。但这种圆片成本的增加必然会导致微麦克风产品价格的提高。而另一种方法是利用多晶硅，并在合适条件下对多晶硅膜中的应力进行优化。但是，由于膜中应力不可能变为零，所以必须采取措施来处理应力问题，使得所有的器件都具有相同的性能。

MEMS微麦克风芯片的设计是电容式敏感原理的变化方案。由于在器件封装过程中会引入应力，造成膜的弯曲，引起器件性能变化，并使器件对封装应力以及温度的敏感性提高，所以，为了解决这一问题，Knowles公司采用了悬臂梁形式的设计来制造隔膜（图15-6）。这种隔膜一边固定，因此，内应力不会引起之前情况中出现的隔膜弯曲。

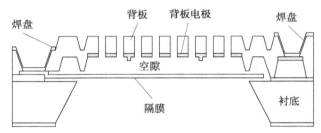

图15-6　Knowles微麦克风中MEMS芯片侧视图

15.3　案例分析：加速度传感器

15.3.1　背景及历史

加速度计可以根据灵敏度和频响特性进一步分为振动计、地震监测、倾角传感器和运动传感器。这些所谓的惯性传感器可以用来测量线性加速度、振动、冲击和倾角。

加速度计的发展有着很长的历史，可以追溯到20世纪20年代[3]。第一个硅加速度计由斯坦福大学的Lynn Royceland和James Angell教授在1977年~1979年研发[4，5]。它采用单晶硅悬臂梁和检测质量块，并利用掺杂压敏电阻作为敏感元件。后来，随着多晶硅表面微加工技术的发展，Analog Devices公司率先基于电容敏感方法开发了多晶硅表面微机械加速度计。Motorola公司（即后来的Freescale公司）是这种产品的另一个主要生产商。最初开发的加速度计产品基于电容敏感原理，后来引入了其他方法（例如SOI圆片上的表面微机械加工和DRIE技术）。

当今工业化生产的加速度计产品可以根据测量轴的数量（单轴、双轴、三轴）和加速度测量范围进行分类。低重力敏感范围低于20g，用于处理人的运动行为。具有较高加速度范围的加速度计用于工业和军事。

在2006年~2010年间，随着游戏机和便携式消费电子产品中运动敏感技术的应用需求快速增长，加速度计技术在公众中的认知度逐渐提升。有一些新的公司开始进入加速度传感器竞争领域。这些公司探索开发新原理、新封装技术以及新的电路功能。

电容式敏感和压阻式敏感在加速度计产品中占有优势地位。研究人员已经确定了压阻式器件和电容式器件中的理论噪声限制[6]。商用电容式传感器的综述可以在参考文献[7，8]中找到。自2010年起，许多单封装体的产品都含有多个灵敏轴。各种不同公司运动敏感的商用传感器产品数据可以在附录G中找到。电容式敏感方式得到了更加广泛的应用，这里有两个原因。一个原因是由于压敏电阻是掺杂在机械元件顶部表面的，只能测量离面运动，因而，使用压敏电阻测量多轴加速度受到限制。另一个原因是由于电容敏感电路更加成熟，并且具有很高的灵敏度。

加速度传感器和陀螺仪越来越多地和其他传感器结合使用，来完成更多的功能，包括能量储存、医疗应急监测和精密操作。实际上，加速度传感器和陀螺仪在工业和人类社会中具有无限潜力。竞争依然激烈，这将推进这一领域不断进步。

15.3.2 器件设计考虑

成功的加速度计产品设计必须考虑以下几个方面：

1）机械设计，包括尺寸（决定了力常数和谐振频率）、质量（决定了灵敏度和频响特性）、腔内压力（影响噪声、阻尼系数和对环境温度的敏感度）。

2）模拟和数字电路的设计，包括读出、控制和增加功能，并在给定的功率和偏压限制下进行。

3）根据高成品率和高可靠性考虑，进行材料和工艺线的选择。

4）最佳封装和密封技术的确定。

5）通过考虑大批量封装和制造系统的兼容性，来实现低成本、高收益。

这些因素具有很强的相互作用。例如：

1）传感器尺寸的选择会影响裸芯片数量和工艺的成本。

2）传感器设计和制造技术的选择决定了电容器的尺寸（如质量块厚度）。

3）封装方法同样会对设计及集成方案有着重要的决定性作用。

图 15-7 给出了 MEMS 产品设计者所面临的复杂问题。这些相关因素归结为设计空间、材料空间和制造空间。每一空间都含有很多因素。

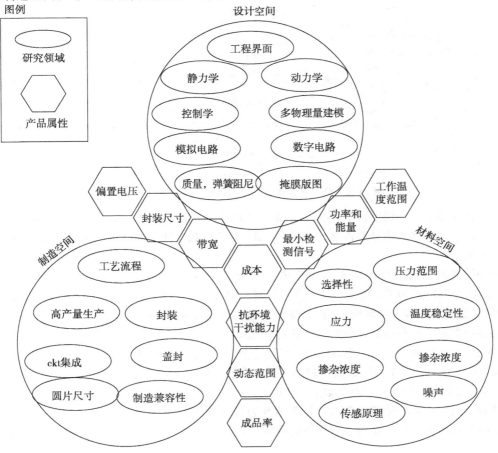

图 15-7　加速度计产品设计因素和产品属性的确定

产品属性写在六角形符号中，放置在三个指定空间的外部，因为这些属性是设计行为的结果。各种因素之间相互联系。设计因素和结果之间复杂的相互关系在图 15-8 中加以总结。

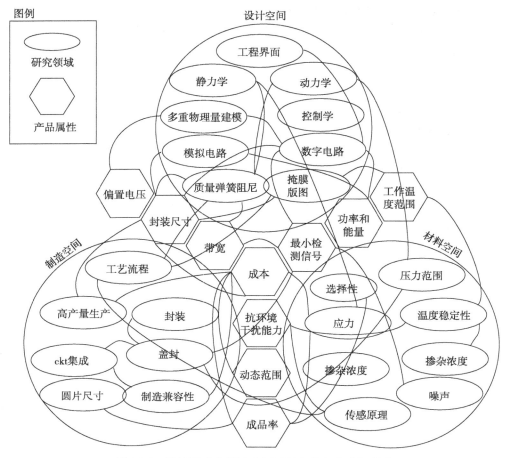

图 15-8   设计因素和属性之间以复杂的方式进行联系

考虑传感器的静态模型(图 15-9)：给定一个加速度 a、惯性力 $F = ma$，静态位移为 ma/k。

然而，事实上输入信号通常是动态的(例如，阶跃函数、冲击信号和振荡)，因此响应必须考虑阻尼系数。

单轴敏感的加速度计可以看成一个密封封装壳中的检测质量块(m)。内部介质压强为 P，温度为 T。质量块通过弹簧(悬臂梁、悬架或者隔膜)连接到框架(封装壳)。弹簧弹性系数为 k。(k 由几何参数和材料参数决定，见附录 B。)摩擦和阻尼用 c 表示。

如果保持住封装壳，当集中力作用在封装壳上时，将转化为作用在质量块上的惯性力。这个力引起质量块的运动。质量块的运动用坐标 x 表示，图中坐标 x 被固定在封装框架上。静止时，质量块位移 $x = 0$。

总的来说，质量块受到三个力，外部惯性力($f(t)$)、弹簧恢复力(kx)、阻尼器阻力($c\dot{x}$)。加速度作用下的控制方程为

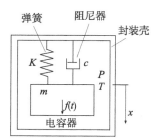

图 15-9   封装壳中分立质量块的动态模型

$$\ddot{x} + 2\xi\omega_n\dot{x} + \omega_n^2 = a(t) \tag{15-1}$$

这里 ξ 是阻尼因子。或者，我们也可以将控制方程写为

$$\ddot{x} + \frac{\omega_n}{Q}\dot{x} + \omega_n^2 = a(t) \tag{15-2}$$

这里 Q 是系统的品质因数。

根据系统阻尼的大小，激励信号作用下的二阶系统响应会不同：

1）阻尼 c 较大时，系统可以认为是过阻尼，这时响应呈指数衰减。

2）临界阻尼时，即 $c = 2\sqrt{km}$ 或者 $\xi = 1$，响应迅速消失，并恢复到静止状态。

3）当阻尼在 0 到临界阻尼之间变化时，系统响应具有衰减（指数响应）和正弦输出（环）相结合的形式。

使加速度计工作在合适的阻尼状态是所希望的，因为响应可以迅速达到"确定"状态。如果系统是欠阻尼的（例如，真空），传感器要经过较长时间才能达到稳定的输出。

当输入力很复杂时（阶跃函数、冲击信号、正弦信号），输出信号是时间的函数。微分方程的通解可以通过拉普拉斯变化得到。

当系统受到阶跃形式加速度 a 作用时，稳态输出为

$$x_{s.s}(t) = \frac{a}{\omega_n^2} = \frac{a}{\dfrac{K}{m}} = \frac{ma}{K} \tag{15-3}$$

我们发现灵敏度与 ω_n^2 成反比。对于临界阻尼状态下工作的加速度计来说，谐振频率越大，灵敏度越低。这具有现实的物理意义。如果器件想获得大的谐振频率，那么质量块就应该比较小，这样才能更快地运动。然而，小质量块又会减小惯性力，从而降低灵敏度。

15.3.3　商业化实例：AD 公司和 MEMSIC 公司的加速度传感器

Analog Devices 公司是一家模拟电路产品公司，花费了较大力度建立了加速度计生产线。它们生产表面微机械多晶硅加速度计，利用梳状谐振器作为敏感电极。

MEMSIC 公司开发并商业化了一款基于热传递原理的独特加速度传感器。传感器原理已在第 5 章进行了讨论。MEMSIC 工艺的主要优点在于这一工艺与大规模集成电路代工厂工艺几乎完全兼容，因为它不包含可动部件。因此在技术准备和上市速度方面，该公司具有巨大的优势（见表 15-1）。

表 15-1　两种加速度计的比较

	AD 公司 ADXL103	MEMSIC 公司 MXC6202xJ/K
轴	2	2
封装尺寸	5mm×5mm×2mm	5.5mm×5.5mm×1.4mm
测量范围	±1.7g	±2g
带宽	5.5kHz	30Hz
电压	4.5V	3V
电流	0.7mA	2.3mA
分辨率	1mg@60Hz	1mg@1Hz 带宽
开启时间	20ms	50ms
温度范围	−40℃~125℃	−10℃~85℃
价格	对于 1000pcs 的订单，每个价格为 8.19 美元	对于 500pcs 的订单，每个价格为 6.76 美元

然而这一传感器性能存在速度问题，因为主时间常数由热传递决定。

器件只用于平面敏感，因为很容易实现圆片表面的加热器和温度传感器并排放置。但是，如

果要实现三维敏感，就比较困难了。为了实现三维传感器，温度传感器必须放置在三维空间中，这必然就用到硅圆片刻蚀工艺。这一刻蚀工艺将会降低与 IC 工艺的兼容度，因而提高了成本。

15.4 案例分析：陀螺

15.4.1 背景及历史

陀螺仪用于测量角速度。在早期的时候，陀螺仪是高成本、低产量的商品，只用于高端的应用，如制导和军事方面。陀螺仪的设计可以运用很多敏感测量原理，包括光学和热学原理[9]。然而，最常用的方法是基于运动物体上产生的 Coriolis 力。

最早的 MEMS 陀螺在 20 世纪 80 年代制作，基于石英音叉结构。随着运动敏感游戏和人机接口技术的普及，对高性能、低成本、小体积陀螺的需求迅速增加。

其他的一些应用也迅速出现。在 2010 年，数码照相机 OIS(光图像稳定化)市场开始兴起。照相机越来越多地利用高分辨率的成像芯片，可是，另一方面，低光照环境下或者利用变焦镜拍摄的照片常常会遇到手抖动的问题。OIS 应用要求传感器的成本低于 5 美元，甚至更低。它必须能够以极低噪声水平(例如，0.033°/s·rms)测量频率为 0.1~20Hz 手抖动信号。

许多公司参与到这一领域的竞争中，包括 ST Microelectronics 公司、Robert Bosch 公司、Analog Devices 公司，它们都采用了振动质量结构。

与其他高产量的 MEMS 产品(如压力传感器和加速度传感器)相比，陀螺在设计和加工方面更具挑战性，敏感的 Coriolis 力比任何 MEMS 加速度计都低几个数量级，例如，陀螺中的信号变化为 100aF 量级。陀螺也容易受到制造偏差、封装应力、线加速度、环境温度的影响。

15.4.2 Coriolis 力

下面我们讨论一下 Coriolis 力的测量。给定一个质量为 m 的物体，在旋转框架中以速度 v 运动，旋转速度为 Ω，则 Coriolis 力的大小为

$$F_c = -2m\Omega v \sin\alpha \qquad (15\text{-}4)$$

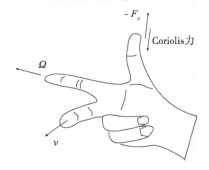

这里 α 为速度矢量和旋转矢量之间的角度。在最简单的设计实例中，Ω 和 v 是正交的，因此 $\sin\alpha = 1$。

Ω、v、F_c 的方向可以利用矢量交叉乘积项的符号法则得到，用下图进行说明。

Coriolis 力可以用来解释很多现象，包括水池中旋涡的形成。最直接的例子是自行车(图 15-10)。当你在骑自行车时，如果你想向右转弯，你会推动右边的把手。那我们来讨论一下自行车前轮边缘上一点的运动。作用在右把手上的推动力可以产生旋转(Ω)，这将产生 Coriolis 力来推动前轮向右边转动。实际上，骑车的人这样做了，可能他并不知道 Coriolis 力是什么。

在 MEMS 中，制作一个转轮是非常困难的。虽然这样的结构可以制造，但是它会受到摩擦力的作用，即使按比例缩小会改善这一表面效应，然而转轮受到的摩擦力依然比其他力大很多。对于 MEMS 陀螺，现实的办法是使用振动结构——它可以模拟转动圆盘，差别在于这一圆盘能来回振荡，而振动结构仅在一个方向运动。

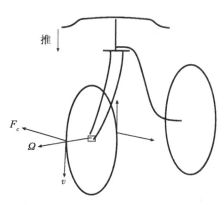

图 15-10 自行车上 Coriolis 力的表述

　　MEMS 陀螺使用了振动结构来产生速度。音叉结构是一种带有两个对称齿的器件，每个齿都朝着某一方向振动。例如，在图 15-11 中，振动齿的速度沿着图示 V 轴方向，受到沿着齿方向的角速度。这会产生垂直方向的 Coriolis 力。微陀螺实际上包含两个部分：一个是驱动器，用来激励齿的振动；另一个是位移传感器，用于测量沿着 Coriolis 力方向的运动。

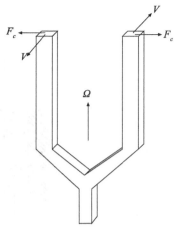

图 15-11　音叉陀螺

15.4.3　MEMS 陀螺设计

　　MEMS 陀螺可以在圆片上构造，而圆片作为框架。它在原理上与音叉式没有太多不同——一个质量块被驱动，进而一个横轴运动被感应。位移的大小与旋转速度有关。MEMS 运动质量块设计看起来与音叉十分不同。质量块通过悬浮梁固定在硅圆片上。

　　MEMS 陀螺可以根据它的敏感旋转轴数量进行表征。图 15-12 给出了一个芯片上的三轴陀螺。最早的 MEMS 陀螺只对 z 轴方向敏感，有时又称为角速度传感器。后来，双轴陀螺出现（y 和 z 轴或者 x 和 y 轴）。紧接着（2010 年）出现三轴陀螺。

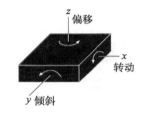

图 15-12　单芯片上的三轴陀螺

　　单轴陀螺只对平面轴敏感。总的来说，有两种可能的单轴陀螺——角速率传感器和俯仰率传感器。图 15-13 展示了这些传感器的不同组合方法。

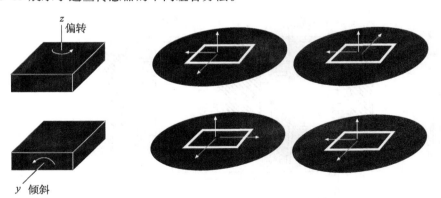

图 15-13　单轴陀螺的不同敏感 – 检测方式

　　图 15-14 显示了 z 轴角速率陀螺的原理图。质量块沿着一个轴运动，而 Coriolis 位移在另一方向敏感。而敏感和驱动都可以利用静电敏感和执行方式实现。

　　俯仰率陀螺的版图设计如下图所示。运动质量块受到驱动，左右摇摆（在图中），Coriolis 力使得质量块上下运动，改变了与下极板之间

运动质量块

图 15-14　z 轴陀螺的原理图

的电容。

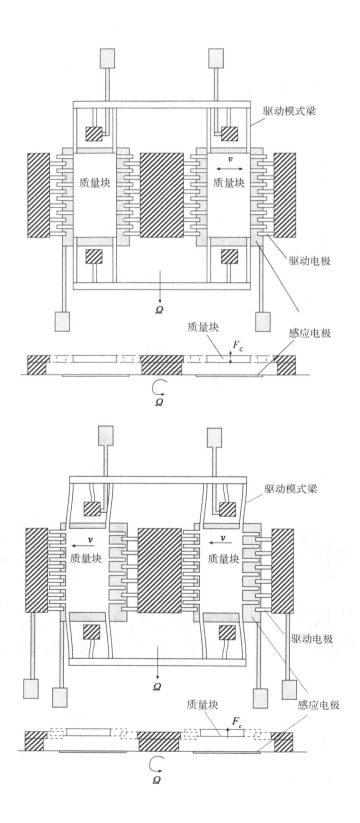

在双轴和三轴陀螺传感器中，有多种结构形式（图 15-15）。设计挑战在于，运动质量块是并排放置的，通常来说，这就比单轴陀螺占据了更大的芯片面积。

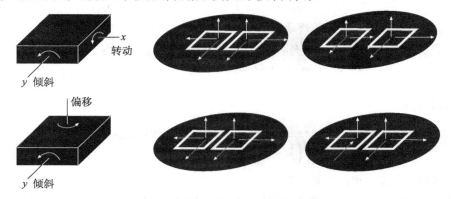

图 15-15　双轴陀螺的不同敏感 – 检测方式

15.4.4　单轴陀螺动力学

陀螺包含质量块，这个质量块受到某一方向正弦受迫函数的驱动。这就产生了运动和速度，因此就产生了 Coriolis 力并驱动另一个轴。

在驱动轴方向，我们有

$$m\ddot{x} + c_x\dot{x} + k_x x = F\sin\omega t \tag{15-5}$$

在敏感轴方向，我们有

$$m\ddot{y} + c_y\dot{y} + k_y y = 2m\Omega\dot{x} \tag{15-6}$$

对于两个轴的质量相同，弹性系数可以不同。驱动轴的谐振频率为

$$\omega_{rx} = \sqrt{\frac{k_x}{m}} \tag{15-7}$$

而敏感轴的谐振频率为

$$\omega_{ry} = \sqrt{\frac{k_y}{m}} \tag{15-8}$$

这有利于沿着驱动轴以谐振频率 ω_{rx} 驱动质量块，使质量块位移最大化的同时，使得器件输入功率和能量损耗最小。在这个例子中，驱动轴的微分方程为

$$m\ddot{x} + C_x\dot{x} + k_x x = F\sin\omega_{rx} t \tag{15-9}$$

x 轴方向的稳态输出为

$$x(t) = -x_m\cos\omega_{rx} t \tag{15-10}$$

谐振受迫驱动的实例已经在第 3 章进行了求解。考虑到 ω_{rx} 的大小等于品质因数乘以静态位移，我们有

$$x_m = Q_x\frac{F}{k_x} \tag{15-11}$$

把时间项代入敏感轴，得到

$$2m\Omega x_m\omega_{rx}\sin\omega_{rx} t \tag{15-12}$$

这里我们只关心受迫作用下敏感轴上的静态响应。静态输出仅是频率为 ω_{rx} 的正弦波。因此，我们使用传递函数方法，这里

$$Y(s) = T_y(2m\Omega x_m \omega_{rx}) = \frac{1}{ms^2 + c_y s + k_y}(2m\Omega x_m \omega_{rx}) = \frac{\frac{1}{m}}{s^2 + 2\xi\omega_{ry}s + \omega_{ry}^2}2m\Omega x\omega_{rx} \quad (15\text{-}13)$$

用 jw 替换 s，并计算在 $\omega = \omega_{rx}$ 处的传递函数，我们得到

$$|Y(\omega_{rx})| = \frac{2\Omega x_m \omega_{rx}}{\sqrt{(\omega_{ry}^2 - \omega_{rx}^2)^2 + 4\xi^2\omega_{ry}^2\omega_{rx}^2}} = \frac{2\Omega x_m \omega_{rx}}{\omega_{ry}^2\sqrt{\left(1 - \left(\dfrac{\omega_{rx}}{\omega_{ry}}\right)^2\right)^2 + \left(\dfrac{2\xi\omega_{rx}}{\omega_{ry}}\right)^2}} \quad (15\text{-}14)$$

因此，时域的输出为

$$Y(t) = \frac{2m\Omega\omega_{rx}x_m}{k_y}\frac{1}{\sqrt{\left(1 - \left(\dfrac{\omega_{rx}}{\omega_{ry}}\right)^2\right)^2 + \left(\dfrac{2\xi\omega_{rx}}{\omega_{ry}}\right)^2}}\sin(\omega_{rx}t - 相位延迟) \quad (15\text{-}15)$$

单轴陀螺设计主要考虑的因素如下：

1) x 轴以正弦驱动。振幅和速度可重复，更进一步说，振幅不应对环境因素敏感。

2) y 轴上的位移应当尽可能地大，这有利于灵敏度。然而，由于 y 轴运动将通过 Coriolis 力反馈到 x 轴，所以 y 轴的运动不可以过大。

3) 对其他轴旋转的交叉灵敏度以及对线加速的交叉灵敏度都应得到抑制。

应当采用各种方法使串扰最小化。在过去几年，研究人员已经尝试了各种方法，包括机械解耦、静电力补偿和机械修调[10]。复杂的计算机模型已经用于设计优化和性能分析[11]。

质量由运动块的面积和高度决定。理论上，质量不能够随着 MEMS 技术按比例缩小而得到益处。因此，也就有一个具有争议性的观点：MEMS 技术不可以用于陀螺。幸运的是，有关信号检测的问题较好地得到了解决。MEMS 陀螺具有良好的性能，已存在于市场之中。

15.4.5 商业化实例：InvenSense 公司的陀螺

InvenSense 公司成立于 2003 年。2010 年它的陀螺仪传感器在市场上占有主导地位。传感器具有体积小、功耗低的优点。每个芯片都含有复杂的电路，包括 16 位模数转换器、可编程数字低通滤波器、温度补偿偏置调整电路、便于系统应用的可编程接口电路。

表 15-2 列出了 InvenSence 公司 ITG-3200 三轴陀螺的主要技术指标。封装体尺寸为 4mm × 4mm × 0.9mm。在内部有微机械部件和 16 位模数转换器以及用户可选择的内部低通滤波器，也包含了嵌入的温度传感器和内部振荡时钟。传感器以成卷的方式运送给商业消费者，这与自动化组装机械设备相适应。每一卷含有 5000 个传感器。

表 15-2   InvenSense 公司 ITG 3200 芯片的关键技术参数 (2010 年 8 月)

参数		最小值	典型值	最大值	单位
电压		21		3.6	V
电流			6.5		mA
噪声	在 10Hz 时		0.03		°/sec/$\sqrt{Hz}$
谐振频率	X 轴	30	33	36	kHz
	Y 轴	27	30	33	kHz
	Z 轴	24	27	30	kHz
零偏输出（随机游走）			±40		°/sec
全量程			±2000		°/sec
启动时间			50		ms
工作温度范围		−40		85	℃
存储温度范围		−40		125	℃

与 Knowles 公司微麦克风所使用的多芯片组件封装级集成方法不同，InvenSense 公司开发了集成化的圆片级集成工艺，并产生了单芯片 CMOS 和 MEMS 组装的方法。其中一个可能的原因是噪声的需要。另一个原因可能是考虑到了相关专利问题。

该公司开发了许多独特的工艺(图 15-16)。它的专利工艺采用了体硅工艺、圆片级封装、气密密封以及一些其他的创新集成技术，来实现低成本单芯片 MEMS 器件。CMOS 芯片利用共晶键合工艺实现了 CMOS 圆片铝层与 MEMS 圆片顶端的键合。

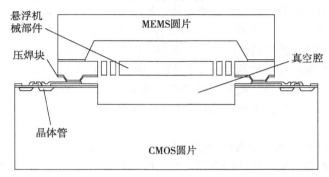

图 15-16　陀螺仪结构图

15.5　MEMS 产品开发需要考虑的主要因素

开发适应于工业和消费市场的 MEMS 产品比制造实验室器件更加困难。产品必须具备优异的性能和成本优势才能取代已存在的产品，并避开潜在的竞争对手。要满足严格的性能要求是十分困难的，这些性能指标必须不随时间、环境条件(例如温度、压力、湿度、电磁波)、使用历史而变化。

而且，产品必须以最快的速度开发，抓住市场机遇。研发工作也必须给投资者带来经济收益，因为 MEMS 项目常常需要投资者在一开始投入大量的资金。

本书重点是给学习者提供处理技术风险的工具。然而，了解产品开发的回报与市场前景对于创新者来说是至关重要的。

下面我们就列出了 MEMS 产品开发中需要考虑的主要因素。

15.5.1　性能和精度

MEMS 器件很少作为全新的产品类别进入市场。通常，器件必须与已存在的产品进行竞争。血压传感器、加速度计、陀螺、喷墨打印机、数字光处理器和谐振器都是这种情况。

从成功的 MEMS 产品中，我们发现这些 MEMS 产品必须提供独特的功能优势，而不仅仅是小小的差异。早期的血压传感器使传感器成本下降了 10 倍[2]。它使器件小型化，并降低了医院劳动力成本(这与清理传感器有关)。MEMS 加速度计产品缩小了尺寸，并且与已存在的传感器相比，成本至少降低了 10 倍。

对于传感器和执行器，精度是首先考虑的因素。传感器必须严格满足检测极限、灵敏度、线性度、抗噪声和抗环境干扰的能力、抗串扰的能力等性能要求。MEMS 产品设计必须完全处理上面的问题。

什么因素会影响设计的性能和精度? 潜在原因是工艺的非理想性。工艺常常是不完美的，虽然我们一直朝着完美的目标努力。下面给出非理想性的几种原因:

1) 多层光刻工艺产生对准误差。

2）掩膜产生技术带来的图形有限误差。

3）图形转移工艺由于钻蚀的原因不可能100%精确。

4）使用DRIE工艺加工的侧壁不可能完全垂直和光滑。

虽然工艺的非理想性很少导致成品率的直接降低，但阻碍了器件获得高性能、高精度、一致性和稳定性。理解这些实际因素，对于获得高成品率和一致性十分重要。

15.5.2　可重复性和可靠性

MEMS器件的性能，或者说任何产品的性能，都必须是已知的（基于单个器件）、校准的、一致的、不随时间变化的。如果工作特性在一定条件下变化，那么它必须以一个已知的趋势变化，并使变化程度最小。MEMS器件的性能需要在苛刻的标准下进行测试，包括宽温度范围测试、电磁干扰试验，以及装配和使用中的粗暴操作（例如，冲击）。MEMS器件要受到粗暴操作和工作条件测试。例如，用于军事的器件，需要宽温度范围测试、恶劣的冲击测试，以及环境中存在杂质颗粒和湿度情况的测试。即使是商业产品也要经受封装步骤中的高温过程以及实际中遇到的粗暴操作。

所有的商业MEMS产品都应朝着高性能努力。这些产品都应具有极低的温度灵敏度，来努力满足最宽的温度变化范围，实现更多的应用。加速度计利用封装来维持压强和临界阻尼，并且使湿度和温度变化最小。陀螺、谐振器和数字光处理器都是利用封装使其保持稳定性。这些封装方法成本高（从工艺、设计和电路方面看），并且很具挑战性（从材料科学和知识产权方面看）。

15.5.3　MEMS产品的成本管理

我们可以认为，当产品产量很大时，微电子方式的制造优势才被最好发挥出来。正因为如此，成功的MEMS产品都被用在高产量的消费类产品中。

关于MEMS的一个普遍误解是"批量制造降低了MEMS的成本"。实际上，MEMS项目需要巨大的初创成本和MEMS加工设备的维护成本。只有在巨大产量的情况下，批量制造才可带来芯片和产品成本的降低。

对于批量制造，存在着降低单个单元成本的压力。这一压力来自于系统集成商、竞争技术抑或是MEMS领域的其他竞争者，也来自于已存在的竞争对手、仿造者和未来的挑战者。这就要求MEMS产品生产商时刻保持降低成本的战略警惕性。

开发MEMS硬件的成本可以分为两大类：制造成本和封装测试成本。通常，封装测试成本远远高于制造成本。

15.5.4　市场、投资和竞争

开发MEMS产品这一商业决定的基本目的是，给投资者带来投资回报（ROI）。对于MEMS开发者和创新者，没法证明可以获得巨大的ROI就意味着得不到足够的资金，来发展商业化的技术。同样地，一定要建立技术、收益和利润的清晰途径。同样也要对市场机会、成本（不仅仅是制造成本）和商业模式具有清晰理解。消费类产品一般产量大，但成本必须足够低。军事和工业产品可以承受更高的价格，而它们的产量一般比较低。

MEMS产品面临的风险大致包括技术风险、市场风险和金融风险。制造MEMS产品的技术风险包括满足性能的能力，超越其他技术竞争对手的能力，以及给未来竞争者和挑战者建立壁垒的能力（例如，通过建立知识产权）。

市场风险包括预期问题的不确定性成为现实，以及竞争对手和仿造者的影响。

存在着重大的财政风险和债务。建立批次流片的成本包括设计成本、掩膜制造成本、制造工艺精调成本以及校准成本，这些成本不可低估。一块大面积、高分辨率的掩膜版加工可能消耗掉几千甚至上万美元。微加工设备的建立可能消耗几千万美元，因为需要超净环境、设备自动化以及环境与安全协议。超净间里设备日复一日地运行需要巨大的投资，包括维持环境稳定（例如冷却水和空气），以及加工过程中的消耗（例如，薄膜淀积和刻蚀中用到的高纯反应气体）。

例如，为了使生产环境适于 100 万个/每月的生产能力来制造 MEMS 器件，我们需要进行一些准备，包括至少 1000 万美元的基础建设费用，12 000ft^2 的土地面积，60 个专业操作人员。根据设备具体所在地，以 100 万/月的生产率制造器件的成本，仅在劳动力上花费的成本就高达 300 万美元/年。即使任何足够幸运的生产商，已经使技术可以运行并得到市场认可，它们之后仍将会面对这一制造挑战。

未来转变这种收支相抵的产品生产而转向提供定制服务将变得十分重要。为了实现这一目标，我们需要新的 MEMS 设计方案和新的制造模式。

15.6　总结

本章通过介绍几款成功的商业 MEMS 产品，综述了设计、材料、工艺之间的相互作用。读者不仅可以学习到理论原理，而且也能了解到市场和经济方面的实际问题。未来的 MEMS 创新者可以有无限的机遇。我希望此书可以让你对 MEMS 产业产生兴趣，并为投身这一行业做好充分准备。

习题

习题 15.1　设计：压力传感器

四人为一组，如果需要，可以为更多人。仿照图 15-2 的设计，完整地设计植入式血压传感器。基于对器件已知实际情况的分析（例如，芯片尺寸），完成下面的估计：

1）隔膜尺寸（大小和厚度）。

2）压敏电阻（电阻值、几何尺寸、掺杂浓度、厚度）。

3）器件的灵敏度和噪声水平。

4）器件的谐振频率和带宽（提示：你必须能够提供器件在使用环境中的典型参数）。

在上面的分析和评估之后，

1）画出完整的芯片掩膜草图。

2）制定完整的工艺流程，包括成品率评价。

3）估计工艺成品率。

习题 15.2　设计：压力传感器

A 部分：请习题 15.1 的小组成员确定不同的设计方案。确立至少两种不同传感器设计方法的分析。例如，可以考虑如下两种选择方案：

1）选择 1：利用 LPCVD 氮化硅（含有内部张应力）作为薄膜，LPCVD 多晶硅作为压敏电阻材料。

2）选择 2：使用具有合适顶层硅厚度的 SOI 圆片，用顶层硅制作薄膜。

假设在不同设计中膜的尺寸和压阻的顶部尺寸保持不变。请进行灵敏度和噪声分析。

B 部分：画出 A 部分所讨论选择方案的工艺流程，并且就工艺而言，评估不同选择方案的优缺点。

习题 15.3　设计：压力传感器

基于表面微加工技术和薄膜工艺，确立另一种不同的压力传感器设计方案。例如，可以假设薄膜由氮化硅制成。敏感原理是 LPCVD 多晶硅上的压敏电阻作为敏感部件。

A 部分：使得设计的传感器具有和习题 15.1 相同的灵敏度，求出薄膜的尺寸和厚度。

B 部分：建立这一新的表面微加工方案的完整工艺流程。分析这一方法的优缺点。

习题 15.4 设计：压力传感器

设计另一种基于电容敏感原理的压力传感器。假设薄膜的尺寸可以和压阻式传感器的尺寸一样大。首先，可以使用与习题 15.1 中相同的薄膜设计方案。然而，这里隔膜必须是导电的，并且必须满足电极引线的规定。

A 部分：建立电容式压力传感器的完整设计，并分析灵敏度和噪声。

B 部分：建立这一传感器的完整工艺流程。讨论这一方案的优缺点。

习题 15.5 综述：压力传感器市场

A 部分：和习题 15.1 的小组成员一起，调研目前市场上两家基于 MEMS 技术生产非植入式压力传感器的公司。画出比较表格，对分别来自不同公司的两种产品进行比较。列出工作原理、单价、灵敏度、精度、本底噪声和带宽。

B 部分：3 到 4 人成立一个小组。画出 A 部分中的两种传感器的工艺流程，可以利用网络和公开的文献资料（提示：包括专利文献）。评价并估计工艺成品率。

习题 15.6 思考：压力传感器

这一习题在习题 15.5 成功解决的基础上进行。成立一个小组，设计开发一种不同的血压传感器，用于非植入式血压监测，并且能够和习题 15.5 中的商业产品进行竞争，并可以占据重要的市场份额。

A 部分：分析并证明你的设计具有竞争性。（对于这个问题，你不需要考虑侵犯已有专利带来的风险，可以随便使用它们。）

B 部分：确立这一传感器的设计和工艺流程，包括相关参数的评估、成品率的估计和产品的成本估计。

习题 15.7 综述：微麦克风

A 部分：成立一个 3 到 4 人的小组，综述现今在微麦克风领域竞争的至少三家 MEMS 公司的产品和技术。综述期刊和会议论文、新闻稿、商业新闻稿、专利、产品说明书以及市场调查报告。了解每一家公司的独特历史、技术文件、集成封装策略以及实现高性能、低成本、稳定性的设计策略。

B 部分：总结分析得出哪一家公司在市场竞争中具有明确的优势。

习题 15.8 设计：微麦克风

仿照市场上一个详细的产品（例如，图 15-5 画出的 Knowles 公司生产的微麦克风），完成微麦克风的完整设计。

A 部分：完成一个微麦克风器件的设计。在调研文献之后，得到你的最佳估计，估计隔膜尺寸，并推断薄膜厚度。建立一个数学模型，使得灵敏度和谐振频率分析满足这一设计。

B 部分：画出传感器的掩膜版图，包括压焊块。

C 部分：画出传感器的完整工艺流程。

习题 15.9 设计：微麦克风的另一种设计

开发一种表面微机械电容式微麦克风。隔膜的尺寸不应大于习题 15.8 中用到的隔膜尺寸。画出这一传感器的完整工艺流程。

习题 15.10 思考：微麦克风

根据你对习题 15.7 中现有商业微麦克风产品和公司的分析，得出一种不同的能够和现有产品进行竞争，并具有明确的技术优势和市场优势的微麦克风产品设计方案。

A 部分：分析并证明你的想法。在课堂上展示你的分析。

B 部分：得出新设计的完整工艺流程。分析这一工艺的优缺点。

习题 15.11 设计：电容式表面微机械加速度计

基于 AD 公司表面微机械加速度计的设计图，设计一个单轴加速度计。给出质量块的尺寸、支撑梁的设计、梳齿结构的设计。假设器件在临界阻尼条件下工作。

A 部分：组成一个 4 人的小组，得出传感器的完整设计版图。分析在输入特定加速度的条件下，输出函数（$\delta C/C$）与加速度之间的关系。

B 部分：基于 A 部分的设计，分析交叉轴灵敏度。

C 部分：画出整个传感器芯片的掩膜版图。

D 部分：估计传感器的灵敏度和噪声，并与商用产品数据表进行比较。指出你的发现，并解释主要的差异。

E 部分：解释外部温度变化影响传感器输出的所有因素。提出一种补偿方法，并进行讨论。

习题 15.12　思考

画出一个三轴加速度计的设计草图。画出掩膜草图，并分析三个轴的灵敏度。要求芯片的尺寸应当小于类似的 AD 公司产品。

习题 15.13　综述：惯性传感器的应用

指出一种惯性传感器即将应用的实例（例如，运动敏感游戏控制、手持电脑的方向敏感、数码相机自动对焦的旋转敏感，或者户内位置定位）。成立一个 3 到 4 人的小组，进行文献调查，来估计这种传感器应用的动态范围和频率响应。

习题 15.14　设计：单轴陀螺

A 部分：成立一个 3 到 4 人的小组，给出习题 15.12 描绘的单轴陀螺的完整设计。给出掩膜尺寸、梁的厚度、支撑梁的宽度。估计给定转速下的灵敏度（dC/C）。

B 部分：制作一个设计表格，将变量（尺寸、质量、宽度、厚度）放入其中，估计产品的灵敏度和交叉轴灵敏度。

C 部分：估计其他轴的加速度和旋转引起的交叉轴灵敏度。

D 部分：画出单轴传感器的掩膜版图。

习题 15.15　思考：三轴陀螺

开发一种陀螺，可以测量三轴的旋转，而且芯片尺寸应小于 $4.5 \times 4.5 mm^2$。

A 部分：分析每个轴的灵敏度。

B 部分：画出这个器件的完整掩膜版图。

习题 15.16　综述

MEMS 微镜已用于光束控制。至少讨论一种现有的光开关技术，它能在双股光纤中进行光信号控制。查找每一技术的产品说明或者研究资料。与 MEMS 光开关进行成本、性能和可靠性方面的比较。

习题 15.17　综述

MEMS 微镜用于视网膜扫描显示。讨论至少两种技术（不包括 MEMS 技术）用于直射光投影视网膜成像。并与基于 MEMS 微镜显示系统进行成本、性能和可靠性方面的比较。

参考文献

1. Stover, J.F., et al., *Noninvasive cardiac output and blood pressure monitoring cannot replace an invasive monitoring system in critically ill patients.* BMC Anethesiology, 2009. **9**(6).

2. Potkay, J.A., *Long term, implantable blood pressure monitoring systems.* Biomedical Microdevices, 2008. vol. **10**: p. 379–392.

3. Walter, P.L., *The history of the accelerometer*, in Sound and Vibration. 2007. p. 84–92.

4. Roylance, L.M., *A miniature integrated circuit accelerometer for biomedical applications.* 1977, Integrated Circuits Laboratory, Stanford University: Stanford.

5. Roylance, L.M. and J.B. Angell, *A batch-fabricated silicon accelerometer.* IEEE Transactions on Electron Devices, 1979. **ED-26**(12): p. 1911–1917.

6. Spencer, R.R., et al., *A theoretical study of transducer noise in piezoresistive and capacitive silicon pressure sensors.* IEEE Transductions on Electron Devices, 1988. **35**(8): p. 1289–1298.

7. Beliveau, A., et al., *Evaluation of MEMS capacitive accelerometers.* IEEE Design and Test of Computers, 1999. **16**(4): p. 48–56.

8. Acar, C. and A.M. Shkel, *Experimental evaluation and comparative analysis of commercial variable-capacitance MEMS accelerometers.* Journal of Micromechanics and Microengineering, 2003. vol. **13**: p. 634–645.

9. Dao, D.V., et al., *Development of a dual-axis convective gyroscope with low thermal-induced stress sensing element.* IEEE/ASME Journal of Microelectromechanical Systems (JMEMS), 2007. **16**(4): p. 950–958.

10. Guo, Z.Y., et al., *A lateral-axis microelectromechanical tuning-fork gyroscope with decoupled comb drive operating at atmospheric pressure.* IEEE/ASME Journal of Microelectromechanical Systems (JMEMS), 2010. **19**(3): p. 458–468.

11. Chang, H., et al., *Integrated behavior simulation and verification for a MEMS vibratory gyroscope using parametric model order reduction.* IEEE/ASME Journal of Microelectromechanical Systems (JMEMS), 2010. **19**(2): p. 282–293.

附录 A 典型 MEMS 材料特性

特性参数	单晶硅	多晶硅 LPCVD	SiN LPCVD	二氧化硅 LPCVD①	金	Al	SiC	不锈钢
E (GPa)	<100>130 <110>168 <111>187 [2,3]	120~175 [4]②	385[1] 254[5]	73[1]	78ᴮ[6]	70[1]	700[1]	200[1] 192~200 [6]③
密度 (kg/m³)④	2300[1]		3100[1]⑤ 3000[7]	2500[1]	19 300	2700[1]	3200[1]	7900[1]
断裂强度 (GPa)	0.6~7.7[3,8]⑥	1~3[9]	14[1] 6.4[5]⑦	8.4[1]	N/A	N/A	21[1]	2.1[1]
屈服强度 (GPa)	N/A	N/A	N/A	N/A	0.25⁸[6]	0.17[1]	N/A	N/A
断裂韧度 (MPa $\sqrt{m}$)	{100}0.95 {110}0.9 {111}0.82[6]	1[10]	5.3⑨[6]	0.79[6]⑩			4.4~4.7ᴮ[6]⑪	80[6]⑫
泊松比	0.055~0.36[2]⑬ <100>[6]为0.25 <111>[6]为0.36	0.15~0.36[11]	0.28~0.3ᴮ[6]	0.17⑭[6]	0.42[6]	0.33[6]	0.16~0.24ᴮ[6]	0.30[6]
热导率 (W/mK)⑮	157[1] 141[6]	34[1]	19[1] 3.2±0.5[7]⑯ 4.5[12]⑰ 10~33[6]	1.4[1]	315[6]	236[1] 247[6]	350[1] 71~490ᴮ [6]⑱	33[1]
线性热膨胀系数 (10⁻⁶/K)	2.33[1] 2.5[6]	2.33[13]	0.8[1] 2.7~3.7ᴮ[6]	0.55[1]	14.2[6]	25[1] 23.6[6]	3.3[1] 4.2~5.6ᴮ[6]	17.3[1] 14.4~27[6]⑲
热容 (J/kg·K)	700[6]		700[7]	740ᴮ[6]	128[6]	900[6]	590~1000[6]	420~500[6]
Seebeck 系数 (μV/K)	500~1000[14]⑳	50~150[15,16]㉑	N/A	N/A			N/A	
室温电阻率 at R.T. (Ω·m)			N/A	N/A	2.3×10⁻⁸ [6]	2.6×10⁻⁸ [6]	N/A	5.5×10⁻⁷ ~10×10⁻⁷[6]
压阻系数	100 量级	10~30㉒	N/A	N/A	1~4	1~4	N/A	N/A

（续）

材料	电阻率① (10⁻⁸ Ω·m)	热导率(W/m·K)	TCR(10⁻⁶/℃)	线性热膨胀系数 (10⁻⁶/K)
铝(Al)	2.83[13] 2.73[17]	237[13]	3600[13]	25[13];23.6[6]
铬(Cr)	12.9[13] 12.7[17]	94[13]	3000[13]	6.00[13]
铜(Cu)	1.72[13,17]	401[13]	3900[13]	16.5[13]
金(Au)	2.40[13] 2.35[6] 2.27[17]	318[6]	8300[13]	14.2[6]
镍(Ni)	6.84[13] 7.2[17]	91[13]	6900[13]	13
铂(Pt)	10.9[13,17] 10.6[6]	71⑩[6]	3927[13]	8.8[13];9.1[6]
体硅	掺杂	157[1]; 141[6]	掺杂	2.33[1] 2.5[6]
多晶硅	掺杂	34[13]	掺杂	2.33[13]
二氧化硅	N/A	1.4[1]	N/A	0.55[1];0.4㉕[6]
氮化硅	N/A	19[1] 3.2±0.5[7]㉖ 4.5[12]㉗ 10~33[6]	N/A	0.8[1] 2.7~3.7ᴮ[6]

①参考文献[1]引用数是对 SiO_2 光纤。
②该值强烈地依赖于样品制备技术与生长技术。
③该值依赖于不锈钢箔:铁素体,奥氏体,马氏体。
④根据组成原子的原子重量和原子堆积密度计算出的值。
⑤确切值依赖于 Si_xN_y 的特定成分。
⑥断裂强度与样品尺寸有关。该值对应微米尺寸;减小尺寸将会增加断裂强度。
⑦该值依赖于样品温度和样品尺寸。
⑧若在低温工作,会降低60%。
⑨体材料,烧结。
⑩熔融二氧化硅。
⑪依赖于制备方法。
⑫确切值依赖于处理过程,且不同成分之间有差别。
⑬泊松比依赖于晶向。
⑭体材料,熔融二氧化硅。

⑮该值受样品尺寸(体材料与薄膜材料)影响。
⑯在低应力 $Si_{1.0}N_{1.1}$ 微尺度样品上进行的测量。
⑰在薄膜氮化硅上的测量。
⑱取决于薄膜制备方法。
⑲取决于制备方法。
⑳实际值依赖于掺杂类型和浓度。
㉑实际值依赖于掺杂浓度和工作温度。
㉒见第5章。
㉓至室温27℃下。
㉔在0℃下。
㉕熔融二氧化硅。
㉖低应力 $Si_{1.0}N_{1.1}$ 微尺度样品上的测量。
㉗薄膜氮化硅上的测量。

参考文献

1. Petersen, K.E., *Silicon as a mechanical material*, Proceedings of the IEEE, 1982. vol. **70**: p. 420–457.

2. Wortman, J.J. and R.A. Evans, *Young's modulus, shear modulus, and poisson's ratio in silicon and germanium*, Journal of Applied Physics, 1965. vol. **36**: p. 153–156.

3. Yi, T., L. Li, and C.-J. Kim, *Microscale material testing of single crystalline silicon: Process effects on surface morphology and tensile strength*, Sensors and Actuators A: Physical, 2000. vol. **83**: p. 172–178.

4. Sharpe, W.N., Jr., K.M. Jackson, K.J. Hemker, and Z. Xie, *Effect of specimen size on young's modulus and fracture strength of polysilicon*, Microelectromechanical Systems, Journal of, 2001. vol. **10**: p. 317–326.

5. Sharpe, W.N., *Tensile testing at the micrometer scale (opportunities in experimental mechanics)*, Experimental Mechanics, 2003. vol. **43**: p. 228–237.

6. Callister, W.D., *Materials science and engineering, an introduction*, Fourth ed. New York: John Wiley and Sons, 1997.

7. Mastrangelo, C.H., Y.-C. Tai, and R.S. Muller, *Thermophysical properties of low-residual stress, silicon-rich, LPCVD silicon nitride films*, Sensors and Actuators A: Physical, 1990. vol. **23**: p. 856–860.

8. Namazu, T., Y. Isono, and T. Tanaka, *Evaluation of size effect on mechanical properties of single crystal silicon by nanoscale bending test using AFM*, Microelectromechanical Systems, Journal of, 2000. vol. **9**: p. 450–459.

9. Bagdahn, J., W.N. Sharpe, Jr., and O. Jadaan, *Fracture strength of polysilicon at stress concentrations*, Microelectromechanical Systems, Journal of, 2003. vol. **12**: p. 302–312.

10. Chasiotis, I., S.W. Cho, K. Jonnalagadda, and A. McCarty, *Fracture toughness of polycrystalline silicon and tetrahedral amorphous diamond-like carbon (ta-C) MEMS*, presented at Society for Experimental Mechanics X International Congress, Costa Mesa, CA, 2004.

11. Chasiotis I. and W.G. Knauss, *Experimentation at the micron and submicron scale*, in Interfacial and Nanoscale Fracture, vol. **8**: Comprehensive Structural Integrity, W. Gerberich and W. Yang, Eds.: Elsevier, 2003, p. 41–87.

12. Eriksson, P., J.Y. Andersson, and G. Stemme, *Thermal characterization of surface-micromachined silicon nitride membranes for thermal infrared detectors*, Microelectromechanical Systems, Journal of, 1997. vol. **6**: p. 55–61.

13. Kovacs, G.T.A., *Micromachined transducers sourcebook*. New York: McGraw-Hill, 1998.

14. Geballe, T.H. and G.W. Hull, *Seebeck effect in silicon*, Physical Review, 1955. vol. **98**: p. 940–947.

15. Von Arx, M., O. Paul, and H. Baltes, *Test structures to measure the seebeck coefficient of CMOS IC polysilicon*, Semiconductor Manufacturing, IEEE Transactions on, 1997. vol. **10**: p. 201–208.

16. Van Herwaarden, A.W., D.C. Van Duyn, B.W. Van Oudheusden, and P.M. Sarro, *Integrated thermopile sensors*, Sensors and Actuators A (Physical), 1990. vol. **A22**: p. 621–630.

17. Lide, D.R., *Handbook of chemistry and physics*, CRC Press, 1994.

附录 B 梁、悬臂梁、板的常用力学公式

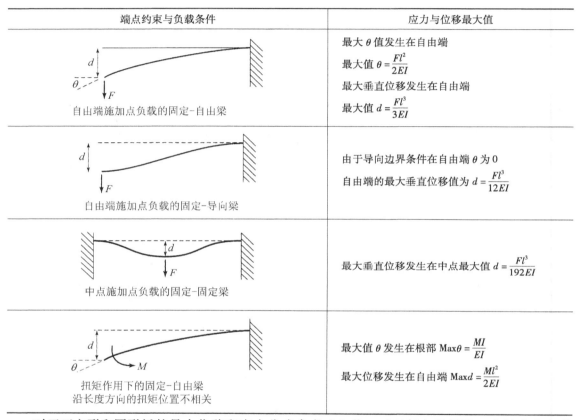

端点约束与负载条件	应力与位移最大值
自由端施加点负载的固定-自由梁	最大 θ 值发生在自由端 最大值 $\theta = \dfrac{Fl^2}{2EI}$ 最大垂直位移发生在自由端 最大值 $d = \dfrac{Fl^3}{3EI}$
白由端施加点负载的固定-导向梁	由于导向边界条件在自由端 θ 为 0 自由端的最大垂直位移值为 $d = \dfrac{Fl^3}{12EI}$
中点施加点负载的固定-固定梁	最大垂直位移发生在中点最大值 $d = \dfrac{Fl^3}{192EI}$
扭矩作用下的固定-白由梁 沿长度方向的扭矩位置不相关	最大值 θ 发生在根部 $\mathrm{Max}\theta = \dfrac{MI}{EI}$ 最大位移发生在自由端 $\mathrm{Max}d = \dfrac{Ml^2}{2EI}$

对于正方形和圆形板的最大位移和应力公式参考 6.3 节。对于复杂的例子，参见参考文献 [1] 和 [2]。一些有代表性的梁、悬臂梁和膜结构的谐振频率在下表中列出。

一些典型谐振器结构的谐振频率

实例及其描述		自然频率（f_n；$n = 1,\ 2,\ \cdots$）
两端固定，截面均匀	忽略梁重，中心负载 F	$f_1 = \dfrac{13.86}{2\pi}\sqrt{\dfrac{EIg}{Fl^3}}$
	包括梁重，单位长度均匀负载 w（w 的单位 $w = \mathrm{N/m}$）	$f_n = \dfrac{k_n}{2\pi}\sqrt{\dfrac{EIg}{wl^4}}$（$k_1 = 22.4$，$k_2 = 61.7$）
一端固定，另一端自由，截面均匀	忽略梁重，自由端负载 F	$f_1 = \dfrac{1.732}{2\pi}\sqrt{\dfrac{EIg}{Fl^3}}$
	包括梁重，单位长度均匀负载 w（w 的单位 $w = \mathrm{N/m}$）	$f_n = \dfrac{k_n}{2\pi}\sqrt{\dfrac{EIg}{wl^4}}$（$k_1 = 3.52$，$k_2 = 22.0$）
一端固定，另一端导向，截面均匀	包括梁重，单位长度均匀负载 w（w 的单位 $w = \mathrm{N/m}$）	$f_b = \dfrac{k_n}{2\pi}\sqrt{\dfrac{EIg}{wl^4}}$（$k_1 = 15.4$，$k_2 = 50.0$）

（续）

实例及其描述		自然频率(f_n；$n=1$，2，$\cdots$)
圆形平板或薄膜，厚度 t，半径 r，周边固定	包括梁重，单位面积均匀负载 w	$f_n = \dfrac{k_n}{2\pi}\sqrt{\dfrac{Dg}{wr^4}}\ (k_1 = 10.2,\ D = Et^3/12(1-\gamma^2))$
长方形平板或薄膜，厚度 t，短边为 a，长边为 b，周边固定	包括梁重，单位面积均匀负载 w	$f_1 = \dfrac{k_1}{2\pi}\sqrt{\dfrac{Dg}{wa^4}}\ (D = Et^3/12(1-\gamma^2))$ k_1 与 a/b 的比值有关： a/b：1　0.9　0.8　0.6　0.4　0.2 k_1：36　32.7　29.9　25.9　23.6　22.6

注：F——点负载力[N，牛顿]

　　w——单位长度分布负载力[N/m]或单位面积分布负载力[N/m²]

　　l——梁的长度[m]

　　E——杨氏模量[N/m²]

　　d——垂直位移[m]

　　θ——角位移[弧度]

　　想更深入了解的读者可以在下面列出的 MEMS 领域期刊论文[3，4]上找出梁的具体机械模型。

参考文献

1. Benham, P.P., R.J. Crawford, and C.G. Armstrong, *Mechanics of engineering materials*, 2nd ed. Essex: Longman Group, 1987.

2. Young, W.C., *Roark's formulas for stress and strain*, 6 ed: McGraw-Hill, 1989.

3. Park, S.-J., J.C. Doll, and B.L. Pruitt, *Piezoresistive cantilever performance—Part I: Analytical model for sensitivity*, IEEE/ASME Journal of Microelectromechanical Systems (JMEMS), 2010. vol. **19**: p. 137–148.

4. Park, S.-J., J.C. Doll, A.J. Rastegar, and B.L. Pruitt, *Piezoresistive cantilever performance—Part II: Optimization*, IEEE/ASME Journal of Microelectromechanical Systems (JMEMS), 2010. vol. **19**: p. 149–161.

附录 C 处理二阶动态系统的基本方法

微分方程和实例

二阶系统的标准微分方程是

$$m\ddot{x} + C\dot{x} + kx = f(t)$$

这里 C 是阻尼系数，k 是力常数（弹性系数），$f(t)$ 是扰动函数。

将等式两边同除以 m，我们得到典型表达式

$$\ddot{x} + 2\xi\omega_n\dot{x} + \omega_n^2 = a(t)$$

当时 $f(t) = 0$，解称为自由系统解。

当 $f(t) = A\sin(wt + \theta)$ 时，系统在振荡偏置下工作。在这些例子中，我们只关心稳态响应。

当 $f(t)$ 是任意形式的扰动函数时，解是任意扰动函数的响应，并包含瞬态项和稳态项。

此外，系统也和初始条件 $x(0)$ 和 $\dot{x}(0)$ 有关。

专业术语

符　号	名　　称	单　位	关系式
$\ddot{x}$	x 的二阶导数，加速度	m/s^2	
$\dot{x}$	x 的一阶导数，速度	m/s	
$x(0)$	初始位置	m	
$\dot{x}(0)$	初始速度	m/s	
m	质量	kg	
C	阻尼系数	N·s/m	$\dfrac{C}{m} = 2\xi w_n$，$C = \dfrac{k}{w_r Q}$
C_r	临界阻尼系数	N·s/m	$C_r = 2\sqrt{Km}$，$\dfrac{C_r}{m} = 2\omega_n$
K	力常数，弹性系数	N/m	
ξ	阻尼率	—	$\xi = \dfrac{C}{C_r} = \dfrac{C}{2\sqrt{Km}}$
ω_n	谐振频率	rad/s	
f_n	谐振频率	Hz	
Q	品质因数	—	$Q = \dfrac{1}{2\xi}$

四种阻尼情况

情况	在自由振动和初始条件下的运动行为	C	ξ
过阻尼	$e^{-\omega_n t}$，指数衰减	$C > C_r$	$\xi > 1$
临界阻尼	$te^{-\omega_n t}$	$C = C_r$	$\xi = 1$
低阻尼	$e^{-\omega_n t}\sin\omega_n t$ 正弦调制延迟	$C < C_r$	$\xi < 1$
零阻尼	$\sin\omega_n t$ 无衰减振荡	$C = 0$	$\xi = 0$

一些重要例子的求解

自由振动，初始条件 $x(0)$ 和 $\dot{x}(0)$，无阻尼

控制方程为

$$m\ddot{x} + kx = 0$$

解为

$$x(t) = x(0)\cos\omega_n t + \frac{\dot{x}(0)}{\omega_n}\sin\omega_n t$$

自由振动，初始条件 $x(0)$ 和 $\dot{x}(0)$，临界阻尼

控制方程为

$$m\ddot{x} + C_r\dot{x} + kx = 0$$

解为

$$x(t) = x(0)e^{-\omega_n t} + (\dot{x}(0) + \omega_n x(0))te^{-\omega_n t}$$

阶跃函数加速度 $u(t)$ 输入，幅值为 a，零初始条件，临界阻尼

控制方程为

$$m\ddot{x} + C_r\dot{x} + kx = mau(t)$$

解为

$$x(t) = \frac{a}{\omega_n^2} - \frac{a}{\omega_n^2}e^{-\omega_n t} - \frac{a}{\omega_n^2}te^{-\omega_n t}$$

特别地，在稳态情况下（在充分长时间之后），

$$x_{s.s.}(t) = \frac{a}{\omega_n^2} = \frac{a}{\dfrac{K}{m}} = \frac{ma}{K}$$

具有高谐振频率的系统，也就具有更高带宽，其响应值就越小。一个系统不可以同时具有高带宽和高灵敏度，二者相互矛盾。

正弦输入 $f(t) = F\sin(\omega t)$，零初始条件，临界阻尼

控制方程为

$$m\ddot{x} + C_r\dot{x} + kx = f(t)$$

在这个例子中，我们仅关心响应的稳态部分。瞬态部分相对复杂。当系统进入稳态后，解变为

$$x_{s.s.}(t) = A\sin(\omega t + \theta)$$

这里，频率与驱动频率相同。

放大系数，通过响应 A 的幅值比上输入 F 的幅值，得到

$$T(\omega) = \frac{1}{\omega_n^2 - m\omega^2 + jC_r\omega}$$

放大系数的模值是频率 ω 的函数，

$$|T(\omega)| = \frac{1}{\sqrt{(\omega_n^2 - m\omega^2) + C_r^2\omega^2}}$$

正弦输入，$f(t) = ma \sin(\omega t)$。零初始条件，任意阻尼

控制方程为

$$m\ddot{x} + C\dot{x} + kx = f(t) = m(t)$$

在这一情况下，x 与 f 之间的传递函数为

$$T = \frac{X}{F} = \frac{1}{ms^2 + Cs + k}$$

x 与 a 之间的传递函数为

$$T = \frac{X}{A} = \frac{1}{s^2 + \dfrac{C}{m}s + \dfrac{k}{m}} = \frac{1}{s^2 + 2\xi\omega_n s + \omega_n^2}$$

把 s 用 $j\omega$ 替换，T 的频谱响应为

$$|T(\omega)| = \left| \frac{1}{\omega_n^2 - \omega^2 + j2\xi\omega\omega_n} \right| = \frac{1}{\sqrt{(\omega_n^2 - \omega^2)^2 + 4\xi^2\omega^2\omega_n^2}}$$

与电路系统的等效

电路系统与机械系统有许多相似点。对于二阶电路系统 RCL，通用微分方程用电压或者电流表示。对于电阻、电容、电感的基本方程为：

- 电阻，欧姆定律，$V = RI$。

- 电容，$I = C\dfrac{\mathrm{d}}{\mathrm{d}t}V$。

- 电感，$V = L\dfrac{\mathrm{d}}{\mathrm{d}t}I$。

附录 D　常用材料的制备方法、刻蚀剂和能够承受的最高温度

对于初学者来说，MEMS 常用材料总结如下，包括形成的典型条件、通常优先选择的刻蚀剂和刻蚀方法、工艺中材料能够承受的最高温度。

材料	典型形成条件	通常优先选择的刻蚀剂或刻蚀方法	工艺中能够承受的实际温度[①]
金薄膜	室温和真空条件下的金属蒸发	金薄膜刻蚀剂	~400℃（熔化温度 = 1064℃）
铝薄膜	室温条件下的金属蒸发	H_3PO_4	~200℃（熔化温度 = 660℃）
LPCVD SiN	热壁，低压，800℃	180℃ 热 H_3PO_4 溶液	~1200℃
LPCVD 多晶硅	热壁，低压，~600℃	等离子刻蚀	~1200℃
LPCVD 低温氧化硅	热壁，低压，500℃	氢氟酸	~1200℃
高温生长二氧化硅	900℃ ~1200℃	氢氟酸	~1200℃
光刻胶（在光刻图形化之后）	旋涂之后，显影并在 80℃ ~120℃ 后烘	光刻胶显影剂 氧等离子 湿法化学氧化（例如，Piranha） 有机溶剂丙酮	~100℃ 回流（软化）
聚对二甲苯	室温条件下的化学汽相淀积	没有通用方法。但在高温下，用氧化灰分可以去除聚对二甲苯	120℃
聚二甲基硅氧烷（PDMS）	铸塑成型之后，固化（室温（R.T.）或者100℃高温）		200℃
单晶硅衬底	熔融（ > 1414℃）与再结晶	湿法 EDP 湿法 KOH 气体刻蚀剂 XeF_2	~1200℃

① 在高温和长时间曝光的情况下，材料可能会发生相变，在内部或者表面发生化学反应，从而发生结构改变。材料可能受到破坏、弱化、变形、氧化，或者与周边材料反应。上面表格中建议的温度是考虑了上面所有情况的实际结果。但这并不意味着它是工艺过程详尽、精确的"安全指南"，而是帮助进入 MEMS 领域的初学者建立对材料极限的一个定性认识。

附录 E 常用材料去除工艺

为方便初学者，将常用的 MEMS 材料去除工艺在下面做一下总结，包括典型的工艺条件。因为要考虑刻蚀速率和刻蚀选择性，所以每一种方法通常只适用于一种目标材料类型。即使目标材料已经确定使用一种刻蚀方法进行刻蚀，对于其他材料也有可能使用同一种刻蚀方法。

下表是基于溶液的湿法刻蚀工艺。

工艺名称	工艺条件	目标材料
氢氟酸湿法刻蚀	室温	二氧化硅
湿法 EDP 硅刻蚀	回流系统中，90℃溶液温度	单晶硅
湿法 KOH 硅刻蚀	50℃~100℃溶液温度	单晶硅
丙酮刻蚀	室温	光刻胶
光刻胶刻蚀剂	室温	光刻胶
热 H_3PO_4 湿法刻蚀	180℃封闭系统	氮化硅
HF 蒸汽（高浓度）	室温，暴露在 HF 蒸汽中	二氧化硅

下表是干法刻蚀工艺（汽相或真空中）。

工艺名称	工艺条件	目标材料
氧等离子刻蚀	室温，纯净的氧气等离子	光刻胶，有机聚合物
SF_6 等离子刻蚀	室温	硅，多晶硅
CF_4 等离子刻蚀	室温	氮化硅
深反应离子刻蚀	硅衬底保持在室温的高深宽比刻蚀	硅
XeF_2 硅汽相刻蚀	室温	硅

附录 F 材料和工艺之间的兼容性总结

常用材料和常用工艺步骤/方法之间兼容性总结于下表。具体材料运用不同刻蚀方法时的刻蚀速率（单位 Å/min）列于表中。其他的适当内容也包含在其中。

材料 工艺	金薄膜（蒸发）	铝薄膜	二氧化硅薄膜（热生长）	二氧化硅薄膜（LPCVD）	单晶硅（衬底）	多晶硅（LPCVD）	氮化硅（LPCVD）	聚对二甲苯	后烘光刻胶
高浓度的氢氟酸	0	慢(42)	快(23 000)	快(14 000)	0	0	慢(140)	0	0,SC
稀释的氢氟酸（10:1）	0	中等(2500)	快(230)	快(340)	0	0	0	0	0,LP
KOH,80℃①	0	0	慢(77)	慢(94)	快(14 000)	快(10 000)	0	0	S
EDP,90℃①	0（少于30min）	0	慢(2)	慢(2)	快(15 000)	快	慢(1)	L	S
H_3PO_4,160℃	0	快(9800)	慢(0.7)	慢(0.8)	0	0	快(30)	慢(0.55),SC	S
丙酮	0	0	0	0	0	0	0	L	快(40 000)
光刻胶腐蚀剂	0	0	0	0	0	0	0	0	快
SF_6 等离子②	0,SC	0	中等(1200)	中等(1200)	快(5800)	快(5800)	中等(2000)	中等(2400)	中等(2400)
CF_6 等离子③	0	0	慢(700)	慢(700)	快(1100)	快(1900)	快(1300)	慢	慢(690)
硅 DRIE	0	0	慢(3)	慢(7)	快(1500)	快	慢(21)	慢(30)	慢(30)
O_2 等离子	0	0	0	0	0	0	0	慢(220[1]~1000[2])	快(350~3600)④
Au 湿法腐蚀剂⑤	28	0	0	0	0	0	0	0	0
Al 腐蚀剂⑥	0	5500	0	0	0	0	0	0	0
XeF_2	0	0	0	0	快(4600)	快(1600)	0	L	0

①Transene 公司 PSE-200。
②大约 200W 输入功率。
③大约 200W 输入功率。
④依赖于输入功率。
⑤Transene 公司的 TFA 刻蚀剂。
⑥Transene 公司的 Al 刻蚀剂（H_3PO_4 和 HNO_3）。

注：本表内容与已发表的文献完全匹配，包括[1，3]中的表格。而本表是专为初学者设计的，进行了压缩。

然而，刻蚀条件和材料通常保持通用性。例如，与参考文献[1]不同，此表格只给出了一种通用的 DRIE 条件，而没有像参考文献[1]那样指出四种不同的 DRIE 条件（不同的气体混合物、功率、压强）。

下面四种符号表示材料之间的相互作用：

- **NE**：不发生刻蚀。这不同于零刻蚀速率。NE 情况在一些例子中比刻蚀速率为零更有意义。
- **SC**：可能引起表面特性改变（颜色、外观）、结构改变，以及黏附问题。
- **L**：长期的曝露可能引起结构或者表面特性改变。
- **S**：短期的曝露可能引起结构或者表面特性改变。

参考文献

1. Williams, K.R., K. Gupta, and M. Wasilik, *Etch rates for micromachining processing-Part II.* Microelectromechanical Systems, Journal of, 2003. **12**(6): p. 761–778.

2. Meng, E., P.-Y. Li, and Y.-C. Tai, *Plasma removal of parylene C.* Journal of Micromechanics and Microengineering, 2008. **18**: p. 045004.

3. Williams, K.R. and R.S. Muller, *Etch rates for micromachining processing.* Microelectromechanical Systems, Journal of, 1996. **5**(4): p. 256–269.

附录 G 商用惯性传感器比较

符号"—"是指在这一特定类别中没有产品。

#轴数(A 为加速度计；G 为陀螺)	Analog Devices[1]	STMicro-Electronics[2]	InvenSense[3] (成立于2003年)	Freescale[4](只做压力传感器和加速度计)	MEMSIC[5]	Bosch
单轴 A(低 g)	ADXL103 +/-1 1.7G 1000mV/g $8.19	—	—	MMA 1260EG +/-1.5G $3.56/ 10 000pcs	—	—
单轴 A(高 g)	—	—	—	—	—	—
单轴 A(超高 g)	ADXL 78 +/1 27G 16mV/g $5.66	—	—	MMA 1212EG +/-200g $3.3/ 10 000pcs	—	—
双轴 A(低)	ADXL203 +/-1.7g 1000mV/g $9.85	LIS244AL +/1 2g 模拟输出 $2.72/500	—	MMA6280QT +/-1.5G $N/A 来自网站(产品已停产)	MXC62020JV +/-2G I2C 2.7~3.6V $6.76/500 +pcs	—
双轴 A(高)	ADXL321 +/1 18g 57mV/g $8.13	LIS244ALH +/1 6g 模拟 在 2940min $4.17	—	MMA6331L +/- 4-12g $1/10 000pcs	MXR7202ML +/-10G LCC8 $24.8/250 +pcs	—
双轴 A(超高 g)	ADXL278 +/-70g 27mV/g $7.95	—	—	MMA3204 +/-30G $4.5/ 10 000pcs	—	—
三轴 A(低)	ADXL327 +/1 2g 420 mV/g $2.38	LIS331DLF +/1 2-8g $3.68/1000pcs	—	MMA7260QT +/-1.5G $3.35/ 10 000 pcs	—	BMA140 +/-4g $2.58/1000pcs
三轴 A(高)	ADXL326 +/1 16g 57mV/g $2.38	LIS331HH +/- 6-24g 数字化 $3.72/1000pcs	—	MMA7331L +/-4 $1/10 000 pcs	—	BMA220 +/-16g $1.65
1 轴 G	ADXRS624 +/-50°/s 25mV/°/s $20.98	LY330ALH +/-300 dps $5.41/1000pcs	LSZ-1215 +/0 67 dps $2.5/1000pcs	—	—	—

（续）

#轴数（A 为加速度计；G 为陀螺）	Analog Devices[1]	STMicro-Electronics[2]	InvenSense[3]（成立于2003 年）	Freescale[4]（只做压力传感器和加速度计）	MEMSIC[5]	Bosch
1 轴 G	ADXRS620 +/1300°/s 6mV/°/s $20.98	LY3200ALH +/1 2000 dps $5.41/ 1000pcs	LSZ-650 +/1 2000 dps $2.5/每个	—	—	+/−SMG040 250 dps
双轴 G	—	LPR430AL +/1 300 dps $5.41/ 1000pcs	LXZ-500 +/−500dps $4/1000 pcs	—	—	—
双轴 G	—	LPR4150AL +/1 2000dps $5.41/ 1000pcs	LXZ-650 +/−2000 dps $4/1000 pcs	—	—	—
三轴 G	—	L3G4200D +/1 150 ~ 2000 dps $7.85/ 1000 pcs	MPU-3000 +/−250 ~ 2000 dps 新产品 $N/A	—	—	—
三轴 G	—	L3G540AH +/− 1500 dps $N/A 新产品	ITC3200 +/− 2000 dps $12/每个	—	—	—

① 引用的价格 1000 个起订，来自 AD 公司网站。
② 引用的价格 500 个起订，来自传感器供应商 Digi-Key。
③ 引用的价格 1000 个起订，来自 InvenSense 公司网站。
④ 引用的价格 10 000 个起订，来自 Freescale 公司网站。
⑤ 引用的价格来自传感器供应商 Newark。

注：本表是 2010 年 8 月 5 日惯性传感器市场的非科技综述。表中列出了六家生产加速度计和陀螺的公司。根据测量轴数量和量程将器件进行分类。读者可以在每一分类中找到代表性器件进行交叉比较。

由于空间的限制，每一分类中只列出了每家公司的一个代表性产品。一些公司可能在某一分类提供比别家更多的产品。

部分习题答案

第 1 章

12. 对于 $100\mathrm{Hz}$，$91\mu\mathrm{V}$

14. 用 L^2 作为比例因子

第 3 章

1. $2.33\mathrm{g/cm^3}$

2. $220\mu\mathrm{m}$

3. $0.046\Omega\cdot\mathrm{cm}$

5. $4.6\times10^4\Omega\cdot\mathrm{cm}$

7. $8.69\times10^{18}\mathrm{atoms/cm^3}$

16. $\varepsilon=0.041\,67\%$

18. $0.0014\mathrm{N}$

19. 情况 a，$I=1.067\times10^{-19}\mathrm{N^4}$

20. $20\,000\mathrm{N/m}$

21. $4.167\times10^{-25}\mathrm{m^4}$，$9.24\times10^6\Omega$

23. 情况 d，$\dfrac{w^1 t_1^3}{12}$，$k=\dfrac{3EI}{l^3}=\dfrac{Ew_1 t_1^3}{4l^3}$；

    情况 e，$\dfrac{t_1 w_1^3}{12}$，$k=\dfrac{3EI}{l^3}=\dfrac{Et_1 w_1^3}{4l^3}$

25. $3.15°$

26. （2）

第 4 章

1. 对于 $1\mu\mathrm{m}$ 间距，$C=\dfrac{\varepsilon A}{d}=\dfrac{8.85\times10^{-12}\times(100\times10^{-6})^2}{1\times10^{-6}}=8.85\times10^{-14}\mathrm{F}$

2. 答案 1

4. （4）

5. （3）

6. $0.3\mathrm{V}$

7. $34.46\mathrm{kHz}$

10. $A=8.47\times10^{-5}\mathrm{m^2}$

12. 最大位移为 $0.2\mu\mathrm{m}$

17. $k=\dfrac{F}{\dfrac{Fl}{12EI}}=\dfrac{12EI}{l}=\dfrac{Etw_1^3}{l}$

第 5 章

2. 答案（1）

3. 0.010 265m, 48.7μm

4. $F = kd = \left(\dfrac{3EI}{l^3}\right)\left(\dfrac{1}{2}\dfrac{l^2}{r}\right) = \dfrac{3}{2}\dfrac{EI}{lr}$

5. 2.5×10^{-8}m

6. （4）

7. B

15. 总功率$\dfrac{V^2}{(R_{long} + R_{short})} = 27.45$W

17. 总热阻为5.48×10^4k/W

第6章

1. $\dfrac{\Delta R}{R} = G\varepsilon = G\dfrac{\sigma}{E} = \dfrac{GF}{Ewt}$

3. （2）

4. 固定端的最大应力为480MPa

5. 33.9%

7. $\dfrac{\Delta R}{R} = 0.95 = 95\%$

17. TMAH 刻蚀铝以及半导体和 MEMS 中的常用金属，但比 EDP 和 KOH 刻蚀慢得多

第7章

3a. $V = E_1 L_p = \dfrac{D_1}{\varepsilon}L_p = \dfrac{d_{11}F}{\varepsilon A}$

3b. $V = E_3 L_p = \dfrac{D_3}{\varepsilon}L_p = \dfrac{d_{33}F}{\varepsilon A}$

4. $\delta(L) \approx \dfrac{L^2 d_{31}\dfrac{V}{tp}(t_p + t_e)A_e E_e A_p E_p}{4(A_e E_e + A_p E_p)(E_p I_p + E_e I_e) + (t_e + t_p)^2 A_e E_e A_p E_p}$

6. $\varphi(l_p) = \dfrac{l_p}{r} = \dfrac{2d_{31}V(t_p + t_e)(A_p E_p A_e E_e)\dfrac{l_p}{t_p}}{4(E_p l_p + E_e I_e)(A_p E_p + A_e E_e) + (A_p E_p A_e E_e)(t_p + t_e)^2}$

$\delta(L) = \delta(l_p) + (L - l_p)\sin[\varphi(l_p)]$

10a. $V = E_3 t_p = \dfrac{d_{31}t_p}{\varepsilon}T_1$

第8章

5. $H(\theta = 20°) = 688.2$A/m

6. 13μm

7. $H = 20$A/m

13. $\delta = \dfrac{59 \times 10^{-6}N \cdot (6 \times 10^{-3}m)^3}{160 \times 10^9 N/m^2 \cdot 10^{-3}m \times (13 \times 10^{-6}m)^3} = 36.3$μm

14. $\dfrac{dH}{dl} = 3.43 \times 10^{-7}\dfrac{A}{m}$

第10章

1. 宽度为758μm，长度为788μm

2. 758μm

3. (2)

4. 会，重叠

5. (2)

6. (6)

12. 8.7μm

第 11 章

5. 对于单晶硅梁，长度为 259μm，宽度为 1.737μm

第 14 章

1. 流速为 $\dfrac{1.6 \times 10^{-12}}{20 \times 10^{-12}} = 0.08\,\mathrm{m/s} = 80\,\mathrm{mm/s}$

3. 层流

5. 40MPa